人力资源和社会保障部职业能力建设司推荐

冶金行业职业教育培训规划教材

烧结生产技术

肖　扬　翁得明　主编

U0318940

北　京

冶金工业出版社

2020

内 容 提 要

本书共分 13 章,包括了从烧结原料到成品烧结矿出厂的整个生产工序,介绍了各生产工序的作用和目的、工艺要求和标准、操作要点及相关计算、设备使用维护及故障处理等内容,还介绍了烧结生产自动控制和节能减排、烧结试验、技术报告撰写等内容,并对烧结生产管理、安全管理进行了叙述。

本书为冶金行业烧结从业人员的培训教材,也可供高等、中职院校师生参考。

图书在版编目(CIP)数据

烧结生产技术/肖扬,翁得明主编. —北京:冶金
工业出版社,2013.4(2020.4 重印)
冶金行业职业教育培训规划教材
ISBN 978-7-5024-6256-7

Ⅰ.①烧… Ⅱ.①肖… ②翁… Ⅲ.①烧结—生产
工艺—职业教育—教材 Ⅳ.①TF046.4

中国版本图书馆 CIP 数据核字(2013)第 068146 号

出 版 人 陈玉千
地 址 北京市东城区嵩祝院北巷 39 号 邮编 100009 电话 (010)64027926
网 址 www.cnmip.com.cn 电子信箱 yjcbs@cnmip.com.cn
责任编辑 高 娜 宋 良 美术编辑 吕欣童 版式设计 孙跃红
责任校对 石 静 责任印制 李玉山
ISBN 978-7-5024-6256-7
冶金工业出版社出版发行;各地新华书店经销;北京虎彩文化传播有限公司印刷
2013 年 4 月第 1 版,2020 年 4 月第 2 次印刷
787mm×1092mm 1/16;27.75 印张;742 千字;422 页
80.00 元
冶金工业出版社 投稿电话 (010)64027932 投稿信箱 tougao@cnmip.com.cn
冶金工业出版社营销中心 电话 (010)64044283 传真 (010)64027893
冶金工业出版社天猫旗舰店 yjgycbs.tmall.com
(本书如有印装质量问题,本社营销中心负责退换)

武汉钢铁（集团）公司
职业技能培训教材编审委员会

《烧结生产技术》
编审委员会

序

　　企业要发展，科技要进步，人才需先行。在当前市场竞争十分激烈的形势下，培养专业技能人才，成为企业整个人才队伍建设的重要组成部分。这既是深入实施人才强企战略，增强和提升企业核心竞争力的长远大计，又是推动产业转型升级和提升企业自主创新能力的内在要求，更是加快经济发展方式转变，促进产业结构调整的有效手段。

　　随着武钢"十一五"规划的胜利完成，武钢整体工艺技术和装备性能已成功实现跨越式提升，达到国际先进水平。如何发挥这些新技术和新装备的作用，生产出符合市场要求的高质量产品，成为摆在武钢人面前的重大课题。要完成这项艰巨的任务，必须加快培养熟练掌握装备性能、精于工艺技术操作的高技能人才，造就一支"爱岗敬业，技术过硬，勇于进取"的专业技能人才队伍，进而促进技术能手、技术状元和技能大师的不断涌现。这对于武钢在科学发展新时期，依靠科技进步，加快科学发展，保持基业长青，尤显重要。

　　武钢一向高度重视技能人才的培养，始终将专业技能人才作为重要的战略资源着力开发，建立了技能人才培养激励和评价使用体系，为技能人才拓展了广阔的职业发展空间。为了进一步夯实技能培训基础，充实完善技能人才培训体系，充分挖掘资源，激发内部活力，武钢组织近千名优秀技术专家和技能大师，编写了一套具有武钢特色的职业技能培训系列教材，《烧结生产技术》就是其中的重要组成部分。

　　武钢烧结厂是武钢股份公司主体厂，专门为高炉生产人造富矿（烧结矿）。该厂自1959年8月29日一号烧结机建成投产至今，历经半个多世纪的发展，现已成为我国规模最大的现代化烧结厂。特别是改革开放后的三十多年间，武钢烧结厂实施了一系列重大技术改造，在烧结工艺、技术装备、产品质量、节能减排上均取得了长足发展，实现了生产自动化、设备现代化、管理科学化、厂区园林化，在全国同行业中处于领先水平。2011年，武钢烧结厂生产入炉烧结矿 1830.8 万吨，超设计产能（1772 万吨）58.8 万吨，主要经济技术指标屡创历史新高，奠定了其全国最大烧结厂的地位。近年来，该厂先后荣获"全国设备管理红旗单位"、"湖北省文明单位"和"五一劳动奖状"、"省冶金安全生产单位"、"武汉市优秀企业"和"园林式工厂"以及"武钢红旗单位"等荣誉称号。

《烧结生产技术》凝聚了武钢几代烧结人的心血智慧，编者既从总体结构上建立了烧结生产的理论体系，又从具体适用的层面阐发了知行合一的指导原则，尤其是提出了武钢烧结人独创的系列先进操作理念，成为独具烧结特色的技能培训教材亮点，具有较强的前瞻性、普适性和实践性，对于读者了解烧结工艺流程，提高烧结生产操作水平，推进烧结企业高效清洁生产，培养理论与实践双优的现代化技术人才，具有重要的指导意义。相信本书的出版，于广大冶金工作者有所裨益。值此付梓之际，应编者之约，草引数言，斯以为序。

武汉钢铁（集团）公司总经理
2013 年 1 月于青山

前　言

铁矿石烧结是钢铁生产过程中不可缺少的一个重要工序，是高炉冶炼正常进行的基本条件。钢铁工业是国民经济的支柱产业，是一个国家综合国力的体现。我国为世界钢铁大国，钢铁产量接近世界钢铁产能的50%，从1996年开始，连续16年钢铁产量居世界首位，2012年的粗钢产量已达到7.2亿吨。经过多年的发展，烧结行业突飞猛进，烧结设备的大型化，新工艺、新技术、新设备的应用，使烧结矿产量、质量不断提高，为高炉高产量、优质、低耗打下了牢固的基础。

在知识经济时代里，脑力劳动与体力劳动日趋融合，各行业的发展不仅需要优秀的管理人员，更需要有文化、懂技术的专业人才。2011年国务院发布《钢铁工业"十二五"发展规划》，提出调整和振兴钢铁产业指导思想，控制钢铁生产总量，淘汰落后产能，加强技术进步和自主创新，做好节能减排。为适应新的要求，加快钢铁振兴步伐，培养一批技术领先的高素质人才，我们参照新版国家职业标准，结合国内烧结工艺、技术、设备及自动控制情况，编写了《烧结生产技术》这本书。该书通俗易懂，与实践结合紧密，具有较强的实用性，可供冶金行业烧结从业人员使用，也可作为高等、中职院校师生的学习参考用书。

《烧结生产技术》由武钢烧结厂组织编写。全书共分13章，包括了从烧结原料到成品烧结矿出厂的整个生产工序，介绍了各生产工序的作用和目的、工艺要求和标准、操作要点和相关计算、设备使用维护及故障处理等内容，还介绍了烧结生产自动控制和节能减排、烧结试验等内容，并对烧结生产管理、安全管理做了详尽的叙述。内容覆盖面广，知识起点高，将烧结行业最新工艺、技术、自动控制及生产操作内容编入书中，可以说代表了当前我国铁矿石烧结生产发展的水平。

本书由肖扬、翁得明担任主编，参加编写工作的人员有钟强、谢林、胡宝奎、吴定新、丁红喜、彭德科、万金德、汤静芳、张九红，参加修编工作的人员有蒋国波、罗之礼、石伟、李军。杨志、孙庆星负责审定工作，李家雄、焦艳伟、刘昌玲、张姣负责编辑统稿。

书稿的编写工作得到武汉钢铁集团公司的大力支持，书稿的编写参考了有关专著和同行业有关单位的相关资料，在此表示衷心的感谢。

由于编写工作量大、时间紧，加之作者水平有限，书中如有不妥之处，恳请读者批评指正。

编　者

2013 年 1 月于武汉

目　录

1 烧结生产概述 ………………………………………………………………… 1

　1.1　烧结工艺的发展 …………………………………………………………… 1

　　1.1.1　烧结法分类 …………………………………………………………… 1

　　1.1.2　烧结工艺的发展 ……………………………………………………… 2

　1.2　烧结原料 …………………………………………………………………… 3

　　1.2.1　含铁原料 ……………………………………………………………… 3

　　1.2.2　熔剂 …………………………………………………………………… 5

　　1.2.3　固体燃料 ……………………………………………………………… 7

　　1.2.4　工业副产品 …………………………………………………………… 8

　1.3　烧结生产工艺流程 ………………………………………………………… 9

　　1.3.1　烧结原料准备 ………………………………………………………… 11

　　1.3.2　烧结料制备 …………………………………………………………… 12

　　1.3.3　烧结 …………………………………………………………………… 13

　　1.3.4　烧结矿成品处理 ……………………………………………………… 13

　　1.3.5　返矿 …………………………………………………………………… 14

　　1.3.6　烧结除尘系统 ………………………………………………………… 14

　1.4　高炉对烧结矿的要求 ……………………………………………………… 14

　　1.4.1　高炉简介 ……………………………………………………………… 14

　　1.4.2　高炉对烧结矿的质量要求 …………………………………………… 18

　1.5　烧结矿生产技术经济指标 ………………………………………………… 20

　　1.5.1　烧结产量和质量指标 ………………………………………………… 20

　　1.5.2　成本指标 ……………………………………………………………… 22

　复习思考题 ……………………………………………………………………… 23

2 烧结设备及自动控制 ………………………………………………………… 24

　2.1　烧结设备概述 ……………………………………………………………… 24

　　2.1.1　设备 …………………………………………………………………… 24

　　2.1.2　烧结生产设备 ………………………………………………………… 25

　　2.1.3　烧结工艺对烧结设备的要求 ………………………………………… 26

　　2.1.4　烧结设备指标 ………………………………………………………… 27

　2.2　现代机械传动知识 ………………………………………………………… 28

　　2.2.1　传动件 ………………………………………………………………… 29

　　2.2.2　带传动 ………………………………………………………………… 30

2.2.3　齿轮传动 ……………………………………………………………… 31

2.2.4　蜗轮蜗杆传动 ………………………………………………………… 32

2.2.5　多点啮合柔性传动 …………………………………………………… 33

2.2.6　轴系零部件 …………………………………………………………… 35

2.2.7　润滑系统 ……………………………………………………………… 39

2.2.8　电动机 ………………………………………………………………… 41

2.3　烧结自动控制系统 ……………………………………………………… 42

2.3.1　烧结生产自动控制系统的典型配置 ………………………………… 42

2.3.2　一级机系统配置及功能 ……………………………………………… 43

2.3.3　二级机系统配置及功能 ……………………………………………… 45

2.4　设备运转的自动控制 …………………………………………………… 48

2.4.1　逻辑控制系统的控制方式 …………………………………………… 48

2.4.2　中央联动设备运转设备的控制 ……………………………………… 48

2.4.3　远距离单机运转设备的控制 ………………………………………… 50

2.4.4　机旁单独运转设备的控制 …………………………………………… 50

2.5　烧结过程自动控制功能 ………………………………………………… 50

2.5.1　配料自动控制 ………………………………………………………… 50

2.5.2　混合料水分自动控制 ………………………………………………… 54

2.5.3　混合料槽料位的控制 ………………………………………………… 55

2.5.4　铺底料槽料位自动控制 ……………………………………………… 57

2.5.5　料层厚度的自动控制 ………………………………………………… 57

2.5.6　点火保温炉燃烧控制 ………………………………………………… 59

2.5.7　烧透点（BTP）控制 ………………………………………………… 60

2.5.8　烧结机、环冷机、板式给矿机速度控制 …………………………… 61

2.6　常见设备故障的判断与处理 …………………………………………… 61

2.6.1　由于操作人员操作不当引起的故障处理 …………………………… 61

2.6.2　由于计算机系统故障引起的故障处理 ……………………………… 61

2.6.3　由于现场原因引起的故障处理 ……………………………………… 61

复习思考题 …………………………………………………………………… 62

3　烧结原料准备 …………………………………………………………………… 63

3.1　烧结原料 ………………………………………………………………… 63

3.1.1　烧结原料准备在烧结生产中的作用 ………………………………… 63

3.1.2　烧结原料 ……………………………………………………………… 63

3.2　烧结原料的受料 ………………………………………………………… 64

3.2.1　原料验收 ……………………………………………………………… 64

3.2.2　原料受料 ……………………………………………………………… 65

3.2.3　原料的储存 …………………………………………………………… 66

3.2.4　验收岗位常见事故及处理 …………………………………………… 66

3.2.5　受料设备 ……………………………………………………… 67
3.2.6　危害因素辨识 ……………………………………………… 70
3.3　熔剂破碎加工 ……………………………………………………… 70
3.3.1　熔剂破碎 …………………………………………………… 70
3.3.2　熔剂破碎设备 ……………………………………………… 71
3.3.3　熔剂筛分设备 ……………………………………………… 75
3.3.4　熔剂破碎加工设备常见故障及处理 ……………………… 78
3.3.5　安全生产要求 ……………………………………………… 79
3.4　燃料破碎 …………………………………………………………… 81
3.4.1　燃料的破碎 ………………………………………………… 81
3.4.2　固体燃料破碎设备 ………………………………………… 81
3.4.3　固体燃料破碎设备常见故障及处理 ……………………… 85
3.4.4　安全操作要求 ……………………………………………… 86
3.5　原料混匀 …………………………………………………………… 88
3.5.1　原料混匀特点 ……………………………………………… 88
3.5.2　原料混匀的一般方法 ……………………………………… 89
3.5.3　原料混匀工艺流程 ………………………………………… 89
3.5.4　一次配料的工艺配置与结构 ……………………………… 91
3.5.5　配料计算 …………………………………………………… 92
3.5.6　配料操作 …………………………………………………… 93
3.5.7　混匀设备 …………………………………………………… 97
3.5.8　原料混匀常见设备故障及处理 …………………………… 100
复习思考题 ………………………………………………………………… 104

4　配料 ………………………………………………………………………… 105
4.1　原料及燃料特性 …………………………………………………… 105
4.1.1　铁矿石性能对烧结生产的影响 …………………………… 105
4.1.2　熔剂对烧结生产的影响 …………………………………… 106
4.1.3　固体燃料对烧结生产的影响 ……………………………… 107
4.1.4　返矿对烧结生产的影响 …………………………………… 108
4.2　烧结配料 …………………………………………………………… 109
4.2.1　配料的目的、方法和要求 ………………………………… 109
4.2.2　影响配料精度的因素 ……………………………………… 110
4.2.3　自动配料 …………………………………………………… 113
4.3　配料设备 …………………………………………………………… 115
4.3.1　圆盘给料机 ………………………………………………… 115
4.3.2　螺旋给料机 ………………………………………………… 116
4.3.3　电子皮带秤 ………………………………………………… 117
4.4　配料计算及操作 …………………………………………………… 118

4.4.1　简易理论计算法 ……………………………………………… 118
4.4.2　现场经验计算法 ……………………………………………… 119
4.4.3　单烧计算法 …………………………………………………… 122
4.4.4　与配料工序相关的计算 ………………………………………… 122
4.4.5　配料操作 ……………………………………………………… 123
4.4.6　配料调整 ……………………………………………………… 125
4.5　常见故障及处理 …………………………………………………… 127
4.5.1　设备的巡检及维护 ……………………………………………… 127
4.5.2　设备常见故障及处理 …………………………………………… 127
4.5.3　生产常见故障及处理 …………………………………………… 129
4.6　安全生产要求 ……………………………………………………… 129
4.6.1　危险因素辨识 ………………………………………………… 129
4.6.2　应急预案 ……………………………………………………… 130
4.6.3　安全生产要求 ………………………………………………… 130
复习思考题 …………………………………………………………… 132

5　混合料的混匀与制粒 ………………………………………………… 133
5.1　混匀制粒机理 ……………………………………………………… 133
5.1.1　物料的混匀 …………………………………………………… 133
5.1.2　制粒机理 ……………………………………………………… 134
5.2　混匀制粒设备 ……………………………………………………… 135
5.2.1　圆筒混合机的构造 ……………………………………………… 135
5.2.2　圆筒混合机的类型 ……………………………………………… 136
5.2.3　圆筒混合机的安装技术要求 …………………………………… 137
5.2.4　圆筒混合机的设备性能 ………………………………………… 138
5.3　混合料混匀制粒操作 ……………………………………………… 139
5.3.1　影响混合料混匀制粒效果的因素 ……………………………… 139
5.3.2　强化混匀与制粒的措施 ………………………………………… 141
5.3.3　圆筒混合机的有关计算 ………………………………………… 143
5.3.4　水分的控制与测定 ……………………………………………… 143
5.3.5　生产操作 ……………………………………………………… 144
5.4　圆筒混合机常见故障处理 ………………………………………… 145
5.4.1　设备维护 ……………………………………………………… 145
5.4.2　设备巡检 ……………………………………………………… 145
5.4.3　常见故障处理 ………………………………………………… 146
5.5　安全生产要求 ……………………………………………………… 147
5.5.1　危害因素辨识 ………………………………………………… 147
5.5.2　应急预案 ……………………………………………………… 148
5.5.3　安全生产要求 ………………………………………………… 148

复习思考题 ……………………………………………………………… 149

6　抽风机 ……………………………………………………………… 150
  6.1　烧结抽风机设备 ………………………………………………… 150
    6.1.1　抽风机工作原理与构造 …………………………………… 150
    6.1.2　抽风机技术特性 …………………………………………… 152
    6.1.3　抽风机冷却润滑系统 ……………………………………… 154
    6.1.4　风机转子的动、静平衡校正 ……………………………… 155
    6.1.5　抽风机试车与验收 ………………………………………… 156
  6.2　抽风机操作 ……………………………………………………… 156
    6.2.1　有关知识 …………………………………………………… 156
    6.2.2　抽风机技术操作要求 ……………………………………… 158
    6.2.3　生产操作 …………………………………………………… 159
    6.2.4　异常情况判断与操作 ……………………………………… 160
    6.2.5　提高抽风机效率的方法 …………………………………… 161
    6.2.6　抽风机的有关计算 ………………………………………… 163
  6.3　常见故障及处理 ………………………………………………… 164
    6.3.1　巡检 ………………………………………………………… 164
    6.3.2　常见故障处理 ……………………………………………… 165
  6.4　安全生产要求 …………………………………………………… 168
    6.4.1　事故应急预案 ……………………………………………… 168
    6.4.2　危险因素识别和防范 ……………………………………… 168
    6.4.3　安全生产要求 ……………………………………………… 169
  复习思考题 …………………………………………………………… 169

7　烧结 ………………………………………………………………… 171
  7.1　烧结过程基本理论 ……………………………………………… 171
    7.1.1　烧结目的 …………………………………………………… 171
    7.1.2　抽风烧结过程 ……………………………………………… 171
    7.1.3　烧结过程主要物理化学反应 ……………………………… 173
    7.1.4　烧结过程中的气流运动 …………………………………… 180
    7.1.5　烧结成矿机理 ……………………………………………… 183
    7.1.6　烧结矿的矿物组成、结构及性质对质量的影响 ………… 187
    7.1.7　烧结热平衡 ………………………………………………… 189
  7.2　烧结设备 ………………………………………………………… 192
    7.2.1　布料设备 …………………………………………………… 192
    7.2.2　点火器 ……………………………………………………… 194
    7.2.3　带式烧结机 ………………………………………………… 197
    7.2.4　单辊破碎机 ………………………………………………… 205

7.3　生产操作 ·········· 209

　7.3.1　烧结机布料 ·········· 209

　7.3.2　点火操作 ·········· 211

　7.3.3　烧结过程的控制、分析判断及调整 ·········· 215

　7.3.4　单辊破碎机操作 ·········· 220

7.4　岗位巡检及维护 ·········· 221

　7.4.1　烧结机的检查维护 ·········· 221

　7.4.2　单辊破碎机的检查维护 ·········· 222

7.5　常见故障处理 ·········· 222

　7.5.1　辊式给料设备 ·········· 222

　7.5.2　梭式布料器 ·········· 223

　7.5.3　点火器常见故障处理 ·········· 224

　7.5.4　烧结机常见故障及处理 ·········· 225

　7.5.5　单辊破碎机常见故障 ·········· 226

　7.5.6　烧结机试车与验收 ·········· 226

7.6　安全生产要求 ·········· 228

　7.6.1　烧结机作业前的准备要求 ·········· 228

　7.6.2　岗位危害因素辨识 ·········· 228

　7.6.3　事故应急预案 ·········· 229

复习思考题 ·········· 230

8　烧结矿成品处理 ·········· 232

8.1　烧结矿成品处理工艺 ·········· 232

　8.1.1　烧结矿成品处理的目的和意义 ·········· 232

　8.1.2　烧结矿成品处理工序 ·········· 232

　8.1.3　烧结矿成品处理工艺流程 ·········· 233

　8.1.4　冷却方式 ·········· 236

　8.1.5　烧结矿整粒、铺底料工艺 ·········· 236

　8.1.6　烧结矿表面处理工艺 ·········· 238

8.2　烧结矿冷却 ·········· 238

　8.2.1　机外冷却设备的构造与工作原理 ·········· 238

　8.2.2　机外冷却设备的性能与特点 ·········· 244

　8.2.3　机外冷却设备的有关计算 ·········· 246

　8.2.4　机外冷却技术操作 ·········· 247

　8.2.5　提高机外冷却效果的方法 ·········· 249

　8.2.6　机外冷却设备检查与维护 ·········· 250

　8.2.7　机外冷却设备的常见故障与处理 ·········· 253

　8.2.8　机上冷却工艺 ·········· 255

8.3　烧结矿破碎 ·········· 255

8.3.1　设备构造与工作原理 ……………………………………… 256

8.3.2　双(对)齿辊破碎机的规格及技术参数 ………………… 256

8.3.3　双(对)齿辊破碎机的有关计算 ………………………… 257

8.3.4　双(对)齿辊技术操作 …………………………………… 257

8.3.5　双(对)齿辊生产操作及齿辊间隙调整 ………………… 258

8.3.6　对设备运行情况的判断与检查 ………………………… 259

8.3.7　双(对)齿辊破碎机检查维护 …………………………… 261

8.4　烧结饼筛分 ……………………………………………………… 262

8.4.1　冷矿振动筛构造与工作原理 …………………………… 262

8.4.2　振动筛简介 ……………………………………………… 263

8.4.3　振动筛的有关计算 ……………………………………… 265

8.4.4　筛分作业 ………………………………………………… 266

8.4.5　提高筛分效率的途径 …………………………………… 267

8.4.6　筛分设备的检查与维护 ………………………………… 268

8.4.7　振动筛常见故障及处理 ………………………………… 269

8.5　返矿 ……………………………………………………………… 270

8.5.1　返矿的作用 ……………………………………………… 270

8.5.2　返矿在烧结中的影响 …………………………………… 270

8.5.3　返矿质量的判断 ………………………………………… 271

8.5.4　返矿的平衡与控制 ……………………………………… 271

8.5.5　返矿的计算及检测 ……………………………………… 272

8.5.6　除尘灰对烧结的影响 …………………………………… 273

8.6　安全生产要求 …………………………………………………… 274

8.6.1　作业前的准备 …………………………………………… 274

8.6.2　作业过程中的安全要求 ………………………………… 274

复习思考题 …………………………………………………………… 276

9　烧结物料运输 …………………………………………………………… 277

9.1　物料运输的特点 ………………………………………………… 277

9.1.1　物料运输在烧结生产中的地位 ………………………… 277

9.1.2　物料运输的特性 ………………………………………… 277

9.1.3　物料运输设备的选择 …………………………………… 278

9.2　胶带运输机 ……………………………………………………… 278

9.2.1　胶带运输机 ……………………………………………… 279

9.2.2　部件性能及作用（TD75 型） …………………………… 280

9.2.3　保护装置 ………………………………………………… 283

9.2.4　胶带运输机安装标准 …………………………………… 283

9.2.5　常用计算 ………………………………………………… 285

9.3　物料输送设备 …………………………………………………… 286

9.3.1 螺旋输送机 …………………………………………………………… 286

9.3.2 斗式提升机 …………………………………………………………… 287

9.3.3 气力输送设备 ………………………………………………………… 288

9.4 物料运输设备巡检及维护 ……………………………………………… 290

9.4.1 生产操作 ……………………………………………………………… 290

9.4.2 胶带运输机巡检及维护 ……………………………………………… 291

9.4.3 螺旋给料机设备巡检及维护 ………………………………………… 292

9.4.4 斗式提升机的维护与巡检 …………………………………………… 293

9.5 物料运输设备常见故障及处理 ………………………………………… 293

9.5.1 胶带运输机常见故障及处理 ………………………………………… 293

9.5.2 气力输送装置故障的处理 …………………………………………… 294

9.6 胶带的连接 ……………………………………………………………… 295

9.6.1 胶接接头的种类和形式 ……………………………………………… 295

9.6.2 接头胶接方法 ………………………………………………………… 296

9.6.3 冷、热胶接的特点及适用性 ………………………………………… 297

9.6.4 硫化"三要素"的控制 ……………………………………………… 297

9.6.5 硫化作业工具 ………………………………………………………… 298

9.6.6 胶带修补的方法及适用性 …………………………………………… 299

9.7 安全生产要求 …………………………………………………………… 300

9.7.1 胶带运输机安全操作要求 …………………………………………… 300

9.7.2 胶带运输机岗位危险源辨识 ………………………………………… 300

9.7.3 胶带运输机事故及应急预案 ………………………………………… 301

9.7.4 安全生产要求 ………………………………………………………… 302

复习思考题 ……………………………………………………………………… 303

10 烧结节能减排 ………………………………………………………………… 305

10.1 钢铁工业与节能减排 …………………………………………………… 305

10.1.1 节能减排的意义 ……………………………………………………… 305

10.1.2 钢铁工业在节能减排中面临的问题 ………………………………… 305

10.1.3 钢铁生产发展与节能减排 …………………………………………… 306

10.2 烧结节能减排措施 ……………………………………………………… 307

10.2.1 节能措施 ……………………………………………………………… 307

10.2.2 减排措施 ……………………………………………………………… 312

10.3 工业粉尘治理 …………………………………………………………… 313

10.3.1 粉尘 …………………………………………………………………… 313

10.3.2 除尘器的分类及工作原理 …………………………………………… 315

10.4 电除尘器 ………………………………………………………………… 319

10.4.1 电除尘器本体设备 …………………………………………………… 319

10.4.2 电除尘器的供电装置 ………………………………………………… 322

10.4.3　电除尘器的输灰装置 ……………………………………………… 323
10.4.4　电除尘器风机及管网 ………………………………………………… 324
10.4.5　影响电除尘器性能的因素 …………………………………………… 325
10.4.6　电除尘器的一般技术操作要求 ……………………………………… 327
10.4.7　电除尘系统的操作程序 ……………………………………………… 327
10.4.8　电除尘器主要设备的维护与点检 …………………………………… 328
10.4.9　电除尘器的故障判断与处理 ………………………………………… 330
10.5　布袋除尘器 ……………………………………………………………… 333
10.5.1　布袋除尘器工作原理 ………………………………………………… 333
10.5.2　影响布袋除尘器性能的因素 ………………………………………… 334
10.5.3　布袋除尘器的操作 …………………………………………………… 334
10.5.4　布袋除尘器的故障判断与处理 ……………………………………… 335
10.6　半干法烧结烟气脱硫 …………………………………………………… 335
10.6.1　NID 半干法烟气脱硫设备 …………………………………………… 335
10.6.2　氨 - 硫酸铵湿法烟气脱硫设备 ……………………………………… 342
10.7　溴化锂吸收式制冷设备 ………………………………………………… 351
10.7.1　工作原理与功能 ……………………………………………………… 351
10.7.2　操作规则与使用维护要求 …………………………………………… 353
10.7.3　常见故障判断及处理 ………………………………………………… 356
10.8　低温烟气余热发电 ……………………………………………………… 359
10.8.1　烟气系统 ……………………………………………………………… 359
10.8.2　热力系统和循环水系统 ……………………………………………… 359
10.8.3　除盐水系统 …………………………………………………………… 360
10.8.4　电气系统和热工仪表 ………………………………………………… 360
复习思考题 ……………………………………………………………………… 360

11　烧结生产管理 ……………………………………………………………… 362
11.1　生产计划管理 …………………………………………………………… 362
11.1.1　长远规划管理 ………………………………………………………… 362
11.1.2　年度生产经营计划管理 ……………………………………………… 362
11.1.3　月生产经营计划管理 ………………………………………………… 363
11.1.4　周检修计划管理 ……………………………………………………… 363
11.2　技术质量管理 …………………………………………………………… 363
11.2.1　进厂原料管理 ………………………………………………………… 363
11.2.2　生产过程控制管理 …………………………………………………… 364
11.2.3　工艺纪律管理 ………………………………………………………… 365
11.2.4　质量事故管理 ………………………………………………………… 365
11.3　能源及成本管理 ………………………………………………………… 366
11.3.1　能源管理 ……………………………………………………………… 366

11.3.2　成本管理 ……………………………………………………… 367
11.4　安全生产管理 …………………………………………………… 369
11.4.1　安全生产管理 ………………………………………………… 369
11.4.2　安全生产规章制度 …………………………………………… 371
11.4.3　安全常识 ……………………………………………………… 374
11.4.4　劳动保护与工业卫生 ………………………………………… 375
11.4.5　劳动生理与安全心理 ………………………………………… 376
11.4.6　伤亡事故及预防 ……………………………………………… 379
复习思考题 ……………………………………………………………… 381

12　烧结试验方法及技能 ……………………………………………… 383
12.1　烧结试验方法 …………………………………………………… 383
12.1.1　荷重软化试验 ………………………………………………… 383
12.1.2　烧结杯试验方法 ……………………………………………… 383
12.1.3　烧结杯试验的通用性 ………………………………………… 384
12.2　烧结矿质量检测方法 …………………………………………… 385
12.2.1　烧结矿转鼓强度检测 ………………………………………… 385
12.2.2　烧结矿化学成分检测 ………………………………………… 386
12.2.3　烧结矿冶金性能检测 ………………………………………… 387
12.3　漏风率检测 ……………………………………………………… 388
12.3.1　国内外情况 …………………………………………………… 389
12.3.2　烧结系统漏风率的检测方法 ………………………………… 390
12.4　安全操作要求 …………………………………………………… 392
12.4.1　烧结杯试验安全要求 ………………………………………… 392
12.4.2　现场取样、制样安全要求 …………………………………… 393
12.4.3　冶金性能检测试验安全要求 ………………………………… 393
复习思考题 ……………………………………………………………… 393

13　技术报告论文撰写 ………………………………………………… 395
13.1　科技写作 ………………………………………………………… 395
13.1.1　科技写作的含义和类别 ……………………………………… 395
13.1.2　科技写作的特点 ……………………………………………… 397
13.1.3　提高科技写作的途径 ………………………………………… 399
13.2　科技论文 ………………………………………………………… 401
13.2.1　科技论文的含义和类别 ……………………………………… 401
13.2.2　科技论文的特点和作用 ……………………………………… 402
13.2.3　科技论文的规范格式 ………………………………………… 404
13.2.4　科技论文的写作过程 ………………………………………… 408
13.3　科技报告 ………………………………………………………… 412

13.3.1　科技报告概述 ………………………………………………… 412

13.3.2　科研开题报告 …………………………………………………… 414

13.3.3　科技进度报告 …………………………………………………… 415

13.3.4　科技实验报告 …………………………………………………… 416

13.3.5　科技考察报告 …………………………………………………… 417

13.3.6　可行性研究报告 ………………………………………………… 419

复习思考题 ………………………………………………………………… 421

参考文献 …………………………………………………………………… 422

1　烧结生产概述

1.1　烧结工艺的发展

铁是组成地壳的重要元素之一，它在地壳中约占各种元素总质量的51%，大部分地壳的岩石中都含有铁。然而，在自然界中，金属状态的铁是极少见的，它一般都和其他元素结合成化合物或混合物，而且铁的质量分数在70%以上的矿石很少，大部分铁矿石中铁的质量分数在25%~50%之间。在我国，铁矿的储量中贫矿占总储量的97.5%，铁矿石中伴（共）生有其他组分的综合矿占总储量的1/3，这些贫矿直接用来冶炼很不经济，所以在高炉冶炼前大部分铁矿石都需要进行选矿处理。

铁矿石在选矿过程中必须破碎和细磨，所得到的是铁矿粉。富矿在经过开采、破碎到满足入炉粒度要求的过程中，也将产生30%以上的粉末，为保证高炉料柱良好的透气性，这些粉末也不能直接入炉；另一方面，对钢铁生产来说，由于往往有较多有害的元素（如K、Na、Pb、Zn、As、S、P等）与铁矿石共生，因此，需要经过选矿或配矿，以降低其含量，这样就派生了人造块矿的工艺。通过造块才能使矿产资源充分利用。烧结是目前使用最广泛的造块工艺。烧结矿是一种品位高、有害杂质低、经过高温处理后性能稳定的人造富矿。在烧结过程中，有许多物理化学反应都在炉外进行，这使得高炉的产能进一步发挥，达到高产、优质、低耗的目的。

烧结生产是钢铁企业主体生产线上不可缺少的重要工序，是炼铁生产的前工序，即高炉生产的原料准备，烧结矿的产量和质量在很大程度上决定了高炉生产的各项技术经济指标和生铁质量。

1.1.1　烧结法分类

人造块状矿的生产方法有烧结法、球团法和压团法（压团法又分为冷固压团和高温压团）等，国内外将其通称为造块法。造块法中发展最早的是压团法，随着世界钢铁工业的迅速发展和造块工艺技术的进步，烧结法因设备投资少、对原料要求低、产量高、质量好、生产成本低等优点被人们所认同，由于烧结工艺的进一步完善，烧结法得到突飞猛进的发展，成为钢铁工业生产中必不可少的工艺过程。

烧结就是将添加一定数量燃料的粉状物料（如粉矿、精矿、熔剂和工业副产品）进行高温加热，在不完全熔化的条件下烧结成块，所得产品称为烧结矿。烧结过程是一个复杂的高温物理化学反应过程，按粉状物料所含金属元素的成分不同，生产出来的产品可分为铁烧结矿和有色金属烧结矿（如铜烧结矿、铅烧结矿等）。

冶金行业的烧结就是在高温条件下，将粉状物料变成在物理、化学性能上都能满足高炉冶炼要求的人造块状原料的生产过程。粉状物料的固结主要靠固相扩散以及颗粒表面软化、局部熔化和造渣而实现，这也是烧结过程的基本原理。

烧结方法按其送风方式和烧结特性不同，分为抽风烧结、鼓风烧结和在烟气内烧结；若按所用设备不同，又可分为连续式带式烧结机烧结、环式烧结机烧结、步进式烧结机烧结、回转窑烧结以及间歇式烧结盘烧结、烧结锅烧结、平地吹烧结等。

国内外烧结生产中应用最广泛的是连续带式抽风烧结设备。连续带式抽风烧结方法具有劳动生产率高、机械化程度高、劳动条件较好、有利于实现自动控制、对原料适应性强和便于大规模生产等优点。

1.1.2　烧结工艺的发展

烧结法起源于资本主义发展较早的英国、瑞典和法国，距今已有二百多年的历史。大约在1870年前后，这些国家就开始使用烧结锅。1892年，英国出现烧结锅，到1897年，T. 亨廷（T. Hunting）等采用烧结设备完成了鼓风间断作业并申请了硫化铅矿焙烧专利，这是烧结工艺发展史上第一个标志。1905年，美国E. J. 萨夫尔斯白瑞（E. J. Savelsbery）首次将大型烧结锅用于铁矿粉造块。1909年，S. 佩恩北（S. Penbach）申请用连续环式烧结机烧结铅矿石。1910年，世界钢铁工业上第一台带式烧结机在美国用于铁矿粉烧结生产，烧结机面积仅为8.325m²，它的出现带来烧结生产的重大革命，完成了烧结生产从间断式向连续式作业的跨越，此后带式烧结机得到了广泛的应用。1911年，J. E. 格林纳瓦特（J. E. Greenawat）发明抽风式间断烧结盘，用于铁矿粉烧结，带来了烧结史上第二次革命，使鼓风烧结向抽风烧结转变。从此抽风带式烧结机的发展日新月异，至今已有百余年了。

随着钢铁工业的发展，烧结规模也在不断扩大。烧结面积从几平方米发展到数百平方米，台车宽度从不足1m发展到6m，设备和工艺自动化程度也逐年提高。目前，国内最大的烧结机为660m²，世界上最大的烧结机面积为700m²（巴西），机上冷却的带式烧结机为700m²（巴西），平均单台烧结机面积已突破200m²，年生产能力突破12亿吨。

我国在1949年前仅有石景山的烧结锅、本溪的烧结盘和鞍山的小烧结机，但因工艺设备落后，生产能力低下，年产量最高只有十几万吨。新中国成立后，铁矿石烧结技术得到飞速发展，1952年从苏联引进75m²烧结机，到70年代已能自行设计制造90~130m²烧结机。在80年代初，宝钢引进日本450m²烧结机，经过消化移植，到90年代，国内已能自行设计和制造该规格的烧结机。进入21世纪后，烧结生产突飞猛进，主要表现在烧结设备的大型化和自动化步伐加快，改、扩、新建300m²及以上的烧结机数十台。2009年，山西太钢新建的烧结机面积达到660m²，设备大型化方面赶上了世界先进发达国家发展步伐。到目前为止，我国拥有400m²及以上的特大型烧结机数十台，烧结机总台数达500多台，总面积近10万平方米，年产烧结矿6亿吨以上，已成为世界上烧结矿的生产大国。

在烧结工艺和设备改造上，武钢烧结厂就是通过老厂改造而发展的典型实例。该厂投产于1959年，到1980年拥有75m²、90m²烧结机各四台，年产烧结矿不足600万吨；1987年引进一台法国二手393m²机上冷却烧结机，使产量增加到700余万吨。自1998年新建成一台450m²烧结机；2002年对三烧四台90m²进行"四改一"，第二年投产一台360m²烧结机；2004年底又新建一台450m²烧结机；2005年又对一烧四台75m²烧结机"四改一"，新建一台450m²烧结机于2006年年底投产。在近8年时间里，烧结机单台面积由75m²扩大到450m²，烧结机总面积由823m²增加到1945m²，年产烧结矿由700万吨提高到1772万吨以上。

在设备改造的同时，武钢烧结厂注重设备自动化和烧结新技术的开发应用：在自动控制方面，自主开发了烧结过程自动控制系统（BTP模糊控制），使烧结过程实现了自动控制；在烧结新工艺上采用了小球烧结、燃料分加、偏析布料、低温烧结和高铁低硅烧结等生产技术，获得国家专利20余项。在一个烧结厂内集自动化程度最高、烧结新技术使用最全、特大型烧结机料层最厚、烧结设备规模最大、年产烧结矿产量最高，走在国内烧结行业的前列。

自1978年马钢冷烧技术攻关成功后，国内重点企业和地方骨干企业都采用了热烧改冷烧工艺,特别是国家新建宝钢以后,带来了烧结行业的飞跃。烧结设备大型化、自动化、新工艺技术的运用,缩小了我国烧结行业与国外先进水平之间的差距。

1.2 烧结原料

烧结原料主要由三种大类原料组成,即含铁原料、熔剂和固体燃料。

在这三类主要原料中,含铁原料是组成烧结矿的主体。含铁原料不仅品种繁多,而且品位相差悬殊,用量也很大。通常含铁原料在烧结原料场或原料仓库要分门别类地堆放储存(有条件的还要进行中和混匀),以保证其各种化学成分和物理性能的稳定。

烧结生产中使用的碱性熔剂通常有石灰石、白云石、消石灰、生石灰等。熔剂也需分种类、分品位堆放储存,有条件的企业还进行中和混匀,石灰石、白云石、蛇纹石、菱镁石等根据烧结工艺要求,其粒度必须加工处理。

烧结常用的固体燃料有焦炭、无烟煤,其堆放储存在专用仓库或场地。

1.2.1 含铁原料

自然界中大部分铁矿石与其他组分伴(共)生,在粒度和化学成分上能够直接满足高炉冶炼要求的矿石并不多。现在已知的含铁矿物有三百多种,但在目前技术水平条件下,能用于炼铁而且经济上又合算的只有少数几种,因此,不能把所有的含铁岩石都称为铁矿石。

铁矿石主要是由一种或几种含铁矿物和脉石所组成。烧结使用的含铁原料主要是各类含铁矿物的精矿和富矿粉。精矿是铁矿石经过选矿处理后的产物;富矿粉是富矿在开采或加工过程中产生的粒度小于5mm或小于8mm的细粒部分。

目前,烧结生产常用的铁矿石根据含铁矿物性质不同可以分成四种类型,见表1-1。

表1-1 铁矿石分类及特性

矿石名称	含铁铁矿物名称和化学式	矿物中的理论铁的质量分数/%	矿石密度/t·m⁻³	颜色	条痕	冶炼性能		
						实际铁的质量分数/%	有害杂质	强度及还原性
磁铁矿(磁性氧化铁矿石)	磁性氧化铁矿石 Fe_3O_4	72.4	4.9~5.2	黑色或灰色	黑色	45~70	硫、磷含量高	坚硬、致密、难还原
赤铁矿(无水氧化铁矿石)	赤铁矿 Fe_2O_3	70.0	4.8~5.3	红色至淡灰色,甚至黑色	红色	55~60	少	较易破碎、软、易还原
褐铁矿(含水氧化铁矿石)	水赤铁矿 $2Fe_2O_3 \cdot H_2O$	66.1	4.0~5.0					
	针赤铁矿 $Fe_2O_3 \cdot H_2O$	62.9	4.0~4.5	黄褐				
	水针铁矿 $3Fe_2O_3 \cdot 4H_2O$	60.9	3.0~4.4	色暗	黄褐色	37~55	磷含量高	疏松,大部分属软矿石,易还原

矿石名称	含铁铁矿物名称和化学式	矿物中的理论铁的质量分数/%	矿石密度/t·m⁻³	颜色	条痕	冶炼性能		
						实际铁的质量分数/%	有害杂质	强度及还原性
褐铁矿（含水氧化铁矿石）	褐铁矿 $mFe_2O_3 \cdot nH_2O$	60.0	3.0~4.2	褐色至黑色	黄褐色	37~55	磷含量高	疏松，大部分属软矿石，易还原
	黄针铁矿 $2Fe_2O_3 \cdot 2H_2O$	57.2	3.0~4.0					
	黄赭石 $Fe_2O_3 \cdot 3H_2O$	55.2	2.5~4.0					
菱铁矿（碳酸盐铁矿石）	碳酸铁 $FeCO_3$	48.2	3.8	灰色带黄褐色	灰色或带黄色	30~40	少	易破碎，最易还原（焙烧后）

1.2.1.1　磁铁矿（Fe_3O_4）

磁铁矿是一种常见的铁矿石，其化学式为 Fe_3O_4，理论铁的质量分数为 72.4%，其中，Fe_2O_3 的质量分数为 69%，FeO 的质量分数为 31%。磁铁矿石的组织结构一般都很致密坚硬，还原性差，呈块状或粒状，其外表有金属光泽，颜色呈钢灰色或黑灰色，有磁性，密度为 4.9~5.2t/m³。

磁铁矿矿石中脉石常为石英、各种硅酸盐（如绿泥石等）及碳酸盐，也含有少量黏土。由于矿石中含有黄铁矿及磷灰石，有时还有闪锌矿及黄铜矿，因此，一般磁铁矿含硫磷较高，并含锌和铜，含钛（TiO_2）和钒（V_2O_5）较多的磁铁矿分别称为钛铁矿和钒钛磁铁矿。

一般从矿山开采出来的磁铁矿石中铁的质量分数为 45%~70%。当铁的质量分数大于 45%，粒度大于 5mm 或大于 8mm 时，可直接供炼铁用，小于 5mm 或小于 8mm 时则作为烧结原料。当铁的质量分数小于 45% 或有害杂质超过规定，不能直接利用时，则需经过破碎、选矿处理，通常用磁选法得到高品位的磁选精矿。

磁铁矿石的烧结特性是由于其结构致密、形状较规则，所以其堆密度大，烧结料颗粒间有较大的接触面积，烧结时在液相发展较少的情况下烧结矿即可成型。因此，烧结过程可以在较低温度和燃料用量较少的情况下，得到熔化度适当、FeO 的质量分数较低、还原性和强度较好的烧结矿。

1.2.1.2　赤铁矿（Fe_2O_3）

赤铁矿是最常见的铁矿石，俗称"红矿"，化学式为 Fe_2O_3，其理论铁的质量分数为 70%，氧的质量分数为 30%，赤铁矿的密度为 4.8~5.3t/m³。一般比磁铁矿石易于破碎和还原，赤铁矿石所含的有害杂质硫、磷、砷较磁铁矿石、褐铁矿石少，其主要脉石成分为 SiO_2、Al_2O_3、CaO 和 MgO 等。

从自然界开采出的赤铁矿石中铁的质量分数为 55%~60%。铁的质量分数大于 40%，粒度小于5mm或小于8mm的矿粉作为烧结原料，当铁的质量分数小于40%或含有害杂质过多时，需经选矿处理。一般采用重选法、磁化焙烧－磁选法、浮选法或采用混合流程处理，处理后得到高品位铁精矿作为造块原料。

赤铁矿的烧结性能与磁铁矿相近，但其开始软化温度较高，要在料层各部位均匀达到这样高的温度有一定困难，一般赤铁矿在烧结时比磁铁矿需要的燃料消耗高。如果单纯地增加燃料用量来满足较高温度的要求，虽然能得到足够的液相，但不可避免地会产生过熔，形成还原性差、大孔薄壁、性脆的烧结矿，导致烧结矿强度差，成品率低。由此可见，赤铁矿比磁铁矿烧结性能差。

1.2.1.3 褐铁矿（$m\text{Fe}_2\text{O}_3 \cdot n\text{H}_2\text{O}$）

褐铁矿是含结晶水的Fe_2O_3，其化学式可用$m\text{Fe}_2\text{O}_3 \cdot n\text{H}_2\text{O}$表示，按结晶水含量、生成情况和外形的不同可分为五类：水赤铁矿$2\text{Fe}_2\text{O}_3 \cdot \text{H}_2\text{O}$（含5.32%结晶水）、针铁矿$\text{Fe}_2\text{O}_3 \cdot \text{H}_2\text{O}$（含10.11%结晶水）、褐铁矿$2\text{Fe}_2\text{O}_3 \cdot 3\text{H}_2\text{O}$（含14.39%结晶水）、黄针铁矿$\text{Fe}_2\text{O}_3 \cdot 2\text{H}_2\text{O}$（含18.37%结晶水）、黄赭石$\text{Fe}_2\text{O}_3 \cdot 3\text{H}_2\text{O}$（含25.23%结晶水）。

自然界中褐铁矿很少，大部分含铁物以$2\text{Fe}_2\text{O}_3 \cdot 3\text{H}_2\text{O}$存在。褐铁矿的外表颜色为黄褐色、暗褐色和黑色，呈黄色或褐色条痕，密度为$3.0 \sim 4.2\text{t/m}^3$，一般铁的质量分数为37% ~ 55%，其脉石主要为黏土及石英等，硫、磷、砷等元素含量较高。褐铁矿由于孔隙度大，还原性比磁铁矿和赤铁矿都好。

当褐铁矿品位低于35%时，需进行选矿。目前主要采用重力选矿法和磁化焙烧－磁选法两种。重选法费用低，但其精矿中水分含量高，而且还保留着结晶水，因而给烧结生产带来很大困难；磁化焙烧－磁选法设有焙烧工序，产品中不含结晶水，因而对烧结、球团生产有利。

1.2.1.4 菱铁矿（FeCO_3）

菱铁矿的化学式为FeCO_3，其理论铁的质量分数为48.2%，FeO的质量分数为62.1%，CO_2的质量分数为37.9%。自然界中常见的菱铁矿坚硬致密，外表颜色为灰色和黄褐色，风化后为深褐色，密度为3.8t/m^3，无磁性，它的夹杂物为黏土和泥沙。菱铁矿中铁的质量分数一般为30% ~40%，但经过焙烧分解放出CO_2后，其铁的质量分数显著增加，矿石也变得多孔，易破碎，还原性好。

菱铁矿的烧结性能基本上与磁铁矿相同。由于菱铁矿在烧结时分解出大量的CO_2气体，因此对粒度要求较为严格，用做烧结原料的菱铁矿粒度应小于6mm。粒度过大，在分解时消耗大量的热量和必要的时间，出现未烧好的块矿，烧结过程中形成大量的微观裂纹，致使烧结矿极易破碎，强度差。

根据生产工艺的不同，含铁原料可分为铁精矿和铁粉矿。铁精矿是通过选矿而获得的一种含铁品位高、粒度细的产品。铁精矿的特点是粒度细，水分含量高，铁的品位高而其他杂质少。在鉴别精矿时，用手抓铁料，手感沉重，潮湿时拧紧后不易松散，还可以从颜色、气味上识别，用火烘干后，精矿呈粉末状。铁粉矿是在矿山采矿过程中，经过富矿块加工破碎后的产品，其粒度一般小于10mm，为土红色或灰褐色，堆密度为$1.9 \sim 2.3\text{t/m}^3$，且粒度比较粗。国内粉矿在10mm以下，进口粉矿在6mm以下。

1.2.2 熔剂

熔剂按其性质不同分为碱性熔剂（碳类）、中性熔剂（高铝类）和酸性熔剂（磺类）三类。由于铁矿石中含酸性脉石比较多，所以烧结常用的熔剂为碱性熔剂。常用的碱性熔剂有石灰石、白云石、生石灰和消石灰。近年来，因炼铁工艺对入炉矿石要求的不同，有些烧结厂还使用了轻烧白云石、轻烧菱镁石、蛇纹石等熔剂。

1.2.2.1　石灰石

石灰石的化学式通常用 $CaCO_3$ 表示，理论 CaO 的质量分数为 56%、CO_2 的质量分数为 44%。自然界中石灰石都含有镁、铁、锰等杂质，工业上石灰石中 CaO 的质量分数都低于理论值，一般为 50%～55%。石灰石呈粗粒块状集合体，性脆、易破碎，密度为 2.6～2.8t/m^3，颜色呈灰白色和青黑色两种。

烧结厂使用的石灰石要求 CaO 含量高，一般 CaO 的质量分数大于 50%，含酸性氧化物要低，SiO_2 的质量分数小于 3%，CaO 的质量分数波动范围要小，有害杂质硫、磷要少。石灰石入厂的粒度要求是 0～80mm，烧结生产对石灰石的粒度要求是不超过 3mm 粒级的含量大于 90%。

1.2.2.2　白云石

白云石常用化学式为 $Mg \cdot Ca(CO_3)_2$，它的理论组成：$CaCO_3$ 的质量分数为 54.2%（CaO 的质量分数为 30.41%），$MgCO_3$ 的质量分数为 45.80%（MgO 的质量分数为 21.8%）。白云石呈致密粗粒块状，较硬、难破碎，颜色为灰白色或浅黄色，有玻璃光泽。自然界中白云石分布没有石灰石普遍。

在白云石与石灰石中间的过渡带称为互层。互层分石灰石互层（MgO 的质量分数小于 6%）和白云石互层（MgO 的质量分数为 6%～16%）。互层由于成分不稳定，烧结配料时不易控制。

石灰石与白云石的区别除颜色外，白云石有玻璃光泽，其破碎面呈鱼子状小粒，而石灰石较平整，用手握这两种块矿时，石灰石的手感比白云石手感好，白云石有棱角扎手的感觉。

1.2.2.3　生石灰

生石灰的化学式为 CaO，生石灰是由石灰石煅烧而成的，煅烧温度为 900～1000℃，其反应式为 $CaCO_3 = CaO + CO_2$。石灰石在煅烧时分解出二氧化碳，表面多裂纹，易破碎，吸水性强，自然粉化、加水消化时，放出大量的热。

烧结使用的生石灰含有杂质，CaO 的质量分数一般为 85% 左右，粒度要求小于 10mm，其中，粒度为 0～5mm 的占 85%。生石灰易吸水和易扬尘，运输、储存和破碎应有专门设施，以改善劳动条件。

1.2.2.4　消石灰

消石灰的化学式为 $Ca(OH)_2$，其颜色为白色粉末状，水分的质量分数高时有黏性，消石灰是由生石灰加水消化而成的熟石灰，俗称"白灰"。其消化反应式为 $CaO + H_2O = Ca(OH)_2$，反应中放出大量的热。消石灰分散度大，有黏性，堆密度小于 1t/m^3。

烧结使用的消石灰要求水分的质量分数小于 15%，CaO 的质量分数为 70% 左右，粒度要求小于 3mm。

消石灰与生石灰的区别在于生石灰呈粒状，用水喷洒其上时生石灰放热，而消石灰不放热。

1.2.2.5　轻烧菱镁石

烧结中把轻烧菱镁石又称镁砂，以天然菱镁矿作为原料，采用竖窑、回转窑等高温设备，通过一次煅烧或二步煅烧工艺，经 1550～1600℃烧制而成镁含量高的一种原料。按其理化指标分为 18 个牌号，详见国家标准 GB/T 2273—1998。

1.2.2.6 菱镁石

菱镁石的主要成分是碳酸镁，其化学式为 $MgCO_3$，理论上 MgO 的质量分数为 47.6%，颜色为白或黄、褐色等，条痕为白色。

1.2.2.7 蛇纹石

蛇纹石是一种层状高镁、高硅矿物，它是由一层硅氧四面体与一层氢氧镁石八面体结合而成，其化学式为 $Mg_6(Si_4O_{10})(OH)_8$，理论 MgO 的质量分数为 43.6%，SiO_2 的质量分数为 43.3%，H_2O 的质量分数为 13.1%。蛇纹石的颜色随所含杂质成分不同而呈现程度不同的绿色，如浅绿、黄绿、暗绿及黑绿，也有呈灰白色的。

1.2.3 固体燃料

烧结常用的固体燃料主要为焦炭和无烟煤。

1.2.3.1 焦炭

焦炭是炼焦煤隔绝空气高温加热后的固体产物，颜色为褐灰色，强度大、含碳高、疏松多孔，主要作为炼铁使用。烧结使用的碎焦是高炉用焦炭的筛下物以及焦化厂焦炭破碎产生的筛下物，即小于 25mm 的小块焦或焦末。焦炭的化学成分通常以工业分析表示，主要是固定碳的质量分数、挥发分的质量分数、灰分的质量分数，还有水分的质量分数等。

一般烧结厂对焦炭的入厂要求为固定碳的质量分数大于 80%，挥发分的质量分数小于 5%，灰分的质量分数小于 15%，水分的质量分数小于 10%，进厂焦炭粒度为小于 25mm 或小于 40mm。烧结生产中使用的固体燃料的粒度应小于 3mm。

1.2.3.2 无烟煤

煤是一种复杂的混合物，主要由 C、H、O、N、S 五种元素组成，它的无机成分主要是水和矿物质，因其成因条件不同而分为无烟煤、烟煤、褐煤等。不同种类的煤，其密度、脆性、机械强度、光泽、热性质、结焦性及发热量等也有差异。

烟煤结构致密，呈灰黑色或黑褐色，光泽较褐煤亮，密度比含灰分相同的褐煤大，常为 $1.25～1.35t/m^3$，碳的质量分数为 75%～93%，氢的质量分数为 4.0%～4.5%，氧的质量分数为 3%～15%，挥发分的质量分数波动于 12%～48% 之间。烟煤是价值最高、用途最广的一种煤，常用来炼焦，供高炉使用，但在烧结生产中禁止使用烟煤。

褐煤平均碳的质量分数为 60%～75%，密度小，着火点低，易燃，水分的质量分数高，天然的水分的质量分数达 30%～60%，空气干燥条件下水分的质量分数为 10%～30%，灰分的质量分数高，挥发分的质量分数在 40%～55% 之间，发热值低，约为 8360～12540kJ/kg，颜色为褐色。

无烟煤供烧结使用，其挥发分的质量分数低（为 2%～8%，氢氧的质量分数少，约为 2%～3%），固定碳的质量分数高（一般为 70%～80%），发热量为 31300～33440kJ/kg。无烟煤密度较褐煤大，为 $1.4～1.7t/m^3$，它的硬度较烟煤高，呈灰黑色，光泽很强，水分的质量分数低，经热处理后，可以代替冶金焦。

1.2.4 工业副产品

在冶金及其他一些工业生产中有不少副产品，因其铁的质量分数都比较高，如果当做废物抛弃，不仅造成资源浪费，而且导致环境恶化。烧结配用这些工业副产品可以降低烧结成本，实现资源综合利用，还减少环境污染。这些副产品主要来自冶金生产各工序，如炼铁、炼钢、轧钢和硫酸厂的硫酸渣等。

1.2.4.1 瓦斯灰

瓦斯灰是高炉煤气带出来的炉尘，通常铁的质量分数为40%左右，它实际上是矿粉和焦粉的混合物。瓦斯灰的粒度较细，呈深灰色，亲水性差。烧结料中加入部分瓦斯灰可节约铁料和燃料，加之价格低廉，可以降低成本。进厂的瓦斯灰要适当加水润湿，以便运输和改善环境条件。

对瓦斯灰进行选矿处理，将铁粉和焦粉区分开来，铁粉送烧结作原料，焦粉送炼铁作喷煤原料。

1.2.4.2 轧钢皮

轧钢皮是轧钢厂生产过程中产生的氧化铁鳞，也称为氧化铁皮。轧钢皮一般占总钢材质量的2%~3%，铁的质量分数为70%左右，从水泵站沉淀池中清理出来的细粉铁皮，铁的质量分数也达60%左右，含其他有害杂质较少。轧钢皮密度大，是生产烧结矿的最好原料。进厂的轧钢皮必须筛去大块杂物，保证粒度小于10mm。烧结使用轧钢皮可节约铁矿石，由于其中的FeO氧化放热，可降低燃料消耗。

1.2.4.3 钢渣

钢渣一般指炼钢渣（炼炉渣和电炉渣等），多为碱性炼钢渣，这种钢渣各钢铁厂堆积如山。钢渣是炼钢中后期的混合物，由于日晒雨淋等原因，钢渣发生不同程度的风化，因此称为风化渣，筛分后粒度小于10mm的用于烧结，它具有一定的吸水性和黏结性；另一类是水淬渣，主要是炼钢过程的初期渣经水淬后呈粒状的钢渣，其颗粒不规则、多棱角、结构疏松。

烧结料中配入少量钢渣后，能较大地改进烧结矿的宏观结构和微观结构，有利于液相中析出晶体，使烧结矿液相中的玻璃质减少，提高烧结强度和成品率。试验证明，当烧结中使用4%~6%的钢渣时，产量可提高8%，但配比不宜过高，否则会使烧结矿含铁品位下降，含磷升高。钢渣中CaO、MgO的质量分数高，烧结料中添加钢渣可以代替部分熔剂。长期使用时，必须考虑磷元素的富集问题。

1.2.4.4 黄铁矿烧渣

黄铁矿烧渣是用黄铁矿制取硫酸后剩下的残渣，其粒度较细，铁的质量分数在50%左右，硫的质量分数较一般铁矿石高。

目前国内很重视烧渣的利用，最简单的利用方法是代替铁原料参与烧结，有些烧结厂已大量使用烧渣作为含铁原料。近年来，有些厂将烧渣进行选矿处理，以提高含铁品位（铁的质量分数大于55%）和降低硫的质量分数（小于0.1%），这种烧渣精矿作为烧结或球团的原料则更为有利。

1.3　烧结生产工艺流程

带式抽风烧结是目前国内外广泛采用的烧结矿生产工艺，这类烧结方法具有劳动生产率高、机械化程度高、自动化控制、劳动条件较好、对原料适应性强和便于大规模生产等优点。其较典型的工艺流程如图 1-1 和图 1-2 所示。

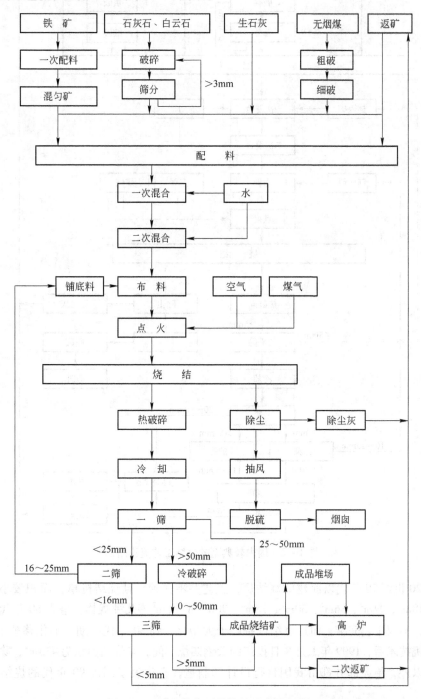

图 1-1　国内较典型的烧结工艺流程图一

　　图 1 - 1 所示为较先进的典型烧结工艺流程，图 1 - 2 所示为老厂改造后的典型烧结工艺流程。

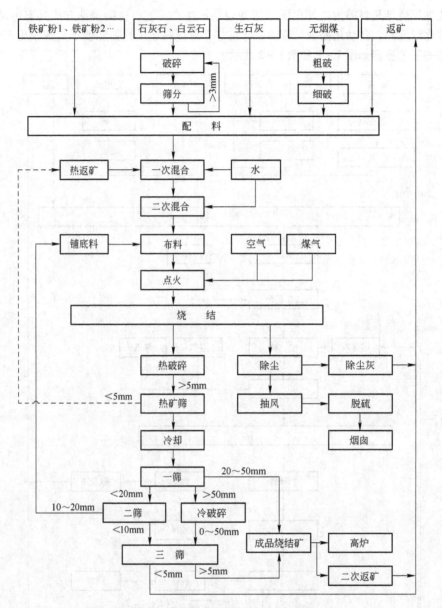

图 1 - 2　国内较典型的烧结工艺流程图二

　　我国 20 世纪 70 年代以前建的烧结厂，工艺并不完善，且烧结机单台面积较小，一般有 13.2m²、18m²、24m²、36m²、50m²、75m²、90m² 和 130m² 等几种规格。进入 80 年代以后新建的烧结厂，不仅工艺完善，而且烧结设备趋于大型化。到 80 年代中期，消化移植宝钢 450m² 大型烧结机技术后，1999 年 1 月 8 日投产的武钢四烧车间，其烧结面积为 435m²，除少量设备是引进的以外，绝大部分都由我国自行设计和制造，它代表了国内 90 年代的烧结工艺装备水平。

　　图 1 - 1 所示为较完善的工艺流程，这种流程首先是把所有的铁矿粉在原料场进行混匀，

使多品种矿石通过一次配料成为单一的混匀矿，而且在烧结矿冷却前进行了热破碎，取消了热矿筛，使得烧结生产条件改善。在烧结矿成品处理上有四段筛分和冷矿破碎工艺，使成品矿的粒级更均匀，粉末更少。

图1-2所示为改造过程中因场地或其他原因不尽完善的工艺流程，也属较典型的工艺流程。该流程中无原料场对矿石进行混匀，所以原料品种多，全部在配料室参加配料。烧结矿经热破碎、筛分后进行冷却，烧结矿的成品处理采用三段式筛分，第一段筛分采用双层筛或二段筛，筛出不同粒级的烧结矿，但是在烧结过程中有热返矿，对称量、环境等有一定影响。

1.3.1　烧结原料准备

烧结原料准备包括原料的验收、铁矿石混匀、熔剂和燃料的破碎加工、原料的输送等工序。

1.3.1.1　原料接收与储存

由于烧结厂所处的地理位置、生产规模大小以及原料的来源不同，所需原料的运输方式也不尽相同。沿海地区、离江河较近的主要采用船运方式，不具备船运条件的则以陆运方式为主，大中型烧结厂陆运烧结原料主要以火车运输为主，有的小厂很多品种以汽车运输为主。

由于运输方式、生产规模的不同，烧结原料的接收与储存方式也不一样，但其作用都是接收所需的烧结原料，保证烧结生产所需原料的正常供给。

1.3.1.2　原料验收

验收岗位主要负责进厂原料的质量和数量的验收工作。验收岗位处于供料单位、运输部门及烧结厂卸车岗位之间，岗位人员负责厂内外的联系工作，能掌握烧结厂各种原料储存情况及运输车间内车辆调配情况。通过原料验收，保证烧结原料在数量上与货票一致，在质量上符合原料验收标准，杜绝不合格原料进厂。

1.3.1.3　原料储存

烧结厂用料量大，品种多，而且一般都远离原料产地。为了获得预定的产品和保证烧结生产过程持续稳定地进行，应设置原料场或原料仓库，有些厂只设有原料场，有些厂只设有原料仓库，有的厂两者兼而有之。一般情况下应考虑设置原料场，可简化烧结厂的储矿设施和给料系统，也取消了单品种料仓，使场地和设备的利用得到了改善。国内外都很重视烧结前原料的储存、预处理和混匀，并且认为设置原料场是一个节省劳动力，便于自动控制和实现高产优质的有效措施。

实践证明，只有加强原料管理，才能控制粒度以及减少化学成分的波动，稳定烧结操作，提高烧结矿的质量，以满足高炉冶炼对精料的要求。

1.3.1.4　原料中和混匀

A　原料的中和

根据烧结和炼铁的要求设定原料的配比，利用混匀设施将原料均匀堆置在料场内，铺成又薄又长的料层，这种作业称为原料的平铺混匀作业，也称为原料的中和。经混匀后的原料混合物称为混匀矿。在使用时，取料机沿垂直于料场的长度方向切取，切取的混匀矿质量比较均匀，化学成分和粒度比较稳定。

B　混匀料场的主要作用

混匀料场的主要作用一是缓和原料供应和生产用料的不平衡，无固定矿山的中小厂供需矛盾尤为突出，对于矿源远离钢铁厂的大厂，往往因为运输条件跟不上，也存在供需矛盾；二是将接受输入的原料按一定的配比配料（也称为一次配料）后，输出成分稳定的单一混匀矿。

C　原料混匀方法

根据料场建设情况可分为室内混匀料场和露天混匀料场。在我国南方大都是露天料场，其优点是容量大，混匀效果好，投资少。在北方防寒要求很高和多雨条件下，可考虑采用室内料场，其容量小，投资高。若根据料场占地形状分，有圆形料场和长方形料场。因长方形料场布置灵活，发展扩建方便，所以长方形料场在钢铁企业中使用较普遍。

为了稳定和调整混匀矿的粒度组成，稳定烧结混合料的透气性，混匀料场还设置了矿石的破碎和筛分装置。

1.3.1.5　熔剂、燃料破碎加工

A　熔剂破碎与加工

烧结生产除对熔剂化学成分有要求外，对其粒度也有一定的要求，一般要求粒度为 0 ~ 3mm 的含量不低于 90% ，适宜粒度是保证烧结优质、高产、低耗的重要因素。通常进入烧结厂的石灰石（或白云石）的粒度为 0 ~ 40mm ，有时达 100mm ，在配料前必须将熔剂破碎至生产所要求的粒度。

为了保证熔剂破碎产品的质量和提高破碎机的生产能力，由破碎机和筛分机共同组成破碎流程。一种为一段破碎与检查筛分组成闭路流程，筛下为合格产品，筛上物返回与原矿一起破碎；另一种为设预先筛分，与破碎组成闭路流程，原矿首先经过预先筛分，分出合格的细级，筛上物进入破碎机破碎后返回，与原矿一起进行筛分。

B　燃料破碎与筛分

烧结厂所用的固体燃料有碎焦和无烟煤，其破碎流程是根据进厂燃料粒度和性质来确定的，一般固体燃料要求粒度为 0 ~ 3mm 的含量不低于 70% 。当进厂粒度小于 25mm 时，可采用一段四辊破碎机开路破碎流程，如果粒度大于 25mm ，应考虑两段开路破碎流程，先采用对辊破碎机粗破，再采用四辊破碎机细破。

我国烧结使用的无烟煤或焦粉来料都含有相当高的水分（质量分数大于 10% ），采用筛分作业时，筛孔易堵，降低筛分效率。因此，固体燃料破碎多不设筛分。

1.3.1.6　原料运输

烧结厂的物料运输一般都采用胶带运输机，这种设备输送量大、投资省、易维护。此外，还有斗式提升机、板式运输机和链板运输机等。随着科学技术的发展，在胶带运输机的基础上使用了气垫胶带机和管状胶带机，还有风动输送设备等。

1.3.2　烧结料制备

烧结料的制备即烧结工艺流程中的配混工艺，它包括配料、混匀、制粒等工序。

1.3.2.1　配料

根据规定的烧结矿化学成分，通过配料计算将使用的各种原料按比例进行配料，国内普遍采用重量及容积法配料。一般大型烧结厂都实行全自动配料，从而使烧结矿的物理化学指标越

来越好，化学成分的波动范围越来越小。

1.3.2.2 烧结料混合和制粒

一次混合的目的主要是将配好的烧结混合料混匀并加水润湿；二次混合除补充少量的水分继续将物料混匀外，主要目的是制粒，使烧结混合料在水分的质量分数和粒度组成上满足烧结工艺要求。

有的烧结厂还采用三次混合工艺，一是进一步制粒，二是进行固体燃料分加外滚，达到改善烧结料层透气性和降低燃料消耗的目的。还有的采用造球盘制粒，实施小球烧结。

1.3.3 烧结

烧结过程包括布料、点火、烧结终点控制等工序。

1.3.3.1 布料

布料是将铺底料、混合料分别按先后顺序平铺在烧结机台车上，保证烧结料层达到所规定的厚度，并且料面要平整。铺底料一般是从烧结矿成品中选出粒级为 10～25mm 的部分，在烧结机布料前平铺在台车底部，厚度一般为 30mm 左右，以保护抽风机转子和台车、炉箅条的使用寿命。随着烧结料层厚度的提高，为改善料层的透气性，有的厂还增加了松料器等。

1.3.3.2 点火

在布料完毕后用气体或液体燃料对烧结料面点火，点火的目的是供给足够的热量，将表层混合料中的固体燃料点燃，同时向烧结料层表面补充一定热量，以利于表层产生熔融相而黏结成具有一定强度的烧结矿。20 世纪 80 年代后一般采用多缝式点火烧嘴，90 年代开始采用双斜式点火烧嘴。点火燃料大都是高炉或焦炉煤气，有的厂使用天然气或重油等。

1.3.3.3 烧结

在点火高温的作用下，烧结料中的固体燃料被点燃，并在抽风条件下自上而下继续燃烧，烧结料在高温条件下产生一系列的物理、化学反应，产生一定量的液相，在液相冷却、结晶时将烧结料黏结成块。

1.3.3.4 抽风系统

抽风系统包括风箱、降尘管、集气管（大烟道）、抽风机、烟囱等，其作用是为烧结料层内提供足够的空气（即供氧）。抽风烧结过程若没有空气（风量），燃烧反应会停止，料层中不能获得必要的高温，烧结过程将无法进行。为了保证料层中固体燃料迅速而充分的燃烧，在点火的同时，自料面吸入足够的空气是必不可少的，这一任务需借助于抽风机来实现。与此同时，强大的风力自上而下穿过烧结料层，抽风烧结的废气中含有大量的粉尘及有害化学成分，因此，废气必须经过除尘、脱硫等系统处理后方可排放到大气中。

1.3.4 烧结矿成品处理

烧结矿成品处理包括热破碎、热筛分、冷却、冷破碎、冷筛分及成品运输等工序，其作用是对烧结饼进行冷却、整粒分级。粒级为 5～50mm 的部分为成品烧结矿，其中，分出粒级为 16～25mm 的部分作为铺底料，粒度小于 5mm 的为返矿。

随着烧结技术的进步，20 世纪 90 年代后新建和改建的烧结厂已取消了热矿筛，这不仅改善了现场劳动环境，还为实现自动配料创造了良好的条件。有的厂还取消了冷破碎，减少了工艺环节。

1.3.5　返矿

在烧结工艺的各工序中，物料的运输、装卸的落差、烧结的抽风、冷却的气流作用、各岗位除尘和成品的整粒等，都会产生部分散料和粒度小于 5mm 的物料，还有高炉在烧结矿入炉前再次筛分出粒度小于 5mm 粒级的物料，这部分物料通称为返矿。其中，大部分是熟料，且含铁较高，还可作为造球核粒，因此，该部分料在烧结生产中循环利用。

1.3.6　烧结除尘系统

烧结除尘系统的任务是收集烧结生产各工序扬尘点的粉尘。依据不同的物料及物料的不同特性，分别采用不同的除尘方式和除尘设备。通常燃料采用袋式除尘器，烧结机头尾除尘一般都采用电除尘器。含尘的气体经电场净化后排入大气，粉尘经加水润湿后返回到返矿矿槽或除尘灰槽内，参加集中配料，重新获得利用。

1.4　高炉对烧结矿的要求

1.4.1　高炉简介

高炉是炼铁的主要设备，与高炉相配套的设备是相当复杂的，包括矿仓（用来储存铁矿石、烧结矿、球团矿、焦炭和熔剂等炉料）、装料设备、运输设备、计器仪表等。鼓风机是将空气吹入高炉的设备，热风炉是将吹入高炉的空气预先加热到高温（1000～1200℃）的设备，另外还有喷煤、富氧和煤气除尘设备，贮铁罐、铸铁机、炉渣处理设备等。

高炉本体呈大酒瓶形，其内部是个空洞，周围砌筑厚砖，中间夹有冷却壁，外部包有铁皮，炉子底部设有出铁口，其上稍高位置有出渣口，再往上的整个圆周每隔一定的距离有一个圆孔，这些圆孔称为风口，热风就是从这里鼓入炉内的。

高炉从上至下各部位依次为炉喉、炉身、炉腰、炉腹和炉缸（见图 1-3）。

高炉炉腰的直径与高炉高度的比值大小将高炉分为矮胖型和瘦长型，高炉炉型是由于矿石资源的不同而形成的。日本的高炉代表了矮胖型高炉，高炉炉料以烧结矿为主；北美的高炉代表了瘦长型高炉，高炉炉料以球团矿为主。国内的高炉炉型大都

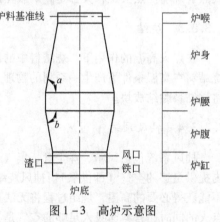

图 1-3　高炉示意图
a—炉身角；b—炉腹角

是矮胖型，炉料结构一般为烧结矿 60%～90%、球团矿 5%～20%、块矿 3%～20%。

1.4.1.1　炉内反应

炉内反应是指矿石在高炉内变成铁的过程。炉料在炉子上部被从下面升上来的煤气干燥和预热，同时进行还原气体对矿石的还原。当装入的炉料降到炉子下部的高温时，铁矿石进一步被 CO、H_2 和 C 还原；再往下到风口，由于焦炭被点燃，铁矿石开始软熔，从铁矿石中分离出

来的脉石和焦炭燃烧后的灰分以及 CaO 等发生反应，生成高炉渣并存在炉缸里。矿石中的脉石被分离出来后还原成铁，并吸收碳和硅等形成生铁，与高炉渣一样积在炉缸里，此时炉渣和生铁都是液态，炉渣浮在铁水上面，待这些液体储存到一定量后，分别从渣口和铁口排出。产生这些反应的动力是从风口吹入的热风，在风口前热风使焦炭和喷吹的重油、煤粉等燃料燃烧，产生的还原性气体即高炉煤气推动了反应的进行。

　　风口前焦炭燃烧产生的还原性气体，上升时的变化是首先从风口吹进来热风中的氧气，促使焦炭中的碳和重油中的碳氢化合物燃烧，产生高温的 CO 和 H_2，由于空气中有 N_2，所以高温气体中自然也含有 N_2，这种混合气体就是高炉煤气。高炉煤气在炉内上升的途中把热量传给炉料，在从炉子下部上升的过程中完成了铁矿石熔化、还原、预热和干燥等，待其上升到炉顶时，煤气的温度下降，CO 和 H_2 的体积分数减少，煤气的还原能力减弱，最终被排出炉外。

　　由此可见，炉内是固体（炉料）、液体（铁和渣）和气体（煤气）共存区域，其反应极为复杂，主要反应如下。

A　预热带反应

此区域的位置在炉身料线以下约 2~4m 处（见图 1-4）。

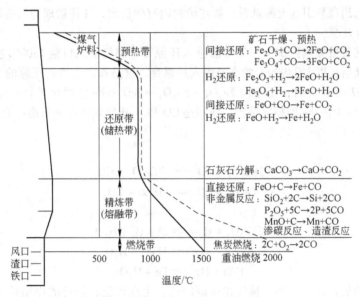

图 1-4　高炉各部位的功能和炉内反应示意图

　　预热带内炉料被从下部上升的煤气迅速干燥、预热并有一部分开始反应，在此区域内，由上而下的炉料与自下而上的煤气进行热交换，炉料由常温被加热到 800~900℃。此反应为间接还原反应，是以气体作为还原介质对矿石进行的还原反应，反应式如下。

　　三氧化二铁的还原：

$$Fe_2O_3 + CO = 2FeO + CO_2$$

$$3Fe_2O_3 + CO = 2Fe_3O_4 + CO_2$$

$$Fe_2O_3 + 3CO = 2Fe + 3CO_2$$

　　四氧化三铁的还原：

$$Fe_3O_4 + CO = 3FeO + CO_2$$

$$Fe_3O_4 + 4CO = 3Fe + 4CO_2$$

B　铁矿石还原粉化和还原度

矿石在弱还原气氛和 500℃ 左右的温度范围内，矿石中的 Fe_2O_3 被还原成 Fe_3O_4 过程中产生晶格的变化使矿石裂解，粉化出现许多细末，使高炉内料柱透气性变坏，妨碍煤气的流动，其反应式为 $3Fe_2O_3 + CO = 2Fe_3O_4 + CO_2$，为此减少烧结矿的低温还原粉化率也是炼铁工艺对原料的要求。

当矿石从 500℃ 进入 900℃ 区域时，由于高炉煤气的作用，Fe_2O_3 和 Fe_3O_4 被还原成铁时失去氧，反应式为：

$$Fe_2O_3 + 3CO = 2Fe + 3CO_2$$
$$Fe_3O_4 + 4CO = 3Fe + 4CO_2$$

FeO 的还原需要用焦炭进行直接还原，矿石的还原度越高，高炉焦比越低。提高矿石还原度也是高炉工艺对原料的要求。

C　碳析出反应

CO 在 500℃ 左右，出现下列反应：

$$2CO = CO_2 + C$$

这个反应的出现易引起上部悬料，如在炉衬内有碳析出，往往造成炉衬的破坏。

D　还原带反应

炉料在预热带被加热到 800 ~ 900℃ 后进入还原带，煤气由风口前 1800℃ 左右的高温经过熔融带的热交换后，以大于 900℃ 的高温进入还原带，这是铁矿石进行还原的主要区域。根据还原理论，在 570℃ 以上时，还原按 $Fe_2O_3 \rightarrow Fe_3O_4 \rightarrow FeO \rightarrow Fe$ 的顺序进行；在 570℃ 以下时，还原按 $Fe_2O_3 \rightarrow Fe_3O_4 \rightarrow Fe$ 的顺序进行。作用是 CO 和 H_2 还原铁矿石里最难还原的 FeO，反应可用下式表示。

用 CO 还原：

$$3Fe_2O_3 + CO = 2Fe_3O_4 + CO_2$$
$$Fe_3O_4 + CO = 3FeO + CO_2$$

用 H_2 还原：

$$3Fe_2O_3 + H_2 = 2Fe_3O_4 + H_2O$$
$$Fe_3O_4 + H_2 = 3FeO + H_2O$$
$$FeO + H_2 = Fe + H_2O$$

与铁结合的氧有 60% ~ 70% 被气相还原除去。由此可见，炉身的作用是将与铁结合的氧转化为与碳或氢结合的氧，这样可将矿石中的氧除去。

另外，作为炉渣组分之一的 CaO 是由石灰石（$CaCO_3$）在还原带分解而成的，反应式为：

$$CaCO_3 = CaO + CO_2$$

E　熔融带反应

此区域是炉腰以下 1000℃ 以上的高温部分，在高炉操作中非常重要。铁矿石在还原带被气体还原失去了 60% ~ 70% 的氧后，呈现海绵状进入这一区间，在这个熔融带里，尚未被还原的铁氧化物被继续还原和熔化，熔化后铁和渣进行分离，脉石中 SiO_2、P_2O_5、MnO 等进行还原，并熔于铁水中，经风口水平面进入炉缸。

a　铁氧化物的直接还原

以固体碳作为还原介质，对矿石进行的还原称为直接还原，主要反应是 FeO 的还原，即去除 FeO 中在还原带尚未除去的残氧，反应可用 $FeO + C = Fe + CO$，$2FeO + C = 2Fe + CO_2$ 表示。其特征是无论经过什么途径，最终结果是消耗固体碳。与此相反，间接还原的结果是消耗

CO 生成 CO_2。因此，炉内还原反应中间接还原比例多时，焦比下降。

b 脉石类的还原反应

铁矿石中所含脉石和焦炭灰分（其质量分数约为 8% ~ 13%）的组成部分主要为 SiO_2、Al_2O_3 和 CaO，其中，SiO_2 的质量分数最多，此外，还包含一些 MgO、MnO、P_2O_5 和硫化物。它们之中部分氧化物与铁氧化物的直接还原一样，由固体碳还原。CaO、Al_2O_3、MgO 是极稳定的化合物，基本上不还原；MnO、SiO_2 部分还原，P_2O_5 几乎全部还原。它们的还原反应式为：

$$MnO + C \longrightarrow Mn + CO$$
$$SiO_2 + 2C \longrightarrow Si + 2CO$$
$$P_2O_5 + 5C \longrightarrow 2P + 5CO$$

这些反应都是吸热反应，因此发生在炉子下部的高温区域。

F 燃烧带反应

炉内焦炭在风口前 1000 ~ 1300℃ 左右的热空气（含有水分）里燃烧，生成含 CO、H_2、N_2 的高温还原性混合煤气。风口前端由焦炭充填的部分，在强大的鼓风动能的作用下被吹松，从而形成燃烧空间，其高度一般为 1.2 ~ 1.8m。

热风中的 O_2 和焦炭中碳的反应可用下列各式表示：

$$C + O_2 \longrightarrow CO_2$$
$$CO_2 + C \longrightarrow 2CO$$
$$H_2O + C \longrightarrow CO + H_2$$

当使用重油吹喷技术时，吹入的重油燃烧反应为：

$$C_nH_{2n+2} + \frac{2n+1}{2}O_2 \longrightarrow nCO + (n+1)H_2O$$

由于鼓风中水分、重油之类的物质分解产生 H_2，因此，煤气大致成分为 CO 的体积分数为 35%、H_2 的体积分数为 5%、N_2 的体积分数为 60%，这就是炉腹煤气。随鼓风中富氧化率的提高，N_2 的体积分数降低，使还原性气体配比率增高。喷吹重油减少，则 H_2 的体积分数下降。

燃烧结束时的温度称为风口前燃烧温度，它是操作中的重要因素，在通常操作条件下，其温度在 1800 ~ 2200℃ 范围内。

1.4.1.2 生铁和高炉渣

在高炉冶炼中，造渣反应和金属氧化物的还原反应都是重要的反应。还原反应产生的 Mn、Si、P、S 等元素进入铁水中，成为生铁中的杂质，生铁中碳的质量分数受铁水温度及其他成分的影响。生铁的成分中，Fe 的质量分数为 93.5% 左右、C 的质量分数为 4.3% ~ 4.6%、SiO_2 的质量分数为 0.3% ~ 0.8%、MnO_2 的质量分数为 0.4% ~ 0.8%、P 的质量分数为 0.09% ~ 0.18%、S 的质量分数为 0.02% ~ 0.04% 等，铁水温度随高炉容积而异，一般在 1430 ~ 1530℃。

高炉渣是由铁矿中的脉石、焦炭灰分、熔剂带进的 CaO、SiO_2、Al_2O_3 以及 MgO 中少量的 MnO_2、FeO、P_2O_5 和硫化物等物质互相作用，生成互熔的低熔点硅酸盐，在炉腰和炉腹的高温区熔化并滴入炉缸，浮在铁水表面上。

炉渣的大致成分是 SiO_2 的质量分数为 32% ~ 36%、CaO 的质量分数为 39% ~ 44%、Al_2O_3 的质量分数为 13% ~ 17%、MgO 的质量分数为 2% ~ 7% 等，这几种成分是决定高炉渣性质，特别是炉渣流动性及熔点的重要因素。对炉渣的要求是流动性好，有脱硫能力；相对密度轻一些，以利于渣铁分离；渣温一般比铁水温度高 50℃ 左右。

碱度是简单地表示炉渣组成和性质的标志，是渣中所有的碱性成分总的质量分数与酸性成分总的质量分数的比值。通常用 $w(CaO + MgO)/w(SiO_2 + Al_2O_3)$ 表示四元碱度，其比值一般为 $1.0 \sim 1.3$。

从炉腹部流下的铁水穿过炉缸渣层下降，以及铁水和渣在炉缸中存积时，渣和铁之间会产生若干化学反应，其主要反应是炉渣对铁水的脱硫，其化学反应式为：

$$FeS + CaO + C \Longrightarrow Fe + CaS + CO$$

1.4.1.3 高炉生产的常用指标

A 出铁量

出铁量为每昼夜（24h）内生产出的生铁量，单位为 t/d。

B 出渣量

出渣量为每昼夜（24h）内高炉排出的炉渣量，单位为 t/d。

C 有效容积利用系数

有效容积利用系数为每昼夜出铁量与高炉有效容积的比值，单位为 $t/(d \cdot m^3)$，它是表示高炉生产水平的指标。其比值越高，说明高炉生产能力越强，用公式表示为：

$$有效容积利用系数 = \frac{出铁量}{有效容积} \tag{1-1}$$

D 冶炼强度

冶炼强度为高炉一昼夜（24h）装入的焦炭量与高炉有效容积的比值。高炉产量与冶炼强度成正比关系，也就是说冶炼强度越高，高炉产量就越高，单位为 $t/(d \cdot m^3)$。

E 焦比

焦比为一昼夜（24h）所消耗的焦炭量与出铁量之比，单位为 kg/t（铁）。焦比越高，说明生产 1t 生铁消耗的焦炭越多。因此，炼铁生产中焦比越低越好。

燃料比与焦比相似，为一昼夜（24h）内喷吹的重油、煤粉和消耗的焦炭量之和与出铁量之比，单位为 kg/t（铁）。

F 渣比

渣比为出渣量与出铁量之比，单位为 kg/t（铁）。铁矿石品位高，杂质少，渣比就小。

铁矿石和杂铁料之和称为含铁原料，烧结矿和球团矿在含铁原料中的比例称为熟料比。

1.4.2 高炉对烧结矿的质量要求

强化冶炼是高炉高产、优质、低耗的重要手段，而精料是强化冶炼的有效措施，提高烧结矿质量对于高炉冶炼有着非常重要的意义。

1.4.2.1 使用熟料

精料就是提高入炉矿的质量，让高炉使用品位高，冶金性能好，还原度高，化学成分稳定，物理强度高，粒度小、匀、净的熟料。

高炉使用人造富矿（烧结矿、球团矿）后，由于矿石还原性和造渣过程的改善，促进热制度稳定，炉况顺行，同时，由于采用了熔剂性烧结矿等，高炉少加或不加石灰石，不仅节省了石灰石分解所需热量，而且又可改善煤气热能和化学能的利用，有利于节焦增产。

高炉使用冷却的烧结矿后，炉顶煤气温度降低，保护了炉顶设备，有利于提高炉顶压力，实现高压操作，对强化冶炼起着很大的作用。使用冷矿便于筛分，为减少粉末入炉、实现大风操作和提高喷煤量打下了基础，为高炉上料系统自动化和胶带运输机直接上料创造了条件。高炉对矿石的要求是尽可能使用熟料，马钢、首钢高炉生产实践表明，熟料比每提高1%，可降低高炉焦比2~3kg。

1.4.2.2 提高矿石品位

提高入炉矿石品位是高炉增产节焦的重要环节。矿石品位提高后，减少了熔剂和渣量，同时减少了高炉冶炼过程的热量消耗，改善了料柱的透气性。提高矿石品位，降低渣量，是改善高炉下部透气性的一个关键，渣量少，高炉下部压差降低，有利于高炉顺行，可以防止悬料，还可以提高冶炼强度和加大燃料的喷吹量。

我国对提高矿石品位的意义早在20世纪六七十年代就认识到了，但由于国内铁矿石以贫矿为主，富矿储藏量少，所以在提高矿石品位上苦于难为无米之炊。进入80年代以后，进口大量富矿，使得入炉品位逐年提高。武钢烧结厂从1990年开始，每年提高品位0.5%。到2004年烧结矿品位已提高到58%，宝钢烧结矿品位已达到58.5%，在国内烧结行业中为高品位的排头兵。国外一些矿石资源丰富、冶炼技术较发达的国家，如荷兰、加拿大等国，入炉矿的品位已达到62%。高炉生产实践表明，入炉矿品位每提高1%，吨铁渣量减少30kg，利用系数提高1%~1.5%，焦比降低2%~3%。高炉对矿石的要求是品位高，有害杂质少。

1.4.2.3 提高烧结矿强度，减少粉末，均匀粒度

烧结矿中粒度小于5mm的称为粉末。粉末的含量对高炉料柱的透气性，特别是对高炉上部的透气性影响很大，所以控制粒度小于5mm的含量是降低高炉炉内压差的重要手段。随着冶炼水平的提高，一部分粒度为3~5mm的烧结矿采用分级入炉的方法，也用于高炉冶炼。武钢六号高炉把粒度为3~5mm的烧结矿用来均匀炉内煤气流，获得较好的冶炼指标。

由于粉末恶化了高炉料柱的透气性，导致炉况不顺，煤气自下而上也因透气性不好或不均匀而产生"管道"，引起高炉崩料或悬料。另一方面，高炉煤气流分布恶化，煤气利用不好，铁矿石间接还原不充分，还会引起焦比升高。另外，粉末多，料柱透气性不好，限制了大风操作和燃料喷吹量。所以减少入炉粉末是提高冶炼强度的有效方法。生产实践表明，入炉粉末每减少10%，焦比降低1%~2%，产量提高5%，可见提高烧结矿物理强度，减少粉末是十分重要的。

烧结矿粒度的均匀性直接关系到料柱的透气性。有关实验证明，在散料中无论粒度的大小，粒度越均匀，透气性越好。烧结矿经破碎后，粒度一般在100mm以下，而5~100mm的粒级也不能适应高炉要求，所以国内许多烧结厂在烧结矿成品处理工序中都增设了整粒工艺，使得烧结矿粒度组成范围缩小到5~40mm，从而改善了高炉料柱的透气性。生产实践表明，缩小矿石的粒度能增加矿石表面积，有利于扩大间接还原，达到增产节焦的目的。因此，高炉对烧结矿粒度的要求是小、匀、净。

1.4.2.4 稳定烧结矿化学成分

高炉正常生产，首先要求有一个相对稳定的冶炼条件。一方面是保证有足够的原料数量，同时又应注意原料理化性质的稳定。入炉矿石成分的波动，会引起炉温的波动，导致热制度不稳定。为防止炉料化学成分波动，就必须使高炉维持较高的温度，这样才能避免矿石成分波动引起炉况失常而造成炉凉事故，使高炉焦比增加，也就增加了高炉的消耗，另一方面入炉矿石成分的波动，对炉渣的碱度也有影响，对稳定和提高生铁质量不利。

可见，烧结矿化学成分的稳定与高炉高产、低耗和提高生铁质量息息相关。现在大型烧结

厂都设置了烧结矿成品处理系统，一是使用铺底料使烧结生产能够烧透，均匀烧结机台车上下部烧结矿的质量，二是经过冷却、破碎和筛分，进一步均匀了烧结矿的质量差异，为高炉生产提供了化学成分稳定的烧结矿。

1.4.2.5　其他要求

随着冶炼技术的发展，对烧结矿质量的要求也越来越高。除了以上所述对烧结矿质量要求外，现在对烧结矿质量的要求不仅仅是宏观质量和冷矿质量，高炉对烧结矿质量的要求还包括烧结矿的微观结构，对烧结矿液相所生成的物质及其结构的要求和烧结矿的冶炼质量，如烧结矿低温还原粉化率应该越低越好，烧结矿中温还原度越高越好，烧结矿及其他矿石的软化区间越窄越好，铁水滴落温度越低越好，烧结矿还要求有一定的热强度，以保证烧结矿在高炉中下部料柱的透气性等。

1.5　烧结矿生产技术经济指标

烧结厂生产技术经济指标内容较多，如烧结机生产能力指标、产量和质量指标、原料、动力消耗指标、生产成本、加工费和厂内设施费用等，在此，仅介绍其中几个常用指标。

1.5.1　烧结产量和质量指标

1.5.1.1　烧结机的生产能力

烧结设备的生产能力与其他设备一样有合格量、废品量的含义，通常烧结机的生产能力以利用系数或台时能力表示。

烧结机生产能力（单位为 t/(h·台)）是指单台烧结机在单位时间内的产量，其计算公式为：

$$一台烧结机台时产量 = \frac{烧结机的烧结矿产量}{烧结机运转时间} \tag{1-2}$$

或

$$烧结机平均台时产量 = \frac{烧结矿总量}{\sum 烧结机运转时间}$$

烧结机利用系数与原料、燃料、熔剂的物理化学性质和烧结特性及烧结过程的强化措施、烧结设备性能和设备完好程度以及工人操作水平等有关。

烧结机利用系数（t/(m²·h)）是指烧结机在单位面积单位时间内生产成品烧结矿的质量，其计算公式为：

$$烧结机利用系数 = \frac{烧结机台时能力}{烧结机有效面积} \tag{1-3}$$

或

$$烧结机平均利用系数 = \frac{烧结矿总产量}{\sum 烧结机运转时间 \times 烧结机有效面积}$$

1.5.1.2　烧结矿质量指标

烧结矿的质量指标主要是根据高炉冶炼的要求来考虑。其技术要求必须执行国家标准、部门标准或企业标准。当然，企业标准通常按国家标准和部门标准来制定。我国冶金标准中优质烧结矿的技术指标见表 1 – 2。

表 1 – 2 优质烧结矿的技术指标（YB/T 421—92）

类 别			化学成分				物理性能			冶金性能	
			$w(\mathrm{TFe})$	$w(\mathrm{CaO})/$ $w(\mathrm{SiO_2})$	$w(\mathrm{FeO})$	$w(\mathrm{S})$	转鼓指数 >6.3mm /%	抗磨指数 <0.5mm /%	筛分指数 <5mm /%	低温还原 粉化指数 (RDI) +3.15mm/%	还原度 指数(RI) /%
			允许波动范围不大于								
碱度	1.5~2.5	一级品	±0.5	±0.08	≤12.0	≤0.08	≥66.0	<7.0	<7.0	≥60	≥65
		二级品	±1.0	±0.12	≤14.0	≤0.12	≥63.0	<8.0	<9.0	≥58	≥62
	1.0~1.5	一级品	±0.5	±0.05	≤13.0	≤0.06	≥62.0	<8.0	<9.0	≥62	≥61
		二级品	±1.0	±0.10	≤15.0	≤0.08	≥59.0	<9.0	<11.0	≥60	≥59

注：$w(\mathrm{TFe})$、$w(\mathrm{CaO})/w(\mathrm{SiO_2})$（碱度）基数根据生产情况确定。

烧结矿中铁的质量分数（%）按下式计算：

$$w(\mathrm{Fe}) = w(\mathrm{TFe})/100 - w(\mathrm{CaO+MgO}) \times 100\%$$

式中 $w(\mathrm{TFe})$——化验后得到烧结矿中全铁的质量分数，%；

$w(\mathrm{CaO+MgO})$——化学分析得到的 CaO 与 MgO 的质量分数之和，%。

从表 1 – 2 可知，烧结矿的质量指标是一个综合性指标，它包括烧结矿的化学成分、物理性能和冶金性能。在日常质量控制中，主要是对化学成分和物理性能进行定时检查，而冶金性能是按阶段性检测的。

1.5.1.3 碱度计算

碱度计算式为：

$$碱度\ R_0 = \frac{w(\mathrm{CaO})}{w(\mathrm{SiO_2})} \tag{1-4}$$

式中 $w(\mathrm{CaO})$——化学分析得到的 CaO 的质量分数，%；

$w(\mathrm{SiO_2})$——化学分析得到的 $\mathrm{SiO_2}$ 的质量分数，%。

A 综合合格率

烧结矿的质量检查方式是按时间进行抽样检查,烧结矿综合合格率是指成品烧结矿中所检查的合格品的样数与总样数的百分比。而综合合格品是指烧结矿的各项性能,包括化学成分、物理指标等特性指标都合格的合格品。烧结矿综合合格率计算公式为：

$$烧结矿综合合格率 = \frac{综合合格品样数}{检查总样数} \times 100\% \tag{1-5}$$

B 综合一级品率

烧结矿的综合一级品是指所要求的所有指标都达到一级品的要求,综合一级品率是指对成品烧结矿进行质量检查的一级品的样数占合格品总样数的比例。烧结矿综合一级品率计算公式为：

$$烧结矿综合一级品率 = \frac{综合一级品样数}{合格品总样数} \times 100\% \tag{1-6}$$

C 单项质量指标

为保证烧结矿的质量稳定和烧结生产的稳定,各企业还对单项指标进行管理和考核。如 $w(\mathrm{TFe})$ 稳定率、$w(\mathrm{FeO})$ 稳定率、碱度稳定率、转鼓强度、筛分指数、一级品率等。

1.5.2　成本指标

烧结矿成本指标是指生产 1t 烧结矿所需要的成本。

1.5.2.1　消耗指标

A　原料消耗

原料消耗是指生产 1t 成品烧结矿所需的原料量，通常以 kg/t 为计算单位。其计算公式为：

$$原料消耗 = \frac{某种原料用量}{烧结矿产量} \tag{1-7}$$

在统计和计算过程中，某种原料单指铁矿石时，则为矿石消耗量；原料单指熔剂时，为熔剂消耗量；原料单指固体燃料时，为固体燃料消耗量。

B　能源消耗

烧结工序所用能耗由煤气、固体燃料和动力组成，其中，动力包括水、电、风、空气和蒸汽等能源。烧结工序能源消耗中固体燃耗占总能耗的 70% 以上，所以在降低烧结能源消耗方面，降低固体燃耗是关键。在动力消耗方面，电耗占烧结动力消耗的 80% 以上，同样也是重点控制指标。

a　电耗

电耗是指生产 1t 成品烧结矿所需的电量。电耗指标（kW·h/t）一般有两种表示方法：一种是烧结厂总电耗与成品烧结矿总量之比。在做全厂技术经济指标分析时，多用这种方法表示。另一种是抽风机所耗电能（W）与成品烧结矿总量（Q）之比。在分析风量、烧结矿产量以及电耗之间的关系时，多用这种方法表示。

无论用哪种形式表示电耗，均采用下列公式计算电耗：

$$U = \frac{W}{Q} \tag{1-8}$$

式中　U——单位烧结矿的电能消耗，kW·h/t；

　　　W——烧结厂总电耗（或抽风机所耗电能），kW·h；

　　　Q——烧结机生产成品烧结矿总量，t。

b　其他能耗

在烧结生产中还需要使用煤气、压缩空气、水、蒸汽等。这些消耗都是指生产 1t 成品烧结矿所需使用量，其计算方法与电耗指标相同，即为其他能源消耗总量与烧结机生产成品烧结矿总量的比值。

c　工序能耗

工序能耗（kg/t）是指在烧结工序中，每生产 1t 成品烧结矿所需的能源消耗之和（折算为标准煤）。即：

$$工序能耗 = \frac{\sum 能耗}{烧结矿产量} \tag{1-9}$$

在计算过程中，为使得单位统一，通常是将各类能源消耗指标按统一的系数折算成相同单位，即公斤标准煤进行计算。

标准煤也称煤当量，是将不同品种、不同含热量的能源按各自不同的含热量折合成为一种标准含量的统一计算单位的能源。能源的种类不同，计量单位也不同，如煤炭、石油等按吨计算；天然气、煤气等气体能源按立方米计算；电力按千瓦小时计算；热力按千卡计算。为了求出不同的热值、不同计量单位的能源总量,必须进行综合计算。由于各种能源都具有含能的属性,在一定条件下都可以转化为热,所以选用各种能源所含的热量作为核算的统一单位。

标准煤的定义是:凡能产生29.27MJ(相当于7000cal、29270kJ)的热量(低位)的任何数量的燃料折合为1kg标准煤。如电的热值为1kW·h(度)=3600000J。

1.5.2.2 生产成本与加工费

A 生产成本

生产成本(元/t)是指生产1t烧结矿所需的各类费用的总和。计算公式为:

$$某种消耗的单位成本 = \frac{单价 \times 某种消耗量}{烧结矿产量}$$

$$生产成本 = \sum 某种消耗的单位成本 \qquad (1-10)$$

B 辅材消耗

辅材消耗是指每生产1t成品烧结矿所需辅材的消耗指标。

辅材通常包括台车炉算条、挡板、破碎机锤头、算板、熔剂筛网、润滑油脂、胶带等。

C 加工费

加工费是指加工1t成品烧结矿所需的费用之和。通常加工费包括煤气、动力、辅助材料、人工成本、折旧、修理、备件、运输、制造和管理费用等。

复习思考题

1-1 什么是烧结?

1-2 烧结生产的作用是什么?

1-3 烧结厂所用的原料有哪几类?

1-4 简述各种铁矿的烧结性能。

1-5 烧结生产常用的铁矿石种类有哪些?

1-6 生石灰的特征是什么?

1-7 焦炭及无烟煤的特征是什么?

1-8 石灰石的特征有哪些,进厂石灰石的粒度要求是什么?

1-9 混匀料场的主要作用有哪些?

1-10 一次混合与二次混合的目的是什么?

1-11 烧结点火有什么作用和要求?

1-12 为什么要对烧结矿进行成品处理?

1-13 高炉生产对烧结矿质量有哪些要求?

1-14 什么是烧结机利用系数,它与哪些因素有关?

1-15 什么是炉内反应,其主要反应有哪些?

1-16 烧结工序能耗组成部分及单位是什么?

1-17 烧结生产成本包括哪些?

1-18 烧结矿入炉前为什么要进行筛分?

1-19 烧结矿的冶金性能有哪些?

1-20 加工费包括哪些费用?

2 烧结设备及自动控制

2.1 烧结设备概述

2.1.1 设备

2.1.1.1 设备的定义

通常所说的机械设备，是现代工业生产的技术装备。设备工程学把设备定义为"有形固定资产"的总称。而通常只把直接或间接参与改变劳动对象的形态和物质资料看做设备。一般认为，设备是人们在生产或生活上所需的机械、装置和设施等可供长期使用并在使用中基本保持原有实物形态的物质资料，是固定资产的重要组成部分。

用于烧结生产的各类专业设备，称为烧结设备。

2.1.1.2 设备的分类

设备的品种繁多，型号规格各异。为了分清主次，需要对设备进行合理的分类，以便分级管理。设备分类的方法很多，可以根据不同的需要从不同的角度来加以选择。比较常用的分类方法如下。

A 按照管理对象分类

按照管理对象分类，设备主要分为生产设备、辅助设备和非生产设备。

生产设备：直接改变产品形状、性能的设备。烧结生产设备主要包括抽风机、烧结机、混合机、冷却机、破碎机等。

辅助设备：为生产直接服务的设备。烧结辅助设备主要包括物料运输设备、液压润滑设备、筛分设备等。

非生产设备：由行政、基建部门使用的设备。

B 按照工作类型分类

按照工作类型分类，设备主要分为机械设备、专用设备、动力设备等。

C 按照设备在生产中的重要程度分类

按照设备在生产中的重要程度分类，设备可分为关键设备、主要设备和一般设备。

关键设备：也称为重点设备，指在生产过程中起主导、关键作用的设备。这类设备一旦发生事故、故障，会严重影响企业产品产量、质量、生产均衡、人身安全、环境保护，造成重大的经济损失和严重的社会后果。

主要设备：指在生产过程中起主体作用的设备。这类设备一旦发生事故或故障，会严重影响产品的产量、质量和生产的均衡，会造成一定的经济损失和严重的社会后果。

一般设备：指结构相对简单，维护方便，数量众多，价格便宜的设备。这类设备若在生产中发生故障，对生产影响较小，不会造成主作业线停产。

这种分类方法可以帮助企业分清主次，明确设备管理的主要对象，以便集中力量抓住重点，确保企业生产经营目标的实现。

2.1.2 烧结生产设备

2.1.2.1 原料准备设备

原料准备设备包括受料设备、混匀设备、原料加工设备和运输设备等。

A 受料设备

受料设备主要有翻车机、卸料机、抓斗吊车等，主要功能是将采用火车、汽车、轮船等运输的原料进行卸料。

B 混匀设备

混匀设备主要有矿槽、皮带电子秤、堆取料机，主要功能是将同类别不同品种的原料按所规定的配比进行中和、混匀成单品种原料，有利于烧结矿质量的稳定。

C 原料加工设备

原料加工设备主要有破碎机、筛分设备，主要功能是将烧结用熔剂和燃料进行破碎，使熔剂和燃料在粒度上满足烧结工艺要求。

D 运输设备

运输设备主要有板式给料机、圆盘给料机、胶带运输机、斗式提升机等，主要功能是原料运输和烧结上下工序的衔接。

2.1.2.2 配混设备

配混设备包括配料设备和混匀设备、制粒设备等。

A 配料设备

配料设备主要有配料矿槽、圆盘给料机、胶带运输机、皮带电子秤、自动配料设备等，主要功能是将不同品种原料按规定的配比配成混合料，在化学成分上满足高炉需求、在燃料配比上满足烧结要求。

B 混匀设备

混匀设备主要是圆筒混合机、强力混匀机、混匀搅拌机等，主要功能是将混合料混匀、润湿，使混合料充分混匀，其加水量达到所要求的水分值的80%以上。

C 制粒设备

制粒设备主要有圆筒混合机、圆盘造球机等，主要功能是对混合料进行制粒造球，使混合料中大于6.3mm粒级的含量最大化，并为混合料补水，使混合料的水分达到规定指标。

2.1.2.3 烧结设备

烧结设备包括布料设备、点火设备、烧结机、破碎机、抽风机和抽风系统等。

A 布料设备

布料设备主要有铺底料、烧结料矿槽和泥辊给料机及辊式布料器等，主要功能是将铺底料和烧结料均匀地布在烧结机台车上，在布料高度和料面平度上满足烧结工艺要求。

B 点火设备

点火设备主要有空气、煤气管道和阀门、点火炉本体及检测、控制装置，主要功能是供给烧结料表层足够的热量和氧气，使混合料中的固体燃料燃烧。

C 烧结机

烧结机设备主要有台车、烧结机传动部分、轨道和润滑系统，主要功能是将台车上烧结料在抽风条件下烧结成烧结饼。

D　破碎设备

破碎设备的主要功能是将烧结机台车上卸下的烧结饼进行破碎。

E　抽风设备

抽风设备主要有抽风机、风箱和烟道等，主要功能是为烧结提供足够的氧气。

2.1.2.4　烧结矿成品处理设备

烧结矿成品处理设备包括冷却设备、破碎设备、筛分设备等。

A　冷却设备

冷却设备主要由冷却机本体和风机组成，主要功能是将平均温度为600℃以上的烧结饼冷却到150℃以下。

B　破碎设备

破碎设备以齿辊破碎机为主，主要功能是将大块烧结饼破碎为100mm以下，满足高炉对炉料的上限要求。

C　筛分设备

筛分设备以振动筛为主，主要功能是按粒度要求将烧结饼分为成品、铺底料和返矿。

2.1.2.5　环境保护设备

除尘设备包括电除尘设备、布袋除尘设备、脱硫和脱硝设备等。主要功能是将烧结过程的烟气进行净化、粉尘收集，达到符合国家排放标准、改善岗位劳动环境的目的。

由于烧结生产是一个连续的作业过程，所以上述各系统设备相互关联，缺一不可，共同发挥功效，完成整个烧结生产过程，获得满足高炉要求的优质烧结矿。

2.1.3　烧结工艺对烧结设备的要求

2.1.3.1　设备在企业中的地位

随着科学技术的发展，设备在企业生产活动中所起的作用越来越被人们所认识，设备在企业中所处的地位越来越被人们所重视。现代化企业是运用机器和机器体系进行生产的，机器设备是现代化企业生产的物质技术基础，是决定企业生产效能的重要因素之一。特别是在市场经济条件下，对机器设备及其管理与维修提出了更高的要求，产品要质优价廉才能赢得用户、占领市场，取得最佳的经济效益。由此可见，机器设备在生产活动中的地位越来越重要，而且随着市场竞争日趋激烈，它在生产中所起的地位会越来越高。

2.1.3.2　烧结工艺对设备的要求

A　企业对设备的总体要求

在现代企业的生产中，主要的生产活动是由人操作设备，由设备直接把原料变成人们所需要的产品，为社会创造财富。只有使设备始终保持良好的技术性能和受控状态，才能保证生产的正常进行，使企业取得最佳的经济效益。

设备是企业生产的物质技术基础和必要条件，设备反映了企业现代化建设程度和科学技术水平，设备的技术性能决定了企业的生产效率和产品质量，企业只有不断采用先进的设备，才能提高生产技术水平。

B 生产工艺对设备的具体要求

工艺适用性：指按照产品的工艺要求，输出参数和保持输出参数的性能。

质量稳定性：指工序处于标准化和稳定状态下所具有的满足产品质量要求的性能。

技术先进性：指生产效率、物料和能源消耗、环境保护等方面的性能。

运行可靠性：指随时间的推移，其技术状态劣化和功能下降影响完成加工工艺的情况。

机械化、自动化程度：指生产全过程机械化、自动化装备水平和装备程度的高低。

C 烧结生产工艺对设备的要求

烧结工艺生产过程中，对设备的要求体现在方方面面，如：

(1) 因煤气设施缺陷，导致压力、流量出现控制误差，点火温度将不能满足工艺要求，会严重影响烧结矿的质量和产量。

(2) 因烧结机密封缺陷，漏风严重超标，将会严重影响烧结矿的产量和质量。

(3) 因破碎设备磨损，原、燃料物理质量将会下降。

(4) 因筛分设备磨损，将会影响产品的粒度级别控制。

总之，烧结设备技术装备水平和技术性能，对烧结生产工艺有着直接的影响，所以提高烧结设备装备水平和自动化，确保设备技术指标的先进，对于提高烧结矿产、质量具有非常重要的意义。

2.1.4 烧结设备指标

设备管理技术经济指标是反映企业经营效益和管理水平的重要方面，是最基本的设备管理基础工作，主要设备技术经济指标有以下几项。

2.1.4.1 设备故障、设备事故的含义

凡正式投产的设备，在生产过程中发生设备的零、部件损坏使生产突然中断，或由于设备的原因使能源供应中断，或因工业建筑倒塌使设备歪扭损坏等，均称为设备故障，当故障的持续时间或经济损失达到一定程度时则构成设备事故。设备事故一般可分为特大设备事故、重大设备事故、较大设备事故和一般设备事故等4个等级。

2.1.4.2 设备作业率

设备作业率是衡量设备运行状况的指标，通常以运转时间占日历时间的百分数表示。其计算公式为：

$$作业率 = \frac{设备运转时间}{日历时间} \times 100\% \tag{2-1}$$

对于一台烧结机而言，运转时间就是设备实际运转时间，一天的日历时间为24h。计算多台设备作业率时，运转时间是烧结机实际运转时间的总和，一天的日历时间为24h×烧结机台数。

计算月和年作业率时，日历时间（h）依此类推。即：

$$日历时间 = 24h \times 天数 \times 烧结机台数 \tag{2-2}$$

影响作业率的因素很多，如设备计划检修（包括大修、年修、定修）、机械和电气故障、操作事故、原料、水、电、煤气供应情况以及炼铁厂高炉的生产情况等。因此，保持良好的设备状况是提高作业率的有效途径。

2.1.4.3　设备综合完好率

设备综合完好率是一个衡量设备技术精度等级高低的指标。指标越高，说明设备安全运行越有保障。凡评定为Ⅰ、Ⅱ级的设备为完好设备；评定为Ⅲ级的设备为不完好设备。设备综合完好率的计算公式为：

$$设备综合完好率 = \frac{设备综合完好台数}{设备综合总台数} \times 100\% \tag{2-3}$$

2.1.4.4　设备可开动率

设备可开动率一般应控制在96%左右。过高，则可能造成设备失修；过低，则说明设备状况较差。设备不可开动时间是指设备计划检修、非计划检修、设备事故、故障台时等。设备可开动率的计算公式为：

$$设备可开动率 = \frac{日历时间 \times 设备台数 - 不可开动时间}{日历时间 \times 设备台数} \times 100\% \tag{2-4}$$

2.1.4.5　设备维修费

设备维修费表示投入与产出的比例关系。比值过高，说明投入太大、效益低；比值过低，则难以保证设备功能精度的恢复。该项指标通常是指单位产品的设备维修费，在烧结行业中用每吨烧结矿所消耗的设备维修费用进行计算。

2.1.4.6　设备甲级维护率

设备甲级维护率能准确反映出设备所处的运行环境，是维护人员和设备使用人员对设备保养情况的评价标准。设备甲级维护率的计算公式为：

$$设备甲级维护率 = \frac{甲级设备台数}{设备总台数} \times 100\% \tag{2-5}$$

2.2　现代机械传动知识

机械是人们用以代替或减轻体力劳动、改善劳动条件、提高生产率及产品质量的工具。现代机械一般包括4个部分：原动机、传动装置、工作机和计算机控制装置。

根据结构和工作需要，各部分由机械系统、电气系统、液压或气动系统、润滑系统、冷却系统和检测系统等组成。

组成机械的单元称为机械零件或部件，如机械中的螺栓、轴、滚动轴承、联轴器、减速机、托轮等。各种机械中经常使用的零件称为通用零件，例如齿轮、螺栓、轴承。只适于一定类型机械使用的零件称为专用零件，如曲轴、滑动轴承等。

各种机械应满足以下基本要求：

(1) 实现预定功能，即满足强度、刚度、挠度、寿命、耐磨性、振动稳定性等的要求。

(2) 安全可靠，即需满足可靠度、不可靠度、失效度、平均寿命和可靠寿命等可靠性要求。

(3) 实现"三化"，即标准化、通用化、系列化。

(4) 经济合理，即需在实现预定功能和保证安全可靠的前提下，从机械整体设计、机械零部件结构以及材料选择等方面尽可能做到经济合理。

（5）操作简单方便，即满足操作轻便省力，适应人的生理条件，以及便于拆装和搬运等要求。

（6）避免环境污染，即需满足一定噪声限制标准，有害介质泄漏少，防止水质、生化污染等要求。

机械失效主要形式有整体断裂、表面破坏、变形量过大、功能失效等。其中，整体断裂的破坏性最为恶劣。它有超静强度极限断裂和疲劳断裂两种。疲劳断裂是在远小于材料静强度极限的交变应力作用下达到一定的循环次数产生的断裂，它具有突发性、高度局部性以及对各种缺陷高度灵敏性。

机械零件的常用材料主要有钢、铸铁、铜合金及非金属材料。例如轴类材料多为45、40Cr等；风机轴瓦是轴承合金、铸铁等。非金属材料发展很快，如酚醛层压板、尼龙等可代替钢制造齿轮、蜗轮、传动带及轴承等。材料选择要满足使用要求、工艺要求及经济性要求等。

本节将对与烧结设备联系紧密的有关机械常识做一个简单介绍，主要包括传动件、轴系零部件、润滑系统、电动机等。

2.2.1 传动件

2.2.1.1 传动件的作用

机械一般都是由原动机、传动装置和工作机组成的，传动装置往往是机械的核心部分。机械工作质量的好坏与传动装置的质量密切相关。传动装置主要起改变转速、改变运动形式、增大传递转矩、分配运动和动力等作用。关于传动装置，常用以下运动和动力的参数来描述。

A 传动比

传动比的计算公式为：

$$i = \frac{n_1}{n_2} \tag{2-6}$$

式中 n_1——主动轴转速，r/min；

n_2——从动轴转速，r/min。

B 圆周速度

圆周速度（m/s）的计算公式为：

$$v = \frac{\pi dn}{60 \times 1000} \tag{2-7}$$

式中 n——转速，r/min；

d——直径，mm。

C 传动转矩

传动转矩（N·mm）的计算公式为：

$$T = 9.55 \times 10^6 P/n \tag{2-8}$$

式中 P——传递功率，kW；

n——转速，r/min。

2.2.1.2 传动形式

传动分为机械传动、流体传动和电传动3类。在机械传动和流体传动中，输入的是机械能，输出的仍是机械能；在电传动中，则是把电能变为机械能或把机械能变为电能。流体传动分为液力传动和气传动；机械传动分为摩擦传动和啮合传动。

机械传动方式有带传动、齿轮传动、蜗轮蜗杆传动以及多点啮合柔性传动。其中，带传动属于摩擦传动，齿轮传动和蜗轮蜗杆传动属于啮合传动。

2.2.2　带传动

带传动是在两个或多个带轮之间用带作为挠性拉拽元件的一种摩擦传动。带的剖面形状主要有长方形、梯形和圆形3种，分别称为平型带、三角带和圆形带。平型带和三角带应用最广，圆形带只能传递很小的功率。带传动具有中间挠性件并靠摩擦力工作。

2.2.2.1　带传动的优点

带传动的优点有：缓和载荷冲击；运行平稳、无噪声；制造和安装精度不像啮合传动那样严格；可增加带长以适应中心距离较大的工作条件。

2.2.2.2　带传动的缺点

带传动的缺点有：有弹性滑动和打滑现象，使传动效率低而不能保持准确的传动比；传递同样大的圆周力时，轮廓尺寸和轴上的压力都比啮合传动大；带的寿命比较短。

2.2.2.3　带传动的工作原理

带传动原理分析如图2-1所示，带呈环形，并以一定的拉力（称为张紧力）F_0套在一对带轮上，使带和带轮相互压紧。不工作时，带两边的拉力相等，均为F_0；工作时，带与轮面间的摩擦力使其一边拉力加大，另一边的拉力减小。两者之差$F_1 - F_2$即为带的有效拉力，它等于沿带轮的接触弧上摩擦力的总和。在一定条件下，摩擦力有一极限值，如果工作阻力超过这一极值，带就在轮面上打滑，传动不能正常工作。

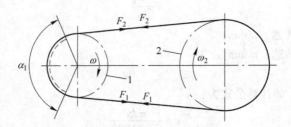

图 2-1　带传动原理分析

摩擦力的极限值取决于带的材料、张紧程度、包角（接触角）大小等因素。当其他条件相同时，张紧力F_0和包角α（两轮包角中较小的一个）越大，摩擦力的极限值也越大。因此，带传动必须适当地控制张紧力和维持一定的包角，而包角限制了带传动的最小中心距和最大传动比。

普通胶带运输机是一种传动比为1:1的平型带传动，增加普通胶带运输机摩擦力的极限值，以提高运输载荷、防止打滑的主要方式有：头轮包胶皮，增加摩擦系数；增加头、尾增面轮，增大包角；增加胶带张紧程度，包括胶带束头、增加尾轮小车配重、增加尾轮丝杆拉紧程度等。

2.2.3 齿轮传动

齿轮传动形式如图 2 – 2 所示。

2.2.3.1 齿轮传动的特点

齿轮传动是机械传动中应用最为广泛的一种形式。其主要优点是效率高，结构紧凑，工作可靠，使用寿命长；其主要缺点是制造费用高，精度低时噪声大，不适宜远距离传动。

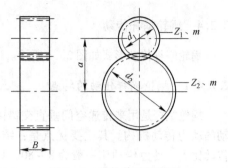

图 2 – 2　齿轮传动示意图

2.2.3.2 齿轮传动的分类

按两轮轴线相对位置不同，齿轮传动可分为：平行轴间的齿轮传动，有直齿、斜齿、人字齿、外啮合、内啮合圆柱齿轮传动和齿轮齿条传动；相交轴间的圆锥齿轮传动，有直齿、斜齿和曲齿圆锥齿轮传动；交错轴间的螺旋齿轮传动，如半开式齿轮传动等。

按齿轮传动的工作条件不同，齿轮传动可分为开式齿轮传动、半开式齿轮传动和闭式齿轮传动。

2.2.3.3 齿轮传动的主要参数

齿轮传动的主要参数有：

（1）齿数，以 Z 表示，小齿轮、大齿轮齿数一般取为 Z_1、Z_2。

（2）模数，以 m 表示，为了减少齿轮刀具的种类，规定了一系列标准模数，配对啮合的大小齿轮模数相等。

（3）中心距，以 a 表示，两轮齿轴心之间的距离为中心距，$a = (d_1 + d_2)/2 = m(Z_1 + Z_2)/2$。

（4）齿宽，以 B 表示，为齿轮的宽度。

（5）变位系数，以 X 表示，为了减少齿轮传动在运行中产生根切现象，加工时使刀具沿齿轮径向移动一定距离，产生变位系数。

（6）传动比：

$$i = \frac{n_1}{n_2} = \frac{d_2}{d_1} = \frac{Z_2}{Z_1} \qquad (2 – 9)$$

式中　Z_1，Z_2——分别为小齿轮、大齿轮的齿数，个；

　　　d_1，d_2——分别为小齿轮、大齿轮的分度圆直径，mm。

2.2.3.4 齿轮传动的失效形式

齿轮传动的失效主要发生在轮齿上，齿轮主要失效形式有轮齿折断、齿面磨损、齿面点蚀、齿面胶合和屈服变形等。

2.2.3.5 减速机

单纯一对齿轮传动并无多大实际意义，由多对齿轮传动组合的有机整体——减速机在实际当中应用非常广泛。

减速机是由一对或多对齿轮传动，由机壳进行密封，并以一定方式润滑的有机整体。其目的是达到一定的传动比，并分布载荷。减速机的故障形式很多，主要包括机壳发热、轴承发热、振动大、噪声大等。

2.2.4　蜗轮蜗杆传动

蜗轮蜗杆传动形式如图 2 - 3 所示。

2.2.4.1　蜗轮蜗杆传动的特点

蜗轮蜗杆是用来传递空间垂直交错两轴间运动的动力传动机构。其主要优点是：结构紧凑，传动比大，动力传动比一般为 8 ~ 80，只传递运动时可达 1000，传动平稳，无噪声。其主要缺点

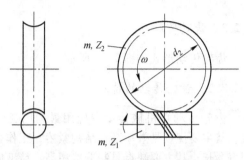

图 2 - 3　蜗轮蜗杆传动示意图

是：蜗轮蜗杆传动与螺旋传动一样，在啮合面间的相对滑动速度很大，因此，摩擦和磨损严重，传动效率低，一般为 0.7 ~ 0.8。

2.2.4.2　蜗轮蜗杆传动的分类

按蜗杆的形状，蜗轮蜗杆传动可分为圆柱蜗杆、圆弧蜗杆、锥蜗杆传动；按其蜗杆轴剖面的齿廓形状不同，蜗轮蜗杆传动可分为直边梯形齿廓和圆弧齿廓两种；按其蜗杆横剖面的齿廓形状不同，蜗轮蜗杆传动可分为：阿基米德蜗杆、延伸渐开线蜗杆、渐开线蜗杆及梯形圆盘铣刀加工的曲面蜗杆。

2.2.4.3　蜗轮蜗杆传动的精度和材料

普通蜗轮蜗杆传动精度等级比一般齿轮传动精度等级要求要高。蜗轮与蜗杆的材料不仅要求有足够的强度，更重要的是具有良好的跑合性、减摩性及耐磨性能。所以蜗杆一般是用碳钢或合金钢，经过渗碳淬火、表面淬火或调质制作而成，蜗轮一般是用铸造青铜、铸造铝铁青铜或铸铁制成。

2.2.4.4　蜗轮蜗杆传动的主要参数

蜗轮蜗杆传动的主要参数有：

(1) 模数 m 和压力角 α （两者均标准化）。

(2) 蜗杆直径系数 $q = d_1/m$，其中，d_1 为蜗杆分度圆直径。

(3) 蜗杆螺旋线的头数 Z_1、Z_2 可根据传动比和传动效率要求选定。头数少则传动比大，但效率较低，如要提高传动效率，则应增加头数。但头数越大，加工越困难。一般头数取 Z_1 为 1 ~ 4。

(4) 蜗杆分度圆螺旋线升角 λ：

$$\tan\lambda = \frac{Z_1 \pi m}{\pi m q} = \frac{Z_1}{q} \qquad (2 - 10)$$

(5) 蜗杆传动的传动比 i：

$$i = \frac{n_1}{n_2} = \frac{Z_2}{q} \qquad (2 - 11)$$

式中　Z_2——蜗轮的齿数；

n_1，n_2——分别为蜗杆与蜗轮的转速，r/min。

(6) 蜗轮的齿数 Z_2。

(7) 蜗杆传动的中心距 a：

$$a = \frac{1}{2(d_1 + d_2)} = \frac{1}{2m(Z_2 + q)} \qquad (2-12)$$

（8）蜗轮的变位系数 X：

$$X = \frac{a' - a}{m} \qquad (2-13)$$

式中　a——标准传动的中心距，mm；

　　　a'——变位后的实际中心距，mm。

2.2.4.5 蜗轮蜗杆传动的失效形式

由于材料和结构上的原因，失效往往发生在蜗轮轮齿上。因传动中，齿面间的相对滑动速度大、效率低、发热量大，所以其主要失效形式是蜗轮齿面产生胶合、点蚀及磨损，其次是蜗杆整体断裂。

蜗轮蜗杆传动，润滑是关键。润滑不良，会加剧磨损和有产生胶合的危险，所以一般选用黏性较高并含有减磨、抗磨添加剂的蜗杆传动油，尽量使其啮合面间形成油膜，防止金属间的直接接触，从而减少磨损，控制温升，缓和冲击，使传动平稳，以达到提高传动率和承载能力的目的。

蜗轮蜗杆传动润滑方法有浸油式、喷油式及压力喷油式等，其通风冷却方式有自然通风、人工机械通风和水冷方式等。

2.2.5 多点啮合柔性传动

多点啮合柔性传动的工作原理如图 2-4 所示。

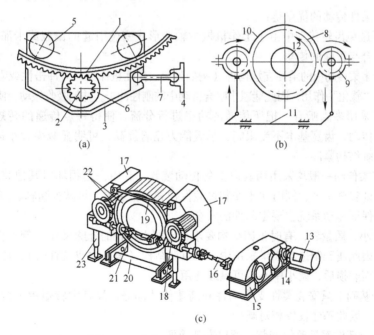

图 2-4　多点啮合柔性传动的工作原理

1，8—大齿轮；2—小齿轮轴；3—箱式小车；4—支座；5—箱式小车滚轮；6，9—小齿轮；7—柔性支承（弹性支杆）；
10—外壳；11—柔性支承（弹性扭杆）；12—承载主轴；13—电动机；14—联轴器；15—初级减速器；
16，21—万向联轴器；17—左右传动架；18—蜗轮蜗杆减速器（中间减速器）；19—拉杆；
20—弹性扭杆；22—末级大小齿轮（末级减速装置）；23—弹簧重力平衡器

2.2.5.1　多点啮合柔性传动原理

多点啮合柔性传动简称多柔传动。这种传动是把全部传动系统或部分低速级传动装置（如末级大小齿轮传动）悬挂在承载主轴上，并由弹性元件组成的柔性支承系统（例如弹簧、弹性扭杆等）将悬挂的齿轮箱体与地基相连，使之能与主轴的挠曲或变形相适应，从而可保证末级大小齿轮齿之间保持良好的啮合状态。

在这种传动中，为了减小传动系统的外廓尺寸，采用了功率分流的方法，将低速级的末级大齿轮用多个小齿轮进行周边驱动，即多点啮合传动。

在图 2-4(a)所示的装置中，小齿轮通过轴承安装在箱式小车内，小车又经 4 个车轮（滚轮）悬挂在大齿轮两侧的轮缘上，大齿轮与工作机械的承载主轴固定。运转时，平衡反转矩作用的弹性支杆通过球铰一端连在小车上，另一端连接在支座上，当大齿轮随同承载主轴变形而下移时，箱式小车也将随之同步下移，从而保证了大小齿轮之间的正确啮合。

图 2-4(b)中的多柔传动装置的基本原理与图 2-4(a)相同，只是小齿轮悬挂在大齿轮的轮齿上，运转时的反转矩由安装在基础上的弹性扭杆平衡。以上两种多柔传动由于其电动机、初级减速机全部安装在地面基础上，只是末级小齿轮（有时连同中间减速器）悬挂安装在大齿轮上，所以称为半悬挂式多柔传动。

图 2-4(c)所示为两点啮合半悬挂式柔性传动的实例，原理与图 2-4(b)类似，为了解决传动系统的对中问题，在初级减速器与悬挂齿轮之间采用了万向联轴器。

2.2.5.2　多点啮合柔性传动的优点

多点啮合柔性传动的优点是：

（1）它可避免齿轮传动中由于工作机械主轴变形或变位引起的偏载或卡滞，从而可持久保持良好的啮合与正确的传动。

（2）由于多柔传动中的柔性支承构件（例如弹簧、弹性扭杆等）对冲击性或阻塞性动载荷具有"缓冲"及"软化"作用，因此能减小啮合传动中的刚性冲击，并能吸收振动，使运行平衡。

（3）由于采用多点啮合，把所传递的功率进行分流，使得每点传递的转矩减小，同时，由于采用柔性传动，齿宽基本不受限制，承载能力显著提高，可明显减少大小齿轮的中心距，使整个传动系统结构紧凑。

（4）因多柔传动一般均采用两套以上的传动装置，其中一套损坏时其他装置仍可维持运转，所以可保证安全生产，同时便于安装过载保护和测扭装置，可减少断轴、剪断地脚螺栓等设备事故，能保证传动系统主要零部件的安全。

（5）尺寸小，质量轻，有时虽因结构要求不能减小齿轮的外廓尺寸（例如直径），但可减小齿轮模数，因此便于制造，如果采用中心距可调结构（偏心式或拉杆式），还可降低齿厚制造精度，且齿面磨损后，调小中心距可继续使用。

（6）由于基础上只安装柔性支承构件和高速传动部分，没有大转矩承力构件，基础受载小且结构简单，因此基建投资相对减少。

（7）大部分部件都是整体安装，所以安装简便。

（8）容易实现通用化、系列化和标准化。

2.2.5.3　多点啮合柔性传动的应用

多柔传动比较广泛地应用在大型烧结机、破碎机、球磨机、棒磨机、矿井提升设备、水泥磨机、氧气转炉、回转窑、斗轮挖掘机、混铁炉、铁水罐车、搅拌机、港口起重机、雷达、制糖和造纸机械等设备上，近年来发展迅速。特别是在氧气炼钢转炉方面，这种传动作为倾动装置，非常普及。在水泥磨机上，电动机功率已达数万千瓦。在一些低速传动装置方面，主轴传递的转矩可达千万牛·米，速比能达数千。目前，我国在大中型氧气炼钢转炉上使用多柔传动已较普遍，在烧结机上也在逐步推广，在其他领域有的也已应用，有的需进一步开发。这种传动装置的适用范围比较广，特别适用于大转矩、大减速比、低转数传动的场合。

2.2.6 轴系零部件

在机械系统中，轴、轴承、联轴器、离合器都是做回转运动的零部件，而轴承、联轴器、离合器又都与轴有联系，且它们的性能又相互影响，所以统称为轴系零部件。

轴是用来支持机械中做回转运动并传递转矩的零件，轴承是用来支承轴的零件。轴与轴承的配合部分称为轴颈。联轴器、离合器是连接不同机构中的两根轴使之同步转动并传递转矩的一种部件。轴系零部件是机械的重要组成部分，其工作能力将直接影响整个机器的正常运转，下面主要对轴、轴承、联轴器进行简单介绍。

2.2.6.1 轴

轴是组成机器的重要零件之一，它主要用来支承做旋转运动的零件，如齿轮、联轴器等，以传递运动和动力。

轴的类型很多，按轴线形状不同可分为直轴和曲轴。直轴按其承载状况不同可分为传动轴、心轴和转轴。主要承受转矩作用的轴，如汽车的传动轴，称为传动轴；只承受弯矩作用的轴，如自行车前轮轮轴，称为心轴；既承受弯矩又承受转矩作用的轴，如吊车卷筒轴，称为转轴。除直轴和曲轴外，还有一些有特殊用途的轴，如钢丝软轴等。

轴的结构一般为阶梯式的，其主要原因是：便于轴上零部件的安装拆卸；载荷分布均匀；节省材料。

轴所承受的载荷一般是交变应力载荷，因此，轴的主要形式是疲劳断裂。另外，还有超静强度极限塑性变形、断裂，以及产生共振失稳等失效形式。

提高轴的强度和刚度的一般措施包括：

（1）改变轴上零件的布置方式，以减小轴上载荷；

（2）改进轴上零件的结构，以减小轴上的载荷；

（3）改进轴的结构，以减少应力集中；

（4）表面强化处理，包括喷丸、氮化、表面淬火等方法，以提高轴的表面品质。

2.2.6.2 轴承

轴承是支承轴的零件。根据摩擦性质的不同，轴承可分为滚动轴承和滑动轴承两大类。

与滑动轴承相比，滚动轴承具有启动灵敏、运转时摩擦阻力小、效率高、润滑简便、易于互换等优点，因而应用广泛；其缺点是抗冲击能力差，工作时有噪声，工作寿命不及液体摩擦的滑动轴承。

A 滑动轴承

a 分类

滑动轴承按润滑（摩擦）状态分包括：流体润滑（摩擦）轴承、非完全流体润滑（摩擦）轴承、无润滑（干摩擦）轴承。

滑动轴承按承载方向分包括：径向轴承、止推（推力）轴承、推力轴承。

滑动轴承按润滑剂分包括：液体润滑轴承、气体润滑轴承、固体润滑轴承、脂润滑轴承。

滑动轴承按轴承材料分包括：金属轴承、粉末冶金轴承、非金属轴承。

b　作用及特点

滑动轴承同滚动轴承一样，都是用来支承回转轴的零部件，在滑动轴承中，轴颈与轴瓦之间为面接触的滑动摩擦。

滑动轴承的特点是：承载能力大，摩擦系数非常小，磨损很轻，寿命很长，可达到很高的回转精度，具有减振、抗冲压和消除噪声等作用，对于大型轴承，其制造成本比滚动轴承低。

c　性能、材料及润滑

滑动轴承材料应满足一定的性能要求，应具有良好的减摩性和耐磨性，足够的抗压、抗冲压和抗疲劳强度，良好的顺应性、跑合性和润滑性，良好的导热性。

其材料主要包括轴承合金（巴氏合金）青铜、黄铜、铝合金、铸铁、含油轴承及非金属材料。在选择滑动轴承材料时，主要是从载荷、速度、温度几个方面考虑，其次是环境条件，如腐蚀介质和粉尘等。

滑动轴承使用润滑剂进行润滑主要是为了降低摩擦或减少磨损，同时还可以起到冷却、吸振、防尘、防锈等作用。

B　滚　动　轴　承

a　分　类

按照结构类型不同，滚动轴承可分为向心轴承、推力轴承、组合轴承。具体分类为：

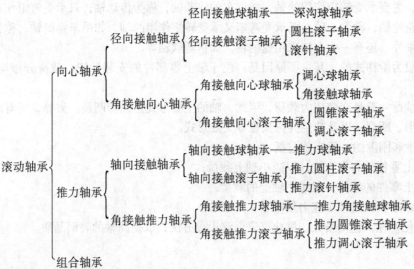

b　组　成

滚动轴承一般是由内圈、外圈、滚动体、保持架等4个元件组成。内圈装在轴颈上，外圈装在轴承座内，通常内圈随轴回转，外圈不转。但也有外圈回转，内圈不转或内、外圈分别按不同的转速回转。滚动体是滚动轴承核心元件，保持架的作用是使滚动体均匀地分隔，以防止运转时振动体间彼此接触摩擦。

滚动轴承的内外圈和滚动体一般由含铬合金钢制造，如GCr15、GCr15SiMn等，并经过磨削和抛光，以提高材料的接触疲劳强度和耐磨性，保持架多用低碳钢、铜合金或酚醛胶布制成。

c　代号

滚动轴承的类型很多，各类型又有不同的结构、尺寸、精度等级，为便于设计、制造、选用，在国家标准（GB/T 272—1993、JB/T 2974—1993）中规定了轴承代号的表示方法（见表2-1～表2-3）。

表2-1　轴承代号意义

轴承代号的排列顺序（GB/T 272—1993、JB/T 2974—1993）											
示例		KIW		5							
分段	a 前置代号	b　基本代号		c　后置代号（组）							
				1	2	3	4	5	6	7	8
符号意义	成套轴承分部件	1 类型代号	2 尺寸系列代号 / 3 内径代号　　配合安装特征尺寸表示	内部结构	密封与防尘套圈变型	保持架及其材料	轴承材料	公差等级	游隙	配置	其他

表2-2　内径代号

公称内径/mm		内径代号	示例
0.6～10（非整数）		用公称内径毫米数直接表示，在其与尺寸系列代号之间用"/"分开	$d=2.5$mm 深沟球轴承：618/2.5
1～9（整数）		用公称内径毫米数直接表示，对深沟球轴承及角接触球轴承7、8、9直径系列内径与尺寸系列代号之间用"/"分开	$d=5$mm 深沟球轴承：62/5
10～17	10、12、15、17	00、01、02、03	$d=10$mm 深沟球轴承：62 00
20～480（22、28、32除外）		公称内径除以5的商数，商数为个位数，加在商数左边	$d=40$mm 调心滚子轴承232：08
不小于500及22、28、32		用公称内径毫米数直接表示，但在与尺寸系列之间用"/"分开	$d=500$mm 调心滚子轴承：230/500；$d=22$mm 深沟球轴承：62/22

表2-3　类型代号

代　号	轴　承　类　型
0	双列角接触球轴承
1	调心球轴承
2	调心滚子轴承和推力调心滚子轴承
3	圆锥滚子轴承
4	双列深沟球轴承
5	推力球轴承
6	深沟球轴承
7	角接触球轴承
8	推力圆柱滚子轴承
N	圆柱滚子轴承双列或多列用字母NN表示
U	外球面球轴承
QJ	四点接触球轴承

注：在表中代号后或前加字母或数字表示该类轴承中的不同结构。

选用轴承时，首先根据轴承所受载荷的大小、方向、性质选择轴承类型，然后再结合具体工作条件，如转速高低、调心性能、拆装方便等要求进行。

滚动轴承常见的失效形式有疲劳点蚀、塑性变形、磨损等。在正常运转情况下，轴承应有一定的使用寿命，即运转圈数，达到使用寿命后，必须进行更换。但在实际应用中，90% 的轴承损坏并不是由于达到使用寿命而损坏，而是由于润滑不良、冷却不好、杂质渗入等因素造成损坏。

2.2.6.3　联轴器

联轴器是连接两轴或连接轴和回转件，在传递运动和动力过程中一起回转而不脱开的一种装置。此外，联轴器还可具有补偿两轴相对位移、缓冲和减振以及安全防护的功能。

按照性能不同，联轴器可分为刚性和挠性联轴器。刚性联轴器不具有补偿功能，但有结构简单、制造容易、不需维护、成本低等优点；挠性联轴器中又分为无弹性元件挠性联轴器和带弹性元件联轴器，前一类只具有补偿两轴相对位移的能力；后一类除具有补偿性能外，还具有缓冲和减振作用，但在传递转矩能力上，因受弹性元件的限制，一般不及无弹性元件联轴器。带弹性元件联轴器按弹性元件的材质不同，又可分为金属弹性元件和非金属弹性元件，前一类主要特点是强度高，传递转矩能力大，使用寿命长，不易变质且性能稳定；后一类的优点是制造方便，易获得各种结构形状且具有较好的阻尼性能。

联轴器的类型应根据使用要求和工作条件来确定，具体选择时可考虑以下几点：

(1) 所需传递的转矩大小和性能以及对缓冲和减振方面的要求；

(2) 联轴器的工作转速的高低和引起离心力的大小；

(3) 两轴相对位移的大小和方向；

(4) 联轴器的可靠性和工作环境；

(5) 联轴器的制造、安装和维护成本。

2.2.6.4　液力耦合器

液力耦合器是利用液体动能和势能来传递力的一种传动设备，其主要优点有：确保电机不发生失速和闷车；减少启动过程的冲击和振动；在多台电动机的传动链中均衡各电动机的负荷；节约能源，减少设备和降低运行费用；结构简单、可靠，无需特殊维护，使用寿命长。

　　A　工作原理

液力耦合器（见图 2-5）由主动轴、泵轮 B、涡轮 T、从动轴和转动外壳等主要部件组成。

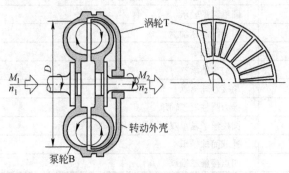

图 2-5　液力耦合器结构原理图

泵轮和涡轮一般轴向相对布置，几何尺寸相同，在轮内有许多径向辐射叶片，在耦合器内充以工作油。运转时，主动轴带动泵轮旋转，叶轮流道中的油在叶片带动下因离心力的作用，由泵轮内侧（进口）流向外缘（出口），形成高压高速油流冲击涡轮叶片，使涡轮跟随泵轮做同方向旋转。油在涡轮中由外缘（进口）流向内侧（出口）的流动过程中减压减速，然后再流入泵轮进口（如图中箭头所示），如此循环不已。在这种循环流动中，泵轮将输入的机械功转换为油的动能和势能，而涡轮则将油的动能和势能转换为输出的机械功，从而实现由主动轴到从动轴的动力传递。若用机构放去耦合器中的油，则叶轮就无法传递动力，因此，利用充油或放油，即可实现主、从动轴的接合和脱离。

泵轮和涡轮的内壁与叶片之间的空间为油循环流动的通道，称为流道。流道的最大直径 D 称为耦合器有效直径。

B 工作油

工作油能保证主动轴和从动轴间的柔性结合，是液力耦合器传递扭矩的介质。液力耦合器对工作油的要求是：黏度较低，润滑性适当，密度较大，无腐蚀性，闪点较高，不易产生泡沫。对同一耦合器，充油量的多少直接影响着耦合器传递扭矩的大小，充油量一般取 60% ~ 70% 有效容积为宜。其基本规律是：在规定的充油量范围内，充油量越多，耦合器传递扭矩越大。在传递的扭矩恒定时，充油量越多，效率越高，但此时启动力矩增大，过载系数也相应增大。

C 易熔塞

对于防护动力过载的耦合器，必须在流道外缘的转动外壳上安装 2 ~ 3 只易熔塞（内孔注有易熔合金的螺堵）。其目的是一旦工作机在运转中因阻力过大被卡住而停转时，仍运转的原动机的全部功率将被耦合器吸收（此时耦合器效率为零），使油温短期内剧烈上升，达某一值后易熔合金熔化，流道中油将通过易熔塞中的孔排出壳体外，流道排空，所传功率也随之切断，从而使传动系统得到真正的保护。

易熔合金的熔点必须低于油的闪点，常取 110 ~ 140℃，切勿用实心螺塞来代替易熔塞。

2.2.7 润滑系统

润滑技术对科学、工艺、工程方面都具有重大意义，日益受到重视。因为对于传递运动和力的机械传动系统而言，必然存在两个接触面之间的相互运动，相互运动必然形成摩擦，摩擦的结果必然造成磨损，为了延长设备的使用寿命，降低设备运行成本和维护费用，提高设备运行性能，就必须对设备进行润滑，提供最佳的、切实可行的润滑方式。

2.2.7.1 摩擦与磨损

任何从宏观上观察是平整光洁的平面，从微观上看，均是凹凸不平的。当一种物体的运动和另一种物体互相接触时，这种接触对运动着的物体有减慢其相对速度和促使其逐渐停止的现象，称为摩擦。按接触面的摩擦状态不同，摩擦可分为干摩擦、边界摩擦、混合摩擦及流体摩擦等4种，属于正常摩擦。按机理的不同，磨损可分为磨料磨损、腐蚀磨损、接触疲劳磨损及复合磨损等4种，磨损的过程如图2-6所示。

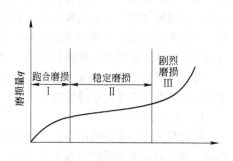

图 2-6 磨损过程示意图

图 2-6 中，Ⅰ 为跑合磨损阶段，该阶段磨损速度先快后慢，逐渐达到一稳定值，即进入 Ⅱ 阶段，即稳定磨损阶段，该阶段是设备最佳运行阶段，其磨损量是一稳定值。当经历了较长时间运行后，即走入 Ⅲ 阶段——剧烈磨损阶段，该阶段润滑状态恶化，振动、冲击和噪声加大，磨损加剧，温度升高，设备失效。

2.2.7.2　润滑

A　分类

润滑是在相对运动的摩擦表面之间，加入具有低剪切抗力、高耐压承载能力的物质（润滑剂），将两摩擦表面在相对运动的约束条件下分隔开，达到降低摩擦、减缓磨损、延长摩擦副使用寿命的目的。按机理不同，润滑分为边界润滑、流体动压润滑和流体静压润滑等 3 种。

润滑的主要作用包括：控制和降低摩擦、减缓磨损、降温冷却、防止腐蚀、保护金属表面、清洁冲洗、密封、阻尼、减振、绝缘等。

根据润滑剂的物质形态不同润滑的分类如图 2-7 所示。

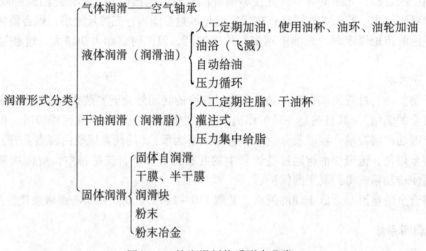

图 2-7　按润滑剂物质形态分类

B　润滑剂的性能指标

润滑油的主要性能指标包括润滑油的黏温特性、油性、极压性能、抗氧化安定性、凝点、闪点等；润滑脂的主要性能指标包括针入度（稠度）、滴点、油性、极压性能等。

润滑油的添加剂可使润滑油的润滑性能起根本的变化。目前世界各国都普遍使用加有添加剂的润滑油，添加剂一般是各种极性化合物、高分子聚合物和含有硫、磷、氯等活性元素的化合物，不同添加剂可分别起到提高承载能力、降低摩擦和减少磨损的作用。它们可以分为两类：一类为影响润滑油物理性能的添加剂，如降凝度指数改进剂、消泡剂等；另一类为影响润滑油化学性能的添加剂，如抗氧化剂、油性剂、极压抗磨剂等。

合理选择润滑剂必须考虑的因素有：工作载荷的大小及性质、运动速度的大小及方式、工作温度的高低及工作环境等特殊要求。

C　使用寿命

润滑剂具有一定的使用寿命，设备精度、工况条件、环境温度等都在影响着润滑油的性能指标，同一种油在不同的设备上，其适应性也随之变化。因此，要定期对润滑油性能指标进行化验。主要检查润滑油的黏度、沉积物、抗乳化性、颜色、酸度等。往往某一性能指标超过标准，并不等于此润滑油应该报废，它的性能指标变化也是各种因素总和所造成的，为此对润滑剂报废标准，最好有两个或两个以上指标超标准再采取换油措施。

设备润滑"五定"管理，即对设备工作实行定人、定点、定时、定质、定量管理，把润滑工作的主要活动管理规范化。这对企业管理具有一定积极意义，它不但使设备精度、性能、寿命得以稳定和延长，而且可以保证生产正常运行。

2.2.7.3 润滑加油装置

设备润滑加油通常是按加油周期进行加油，即按时给油。润滑脂加油装置主要有油杯、手动给油泵、电动给油泵3种形式，通常按加油时间、润滑面积和润滑要求进行选用。

A 油杯

油杯是用一种环状的装置安装在轴承上和需要加油的部位。油杯内装有润滑脂，拧动油杯盖，干油则可加入轴承中。常用的油杯有直通式、接头式、旋盖式等几种形式。

油杯润滑设备加油方便，易于更换和维护，常用于润滑要求不高或转速慢、磨损程度低的部位。

B 手动给油泵

手动给油泵是柱塞式高压油泵，在干油集中润滑系统中定向给油口供润滑之用。它常用于润滑点不均的单独设备，如热筛、冷筛等。

手动给油泵分为固定式和便携式两种。固定式手动给油泵可以实现每点的润滑加油，也适用于不同润滑要求的润滑给油，这种加油装置结构简单，维护方便，适用性强。

C 电动给油泵

电动给油泵集中润滑油站是借助电动机的力量，带动油泵把油给到润滑管路中去。自动给油泵的给油能力较大，可实现多点润滑，图2-8所示为自动干油站的结构示意图，自动给油泵可自动控制给油量。

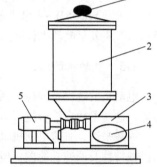

图2-8 自动干油站结构图
1—指标杆；2—储油器；
3—柱塞室；4—蜗轮减速机；
5—电动机

电动给油泵作为一台设备，需要有专门的机房，设备构造较复杂，安装和维护要求高。随着现代化冶炼生产的发展，国内一些大中型烧结厂都已实现了主体设备的自动加油润滑，智能型集中干油润滑系统在现代化烧结工艺中已经得到了广泛的应用。

2.2.8 电动机

在机械系统中，原动机是能量输入、输出的节点，主要包括电动机、液压传动、气压传动等。原动机把电能（电动机）、热能（液压、气压）转变为工作机的机械能做功，从而达到满足生产工艺的目的。其中，电动机的应用最为广泛，下面做简要介绍。

2.2.8.1 电动机的分类

电动机主要分为直流电动机和交流电动机两类，详细分类如图2-9所示。

2.2.8.2 电动机的型号

A 直流电动机的型号

例如：Z_2-12电动机，Z表示"直"流电动机；下角2表示第二次统一设计；12中的1

表示 1 号机座，2 表示电枢铁芯采用长铁芯。

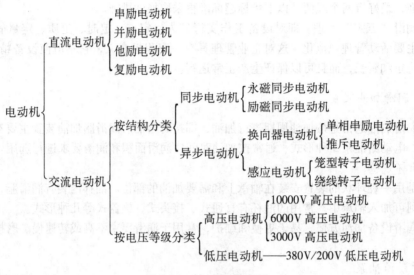

图 2 - 9　电动机的分类

B　异步交流电动机的型号

例如：YR355M - 4 电动机，YR 表示"异步绕线式"电动机；355 表示电动机中心标高 355mm；M 表示电动机长度为"中"级；4 表示电动机级数为 4。

2.2.8.3　电动机的选择

电动机的选择范围应包括电动机的种类、形式、容量、额定电压、额定转速及各项经济指标等，这些参数应综合进行考虑。

一般来讲，直流电动机机械特性及调整性能优良，但其成本及维护费用较高，交流电动机的机械特性及调速性能差，但其成本及维护费用较低。随着科技不断发展，交流电动机加变频调速系统综合了两者的优点，是选择电动机时的首要目标。

2.3　烧结自动控制系统

2.3.1　烧结生产自动控制系统的典型配置

近年来，随着微电子技术、计算机技术、电子电力技术和检测技术的迅速发展普及，微处理器在控制装置、变送器上得到广泛使用，现场仪表（传感器、变送器、执行器等）也实现了智能化。烧结自动控制设备和控制技术也得到了相应发展，目前烧结工艺过程采用的自动控制系统综合了计算机技术、通信技术、CRT 显示技术和过程控制技术；可适应现代化生产的控制与管理需求；采用多层分级的结构形式，从下而上分为过程控制级、控制管理级和生产管理级；每级用一台或数台计算机完成数据采集与处理、连续控制和顺序控制、级间连接控制等功能；通过数据通信网络，系统采用分散控制、集中操作、分级管理和分而自治的设计原则，将控制部分分散，而将操作显示部分集中，从而实现"危险分散"。通常将过程控制级和控制管理级划分为一级机系统，生产管理级为二级机系统。

烧结工艺过程从成品整粒系统到烧结冷却系统、配料混合系统都有着直接的联锁关系，整个工艺过程设备台数、种类繁多，所以烧结控制系统可以配置成一个集中监视、操作，分散实现控制的系统。另外，由于原料从配料矿槽经配料、混合、加水、烧结、冷却、破碎、筛分等多个工序过程，到最后成品烧结矿的分析指标出来，需经过几个小时，这期间的数据必须进行跟踪处理，才可以准确地掌握实时的工艺过程，并为随后的工艺过程的优化提供依据，所以，功能完善的烧结控制系统需有二级机系统对工艺过程数据进行处理，对工艺过程控制进行优化。图 2 – 10 所示为一个烧结自动控制系统的典型配置。

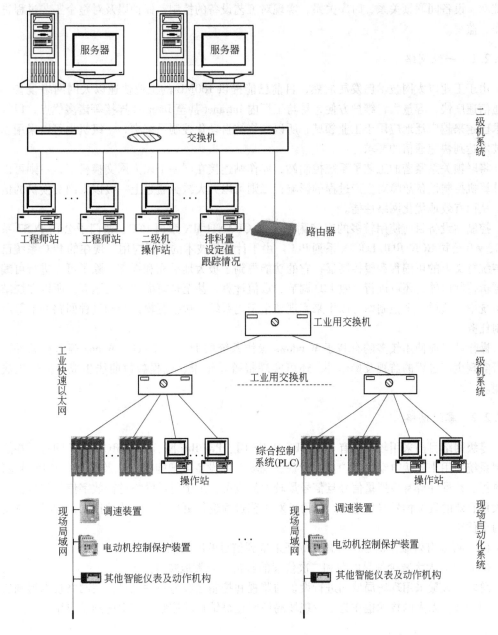

图 2 – 10　烧结自动控制系统的典型配置

2.3.2　一级机系统配置及功能

一级机系统由两级网络连接而成，一级网络（工业控制网络）上的设备为带 CPU 的控制站、PC 机操作站、网络交换机等。一个控制站承担一个完整工艺子系统的控制任务，如配料系统、混合料系统、整粒系统等都可由一个控制站来实现控制；PC 机操作站用于对各工艺系统的监视及操作。同时，每个控制站都可作为多个零级网络（工业现场局域网）的主站，连接在零级网上的从设备主要有电动机保护控制设备、现场 I/O 设备或智能 MCC、变频器、仪表等产生信息量较大的控制设备。烧结自动控制系统的一级控制系统用于实现烧结过程各个子系统间、设备间联锁关系、时序关系，实现对工艺设备的控制、保护以及对整个工艺过程进行操作、监视。

2.3.2.1　一级网络

由于工业以太网技术已发展成熟，目前已能提供 100MB 的工业快速以太网网络设备，由于通信速度快，容量大，维护方便，易与工厂内 Intranet 甚至 Internet 连接等诸多优点，以太网技术已越来越广泛地应用于工业领域，所以在烧结自动化控制系统中，一级机也可以采用以太网技术达到快速通信的要求。

将联锁关系紧密的工艺子系统控制站、操作站连接在同一个以太网交换机下，一则可以减少计算机控制设备故障对生产过程的影响；二则可以大大减少通过上一级以太网交换机的信息量，从而有效地优化网络性能。

控制站设备目前使用较多的有施耐德公司 QUANTUMN 系列 PLC、西门子公司 PCS7 系列PLC、AB 公司 CONTROL LOGIX 系列 PLC。由于计算机技术的广泛应用，现在的 PLC 系统已不是传统意义上的可编程逻辑控制器，它的功能得到了极大地扩充和提高，除了可以进行可编程的逻辑控制以外，还可进行有效 PID 调节、数值计算、甚至是模糊数学的运算。所以在烧结控制系统中，这样一个控制站可以用来实现整个工艺系统，包括逻辑控制和过程回路调节等所有控制任务。

操作站目前使用较多的有基于 Windows 操作系统的 1fix、Intouch、Wincc 等监控软件，除了可实现生产过程的监视及操作外，还可实现报警及记录、过程参数曲线生成、报表生成等功能。

2.3.2.2　零级网络

零级网络目前采用较多的有 MODBUS PLUS 网、ProfiBus 网、CONTROL NET 网等。在烧结控制系统中用来连接电动机保护控制设备、现场 I/O 设备或智能 MCC、变频器、连续料位秤、配料秤、计量秤等有模拟量信号且信号量较大的设备，由于通过网络进行数字信号传送，可以将大量有效的现场信号采集进来，从而可对工艺过程进行更精确、有效的控制，同时还具备以下两个优点：

（1）可以有效减少信号的衰减，保证采集到信号的准确性；

（2）可以大大减少信号电缆和二次仪表的数量，有效地减少投入。

总之，大量采用现场局域网进行设备的监视和控制已成为一种趋势，在网络技术得到广泛应用的今天，以太网技术也作为工业现场局域网在烧结自动控制系统中得到了应用。

2.3.2.3　PC 机操作站

安装于烧结中央控制室的 PC 机操作站，又称为 HMI（人机交互界面）。它是联系烧结生产工艺人员和生产流程设备的纽带，既能真实反映实时生产状况，又能忠实执行生产工艺人员的操作控制指令，控制整个烧结生产过程的顺利进行，优化烧结矿产、质量。目前，在烧结自动控制系统中，基于 Windows 操作系统的监控软件应用十分普遍，比如 Intellution 公司的 1fix、Wonderware 公司的 Intouch、Siemens 公司的 Wincc 监控软件、AB 公司的 RSView32 监控软件以及 Schneider 公司的 Monitor Pro 监控软件等，它们通过提供各种不同类型 I/O Driver 来实现监控画面和各控制子系统 PLC（各种不同品牌的 PLC）之间的数据读写。近年来，随着工业以太网技术在工业控制中的广泛应用，工业以太网已经取代以前总线型通信网络（如 DP、CONTROL NET 等），而成为现在操作站与 PLC 的主要通信方式。操作站硬件目前使用最多的是各种工业控制计算机，如研华工控机等。

操作站一般应具备以下功能：生产工艺过程画面、工艺流程图及设备运转、运转条件确认和操作过程的显示；生产工艺过程参数控制和显示；设备选择和运转操作控制；趋势曲线管理；过程报警记录及打印；故障报警及诊断分析显示等。操作画面的设计根据烧结生产工艺流程，可以将操作画面按工艺子系统组织，大致可分为原料准备、配料及混合、烧结和冷却、成品整粒、返矿、铺底料、粉尘收集、主抽风机、水道系统、余热利用和电除尘系统画面等。每个操作站根据实际情况（比如系统大小、操作站台数、操作习惯等）含一套或几套操作画面，操作画面按主画面、子画面或分画面来组织，实现完整的控制和监视功能。一般在实际应用中，每个操作站会含有一个主监视画面、多个操作画面和条件检查画面，以及故障报警画面和简单的趋势曲线监视画面等。

在整个监控系统的配置中，可以考虑冗余功能，应用最简单的就是操作画面的冗余，不同的操作站配置有相同的操作画面，当某台操作站出现故障时，另外的一台操作画面功能不受影响。还有就是 I/O 通信的冗余，甚至是画面和 I/O 通信的双重冗余。正迅速发展的以服务器为开发核心、多个操作站为其网络客户端的构成模式（即网络开发版），比如 Wonderware 公司新推出的以 Industrial Application Server 产品为核心的 FactorySuite A2 工业套装软件等，它们具有强大的系统集成能力，可以快速地适应实际应用，并进行很方便的扩展。无论是硬件还是软件的构成，都是组件化的，可以根据应用的规模随意添加、减少应用软件或硬件平台而不影响原有系统的运行，很容易实现功能和系统的不断扩展完善。同时，它们还提供强大的集中开发、部署、诊断工具，提供强大的分布式系统集中管理工具。

在操作画面上，每台设备都有运行和停止信号显示，有的设备还有故障信号，而阀门还有开到位与开不到位信号，这些信号代表的设备状态都被设计成用颜色来表示。通常区分为：

（1）运行信号为绿色；

（2）停止信号为红色；

（3）轻故障信号为黄色；

（4）重故障信号为粉红色。

阀开到位为绿色，阀开不到位或者关不到位为天蓝色，阀正在开或者正在关为红绿交替闪烁，阀关到位为红色。各种颜色所代表的设备状态可根据实际情况和使用习惯来自由定义，而不会影响系统的控制功能。

2.3.3 二级机系统配置及功能

二级机系统采用 100MB 的快速以太网，其应用程序采用服务器/客户端结构。服务器端分为存储历史数据的数据库服务器、包含实时数据的数据库和应用程序的应用服务器，客户端则通过与数据库服务器和应用服务器的信息交换，实现对工艺过程需要调节的部分的监视、干预。

二级机系统的功能是对工艺过程进行优化，即以最低的生产成本达到稳定生产条件和稳定的烧结质量。最终目标是在操作员进行最少的人工干预的情况下优化烧结机操作。二级机系统的功能主要分为以下两个部分。

2.3.3.1　数据管理系统

处理长期历史数据的收集、综合和维护，这些数据涉及实时生产时间、工艺性能及与工艺有关的数据（包括在线的测量数据和试验室的分析数据）。完善的数据管理以及连续的工艺参数计算使得工艺工程师可对工艺过程准确地把握，从而为达到最佳的工艺性能，为改进工艺和操作提供充分的依据。处理的原始数据源包括实时的测量信号、加料量、生产数据、试验室数据、事件、模型计算结果、成本数据等，数据采集功能在将这些数据存到数据库之前对它们进行预处理，分别存放在实时数据库和历史数据库中。该数据库系统是进行工艺过程优化的基本要求，它包括以下几个功能块：

（1）数据通信部分，它将一级机控制站采集的实时检测信号、一级机操作站的有关操作信息实时地传送到二级机；同时，将二级机优化模型的控制信息反馈至一级机。

（2）实时数据库的维护，它实时刷新实时数据库中的数据。

（3）历史数据库的维护，它根据相关的参数设定及时删除过时的数据，进行数据的完整性、合理性的检查，以及日常的数据备份等。

（4）自动报表生成系统生成报表。包括每个小时、每个班、每天生产的过程和生产数据（物料消耗、烧结机停机、烧结矿质量分析数据等）。烧结生产报表中包括物料消耗、能源消耗、停机、生产率、净烧结矿产量、烧结产品分析数据；全角物料平衡报表中包括混匀矿成分、原料成分、焦炭成分、烧结混合料成分、计算的烧结矿成分、化验分析的烧结矿成分、烧结矿成分偏差等。

（5）过程报警系统。该系统所有事件（如烧结机启动或停机，与其他系统的通信问题）都在一个用户界限中（事件显示器 Event Display，如上所述）记录，事件分成几组，并且可以按是否告之操作工或仅供参考进行配置。

（6）模型参数。模型参数界面用于创建、修改或删除工艺模型和过程控制功能所使用的参数。

（7）停机记录。"设备状态任务"分析烧结机所处的状态。在停机编辑器中列出了停机时间及检查时间，操作工可以输入以下数据：出现问题的设备区域，只能从列表中选择预先定义的区域；问题的分类（如电气、机械、液压等），只能从列表中选择预先定义的分类问题的原因，可作为自由文本输入。

（8）交接班记录。便于倒班人员维护，记录所有未被自动化系统收集的重要事件。经常重复的事件提供文本模板，输入诸如计划生产或计划检修时间等数据。

（9）化验室分析数据的管理维护。所有的分析都来自化验室，不需要人工输入。但是也可以用用户界面创建、修改和删除物料分析。分析显示配置完整，即在提供其他物料时不需要重新编程，只需修改数据库中的某些记录。

（10）标签数据的显示。标签显示用来观察时间性数据，它可以在线（画面永久刷新）或离线（从过程数据库读出数据）进行。可以从相关的数据库的任意表中选择数据，这就意味着标签显示可以用来显示标签的时间性状态（主要目的）以及分析其他数据（如分析值或装入物料）。操作人员可以随时配置新的趋势图，系统对趋势图的数量没有限制。配置的趋势图可以存储，并随时调用显示。在一个趋势图内，最多可以配置 12 个不同的变量及最多6根不同的 y 轴。同时，还具有图像缩放、轴重新定位及线的颜色和符号修改等其他特征。

（11）人工操作界面。用来进行各个工艺优化模型参数的输入及优化过程的监视。

2.3.3.2　烧结工艺优化模型

通过计算工艺过程中各个环节的最佳设定值以提高作业率、稳定产品质量、降低产品成本。具体说主要有以下几个优化模型：

（1）原料的配比计算及分配。烧结原料包含有混匀矿、白云石、石灰石、碎焦、一次返矿和二次返矿等，配料室圆盘下料量计算时，原料的质量和数量一般以湿料为基础。在计算值和实验室分析值之间如存在长期偏差，需用经验参数来进行校正。

（2）混合料量控制。从原料配料设备来的混合料量取决于烧结机的速度并且做相应的调节，控制回路的目标是稳定混合料流量，并保持缓冲矿槽料位恒定。二级机系统根据烧结机的速度以及中间料仓的最高和最低料位，计算总的混合料量并发送到一级机。

（3）混合料水分控制。混合料水分尽可能在最大程度上保持恒定，需要添加的水量计算则依据混合料量的比，同时考虑到单个原料组分的基本水分。操作人员可以将单个原料组分的基本水分人工输进自动化系统。二级机用单个原料水分和原料加入量及混合料水分目标值来计算总的水需求量。

（4）烧结矿混合料仓（缓冲料斗）料位控制。保持中间料仓料位稳定在二级机规定的极限内，以便控制总的混合料量。

（5）烧结终点（烧透点/BTP）。为了优化烧结生产和质量，由二级机控制烧结终点在倒数第二个风箱的中间的最佳位置。烧透点由一个基于温度的反馈控制回路来控制。另外，由一个模型来预测原料参数（水分、透气性等）变化对烧透速度的影响，并作为一个前馈校正值来使用。该控制回路有依据温度偏差的短时反应能力，并采用了模糊逻辑控制技术。即在得到模糊测量值后，根据评估规则生成控制信号，这些规则是根据烧结生产过程长期操作经验得来的。该控制回路的适当操作与生产率控制是烧结机达到恒定的较高质量和较高生产能力的关键。

（6）返矿/燃料控制。烧结混合料的返矿比预先定义为工艺参数，由操作人员在用户界面中输入。为了保持返矿的产生量和使用量之间的平衡，将加、减固体燃料量作为控制变量。由烧结返矿槽料位来检测平衡偏差。该控制模型分为两个步骤：首先用返矿槽料位作为目标值进行添加焦炭量和烧结返矿的反馈控制，保证返矿槽料位始终在预定范围内。当预期的和实际的返矿比超出正常范围时便开始第二步，即调节焦炭量。在预定延时之后，可以考虑是否重复该步骤。这两个控制变量只能在规定的允许范围内进行调整。

（7）碱度控制。该控制功能主要监视烧结矿分析结果的碱度指标是否满足要求。如有必要，可更改混合料成分，以获得最佳碱度；系统每次接收到新的有效化学分析结果时，便会激活控制模型。该模型主要观测实际碱度和 SiO_2 分析，并且利用数据趋势、三个数据允许范围和一套定律来计算混合料成分的改进状况，从而判定是否有必要对用户选定的熔剂进行配比调整。在闭环方式下，该系统将根据用户选定的控制熔剂（石灰石或消石灰）进行配比调整计算，并向一级自动化系统和用户界面发送调整相应熔剂的配比设定值。否则，在用户界面仅显示结果。

实际应用中，二级机控制功能主要包括配比控制、料流控制、加水控制和烧结机台车速度控制。其特点是调节周期长，计算复杂，且运算量很大，适合在二级机使用高级语言（如 VB、

VC ++ 等）编程。其他控制功能，由于控制回路调节周期短，计算并不复杂，一级机 PLC 编程完全可以达到控制要求。

2.4　设备运转的自动控制

2.4.1　逻辑控制系统的控制方式

烧结自动控制涵盖了烧结工艺流程及相关各子系统，包括原燃料输送、破碎筛分系统、配混系统、主抽风机系统、主粉尘系统、烧结及冷却系统、整粒系统、成品运输系统、返矿系统、水道系统、空压机系统、电除尘系统等 20 余个子系统，包括大小 200 余台设备。

2.4.1.1　设备的运转方式

设备的运转方式分为中央联动、远动单机、机旁单机。主要运转方式为中央联动。凡可中央联动和远动单机运转的设备均能在中央控制室操作。

运转方式转换开关（SLS）安装在机旁，但在中央控制室可监视该开关的位置是否放在"联动"位置。只有在中央控制室允许的情况下才可切换至机旁操作。

2.4.1.2　运转控制的基本要求

各系统为保护设备和防止人身事故，应该设置必要的联锁，并有完善的信号系统。流程选择包括给料设备的选择（多台时）。

A　联动运转的启动

一般先启动原燃料、成品系统中的破碎机类和振动筛类设备（属主要设备）。

B　联动运转的正常停止

一般均先停给料设备（烧冷系统除外），待胶带机卸空后，逆流程联锁停止。

C　联动运转中的事故停止

系统中一般设备从事故设备开始逆流程联锁停机，但如上述的破碎机类或振动筛类设备则延时停机。

各系统的联动启动均包括运转准备、运转方式选择、流程选择、联动检查、启动等几个过程。

2.4.2　中央联动设备运转设备的控制

本类设备由中央控制室操作站进行操作和监视。当监控画面和机旁选择开关置于"联动"位时，即允许中央联动运转。

2.4.2.1　运转设备

系统中各设备的主回路和控制回路均投入使用，监控画面显示"主电源"、"控制电源"投入使用。

其次，用 CRT 和键盘设定操作该系统相关的辅机一起运转。

2.4.2.2　系统选择

在各系统的操作监视画面上，通过画面进行运转方式（联动、单动、停止）选择、流程选择和特殊设备的设定，也可通过键盘进行选择及设定。

2.4.2.3 联动检查

系统启动前，在监控画面上检查各设备是否满足启动条件（包括主电源、控制电源、故障信号等），当条件满足时显示"准备完毕"。

2.4.2.4 启动

当联动检查通过以后，即可进行联动启动，除配混系统有顺序启动和一齐启动两种方式需要进行选择外，其他系统均为逆流程顺序启动。

监控画面（启动）操作后，先发该系统的启动预示信号（机旁为电铃响、监控画面"启动中"点亮）10s后，由系统的最下游设备开始启动，按5s的间隔逆流程顺序启动，当最上游设备启动后，该系统即启动完毕，启动预示信号解除，监控画面"启动中"消失，系统显示"运行中"。

对于配混系统顺序启动到配料圆盘下的集料胶带机后，按选择方式（第一次组织生产）或记忆上次停机方式进行启动，顺序启动则按时序表启动被选为工作槽的配料圆盘，一齐启动则是一齐启动被选为工作槽的配料圆盘。

注意：

（1）系统在启动中，当其模式由"联动"改为"停止"时，系统启动不再继续，启动信号中止，已经启动的设备维持运行；若要停止，则要进行系统停止操作；若要恢复启动，重新选择系统"联动"模式，进行"启动"操作，即恢复该系统的继续启动。

（2）连续的前后两个系统之间有联锁时，若两个系统同时设定"联动""启动"操作后，则下游系统先启动，下游系统启动完毕后，自动启动上游系统。这种系统之间的"联动"选择，必须在"启动"执行之前进行，否则不执行系统间的"联动"。

（3）系统运行中的流程切换是先启动新流程，再进行料流的切换，最后停止原流程（料卸完）。

（4）系统运行中可逆设备的换向不应影响系统的正常运行。

2.4.2.5 顺序停止

系统停止，一般均为顺序停止。但配混系统的"配料圆盘"有两种"停止"方式，在停止操作前，必须选择配料圆盘的停止方式（顺序或一齐）。

在监控画面上将系统运转方式设定为"停止"，然后进行"停止"操作，系统即执行停止操作过程。

（1）对于烧冷系统，在"全体"方式时，逆流程联锁停止；在"排空"方式时，风箱阀门顺序自动关闭，再人工停止烧结机和单辊。

（2）对于除烧结机以外的系统，"停止"操作后，先停给料，待其他设备卸空后，逆料流停止。

（3）对于配混系统的"先停给料"在顺序停止方式时，"配料圆盘"顺流程按时序自动停止。

2.4.2.6 一齐停止（仅属于配混、烧冷系统）

对于配混系统，"一齐"停止，是指"配料圆盘"一齐停止，其他同顺序停止；对于烧冷系统，"一齐"停止是指当执行"停止"时，逆流程联锁停止。

2.4.2.7　紧急停止

当有重大故障时才进行系统"紧急停止"操作。

紧急停止均为逆流程联锁一齐停止，但系统中的破碎机或振动筛类设备延时停止（卸空）。

2.4.2.8　中央联动运转设备的机旁单机运转

中央控制室监控画面，运转方式设定"单动"且该设备的机旁选择开关置"单动"，即可进行机旁单机操作。

2.4.3　远距离单机运转设备的控制

这种设备不与系统内联动运转设备发生联锁。它由中央控制室或机旁操作开关进行单独操作运转。正常采用中央控制室远距离操作运转方式。

2.4.3.1　中央控制室远距离单独运转

中央控制室远距离单独运转程序是：

（1）机旁操作开关选择"中央"；

（2）中央控制室在此设备的必需运转条件满足后，在监控画面上进行"启动"操作；

（3）设备开始运转；

（4）中央控制室进行"停止"操作，此设备停止运行。

2.4.3.2　机旁操作运转

机旁操作运转程序是：

（1）机旁操作开关选择"本地"；

（2）按机旁"运转"按钮；

（3）设备开始运转；

（4）按机侧"停止"按钮，该设备停止运行。

2.4.4　机旁单独运转设备的控制

机旁单独运转适用于单独设置或检修设备，这些设备只通过机旁的操作开关独立地控制。

（1）在机旁将相应设备的操作开关选择"运转"或按"启动"按钮，启动该设备。

（2）在机旁将相应设备的操作开关选择"停止"或按"紧停"按钮，停止该设备。

2.5　烧结过程自动控制功能

烧结过程自动控制的最终目的是使烧结过程最优化，以便获得性能稳定的优质烧结矿，达到提高产量以及降低燃料消耗的目的。烧结自动控制过程是一个多变量综合控制过程，包括：配料自动控制、添加水自动控制、混合料槽料位自动控制、烧结机料层厚度自动控制等。烧结过程自动控制系统主要控制功能如图 2-11 所示。

2.5.1　配料自动控制

配料控制是由 PLC 将各种原料的干配比（配合比）和其水分值换算成湿配比（配合系数），并结合总输送量设定值算出每个配料圆盘的下料量，从而对每个配料圆盘给料装置进行定量控制，使每个配料圆盘变频器根据设定的配比和总输送量的变化进行准确的下料。

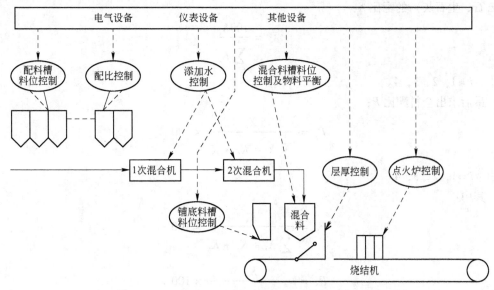

图 2-11　烧结过程自动控制系统主要控制功能示意图

烧结用的原料有无烟煤、返矿、白云石、生石灰、石灰石、混匀矿等，将这些原料按照所要求的配比进行自动给料的过程称为配料系统的自动控制。

2.5.1.1　配比计算

在监控画面上输入各种原料的化学成分的质量分数（包括 Fe、CaO、MgO、SiO_2 和烧损）、烧结矿指标（Fe、MgO 和 R_0）及生石灰、无烟煤、返矿的设定配比，见表 2-4。

表 2-4　烧结配比设定

原料名称	Fe	CaO	MgO	SiO_2	烧损	配比
混匀矿	A_{12}	A_{13}	A_{14}	A_{15}	A_{16}	K_1
石灰石	A_{22}	A_{23}	A_{24}	A_{25}	A_{26}	K_2
白云石	A_{32}	A_{33}	A_{34}	A_{35}	A_{36}	K_3
生石灰	A_{42}	A_{43}	A_{44}	A_{45}	A_{46}	K_4
无烟煤	A_{52}	A_{53}	A_{54}	A_{55}	A_{56}	K_5
返　矿	A_{62}	A_{63}	A_{64}	A_{65}	A_{66}	K_6

按"配比计算"键，即根据烧结矿指标公式：

$$w(\mathrm{Fe}) = \frac{A_{12}K_1 + A_{22}K_2 + A_{32}K_3 + A_{42}K_4}{\sum\limits_{i=1}^{4} [(100 - A_{i6})K_i]} \tag{2-14}$$

$$w(\mathrm{MgO}) = \frac{A_{14}K_1 + A_{24}K_2 + A_{34}K_3 + A_{44}K_4}{\sum\limits_{i=1}^{4} [(100 - A_{i6})K_i]} \tag{2-15}$$

$$R_0 = \frac{A_{13}K_1 + A_{23}K_2 + A_{33}K_3 + A_{43}K_4}{\sum\limits_{i=1}^{4} [(100 - A_{i5})K_i]} \tag{2-16}$$

按方程式(2-14)~式(2-16)求出 K_1、K_2、K_3、K_4，然后计算新原料（混匀矿、石灰石、白云石、生石灰）的配比 X：

$$X_i = \frac{100K_i}{\sum\limits_{i=1}^{4} K_i}$$

式中，$i=1$, 2, 3, 4。

最后求出全料配比 P：

$$P_i = \frac{X_i}{\sum\limits_{i=1}^{4} X_i + K_5 + K_6} \times 100$$

式中，$i=1$, 2, 3, 4。

其中：

$$P_5 = \frac{K_5}{\sum\limits_{i=1}^{4} X_i + K_5 + K_6} \times 100$$

$$P_6 = \frac{K_6}{\sum\limits_{i=1}^{4} X_i + K_5 + K_6} \times 100$$

式中，$i=1$, 2, 3, 4。

当 K_6 人工调整时，$K_1 \sim K_4$ 按比例自动调整；K_5 人工调整时，必须满足：

$$\sum\limits_{i=1}^{4} X_i = 100$$

且 $X_1 \sim X_4$ 按原配比成比例调整。

若计算时有"0"溢出，则显示上一次计算配比。

2.5.1.2　配比设定

操作人员参考计算配比在监控画面上输入设定配比，设定配比经人工确认及合理性检查后方为生效。

在监控画面上有"配比设定"键进行人工确认，在此之前必须通过合理性检查，否则，仍将上一次设定的配比作为采用配比。

2.5.1.3　配比合理性检查

在监控画面上有"合理性检查"键进行合理性检查，按"指标校验"键、"配比设定"键也应先进行合理性检查。检查规则是：

(1) 各原料配比之和要为 100 （±0.5）。

(2) 各种原料配比不小于 0。

若检查出不符合规则，则在监控画面上显示出错信息；否则，烧结矿验算指标显示保持不变。若计算有"0"溢出，则显示上一次校验指标，并在监控画面上报"0"溢出错。

2.5.1.4　配合系数

配合系数指各个圆盘的给料量的比例系数，根据各个圆盘的选槽信号采用配比求出。混匀矿槽工作槽为 3 个，当 5 号矿槽为工作槽时，其合计配合比分配比为 40%、40%、20% （5 号槽）；5 号槽退出工作时，其合计配合比分配比为均分。

其他同一品种物料采用多个圆盘时，配合比均分。

$$某圆盘配合系数 = 该原料采用配比 \times 该圆盘分配比$$

由于槽变更随时可能发生，因此程序每次都进行配合系数的计算。

2.5.1.5　排料量控制

A　控制方式

由于选用的配料秤二次仪表具有积算和 PI 调节功能，因此有两种控制方式，由配料秤二次仪表盘上给 DCS 的一个"DCS 入"信号决定，该信号也作为"控制方式"显示在监控画面上。

DCS 进行 PI 控制：当"DCS 入"信号为"1"时，由 DCS 进行 PI 控制。此时配料秤仪表向 DCS 输入瞬时值流量信号等，由 DCS 构成闭环控制。

DCS 进行设定值控制：当"DCS 入"信号为"0"时，DCS 只完成排料量设定值的演算处理，并将次信号送给配料秤仪表作为 SV 信号，由仪表完成 PI 演算，进行闭环控制。

B　排料量设定

$$总干料量 = 综合输送量 \times (1 - 二混出口设定水分率)$$

$$某原料排料量 = \frac{总干料量 \times 该原料的配比}{1 - 该原料的水分率} \tag{2-17}$$

$$某圆盘排料量 = 该原料排料量 \times 该圆盘分配比$$

由于圆盘空间位置不同，所以设定值必须进行跟踪处理，且根据位置不同应有一定的延时，以使各种原料配比保持一致。

C　排料量累积偏差

在排料控制过程中，PV（排料量测定值）与 SV（排料量设定值）之偏差进行累积，超过一定的极限时进行报警（一段正偏差、一段负偏差、二段负偏差），并发出"控制异常"、"控制异常停止"信号到 DCS 在监控画面上显示。"控制异常"时，启动"空气炮"；"控制异常停止"时停止配料圆盘，并进行换槽操作。

累积偏差可在监控画面上通过"累积偏差复位"键对所选"累积偏差复位圆盘号"圆盘进行复位。如槽未选择，累积偏差置"0"。生产过程停止偏差累积，保持原值不变。

D　负荷率

配料秤仪表发出"负荷率异常"（高、低限综合）信号给 DCS 进行报警，同时输出一个负荷率模拟量信号在监控画面上显示，DCS 根据此信号对负荷率进行自动检查，超过极限值时，发出高（大于 120）、低（小于 80）报警信号。当负荷率过低时，自动启动"空气炮"，打通排料口，使排料复原。

2.5.1.6　槽变更的演算处理

当某个储矿槽在运行中由于无料等原因需变更到另一个储矿槽运行时，就必须进行槽变更处理。

A　按照配合比进行槽变更判别处理

根据料位、负荷率、累积偏差、控制异常、控制异常停止、速度下限等信息（负荷率低、累积负偏差信号送现场启动空气炮两次仍不消失，则需进行槽变更），由 PLC 程序决定槽变更。

B　槽变更时的处理

槽变更时各物料的合计配比不变，不进行配合比合理性检查，此时一般也不进行配合系数计算，将被更换槽的配合系数自动置为"0"，而新的工作槽的配合系数则自动写为变更槽原来的配合系数数值。但特殊情况，如：均矿槽5号槽变更、返矿槽工作槽数量发生变化、生石灰槽螺旋秤工作槽数量发生变化时，要重新进行配合系数的演算。

混匀矿槽工作槽为3个，当5号槽为工作槽时，其合计配合比分配为40%、40%、20%（5号槽）；5号槽退出工作时，其各槽配合比为均分。

当返矿槽工作槽数量发生变化或者生石灰槽螺旋秤工作槽数量变化时，合计配比不变，但是各槽配合比发生变化（数量增加为均分，数量减少为合计）。

其他同一种物料采用多台圆盘时，配合比均分。

2.5.2　混合料水分自动控制

混合料水分控制是烧结生产的一个重要环节，混合料水分控制采用前馈计算加反馈修正方式。前馈控制是通过计算机按照原料的实际水分的质量分数（实测值）和加水目标值确定补加水量，然后按照一定的比例分别向一、二次混合自动加水系统的调节器给出设定值而实现。反馈控制是由设置在混合料槽内的中子湿度计测得的混合料实际水分的质量分数，通过计算修正调节器FIC的设定值和电磁流量计测得的流量反馈信号两者之差，经PID输出操作量信号控制调节阀FCV的开度，实现一、二次混合自动加水流量的闭环控制。

2.5.2.1　控制方式

在监控画面上进行计算机、人工计算方式选择。选择人工方式时，由操作员人工设定PID的SV（加水流量）；选择计算机方式时，由DCS自动演算设定PID的SV（加水流量），电磁流量计测得的加水流量与设定值比较，通过PID演算，给调节阀发出控制输出。手动方式由操作员手动设定PID的控制输出（加水流量）；自动方式由DCS自动设定PID的控制输出（加水流量），送至调节阀。

2.5.2.2　水分处理

在主工艺系统设置水分计算的地方共5处：燃料槽2个，一次混合机出口1个，二次混合机出口1个，混合料槽1个。混合料槽是中子水分仪，只起监视作用，其余全是红外水分仪。

由于水分测量值波动较大，所以测得的数据要经过移动平均处理后再使用。将处理后的水分率经过上下限幅和变化幅度的处理之后方可用于加水控制。

2.5.2.3　水分率设定

操作人员在监控画面上输入各种原料的水分率，通过"水分率设定"键进行人工确认后方为有效。

一、二次混合机出口设定水分率为目标水分率，在监控画面上输入。一般一次加水量控制在混合料总给水量的80%，二次加水量控制在混合料总给水量的20%。

2.5.2.4　排料量、水分率的跟踪

"一次混合机"作为第一集合点，"二次混合机"作为第二集合点。

从各槽CFW下料点至第一集合点止，对每个槽的排料量、水分率及累积排料量进行跟踪，

且在第一集合点将这些数据进行合计。在第一集合点将水分率换算成水分质量（水分质量＝排料量×水分率），并进行合计。除累积原料总量外，均作为一次加水控制用数据。

从第一集合点到第二集合点对排料量及水分质量进行数据跟踪，到二次混合机之前的跟踪数据作为二次加水控制用数据。

从第二集合点到混合料槽止，对排料量和水分率进行数据跟踪，到达混合料槽的跟踪数据作为混合料槽料位控制用数据。

2.5.2.5 加水流量的计算

A 一次混合机加水流量的计算

在第一集合点求出合计的排料量（ZW）、水分的合计质量（ZH），以及在监控画面上设定的目标水分率（P），进行加水流量（X）计算。计算公式为：

$$\frac{ZH + X}{ZW + X} = P \tag{2-18}$$

B 二次混合机加水流量的计算

在第二集合点求出合计的排料量（ZWK）、水分的合计质量（ZHK），以及在监控画面上设定的目标水分率（PK），进行加水流量（XK）计算。计算公式为：

$$\frac{ZHK + XK}{ZWK + XK} = PK \tag{2-19}$$

C 加水流量的反馈修正

在监控画面上用"一混水分反馈有/无"选择键和"二混水分反馈有/无"选择键选择是否用水分仪检测的混合料水分率作为加水流量的修正。修正值计算公式为：

$$修正值 = \frac{（出口设定水分率 - 红外水分率）\times 总排料量}{100} \tag{2-20}$$

2.5.2.6 其他

混合机给水处于压力下限时，将切断阀闭合，不进行加水控制。

计算出的加水流量低于下限（0）、反馈的加水流量低于下限（0）、红外水分率小于下限（设定值 -0.3）及红外水分率大于上限（设定值 +0.3）时，发报警给监控画面显示。

混合机"压力下限"、"压力正常"、"流量调节阀开"、"流量调节阀关"、"流量切断阀开"、"流量切断阀关"、"润滑冷却水流量下限"、"中子水分仪故障"、"中子密度仪故障"等信号均送至监控画面显示。

2.5.3 混合料槽料位的控制

混合料槽是混合料送到烧结机之前的缓冲料槽，若料位控制不好则会：料位太高，导致造好的小球破坏，使原料堆密度变动，烧结透气性变坏，烧结矿质量下降；料位太低，可能造成烧结机台车上料面布料不均匀，甚至形成断料，使烧结机停机，影响烧结机作业率。

因此，一般控制混合料槽料位在 60% 左右。其料位控制主要是使混合料总输送量和矿槽排出量基本平衡。由计算机根据混合料槽的排料量、进料量、料位等参数改变原料的综合输送量，以控制料槽料位。

2.5.3.1 混合料槽入槽量（W_{in}）

从配料 1 号槽到混合料槽对各种原料的排料量进行跟踪，并把同一时间到达混合料槽的排料量相加作为混合料槽的输入量。

2.5.3.2　混合料槽排料量（W_{out}）演算处理

根据排料量的平均层厚（不含铺底料层厚）、台车宽度（PW）、台车速度（PS）、原料密度（KB_1）等相乘，并乘以 PB_1 修正系数求得预想排出量 W_{out}。

$$W_{out} = PS \times \frac{PH_R - PH_H}{1000} \times PW \times KB_1 \times \frac{TB_1}{60} \times PB_1 \tag{2-21}$$

式中　W_{out}——从现在时间开始经 TB_1 秒后止，从混合料槽排出的料量作为预想量，t/s；

　　　　PS——台车速度，m/min；

　　　PH_R——平均层厚设定值，mm；

　　　PH_H——铺底料层厚，mm；

　　　PW——台车宽度，m；

　　　KB_1——原料密度，t/m³；

　　　TB_1——从配料 1 号槽到混合料槽的输送时间，s；

　　　PB_1——修正系数，为 0~1。

为使排出量计算值波动不致太大，应进行平滑计算。

2.5.3.3　混合料槽收支偏差

由于烧结机台车上原料密度的变化会引起混合料槽排出量的变化，从而使混合料槽进、出之间的差值变化造成混合料槽实际料位的变化，因此，混合料槽进、出收支偏差还应考虑实际的料位测量值。

$$WSHD = \frac{LSHS - LSHP}{T} + W_{out} + W_{in} \tag{2-22}$$

式中　$WSHD$——混合料槽收支偏差，t/s；

　　　$LSHS$——混合料槽料位设定值，由监控输入，t；

　　　$LSHP$——混合料槽料位测定值，由 4 号站送来，t；

　　　　　T——从配料 1 号槽到混合料槽的混合料输送时间，s；

　　　W_{out}——混合料槽排出量，由 2 号站送来，t/s；

　　　　W_{in}——混合料槽入槽量，t/s。

2.5.3.4　混合料槽料位控制

综合输送量是根据混合料槽料位控制需要量而确定的，此量就作为圆盘总排料量之目标设定值使用。有两种控制方式：手动方式、自动方式。手动方式是在监控画面上对综合输送量进行设定；自动方式是由 DCS 对综合输送量进行设定演算，自动完成控制。方式切换由"综合输送量自动/手动方式"选择键完成。

当收支偏差的绝对值大于一定值时，需进行综合输送量计算，以新算出的综合输送量作为综合输送量设定值，重新计算各槽的排料量设定值，从而改变入槽量，使得料位重新达到平衡。

为了不使两次输送值间变化过大，要做变化幅度限制及上、下限限制。

由于从配料 1 号槽到混合料槽的混合料输送时间长达几十分钟，所以综合输送量的演算周期不能太短，并且自动方式必须在混合料槽料位基本平衡的情况下才能投入。

2.5.4　铺底料槽料位自动控制

2.5.4.1　控制方式

为了保持铺底料槽料位在一定范围内变化，保证烧结生产顺利进行，将铺底料胶带机带速、台车速度以及铺底料槽料位的测量值信号进行综合演算处理，输出一个控制信号给铺底料胶带机变频器来调节其速度，控制铺底料槽料位。通过中央控制室在监控画面上设定铺底料槽料位设定值（*LHHS*），由它与料位测量值信号（*LHHP*）比较，产生的偏差进行 PI 演算，输出控制信号来修正铺底料速度。在监控画面上可手动决定料位是否参与反馈控制。

2.5.4.2　铺底料胶带运输机运转速度演算处理

铺底料胶带运输机运转速度是烧结机速度的一次函数，如果烧结机速度发生变化，则铺底料胶带运输机运转速度必须发生相应变化。

如果下面条件都不成立，就不进行皮带机速度的演算：

(1) 烧结机台车在运转中；

(2) 可调速皮带机在运转中；

(3) 在操作站监控画面上铺底料槽料位仪的工作方式为自动。

注：如果上述设备不运转，则控制回路置于手动。

2.5.5　料层厚度的自动控制

烧结机布料的好坏直接影响烧结矿产量和质量。料层厚度控制就是为使烧结机台车在料层厚度、台车宽度方向和长度方向上布料均匀，以保证料面铺平，料层透气性好。

料层厚度控制主要由 3 个部分组成，即圆辊给料机转速控制、辅助闸门开度控制、主闸门开度控制。料层厚度控制功能框图如图 2 - 12 所示。

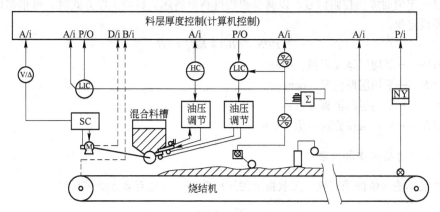

图 2 - 12　料层厚度控制功能框图

2.5.5.1　控制方式

对于主、辅闸门开度控制处理，在现场设置的油压控制盘上设有主、辅闸门工作方式选择开关，既可选在机旁操作，也可选在中央操作。在"中央"位置有两种情况，即自动和手动方式。当自动方式时，由计算机进行自动运算输出开度设定值控制主、辅闸门开度；手动方式时，可在监控画面上进行手动设定主、辅闸门开度。

对于圆辊给料机转速控制，也有 3 种控制方式：一种是通过计算机经过计算给出信号给圆辊变频器来调节圆辊转速；另外一种方式是通过现场直接调节圆辊转速；第三种方式就是在操作画面上人工设定圆辊转速。可以在监控画面上进行控制方式选择。

2.5.5.2　圆辊给料机转速控制

圆辊给料机转速控制主要是调节台车纵向层厚，用六点层厚的平均设定值和平均层厚测量值之差对圆辊速度进行控制。当六点层厚平均设定值和平均层厚测量值之差发生变化时，首先在圆辊速度允许范围内调节圆辊转速，以保持料层厚度最佳。若还是不能达到要求，再调节主、辅闸门开度来控制料层厚度。圆辊给料机速度是台车速度的一次函数，若台车速度发生变化，则圆辊给料机速度必须做相应变化。

2.5.5.3　辅助闸门开度控制

各辅助闸门相对应的层厚测量信号与设定值进行比较，输出操作量信号去驱动辅助闸门油缸，改变闸门开度调节下料量，以保持台车横向层厚的均匀性。六点层厚设定值之平均值应与上述平均层厚设定值一致。

2.5.5.4　主闸门开度控制

根据台车速度、圆辊给料机转速等综合计算进行控制，当其开度不能满足圆辊给料机在正常转速范围内工作时，应有控制信号输出，去调节主闸门的开度，以控制圆辊给料机转速在正常工作范围内。

2.5.5.5　平均层厚控制处理

将六点层厚测定值的平均值与六点层厚的平均设定值之差与圆辊转数设定值比较，经演算处理超过一定值时输出控制信号，以调节圆辊给料机转速。自动工作方式时，可根据计算求得平均层厚设定值。

$$PHS = PHB + KE_1 \times PH \tag{2-23}$$

式中　PHS——平均层厚设定值，mm；

　　　PHB——平均层厚位置，mm；

　　　KE_1——平均层厚演算常数；

　　　PH——刮料板位置瞬时值，mm。

2.5.5.6　平均层厚演算处理

单个层厚输入值按照有效、无效指定的层厚数据，只对有效数据进行运算。

$$PHM = \frac{\sum_{i=1}^{6} (PHP_i \times KE_{3i})}{\sum_{i=1}^{6} KE_{3i}} \tag{2-24}$$

式中　PHM——平均层厚，mm；

　　　PHP_i——单个层厚，mm；

　　　KE_{3i}——单个层厚输入值有效否指定，1 = 有效，0 = 无效。

注意：

（1）如果个别检测装置发生问题，信号有误，在运算时，可使用相应的设定值信号代替。

（2）全部六点指定无效或者全部检测有错误，则平均值演算不进行，保持前次的平均值。

2.5.6 点火保温炉燃烧控制

为了保证混合料很好烧结，应当把点火温度控制在最佳。因此，对供给点火炉、保温炉燃烧用的煤气、预热空气的流量进行自动控制，既保持料层最佳点火温度，又能实现煤气的充分燃烧。

2.5.6.1 控制方式

点火炉燃烧控制有3种控制方式：一是根据炉内气氛温度进行煤气、空气比例串级控制；二是进行点火强度控制；三是在操作站设置煤气量设定值，进行煤气、空气比例控制。3种方式不能同时进行，点火炉、保温炉均可选择其中任一种方式进行燃烧控制。3种方式的切换可以在操作站监控画面上实现。

2.5.6.2 比例串级控制

比例串级控制是一种反馈控制方式，点火炉常采用这种方式。由中央控制室在监控画面上设定点火炉温度目标设定值，计算机以一定时间周期对炉内温度测定值以4次移动平均处理来计算，将计算值与目标值进行比较，做PID运算，运算后的煤气流量作为流量设定值，来驱动流量调节阀控制煤气流量。再将测定煤气流量与设定流量进行比较，修正调节阀的开度，使温度测定值达到目标设定值。

2.5.6.3 点火强度控制

点火强度，即台车单位面积燃烧所需热量。其对应的煤气耗量即可作为煤气流量调节单元的煤气流量设定值。点火强度控制是一种前馈控制方式，保温炉常采用这种控制方式。保温炉一、二段仅通入热空气，在操作站监控画面上远程手动设定空气流量值，调节阀门开度。为使单位面积上所需的煤气量达到设定值，PLC以一定周期计算煤气流量设定值，并向煤气流量调节阀输出煤气流量设定，驱动煤气流量调节阀来控制煤气流量。

煤气流量测定值则经开方器反馈给调节器，经过比例设定器输入空气流量调节回路作为空气流量设定值，并对空气流量测定值进行温度补正运算。

煤气流量设定值计算为：

$$FS = TK \times PS \times PW \times 60 \qquad (2-25)$$

式中　FS——煤气流量（标态）设定值，m^3/h；

　　　TK——点火强度（标态）设定值，m^3/m^2；

　　　PS——台车速度，m/min；

　　　PW——台车宽度，m。

2.5.6.4 空燃比演算

根据生产经验，在监控画面上手动设定空燃比值。

空燃比演算公式为：

$$RP = \frac{FAP}{FGP} \qquad (2-26)$$

式中　RP——空燃比；

  FAP——空气流量测定值；

  FGP——煤气流量测定值。

2.5.6.5　停机时特殊处理

  烧结机停机时，要求点火炉按温度控制方式将点火炉炉温自动控制在一定值（可调）。烧结机恢复运行时，在监控画面上手动将炉温调至正常值左右，再转入自动运行。

2.5.6.6　清扫时的处理

  当点火炉清扫时，由电气给出信号，仪表完成相应阀门打开或关闭动作。

2.5.7　烧透点（BTP）控制

  烧结原料经点火器点火后，开始时原料中水分没有蒸发，废气温度也低，以后台车继续前移，随着烧结带下移，废气温度逐渐上升。当烧结带到达料层底部时，烧结过程结束，风箱废气温度达到最高值，这时的位置即称为烧透点（BTP），也就是烧结终点。此后，进入空气冷却带，废气温度逐渐降低。

2.5.7.1　根据烧结最后几个风箱的温度来控制 BTP

  国内烧结厂一般控制 BTP 在倒数第二个风箱，由于抽风机风量一般已全开，因此，通常用调整烧结机速度的办法来控制倒数第二个风箱废气温度最高。但由于烧结机最后几个风箱的后端面密封情况不同，对 BTP 测量有很大影响。当有较多漏风时，废气温度虽出现最高值，但烧结过程尚未结束。

2.5.7.2　烧结机 BTP 控制

  烧结机采用合理控制机速、调整压料量、微调主抽风机风门的开度来改变垂直烧结速度，从而控制 BTP 在适当的位置。由于垂直烧结速度难以求得，因此用风箱废气温度来计算 BTP 的位置。计算机按一定周期根据各风箱温度算出 BTP。各风箱温度由热电偶测出后，定出温度高低顺序。在 23 个风箱中搜索到最高温度点处的风箱作为基准，加上前后的风箱共考虑三点，且温度曲线近似于抛物线，这样可以列出三元一次方程组，求出抛物线方程，然后求得其顶点所对应的风箱位置，即 BTP 的位置（见图 2 – 13），一般 BTP 在 22 号风箱前后的位置（注意：BTP 有两点，即风箱的南北两侧）。

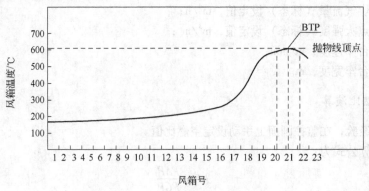

图 2 – 13　BTP 位置示意图

2.5.7.3 BTP 的报警处理

风箱的南、北侧各自 BTP 位置超过允许范围，或者南北两侧 BTP 位置距离之差超过允许范围，或者南北侧 BTP 温度差超过允许范围，都认定 BTP 异常，并发出报警信号。

2.5.7.4 用垂直烧结速度来控制 BTP

目前也有的采用对料层温度进行测量，用发送信号完成对移动台车内料层温度的测定，然后根据数学模型仿真在监视画面上显示"热波"曲线。由于料层极少改变，因此根据包括质量和热量平衡式的数学模型进行计算，"热波"的推进速度就是垂直烧结速度，"热波"曲线的最高点即烧结的最高温度 BTP 的温度，该位置就是 BTP 的位置。

2.5.8 烧结机、环冷机、板式给矿机速度控制

烧结机、环冷机、环冷矿槽给矿机（板式给矿机）速度之间的关系，是以烧结机速度为前提，环冷机、板式给矿机的速度由计算机根据速度之间的匹配给出一个系数，确定环冷机、板式给矿机的速度。即环冷机、板式给矿机速度是烧结机速度的一次函数，当烧结机速度发生变化时，它们的速度必须发生相应的变化。

烧结机速度由中央控制室根据生产需要在监控画面上设定，而由现场返回的速度反馈值也显示在监控画面上。

2.6 常见设备故障的判断与处理

在操作和控制中出现的各类问题，其主要原因包括以下 3 个方面：操作人员操作不当；计算机系统故障；现场原因。

2.6.1 由于操作人员操作不当引起的故障处理

这一类故障在投产初期比较常见，例如：某原料场要为烧结车间供原料，但收不到烧结车间发出的胶带运输机的运转信号，而实际上胶带运输机已经运行；又如储料矿槽上小车的运转及倒槽控制等。出现这样的故障，大多数是由于操作人员没有按照正常操作程序来进行，导致控制程序出现混乱。这就要求操作人员严格按照正常程序来操作生产过程中各系统起、停及控制等。出现这类故障时，操作人员可以先进行系统停止操作，然后再执行正常操作，一般可以解决问题。

2.6.2 由于计算机系统故障引起的故障处理

由于计算机系统设备较多，控制量大，组成比较复杂，系统之间的通信量多而杂，通信距离远，也由于现场环境等因素，造成控制系统有时运行不够稳定，影响生产的正常进行。比如：PLC 控制站 CPU 的死机，通信网络的暂时阻塞及网络死机，以及操作站监控画面出现紊乱和与 PLC 控制站耦合不上；还有就是高压通信故障，造成高压设备不能正常起停等。出现该类故障基本上都可以在操作站及时发现，此时操作人员应立即与相关人员联系处理。若由此引起现场不能联锁停机，应立即通知岗位人员现场紧急停机。

2.6.3 由于现场原因引起的故障处理

由于现场环境因素，有时会造成现场送到 PLC 控制站的信号和设备状态与现场实际状态

不相符合，使 PLC 控制程序出现异常。最常见的是整粒系统的几个冷矿筛的 A、B、C 筛到位信号，有时三个到位信号都送到了 PLC，使整粒系统运转出现异常，影响烧结生产。某烧结厂现场大部分电机采用了 SIMOCODE 电动机保护装置，由于 SIMOCODE 是一种智能装置，它能对现场电机起到保护作用，特别是通过温度保护来限制电动机的频繁启动，所以经常出现正常启动时，现场电动机却不能启动；特别由于整粒三、四次冷矿筛，它们是由两台电机拖动，两台电机必须同步运转。当出现由于电动机温度保护不能启动时，操作人员应马上进行停止操作，待电机温度降低以后，重新进行系统启动。

复习思考题

2 - 1　烧结设备主要包括哪些?
2 - 2　什么是设备作业率，其影响因素有哪些?
2 - 3　较大设备事故、重大设备事故如何分类?
2 - 4　现代机械一般包含哪几个部分?
2 - 5　机械应满足的基本要求有哪些?
2 - 6　传动件的作用有哪些?
2 - 7　齿轮传动有什么特点?
2 - 8　蜗轮蜗杆传动有什么特点?
2 - 9　多点啮合柔性传动有何优缺点?
2 - 10　轴的作用是什么，轴的失效形式有哪些?
2 - 11　滑动轴承有哪些优缺点?
2 - 12　滚动轴承主要由哪几部分组成?
2 - 13　液力耦合器的优点有哪些?
2 - 14　什么是摩擦?
2 - 15　润滑的目的是什么，设备润滑“五定”管理指哪“五定”?
2 - 16　按机理不同润滑分为哪几种?
2 - 17　电动机分为哪几类?
2 - 18　轴承代号为 23224，其轴承的类型、尺寸系列代号、内径代号、内径分别是什么?
2 - 19　联轴器在传动系统中有何作用?
2 - 20　现代计算机自动控制系统 DCS 有什么特点?
2 - 21　简述自动控制一级机的配置及功能。
2 - 22　简述自动控制二级机的配置及功能。
2 - 23　烧结采用计算机控制应考虑哪些工艺要求?
2 - 24　烧结工艺优化模型有哪几个优化模型?
2 - 25　烧结配料自动控制的原理是什么?
2 - 26　烧结计算自动控制主要包括哪些方面?
2 - 27　简要介绍混合料槽料位自动控制原理及控制过程。
2 - 28　自动控制系统常见故障有哪些?
2 - 29　自动控制系统操作不当引起的故障如何处理?
2 - 30　计算机系统故障应如何处理?
2 - 31　现场原因引起的故障如何处理?

3 烧结原料准备

3.1 烧结原料

烧结原料有铁矿石、熔剂、燃料等 3 大类，同类原料的品种较多，烧结用原料数量也比较大，原料粒度及化学成分不均匀会对烧结生产造成很大的影响。烧结对熔剂、燃料的粒度也有相应的要求，这部分原料进厂后大部分需要破碎后才能使用，因此，烧结原料的加工、准备是烧结生产不可缺少的重要环节。近年来，各烧结厂非常重视对烧结原料的管理，不少厂都设置了大型原料场，从而使烧结原料的物理、化学性能稳定，波动较小，烧结性能也不同程度地得到改善。

3.1.1 烧结原料准备在烧结生产中的作用

在含铁原料、碱性熔剂、固体燃料这 3 种主要原料中，含铁原料是组成烧结矿的主要成分。含铁原料不仅品种繁多，而且品位相差悬殊，用量也最大。通常含铁原料在烧结原料场或原料仓库储存，以便保证其化学成分和物理性能稳定。

烧结使用的碱性熔剂通常有石灰石、白云石、蛇纹石、菱镁石、消石灰、生石灰等。熔剂也需分品种进行储存。其中，石灰石、白云石、蛇纹石、菱镁石、生石灰等根据烧结工艺要求，必须加工处理后粒度才能符合要求。

烧结常用的固体燃料主要有焦炭、无烟煤，其堆放储存在专用仓库或场地，必须经过加工处理后粒度才能符合要求。

烧结原料准备是一个细致、繁琐、复杂的过程，有的品种需要进行加工处理，以满足烧结工艺要求。所经过的工序、岗位很多，使用的设备比较复杂，自动化程度也较高。烧结原料加工准备的主要作用有：

（1）对烧结原料进行接收、储存，保证烧结原料的正常供给，使烧结生产顺利进行。

（2）对烧结原料进行中和混匀，使烧结原料的化学成分稳定、均匀、波动小，更好地满足高炉冶炼的要求。

（3）对烧结原料进行破碎加工作业，使烧结原料的粒度满足烧结要求，有利于烧结过程进行，改善烧结矿质量，降低能耗。

3.1.2 烧结原料

3.1.2.1 含铁原料

铁矿石主要是由一种或几种含铁矿物和脉石所组成。烧结使用的含铁原料主要是各类含铁矿物的精矿和富矿粉。精矿是铁矿石经过破碎、选矿处理后的产物，粒度较细；而富矿粉是富矿在开采和加工过程产生的粒度小于 5~8mm 的细粒部分。

3.1.2.2 熔剂

熔剂按其性质不同可分为碱性熔剂、中性熔剂和酸性熔剂等 3 类。由于我国的铁矿石中含酸性脉石比较高，所以烧结以碱性熔剂为主。常用的碱性熔剂有石灰石、白云石、生石灰和消石灰等。

3.1.2.3　固体燃料

烧结使用的固体燃料主要为焦炭和无烟煤。

3.1.2.4　工业副产品

在冶金生产及其他工业生产中有不少副产品，其铁的质量分数都比较高，这些工业副产品如当做废物抛弃，不仅造成资源浪费且导致环境恶化，烧结配用这些工业副产品不仅可以降低烧结成本，实现资源综合利用，还可减少环境污染。

3.2　烧结原料的受料

由于烧结厂所处的地理位置、生产规模大小以及原料的来源不同，所需原料的运输方式也不尽相同。一般来说，沿海地区、离江河较近的烧结厂主要采用船运方式，不具备船运条件的烧结厂则以陆运方式为主。运输方式、生产规模不同，烧结原料的接收与储存方式也不一样，但作用都是接收烧结原料，保证烧结生产所需原料正常供给。

3.2.1　原料验收

原料验收主要是对进厂原料质量和数量的验收。验收人员应掌握烧结厂各种原、燃料储存情况及运输车辆调配情况。通过原料验收，保证烧结原料符合验收标准，杜绝不合格原料进厂。

3.2.1.1　验收程序

验收是烧结厂原料进入关口，对烧结厂的产量、质量、成本及经济效益有着重要的作用。验收人员必须按标准化作业程序进行操作。

3.2.1.2　质量验收

原料的质量包括其化学成分和物理性能，它是以"原料验收标准"作为依据来衡量各种原料的质量。验收人员在烧结原料进库前应当首先进行质量检查，如果发现质量、品种与货号不符，应立即向主控室和有关部门汇报。

3.2.1.3　数量验收

根据货票的吨位质量进行验收，如发现质量不符时，有计量设施的按实际吨位计算；无计量设施的厂，可采用检尺的方法进行，检尺后按式（3-1）计算实际质量。

$$Q = \left(M - \frac{h_1 + h_2 + \cdots + h_n}{n} \right) \times L \times B \times D \qquad (3-1)$$

式中　　　Q——车皮内物料总质量，t；

　　　　　n——测定点数；

　　　　　B——车皮内空宽度，m；

　　　　　M——车皮内空高度，m；

　　　　　D——该物料的堆密度，t/m³；

L——车皮内空长度，m；

h_1，h_2，…，h_n——沿车皮长度方向测出的与车皮顶部的高度，测点越多，检测值越准确，m。

3.2.1.4 取样

在车皮取样时，按梅花点取样，每一个样不少于六点（见图 3－1），这是为了保证试样的代表性。值得注意的是，当验收人员需要上车进行取样、检尺时，应与运输部门配车员联系，未经许可不得上车作业，上下车皮一定要抓紧拉手或车帮，以防跌倒。

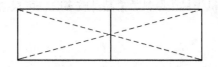

图 3－1 车皮上取样示意图

在料堆取样时，应该多点取样，在料面的不同方位和不同高度取样后，采取缩分方法取出所需检测的试样量。

3.2.2 原料受料

根据烧结厂所用原料来源及生产规模不同，原料接收可分为 4 种形式，各种形式均有相应受料设备。

3.2.2.1 原料码头

地处沿海主要使用进口原料的大型烧结厂，所用原料用专用货船由国外购进。因此，应有专门的码头和卸料机，卸下的原料由胶带机运至原料场。

原料码头有平行式、突堤式和岛式 3 种。

A 平行式码头

平行式码头即船舶与大陆平行停泊的码头。这种码头后面陆地面积不受限制，钢铁企业的码头大都属于这一种。

B 突堤式码头

突堤式码头是由陆地向海面伸出突堤，船舶停泊于突堤两侧。其优点是能在有限的海岸线上更多地延伸码头。

C 岛式码头

岛式码头是在距陆地有一定距离的海面建造的码头。需设置吊车等运输工具使陆地和码头之间连接起来。

卸料机一般为门式，它由与码头平行行走的大梁、伸向海上与陆地的横梁、沿梁移动的抓斗式载重滑车构成。梁上一般有伸向海上的俯倾臂，因此，尽管船体很高，而卸料机的机体却很低。为缩短卸重滑车横行距离，提高卸料效率，在靠海岸侧设置料仓，用抓斗装入矿石，然后在地面用胶带运输机将矿石运至原料场。

卸料机的种类有：卷扬滑车、绳索滑车、抓斗滑车和水平牵入式卸料车等。

3.2.2.2 翻车机

内陆大型烧结厂一般采用翻车机接受精矿、富矿粉和块矿、石灰石、白云石等物料。来自冶炼厂的高炉灰、碎焦炭、生石灰、消石灰等辅助原料，以及少量外来原料（如锰矿粉）则用受矿槽接收。由于这些原料运输距离短，所以受矿槽的容积能满足10h烧结用料量即可。受矿槽来料常用螺旋卸料机或汽车翻料的方式受料，这种设备结构简单、扬尘少，对高炉灰、轧钢皮、碎焦、无烟煤及消石灰等都能适应。

3.2.2.3　原料仓

中、小型烧结厂可以采用接受与储存合用的原料仓。此时在原料仓库一侧，采用门型刮板、桥式抓斗或链斗式卸料机受料。原料数量品种较多时，可根据实际情况采用受矿槽接受数量少和易扬尘的原料。

3.2.2.4　其他形式

小型烧结厂对原料受料可因地制宜，采用简便形式，如用电动手扶拉铲和地沟胶带运输机联合卸车，电耙造堆，原料棚储存；或设适当容积配料槽，以解决原料的接受与储存问题；另外，还可以在铁路的一侧挖一条深约2m的地沟，安装胶带机，用电动手扶拉铲直接将原料卸到胶带机上，再转运到配料矿槽或其他小矿仓内，这样的接收方式不需较大的投资。

3.2.3　原料的储存

烧结厂用料量大，品种多，而且一般都远离原料产地。因此，为获得合格产品和保证烧结生产过程持续稳定地进行，应设置原料场或原料仓库。有些厂只设有原料场，有些厂只设有原料仓库，有的厂两者兼而有之。在下列情况下应考虑设置原料场：

（1）原料种类多，数量大；

（2）原料分散，成分复杂，储备一定数量后集中使用；

（3）原料基地远，运输条件不能保证及时供料。

原料场和原料仓库的大小应根据具体情况确定，在一般情况下，烧结厂和冶炼厂合用原料场。

若有原料场，则可简化烧结厂的储矿设施和给料系统，也取消了单品种料仓，使场地和设备的利用改善。实践证明，只有加强原料管理才能控制粒度、减少化学成分的波动、稳定烧结操作，提高烧结矿的质量。国内外都很重视烧结原料的储存、预处理和混匀，设置原料场是节省劳动力、便于自动控制和实现高产及优质的有效措施。

国外一些钢铁厂设有供烧结厂40天用料量的原料场，多个混匀料场，其中每个混匀料场可供烧结用料1~2周。

3.2.4　验收岗位常见事故及处理

验收岗位常见的有质量、数量、安全等方面的事故。

A　混料事故

混料事故产生原因主要是：

（1）对原料的特性没有掌握好，特别是没有区分清楚各种精矿；

（2）有时运输部门为方便配车，往往将产地不同或品位不同的矿粉一并送至翻车机，若不细心就会造成混料事故；

（3）验收人员未上车检查，中、夜班因光线不好更易混料；

（4）原料在矿山或装车时就混有其他物料。

混料事故预防方法是:

(1) 按操作程序确认货票与实物是否相符,这是防止混料事故发生的有效途径;

(2) 提高识别各品种物料的特性,这是验收人员的基本技能;

(3) 上车检查验收是防止混料事故的有效措施。

混料事故处理程序是:

(1) 应立即通知翻车机停止翻车,以避免进一步混料;

(2) 及时通知主控室,将胶带运输机上的混料卸到料堆边上,然后再做处理。

B 吨位不足

无计量设施的单位问题较大,在车皮中物料吨位相差悬殊时,较易发现;但车皮内物料只相差1~2t时,就比较难以发现。验收人员也不可能每一车皮都进行检尺,当月翻车数量很高时,哪怕一个车皮差半吨,一个月损失量就很大,一年相差原料量数万吨,甚至数十万吨。因此,要求验收岗位人员有一定的工作经验,做到每个车皮原料吨位偏差尽可能减少。

C 安全生产

首先应熟知安全制度与相关规定,不违章作业;在离开岗位时,应说明离岗原因及去向;上车检查验收、检尺等都应与配车员联系,征得同意后,方可上车;上车时要注意,防止跌倒,不允许爬车或从车厢下钻越,这是预防安全事故发生的基本要求。

3.2.5 受料设备

3.2.5.1 设备性能

翻车机是一种大型的卸车设备。它具有效率高、耗电少等优点。

翻车机分为转子式和侧翻式两种,转子式又分为二支座转子翻车机和三支座转子翻车机。

A 设备性能和传动示意图

某烧结厂翻车机设备性能见表3-1。

表3-1 某烧结厂翻车机设备性能

序 号	名 称		设 备 性 能	
		型 号	KFJ-3A	KFJ-2A
1	翻车机	最大起重量/t	100	100
		每小时翻车数/个	30	30
		最大回转角度/(°)	175	175
		转子旋转速度/r·min⁻¹	1.14	1.428
		靠背角度/(°)	3~5	3~5
		开始上移角度/(°)	56	56
		摇臂上移速度/m·s⁻¹	0.194	0.194
		滚动圆直径/m	7600	7300
		站台长度/mm	7000	17000
2	电动机	型 号	YZ5-10	JZR2-63
		功率/kW	55(两台)	60(两台)
		转速/r·min⁻¹	580	580
3	减速机	型 号	ZHL-850(两台)	ZHL-850(两台)
		速 比	43.75	36.18
4		总速比	504.786	420.2
5		传动形式	齿轮传动	齿轮传动
6		设备质量/t	139	145

B   传动示意图

KFJ - 3A 型翻车机如图 3 - 2 所示。

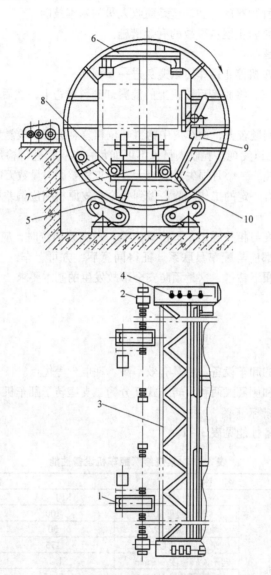

图 3 - 2   KFJ - 3A 型翻车机示意图

1—传动装置；2—齿圈；3—转子；4—滚圈；5—托轮装置；6—压车装置；

7—平台；8—滚轮装置；9—摇臂机构；10—弹簧装置

3.2.5.2   生产技术操作

翻车机是一种复杂的大型卸车设备，操作不当将会出现生产设备事故，影响作业率，造成经济损失，必须要有完善的操作规程来指导作业。

A   翻车前的准备

接到主控室和验收人员的翻车通知后，必须检查：

(1) 翻车机的设备状况良好，翻车前发现车型不符合要求、车皮损坏或车门未关时，不得翻车并报告主控室；

（2）矿槽内、外及平台上、下无人和障碍物；

（3）来料品种应与货票符合，发现所配车皮的物料与货票不符时，不得翻车并报告主控室；

（4）光电管工作正常，确认无误后，方可通知联络员，报告主控室可以翻车。

B 翻车操作

翻车操作步骤是：

（1）发出翻车信号；

（2）按下"向前"压扣，启动翻车机；

（3）翻车过程中，当车翻至60°时，必须观察车内是否有人、杂物和大块，确认无误后，方可继续翻车；

（4）车翻至175°时，按下"停止"压扣，此时如抱闸失灵，应立即按"回转"压扣，到自由角度停下处理；

（5）待车皮中料卸完后按"回转"压扣，使翻车机回零位；按信号压扣，通知联络员翻车完毕，可以重新配车。

C 其他操作要求

其他操作要求有：

（1）重车对位要求：车皮应停在两端的转筒之间；车皮挂钩不能伸出转筒之外；车皮至少被3个压点压住；

（2）来料比较干、灰尘较大时，必须在翻车前打水降尘；

（3）每变换一种料时，应将矿槽内积料清空，防止混料。

3.2.5.3 常见故障及处理

A 翻车机回不到零位

翻车机回不到零位最明显的标志是翻车机的内轨与平台上的外轨错位。根据翻车机的安装技术标准，翻车机内外轨错位不得大于3mm。当内外轨错位在3mm以上时，就有可能引起翻车时重车掉道事故。当翻车机回不到零位时，应立即切断电源开关，检查并分析其原因。通常，翻车机回不到零位有两方面的因素：其一是机械故障，它主要是翻车机平台零位轮及轴磨损和内外轨开焊位移所致；其二是电器故障，它因主令控制器接点窜位。通过分析、检查找出原因，并报告主控室。

B 翻车机翻车时，发现车皮不能很好靠背或翻至120°时车皮脱轨

翻车车皮靠背时，翻车机转子翻转的角度为3°~5°。在此角度车皮不能靠背，说明导向轮未动作，此时应当检查导向轮是否出现障碍。

翻车机翻到120°时车皮脱轨，这是车皮损坏、车型不对、曲线槽内有杂物或立式弹簧有问题等原因造成的，应立即对翻车机进行检查，找出车皮脱轨的真正原因，采取措施进行处理。

一旦出现上述故障，应立即停止翻车，并报告主控室。

C 翻车过程中突然跳电

正常翻车时跳电，说明电器的负载过大，超过其允许值范围。其原因一方面是因电器本身存在问题或过载能力太小；另一方面是机械有故障，使电机负载过大，因而引起电器跳电。此时应切断事故开关，报告主控室，并检查找出原因，待故障排除后，方可继续翻车。电机温度较高、作业时间过长，往往会发生此类故障。

D 翻车机台车不能上升或下降

翻车机台车不能上升或下降，说明整个移动平台系统失灵。移动台车系统包括摇臂机构、曲线槽（月牙槽）、曲线轮等，如有故障均可引起台车不能上升或下降，对这些部位进行检查、分析，找出故障原因。如因杂物卡住则可排除杂物，其他原因应报告主控室，待处理后方可继续作业。

E 车皮掉道

车皮掉道是翻车机较常见的故障。引起车皮掉道的原因是多方面的，如配车时车速过快，导致重车猛烈碰撞空车，易使空车车皮掉道；内外轨错位超过 3mm 时，重车易掉道；车帮破损，经受不住车台锁紧力，车皮不能固定；摇臂机构故障，使车台不能上升，车皮不能锁紧；车皮装料偏重，护轨损坏严重或车型不符等。如果发生故障，应立即报告主控室，并分析车皮掉道原因。

处理车皮掉道，先用吊车将车皮吊起，使其复位，重车掉道应用引轨器，在机头的配合下使其复位。待故障排除后，方可继续作业。

3.2.6 危害因素辨识

危害因素辨识主要有：

（1）在翻车机区域设备巡检时，车辆进出频繁，易撞伤；

（2）翻车前未确认平台上下、矿槽里、车皮内是否有人和障碍物，擅自翻车，易发生伤害事故；

（3）站在变形磨损或缺失的箅格上捅矿槽，易发生跌倒摔伤事故；

（4）捅槽前未确认风管捆绑牢靠或不戴防护眼镜，易发生风管脱落伤人或物料飞溅伤眼；

（5）吊运杂物时，操作配合不当，易发生物体打击事故；

（6）不停电处理车皮掉道，易发生机械伤害或物体打击事故；

（7）在轨道上行走时，易被火车撞伤。

3.3 熔剂破碎加工

3.3.1 熔剂破碎

3.3.1.1 熔剂粒度

烧结生产对熔剂粒度要求是 0～3mm 的含量大于 90%，适宜粒度是保证烧结优质、高产、低耗的重要因素。通常进入烧结厂的石灰石、白云石的粒度为 0～40mm，有的达 100mm。因此，在配料前必须将熔剂破碎至所要求的粒度。通常熔剂在烧结厂内破碎，在矿山破碎后的熔剂需转运烧结原料场或烧结配料矿槽。

3.3.1.2 破碎流程

为了保证熔剂破碎产品的质量和提高破碎机的生产能力，往往由破碎机和筛分机共同组成闭路破碎流程。图 3-3 所示为熔剂破碎的两种流程。

图 3-3(a) 所示流程为一段破碎与筛分组成的闭路流程，筛下为合格产品，筛上物返回与原矿一起破碎。图 3-3(b) 所示流程为预先筛分与破碎组成的闭路流程，原矿首先经过筛分，分出合格的细粒级，筛上物进入破碎机破碎后返回与原矿一起进行筛分。

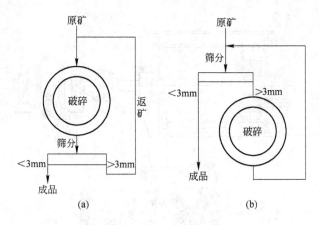

图 3 – 3　破碎筛分流程

(a) 一段破碎与筛分组成的闭路流程；(b) 预先筛分与破碎组成的闭路流程

图 3 – 3(b)所示流程只有当给料中粒度 0 ~ 3mm 的含量较多（大于 40%）时才能使用，但因筛孔小，特别是对含泥质的矿石筛分效率低。此外，如果给料中大块多，筛网磨损加快，在这种情况下进行预先筛分，减轻破碎机负荷作用不大。烧结厂大多采用图 3 – 3(a)所示流程破碎熔剂。

3.3.2　熔剂破碎设备

熔剂破碎常用设备为锤式破碎机。锤式破碎机按转子旋转方向不同分为可逆式和不可逆式两种。

锤头与算条间隙对产品产量和质量有显著影响，间隙越小，产品粒度越细。

水分是影响破碎效率的重要因素，当原料水分的质量分数大于 3% 时，因算缝易堵塞，破碎效率大幅度降低。

与破碎机组成闭路流程所用的筛子多采用自定中心振动筛，也有采用惯性筛或其他类型的振动筛，筛网有单层和双层的。双层筛可防止大块料对下层细网筛冲击，提高筛子作业率，对提高筛分效率有一定的作用。

3.3.2.1　锤式破碎机构造

烧结厂石灰石和白云石破碎时所用的破碎机多数为锤式破碎机，它具有产量高、破碎比大、单位耗电量小和易维护等优点。可逆式和不可逆式相比，可逆式破碎机作业率高，锤头倒向使用寿命长，且能保证较好的破碎效率。目前，烧结厂较普遍使用可逆式锤式破碎机。

锤式破碎机由机壳、转子、调整装置和电动机等部分构成。不可逆式锤式破碎机结构如图 3 – 4 所示，可逆式锤式破碎机结构如图 3 – 5 所示。

机壳分为上下两部分，内镶硬质衬板。上部机壳的上方有进料口和检修人孔；下部机壳的底部有排料口和检修人孔，用以清理算筛。转子由大轴、圆盘和锤头构成，圆盘与大轴用键固定在一起，锤头铰接悬挂在圆盘轴杆上，大轴由两侧的轴承支承，端部圆盘有环形法兰盘，保护轴端不受磨损，圆盘上有两组销孔，用来调整锤头与算筛之间的距离时穿轴杆用，转子下方的半圆上装有算筛。此外，附设有拉紧和调整装置，根据生产需要可以随时调整锤头和算筛之间的距离。

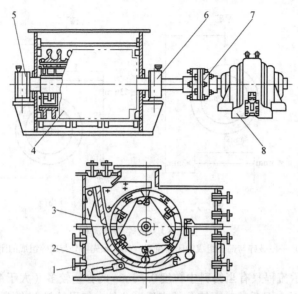

图 3-4　不可逆式锤式破碎机结构示意图

1—条筛；2—架体；3—格板；4—转子部；5—单通轴承；6—贯通轴承；7—弹性联轴器；8—电动机

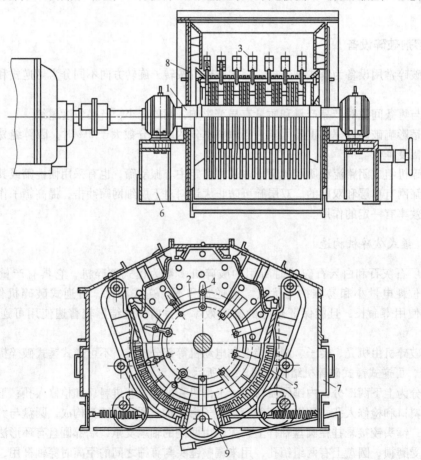

图 3-5　可逆式锤式破碎机结构示意图

1—转子轴；2—转子；3—锤头；4—悬挂锤头小轴；5—箅板；6—轴承座；7—检查孔门；8—机壳；9—折转板

3.3.2.2 工作原理

当转子由电动机带动高速运转时，由进料口加入的石灰石块受到锤头的打击而破碎，被锤头打击的石灰石块以很快的速度冲击衬板或其他石灰石块，石灰石块在机壳内经过多次打击、碰撞，再加上部分的挤压和摩擦之后而被粉碎，破碎后的产品从算筛通过，由下部排料口排出。

3.3.2.3 锤式破碎机规格

锤式破碎机的主要技术参数见表 3 – 2。

表 3 – 2 锤式破碎机的主要技术参数

型　号	给料粒度 /mm	排料粒度 /mm	产量 /t·h⁻¹	转子速度 /r·min⁻¹	电动机型号，功率，电压	质量/t
φ600×400 不可逆	<100	<35	12～15	1000	JQ2 – 62 – 4,17kW	2.67
φ800×600 不可逆	<200	<13	18～24	980	JQ – 93 – 6,55kW	3.34
φ1000×600 不可逆	<200	<13	13～25	975	JR117 – 6 – 4,115kW,380V	6.31
φ1300×1600 不可逆	<300	<10	150～200	730	JSQ147 – 8,200kW,6000V；JSQ147 – 10,200kW,6000V	12.35
φ1000×1000 可逆	<80	0～3	100	750	JSQ147 – 8,200kW	12.18
φ1430×1300 可逆	<80	0～3	200	735	JSQ1410 – 8,200kW,3000V；JSQ158 – 8,330kW,6000V	18.62
φ1430×1300 可逆	<100	0～3	400	985	JSQ158 – 6,550kW,6000V	19.24

3.3.2.4 锤式破碎机有关计算

A 破碎能力计算

在生产实践中，影响破碎机能力的因素较多，要准确地确定破碎的产量是困难的，但从各厂生产情况看，虽然破碎机的形式、原料性质以及操作水平不完全相同，然而，破碎单位质量成品石灰石所消耗的能量却波动不大。因此，锤式破碎机的产量可以用破碎机的电动机功率计算，即：

$$q = \frac{\eta N}{ra} \qquad (3 – 2)$$

式中　q——按粒度 0～3mm 的占 90% 计算的破碎机产量，t/h；

η——筛分效率，70%；

N——电动机功率，kW；

a——破碎机破碎单位质量成品石灰石所需要的平均电耗，kW·h/t；

r——烧结要求石灰石中粒度 0～3mm 的含量，90%。

应用式（3 – 2）计算时，需考虑石灰石筛分的效率，烧结对石灰石中粒度 0～3mm 级别要求为 90% 作为前提条件。

根据生产实践和实验室试验得知：当石灰石中水分的质量分数小于 3%，给矿中粒度 0～3mm 级别的含量在 30% 以内，给矿量应使破碎机满负荷运转，锤头与算筛的间隙在 10～20mm

范围内时,破碎后产品中 0～3mm 及新生 0～3mm 级别的平均单位电耗可取 $a = 2.5$ kW·h/t。

　　B　破碎效率计算

破碎效率是衡量破碎机械设备工作好坏的一项重要指标。

破碎效率的计算公式为:

$$\eta = \frac{Q_1 - Q_2}{Q - Q_2} \times 100\% \qquad (3-3)$$

式中　η——破碎效率,%;

　　　Q_1——破碎后产品中小于某一规定粒级含量,t/h;

　　　Q_2——破碎前物料中小于某一规定粒级含量,t/h;

　　　Q——破碎时给料量,t/h。

3.3.2.5　影响锤式破碎机破碎能力的因素

破碎机的结构形式和尺寸大小、原料性质及操作条件,都直接影响破碎机的破碎能力。

　　A　设备因素

破碎机转子长度和直径是确定产量的基本条件。转子直径和长度增加,产量就增加,并大致与转子直径平方和长度乘积成正比。而转子转速对产量和产品细度影响很大,转速越高,产量越大,产品粒度越细,产量的增加大致与转子转速的平方成正比。

　　B　操作因素

锤头磨损后与算板的间隙增大,破碎能力就下降,且产品中粒度为 0～3mm 的含量也越来越少。因此,锤头定期调面、调眼、倒向或更换新锤头是提高破碎质量的有效措施。为了延长锤头和算板的使用寿命,锤头应选择耐磨材料制造。

锤头和算板的间隙小对产量有影响。间隙越小,产品粒度越细,产量下降;间隙过大,破碎质量差,也影响筛子的产量,增加了破碎循环负荷。因此,在操作中要及时调整间隙,以保证破碎机在适宜的条件下运转。

硬性杂物进入破碎机后,会毁坏锤头和算板,并使电机过载。因此,在给料胶带机上安装拣铁装置,一旦发现铁块进入破碎机时,应立即进行处理。

　　C　原料的粒度和水分

熔剂的原料粒度和湿度对破碎机生产能力影响很大。粒度过细、水分的质量分数高时,易堵塞算板,使产量减少,单位电耗增大。特别是雨季,块料过分潮湿,会给破碎带来很大困难。

3.3.2.6　提高锤式破碎机破碎能力和效率的措施

影响锤式破碎机破碎能力的因素主要是设备、操作、熔剂的原料水分等。因此,提高破碎机破碎能力、效率的措施可以从以下两个方面进行。

　　(1)操作方面:

　　1)按技术操作规程操作,当电磁吸铁器有故障时,不能给破碎机供料,防止金属杂物进入破碎机而打坏算筛和锤头。

　　2)增加给矿量,保持满负荷生产。因为增加给矿量,能使破碎产品中新生的 0～3mm 数量增加,对提高破碎机的破碎能力有利。

　　3)及时调整破碎机的间隙,使锤头与算板的间隙保持在 10～20mm 之间。一方面保证产品中 0～3mm 数量增加,提高破碎能力和效率;另一方面还可延长锤头使用寿命。

4）沿转子轴线方向均匀给料，可使锤头均匀磨损，使锤头与箅板间隙一致，可提高破碎效率，同时可延长锤头使用寿命，减少锤头倒换时间。

5）要经常检查锤头磨损情况，及时调眼、倒向或更换锤头。对锤头的材质应采用耐磨钢制造，以减少调眼、调面或更换锤头时间，并减轻操作人员劳动强度。

6）及时补充打掉、打坏的锤头和箅板，以提高破碎机的破碎能力，防止造成设备的损坏。

（2）原料方面：

1）应尽量保证给料粒度均匀，减少粒度为 0~5mm 粒级的含量。因为粒度为 0~5mm 部分含泥量高，易堵塞箅板，不仅造成电耗增加，而且会影响破碎效率的提高。

2）应尽量降低来料中水分含量。因为水分大易造成箅板堵塞，使破碎机排料不畅，既影响破碎效率，也使破碎机单位电耗增加，使整个破碎筛分系统的生产不顺。雨季时，有的厂采用适当增加部分石灰石大块的方法，以解决原料湿度过大的问题。

3.3.3 熔剂筛分设备

为了保证烧结对熔剂粒度的要求（粒度小于 3mm 的占 90% 以上），破碎后的熔剂应进行机械筛分。目前，烧结厂熔剂破碎中，与锤式破碎机组成闭路系统所用筛子多为自定中心振动筛，也有采用惯性筛、胶辊筛、共振筛及其他类型的筛子，自定中心振动筛与其他类型筛子相似，具有生产率和筛分效率高、耗电量少、用途广泛等优点，因此在烧结厂得到了普遍的应用。

3.3.3.1 筛子构造

自定中心振动筛由筛子本体、传动部分和振动部分组成。筛体是一个钢结构件，它包括筛框和筛网，由 4 组弹簧支撑在 4 个座子上，传动部分是由电机、2 个沟轮、三角带组成。振动部分则是由 2 个偏心轮组成，偏心轮也就是筛子上的沟轮。自定中心振动筛结构如图 3-6 所示。

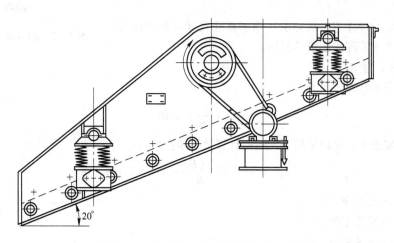

图 3-6　自定中心振动筛结构示意图

电机通过三角带带动振动子，使筛体产生振动。振动子由装在转动轴上的偏心块组成。通过均匀地给料至筛网上，由于振动使物料沿着具有一定角度的筛面运行，小于筛孔的物料穿过筛孔为成品,大于筛孔的物料被筛出作为返料再重新破碎。

为了提高筛分效果,可以使用双层筛网。上层筛筛孔较大,下层筛筛孔较小。但由于两层筛网之间距离太近,检修或更换筛网时造成较大困难,因此大都使用单层筛网进行筛分。

3.3.3.2 熔剂筛分设备的有关计算

A 筛分效率

筛分效率计算公式为:

$$E = \frac{Q_2}{Q_1} \times 100\% \tag{3-4}$$

式中 E——筛子筛分效率,%;
  Q_1——给矿中粒度小于 3mm 的含量,t/h;
  Q_2——筛下产品中粒度小于 3mm 的含量, t/h。

筛分效率的测定:在生产实践中,筛子筛分效率的测定直接按式(3-4)计算是很困难的,因为在连续生产过程中,要直接称量这些质量很不方便,因此,测定实际生产中的筛分效率,可以采用下式进行计算:

$$E = \frac{\alpha - \gamma}{\beta - \gamma} \times \frac{\beta}{\alpha} \times 100\% \tag{3-5}$$

式中 E——筛分效率,%;
  α——给矿中粒度小于 3mm 的含量,%;
  γ——筛上产品(即返料)中粒度小于 3mm 的含量,%;
  β——筛下产品中粒度小于 3mm 的含量,%。

由图 3-7 中可以看出:

$$Q_1 = Q_2 + Q_3$$

在测定时,只要将给矿 Q_1、筛上产品(返料)Q_3 以及筛下产品 Q_2 进行精确的筛分,根据筛分的结果即可计算出 α、γ 和 β。

但在测定时应注意,筛分所用筛子筛孔尺寸和形状应与被测定的生产中实际所用筛子相同。

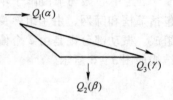

图 3-7 筛分效率示意图

B 筛子净空率

筛子净空率计算公式为:

$$\eta_{净} = \frac{S_1}{S} \times 100\%$$

在生产实践中,可以采用下式近似计算筛子净空率:

$$\eta_{净} = \frac{(L - nd)(B - md)}{LB} \times 100\% \tag{3-6}$$

式中 $\eta_{净}$——筛子净空率,%;
  S_1——筛孔面积, m^2;
  S——筛子面积, m^2;
  L——筛子的有效长度, m;
  B——筛子的有效宽度, m;
  d——编织筛网用网丝直径, m;

　　n——沿筛子有效长度方向筛网网丝根数，根；

　　m——沿筛上有效宽度方向筛网网丝根数，根。

　　筛子净空率对筛分效率及能力都有很大的影响。当给料粒度、筛孔尺寸等条件相同时，筛子净空率越大，则筛子效率和筛分能力就越高。提高筛子净空率的方法通常是减少编织筛网的直径，然而直径太小的网丝往往使用寿命很短，因而需结合实际条件选择适当的网丝直径。

　　C　振动筛生产能力

　　影响振动筛生产能力的因素很多，但主要因素是筛子和筛孔的大小，即主要与筛分面积和筛分效率有关。

　　其生产能力可按下式计算：

$$q = q_1 F \tag{3 - 7}$$

式中　q——筛子的筛下产量，t/h；

　　q_1——单位筛子面积筛下的产量，t/(m²·h)；

　　F——筛子面积，m²。

　　当给料中粒度为 0 ~ 3mm 的含量占 50% 以上，筛分效率为 70%，筛下产品中粒度为 0 ~ 3mm 的达 90%，原料水分的质量分数小于 3% 时，可取 $q_1 = 7 \sim 8 \mathrm{t}/(\mathrm{m}^2 \cdot \mathrm{h})$。

3.3.3.3　影响筛分效率的因素

　　影响筛分效率的因素很多，如给料量、原料水分、筛子的结构以及筛孔大小等。

　　(1) 给料量。在相同条件下，增加给料量，筛下绝对产量增加，然而筛分效率却相应降低，返料量增加，可见，给矿量与筛分效率之间存在矛盾，为了既保证产量，又保证质量，一般认为，筛分效率取 70% ~ 80% 较好，这时返料量也不会太大。

　　(2) 原料水分。当原料水分升高时，粉状石灰石会"泥化"，由于筛孔小就很易将筛网"糊住"。此时，产量和筛分效率都会明显降低，但合格率却提高了，生产实践中常用钢筋敲打筛面，使"泥化"的石灰石粉剥落。这种方法不仅增加了操作人员的劳动强度，而且影响筛子使用寿命。据测定，当筛孔尺寸为 3.0mm × 3.0mm、水分的质量分数为 1.5% 左右时，有较好的筛分效率和产量。因此，为了提高筛分效率，获得较高的产量，同时使破碎和筛分产生粉尘少，应使水分控制较低一些好。

　　(3) 筛子宽度和长度。增加筛子宽度和长度，对筛分效率和产量都有利。但是，筛子如果太宽，给料时料流不易铺满筛面，影响筛面的有效利用。根据实践表明，选用筛子时，其长宽比应大于 3 倍。

　　(4) 筛孔大小。一般来说，筛孔越大，则被筛物料越易通过筛网。然而筛孔过大，会使粒度达不到要求，为了保证筛下产品粒度小于 3mm，同时又保证产品数量，选用合适的筛孔是很重要的。

3.3.3.4　提高筛分效率的措施

　　烧结厂熔剂破碎筛分流程中使用的筛分设备，通常是定型产品，筛分效率主要由给料量、筛孔大小及原料水分的影响决定。

　　(1) 控制给料量，同时使给矿处物料均匀分布整个筛面。生产实践表明，当筛分效率在 70% ~ 80% 时，能获得较好质量和较高的产量。因此，应当控制给料量。当给料量大时，物料在筛面上形成堆积，筛分效率降低；给料量小时，影响产量；只有给料量适宜时，使物料沿筛面横向均匀分布，有利于筛面的利用，提高筛分效率。使用分料器是一种均匀分布物料的有效方法。

（2）筛孔大小的选择。在保证粒度合格的前提下，选择筛孔大小对提高筛分效率是很重要的。在筛分过程中，物料中常存在一种"难筛粒"。"难筛粒"就是物料粒度大小接近筛孔尺寸粒度。由于"难筛粒"的存在，会使筛分效率明显降低，当筛孔采用 3mm × 3mm 时，则 3mm 的颗粒就不易通过筛网，虽然筛下产品能百分之百的达到合格，但对产量的影响较大。当采用较大筛孔尺寸，其产量会增加，且筛分效率也大大提高。

（3）原料水分的控制。原料的水分对生产率及筛分效率的影响很大。当给料水分在 1.5% 时，有较好的产量和筛分效率；当水分继续增加时，筛分效率将明显下降。采用大块搭配可以适当解决水分大的问题。另外，采用钢丝筛网代替铁丝筛网，使筛子净空率增加，对水分的适应范围会增大，可以提高筛分效率。

（4）采用双层筛网。有些烧结厂使用的筛子是单层筛网。单层筛网其优点是易于修补和更换，但单层筛网易形成物料堆积，特别是在给料量增大时更加明显，使筛分效率降低。双层筛网首先能除去大块物料，使下层物料相应减少，让合格粒级顺利通过筛面的障碍，筛分效率相应提高。同时，上层筛网有保护下层筛网的作用，可延长下层筛网的使用寿命。

3.3.4　熔剂破碎加工设备常见故障及处理

3.3.4.1　锤头的倒向和更换

锤式破碎机的锤头在生产过程中逐渐被磨损，锤头与箅板之间的距离也增大了，完全依靠调整箅板已不能保证锤头与箅板之间的间隙在 10~20mm 之间，这时破碎机效率明显下降。对于可逆式破碎机，需将旋转方向倒向、调眼或更换新锤头；对不可逆式破碎机，需要对锤头倒面、调眼或更换新锤头。

A　调眼的方法

由锤式破碎机的构造可以知道，破碎机转子圆盘上有两组销孔，其中，一组离转子大轴中心线近，一组离大轴中心线远。当用新锤头时，悬挂锤头的小轴穿在离大轴中心线近的一组销孔中；当锤头磨损到锤头与箅筛间隙大于 20mm 时，锤头就要更换位置，悬挂锤头的小轴穿在离大轴中心线远的一组销孔中（生产中称为"倒眼"）。

a　可逆式破碎机调眼

可逆式锤式破碎机可以正反方向旋转，在调眼时不存在锤头的调面问题。只要将悬挂锤头的小轴从一组销孔中退出，同时卸下锤头；然后将小轴穿入另一组销孔中，同时挂上原来卸下的锤头，便完成了一组锤头的调眼。在调眼时，同一排旧锤头可以根据锤头的磨损情况调换位置。但不允许用新锤头或不同排的旧锤头进行调换，以免使转子失去平衡。在调眼时，所有各排应一次调完，不能只调其中一排。否则，会造成转子失去平衡，也不利于破碎效率的提高。

b　不可逆式破碎机调眼

不可逆式锤式破碎机由于只能单方向旋转，其锤头的一个面磨损很严重，因此在调眼前，做一次锤头倒面，降低锤头的消耗量。在调眼时用可逆式破碎机的方法调整，这样可以提高锤头的利用率，降低备品消耗。

B　锤头的更换

当锤式破碎机的锤头通过调眼、调面后，又磨损到无法保持锤头与箅板之间间隙时，破碎效率明显下降，这时，就需要更换新锤头。

在更换新锤头时应注意：

（1）各个新锤头的材质应相同。

（2）各个新锤头的质量基本一致，其偏差不应超过 0.1kg。

（3）各排锤头的总质量基本相等，其偏差不应超过 0.5kg。

（4）悬挂锤头的小轴端部应与端盘并齐，防止卡转子。

3.3.4.2 锤式破碎机常见故障及处理

锤式破碎机常见故障有转子振动大、矿槽下料口堵或卡大块、运转中有敲击声、轴承发热等。

锤式破碎机的转速可达 730～1000r/min，所以只要转子有问题，就会使转子产生振动。转子振动大，大多是因转子偏重不平衡所造成的，转子偏重是相对两排锤头质量不等所造成的，如果是因锤头影响的，应该对锤头进行调整。如果转子振动大是因接手不正、转子轴变形、转子轴承故障等造成的，应及时报告有关人员处理。一旦发现转子振动大时，应立即停机停电检查，待原因找出并处理好后，才能恢复生产。其他常见故障及处理方法是：

（1）矿槽下料口堵或卡大块，影响给料，在处理故障时，易造成人身事故。因此，应停给料胶带机的电，将下料闸门开大，撬出杂物或大块。同时应有人监护。在物料堵塞不厉害或卡的大块杂物不很大时，只要将闸门开启也能处理给料问题。

（2）锤式破碎机在运转中，有时会发生撞击声，这时应当引起注意，一般有下列情况：锤头砸碰算板，即间隙过小；电磁铁失灵，废铁进入破碎机；锤头断、掉，锤轴窜动，衬板松动等。这些都会使锤式破碎机有很大的撞击声。根据其产生的原因不同，分别进行处理。

（3）破碎机在生产过程中，如果其轴承因润滑不良引起缺油，或者转子不平衡、主轴不平等都会引起轴承发热。从外表观察，轴承处油外流，用手接近轴承时，感到温度很高。如果是由以上原因引起，则应采取加油方法，待检修时处理。转子不平衡时应调平衡，主轴不平应报告主控室，检修时更换。有时电机的故障也会引起发热，应报告主控室，由电工检查处理。

3.3.4.3 熔剂筛分设备常见故障及处理

当筛子被压后，应当关闭给料闸门，筛子继续转，使物料下行。当筛子被压死，应当停电清料，使筛子负荷减小，再转动筛子。待料转空后，检查引起压料的原因。熔剂筛分设备常见故障及处理方法是：

（1）弹簧断，应报告主控室，由检修人员处理；若是三角带断了，应更换三角带，但在更换三角带时一定要停电，以防意外事故发生。

（2）在进行巡回检查时，要认真检查各部位的情况，特别是运转部分更为重要，发现问题应当立即停机检查，使故障在萌芽状态就能发现并处理好。

（3）筛子工作的环境比较恶劣，灰尘很大，筛子的轴经常转动，很容易将灰尘带入轴承中，加油润滑是保护筛轴磨损和窜动的重要手段。

3.3.5 安全生产要求

3.3.5.1 熔剂破碎、筛分危害因素辨识

熔剂破碎、筛分危害因素辨识内容有：

（1）上下楼梯未抓稳扶好，易发生摔伤。

(2) 地面有油污、水渍，现场杂乱，易造成滑跌摔伤。

(3) 设备运行中，身体接触运转部位或擅自开门，易发生机械伤害。

(4) 破碎机壳体破损，门未关好，物料飞出伤人。

(5) 戴手套打大锤、吊重物用钢绳选择不当等，易发生机具伤害。

(6) 胶带运转时不停机、不停电取电磁铁杂物。

(7) 筛子运行中，溅出的料落在偏心块上甩出伤人。

(8) 振动筛压料后，人在上面撮料易滑跌摔伤。

(9) 现场发生故障时，不停机、不联系、单人作业，易发生伤害事故。

(10) 粉尘大，不戴防尘口罩，易造成职业伤害。

3.3.5.2　熔剂破碎、筛分设备巡检

巡检要求有：

(1) 确认各部位的螺丝齐全、紧固，各润滑点应有油，给料胶带和电磁铁状况应良好，各运转部位周围无人和障碍物。

(2) 确认破碎机内无杂物和料，将破碎机前后门和两侧轴孔关严。

(3) 确认选择开关在"联动"位置，所有设备的事故开关合上。

3.3.5.3　安全生产要求

A　锤式破碎机安全生产要求

正常生产时，锤式破碎机的启/停均在主控室 OS 站上进行。当主控室启动破碎机后，岗位必须在现场进行观察，确认运转是否正常，如不正常，则应切断事故开关，进行停机检查，确认无问题后，方可通知主控室再次启动。

锤式破碎机的安全生产要求主要是：

(1) 确认给料胶带、电磁铁工作正常，调节手动闸阀，确保料流适中。

(2) 当主控室停止熔剂破碎系统生产，电磁铁应停电，然后清除电磁铁杂物。

(3) 严禁非事故状态带负荷停机。设备需单动时，应向主控室说明原因，征得同意，主控室将其状态置为"单机"后，现场选择开关置"机旁"，然后自行操作。

(4) 单动结束后，应重新将选择开关置"联动"位，报告主控室。

(5) 给料胶带机需单动时，应关闭手动闸阀。

(6) 设备的单动操作仅限于事故处理或设备检修后的试车，正常生产时不允许单动。

B　熔剂筛安全生产要求

熔剂筛安全生产要求主要是：

(1) 正常生产时，振动筛的启/停均在主控室 OS 站上进行。

(2) 在主控室启动筛子后，岗位必须在现场进行观察，确认运转是否正常，发现有异常情况，则应切断事故开关，停机进行检查，确认无问题后，方可通知主控室再次启动。

(3) 调节手动闸阀，确保料流适中。

(4) 在生产过程中，应经常检查筛下产品的质量，发现混有大块，确认是筛网破损，应通知主控室，对筛网进行修补或更换；当发现是筛网堵塞，应停机进行处理。

(5) 严禁非事故状态带负荷停机。

(6) 事故停机时，岗位人员应首先关闭手动闸阀，然后切断事故开关，进行处理。

(7) 设备需单动时，应向主控室说明原因，征得同意并在主控室将其状态置为"单机"

后，将现场选择开关置"机旁"位，然后自行操作。

（8）单动结束后，应重新将选择开关置"联动"位，并报告主控室。

（9）振动给料机单动时，应先关闭手动闸阀。

（10）设备的单动操作仅限于事故处理或设备检修后的试车，正常生产时不允许单动。

3.4 燃料破碎

3.4.1 燃料的破碎

烧结厂所用的固体燃料有碎焦和无烟煤，其破碎流程是根据进厂燃料粒度和性质来确定。当粒度小于25mm时可采用一段四辊破碎机开路破碎流程（见图3-8(a)）；如果粒度大于25mm，应考虑两段开路破碎流程（见图3-8(b)）。

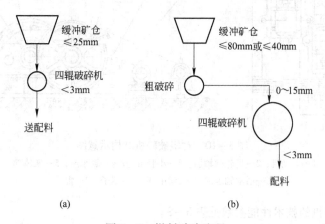

图3-8 燃料破碎流程

国内烧结用无烟煤或焦粉的来料都含有较高的水分（大于10%），采用筛分作业时，筛孔易堵。因此，固体燃料破碎一般不设筛分。

四辊破碎机是破碎燃料的常用设备，当给料粒度小于25mm时，能一次破碎到粒度为3mm以下，无需进行检查筛分。当给料粒度大于25mm时，常用对辊破碎机或反击式破碎机作为粗碎设备，把固体燃料破碎到粒度小于15mm后，再进入四辊破碎机破碎至粒度小于3mm。在给料粒度过小时，有的厂在破碎前增加预筛分工艺，一是有效防止了燃料粒度的过粉碎；二是降低了设备作业率，较好地延长了设备使用寿命。

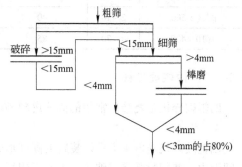

图3-9 焦粉破碎工艺流程

有的烧结厂固体燃料全为干熄焦，其水分的质量分数低，不堵筛孔，破碎采用设有预先筛分和检查筛分的两段破碎流程（见图3-9）。第一段由反击式破碎机与筛子组成闭路，第二段采用棒磨机，可减少过粉碎，但劳动条件较差。

3.4.2 固体燃料破碎设备

目前，国内烧结厂用于固体燃料破碎的设备有对辊破碎机、四辊破碎机、反击式破碎机等。

3.4.2.1　对辊破碎机

对辊破碎机是二段破碎流程中常见的用于粗破的设备。

对辊破碎机是由两个相对转动的圆辊组成，两圆辊间保持一定的间隙，间隙的大小就是排矿口的大小，被破碎的焦炭或无烟煤依靠自重及辊皮产生的摩擦力，带入辊间缝隙而被破碎，由排矿口排出。对辊破碎机的结构如图3-10所示。

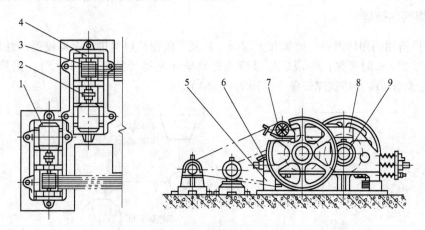

图3-10　对辊破碎机结构示意图

1—电动机；2—齿轮联轴器；3—小胶带轮；4—轴承座；5—架体部；
6—活动轴承部；7—切削部；8—罩子；9—辊子

国产对辊破碎机的技术性能参数见表3-3。

表3-3　国产对辊破碎机的技术性能参数

规格/mm×mm	辊子间隙/mm	最大给料粒度/mm	辊子转速/r·min⁻¹	电动机		生产能力/t·h⁻¹
				功率/kW	台数	
$\phi1200\times1000$	2~12	40	122.2	40	2	15~90
$\phi250\times500$	2~10	40	50	28	1	3.4~17
$\phi610\times400$	0~30	85	75	28	1	12.8~40

3.4.2.2　四辊破碎机

四辊破碎机是烧结厂常用的固体燃料破碎设备，它一般用做细破设备。

A　构造

四辊破碎机是由4个平行装置的圆柱形辊子组成。由于辊子的转动，把物料带入两个辊子的间隙内，使物料受挤压破碎，落到下辊后再次进行挤压破碎。因此，四辊可以看做是重叠起来的两组对辊，其目的是增大破碎比，减少占地面积。四辊主要由机架、辊子、调整装置、传动装置、车辊机构和防护罩等部分组成。

B　工作原理

四辊的两个机架用螺栓固定在混凝土基础上，上下各一对平行辊安装在机架上，上下辊各有一个主动辊和被动辊。上下主动辊通过胶带使上下被动辊运转，而上下被动辊的轴承座可用带有弹簧的调整丝杆来调整辊的水平位置，控制所需要的开口度。为了张紧传动胶带，在连接辊轴之间有一组压轮。在主动辊的一端，通过联轴器与减速机、电动机相连接。辊子轴头处都装有链轮，机架上还装有走刀机构，用来车辊皮。当辊皮磨损后，不用拆卸就可进行车辊，从而减少了停机时间。四辊破碎机结构如图3-11所示。

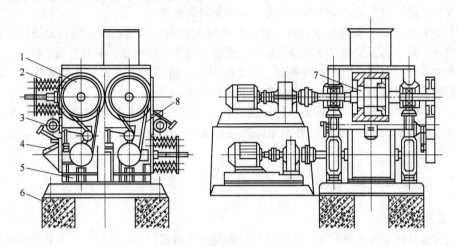

图3-11 四辊破碎机结构示意图

1—辊子；2—调整螺杆；3—液压机构；4—车辊机构；5—下料槽；
6—混凝土基础；7—辊轴；8—传动皮带

C 四辊破碎机规格

四辊破碎机的技术参数见表3-4。

表3-4 四辊破碎机的技术参数

规格/mm×mm	给料粒度 /mm	排料粒度 /mm	产量 /t·h⁻¹	转数 /r·min⁻¹	电动机 型 号	功率/kW
φ900×700	40~100	2~10	16~18	上辊104	上 JO83-12/6	12.5/20
				下辊189	下 JO82-6	28
φ750×500	<30	2~4	5.5~12	上辊118	上 JO83-12/6	14
				下辊216	下 JO2-71-6	7

随着技术进步，四辊的辊间隙由以前手动、弹簧压紧方式改为液压调整方式，操作更方便。在液压调整辊间隙方面较为先进的是自动液压控制方法，不需要人为补压或调整。

D 影响粒度和生产能力的因素

在四辊破碎机的生产中，其产品的产量和粒度是最主要的指标。在其他条件相同的情况下，当产量增加时，其产品破碎质量就下降。为了保持四辊有足够高的产量来满足生产需要，又要保证产品粒度合格，就需要了解影响四辊破碎机生产能力的因素。

（1）给料粒度。燃料的给料粒度越小，破碎的效果越好，产量也越高。烧结厂采用粗碎后再细碎的二段破碎流程，其目的是为了提高四辊破碎机的产量和质量。

（2）给料的均匀程度。给料的均匀程度分为两个方面：一方面是单位时间给料量一定；另一方面是沿辊子轴向均匀给料。生产实践表明，当料流稳定、料量适当时，四辊的产量和粒度就比较好。当上下辊开口度分别为20mm、10mm时，较为合适的给料量是无烟煤18~20t/h，焦末16~18t/h，当辊子轴向给料均匀时，物料对辊皮的磨损也趋于一致，有利于对产品粒度的保证，而且减少对辊子间隙的调整，生产也较正常。

（3）大块物料。烧结厂使用的固体燃料，特别是无烟煤中常夹杂大于 100mm 以上的大块物料，造成卡坏闸门、堵漏斗、给料不均匀、磨损辊皮、辊子咬不进、降低质量等，这对生产危害性大，因此，需要从各个环节下工夫，清除杂物和大块。

（4）原料的水分。物料水分大时，对破碎有较大影响，尤其是无烟煤。无烟煤中含有泥质，而且比较光滑，不仅会造成给料不均匀，还会堵漏斗、粘辊皮、不易被辊子咬住，给产量和质量带来一定的影响。生产实践表明，在无烟煤水分超过 12% 时，往无烟煤中掺入适量的焦末，能够使下料均匀，对产品的产量和质量均有改善。

（5）保持辊面平整。四辊辊面经过一段时间使用后，由于卡杂物和物料磨损，会使辊面凹凸不平，产品粒度也会变粗。为了保证产品粒度合格，需要定期车辊，以保证辊皮光滑平整。

3.4.2.3　反击式破碎机

A　构造

反击式破碎机主要是由机体、转子及反击板等部件构成，它通过三角带或直接由电动机传动。其结构如图 3-12 所示。

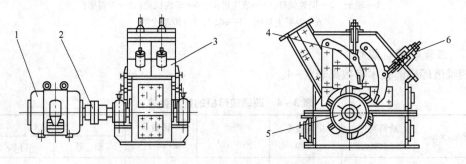

图 3-12　MFD-100 反击式破碎机结构示意图
1—电动机；2—联轴器；3—机体；4—前反击板；5—转子；6—后反击板

反击式破碎机机体分上下两部分，在机体的四周开有几个小门，以便检查转子的运转情况和更换被磨损的部件。机体的内表面装有耐磨钢板制成的衬板。

前、后反击板为焊接结构，在反击板的表面上装有高锰钢衬板，它在机壳上、下端可以移动以便调整，当板腔内落入杂物时，反击板可自动升起、后退，把杂物放过，而不至损坏机器和其他部件。这一保护作用是通过反击板后面的弹簧连杆装置来实现的，有的是将反击板制造得重些，靠其自重来起保护作用。

转子是机器的重要工作部件，一般是用铸钢或钢板焊接而成的。转子与主轴连接，轴两端由轴承支撑，固定在机壳上。在转子的圆柱面上装有 3 个（或多个）坚硬的板锤。板锤是用抗冲击耐磨性能良好的材质制造，且要求安装得牢固而又容易更换。

B　工作原理

当物料由进料口进入破碎机后，被飞速旋转的转子上的板锤冲击，以很高的速度按切线方向冲向第一块反击板，与反击板冲撞后又返回转子方向受第二次冲击，物料这样被反复地在两个破碎腔中受碰撞而破碎，最后达到所需要的粒度，从转子的下方排料口排出。

反击式破碎机的重要参数是转子旋转时的线速度。当其他条件相同时，无论破碎燃料或其他物料，转子速度越高，则破碎产品粒度越细。

反击式破碎机生产能力大，结构简单，破碎效率高，雨季水分大时，对破碎的影响也不大。

C 反击式破碎机规格

反击式破碎机的技术参数见表 3-5。

表 3-5 反击式破碎机的技术参数

规格 /mm×mm	破碎原料	给料粒度 /mm	排料粒度 /mm	产量 /t·h⁻¹	转速 /r·min⁻¹	电动机		总质量 （包括电机）/t
						型号	功率/kW	
φ500×400	石灰石、煤、焦炭	<100	0~20	4~10	960	JO252-6	7.5	1.46
φ500×400	石灰石、煤、焦炭	<250	0~30	15~30	680	JO86-6	40	6.10
φ1000×700	石灰石、煤、焦炭	<250	0~50	40~80	475	JR125-8	95	14.8
φ1250×1000	石灰石、煤、焦炭	<500	0~30	8~120	228~456	JR128-8	155	27.38
φ1500×16600	石灰石、煤、焦炭	<400	0~30	20~120	450~710	JSQ148-8	240	40
φ1330×1150	电石或其他物料	<50	0~30	25	710	防爆鼠笼型	110	30

3.4.3 固体燃料破碎设备常见故障及处理

3.4.3.1 对辊破碎机常见故障的原因及处理方法

对辊破碎机常做粗碎，其常见故障有下面几个方面：

（1）堵料。堵料的原因：一是给料量过大而开口度小；二是物料中有大块杂物，而该杂物不易通过对辊间隙。在遇到堵料时应停止给料，根据其原因进行处理。

（2）杂物卡辊。停止给料，将辊子反转或放大两辊的间隙后排出杂物。若这种方法无效，则应切断电源，将料扒出，进行处理。在处理这类事故时，特别要注意不要将手、脚或身体的其他部位放在两辊之间，以免处理出杂物后，辊子因弹力而移位时将人夹伤。

（3）矿槽蓬料。启动矿槽振动器处理，如无效时，则用风管在槽上捅料。

3.4.3.2 四辊破碎机常见故障原因及处理方法

四辊破碎机的常见故障是四辊堵料，其原因可能是给料量大，料较潮湿。在处理这类故障时，应停止给料，松开下辊，让料转空。当堵料不能排出时，绝不允许不停机处理，更不允许用脚踩或手扒，防止手脚受伤。

四辊破碎机发生四辊的上辊、下辊同时被挤住，仅松弹簧丝杆的方法是不行的，在处理时，要停电卸下安全罩，清除辊子上的料，再松开辊子。要注意，首先处理下辊，然后再处理上辊。待上下辊子积料处理干净，并用手能转动电动机的联轴器后，才能恢复生产。

生产中，还会遇到辊子的滚珠冒烟及传动带打滑或断裂故障。滚珠冒烟与润滑有关系，应及时停机，处理好后方可运转，而传动带打滑或断裂应及时调整压轮，更换传动带。

3.4.3.3　反击式破碎机常见故障的原因及处理

在生产过程中，反击式破碎机有时会发出异常响声，应立即停机检查。其原因可能是有杂物进入破碎机、板锤掉落、反击板打坏等，查出原因，处理好后方能运转。三角带打滑，应该调整电动机地脚螺栓或更换三角带。

反击式破碎机设备一般都比较笨重转速又高，设备一旦发生故障，应当立即停机。运转部位的故障一定要停电，在处理故障时，要有两人在场，一人处理，另一人配合和监护。

3.4.4　安全操作要求

3.4.4.1　四辊、对辊、反击破碎机岗位危害因素辨识

四辊、对辊、反击破碎机岗位危害因素辨识内容有：
(1) 上下楼梯未抓稳扶好，易发生摔伤；
(2) 地面有油污、水渍，现场杂乱，易造成滑跌摔伤；
(3) 设备运行中，身体接触运转部位，易发生机械伤害；
(4) 破碎机外罩破损，门未关好，物料飞出伤人；
(5) 未确认堵多少料，直接开门或进入漏斗下方捅料，造成物料伤人；
(6) 在起重吊物下行走被重物击伤；
(7) 现场发生故障时，不停机、不联系、单人作业，易发生伤害事故；
(8) 胶带运转时不停机、不停电取电磁铁杂物；
(9) 调整辊皮间隙，依赖转油泵顶压生产而造成意外事故；
(10) 防护罩不全、不牢，易被传动带绞入或掉下伤人；
(11) 更换传动带站位不当或戴手套打大锤，易发生机具伤害；
(12) 发生堵料、卡杂物等故障时，设备未停稳就开门或停机后不停电擅自用脚踩、手扒，而造成机械伤害事故。

3.4.4.2　对辊破碎机安全生产要求

A　对辊破碎机设备巡检
对辊破碎机设备巡检要求是：
(1) 必须检查各部位的螺栓齐全、紧固，各润滑点应有油，三角带、给料胶带和电磁铁状况应良好，各运转部位周围无人和障碍物；
(2) 检查三角带、传动接手转动灵活；
(3) 确认对辊间隙达到要求；
(4) 确认选择开关在"联动"位置；
(5) 确认所有设备的事故开关均已合上，然后通知主控室。
B　生产操作要求
正常生产时，对辊破碎机的启/停均在主控室 OS 站上进行。生产操作要求是：
(1) 当主控室启动对辊破碎机后，岗位必须在现场进行观察，确认运转是否正常，若有异常情况，则应切断事故开关，进行停机检查，确认无问题后，方可通知主控室再次启动；
(2) 确认给料机、给料胶带和电磁铁工作正常；
(3) 调节手动阀门，确保料流适中；

（4）当主控室停止燃料粗破系统后，电磁铁停电，清除杂物；

（5）对辊破碎机出的粒度不大于15mm时，要求及时调整间隙或车辊；

（6）严禁非事故状态带负荷停机；

（7）当需单动设备时，应向主控室说明原因，征得同意并在主控室将该系统置"单机"，将现场选择开关置"机旁"位，然后自行操作；

（8）单动结束后，应重新将选择开关置"联动"位，报告主控室；

（9）设备的单动操作仅限于事故处理或设备检修后的试车，正常生产时，不允许单动。

3.4.4.3 四辊破碎机安全生产要求

A 四辊破碎机设备巡检

四辊破碎机设备巡检要求是：

（1）当接到生产通知后，必须检查各部位的螺栓齐全、紧固，各润滑点应有油，给料胶带机和电磁铁状况良好，各运转部位周围无人和障碍物。

（2）确认主、被动辊转动灵活，装好传动带，通知主控室。

B 安全生产操作要求

四辊破碎机安全生产操作要求是：

（1）进辊：打开上、下辊的两个回油阀门，启动油泵，将换向阀门手柄置"进辊"位，当压力达到10MPa时，将换向阀门手柄置中间位，然后停油泵，关闭回油阀。

（2）退辊：打开回油阀，启动油泵，将换向阀门手柄置"退辊"位，辊子退出后，将换向阀门手柄置中间位，然后停油泵，关闭回油阀。

（3）确认选择开关在"联动"位置，所有设备的事故开关合上，通知主控室。四辊破碎机的启/停均在主控室OS站上进行。当主控室启动后，在现场进行观察，确认运转是否正常，若有异常情况，则应切断事故开关，停机检查，确认无误，通知主控室再次启动。

（4）四辊运转正常后，将压轮压紧。确认给料胶带机、电磁铁和电磁振动给料器工作正常。调节手动闸阀，确保料流适中。当主控室停止煤粉细破系统后，电磁铁停电，清除杂物。

在生产过程中，应经常在成品胶带机上取样，检查破碎粒度，并根据情况适当调节四辊上下辊的间隙。严禁非事故状态带负荷停机。需单动设备时，应向主控室说明原因，征得同意主控室将其置"单机"，将现场选择置"机旁"位，自行操作。单动结束后，重新将选择开关置"联动"位，报告主控室。给料胶带运输机单动时，应关闭手动闸阀。设备的单动操作仅限于事故处理或设备检修后的试车，正常生产时，不允许单动。

3.4.4.4 反击式破碎机安全生产要求

A 反击式破碎机设备巡检

反击式破碎机设备巡检要求是：

（1）检查各部位的螺栓齐全、紧固，各润滑点应有油，三角带、给料胶带和电磁铁状况应良好，各运转部位周围无人和障碍物；

（2）检查三角带、传动接手转动灵活；

（3）确认锤头与反击板之间间隙达到要求，然后关闭检查孔；

（4）确认选择开关在"联动"位置，所有设备的事故开关已合上，通知主控室。

B 生产操作要求

正常生产时，反击式破碎机的启/停均在主控室进行。生产操作要求是：

（1）主控室启动反击式破碎机，在现场进行观察，确认运转是否正常，若有异常情况，应切断事故开关，停机检查，确认无误后，通知主控室再次启动；

（2）确认给料机、给料胶带机和电磁铁工作正常；

（3）调节手动阀门，确保料流适中；

（4）当主控室停止燃料粗破系统后，电磁铁停电，清除杂物；

（5）反击式破碎机出的粒度不小于 15mm 时，要求及时调整间隙或更换锤头；

（6）严禁非事故状态带负荷停机；

（7）当需单动设备时，应向主控室说明原因，在主控室将该系统置"单机"后，将现场选择开关置"机旁"位，自行操作；

（8）单动结束后，应将选择开关置"联动"位，报告主控室；

（9）设备的单动操作仅限于事故处理或设备检修的试车，正常生产时，不允许单动。

3.5　原料混匀

3.5.1　原料混匀特点

根据烧结和炼铁的要求，将各种含铁原料按照设定的配比利用混匀设施，将原料均匀堆置在料场内，铺成单层薄、层数多的长形料堆，这种作业称为原料的混匀作业，也称为原料的中和。经混匀后的原料称为混匀矿。在使用时，取料机沿垂直于料场的长度方向切取，切取的混匀矿质量比较均匀，化学成分和粒度比较稳定。

3.5.1.1　混匀料场作用

混匀料场主要起两方面的作用：

（1）缓和原料供应和生产用料的不平衡。对于无固定矿山的中小厂，供需矛盾尤为突出；对于矿源充足的大型钢铁厂，往往因为运输条件跟不上，也存在供需矛盾。

（2）接受输入的原料并将其中和处理后，输出成分均匀的单一混匀矿。

国外 20 世纪 60 年代开始采用原料混匀技术。矿场的储存量一般为 0.5～1.0Mt，分堆进行中和混匀，矿堆尺寸一般高 15～18m，宽 20～50m，总长度 200～1000m，储存量可供生产使用 1.5～2.5 个月。

日本料场中和后混匀矿中铁的质量分数波动为 ±0.2%，SiO_2 的质量分数波动为 ±0.2%，Al_2O_3 的质量分数波动为 ±0.2%～0.3%，P 的质量分数波动为 ±0.09%；法国矿石中和混匀后混匀矿中铁的质量分数波动为 ±0.4%；意大利矿石中和后铁的质量分数波动为 ±0.4%，SiO_2 的质量分数波动为 0.1%～0.3%；美国矿石中和后 TFe、SiO_2、Al_2O_3 的质量分数波动不大于 ±0.5%，其他成分波动小于 ±0.2%。国外研究表明，烧结矿中铁的质量分数波动范围从 ±0.5% 下降到 ±0.2%，高炉生产率提高 14.5%，焦比降低 5.8%，生铁成本降低 4%。

国内 20 世纪 70 年代开始应用烧结原料混匀技术，当时因陋就简，在烧结厂原有堆场或原料仓库中进行倒堆中和（小料批中和），但混匀料量和料种均少，效果也差。1984 年，马钢一烧新建原料混匀场，但工艺不够完善；1985 年，宝钢现代化大型原料场建成投产，为烧结提供了优质的混匀矿，也为我国建设现代化料场做出表率。

3.5.1.2　原料场特点

国内自行设计现代化原料场，料场的投产给烧结和炼铁生产带来明显的经济效益。据统计，全国重点企业烧结厂烧结矿中 TFe 的质量分数波动为 ±0.5%、碱度（$w(CaO)/w(SiO_2)$）波动为 ±0.05，合格率由 1985 年的 82.39% 和 75.91% 分别提高到 1989 年的 87.8% 和 81.76%。宝钢 1990 年分别达到 95.6% 和 94.43%，这说明我国原料混匀技术上了新台阶。国内自行设计和建设的原料场有下列特点：

（1）自行设计。工程的设计和施工、料场设备的制造均系国内自行完成，这些工程包含了较完善的工艺，如受料系统、储料场、混匀料场及供料系统，部分料场还考虑了整粒系统及熔剂和燃料加工系统。

（2）规模大。规模是大、中、小并举，其中，最大的年受料量达 1000 多万吨，年混匀料量 1000 多万吨。适应各种规格的烧结机，满足了生产需要。

（3）综合功能强。多数料场不仅为烧结供料，还为炼铁、焦化、炼钢、耐火以及热电厂供料。

（4）装备水平高。接受和混匀作业均由高效率的专用设备完成，多数料场的配料和堆取料机均采用微机控制。武钢大型滚筒取料机和悬链斗卸船机的投产，为发展新型的料场设备提供了有益的经验。

（5）因地制宜建设料场。在北方的鞍钢，为防止精矿冻结，采用了室内混匀仓；南方的鄂钢，为防止多雨季节给生产带来困难，也采用了室内料场。靠近江、海岸边的料场，充分利用水运优势，兴建了专用码头，保证了原料供应线的畅通。为了节省投资，大多数为露天式，老厂在改建料场时充分利用了原有的设备和地形。

（6）重视混匀效果。我国已投产的混匀料场均有准确的配料和严格的混匀操作，因此，混匀矿成分稳定，混匀矿 TFe 的质量分数波动为 ±0.5%，SiO_2 的质量分数波动为 ±0.25%。为了提高烧结用料的质量，许多厂将精矿、熔剂参与混匀，减少了不同精矿品位带来的铁料成分波动。烧结矿合格率提高，产量提高，为高炉增铁节焦创造了良好条件。

3.5.2 原料混匀的一般方法

烧结原料混匀方法很多。根据料场建设情况不同，料场可分为室内混匀料场和露天混匀料场，目前，露天料场多，其容量大、混匀效果好、投资少。在防寒要求很高和多雨条件下，可考虑采用室内料场，其容量小，投资高。若根据料场占地形状分，有圆形料场和长方形料场。因长方形料场布置灵活，发展扩建方便，所以长方形料场在钢铁厂使用较普遍。

根据料场使用的设备，烧结原料混匀方法又可分为两大形式：

（1）堆料—取料机混匀法。这种堆、取料分开的方法混匀效果好，得到了广泛采用。混匀取料机一般分为桥式混匀取料机、滚筒式混匀取料机和刮板式混匀取料机。

（2）堆取料混匀法。这种堆、取合一的方法效果差，设备复杂，仅为少数小型料场采用，目前新建大型现代化料场已不采用。按堆取料机的整机结构又可以分为悬臂式和门式两种混匀法。

3.5.3 原料混匀工艺流程

混匀工艺流程如图 3-13 所示。

由各个一次料场供给的物料按品种进行了初步混匀，其化学成分、粒度基本上是稳定的，各工序的作用为：

（1）副料堆场。副料堆场是熔剂和燃料粉的料场。

（2）破碎室。为了稳定和调整混匀矿的粒度组成，也就是为了稳定烧结混匀料的透气性，

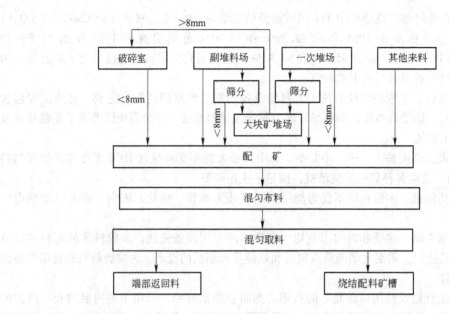

图 3－13   混匀工艺流程图

设置了矿石的破碎装置。

（3）筛除大块料。矿粉中往往由于各种原因混入了大块矿石或大块杂物，在物料运输中容易出现堵塞或撕裂运输机胶带的事故，因此设置了筛分装置，其筛孔尺寸一般为50mm。通常采用的设备为自定中心振动筛和重型振动筛，筛面一般是算条式，筛子的处理能力应与一次料场取料机的能力一致。当筛子需要检修或其他原因不能运转时，可以从旁路系统直接向配料矿槽供料。筛分出的大块矿石可用短头圆锥破碎机进行细碎，然后送到一次料场粉矿堆。当料场设有高炉块矿料堆时，筛出的大块矿石也可送往高炉块矿堆。

（4）混匀配料。混匀工艺的配料与烧结工艺配料一样，其作用和配料方法也基本相似。多采用自动称量配料，配料计算和调节都由电子计算机进行控制。本工序的任务是将各种物料按产品质量的要求进行搭配，组成单一的混合料送往混匀料场。

设置混匀配料槽的作用为：

（1）作业平衡。保证一次料场与混匀料场之间作业平衡。由于一次料场取料机取出的原料量不均匀，送往混匀料场的料流量时多时少，通过混匀配料槽可以起缓冲和定量排料的作用，使混匀堆料机能按一定料量均匀铺料。

（2）缓冲作用。一般混匀配料槽有多个矿槽，分别储存不同品种的原料，一次料场取料机换堆取料时，由于矿槽的缓冲作用，混匀堆料机作业不会间断。

（3）成分均匀。参加混匀但铁的质量分数悬殊的物料，如轧钢皮、高炉瓦斯灰、球团返矿和烧结粉尘等被送至混匀配料槽后，与铁矿粉一起配料，根据计算要求的配比，由槽下定量给料机给至同一条胶带运输机上送往混匀料场，与粉矿、精矿一起（或交替）造堆，有利于混匀成分的均匀。

（4）混匀布料。混匀布料是混匀料场的关键岗位，对布料的要求是沿料堆长度方向均匀布料，层数多而薄，从而使每一横截面的物料成分均匀。布料与配料必须精确调节，使布在混匀料堆上的每一层料尽可能多由多种原料组成，每一批料配料结束恰好布满一层料，严格消除一批料不能布满一层的现象。

（5）混匀取料。从整个断面上取料，使外运到烧结厂的混匀矿化学成分和粒度均匀。作业时一个料堆在铺料，另一个料堆在取料，取料、铺料作业交替进行。

图3-14所示为原料场的堆存、中和混匀作业示意图。

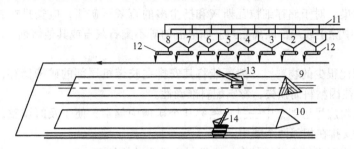

图3-14 原料场中和混匀示意图

1~8—配料槽；9，10—中和混匀矿堆场 ；11—入槽胶带机系统；12—定量给料装置；13，14—堆料机

3.5.4 一次配料的工艺配置与结构

3.5.4.1 配料槽的配置

配料槽的配置可以分为集中配置和分散配置两种。

A 集中配置

优点：（1）作业率高，有利于提高设备利用率；（2）对操作管理有利，各料种操作可以实行标准化作业；（3）能及时调整配料比，有利于混匀矿化学成分的稳定；（4）便于实现配料自动化控制。

B 分散配置

不必设置专门的配料室，配置比较灵活，但不利于集中管理和统一操作，配料比调整也不及时，对稳定混匀矿成分不利。

国内的配料槽采用集中配置较多。对于小厂改造时设置混匀料场的情况，从节约投资和占地面积着眼，在利用老厂房的基础上，也可以灵活设置分散的配料设施。

在结构上，烧结配料矿槽的排列可以分为单列式和双列式两种。

相应的运输系统可分为单系统和双系统。双系统的互换性好，而单系统互换性差。混匀料场的预配料设备，因其作业率比烧结配料设备低，配料系统的定检可以安排在停机时间进行，因此，常常将其定位为单列式单系统，在配料矿槽之前设置筛分设施，以便除去原料中的大块或杂物。为了不影响烧结用料，在筛分系统设立了一个直送的备用系统。当筛分系统不能运转时，原料可以直接由该直送系统向烧结配料矿槽送料。

C 配料矿槽

矿槽分为钢筋混凝土或金属结构，矿槽下部配有料仓避震器。矿槽设有承重式料位检测器，对矿槽料位进行检测，检测器设有上、下料位报警装置。在矿槽下设置了给料装置，生产运转时，通过主控室的计算机按照配料的要求进行给矿量设定，同时，由计算机做闭环式对比监视和自动控制，从而达到连续精确配料的要求。

按照配料方案，从一次料场有计划地将原料送往配料矿槽，然后由矿槽下的定量给料装置向胶带输送机给料，并运往混匀料场。这是保证混匀矿质量的关键环节，因此必须精心操作，及时调整。

3.5.4.2　矿槽中物料品种的分配

在矿槽中，物料品种的分配是按照下列几个因素确定的：

（1）减少污染，对于储存细粒瓦斯灰和扬尘多的石灰石矿槽，应安排在胶带机前进方向的前面，便于集中除尘或局部隔离密封。如果混匀矿不配石灰石或其他熔剂，对于干粉矿也宜采用这个原则。

（2）对于配比很少的物料，一般不能将其安排在胶带机尾部的矿槽储存，因其直接落在胶带机表面，往往因粘料而损失，影响配料准确性。

（3）同类原料应尽可能集中安排在相邻几个矿槽中储存，便于及时调整，同一品种存两个矿槽时，必须安排在相邻两个槽中。

（4）一般大宗料安排大矿槽储存，小批料安排小矿槽储存。

3.5.4.3　对预配料原料的管理

在铁料和其他物料进入配料矿槽之前，必须进行预处理，以保证入槽料的质量稳定，为提高配料质量创造良好条件。

（1）由一次料场直接送配料槽的铁料，应按品种和质量分批送料，不能混料。

（2）对于破碎后的矿石应严格进行筛分，保证粉矿粒度在 $0 \sim 8mm$ 范围。

（3）进入配料矿槽的物料必须预先筛分，分出大块和杂物。

（4）如果熔剂参与混匀，石灰石破碎后，粒度小于 3mm 的含量必须大于 90%。

3.5.5　配料计算

配料计算就是根据已知的原料成分、原料供应量以及混匀矿的质量要求，确定各种原料的配比和上料量。

配料计算的方法多，如考虑混匀矿成本时，可采用线性规划方法求解最优配料比；如果需要求出准确的烧结矿化学成分，可采用简易理论计算法；如果要求出准确的原料平衡，可采用分析计算法；在现场日常生产中，大多采用经验计算法。此外，烧结生产中还常用单烧值法和反推法计算配料比。随着计算机技术的应用，自动配料还需建立相应的配料数据。

3.5.5.1　分析计算法

根据原料成分计算混匀矿的所有成分可按下面的公式进行：

$$a = a_1 x_1 + a_2 x_2 + a_3 x_3 + \cdots + a_i x_i \tag{3-8}$$

式中　a_1，a_2，a_3，$\cdots$，a_i——原料中某种成分的质量分数，%；

　　　x_1，x_2，x_3，$\cdots$，x_i——各种原料的配比，%，并且应该满足 $x_1 + x_2 + \cdots + x_i = 100\%$。

举例 1：混匀矿由配比 20% TFe 的质量分数为 64.2% 及 SiO_2 的质量分数为 5.7% 的 A 种矿石，配比 25% TFe 的质量分数为 52.3% 及 SiO_2 的质量分数为 13.4% 的 B 种矿石，配比 40% TFe 的质量分数为 57.5% 及 SiO_2 的质量分数为 9.2% 的 C 种矿石，配比 15% TFe 的质量分数为 48.3% 及 SiO_2 的质量分数为 10.8% 的炉尘等所组成，混匀矿中 TFe 及 SiO_2 的质量分数用式（3-8）计算为：

$w(\mathrm{TFe}) = 20\% \times 64.2\% + 25\% \times 52.3\% + 40\% \times 57.5\% + 15\% \times 48.3\% = 56.16\%$

$w(\mathrm{SiO_2}) = 20\% \times 5.7\% + 25\% \times 13.4\% + 40\% \times 9.2\% + 15\% \times 10.8\% = 9.79\%$

当已知原料成分和配比时，计算混匀矿的成分并不困难。如果已知原料成分和要求的混匀矿成分求各种原料的配比，情况就不同了。

举例 2：已知三种原料成分，A 矿石 TFe 的质量分数为 63.5%、SiO_2 的质量分数为 8.8%，B 矿石 TFe 的质量分数为 60.1%、SiO_2 的质量分数为 13.2%，C 矿石 TFe 的质量分数为 52.2%、SiO_2 的质量分数为 29.5%，试计算出混匀矿成分为 TFe 的质量分数为 59%、SiO_2 的质量分数为 11% 的各种矿石的配比。

按照式（3-8）可列出下列等式：

$$59\% = 63.5\% x_1 + 60.1\% x_2 + 52.4\% x_3$$
$$11\% = 8.8\% x_1 + 13.2\% x_2 + 9.5\% x_3$$
$$x_1 + x_2 + x_3 = 100\%$$

解上述方程可得如下结果：

$$x_1 = 27.7\%；\quad x_2 = 45.8\%；\quad x_3 = 26.5\%$$

3.5.5.2　经验计算法

经验计算法是生产现场实际应用的一种行之有效的配料计算方法，它准确且简单。这种计算方法是以原料供应量为基础的，其他辅助原料是调节烧结矿化学成分的主要手段。如一般烧结厂精矿和富矿粉的供应量基本稳定，而冶金废料如瓦斯灰、轧钢皮、钢渣等供应量小且波动大，在配料计算时将配比预先给定，视为不变值。

3.5.6　配料操作

3.5.6.1　影响配料的因素

生产中，配料的准确性在很大程度上取决于配料方法。重量配料法是以原料重量为基础的配料法，因此这种方法准确可靠。通常采用的设备为电子皮带秤，即电子秤与微机控制技术联系在一起，实现了配料自动化。如果原料水分波动，则称重时该种原料的实际配比就会变化。粒度不均匀或夹杂有大块和杂物，会造成堵料、下料不均匀等情况，影响称重的准确性，化学成分的波动影响整批料的成分波动。

实际生产中影响配料准确性的因素很多，归纳起来有以下几个方面。

A　原料条件

a　原料的化学成分

一种原料的化学成分波动会影响整批料中其他原料配比变化，如富矿中铁的质量分数出现波动，含铁精矿也得随之变动，而且富矿粉含硅较高时，还要影响烧结矿碱度，因此，石灰石用量也要变动，其他原料的变动也有相同的结果。稳定各种料的化学成分，就可以提高配料的准确性。

b　原料的粒度

原料的粒度直接影响原料的堆密度。粒度组成均匀的料，堆密度小；粒度组成越不均匀，堆密度就越大。对于容积配料来说，不同粒度组成的原料，在圆盘给料机下料体积相同的时候，实际下料的质量会发生波动，在质量检查时必须重新调下料量。在原料进入配料室之前，进行原料的整粒，也是提高配料准确性的必要条件。

c　原料的水分

原料的水分波动也会影响原料堆密度的变化，从而影响原料实际下料的质量，造成配料的波动，另一方面，由于原料水分的波动会影响圆盘给料机的下料均匀性，也会直接影响配料的准确性。

B　设备状况

设备状况影响配料的具体因素是：

（1）圆盘给料机盘面安装的水平度不准确，会导致圆盘各个方向下料量不均匀，从而影响配料准确性。

（2）圆盘给料机盘面粗糙不平，影响下料量准确性。

（3）圆盘给料机下料闸门损坏或调节丝杆失灵，会影响下料准确性或使下料量失控，造成配料的波动。

（4）给料机其他备件，如大套、小套、衬板等年久失修，设备缺陷多，也会影响下料准确性，造成配料的波动。

C　操作因素

a　矿槽压力

矿槽压力即矿槽存料量，它的波动造成圆盘给料机下料量的波动。当矿槽压力大时，下料量多；当矿槽压力小时，下料量少，因此，矿槽上的工人必须勤检查，随时掌握矿槽压力的变化情况，及时给予调整。原料中大块或杂物进入矿槽后会堵闸门，严重时会损坏闸门，搞好进入矿槽物料的预筛分作业也十分重要。

b　操作工技术水平

配料工必须学会"看"、"摸"技能，即看原料的颜色、下料量和胶带机上的料流情况，以及看是否有混料现象等。原料颜色的差别表现出原料成分的波动、下料量和料流的变化以及混料等，会影响整批料配料比的波动，如果发现混料应及时采取措施。摸就是用手摸物料粒度和水分。

D　配料计算的误差

在进行配料计算时，因小数点位数的选择不当等会造成误差。

E　化验误差

化验误差包括两个方面：一方面是取样的代表性，原料取样如果无代表性，化验结果就不是一批料的真实代表，提供给配料计算的原始数据就不准确；另一方面是化验分析的误差。

3.5.6.2　配料的调整

当配料出现波动时，应根据上一班原料情况、配料比是否正确、下料量是否在允许波动范围内、供料系统有无混料现象等这些情况进行检查与分析。

一般质量波动可根据下列原则调整。

A　铁的质量分数波动的原因

铁的质量分数波动的原因有：

（1）含铁原料品位不稳定。当品位高时，混匀矿中 TFe 的质量分数上升，SiO_2 的质量分数下降，CaO 的质量分数正常；当品位低时，混匀矿中 TFe 的质量分数下降，SiO_2 的质量分数上升，CaO 的质量分数正常。

（2）含铁原料的下料量不稳定。当下料量大时，混匀矿中 TFe 的质量分数上升，SiO_2 的质量分数略升，CaO 的质量分数下降；当下料量小时，混匀矿中 TFe 的质量分数下降，SiO_2 的质量分数稍降，CaO 的质量分数上升。

（3）含铁原料水分波动。水分增加或减少，相当于下料量减少或增加。

（4）熔剂用量的多少。增加熔剂用量，则 TFe 的质量分数降低。

B 碱度波动的原因

碱度波动的原因有：

（1）含铁料品位偏高或偏低。品位高时，混匀矿中 TFe 的质量分数上升，SiO_2 的质量分数下降，CaO_2 的质量分数正常，碱度上升；品位低时，混匀矿中 TFe 的质量分数下降，SiO_2 的质量分数上升，CaO 的质量分数正常，碱度下降。

（2）熔剂下料量的大小。下料量大时，SiO_2 的质量分数稍低，TFe 的质量分数下降，CaO 的质量分数上升，碱度上升；下料量小时，SiO_2 的质量分数稍高，TFe 的质量分数上升，CaO 的质量分数下降，碱度下降。

（3）含铁原料下料量大小的影响。下料量大时，SiO_2 的质量分数稍升，TFe 的质量分数上升，CaO 的质量分数下降，碱度下降；下料量小时，SiO_2 的质量分数稍低，TFe 的质量分数下降，CaO 的质量分数上升，碱度上升。

（4）熔剂中 CaO 的质量分数高低。CaO 的质量分数高，SiO_2 的质量分数变动不大，造成碱度上升；CaO 的质量分数低，SiO_2 的质量分数变动不大，造成碱度下降。

（5）熔剂中混有其他原料时，CaO 的质量分数大幅度下降，碱度下降。

（6）熔剂水分变化时，相当于配比或下料量变化。

3.5.6.3 混匀矿质量评价

考评混匀矿的质量时，可以使用混匀效率指数、波动系数以及化学成分稳定率等指标。

A 混匀效率指数

在比较和评价不同的料场混匀系统时，要考虑两方面的问题：一是输出料流的均匀性；二是混匀后特性的方差。

为了使不同堆料的混匀效果能够相互比较，所确定混匀效率的绝对值必须与输入料流的品位波动无关，因而引用了混匀效率指数的概念。混匀效率指数计算公式为：

$$M = (1 - \frac{\sigma}{\sigma_0}) \times 100\% \qquad (3-9)$$

式中 M——混匀效率指数，其取值范围为 0~100%；

σ_0——混匀前料流的标准偏差；

σ——混匀后料流的标准偏差。

物料某一成分的标准偏差 σ 可以由下式求得：

$$\sigma = \sqrt{\frac{\sum_{i=1}^{n} (X_i - \overline{X})^2}{n - 1}}$$

为了简化计算，生产中可用下列经验公式来计算料堆的 σ 值：

$$\sigma = \frac{\sigma_0}{\sqrt{Z}} \qquad (3-10)$$

式中 X_i——某种物料（如 TFe、SiO_2、Al_2O_3 等）的成分；

$\overline{X}$——某种物料成分的平均值；

n——试验试样的个数；

Z——铺料层数；

σ_0——参与铺料的混合料的标准偏差。

混匀效率指数 M 值表示物料经过混匀后，混匀矿的均匀程度提高了多少。M 值越大，表示混匀效果越好。混匀质量评价标准见表 3 - 6。

表 3 - 6　　混匀质量评价标准

混匀质量	M 值（混匀等级边界值）/%	混匀质量	M 值（混匀等级边界值）/%
很差	70	好	90 ~ 94
不良	70 ~ 80	很好	94 ~ 96（或 98）；对散状料，大于 96
一般	80 ~ 90	非常好	对液体，大于 98

B　波动系数

在物料均匀性与系统初始输入条件不相关的前提下，为了评价输出物料的均匀性，引入了无量纲量 N，称为波动系数。波动系数的计算公式为：

$$N = \frac{\sigma}{\overline{X}} \tag{3-11}$$

式中　σ——输出混匀矿特性指标的标准偏差；

$\overline{X}$——与 σ 相对应的物料特性指标的平均值。

M 与 N 是两个具有不同内涵的指标，M 表示混匀操作过程的质量，而 N 表示输出混匀矿的实物质量。

C　混匀矿化学成分稳定率

正态分布：物料混匀过程中，混匀矿成分的波动是符合正态分布的，即可求出概率 $P(a < X < b)$。

$$P(a < X < b) = \int_a^b \frac{1}{\sqrt{2\pi}\sigma} \mathrm{e}^{\frac{(x-u)^2}{2\sigma^2}} \mathrm{d}x \quad \left(设 v = \frac{x-u}{\sigma} \right)$$

$$= \int_{\frac{a-v}{\sigma}}^{\frac{b-v}{\sigma}} \frac{1}{\sqrt{2\pi}} \mathrm{e}^{\frac{v^2}{2}} \mathrm{d}x$$

$$= \phi\left(\frac{b-v}{\sigma} \right) - \phi\left(\frac{a-v}{\sigma} \right) \tag{3-12}$$

由于正态分布曲线的对称性，有如下关系式：

$$\phi(-x) = 1 - \phi(x)$$

求混匀矿达到要求的稳定率时标准偏差：如果要求混匀矿中 TFe 的质量分数波动值为 ±0.5%，求在该波动范围内达到规定的稳定率（即概率）。

如果通过标准变换计算 $x - u \leqslant 0.5$ 发生的概率，因为 TFe 的质量分数在规定波动范围 ±0.5% 内的稳定率的理论值：

$$p(|x - v| \leqslant 0.5) = p\left(\frac{|X - v|}{\sigma} \leqslant \frac{0.5}{\sigma} \right)$$

$$= p\left(-\frac{0.5}{\sigma} \leqslant \frac{|X - v|}{\sigma} \leqslant \frac{0.5}{\sigma} \right)$$

$$= \phi\left(\frac{0.5}{\sigma} \right) - \left[1 - \phi\left(\frac{0.5}{\sigma} \right) \right]$$

$$= 2\phi\left(\frac{0.5}{\sigma} \right) - 1$$

当要求 TFe 的质量分数稳定率为 60% 时，则

$$p(\,|\,x - u\,| \leqslant 0.5\,) = 0.60$$

$$2\phi\left(\frac{0.5}{\sigma}\right) - 1 = 0.60$$

$$\phi\left(\frac{0.5}{\sigma}\right) = 0.80$$

查正态分布表，可得出：

$$\frac{0.5}{\sigma} = 0.842$$

$$\sigma = 0.5937$$

同理，可求出稳定率为 70% 时，$\sigma = 0.4975$；稳定率为 80% 时，$\sigma = 0.3895$；稳定率为 90% 时，$\sigma = 0.304$，稳定率为 100% 时，$\sigma = 0.1285$。

根据这个方法，同样可计算 SiO_2、Al_2O_3 的质量分数的稳定率。生产中应用这种方法，根据混匀矿的 σ 值，可以知道相应成分的稳定率。

3.5.7 混匀设备

3.5.7.1 一次料场堆取料机

一次料场堆取料机主要是对水、陆运装卸的原料进行堆存或直传，并能将堆场原料输送到胶带运输机。堆取料机是一种大型高效率的连续运输机械，按其功能不同可分为堆料机、取料机、堆取料机、混匀堆料机。一般水、陆运一次料场通常使用堆料机、取料机和堆取料机 3 种类型。

A 堆料机

型号为 DQLK(1250/1230) - 30 的斗轮堆料机组成如图 3 - 15 所示。

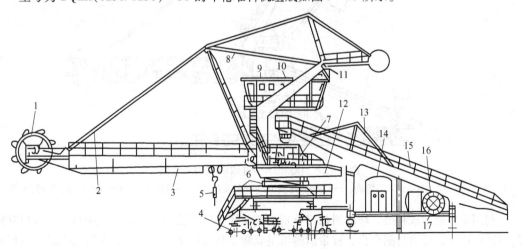

图 3 - 15 DQLK(1250/1230) - 30 型斗轮堆取料机示意图

1—斗轮装置；2—俯仰装置；3—悬臂梁装置；4—走行装置；5—悬臂胶带机装置；6—门座架装置；
7—回转装置；8—支承梁架；9—司机室；10—配电室；11—润滑装置；12—门型旋转架装置；
13—尾车；14—变压器室；15—除尘装置；16—通信电缆卷筒装置；17—动力电缆卷筒装置

B　取料机

型号为 QLK1200 - 51 的斗轮式取料机组成如图 3 - 16 所示。

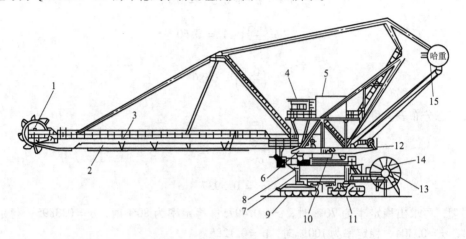

图 3 - 16　QLK1200 - 51 型斗轮式取料机示意图

1—斗轮；2—前臂架；3—悬臂胶带机；4—司机室；5—电气室；6—旋转架；7—门座架；

8—回转机构；9—前驱动台车；10—导料架；11—后驱动台车门；12—变幅机构；

13—电机系统；14—电缆卷筒；15—平衡架

C　堆取料机

DQ3025 型堆取料机如图 3 - 17 所示。

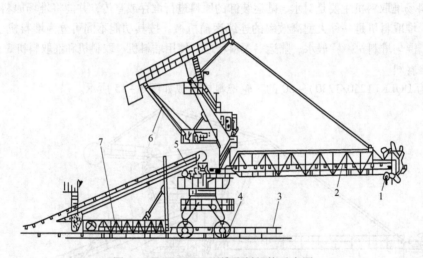

图 3 - 17　DQ3025 型堆取料机构示意图

1—斗轮机构；2—悬臂带式运输机；3—主带式运输机；4—行走机构；5—旋转机构；6—变幅机构；7—尾车架

利用堆料机、取料机、堆取料机可分别与链斗卸车机、胶带运输机组成卸车、堆料和取料的输送作业线；还能与翻车机、胶带运输机组成卸车和堆料作业线，与胶带运输机组成取料和输送作业线。

3.5.7.2　一次料场取料机主要技术参数

一次料场取料机主要技术参数见表 3 - 7。

表 3 - 7　一次料场取料机主要技术参数

车　型		DQLK(1250/1230)-30	QLK1200-51	DQ3025
外形尺寸/m×m×m		61.02×12×20.1	7.5×11.8×26.1	46.2×5.75×17
料场设计堆高	轨面以上/m	6	12.348	10
	轨面以下/m	1	0.652	2
料场堆宽/m		28	48	25
电压与频率		0.3kV, 50Hz	0.3kV, 50Hz	0.3kV, 50Hz
装机总容量/kW		285	380	147
机械设备质量/t		350	435.1	
电气设备质量/t		20	5.2	
设备总质量/t		370	440.3	160

3.5.7.3　混匀料场堆取料机的作用和类型

混匀料场也称二次料场。水、陆运至一次料场的多种原料,经过一次配料混匀后送到混匀料场,堆料机采取人字形堆料方法完成中和混匀后的布料作业,取料机挖取混匀料堆的原料,经胶带运输机输送到烧结车间配料矿槽或铁料仓库。

混匀堆料机的结构、原理和一次料场堆料机基本一样,只是由于混匀作业的需要,有其自身特殊的结构特点。

混匀取料机类型很多,按其取料方式不同有端面取料的桥式取料机、侧面取料的靶式取料机、上部取料的铲斗取料机、底部取料的叶轮取料机。按结构特点不同有悬臂式取料机、滚筒式混匀取料机。取料机型号 QLG1500 - 40 型的组成如图 3 - 18 所示。

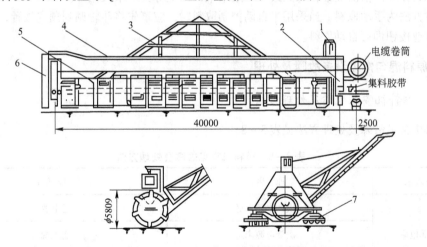

图 3 - 18　滚筒式混匀取料机示意图

1—操作室;2—刚性支腿;3—料耙;4—箱型主梁;5—料斗;6—柔性支腿;7—行走台车

3.5.7.4　堆取料机的巡检

空载试运行前的准备工作有:

(1) 应检查各传动运行机构和各部装置主要负荷工作部件、电机线路及防护保险等处于正常、完好状态，并检查锚定器及夹轨器松开。

（2）应按点检标准及要求进行确认后方能作业。

作业前空载试运转要求是：

（1）查看配电柜、控制屏、操作台、电气线路状况，确认后合闸送电。

（2）空载试运转前，首先应环视作业区内、取料机本体两侧及跨下、前臂架底面净空下方与行走轨道，确认无人和障碍物后方能试车。

（3）通过空载运转，各驱动运行机构未出现连接件有异常松动，电器保护装置确认无异常状况和噪声发出。

（4）确认各指示信号灵敏，光亮和音量、照明线路正常。

作业程序主要是：

（1）开机作业前，点检确认后合闸送电。

（2）打开夹轨器和锚定器，启动变幅机构、回转机构，将大车行走到指定作业地点。

（3）地面胶带运输机启动后，依次启动振动给料器、悬臂胶带机、斗轮。

（4）接到作业指令后，可鸣笛告知取料机周围逗留人员离开作业线区域，同时也提醒下道工序做好接料准备。

3.5.7.5 取料机作业方式

取料机作业方法是阶梯式回转往复取料。该方式是斗轮沿料堆的斜坡方向自上而下的分层挖取物料，臂架每次回转到料堆边缘，大车行走一个吃料深度 0.5m，每层大车可行走 8 ~ 10m，然后大车后退（$\sum l + \Delta S$）米。$\sum l$ 为每层大车取料行走距离的总和，ΔS 是由物料自然堆积角决定，当堆积角为37°时，每层取 2.6m 高，$\Delta S = 3.45m$。同时斗轮下降 2.6m，进行下一层的取料作业。依次类推，取到最下一层结束，以上称为一个大循环。

上述方法为手动取料。当采用半自动控制取料时，应事先将斗轮调到预定位置，按下半自动取料作业按钮即可自动取料。

3.5.8 原料混匀常见设备故障及处理

3.5.8.1 堆料机常见故障及处理方法

堆料机常见故障及处理方法见表 3 - 8。

表 3 - 8 堆料机常见故障及处理方法

故障现象	原　因	处 理 方 法
整机无电源	一次侧电源未送	送电源
	二次侧电源未送	送电源
	3kV 侧电缆拉断	接通电缆
不能自动合闸	自动装置线圈或电机烧坏	更换线圈或电机
	控制线路未通	检查控制线路
	机构卡死	调整机构
	触电故障	换触电或调整触点开关

故障现象	原 因	处 理 方 法
不能行走	行走电机电源未送	合上行走自行开关
	控制回路故障	检查控制回路是否正常
	接触器、热继电器故障	更换、修理或调整
	抱闸未打开	检查抱闸、控制回路是否正常
	前，后极限到位	不能进则退，不能退则进
	减速机坏	换减速机
	电缆过张力保护动作	正常保护
悬臂俯仰无动作	俯仰自动开关未合上	合上俯仰自动开关
	控制回路无反应	检查控制回路
	斗轮头部积料严重	清除头部积料
	配重不够	加配重块
	卷扬钢丝绳卡死	处理钢丝绳故障
	上、下极限到位	正常限位保护
斗轮无动作	斗轮电源未送	合上轮合闸开关
	斗轮控制回路故障	检查控制回路是否良好
	电机或减速机坏	换电机或减速机
悬臂胶带动作	悬臂胶带电源自动开关未合上	合上自动开关
	跑偏动作	调整胶带跑偏
	压料严重	清除压料
	控制回路故障	检查控制回路
回转无动作	回转电源未合上	送回转电源
	回转控制回路故障	检查回转控制回路
	直流调整部分故障	检查直流调速部分
	回转极限动作	回转极限动作属正常保护
	电机坏	换电机
卷缆装置无动作或动作不同步	卷缆电源未合上	送电源
	卷缆控制回路故障	排除回转控制回路故障
	卷缆与行走不同步，调压器未调到理想位置	调整调压器，使之与行走同步
	卷缆力矩电机烧坏	换电机

3.5.8.2 取料机常见故障及处理方法

取料机常见故障及处理方法见表 3 - 9。

表3-9　取料机常见故障及处理方法

故障现象	原　因	处理方法
行走机构大车行走不动	铁轨道直线度、弯曲度、左右高低差跨度未达到技术，造成车轮啃轨或轮压不均	按技术要求调整轨道
	制动器打不开	查找制动器未打开原因，排除故障重新打开
	夹轨器未打开，或打开了但在行走途中脱落自动夹紧	查找夹轨器未打开原因，排除故障重新打开
行走机构减速机异响发热	电动机紧固螺栓松动产生位移	按技术要求重新找正紧固
轴心线不重合	减速机润滑油泵不出油，不能按要求进行润滑	排除故障，保证能润滑
行走立式减速机润滑泵不出油	油稠度高	按要求换油
	油泵进油口处过滤网堵塞	清洗或更换过滤网
	油柱塞泵内泄严重	排除故障，保证能润滑
导料槽堵塞或送料达不到设计要求	作业后积料未清理或清理不彻底	将积料清理干净
	物料水分的质量分数过大	物料水分的质量分数大于14%时要作业
	振动给料器振幅不够位置和角度不好	调整振打电机配重块，使振幅符合要求
回转部位径向定位水平轮磨损，支架变形卡死不转或调整达不到要求（水平轮与门座间隙1.5~2mm）	由于轨道基础沉降不均达不到技术要求，造成回转体上部倾斜，使某个水平轮受力过大，造成卡死或损坏	按要求调整轨道
	水平轮定位未达到技术要求，间隙太小或没有间隙	回转部分安装有四组对称的水平轮，调整定位时是对称的两组同时进行的，请注意水平轮在旋转到下座圈时直径最小处一定要能通过
回转部分摆线针轮与柱锁齿轮啮合时发卡、异响，有根切现象	径向水平轮调整定位不好，间隙太大	将水平轮调整定位，如磨损严重需修复更换
	回转摆线针轮与柱锁磨损严重	将磨损柱锁180°锁换向，更换摆线针轮
	啮合部分润滑差	按需要加油
悬臂胶带驱动部分颤动、异响发热	电机、减速机、传动滚筒的紧固螺丝松动，使它们产生移位，轴心线不能重合	按规定要求（规定其联接部上下左右位移0.15~0.25mm）重新找正固定
	减速机箱体内润滑油不够	需要加油
	制动器未打开	查找原因，排除故障重新打开
悬臂胶带改向滚筒轴承座颤动发热、异响	紧固螺栓松动	紧固螺栓
	轴承座内无润滑脂	按规定加润滑脂
	轴承磨损严重	更换轴承
斗轮体不转动	斗轮吃料过深、超负载，使液力耦合器安全塞冲开，停止转动	液力耦合器重新按规定加油
	斗轮部位力矩限位器弹簧调得过松，半轮负载，力矩限位弹簧中轴轴向移动撞到行程限位开关，使电机断电停转	按需要调紧力矩限位弹簧
斗轮电机、减速机机架180°翻滚事故	力矩限位弹簧轴调整固定螺帽脱落	将螺帽钻孔穿销固定，检查销轴重固定
	固定点的销轴移位或剪切	根据现场情况增加一组安全铰链板

故障现象	原　因	处理方法
变幅机构滑轮不转	钢丝绳掉槽	将掉槽钢丝复位
	滑轮轴承损坏	更换轴承
	滑轮座变形将滑轮卡住	修复滑轮座
变幅机构制动不灵或制动后滑行过长	制动器无动作	查找原因，排除故障
	制动器刹车皮沾油脂或磨损严重	用汽油清洗刹车皮，晾干后安装使用，磨损严重的更换
集中润滑管道端头不出润滑脂	润滑油泵处故障，挤不出油脂	查找原因，进行修复
	润滑脂杂质太多，将干油分配阀堵住	清洗干油分配阀
	未按规定加油，使管道内油脂干燥堵塞	按规定 2~4h 加油一次，加油量以挤出少量轴承座内存油为好
	所有润滑脂太干	一般集中润滑用 3 号锂基润滑脂，冬季打不出油时可加少量机油稀释
液力耦合器（颈端）密封圈破裂漏油	出厂时间长，老化	拆卸更换
	自然磨损	拆卸更换
	电机与减速机高速轴心线偏移过大	按要求重新校正固定

3.5.8.3　堆取料机危害因素辨识

堆取料机危害因素辨识有：

(1) 劳保用品穿戴不齐全或不规范易造成人身伤害；

(2) 作业前人员精神状态差或无互保对子单人作业易发生误伤害；

(3) 楼梯走台栏杆不牢固，上下堆取料机未手扶栏杆，易造成跌倒摔伤；

(4) 巡检通道有散料、油泥、障碍物，或照明亮度不够，易发生跌伤事故；

(5) 单人巡检未落实互保和班中联系制度，安全无保障；

(6) 堆取料机运转中擅自进入悬臂上部平台行走，易造成坠落或机械伤害事故；

(7) 出现小胶带压料等胶带机故障时，不联系、不报告，单人作业，易造成伤害事故。

3.5.8.4　安全操作要求

安全操作要求主要有：

(1) 大风（6 级以上）、浓雾和雨雪太大，能见度不到 51m，不允许开机作业；

(2) 严格按照规定的操作程序和作业标准进行作业；

(3) 取料作业时，操作人员必须有两人以上，一人操作，一人巡视及安全监护，否则严禁开机；

(4) 工作时操作人员必须思想集中，随时观察作业区域内一切情况，出现异常应及时停机，并向主控室报告；

(5) 在处理各类机电故障、清扫电气设备时，应切断电源，严禁带电作业；

(6) 在进行设备清扫时，严禁用水冲洗电气线路及设备；

(7) 在需要快速调车时，堆取料机的前臂架必须回到与轨道平行位置。

复习思考题

3-1　试述 4 种类型铁矿石的烧结特性分别是什么?

3-2　烧结常用的熔剂有哪几种，其性能如何?

3-3　如何鉴别石灰石和白云石?

3-4　烧结厂对入厂固体燃料的质量要求是什么?

3-5　翻车机结构主要可分为哪 4 大部分?

3-6　翻车机传动机构主要由哪些部件组成?

3-7　翻车机转子主要由哪些部件组成?

3-8　四辊破碎机的工作原理及构造是什么?

3-9　影响四辊破碎机产品粒度和生产能力的因素有哪些?

3-10　影响四辊破碎机正常运转的因素有哪些?

3-11　熔剂破碎有几种工艺流程，各有何优缺点?

3-12　锤式破碎机的构造和工作原理是什么?

3-13　影响锤式破碎机效率的因素有哪些?

3-14　提高锤式破碎机破碎能力的措施有哪些?

3-15　影响熔剂筛分效率的因素有哪些?

3-16　如何提高熔剂筛的筛分效率?

3-17　铁料混匀的一般方法是什么?

3-18　影响混匀的因素有哪些?

3-19　烧结原料准备工序主要有哪些设备，其常见故障及处理方法是什么?

3-20　混匀料场的主要作用是什么?

4 配　料

4.1　原料及燃料特性

　　烧结生产使用的原料及燃料主要由含铁原料、熔剂、固体燃料和工业副产品等组成。烧结生产工艺对烧结原料及燃料的化学成分、物理性能有很高的要求，并制定了严格的原料及燃料入厂标准。近年来，随着烧结机不断大型化，自动控制程度不断提高，对原料及燃料的质量要求也越来越高。

　　对于含铁原料，要求铁的质量分数要高，含酸性脉石 SiO_2、Al_2O_3 要低，含有害杂质硫、磷、砷、铅、锌、钾、钠要少，精矿粒度要均匀，粉矿粒度通常不大于 8mm，水分含量不能太大，对各种原料都要求化学成分稳定和粒度均匀一致，波动范围越小越好。

　　对熔剂质量总的要求是：有效成分的质量分数高，酸性氧化物和硫、磷等有害杂质少，粒度和水分适宜。

　　对固体燃料的要求是：固定碳的质量分数高，灰分、挥发分的质量分数低，硫的质量分数低，粒度适宜。

　　烧结原料、燃料及返矿的质量，对烧结生产过程及烧结矿的产量、质量影响很大，因此，必须掌握这些影响烧结生产的主要因素，并在实际工作中合理调控、科学配用，才能生产出强度好、粉末少、粒度均匀、还原性能好、化学成分稳定的烧结矿，为高炉炼铁提供精料。

4.1.1　铁矿石性能对烧结生产的影响

4.1.1.1　品种的影响

　　用于烧结生产的含铁矿物主要有磁铁矿、赤铁矿、褐铁矿和菱铁矿 4 种。不同种类的铁矿石的堆密度、结构、黏结性、湿容量以及软化和熔融特性都是不一样的，因此，它们的烧结性能也就不一样。

　　A　磁铁矿

　　磁铁矿（Fe_3O_4）是一种呈磁性的铁氧化物。由于磁铁矿比较致密、颗粒间有较大的接触面，所以在烧结时生成比较少的液相就可固结成型，它的软化和熔化温度都比赤铁矿低。在烧结过程中会发生氧化反应而放出一定的热量。所以，磁铁矿烧结时，在温度较低和燃料用量较少的情况下，就可以生产出还原性和强度较好的烧结矿。

　　B　赤铁矿

　　赤铁矿（Fe_2O_3）的烧结性能与磁铁矿相近，但它的软化温度较高，在烧结过程中分解是吸热反应，因而在赤铁矿烧结时燃料用量要比磁铁矿多一些。

　　C　褐铁矿

　　褐铁矿（$mFe_2O_3 \cdot nH_2O$）具有结构松散、堆密度小、孔隙度大、表面粗糙等特点，而且含有大量的结晶水、烧损大（10% 左右）、熔点低，褐铁矿烧结时液相有较大的发展，烧结料的收缩容易使烧结矿熔化、孔隙度大、强度不好。

褐铁矿烧结应采取的措施有：

（1）调整燃料用量。

（2）增加混合料的水分，一般比烧结磁铁矿、赤铁矿的混合料水分高 1.5% ~ 2%。

（3）合理控制褐铁矿的配比，如添加部分熔剂、磁铁矿等。

（4）延长点火和保温时间。

（5）适当压料，减少料层的孔隙。

（6）预热烧结料和提高料层厚度。

D　菱铁矿

菱铁矿（$FeCO_3$）烧结性能基本与磁铁矿相似，它在磁化焙烧后具有磁性，但是菱铁矿的铁的质量分数低，一般只有 30% ~ 40%，很少直接用于烧结生产。

4.1.1.2　粒度的影响

矿石粒度对烧结过程的影响主要表现在对烧结料层的透气性方面。矿石粒度越大，则料层透气性越好，但是，矿石粒度过大往往会造成料层透气性过好，以至于部分矿石颗粒在烧结过程中不能加热到熔融黏结的温度，只能以原有形态存在于烧结矿中，降低烧结矿的强度，同时还会造成混合不均匀，布料时产生偏析，使烧结过程进行不均匀，热利用率低，烧结矿中会残留生料，影响烧结矿质量。目前，国内大多数烧结厂规定铁富矿粉的粒度为小于 8mm，对含硫较高的矿粉一般要求粒度要小于 6.3mm。粒度过小，因其亲水性差、成球性差，也影响烧结料层的透气性，导致产量低，严重时会出现烧不透的情况，烧结矿的质量也差。

4.1.1.3　铁矿石中脉石的影响

不同的铁矿石，其脉石成分和质量分数的变化对烧结性能及烧结矿质量也有着不同的影响。在烧结矿碱度一定时，矿石中 SiO_2 的质量分数越高，则添加的熔剂配比也越高；其他有害元素的质量分数（如钾、钠、砷、铅、锌、硫等）较高时，应降低该种原料的配比，保证烧结矿中有害元素的质量分数达到高炉所要求的指标。

4.1.2　熔剂对烧结生产的影响

烧结生产最常用的熔剂主要是碱性熔剂，有石灰石、白云石、生（消）石灰和轻烧菱镁石及轻烧白云石等，也有的烧结厂添加硅砂、蛇纹石等酸性熔剂。加入碱性熔剂，不仅是为了满足高炉冶炼造渣的要求，改善高炉冶炼的技术经济指标，而且对于强化烧结过程，改善液相组成和提高烧结矿的强度起着重要作用。

4.1.2.1　石灰石

随着烧结料中石灰石用量增加，烧结矿的碱度不断提高。石灰石配比增加，则需要更多的热量进行分解，但同时碱度提高可以生成更多的低熔点矿物，降低烧结温度水平。在一定范围内，由于石灰石量的增加，混合料的堆密度和烧成率都降低，垂直烧结速度提高。

为了保证石灰石在烧结过程中得到充分地分解，并且使氧化钙与矿石的矿化程度更完全，不在烧结矿中留下"白点"，所以要求石灰石中不超过 3mm 粒级的含量控制在 90% 以上。

4.1.2.2　白云石

白云石的主要成分是 $MgCO_3$ 和 $CaCO_3$。在烧结过程中，$MgCO_3$ 分解成为 MgO 和 CO_2。MgO

将形成钙镁橄榄石、镁蔷薇辉石及镁橄榄石、黄长石等黏结相矿物而进入烧结矿，这些矿物不仅可以增强烧结矿的强度，提高还原性，而且对 $\beta - 2CaO \cdot SiO_2$ 有稳定作用，明显地减少自熔性烧结矿的粉化现象。当然，烧结矿中的 MgO 的质量分数过高反而会影响烧结矿的强度，要根据烧结矿不同的碱度来确定适宜的 MgO 的质量分数。对白云石的粒度要求与石灰石相同。

采用轻烧菱镁石，因其 MgO 的质量分数高，对调整烧结矿 MgO 的质量分数作用明显，且能减少熔剂配比，增加铁料配比，有利于提高烧结矿品位。

4.1.2.3　生（消）石灰

国内烧结厂较为普遍地采用生石灰和消石灰作为黏结剂。

生石灰吸水消化后，呈粒度极细的消石灰 $Ca(OH)_2$ 胶体颗粒，其平均比表面积比消化前的比表面积增大近 100 倍。由于这些广泛分散于混合料内的 $Ca(OH)_2$ 具有很强的亲水性，因此，使矿石颗粒与消石灰颗粒靠近，并产生必要的毛细力，把矿石等物料颗粒联系起来形成小球。含有 $Ca(OH)_2$ 的小球，可以吸附和持有大量的水分而不失去物料的疏散性和透气性，即可增大混合料的最大湿容量。

同时，由于胶体颗粒持有水分的能力强，受热时水分蒸发不如单纯的铁矿物料那样猛烈，热稳定性好，料球不易炸裂。这也是加消石灰后料层透气性提高的原因之一。

如果混合料中添加部分生石灰时，由于生石灰在遇水过程中被消化，放出大量的消化热。其反应为：

$$CaO + H_2O \longrightarrow Ca(OH)_2$$
$$\Delta H_r^{\ominus} = +64.9kJ/mol$$

生石灰消化放热可提高混合料温度，能减少过湿层的影响，从而提高烧结料层的透气性。

应该指出，添加生石灰或消石灰对烧结过程有利，是提高烧结矿产量的强化措施之一，但是根据原料性质的不同，添加量必须适当。因为用量过多除了不经济外，还会使物料过分疏松，混合料堆密度降低，物料球粒强度反而变坏。另外，添加生石灰时，其粒度最好小于 3mm，尽量做到在烧结点火前充分消化，能在一次混合机内松散开，得到完全消化更好。否则，残留的生石灰颗粒不但起不到制粒黏结剂作用，而且在烧结过程中吸水消化产生较大的体积膨胀，很容易使料球破坏，反而使料层透气性变差。

4.1.3　固体燃料对烧结生产的影响

在烧结生产过程中，固体燃料是提供必要高温的源泉，因而燃料的用量、粒度及其性质对烧结过程都是非常重要的，它将直接影响到烧结矿的产量、质量和能耗指标。烧结固体燃料燃烧是属于固相与气相之间的多相变化，这种类型的反应可以概括为 5 个连续的步骤：

（1）气体分子扩散到固体碳的表面；

（2）气体分子被固体碳表面所吸附；

（3）被吸附的气体分子和碳发生化学反应，形成中间产物；

（4）中间产物断裂，形成反应产物气体，并被吸附在碳的表面；

（5）反应产物气体脱离，并向气相扩散跑掉。

多相反应时的燃烧过程是在可燃物表面进行，其反应速度主要取决于化学反应速度和扩散速度。这 5 个连续步骤不断循环进行，最终使固体燃料燃烧完毕。

4.1.3.1　燃料用量的影响

适宜的燃料用量应保证所获得的烧结矿具有足够的强度和良好的还原性，过多或过少均产生不利影响。一般来说，燃料用量过少时，烧结达不到必要的高温，液相生成少，烧结矿强度差，烧结成品率低，返矿量增加；燃料用量过多时，烧结温度过高，还原性气氛强，则烧结矿过熔，还原性差，导致燃烧带变宽，料层阻力增大，垂直烧结速度下降，烧结生产率降低。

此外，燃料用量对液相黏结物的形态及矿物结晶程度有直接影响。混合料碳的质量分数低时，磁铁矿的结晶程度差，主要黏结物为玻璃质，孔洞多，烧结矿强度差。随着碳的质量分数的增加，磁铁矿的结晶程度提高，生成大粒结晶，液相黏结物以钙铁橄榄石代替了玻璃质，孔洞减少，强度趋于好转，但烧结矿还原性下降。

4.1.3.2　燃料粒度的影响

一般来说，燃料粒度大，燃烧速度会慢一些；反之，燃料粒度过小，燃烧速度则过快。理论研究和生产实践证明，燃料粒度应控制在 0.5～3mm 范围为宜，过大或过小均会对烧结过程产生不利影响，主要表现在以下几个方面：

（1）燃料粒度过大，燃烧带变宽；燃料在料层中分布不均匀，产生布料偏析；粗粒燃料周围产生浓还原气氛。

（2）燃料粒度过小，燃烧速度过快；堵塞气流通道，料层透气性变差；固体燃料用量增加；不易产生高温或高温时间停留太短。

烧结工艺对燃料粒度的要求是：焦粉粒度不超过 3mm 的占 75% 以上；无烟煤粒度可以适当放粗，为了防止过于粉碎，要求粒度不超过 3mm 的部分为 65%～80%。

4.1.3.3　燃料种类的影响

烧结使用的固体燃料主要是焦粉和无烟煤。一般来说，燃料要求固定碳的质量分数高，灰分低，挥发分低，含硫低，燃烧的反应性能好。无烟煤与焦粉相比，孔隙率小得多，对烧结料层透气性不利，同时无烟煤反应性较差，导致垂直烧结速度下降，因此，对烧结生产来说，焦粉比无烟煤要更好一些。

4.1.4　返矿对烧结生产的影响

4.1.4.1　返矿数量

返矿包括烧结矿整粒系统产生的返矿和高炉沟下返矿。在混合料中加入适当量的返矿对提高烧结矿的产量和质量具有重要的意义。

一般来说，烧结生产中应保持返矿平衡，即新生的返矿量与配入混合料中所消耗的返矿量应基本相等。返矿量太多，说明烧结生产过程波动大，烧结成品率低，当加大返矿配用量时，又对烧结生产的稳定造成冲击，同时造成水分、燃料的波动，形成恶性循环；返矿量太少，对烧结生产也不利。试验表明，适宜的返矿配比应在 30% 左右。

4.1.4.2　返矿质量

返矿质量对烧结过程的影响主要表现在返矿粒度和碳的质量分数上。

A　返矿粒度

返矿粒度小于 0.5mm 和大于 5mm 颗粒增多，对烧结过程没有益处，因为小于 0.5mm 的颗粒中含有大量未烧结的生料，粒度细、透气性差，对烧结不利，而大于 5mm 的颗粒增多，容易造成混合料熔融，烧结不均匀，因而烧结矿组成也不均匀，使烧结矿强度变差。

B　返矿中碳的质量分数

由于返矿中残留有固定碳，因此返矿数量和质量的变化，不可避免将引起烧结混合料中水分和固定碳含量的波动。返矿中残碳的质量分数升高，说明返矿中生料增多，没有烧透，会使混合料的碳的质量分数波动变大，所以，造好返矿，降低返矿中固定碳的质量分数对烧结生产十分有利。

4.2　烧结配料

4.2.1　配料的目的、方法和要求

4.2.1.1　目的和意义

配料工序是烧结生产中的重要工序之一。在烧结生产过程中使用的原料种类繁多，且物理化学性质差异也很大，为使烧结矿的物理性能和化学成分稳定，符合高炉冶炼要求，同时，使烧结料具有良好的透气性以获得较高的烧结生产率，必须把不同成分及规格的含铁原料、熔剂和燃料等根据烧结过程的要求和烧结矿质量的要求进行精确配料。配料就是根据烧结矿的技术标准和原料的物理化学成分，将各种含铁原料、熔剂和燃料按一定的比例进行配合。

烧结生产实践表明，配料发生偏差是影响烧结过程正常进行和烧结矿产量和质量的一个重要因素。如固体燃料配入量波动 ±0.2%，就会影响烧结矿的还原性和强度；烧结矿的铁的质量分数每波动 1%，就会造成高炉炉温的波动，导致高炉炉况不顺，轻者会使高炉冶炼过程失常、焦比上升、生铁产量和质量下降，重者则会引起高炉炉内崩料和悬料等事故。因此，精确的配料比、配料操作和调整，对烧结生产和高炉生产影响极大。所以，各国烧结厂都十分重视烧结矿化学成分的稳定。如国内 TFe 的质量分数波动为 ±0.5%、碱度 $w(CaO)/w(SiO_2)$ 的波动为 ±(0.05 ~ 0.08)、FeO 的质量分数波动为 ±0.5%，国外要求更高，在日本，TFe 的质量分数波动为 ±(0.1% ~ 0.3%)、碱度 $w(CaO)/w(SiO_2)$ 的波动为 ±0.03、FeO 的质量分数波动为 ±0.1%、SiO_2 的质量分数波动为 ±0.2%。

4.2.1.2　配料方法

目前，我国普遍采用的配料方法有容积配料法和重量配料法。

A　容积配料法

容积配料法是根据物料具有一定的堆密度，借助给料设备对物料的容积进行控制以达到混合料所要求的添加比例的一种配料方法。它是通过调节圆盘给料机闸门或圆盘的转速控制料流的体积，即物料的质量。目前国内这种配料方法在一些小型烧结厂中仍被采用。

这种配料方法的优点是设备简单、操作方便。由于物料的堆密度受物料的粒度、孔隙度、矿槽存料量以及物料水分的影响，所以尽管给料机闸门的开口度不变、圆盘的转速不变，下料量也会随时发生变化，易造成配料的误差。

为了提高容积法配料的精度，在长期生产实践中摸索出容积配料、重量检查的操作方法，弥补了容积配料误差大的不足。即用一个 0.5m 长的长方形称料盘，在圆盘给料前放置在胶带运输机上，在称料盘经过圆盘下料点时，截取胶带上 0.5m 长的下料量，然后从胶带上取下进行称量，如果超出误差范围，就应对闸门开口度或给料机转速进行调整，反复称量，直至与应配的重量相符。

总之，容积配料法的局限性在于它是依靠调节阀门开口度的大小来调节料流量，受各种因

素影响较大，配料不够准确，配料精度不高。

　　B　重量配料法

　　重量配料法是按物料的重量进行配料的一种方法，通常称为连续重量配料法。

　　重量配料法是借助电子皮带秤和定量给料自动调节系统来实现自动配料的。电子皮带秤给出称量胶带的瞬时给料量信号，给料机根据设定值和电子皮带秤测量值的偏差，自动调节圆盘转速以达到设定的给料量。

　　电子皮带秤主要由秤架、称重传感器、测速传感器和显示仪表组成。

　　目前，配料皮带秤的负荷在量程的 20% ~105% 范围内时，最大配料误差仅为设定值的 1%。因此，为了稳定烧结过程，改善烧结矿质量，采用电子皮带秤进行自动配料是十分有效的。

　　自动配料是对配料全过程实行自动控制的一种配料方法。自动配料对配料槽位、圆盘给料量、配料总量、混合料槽位实行自动控制，实现物料平衡。人工设定配比后，计算机和电子仪表根据各种物料的设定配比及总上料量计算出各种物料的设定下料量，将电子皮带秤称得的物料下料量与其设定值进行比较，用比较结果来调节圆盘给料机或小皮带的转速，直到下料量达到设定值，这样就使所有的圆盘都自动按照预先设定的配料比例下料，从而实现自动化配料。

　　自动配料实现了配料工序的自动控制，提高了配料精确性，稳定了烧结生产过程及烧结矿化学成分，且减轻了配料工劳动强度，提高了劳动生产率，国内的大、中型烧结厂普遍采用。实践表明，自动配料对稳定烧结过程、改善烧结矿质量，为高炉提供优质原料是十分有效的途径，是配料工序技术进步的方向。

　　在国外，有的烧结厂采用了更先进的按原料化学成分配料的方法，即用 X 射线荧光分析仪分析混合料中的各种化学成分，并且通过电子计算机控制混合料化学成分的波动，从而使烧结矿的化学成分更趋稳定，配料精确度达到理想状态。

4.2.2　影响配料精度的因素

　　配料质量的好坏直接影响到烧结矿的产量和质量。配料工要能准确地计算配料比，根据现场原料条件的变化情况、配料设备运转状况、其他因素影响，采取相应的措施，确保下料量准确，使烧结矿质量满足技术标准的要求；当烧结矿质量不合格时，能正确地分析产生波动的原因，并结合原料烧结性能及时调整，从而达到优质、高产、低耗的目的。

　　影响配料精确性的因素有很多，只有在了解和掌握了各种影响因素的基础上，通过勤观察、勤称料、勤联系、勤分析、勤调整，才能达到较理想的效果。影响配料精确性的因素主要有以下几个方面。

4.2.2.1　原料变化

　　A　化学成分变化

　　由于建立了大型中和混匀料场，原料的化学成分在一段时间内应该是相对稳定的，基本上控制在允许波动范围内。因此，这时配料计算和配料比不会有较大调整，重点在保证下料量的准确。

　　然而，在混匀料堆变堆时或因某种原因造成混料，原料的化学成分就会波动较大，此时，如果仍按原设定的配料比进行配料操作，就会对配料质量产生较大影响，致使生产出来的烧结

矿中 $w(\text{TFe})$、R_0 等指标达不到技术标准，严重时还会产生废品。

判断原料化学成分变化最好的办法是由质检部门做出科学的检验，但原料分析结果滞后，而原料的化学成分也能通过一些物理性状表现出来，此时就需要观察物料的颜色、光泽、质量、粒度的变化，及时发现和判断物料化学成分的变化，采取必要的措施，减少对配料精度的影响。

下面介绍几种简单判断原料化学成分的方法：

(1) 精矿。颜色深、手感重、粒度细，其铁的质量分数就高，CaO 和 SiO_2 的质量分数则相应低些。精矿粒度太细，不易分辨，可用拇指和食指捏一小撮反复揉搓，分辨出粒度粗细。

(2) 粉矿。粉矿有较多的不同颜色，主要取决于矿种，以磁铁矿为主的粉矿颜色相对要深，以赤铁矿为主的颜色呈暗红色，以褐铁矿为主的矿粉通常又比赤铁矿颜色深一些。颜色深、手感重、有光泽，铁的质量分数则高，SiO_2 的质量分数相对低些。抓一把粉矿置于手掌中，上下掂动，可以感觉其重量。

(3) 熔剂。白云石颜色泛红，石灰石颜色泛青色。石灰石颗粒中颜色呈灰白色的越多，CaO 的质量分数就越高。可直接观察，也可用水冲洗后观察。

(4) 燃料。无烟煤通过外观的光泽度及重量可进行判断。一般当光泽度高、重量轻时，则固定碳的质量分数高；反之，固定碳的质量分数低。

判断原料化学成分的准确性，在平时的操作中积累经验，经验越丰富，判断的准确度就越高。为了帮助提高判断水平，应坚持岗位练兵，在每次质检取原料样的同时，对所取料进行判断，然后与化验结果进行比对，检验自己的判断能力。

如果是因为混料而造成原料化学成分波动，可以从圆盘的出料颜色辨认，物料的颜色深浅不一，很容易发现。此时，必须停配该圆盘的物料而改配同一品种其他圆盘的物料，并及时查明混料原因报告有关部门，再根据混料的情况，以较小的配比与同种物料一起配用，使混料的影响降到最低。

在配用同类原料品种较多时，即使原料的成分波动小，但有几个品种的成分波动同时处于上限或下限时，也会影响到配料的精度。因此，根据原料成分变化，及时验算和调整配比是十分必要的。

B　粒度变化

原料粒度波动，一是造成原料的堆密度变化，二是导致原料化学成分的波动，两者都会影响配料精度。出现原料粒度波动时，必须对配比进行重新调整。

C　水分变化

原料水分的波动，会使原料堆密度发生变化，导致配料产生偏差，同时，水分的变化也会影响圆盘下料的均匀性，使配料的准确性变差。一般来说，原料水分降低时，实际配料原料量增加；原料水分增加时，实际配给原料量减少；如果水分过大时，往往会导致原料在圆盘中"打滑"而下料不畅，影响称量精度。

4.2.2.2　设备状况

影响配料精度的设备主要是圆盘给料机和电子皮带秤。圆盘给料机水平度和粗糙度、电子秤的精度等都会影响配料精度。

A　圆盘给料机水平度

圆盘给料机的盘面安装不平时，就会使盘面下料不均匀，有的地方下料多，有的地方下料少，其结果是称料不准确，实际下料量与要求的配比不相符，影响配料精确性，导致烧结矿的化学成分波动。

B 圆盘给料机盘面粗糙度

物料是在圆盘转动时带动给出的，这就要求物料与盘面之间必须保持一定的摩擦系数，物料才会随盘面转动被刮刀卸下。如果圆盘盘面光滑，由于物料与盘面之间的摩擦系数小，就会出现圆盘与物料打滑，造成下料时多时少，影响配料精确性。特别在物料水分大时，摩擦系数更小，导致下料时有时无，对配料的影响更为严重。对此，要求检修人员更换盘面或在盘面上加焊筋条，增加盘面的粗糙度，避免出现物料在盘面上打滑的现象。

C 电子皮带秤精度

电子皮带秤既是运输设备，更是称量设备，要求精度较高，在日常操作中必须加强检查和维护，及时清除胶带表面、托辊、秤架上的粘料，定期校秤，才能保证配料的精确性。

D 设备完好状况

一般来说，设备完好，其下料准确。长期失修的设备，因其磨损严重或转动时有颤动现象，就会使下料量时多时少，不断变化，导致配料不精确，这样的设备必须检修后再使用，如果闸门、刮刀、锥套、小套严重磨损时，下料量难以控制，必须及时更换。

4.2.2.3 操作因素

A 矿槽压力

矿槽的压力是由矿槽中物料的多少决定的。随着物料的使用，矿槽的物料逐渐减少，矿槽的压力也逐渐下降，在圆盘转速不变的情况下，物料的给出量也相应减少，从而影响配料的精度。其中也有例外，如粉矿、石灰石、煤粉等有一定粒度的原、燃料，在矿槽压力很小时，在圆盘转速不变的情况下，下料量反而逐渐增大，这是因为矿槽在进料时，物料呈自然堆积状态，必定会产生偏析，颗粒大的物料会自然落到四周槽壁处。根据物料在矿槽内运动的原理，这些颗粒大的物料会最后到达出料口。因此，在矿槽压力很小时，下料量会因粒度的改变反而增大，这是在配料操作中应注意的现象。

配料工在配料操作时，必须与矿槽工人保持密切联系，在矿槽物料减少到一定程度时就应及时上料，并经常捅干净槽壁四周的粘料，以保持矿槽压力相对稳定。另一方面，要经常注意矿槽内物料量的变化，一旦矿槽压力减小到一定程度，应及时倒换其他配料矿槽。

B 大块物料及杂物

原料中的大块物料及杂物进入配料矿槽后，会将圆盘闸门局部或全部堵塞，或是大块物料及杂物卡在圆盘刮刀下，就会使圆盘下料量不准，甚至完全不下料。明显的堵塞容易发现，而局部看不见的堵塞则容易被忽视，它往往会严重地影响配料的精度，因此，在配料操作中，这一问题成为配料工巡检的重点。

圆盘闸门或刮刀卡有大块物料或杂物时，虽然不易发觉，但它会有一些征兆，如圆盘出料口处的物料下料不平衡，呈高低起伏或上下翻腾现象，据此就可判断出料口局部被堵塞或刮刀卡有杂物，这时就应及时停机，同时倒换另一矿槽。

C 圆盘给料量过小或过大

圆盘给料量过小，会因其闸门的开口度太小，物料挤在闸门出料口处出不来或时大时小，且极易被杂物堵塞，影响配料的精度。反之，圆盘下料量过大，会因其闸门开口度过大，物料从圆盘内套下料不及时，使闸门出料口处的料时多时少，也会影响配料的精度，此时应采取用两个同料种的圆盘同时给料的方法，避免单个圆盘下料量过大的影响。

D 操作水平

配料的精度与操作人员的操作水平有着密不可分的关系。操作人员对原料条件和设备状况比较了解，就能够根据料流的大小、原料的颜色、光泽、粒度、水分等，及时掌握原料变化情况，依据这些变化来分析、调整、消除不利因素，保证配料比和给料量的准确性。因此，配料操作人员应注意观察、研究和分析，积累经验，提高配料操作技术，在自动配料条件下，更要结合计算机自动控制配料系统的特点，做到"一准、二比、三勤"。

一准：按照设定值，保证过程变量准确控制在误差范围内。

二比：按设定配比计算的结果与化验结果相比，将设定值与秤的显示值相比。

三勤：勤观察、勤计算、勤联系。

4.2.3 自动配料

自动配料技术即应用计算机和电子仪表根据各种物料的设定配料比及总给料量，计算出各种物料的设定给料量，将电子皮带秤称得的物料给料量与其设定值进行比较，根据比较结果来调节圆盘给料机或小皮带的转速，直到给料量达到设定值，这样使所有的圆盘都按照预先设定的配料比准确给料。

假定某烧结厂使用的原料有精矿、粉矿、石灰石、生石灰、返矿、煤粉，配料系统的自动控制一般分以下几个步骤。

4.2.3.1 配料比计算

在过程监控系统上输入各种原料的化学成分的质量分数（包括 TFe、CaO、MgO、SiO_2、H_2O 的质量分数和烧损等）、烧结矿指标（TFe、CaO、SiO_2 的质量分数等）及人工设定的熔剂、返矿、燃料配比，计算机将进行运算，得到各种原、燃料的计算配比。

4.2.3.2 配料比设定

操作人员参考计算配比输入设定配比，设定配比经人工确认及合理性检查后方为有效。

4.2.3.3 配料比合理性检查

进行配料比合理性检查是非常必要的，检查规则为：

（1）各种原料配比之和为100%。

（2）每种原料配比不小于0。

若检查出不符合规则，则在显示器上显示出错信息。

4.2.3.4 指标校验

如果设定配比通过合理性检查，即根据输入的各种原料的化学成分的质量分数及设定配比，计算出烧结矿指标 $w(\text{Fe})$、$w(\text{MgO})$、R_0 显示出来。否则，烧结矿验算指标显示保持不变。

所使用的自动配料软件不同，操作方法也不同。有的厂家使用新版软件，操作者只需将原、燃料和返矿及烧结矿化学成分输入，再输入返矿配比后，计算机将会进行运算，得出原料配比，并输出到下位机，执行该配比，按配料总量准确配料。

4.2.3.5 配合系数

配合系数是指各个圆盘的给料量对于总给料量的比例系数，是根据各个圆盘的选槽信号及采用配比求出的。

同一品种物料采用多个圆盘时，配合比一般为均分。

$$某圆盘配合系数 = 该原料采用配比 \times 该圆盘分配比$$

由于工作槽变更随时可能发生，因此程序每次都进行配合系数的计算。

4.2.3.6　排料量控制

A　控制方式

由于选用的 CFW 的二次仪表具有积算和 PI 调节功能，因此有两种控制方式：由 DCS 进行 PI 控制、由 DCS 进行设定值控制。

B　排料量设定

$$总干料量 = 综合输送量 \times （1 - 二次混合出口设定水分率）$$

$$某原料排料量 = \frac{总干料量 \times 该原料的配比}{1 - 该原料的水分率}$$

$$某圆盘排料量 = 该原料排料量 \times 该圆盘分配比$$

由于圆盘空间位置不同，所以设定值必须进行跟踪处理，且根据位置不同应有一定延时，以使各种原料配比保持一致。

C　排料量累积偏差

在排料控制过程中，排料量测量值与排料量设定值之偏差进行累积，超过一定极限时进行报警。

累积偏差可通过"累积偏差复位"键，对所选"累积偏差复位圆盘号"圆盘进行复位。生产过程停止时停止偏差累积，保持原值不变。

D　负荷率

CFC - 100 发出"负荷率异常"信号给 DCS 进行报警，DCS 对负荷率进行检查，超过极限值时，发出高（大于 120）、低（小于 80）报警信号；当负荷率过低时，自动启动"空气炮"，打通排料口，使排料复原。

E　速度下限

CFC - 100 发出"速度下限"信号给 DCS 进行报警，同时，CFC - 100 的配套信号系统已停 CFW，给出换槽信号。

4.2.3.7　槽变更的演算处理

当某个储矿槽在运行中由于无料等原因，需变更到另一个储矿槽运行时，就必须进行槽变更处理。

A　按照配合比进行槽变更判别处理

根据料位、负荷率、累积偏差、控制异常、速度下限等信息，由 PLC 程序决定槽变更。

B　槽变更时的处理

槽变更时各物料的合计配合比不变，不进行配合比合理性检查，此时一般也不进行配合系数计算，将被更换槽的配合系数自动置为"0"，而新的工作槽的配合系数则自动写为被变更槽原来的配合系数数值。但特殊情况除外，如返矿槽工作槽数量发生变化、生石灰槽螺旋秤工作槽数量发生变化时，要重新进行配合系数的计算。此时，合计配合比不变，但各槽配合比发生变化，其他同一种物料采用多台 CFW 时，配合比均分。

4.3 配料设备

配料设备不仅要求给料稳定、便于调节，而且要求计量准确。配料设备有圆盘给料机、螺旋给料机、电子皮带秤等。

4.3.1 圆盘给料机

圆盘给料机具有给料粒度范围大（0~50mm）、给料均匀准确、运转平衡可靠、便于调节和维修方便等特点，适用于精矿、粉矿、熔剂、煤粉等原料的供给，国内烧结厂广泛采用。

4.3.1.1 圆盘给料机的结构

圆盘给料机由传动装置、圆盘、给料套筒、调节排料量的闸门和刮刀、润滑系统和电控系统组成，其结构如图 4-1 所示。

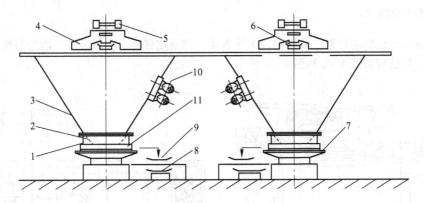

图 4-1 配料室圆盘给料机的配料示意图
1—大套；2—锥套；3—矿槽；4—进料漏斗；5—可移动式卸料小车；6—胶带运输机；
7—圆盘给料机；8—主胶带；9—电子皮带秤；10—振动器；11—小套

4.3.1.2 圆盘给料机的工作原理

电动机通过卧、立式减速机带动圆盘旋转，圆盘转动时，料仓内的物料随着圆盘的转动向出料口方向移动，经闸门排出套筒外，在刮刀的作用下，物料卸在称量胶带上，物料排出量的大小可用圆盘的转速和调节闸门开口度来控制。

闸门和刮刀安装在给料套筒上，圆形的套筒内还焊有一个锥套，它的作用是将套筒内的一部分物料托起，以防止整个盘面被物料压结；在套筒和盘面之间还安装有一圈弧形圆板，俗称"小套"，其作用是防止物料从套筒与盘面之间的缝隙中挤出；在盘面上还焊有筋条，正常运转时，筋条之间填满物料，既避免了物料直接摩擦盘面，延长了盘面的使用寿命，又增加了盘面的粗糙度。

4.3.1.3 圆盘给料机的操作及维护

使用圆盘给料机进行配料时，为了使圆盘给料机运转正常，又能准确地进行配料，在操作和维修中应注意以下几点：

（1）在安装圆盘给料机时，要保证圆盘中心与料仓中心线重合在同一垂线上，圆盘盘面保持水平，套筒和小套的调整距应符合技术要求，刮刀不能直接触及盘面。

（2）套筒应保持底边与圆盘盘面平行，否则物料会偏向一侧，给料量会波动。

（3）原料水分变化对圆盘给料机给料量影响较大。在原料水分异常时，操作者应采取相应的措施。

（4）原料粒度变化也会对圆盘给料机的给料量造成很大影响，巡检中一旦发现原料粒度异常，应立即进行称量检查和调整。

（5）圆盘给料机进行配料时，要保持矿槽料位稳定在50%～80%，在这个区间内，给料量相对稳定。

（6）圆盘给料机的盘面在运转一段时间后会因磨损而变光滑，有时还会局部产生凹坑，影响给料的准确性，应及时联系处理。

（7）在巡检中，应注意检查立、卧式减速机油位，保持润滑油干净，发现问题应及时反馈。

4.3.2　螺旋给料机

螺旋给料机由传动装置、插板阀、螺旋本体、称量皮带秤、称量装置、润滑系统、电控系统等组成，其结构如图4-2和图4-3所示。

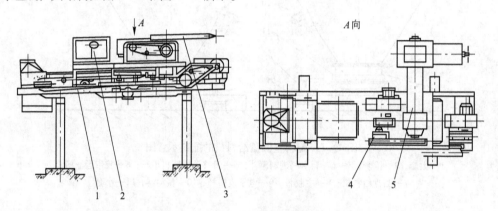

图4-2　螺旋给料机示意图

1—称量胶带机；2—称量装置；3—插板阀；4—传动装置；5—螺旋本体

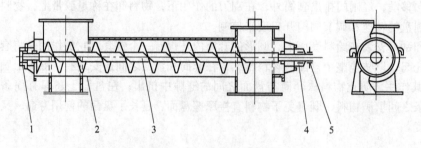

图4-3　螺旋本体示意图

1，4—轴承；2—箱体；3—螺旋体；5—链轮

螺旋给料机直接从料仓底部出口接料，由带有螺旋状叶片的转轴在箱体内旋转，带动物料向前运行，通过调节螺旋的转速改变输送量。转速越快，输送量越大；转速越慢，则输送量越

小。输出的物料卸入称量胶带机，通过计算和反馈，自动调节螺旋和胶带机的转速，达到自动定量给料的目的。

螺旋给料机密封性能好，一般适用于配比小、扬尘大的粉状细粒物料，如生石灰、轻烧白云石、轻烧菱镁石等。

4.3.3 电子皮带秤

4.3.3.1 电子皮带秤的系统构成及性能

电子皮带秤主要由胶带秤架、传感器、变送器、测速传感器、变频调速器、多功能控制器和 PLC 及上位机组成，系统构成如图 4-4 所示。

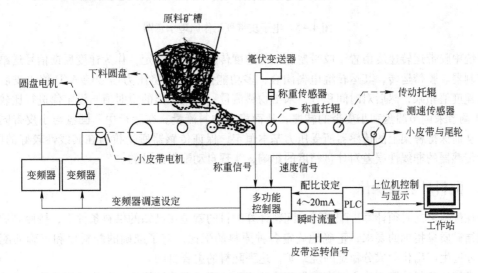

图 4-4　电子皮带秤的系统示意图

电子皮带秤适用于输送固体散状物料计量，直接称量胶带机的瞬时送料量和累计物料总量，并能进行输料量的自动调节，实现自动给料。它不但具有计量准确、反应快、灵敏度高、体积小等优点，还具有运行平稳、结构简单、维护方便、经久耐用，便于实现自动配料等特性。国内大、中型烧结厂普遍把电子皮带秤和圆盘给料机一并使用。

4.3.3.2 电子皮带秤的工作原理

电子皮带秤的工作原理是：运输的散状物料经传感器，产生单位长度物料质量的压差信号，该模拟信号被 MIPS 多功能控制器转换为数字信号，并按预定的数学模型及有关设定参数计算出物料流量，仪表将测得的瞬间流量与设定值进行比较，根据偏差进行数字 PI 调节，经过 D/A 输出电信号来控制圆盘或胶带机的转速，直至达到设定下料量。工作原理如图 4-5 所示。

4.3.3.3 电子皮带秤自动配料过程

图 4-4 所示为电子皮带秤最常用的一种配置方式，由置于皮带秤秤架旁的毫伏变送器向称重传感器提供高精度 10mV DC 电源信号，经拉力传感器产生 0~20mV（或 0~30mV）差压信号，毫伏变送器将此拉力信号转换成 4~20mA 标准电流信号送给多功能控制器进行处理，

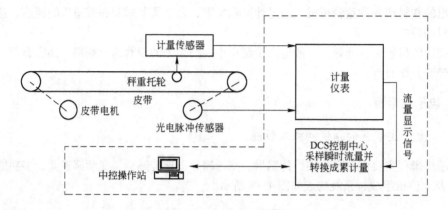

图 4-5　电子皮带秤工作原理示意图

在系统中胶带运转速度由置于胶带尾轮上的速度传感器直接测定,作为速度反馈信号送给多功能控制器。胶带运转,其运转继电器闭合,多功能控制器便将压力信号的 A/D 值去皮后与预置的速度值相乘,然后对时间积分,求出物料流量,并将求出的瞬时值与设定值进行比较,通过 PI 调节来调节圆盘和小皮带的转速,从而稳定物料流量。在运行中,圆盘与小皮带同步调整,从而保持秤架上的传感器所受压力基本恒定,保证传感器所受拉力在其线性较好的区域,减少传感器的非线性误差对计量精度的影响,实现自动配料的目的。

4.4　配料计算及操作

在配料之前必须计算出配料比。配料计算的目的就是在已知的供料条件下,按照高炉冶炼对烧结矿质量指标的要求,正确地确定各种原料的配比,有了准确的配料比和正确的配料操作,才能生产出化学成分稳定的烧结矿,达到配料的主要目的。

常用的配料计算方法主要有简易理论计算法、现场经验计算法、单烧计算法等,这些计算方法各有特点,在实践中可根据实际用途和对计算要求的精确程度来选择,下面介绍这几种配料计算方法的基本特点。

4.4.1　简易理论计算法

简易理论计算法的基本特点是:根据"物质守恒"原理,按照对烧结矿主要化学成分的要求,列出相应的平衡方程式,然后求解。也就是按生产单位质量烧结矿所需要各种烧结原料的比例计算,并通过计算各种原料进入烧结矿中的绝对质量,最后求得烧结矿的成分。简易理论计算法可以对烧结配料进行较为精确的计算,其缺点是计算过程相对比较复杂,难以在生产现场使用。

进行简易理论计算之前,必须掌握下列数据:

(1) 计算所使用的含铁原料、熔剂、燃料要有准确的化学全分析,其中,各化合物的质量分数要调整为百分数。

(2) 有烧结试验或生产实践所提供的有关经验数据(如燃料配比和烧结脱硫率等)。

(3) 烧结矿的技术规格。

根据上述参数和原料条件及要求可分别列出下列方程式。

按 Fe 的平衡列方程 (以单位质量的烧结矿计算):

$$w(\mathrm{Fe})_{烧} = \sum \left[w(\mathrm{Fe}_i) \times i \right]$$

按 FeO 的平衡列方程：

$$\sum (a_i \times i) - 1 = 1/9 \left[w(FeO)_{烧} - \sum (w(FeO_i) \times i) \right]$$

按碱度平衡列方程：

$$R_{烧} \times \sum (w(SiO_{2i}) \times i) = \sum (w(CaO_i) \times i)$$

按 MgO 平衡列方程：

$$w(MgO)_{烧} = \sum (w(MgO_i) \times i) \tag{4-1}$$

式中　　　$w(Fe)_{烧}$，$w(FeO)_{烧}$，$w(MgO)_{烧}$——分别为烧结矿中规定的 Fe、FeO 和 MgO 的质量
分数；

$R_{烧}$——烧结矿规定的碱度；

i——单位质量烧结矿的原料用量（如铁矿粉、石灰
石、白云石及燃料等）；

$w(Fe_i)$，$w(CaO_i)$，$w(SiO_{2i})$，$w(FeO_i)$——分别为各原料中相应成分的质量分数；

a_i——各有关原料的残存量（不包括还原和氧化而引
起的氧的变化的残存量）。

列出的方程式数应与要求解的未知数相等，为了简化计算，有些原料的用量可根据经验或
简单的计算预先确定（如燃料、白云石以及配用量较小的原料品种的用量）。

4.4.2　现场经验计算法

现场经验计算法也称验算法。这种配料计算方法的基本特点是，首先根据原燃料的化学成
分和烧结矿的技术规格，根据积累的生产经验及有关的配料资料，初步设定使用各种原燃料的
配比，然后根据设定的配比按步骤进行计算，看计算的结果是否符合烧结矿的技术规格。如符
合要求，说明设定的配比准确，可供配料生产使用；如不符合要求，则需在原设定配比的基础
上进行适当的调整再进行计算，直至计算结果符合烧结矿技术规格的要求。这种先设定配比后
进行计算的方法，称为现场经验计算法。

现场经验计算法的优点是计算方法简单实用，适合于现场配料工使用。通常配料工用普通
的计算器 5min 内就可完成整个计算过程，大大缩短了调整配比所需的时间，使配料生产更加
主动。目前，这种方法被配料工广泛采用。

在配料计算前，必须掌握以下数据：

（1）各种原、燃料的有关物理性能与化学成分。

（2）烧结矿的技术规格。

（3）返矿的循环量。

（4）原料的储存量与供应量。

具备上述条件，便可以进行配料计算。

4.4.2.1　现场经验计算法的计算步骤

A　确定配料比

根据各种原料的供应计划、原燃料化学成分和烧结矿的技术规格，凭借丰富的配料经验或
有关的配料资料初步设定一个配料比。

B　相关参数计算

按照下列方法计算出原料的干料量、烧成量和各种原料带入的各种化学成分在烧结矿中的
百分比含量。

（1）干料量的计算：

　　　某原料的干料量 = 该原料的配料比 × （1 - 该原料中 H_2O 的质量分数）

（2）烧成量的计算：

　　　某原料的烧成量 = 该原料的干料量 × （1 - 该原料烧损）

　　　烧成量 = 各种原料的烧成量之和

（3）各种原料的各种化学成分的百分含量的计算：

$$w(TFe) = 某种原料干料量 × 该原料中铁的质量分数$$
$$w(SiO_2) = 某种原料干料量 × 该原料中 SiO_2 的质量分数$$
$$w(CaO) = 某种原料干料量 × 该原料中 CaO 的质量分数$$
$$w(MgO) = 某种原料干料量 × 该原料中 MgO 的质量分数$$

（4）原料中各种化学成分的总量：

$$\sum w(TFe) = 各种原料带入烧结矿的铁的质量分数之和$$
$$\sum w(SiO_2) = 各种原料带入烧结矿中的 SiO_2 的质量分数之和$$
$$\sum w(CaO) = 各种原料带入烧结矿中的 CaO 的质量分数之和$$
$$\sum w(MgO) = 各种原料带入烧结矿中的 MgO 的质量分数之和$$

（5）烧结矿中各化学成分的百分含量的计算

$$w(TFe)_{烧} = 各种原料带入烧结矿中铁的质量分数之和/烧成量$$
$$w(SiO_2)_{烧} = 各种原料带入烧结矿中的 SiO_2 的质量分数之和/烧成量$$
$$w(CaO)_{烧} = 各种原料带入烧结矿中的 CaO 的质量分数之和/烧成量$$
$$w(MgO)_{烧} = 各种原料带入烧结矿中的 MgO 的质量分数之和/烧成量$$
$$R_0 = w(CaO)/w(SiO_2)$$

C　与烧结矿规定指标比较

当计算结果与烧结矿技术规格产生偏差时，对设定的配料比进行调整，重复上述步骤进行验算，直到烧结矿的化学成分接近技术规格为止。

4.4.2.2　现场经验计算法计算举例

某烧结厂根据高炉冶炼要求，生产技术规格 TFe 的质量分数为 54% ±1% 、碱度 R_0 为 2.0 ±0.12 的烧结矿，所使用的原燃料化学成分见表 4 - 1。

表 4 - 1　原燃料化学成分（质量分数）　　　　　　　　　（%）

原燃料品种	TFe	SiO_2	CaO	H_2O	烧损
精　矿	66.73	1.45	0.28	10.0	2.25
混匀粉	61.36	5.58	1.03	5.5	2.60
综合利用料	53.25	17.11	1.35	5.0	2.50
石灰石	1.25	1.09	42.85	2.2	43.0
生石灰	0.50	1.35	84.35	9.50	
煤　粉		50.0		10.2	81.0

根据已知条件，进行现场经验计算。

凭经验设定各种原料配比为：精矿 30% 、混匀粉 34% 、综合利用料 11% 、石灰石 15% 、生石灰 3% 、煤粉 7% 。

按照前述的计算方法进行计算，列出配料计算表，将计算结果依次填入表 4 - 2 内。

表4-2 配料计算 （%）

原燃料品种	配比	干料量	TFe	SiO$_2$	CaO	烧成量
精 矿	30	27.00	18.02	0.39	0.08	26.39
混匀粉	34	32.13	19.71	1.79	0.33	31.29
综合利用料	11	10.45	5.56	1.79	0.14	10.19
石灰石	15	14.67	0.18	0.16	6.29	8.36
生石灰	3	3.0	0.02	0.04	2.53	2.72
煤 粉	7	6.29		0.59		1.19
合 计	100	93.54	43.49	4.76	9.37	80.14

A 干料量计算

$$精矿的干料量 = 30\% \times (1 - 10\%) = 27\%$$

同理，可计算其他原料的干料量并列入表4-2内。

B 烧成量计算

$$精矿的烧成量 = 27\% \times (1 - 2.25\%) = 26.39\%$$

同理，可计算出其他原料的烧成量及总烧成量并列入表4-2中。

C 带入烧结矿的铁的质量分数计算

$$精矿中 TFe 的质量分数 = 27\% \times 66.73\% = 18.02\%$$

同理，可计算出其他原料的铁的质量分数及总铁的质量分数并列入表4-2。

D 带入烧结矿的 SiO$_2$ 量的计算

$$精矿中 SiO_2 的质量分数 = 27\% \times 1.45\% = 0.39\%$$

同理，可计算出其他原料中 SiO$_2$ 的质量分数及总 SiO$_2$ 的质量分数并列入表4-2中。

煤粉中 SiO$_2$ 的质量分数也可按以下步骤计算：

$$煤粉的干料量 = 7\% \times (1 - 10.2\%) = 6.29\%$$

$$煤粉的灰量 = 煤粉的烧成量 = 6.29\% \times (1 - 81\%) = 1.19\%$$

$$煤粉中 SiO_2 的质量分数 = 1.19\% \times 50\% = 0.59\%$$

E 带入烧结矿的 CaO 量的计算

$$精矿中 CaO 的质量分数 = 27\% \times 0.28\% = 0.08\%$$

同理，可计算出其他原料中 CaO 的质量分数及总 CaO 的质量分数并列入表4-2内。

F 计算烧结矿的 $w(TFe)_烧$ 和碱度

$$w(TFe)_烧 = \frac{43.49}{80.14} \times 100\% = 54.27\%$$

$$R_{0烧} = \frac{9.37\%}{4.74\%} = 1.97 \ 倍$$

以上用现场经验计算法计算的结果符合烧结矿的技术规格要求，虽略有偏差，但 TFe 的质量分数和碱度 R_0 都在允许波动范围内，可供配料生产中使用。

有时现场经验计算法计算出的结果会不符合烧结矿技术规格的要求，这就需要根据实际情况对设定的配比重新进行调整后再计算，直至烧结矿的化学成分接近技术规格。

为了提高设定配比的准确率，减少调整配比、重新计算的次数，提高配料工作效率，配料工在实践中不断总结经验，摸索出行之有效的方法：

（1）建立配比档案。在烧结矿指标和原料品种变化频繁的情况下，每一次变料或变指标都认真做好使用料种、烧结矿技术规格、配料比等详细记录，形成一个资料库，遇到类似情况，可查到相关资料，这对设定配料比很有帮助。

（2）在交接班过程中多了解上班生产情况。对上班的烧结矿质量指标以及配料比使用情况和设备运转情况进行了解，有利于本班配料比验算，可提高工作效率。

4.4.3　单烧计算法

单烧计算法也是一种现场配料计算方法。它是以假设一种含铁料作为原料，配加适当的熔剂和燃料，使其碱度达到预定的标准，得出烧结矿的铁的质量分数即为该种含铁原料的单烧值，将所使用的各种铁料都做出这样的计算（其计算步骤和现场经验计算法一样）。用所得到的单烧铁的质量分数进行综合计算，得到各种铁料的配比。

两种或两种以上的含铁原料用单烧计算法配料计算如下。

假定铁矿 A 中 Fe 的质量分数为 66%，铁矿 B 中 Fe 的质量分数为 57%，单烧值（TFe）分别为 58%、43%，现要求得到的烧结矿技术规格为 Fe 的质量分数为 55%，碱度与单烧时相同。

假定含铁原料配比之和为 75%，设铁矿 A 的配比为 X，则铁矿 B 的配比为 75% $-X$，根据铁的质量分数平衡可列出方程式：

$$58\% X + (75\% - X) \times 43\% = 55\% \times 75\%$$

解方程式得：

$$X = 60\%$$

即：铁矿 A 的配比为 60%，铁矿 B 的配比为 75% -60% $= 15\%$。

如果是三种以上的含铁原料，也可以按照这些含铁原料的单烧值进行计算，一般可以根据积累的配料经验或用料计划预先指定某含铁原料的配比，调整其他两个含铁原料的配比，满足含铁原料总的配比为 75%。

单烧计算法的优点是预先算出了各种含铁料的单烧值，计算配料较为简便，适合在生产现场使用，当含铁原料的配比需要变更或烧结后铁的质量分数需要调整时，能够较快地算出配料比，适应生产变化。不足之处在于有些数据是预估和简化的，因此精确度不够。

4.4.4　与配料工序相关的计算

4.4.4.1　综合合格率、综合一级品率

$$综合合格率 = （合格品样数/总样数）\times 100\% \tag{4-2}$$
$$综合一级品率 = （一级品样数/合格品样数）\times 100\% \tag{4-3}$$

4.4.4.2　圆形矿槽的几何容积

$$V = \pi r^2 h_1 + \frac{\pi h_2 (R^2 + Rr + r^2)}{3} \tag{4-4}$$

式中　　V——几何容积，m^3；

　　　　π——圆周率；

　　　　r——矿槽圆柱半径，m；

　　　　h_1——矿槽下部圆柱高度，m；

　　　　h_2——矿槽上部锥体高度，m；

　　　　R——矿槽顶部半径，m。

4.4.4.3 用料时间计算

$$H = \frac{V\rho k}{Qw} \qquad (4-5)$$

式中　H——用料时间，h；

　　　V——矿槽容积，m^3；

　　　ρ——所装原料堆密度，t/m^3；

　　　k——有效容积系数，常取 80%；

　　　Q——上料量，t/h；

　　　w——该原料配比，%。

例：某铁料矿槽的有效容积是 $450m^3$，该铁料堆密度为 $1.8t/m^3$，全料配比为 30%，烧结机总上料量为 300t/h，假设该矿槽槽壁上无黏结料，请问该铁料矿槽备满后能否在上工序安排 8h 的检修。

解：该铁料矿槽的存料量为：　　　　$450 \times 1.8 = 810t$

　　该铁料每小时用量为：　　　　　$300 \times 30\% = 90t/h$

　　装满料可使用时间为：　　　　　$810/90 = 9h > 8h$

答：可以安排工期为 8h 的检修。

4.4.4.4 用料量计算

例：已知配料胶带上料量为 60kg/m，海南粉矿的配比为 15%，配料胶带速度为 72m/min，班中缓料时间为 25min，试计算海南粉矿每小时平均上料量和白班 8h 上料量。

解：每小时平均上料量 = $(60 - 25/8) \times$ 上料公斤数 $\times$ 配比 $\times$ 胶带速度

　　　　　　　　　　　 = $56.88 \times 60 \times 15\% \times 72$

　　　　　　　　　　　 = $36858kg \approx 36.86t$

　　白班海南粉矿上料量 = $36.86t \times 8 = 294.88t$

答：海南粉矿每小时平均上料量为 36.86t，白班海南粉矿上料量为 294.88t。

4.4.4.5 原料消耗量计算

例：已知烧结机的班产量为 3000t 烧结矿，烧成率为 90%，成品率为 65%，某种原料配比为 30%，请估算该原料的班消耗量。

解：该原料班消耗量 = $\dfrac{产量}{烧成率 \times 成品率} \times$ 配比 = $\dfrac{3000}{90\% \times 65\%} \times 30\% = 1538t$

答：该原料的班消耗量约为 1538t。

4.4.5 配料操作

配料操作是配料工序中一个重要环节，在实际生产中，即使配料计算准确无误，如果没有精心的配料操作，烧结矿的化学成分稳定也难以保证，因此，配料工不仅要能准确地计算配料比，还要有过硬的配料操作技术，能根据配料设备状况、原料条件变化情况，采取相应的措施，确保下料量准确，使烧结矿质量满足技术标准的要求，当烧结矿质量波动时能正确分析产生原因，及时调整。

4.4.5.1　配料系统的开、停机操作

A　开机前的检查

检查各圆盘给料机、电子皮带秤、胶带机等所属设备以及安全设施是否完好，检查矿槽存料量是否满足生产要求。

B　开机操作

集中联锁控制时，接到开机信号，合上事故开关，由主控室集中启动。单机操作时，接到开机指令，合上事故开关，即可机旁操作。

C　停机操作

集中联锁控制时，正常情况下由主控室正常停机，有紧急事故时，应立即切断事故开关。

4.4.5.2　配料操作基本要求

配料操作的基本要求是：

（1）严格按配料比准确配料，下料量允许波动范围：精矿、粉矿 ±0.5kg/m，熔剂、燃料 ±0.1kg/m。

（2）当电子秤不准确，误差超过规定范围时，应采用称料盘进行人工称料，并及时联系处理。

（3）当原料成分、水分波动较大时，要根据实际情况做适当调整，确保烧结矿化学成分稳定，配料比变更时应在短时间内调整完成。

（4）加强巡检，观察各矿槽的圆盘下料情况，发现堵料、断料等异常情况要查明原因及时处理。

（5）同种原料的矿槽必须轮流使用，防止矿槽压力改变造成下料量波动和断料情况的发生。

（6）与主控室加强联系，使燃料配比达到最佳值，以稳定 FeO，降低固体燃料消耗。

（7）某种原料因设备故障或其他原因造成断料或下料不正常时，必须立即用同类原料代替并及时汇报。

（8）烧结矿化学成分波动大或产生废品时，能正确分析产生偏差的原因，并进行相应的调整。

（9）完成当班的原料消耗计算，做好各类原始记录。

4.4.5.3　给料量检查及稳定料流的方法

在配料操作中，有准确的配料比，应按配料比给料，才能保证烧结矿的化学成分稳定，如果不把给料量控制在允许误差范围之内，再准确的配料比也失去了作用。

影响给料量的因素很多，比较常见的是设备本体的缺陷、原料水分和粒度、矿槽压力、大块和杂物堵塞出料口、称量设备不准等。这些因素引起给料量波动、料流不稳，造成烧结矿的化学成分波动，这是配料操作中的难题，应采取下列措施：

（1）加强对电子皮带秤的日常维护，托辊不转要及时更换，托辊和小皮带粘料要及时清除，挡皮安装要松紧适度，保证电子皮带秤给料精确。

（2）当确认某电子皮带秤给料量超过允许误差范围时应采用称料盘进行人工称料，或及时更换同料种的电子皮带秤作业，并联系处理。

（3）加强岗位巡检，对圆盘出料口卡大块或堵杂物，做到及时发现，及时处理。

（4）对矿槽存料情况做到心中有数，当矿槽压力低于规定值时及时换槽，并联系供料。

（5）当某种原料配比过大时，为保证给料量稳定，可同时运转 2 ~ 4 个圆盘。

（6）发现某种原料断料，应及时启动同料种的圆盘，并查明原因处理。

（7）发现原料水分或粒度发生明显变化时，要及时校核给料量。

（8）同一种原料的矿槽必须轮流使用，避免因长期不用的矿槽造成悬料等情况，影响圆盘的正常下料和给料的准确性。

（9）对配料室给料的总料流进行监控，并定期校秤。

4.4.6 配料调整

配料过程是一个不断调整的过程，当烧结矿质量波动时，应能正确分析原因，采取有效的调整措施。

4.4.6.1 烧结矿质量波动的原因

烧结矿质量波动的原因主要有：

（1）配料比计算不正确。

（2）原料化学成分发生变化或供料系统发生"混料"现象。

（3）物料给料量不准。

（4）配料矿槽因悬料或转空、圆盘发生故障停转等。

（5）返矿波动。

（6）除尘灰料量的影响。

（7）配料调整滞后。

（8）烧结矿取样无代表性。

当烧结矿化学成分与配料计算的结果产生较大的偏差时，必须认真分析找出原因。

4.4.6.2 配料调整时的注意事项

配料调整过程中应注意以下几个方面的问题。

A　滞后现象

当配料比调整后，在调整后的第一个化验样中反映不出来，这就是配料调整中的滞后现象。造成这种滞后现象的主要原因有两个：一是调整配料比后的原料，需要经过一定的时间，才能到达成品取样点；二是返矿的影响，一般返矿量占混合料的 30% 左右，影响时间也较长。因此，调整配料比，必须充分考虑滞后现象，才能达到预想的结果。

例如：烧结矿的技术规格要求 TFe 的质量分数为 56% ±1%，当化验结果中 TFe 的质量分数为 55.2%，偏低，调整时有两种方法，一种方法是将 TFe 的质量分数计算配比调至 56%，当调整后的化验结果 TFe 的质量分数升高到 55.5% 时，说明 TFe 的质量分数已调至正常，若保持调整后的配比不变，则 TFe 的质量分数还会继续上升；第二种方法是把配料计算中 TFe 的质量分数调高至 56.8%，但这种方法时间不能持续太长，随后就恢复到按 TFe 的质量分数的 56% 的配比进行正常配料，这种大幅度调整的方法抵消了返矿的影响，比第一种方法见效要快，但需要配料工有丰富的实际经验。

B　配料调整要兼顾其他成分变化

当调整烧结矿的某一化学成分时，将会对其他成分产生影响。当烧结矿中 TFe 的质量分数偏高，CaO、SiO_2 的质量分数正常时，要降低 TFe 的质量分数，可能会引起 SiO_2 的质量分数升高，则熔剂的配比也应适当地增加。这是因为，在调低 TFe 的质量分数时，采用减少高铁料的配比、增加低铁料的配比的方法，而低铁料中 SiO_2 的质量分数高，如果不增加熔剂配比就会造成烧结矿碱度偏低；与此同时，在增加熔剂配比的情况下，烧结矿中的 CaO 的质量分数升高，TFe 的质量分数也会相应低一些。同理，烧结矿的 TFe 的质量分数和碱度 R_0 都偏高时，通常只需用低铁料的配比置换高铁料的配比即可，无需增加熔剂配比。

烧结矿化学成分产生偏差的原因及调整措施见表 4-3。

表 4-3　烧结矿化学成分产生偏差的原因及调整措施

偏差项目	偏差原因	调整措施
碱度 R_0 高，TFe 的质量分数低	熔剂配比或给料量偏大；铁料给料量偏小；铁料中混入熔剂	验算配比，检查熔剂、铁料给料量；适当增加高铁料配比
碱度 R_0 高，TFe 的质量分数高	铁料中 TFe 的质量分数高，SiO_2 的质量分数低	适当增加低铁料配比，降低高铁料配比
碱度 R_0 正常，TFe 的质量分数低	铁料中 TFe 的质量分数低	增加高铁料配比，降低低铁料配比，适当降低熔剂配比
碱度 R_0 正常，TFe 的质量分数高	铁料中 TFe 的质量分数高	增加低铁料配比，降低高铁料配比，适当降低熔剂配比
碱度 R_0 高，TFe 的质量分数正常	熔剂中 CaO 的质量分数高，CaO 的质量分数高的原料配比大	验算熔剂配比或减少熔剂给料量；适当降低 CaO 的质量分数高的原料的配比
碱度 R_0 低，TFe 的质量分数正常	熔剂中 CaO 的质量分数偏低	验算熔剂配比，适当增加熔剂用量
碱度 R_0 低，TFe 的质量分数低	精矿中 TFe 的质量分数降低，SiO_2 的质量分数升高；低铁料给料量变大	适当增加高铁料配比，降低低铁料配比；检查低铁料给料量
碱度 R_0 低，TFe 的质量分数高	熔剂配比或给料量偏小；铁料中下料量偏大；熔剂中 CaO 的质量分数降低	验算配比，检查给料量；适当增加熔剂用量

C　返矿影响

返矿在配料调整中不仅会产生"滞后"现象，而且由于烧结矿与返矿的化学成分有差异，返矿量的波动对正常的配料操作会造成影响。

返矿与烧结矿相比，在化学成分上一般是 TFe 的质量分数偏低。例如，当返矿量增加时，就会造成烧结矿中 TFe 的质量分数偏低；同理，当返矿量减少时，就会造成烧结矿中 TFe 的质量分数偏高。当生产不正常，返矿量波动时，很容易造成操作者的误判而进行调整；当生产恢复正常，返矿量稳定后，烧结矿的化学成分又会产生波动。因此，配料工在配料调整过程中，一定要充分考虑返矿的影响因素。

D　除尘灰影响

国内烧结厂各种除尘器收集的除尘灰，大都和返矿一起参加配料或单独参加配料。除尘灰中 TFe 的质量分数、CaO 的质量分数较低，SiO_2 的质量分数较高，必然会使烧结矿质量产生波动。

在配料操作中，要充分考虑除尘灰的影响，当除尘放灰时，要适当提高高铁料、熔剂的配比；在生产管理上，除尘灰要做到"细水长流"，杜绝"集中放灰"，以减少对烧结矿产、质量的影响。

4.5　常见故障及处理

4.5.1　设备的巡检及维护

4.5.1.1　巡检路线

巡检路线为：配料胶带电机→减速机→头轮、增面轮→漏斗→圆盘给料机→电子皮带秤→螺旋给料机→矿槽槽存→配料胶带→拉紧装置→挡皮→上、下托辊→各配电箱→各种操作仪表→各种原始记录→消防器材。

4.5.1.2　检查标准及要求

设备巡检要求每2h巡检一次，对于有缺陷、有隐患的设备及时向主控室反馈，并采取监护运行措施，随时进行检查，按要求填写设备巡检卡。设备巡检的标准和要求见表4－4。

表4－4　设备巡检的标准和要求

序号	检查部位	检查内容	检查标准	检查方法	检查周期
1	电动机	运行	平稳、无杂音	五感	2h
		温度	小于65℃（不烫手）	手试	2h
		各部螺栓	齐全、紧固	五感	2h
2	减速机	运行	平稳、无杂音	五感	2h
		温度	小于65℃（不烫手）	手试	2h
		油位	油位适中	看油标	8h
		螺栓、联轴器	齐全、紧固、不窜	五感	2h
3	圆盘给料机	刮刀、小套、闸门	齐全、磨损不严重	观察	2h
		运行	平稳、无异常响声	耳听	2h
4	电子皮带秤	小皮带	运行平稳、不跑偏	目测	随时
		秤架、传感器	无积料、无杂物	目测	随时
		头尾轮、托辊	齐全、运转正常	目测	2h
5	胶带运输机	运行	无划痕、无粘料	目测	随时
		漏斗	畅通、无粘料	目测	随时
		挡皮	齐全良好	目测	2h

4.5.1.3　配料设备的维护

配料设备维护的注意事项是：

（1）生产和点检中发现的问题应及时处理，处理不了的应及时报告主控室；

（2）各润滑点每班加油一次；

（3）各检测装置要保持正常，如有偏差时要及时调整；

（4）搞好设备清扫。

4.5.2　设备常见故障及处理

配料设备故障一般可分为两种类型，一种属于电气故障，另一种属于机械故障。

4.5.2.1　电气故障

在配料设备中较常见的电气故障有：

(1) 圆盘或电子皮带秤启动不起来；

(2) 圆盘转速失控或飞车；

(3) 圆盘转速不能调整；

(4) 事故开关失灵；

(5) 圆盘给料机自动停；

(6) 电机温度过高；

(7) 自动控制设备电器故障。

对于生产中发生的电气故障，由专业人员处理。配料工在巡检中发现问题时，必须立即反馈给主控室。

4.5.2.2　机械故障

机械故障分为两种：一种是机械本体出现的故障，由专业人员进行处理；另一种是生产中常见的故障，由岗位人员进行处理。

由于长期运转导致机械的磨损，配料设备不可避免地会出现一些异常情况，这类机械故障的原因及处理方法见表4-5，处理这类故障需专业机械维修人员进行处理。

表4-5　部分机械故障的原因及处理方法

序号	常见故障	原　　因	处 理 方 法
1	圆盘跳动	圆盘面上的衬板松脱或翘起擦刮刀	将衬板紧固、平整，磨坏的更换
		有杂物或大块物料卡入圆盘盘面与套筒之间	清除大块物料或杂物
		竖轴压力轴承损坏	更换轴承
		伞齿轮磨损严重	更换伞齿轮
2	减速机响声异常	轴承损坏	更换轴承
		减速机内齿轮润滑不良	加润滑油
		齿轮损坏	更换齿轮
3	机壳发热	油变质	换油
		透气孔堵塞	疏通透气孔
		润滑油较少	适当加润滑油
		压力轴承坏	更换压力轴承
4	传动轴跳动、接手处发生异常噪声	传动轴瓦磨损	换轴瓦
		齿接手无油干磨	接手加油
		立式减速机竖轴轴承坏	立式减速机定检换轴承
		卧式减速机尾轴轴承坏	卧式减速机定检换轴承
		接手损坏	更换接手
5	轴窜动间隙过大	滚珠压盖不紧	调整压盖垫片
		滚珠粒及套磨损间隙大	换滚珠
		外套松动	外套紧固
6	轴及端盖漏油	端盖接触不平	加热调整间隙
		螺丝松动	紧固螺丝
		出头轴密封不良	更换密封圈
		油量过多	放油
		回油槽堵塞	清洗回油槽

4.5.3 生产常见故障及处理

4.5.3.1 圆盘给料机卡杂物

判断方法：大杂物通常堵塞下料口，使圆盘给料机无法下料；小杂物通常挤在小套、刮刀与盘面的间隙里将圆盘卡死，可将小套和刮刀下的料扒净，认真检查，即可发现故障点。

处理方法：处理大杂物时，如杂物是石块，可用大锤将其击碎，通过出料口转出；如果是钢板等杂物，则需将圆盘倒转，让其截面积小的一头朝着出料口，再正转即可转出；如果杂物大于料口，就只能用电、气焊工具进行切割处理。小杂物则需用大锤、撬棍等工具进行处理。在处理过程中应严格按岗位安全规程操作。

4.5.3.2 圆盘给料机压料

判断方法：当按下圆盘启动键后，圆盘不动作且电流超过额定值，则表明圆盘被料压死。

处理方法：立即检查，若没有杂物卡住，通知电工打反转试转，反转仍转不起来，用风管从小套与盘面缝隙处吹或用水管对小套与盘面缝隙内注水，减少盘面与物料间的摩擦。压料严重时，需要卸掉小套进行清料处理，直到接手盘动灵活时，方可重新启动。

4.5.3.3 圆盘小套磨损严重

判断方法：小套磨损严重时，小套与盘面距离尺寸明显增大，盘面边缘的料明显增厚，甚至散落在地面上。

处理方法：可用大锤击打小套上部，直至小套底部与盘面的间隙达到合适的尺寸（一般为10mm左右），再将固定小套的螺丝紧固。如果小套磨损严重，必须通知专业人员及时更换小套。

4.5.3.4 刮刀磨损严重

判断方法：刮刀底部与盘面的间隙明显超过正常尺寸，圆盘给料量减少，盘面小套外围部分料层增厚，甚至沿边缘处撒料。

处理方法：在刮刀下部加焊一块铁板临时处理，或更换刮刀。

4.6 安全生产要求

4.6.1 危险因素辨识

4.6.1.1 配料作业活动内容

配料作业活动内容主要有：
(1) 设备巡检作业；
(2) 处理圆盘下料口堵杂物或压料作业；
(3) 处理配料小皮带压料打滑故障作业；
(4) 捅矿槽、清理矿槽黏结料作业；
(5) 胶带运输机所包含的所有作业。

4.6.1.2 危害因素辨识

危害因素的辨识主要是：

（1）劳保用品穿戴不齐全或不规范，易造成人身伤害；

（2）作业前人员精神状态差或无互保对子单人作业，易造成误伤害；

（3）巡检注意力不集中，中夜班未带手电筒、头灯，易滑跌或撞伤；

（4）矿槽岗位上下设备未停电，冒险作业或槽上小车未定位而易伤人；

（5）进槽作业未确认空气炮是否停电，是否蓬槽，会出现物料坍塌事故伤人；

（6）槽内有人作业，槽外用大锤敲打，会发生物料坍塌埋人伤害事故；

（7）软梯或竹梯固定不牢，未按要求佩挂安全带、安全绳就进槽作业，易造成坠落伤人；

（8）胶带压料或跑偏，不停电用手或工具拨弄接手、向头尾轮、二格撒料或刮料，易造成伤害；

（9）仓促上场作业、工具不齐全，风管绑扎不牢，易发生机具伤害；

（10）未按规定使用安全灯，易发生触电事故；

（11）甩盘称料时，站位不稳、卡住强拉，易造成机械伤害事故；

（12）盘面接触作业未办理停电确认，易发生机械伤害；

（13）用钢钎撬接手，用手盘接手，易回弹伤人；

（14）捅生灰槽时站位不当，或不戴防护眼镜，易被喷料灼伤眼睛。

（15）站位配合不当，捅矿槽时不挂灯、不插旗，易被移动吊车撞伤；

（16）压力储气罐安全阀关不严或误动作易伤人。

4.6.2　应急预案

配料岗位在生产过程中可能遇到意外情况和突发问题，应严格执行安全生产规定与要求，按标准进行操作，避免故障的延伸和扩大。

4.6.2.1　停电

生产过程中遇到突然停电情况，应及时通知主控室，并及时切断事故开关，待来电后恢复生产。

4.6.2.2　划伤胶带

巡检过程中发现胶带划伤，应立即切断事故开关，及时报告主控室并查明事故原因，组织有关人员进行处理，对事故认真分析，防止该类事故再次发生。

4.6.2.3　胶带运输机压料

发现胶带打滑、运转速度减慢或压料时，应立即切断事故开关，及时报告主控室并查明事故原因。胶带过松造成打滑，可调整胶带张紧装置；料量不大，可用松香止滑器向头轮处吹撒松香粉末进行处理；料量过大，则组织清料，待胶带负荷减轻后，再恢复生产。

4.6.3　安全生产要求

4.6.3.1　作业前的准备要求

作业前的准备要求主要有：

（1）上岗前严格按标准穿戴好劳保用品，严格执行安全确认制，认真按标准操作；

（2）所有作业项目必须先制定作业方案，并上报审批后按方案执行；

（3）参加作业人员进行安全交底，做到确认签名后再作业；

（4）检查设备、安全防护装置、安全警示标志、工机具性能是否符合安全技术标准和作业条件。

4.6.3.2 作业过程中的操作要求

A 设备巡检作业要求

设备巡检的作业要求主要有：

（1）启动设备前必须检查确认设备周围无人或障碍物，设备运行中禁止身体部位与运转设备接触，当圆盘出料口无料且需吊车抓料或使用空气炮时，严禁站在出料口处；

（2）压力储气罐安全阀压力表异常时，应立即报告处理，不得强行使用；

（3）称料作业必须两人互相监护，严禁单人作业，称料工具被卡时，必须立即松手停机取盘。

B 处理圆盘下料口堵杂物或压料作业的规范要求

处理圆盘下料口堵杂物或压料作业的规范要求主要有：

（1）发现圆盘下料口堵或压料时，立即切断事故开关并报告主控室换盘，严禁单人作业；

（2）需要与盘面口接触作业前，必须办理小皮带、圆盘、空气炮的停电手续，上部开放式装料槽必须插红旗或警示灯；

（3）机旁操作时，必须经主控室认可授权后方可操作，现场无倒向开关但又需要倒向运行时，必须找电工处理；

（4）严禁在圆盘运行时用手处理杂物，压料时禁止用钢钎撬接手，防止回弹伤人；

（5）处理时，必须有工长或班长到现场安全监护，两人以上配合作业；

（6）需处理圆盘料门口杂物时，必须搭好安全平台，确保站位处牢固安全。

C 处理配料小皮带压料打滑等故障作业要求

处理配料小皮带压料打滑等故障作业要求主要有：

（1）所有机旁操作必须经主控室认可授权；

（2）处理压料时，严禁在胶带运行中撬主动轮、向二格撒料，需在胶带机上作业时，必须先办理停电手续；

（3）必须由工长或班长到现场安全监护，两人以上配合作业。

D 捅矿槽、处理矿槽黏结料作业要求

捅矿槽作业要求主要是：

（1）用风管捅矿槽必须先确认风管无破损并捆绑牢靠，风管定位后再开风；

（2）捅槽前应佩戴好必备的劳动保护用品，捅槽过程应略为侧身，移动照明必须是安全灯；

（3）用水管捅槽时，圆盘周围拉安全警戒绳以免料喷出伤人；

（4）捅配料矿槽时，必须将移动小车先定位并切断事故开关，捅白灰槽必须带护目镜和口罩；

（5）捅仓库矿槽时先联系，再插红旗，避免抓斗伤人，严禁冒险在库区槽边作业；

（6）捅矿槽时站位处必须可靠，必要时设保护板，严禁翻越栏杆捅矿槽；

（7）必须两人配合，搞好联保互保，捅完矿槽后关好风阀、水阀，放好风管、水管；

（8）清理矿槽黏结料作业前，制定好危险作业方案，审批后严格按方案执行；

（9）必须与原料车间联系好，并在被挖矿槽上插红旗或挂红灯信号，确认工具完好牢靠；

（10）挖配料移动小车矿槽时，应有遮挡防护设施，并将小车定位停电。

E　处理矿槽黏结料作业要求

处理矿槽黏结料作业要求主要是：

（1）作业前，先联系，再插红旗，避免抓斗伤人，由指定负责人确认未蓬槽，倒料、捅料已经具备安全进入条件；

（2）先固定好梯子和铺好垫板，挂好安全带，且安全带垂直下落距离应不超过 1.5m；

（3）进槽前必须检查确认水阀、风阀已关闭，空气炮已停电；

（4）必须从上至下逐层挖料，每次挖料层高不超过 1m，需转走松料时，人员、工具必须撤出，严禁边转边挖，槽内有人作业时，禁止在槽外壁敲打；

（5）指派专人现场统一指挥，做好安全监护，合理组织人员轮班作业；

（6）生石灰输送时，罐车盖板要严实，输送管连接牢固，人员站在安全位置，佩戴防护镜和口罩，防止管道脱落或破裂粉料喷出伤人。

复习思考题

4-1　烧结常用含铁原料、熔剂、燃料的种类、名称、符号和理化性能是什么？

4-2　固体燃料和石灰石的粒度有什么要求？

4-3　烧结生产对原、燃料的质量有哪些要求？

4-4　返矿在烧结生产中起什么作用？

4-5　为什么说配料工序中添加生石灰是提高烧结矿产量的强化措施之一？

4-6　怎样根据当班生产情况计算原料消耗量？

4-7　圆盘给料机卡杂物，如何判断和处理？

4-8　处理矿槽粘料作业有哪些安全规范要求？

4-9　小套磨损严重如何判断，怎样处理？

4-10　如何根据烧结矿技术标准和原料化学成分用现场经验计算法进行配比计算？

4-11　造成烧结矿化学成分波动的原因有哪些？

4-12　烧结矿化学成分发生偏差怎样进行调整？

4-13　为什么配料调整中会出现"滞后"现象，怎样应对？

4-14　影响配料精确性的因素有哪些？

4-15　试述电子皮带秤的工作原理。

4-16　电子皮带秤的日常维护要注意哪些问题？

4-17　什么是配料工的"一准、二比、三勤"？

4-18　自动配料的工作原理是什么？

4-19　配料工在作业前有哪些安全准备要求？

4-20　配料设备巡检有哪些标准和要求？

5 混合料的混匀与制粒

5.1 混匀制粒机理

含铁原料、熔剂、燃料和返矿配料后，需进行混匀与制粒，这是为了使烧结料组成均匀，保证烧结料的物理化学性质一致，同时，通过混匀与制粒可以改善烧结料层的透气性，提高垂直烧结速度，达到优质、高产、低耗。总而言之，混合工序主要目的，一是使各组分原料均匀，从而得到化学成分稳定的烧结矿；二是加水润湿和制粒，得到粒度适宜、具有良好透气性的烧结料，保证烧结顺利进行。

混合作业包括加水润湿、混匀和制粒。为了提高料温，减少过湿和冷凝，有的还采用蒸汽预热。混合制粒大都采用二段式，根据原料性质的不同，有的还采用三段式和二段式加圆盘制粒的混合制粒工艺。

二段式混匀、制粒工艺是将混合料连续两次进行混合。一次混合的目的主要是加水润湿和混匀，使混合料的水分、粒度和原料中各种成分分布均匀，加入的生石灰消化所产生的热量用来提高混合料的料温。二次混合除继续混匀外，并进行补充润湿，其主要的目的是制粒。在二次混合中通入蒸汽是为了提高料温。

三段式混匀、制粒工艺是在二段式混匀、制粒工艺的基础上增加一段圆筒混合机。其作用一是强化制粒，二是将部分燃料分加。通过三段圆筒混合机，燃料在圆筒混合机的作用下，均匀地粘在混合料表面，有助于强化烧结和降低固体燃耗。

5.1.1 物料的混匀

混合料进入圆筒混合机后，物料随着圆筒混合机的转动而不断地运动着，物料在圆筒混合机内运动是很复杂的，它受到摩擦力、重力等合力的作用使其产生剧烈的运动，因而被混合均匀。物料的混匀效果与原料性质、混合时间及混合方式等有很大关系，粒度均匀、黏度小的物料，颗粒之间相对运动激烈，容易混匀，混合的时间越长，混匀效果越好。

衡量混匀的质量可以用混匀效率来表示，混匀效率是用于检查混合料的质量指标，通常用于测定混合料中的铁、固定碳、氧化钙、二氧化硅、水分及粒度，其方法为：

$$K_1 = C_1/C; \quad K_2 = C_2/C; \quad \cdots; \quad K_n = C_n/C \tag{5-1}$$

式中　$K_1, K_2, \cdots, K_n$——各试样的均匀系数；

$\quad\quad C_1, C_2, \cdots, C_n$——某一测定项目在所取各试样中的质量分数，%。

$$C = (C_1 + C_2 + \cdots + C_n)/n \tag{5-2}$$

式中　n——取样数目。

已知混合料的均匀系数 K_n，可按下式计算混匀效率：

$$\eta = K_{min}/K_{max} \times 100\% \tag{5-3}$$

式中　K_{min}, K_{max}——分别为所取试样均匀系数的最大值和最小值；

$\quad\quad \eta$——混匀效率，此值越接近 100%，说明混匀效果越好。

另外，混匀效率还与混合前物料的均匀程度有关。

5.1.2　制粒机理

混合料制粒必须具备两个主要条件：一是物料加水润湿；二是作用于物料上的机械力。

细粒物料在被水润湿前，其本身已带有一部分水，然而这些水不足以使物料在外力作用下形成球粒，物料在圆筒混合机内加水润湿后，物料颗粒和表面被吸附水和薄膜水所覆盖，同时在颗粒与颗粒之间形成 U 形环，在水的表面张力作用下，使物料颗粒集结成团粒。此时，颗粒之间大部分空隙还充满空气，团粒的强度差，当水分一旦失去，团粒便立即成散状的颗粒，由于制粒设备的回转，因而使得初步形成的团粒在机械力的作用下，团粒不断地滚动挤压，使颗粒与颗粒之间的接触越来越靠近，团粒也越来越紧密，颗粒之间的空气被挤出，此时，在毛细力的作用下，水分充填所有空隙，使团粒变得比较结实，这些团粒在制粒机内继续滚动，逐渐长成具有一定强度和一定粒度组成的烧结料。

5.1.2.1　混合制粒过程

为了便于分析，把混合制粒过程人为的分为 3 个形成阶段。

A　第一阶段

这一阶段具有决定意义的是加水润湿。当物料润湿到最大分子结合水后，成球过程才明显开始。当物料继续润湿到毛细阶段时，成球过程才得到应有的发展。当已润湿的物料在制粒机中受到滚动和搓动后，借毛细力的作用，颗粒被拉向水滴的中心形成母球。母球就是毛细水含量较高的集合体。

B　第二阶段

成球第二阶段是紧接着第一阶段进行的。母球长大的条件是：在母球表面其水分含量要求接近于适宜的毛细水含量；在精矿层中其水分含量要求低一些，只需接近最大分子水含量。

第一阶段形成的母球在制粒机内继续滚动，母球就被进一步压紧，引起毛细管状和尺寸的改变，从而使过剩的毛细水被挤压到母球表面上来。过湿的母球表面在运动中就很容易粘上润湿程度较低的颗粒。母球长大过程是多次重复的，一直到母球中间颗粒间的摩擦力比滚动成型的机械压密作用力大时为止。

C　第三阶段

长大到符合标准要求尺寸的生球，在成球的第三阶段发生紧密。利用制粒机所产生的机械力的作用，即滚动和搓动使生球内的颗粒发生选择性的按接触面积最大的排列，并使生球内的颗粒被进一步压紧，使薄膜水层有可能相互接触，会使一个为若干颗粒所共有的总的薄膜水层形成，这样产生的生球，其中，各颗粒靠着分子黏结力、毛细黏结力和内摩擦阻力的作用相互结合起来。这些力的数值越大，生球的机械强度就越大。如果将全部毛细水由生球中排除，便得到机械强度最大的生球。

上述 3 个阶段主要是靠加水润湿和用转动方法产生机械作用力来实现的。

必须指出，上述成球阶段是为了分析问题而划分的。第一阶段具有决定意义的是润湿，在第二阶段除了润湿作用外，机械作用也起着重大影响，而在第三阶段，机械作用成为决定因素。混合料的成球机理简单地说就是：滴水成核，雾化长大，无水密实。

5.1.2.2　水分的形态

从混合料的成球机理中，看到混合料中水分存在的形态有：

(1) 吸附水，干燥物料表面所吸附的一部分水分子，形成很薄的一层吸附水。

（2）薄膜水，在吸附水周围形成薄膜水。

（3）分子结合水，吸附水和薄膜水加在一起组成分子结合水。

（4）毛细水，当物料颗粒之间的空隙（相当于毛细管）被水所填充时，物料之间形成毛细水。

（5）重力水，当水分超过最大毛细水含量，物料为水饱和时，多余的水为重力水。

5.1.2.3 物料亲水性

亲水性是表示物料被水润湿的难易程度。亲水性好的物料则易被水润湿，其水分迁移速度也较快，矿物之间易形成 U 形环，物料也易成球，但是，水分迁移又受到物料粒度的影响，细粒物料其水分迁移速度慢，但在外加机械力作用下，可以提高水分迁移速度，有利于成球。因此，当物料亲水性越强，水的迁移速度越大，物料粒度适宜，并在较大机械力的作用下，对成球和球粒长大是有利的。

5.1.2.4 物料制粒效果与目的

A 效果

混合的效果是以混合料的粒度组成来表示的，改善混合料的粒度组成，可以改善烧结料的透气性，提高烧结矿的产、质量。制粒效果除与矿石类型、矿石的粒度组成以及黏结性有关外，同时与制粒设备和制粒时间有关，还与圆筒混合机加水的性质及加水的方法有密切关系，圆筒混合机最后一段路程应仅作为制粒用。

B 目的

制粒的目的是减少混合料中 0～3mm 级别颗粒含量，增加 3～8mm 级别颗粒，尤其是增加 3～5mm 级别颗粒的含量。球粒过大，会导致垂直烧结速度过快，使烧结矿产、质量下降；球粒过小，则料层透气性差，垂直烧结速度下降，同样影响烧结矿的产、质量。

5.2 混匀制粒设备

圆筒混合机是烧结生产中用于混合料混匀和制粒的主要设备。

5.2.1 圆筒混合机的构造

圆筒混合机的筒体是由钢板卷成后焊接成的圆筒，其内表面镶有保护衬板或长条角钢，筒体外有两圈辊道，进口辊道与齿环密贴，用螺栓连接，使之成为一体。筒体通过辊道靠固定于机架上的四组托辊支撑，使筒体中心线与水平线形成一定的倾角，并在托辊上转动。圆筒混合机结构如图 5－1 所示。

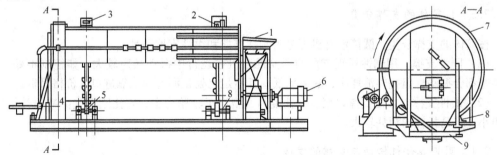

图 5－1　圆筒混合机结构

1—进料漏斗；2—齿圈；3—辊道；4—出料漏斗；5—定向轮；6—电动机；7—圆筒；8—支撑托辊；9—机座

因筒体装置与水平线有一定的倾斜，必将产生一个水平分力，致使整个筒体在运转中具有向低处下滑的趋势，为了阻止筒体向低处滑移和转动中由轴向力引起的窜动，在筒体下方及各辊道两侧安装了一组挡轮，挡轮组用双头螺栓连接而成，并用螺栓固定在机架上。与齿圈啮合的齿轮组被电动机、弹性联轴节、减速器、齿形联轴器带动回转，并通过该齿轮体转动。

为了润湿混合物料，筒体内装有水管，它固定于圆筒的两端，水管从进料端到约 2/3 处装有多个喷头，用于向混合料喷水。

当物料由给料端进入回转的圆筒时，物料与筒壁之间产生一定的摩擦，因回转过程中物料受离心力的作用，将物料沿着圆筒内壁被带到一定的高度，又因物料自身的质量大于离心力和摩擦力，在重力的作用下，物料按一定的轨迹下落，并沿轴向发生位移，做螺旋状向出料口运动，混合料如此循环，从而将物料成分混匀。混匀后的物料继续加水，继续做螺旋状运动，使物料逐步形成小球，成为符合烧结工艺要求的烧结料。

5.2.2　圆筒混合机的类型

5.2.2.1　按生产工艺分类

按生产工艺分类，圆筒混合机可分为一段混合、二段混合、三段混合等。

（1）一段混合的主要功能是混匀润湿，所加的水分比二段、三段圆筒混合机的水量大得多，要满足这一要求，必须有充足的供水系统。

（2）二段圆筒混合机主要功能是制粒。

（3）三段圆筒混合机主要是强化制粒，同时外滚燃料，改善烧结过程中的透气性，降低固体燃耗，提高产、质量。

有的烧结厂为了改善透气性，还采用圆盘造球机制粒（双球烧结）。

5.2.2.2　按传动方式分类

按传动方式分类，圆筒混合机可分为齿轮传动和摩擦传动两种。

（1）齿轮传动。优点是传动可靠，支撑辊使用寿命长，这是因为支撑辊在此传动方式下仅承受支撑压力，而不承受由于传递转动力矩而产生的剪切力（由于此传动是由大小开式齿轮传递动力距的），但齿圈加工制造，尤其是热处理难度大。

（2）摩擦传动。摩擦传动可靠性不如齿轮传动，但对减速机、电机有一定的保护作用。摩擦传动比齿轮传动的结构简单，少了一级齿轮传动，平稳性优于齿轮传动。但其主支撑轮载荷复杂，除了承受支撑压力外，还承受由于传递传动力矩而产生的剪切力，因此，在该传动方式下，支撑辊，尤其是主动支撑辊使用寿命较短。

5.2.2.3　按筒体的支撑分类

按筒体的支撑分类，圆筒混合机可分为刚性支撑和柔性支撑两种。

（1）刚性支撑。用刚性托辊支撑的圆筒混合机在运行中振动噪声较大，如控制不好，整个地基都会振动，但托辊消耗小，故障率低。其不足之处是润滑油依靠进口，价格昂贵。

（2）柔性支撑。柔性支撑以聚氨酯托辊和大型汽车轮胎为主，它比刚性支撑减振效果好、噪声小，但是托辊的消耗较大。

5.2.2.4　圆筒混合机传动与支撑的发展

通过长期实践，圆筒混合机的传动与支撑方式，选择齿轮传动和柔性支撑组合是一种发展方向。

目前，大部分圆筒混合机集合两者的优点加以完善的办法为：以钢托辊为基础，在钢托辊表面喷高黏度的润滑油加以减振。这样的减振效果非常好，且故障率非常低，被广泛使用。

5.2.3 圆筒混合机的安装技术要求

5.2.3.1 传动机械调整

减速机齿轮啮合要求主要是：

（1）安装要有适当的顶、侧间隙，齿长接触大于65%，齿高接触大于35%。

（2）减速机轴承需要有适当的径向和轴向间隙。

（3）减速机为人字传动时，则减速机调整定位以第三轴为准。

（4）减速机不可逆向运转。

开式齿轮啮合及轴承安装要求主要是：

（1）齿轮啮合要有适当的顶、侧间隙。

（2）齿长接触大于60%，齿高接触大于30%。

（3）传动小齿轮轴心线应与筒体中心线平行，可用压铅的方法检查顶间隙，在沿齿长方向相对偏差不得大于0.1mm。

5.2.3.2 四组托辊的安装与调整

四组托辊的安装与调整要求主要是：

（1）托辊与辊道的接触长度不少于轨道宽度的90%，轴承应具有一定的径向间隙。

（2）托辊间的横向跨距允许误差不大于2mm，其对于机体的纵向中心线对称性误差不大于1mm。

（3）托辊间的纵向跨距允许误差不大于2mm，各托辊中心标高允许误差不得超过5mm，纵向跨距与中心标高之间的差距不得大于1mm。

（4）四组托辊中其对称托辊的端面应在同一平面上，允许误差不得超过1mm。

（5）四组托辊轴线倾角一致，同侧两组托轮的轴心线的连线重合，使托辊与辊道接触良好，其接触长不少于轨道宽度的90%。

（6）托辊与托辊的中心线必须重合，其偏移不大于2mm。

5.2.3.3 筒体、齿圈和辊道的安装

筒体、齿圈和辊道的安装要求主要是：

（1）拆除旧辊道前，筒体内的辊道处用槽钩或钢筐焊成米字形架给予支撑，以防筒体变形。

（2）进口辊道与齿圈要密贴，并用弹簧垫及双螺帽紧固，防止松动，使之成为一体，齿圈筒体装配后的径向跳动量应小于0.7mm。

（3）进、出口辊道与筒体之间的调整斜垫板应检查配对使用。垫板要平整，不得有毛刺。

（4）进、出口辊道与筒体装配时，先向对称均匀的4~8个点塞进斜垫板，然后打紧检查。这时筒体与辊道的同心度误差不大于1.5mm，其辊道端面跳动不大于2mm，方可再向其余各点塞进斜垫板并打紧。

（5）筒体与齿圈及辊道之间的斜垫板调整打紧后，其斜垫板上的长孔必须露出1/2~1/3

（以供试车后再调整打紧），其所加垫板每组不得超过 3 块。

（6）辊道、垫板、筒体应彼此密贴，用 0.05mm 的塞尺检查垫板的接触面时，至少有一处不得塞入其长度的 1/2。

（7）进、出口辊道螺栓头在筒体内用圆钢焊接固定，并用角钢或槽钢遮盖焊接好，以保护螺栓头，螺栓加垫用双帽拧紧。

（8）各组斜垫板应受力一致，调整运转 16h 后再检查垫板，若有松动，再打紧垫板并拧紧螺栓。

（9）齿圈、辊道及筒体的螺栓孔错位，只允许用电钻扩孔，重配螺栓，不准用气焊割孔。

5.2.3.4　结构安装

结构安装的要求主要是：

（1）进口漏斗固定挡料环与筒体挡料环的安装必须同心，其间隙不大于 1.5mm。在运转时不允许有摩擦现象。

（2）进料口端板与筒体端尽可能贴近，且间隙不大于 5mm。在运转时，相互间隙不许有摩擦碰撞现象。

（3）出口卸料罩安装位置要正确，周围距筒体的间隙相等，其偏差不大于 5mm。卸料罩外壁与筒体法兰贴近为好，但运转时不得有碰撞，其间隙不大于 10mm。

（4）安全罩的中心与辊道中心应一致，不得卡碰。

5.2.4　圆筒混合机的设备性能

大中型烧结厂为强化制粒，大都采用大型的混匀制粒设备、水分自动控制。某厂混合机设备性能见表 5-1。对设备性能的了解，有助于操作、维护和点检，以避免操作和设备事故。

表 5-1　圆筒混合机设备性能

序号	名　称	项　目	技　术　性　能	
			一次	二次
1	圆筒混合机	规格/m×m	$\phi 4.4 \times 17$	$\phi 5.1 \times 24.5$
		生产能力/t·h^{-1}	1220	1220
		圆筒转速/r·min^{-1}	6	5.6
		安装倾角/(°)	5.5	5
2	主电机	型　号	F5KT-HIW	F5KT-HW
		功率/kW	600	950
		转速/r·min^{-1}	1000	1000
		电压/V	AC3000	AC3000
3	辅助电机	型　号	GM-LJB-P	GM-AJB-R
		功率/kW	18.5	30
		转速/r·min^{-1}	1500	1480
		电压/V	AC380	AC380
		减速比	1:3	1:3
4	减速机	型　号	BGSJ-01-00	BGSJ-02-00
		中心距/mm	1800	2130
		传动比	1/33.005	1/31.66
5	自动润滑油泵电机	功率/kW	3	4
		电压/V	AC380	AC380
6		设备总质量/kg	282411	392934

5.3 混合料混匀制粒操作

5.3.1 影响混合料混匀制粒效果的因素

5.3.1.1 原料性质的影响

混合过程中，添加水量直接影响混合效果，而添加水量又与矿种有密切关系。在生产实践中，当以赤铁矿为主时，水分的质量分数大都控制在6%～7%；而以褐铁矿为主时，水分的质量分数可达到10%；以镜铁矿为主时，水分的质量分数控制在9%左右。这充分说明原料的性质对烧结料添加水有着重要的影响。

在混合制粒中，依靠颗粒间的毛细水作用使粒子相互聚集成小球，容易润湿的矿物在颗粒间形成的毛细力强，制粒性能好。从原料的性质分析可知，铁矿物的制粒性能由强到弱的依次是褐铁矿、赤铁矿、磁铁矿。含泥质的铁矿物易成球。

原料的粒度对混匀与制粒有很大影响。通过对烧结混合料制粒小球的结构研究表明，球粒一般是由核颗粒和黏附细粒组成，称为"准颗粒"。"准颗粒"的形成条件与粒度组成有密切关系。早期的研究是以小于0.2mm的颗粒作为黏附细粒，大于0.7mm的颗粒作为核颗粒。作核颗粒理想的粒级为1～3mm，0.25～1.0mm的中间颗粒难以粒化，因此越少越好。对于铁精矿烧结，配加一定数量的返矿作核颗粒，对制粒有利，但要求返矿粒度上限控制在5～6mm以下。此外，在粒度相同的情况下，多棱角和形状不规则的颗粒比球形表面光滑的颗粒易成球，且制粒小球的强度高。

粒度差别大的物料，在混合时易产生偏析，因此难以混匀，也难以制粒。物料中各组分间密度相差悬殊时也不利于混匀与制粒，其原因是物料在圆筒混合机运动中被带到一定的高度，密度大的物料上升高度小，密度小的物料上升高度高，在混合时就会因密度差异而分层，对混匀与制粒产生一定影响。

5.3.1.2 添加剂的影响

在烧结生产中为了改善烧结性能，常添加消石灰、生石灰、皂土（膨润土）等一系列添加剂，对混合料成球有良好的效果。这些添加剂具有较大的比表面积，能提高混合料的亲水性，在许多场合下还具有胶凝性能，因而混合料的成球性和小球强度可借添加物的作用而提高。

比如添加少量消石灰或生石灰，可改善混合制粒过程，提高小球强度，添加生石灰后，小于0.25mm粒级的含量下降（见表5-2）。试验表明，全精矿配加生石灰的混合料成球率比不配加生石灰时大幅度提高。国外烧结厂生产测定表明，未加生石灰的混合料附着粉的比例为27%，运行中破坏率为12%～20%；加生石灰2%后，附着粉的比例为30%，运行中破坏率为5%左右。

表5-2 添加生石灰后的粒度组成 （%）

生石灰用量	制粒	粒 度 组 成					
		5mm	2～5mm	1～2mm	0.5～1mm	0.25～0.5mm	0～0.25mm
0	成球	29.2	34.2	17.1	10.3	5.6	3.6
1	成球	29.9	39.4	16.6	8.2	4.2	1.7

总之，混合料中添加部分添加物有利于料球形成，使烧结混合料的透气性变好，烧结矿的产、质量也会得到相应的提高。然而，添加物过多时，虽然对成球有利，但对混匀有一定的妨碍，同时还会使烧结料的堆密度降低，透气性过好，对烧结起相反的作用。适量的添加剂应根据原料的特性、生产工艺和设备状况等因素来确定。

5.3.1.3　添加水量和加水方式的影响

混合料加水的目的是有利于混合料的成球,改善混合料的透气性,同时也能改善混合料热交换条件,因此,加水是烧结混合料制粒工序中的重要一环。

A　添加水量

混合料的适宜水分值与原料亲水性、粒度及孔隙率的大小有关。一般情况下,物料粒度越细,比表面积越大,所需的水分就越多。此外,用表面松散多孔的褐铁矿烧结时,混合过程中就需要添加较多的水分,而赤铁矿和磁铁矿等致密的物料烧结时,需要加入的水分就应少一些。当混合料粒度细,又配加高炉灰、生石灰时,水分可大一些;反之则应小一些。最适宜的水分波动范围是很小的,超出这个范围对混合料的成球会产生显著的影响,因而水分的波动范围应严格控制,国内许多烧结厂把一次混合的水分波动范围控制在 ±0.4%,而二次混合水分波动限制范围很小。

掌握混合料水分还要考虑气象因素,冬天水分蒸发较少,水分可控制在下限值,而夏季水分蒸发较快,应该控制在上限值。

生产实践证明,适宜的水分可以改善料层的透气性,提高烧结机生产率,但当水分过大时,对混合料的混匀和制粒都不利,而且在烧结过程中易形成过湿层,影响烧结料的透气性;当水分过小时,混合料混匀目标也许能达到,但影响混合料制粒效果,烧结料中粉末含量多,容易堵塞台车箅缝或抽入风箱,同时也使料层的透气性恶化。通常最适宜的制粒水分与烧结料的适宜水分较为接近。

B　加水方式

加水方法对混匀和制粒影响也很大,应遵循尽早加水的原则,使物料充分润湿,增加内部水分,这对成球有利。圆筒混合机中的加水必须均匀,要将水直接喷在料面上,如果喷在圆筒混合机筒体上,将造成混合料水分不均匀,且筒壁易粘料。

在生产实践中,一次混合加水的目的是使物料充分润湿,二次混合加水主要是保证更好地制粒。因此,一次混合的物料应该湿润到接近烧结的适宜水分,一般达到规定标准的 80% ~ 90%,而在二次混合中加约 10% ~ 20% 作为补充水分,分段加水法能有效提高二次混合制粒效果。通常在给料端喷洒雾状水,以形成小球核;继而用高压雾状水,加速小球长大;距排料端 1/3 左右时停止加水,使小球粒紧密、坚固。国外某钢铁公司二次混合采用分段加水后,混合料中粒度小于 1.6mm 的降低了 17%,透气性提高了 15%。

5.3.1.4　圆筒混合机工艺参数的影响

圆筒混合机工艺参数包括混合时间、转速、倾角、填充系数等。

A　混合时间

为了保证混匀和制粒效果良好,混合制粒应有足够的时间。实践证明,时间短对于混匀和制粒来说是不够的。近年来,国内外新投产的烧结厂把混合制粒时间延长到 5min 左右,目前新建的烧结厂都在使用大型圆筒混合机。

增加圆筒混合机的长度无疑可延长混合制粒时间,有利于混匀和制粒。因要与烧结机大型化配套,目前圆筒混合机也向大型化发展,其直径已达到 4 ~ 5m,长度为 21 ~ 30m 不等。

B　转速

圆筒混合机的转速决定物料在圆筒中的运动形态,而物料的运动形态会影响混匀与制粒的效果。若转速太小,筒体所产生的离心力较小,物料难以上到一定高度,形成堆积状态,以致混匀和制粒效果都差;若转速过大,则筒体产生的离心力过大,使物料紧贴在筒壁上,致使物料失去混匀和制粒作用。

圆筒混合机的临界转速(r/min)为 $30/\sqrt{R}$,其中,R 为圆筒混合机的有效半径,单位是m,有效半径 = 实际半径 - 0.05m。计算表明,圆筒混合机在临界转速时,就能保证烧结混合料充分地混合,圆筒混合机的制粒效果最佳。一般一次、二次混合机的转速分别为临界转速的0.2~0.3倍和0.25~0.35倍。

C 倾角

此倾角决定物料在圆筒混合机中停留的时间。倾角越大,停留时间越短,物料混匀与制粒效果越差。一般混合机的倾角在 2°~6° 之间,二次混合机的倾角应小于一次混合机。

D 填充系数

圆筒混合机的填充系数是指圆筒混合机内物料所占圆筒体积的百分率。当混合时间不变,而填充系数增大时,可提高圆筒混合机的产量,但由于料层增厚,物料运动受到限制和运动轨迹被破坏,因而对混匀制粒不利;填充系数过小,不仅产量低,而且物料间相互作用小,对制粒不利。一般认为一次混合的填充系数为15%左右,二次混合比一次混合低一些。

5.3.2 强化混匀与制粒的措施

混合料通过混匀与制粒,能使混合料各组分的物理化学性能均匀,能改善烧结料的透气性,这不仅能使烧结过程顺利进行,而且可以获得好的产质量,因此,国内外对强化混合料的混匀制粒采取了很多措施,并取得了明显效果。

5.3.2.1 添加黏结剂

烧结料所使用的细粒原料很多,特别是细磨精矿的粒度都小于0.5mm。这些细粒原料有的成球性能好,有的成球性能差,锰矿粉、高炉灰的成球性能就比较差。如果用成球性能好的物料作烧结原料,在混合制粒过程中,其混匀效果就差一些,而成球效果就比较好,这对烧结矿的成分会因混匀效果差而出现各组分不均一。如果在这种成球性好的物料中加入高炉灰和锰矿粉时,其混匀效果会随加入量的增加而变好,而其成球性会随加入量的增加而变差,从而影响到烧结矿的产量。

为了不降低烧结矿的产量和质量,又能综合利用矿物资源,烧结混合料中加入适量的被称为黏结剂的其他物料。这种物料一般来说粒度细,比表面积大,能有较大水容量,能改善物料的亲水性,使混合料既能混匀又能粘在一起成球。这类黏结剂常用的品种有消石灰、生石灰、活性石灰、皂土等。生石灰遇水消化成消石灰后,不仅能形成胶体溶液,而且有凝聚作用,使细粒物料向其靠拢,再经过制粒机内的滚动,形成球粒,并逐步长大为高强度的小球。

5.3.2.2 延长混合时间

生产实践表明:在生产过程中,其他条件不改变的情况下,混合时间越长,则物料的混匀效果越好,成球率也越高,混合料的粒度组成也越好。延长混合时间可以从两方面入手,其一是减小圆筒混合机的安装倾角;其二是加长圆筒混合机的长度,通常是将二次圆筒混合机的长度增加,以延长圆筒混合机制粒时间来改善混合料的粒度。如某厂采用的一次圆筒混合机 $\phi4.4m \times 17m$,二次圆筒混合机为 $\phi5.1m \times 24.5m$,设计总的混合时间为5min。为了延长混合时间,有的烧结厂采用三次混合。在国外也采用很多方法来延长混合时间,有的混合时间近8min。

5.3.2.3　寻求高效率的圆筒混合机

为了寻求高效率的圆筒混合机，国外一些烧结厂还在研制和试验其他结构形式的制粒机，如水平圆盘式制粒机、"套筒式"圆筒制粒机、混合料振动制粒、两台同轴圆筒混合机串联安装等。

5.3.2.4　控制添加水量

添加到混合料中的水量对混合料的成球质量及透气性有很大的影响。不同混合料其加水量也不一样，关键是把水量限制在一个最佳的范围内。用铁矿粉烧结时，混合料最佳水分量为混合料最大透气性时水分量的90%。因此，按照接近最佳混合料水分量生产，烧结矿既能增产，质量也会得到改善。近年，国内外很多厂都对一次、二次混合加水量实行自动控制，以保证烧结混合料的最佳水分值。

5.3.2.5　预先制粒法

改善以细粒级原料为主的烧结混合料透气性的方法之一，是将细粒组分预先制粒，然后再将其与粗粒组分混合。国外许多厂将高炉灰、烧结粉尘或细粒精矿添加大约3%的皂土，制成2~8mm的小球送至二次圆筒混合机。烧结机利用系数提高10%左右，固体燃耗降低5kg/t。国外还研究了一种细粒精矿添加生石灰预先制粒的方法，并应用于600mm的料层烧结中，使烧结机利用系数提高，而能耗下降15%~20%，小于5mm粒级粉末的含量减少10%~20%。

5.3.2.6　其他方法

A　返矿打水

在使用热返矿工艺时，可以往热返矿胶带上打水，不仅可降低返矿温度，而且能起到粉化返矿的作用，增加了以返矿为核心的制粒作用。同时，因返矿打水后，混合料润湿充分，有利于二次混合制粒。

B　改变水的性质

加入磁化水，水经过适当强化磁场磁化处理后，其黏度减小，表面张力下降，从而有利于混合料的润湿和成球。在此条件下，加入物料中的水分子能迅速地分散并附着在物料颗粒表面，表现出良好的润湿性能，在机械外力的作用下，被水分子包围的颗粒与未被水分子润湿的干颗粒之间的距离缩小，使水分子的氢键把它们紧紧地连接在一起，强化制粒。这有利于提高混合料的透气性。

C　改变水的pH值

pH值表示水的酸碱性，有研究表明，当pH值为7时，水对物料的湿润性最差，则物料成球效果也最坏，要求加入到圆筒混合机中水的pH值尽可能地向大或小的方向发展，提高水对物料润湿的速度，以利于制粒。

D　添加有机物

往烧结料中除添加生石灰、消石灰、皂土等外，国内外研究将有机添加物应用于强化烧结混合料制粒，也取得了明显效果。这些有机添加物包括腐殖酸类、聚丙烯酸酯类、甲基纤维素类等。

5.3.3 圆筒混合机的有关计算

5.3.3.1 混合时间的计算

混合时间的计算公式为:

$$t = L/v \tag{5-4}$$
$$v = 2\pi Rn\tan(2\alpha)/60 = 0.105Rn\tan(2\alpha)$$
$$t = L/[0.105Rn\tan(2\alpha)]$$

式中　t——混合时间,s;

　　　L——混合筒体长度,m;

　　　v——料流轴向流动速度,m/s;

　　　R——圆筒混合机半径,m;

　　　n——圆筒混合机转速,r/min;

　　　α——圆筒混合机安装倾角,(°);

　　　π——圆周率。

5.3.3.2 圆筒混合机填充系数的计算

圆筒混合机填充系数 ϕ 的计算公式为:

$$\phi = \frac{Q}{3600Fv\gamma} \times 100\% \tag{5-5}$$

式中　ϕ——填充系数,%;

　　　Q——圆筒混合机的给料量,t/h;

　　　F——圆筒混合机的横截面积,m²;

　　　v——料流轴向流动速度,m/s;

　　　γ——混合料堆密度,t/m³。

5.3.3.3 圆筒混合机生产能力的计算

圆筒混合机生产能力的计算公式为:

$$K = 11.8\mu R^3 n\gamma\phi\tan\alpha \tag{5-6}$$

式中　K——生产能力,t/h;

　　　μ——混合料松散系数,一般取0.6;

　　　R——圆筒混合机筒体内径,m;

　　　n——圆筒混合机转速,r/min;

　　　γ——混合料堆密度,t/m³;

　　　α——圆筒混合机安装倾角,(°);

　　　ϕ——填充系数,只取不带百分号的数值,如15%只取15。

5.3.4 水分的控制与测定

由于水分是烧结生产中的重要参数,因此,对水分的控制与测定显得很重要。对水分的控制与测定方法分为两种:一种是人工控制的方法;另一种则是自动控制的方法。

5.3.4.1 混合料水分的人工控制与人工测定

A 水分的人工控制

根据烧结原料和返矿配比的不同，由人工控制水管阀门，分别在一次混合、二次混合加水。一次混合给水要充分，达到总加水量的80%以上。当水分过小时，有少量的返矿未润湿，返矿颗粒发白，下落时有少量灰尘，燃料颗粒裸露，混合料发黄且松散，布到胶带运输机上形成自然堆角；当水分过大时，物料黏性增强，布在胶带上很不均匀，有成块的现象，颜色较深，物料外表可以看到未被完全吸收的水分；当混合料水分适当时，物料色泽均匀，且黑中带黄，返矿发白很少，表面看不到未被吸收的水分。

二次混合的目的除继续润湿外，主要是制粒，以增加烧结料的透气性。一般情况下，二次水应每隔10min检查一次，其方法是：水分正常时，手握紧料后能保持团状，轻微抖动就能散开，手握料后感到柔和，有少数粉料粘在手上，有1~3mm的小球，料球均匀，无特殊光泽；水分不足时，手握不能成球，料中无小球或有很少的小球；水分过大时，料有光泽，手握成团后再抖动不易散开，并有泥粘在手上。

B 水分的人工测定

国内各厂多采用烘干法来测定混合料的水分，其方法如下。

取样：这是测定混合料水分的重要一环，试样取得不好，就无代表性，影响烧结生产。通常测定一次混合后原料含水的取样点在二次圆筒混合机前的胶带运输机上，样量为1000~1500g，测定二次混合后混合料水分的取样点应在梭式布料器下料处，来回多次截取，样量重1000~1500g。

测定：将取回的试样倒在胶皮上混匀，缩分至300g左右，用天平取250g试样倒入试样盘铺平，放入烘箱烘30min后取出称其质量，然后按下式计算：

$$w = \frac{G_0 - G_1}{G_0} \times 100\% \tag{5-7}$$

式中 w——混合料中水分的质量分数，%；

　　　　G_0——试样质量，g；

　　　　G_1——烘干试样质量，g。

5.3.4.2 混合料水分的自动测量和控制

用人工控制和调节混合料的水分，其缺点是误差大、劳动强度大、工作环境差。用自动检测的方法来控制水分则可改变上述状况，现在烧结厂大都应用红外线、中子等测水先进方法。

红外线测水自动控制原理是：将某一波长的测量光束照射在被测物上，随被测物中水分的质量分数增加（或减少），从被测物反射回来的红外线就随之增加（或减少），红外探测器测量反射光束的强度，就知道被测物中水分的质量分数，通过光电转换器，向计算机输入变化的电流，计算机根据设定标准值来控制电动水阀门的加、减水量，从而达到加水自动控制。

5.3.5 生产操作

5.3.5.1 联锁操作

联锁操作步骤主要是：

（1）联锁操作由主控室集中操作。

（2）接主控室通知后，将选择开关置"联动"位，紧急开关置"正常"位。

（3）检查设备润滑良好，稀油泵、喷油泵工作正常，运转部位无人和杂物。

（4）确认完毕后，通知主控室启动设备。

（5）非事故状态下严禁带负荷停机。

（6）发现混合料水分或料温异常，应及时通知主控室调整。

（7）自动加水装置出现故障而使用旁通水管加水时，应严格执行技术操作标准，上料、缓料时要及时开、关水阀门。自动加水恢复后，旁通水阀门要关严。

（8）依据巡检卡内容，按规定时间、规定路线进行检查。

5.3.5.2　机旁操作

机旁操作步骤主要是：

（1）机旁操作仅限于事故处理或设备检修试车。

（2）机旁操作应先通知主控室将系统状态置"单机"并说明情况，现场选择开关置"单机"位，得到主控室许可，现场确认无误后方可启动。

（3）圆筒混合机内有料时，应确认下游设备运行正常。

（4）使用微动电动机应确认后方可启动。

（5）机旁操作结束后，应将现场开关置"联动"位，通知主控室恢复系统"联动"。

5.4　圆筒混合机常见故障处理

5.4.1　设备维护

圆筒混合机正常运转，使烧结生产正常进行，就应该在生产操作过程中，对圆筒混合机进行维护，主要包括以下几个方面：

圆筒混合机筒体、滑道、齿圈、托轮、小齿等应润滑良好，其中，托辊滑道用稀油润滑，要保持润滑装置运转正常，观察稀油调节阀门，保持每分钟 5～10 滴的出油量。托辊、挡轮、小齿轴承及齿圈也要密切关注润滑情况。

所有设备应经常清除积灰积料和油污，保持设备清洁，尤其是对圆筒混合机这样的大型设备。由于活性灰容易在筒体内积料，对物料的运行有影响，同时也加重了设备的质量，加速了设备的损耗。因此，在停机检修或生产允许的情况下，要及时对筒体清料，清料时要按有关的安全规定执行，以确保人身和设备安全。

5.4.2　设备巡检

设备在使用过程中，应定期进行巡回检查，以便及时发现事故隐患，采取对应措施，减少事故的发生。

5.4.2.1　巡回检查路线

对圆筒混合机设备的检查按下列顺序进行巡回检查：电动机→接手→减速机→传动齿轮→安全罩→筒体、托轮→挡轮→螺栓→滑道、垫板→油泵、油管、仪表→进出口漏子→水泵、水管、水阀门→蒸汽管道和阀门。

5.4.2.2　巡回检查内容

圆筒混合机巡回检查内容见表 5-3。

表 5 - 3　圆筒混合机巡回检查内容

序　号	检查部位	检查内容	检查标准	检查方法	检查周期
1	电动机	地脚和接手螺丝	紧固，齐全	观察、手摸	8h
		温度	小于65℃（不烫手）	手摸	2h
		接手安全罩	不缺、可靠	观察	8h
		运行	平稳，无杂音	耳听	随时
2	减速机	各部位螺丝	紧固，齐全	观察、手摸	8h
		接手	连接牢固	观察	随时
		油位	油标中线	看油标	8h
		运行	无杂音	耳听	随时
3	各部位轴承	温度	小于65℃（不烫手）	手摸	2h
		螺丝	紧固，齐全	观察、手摸	8h
4	大齿圈与小齿辊	啮合及磨损情况	磨损均匀	观察	8h
5	滑　道	垫板及螺丝	紧固，齐全	观察	2h
		运行	平稳	观察	2h
6	托轮和挡轮	地脚、拉杆螺丝	紧固，齐全	观察	2h
		运行	平稳	观察	2h
7	润滑系统	油泵、管道、仪表	不漏油，仪表参数正常	观察	2h
		给油器	灵活	观察	2h
		润滑油点	能正常供油	观察	2h
8	漏　斗	连接处和衬板	紧固，无开焊，不漏料	观察	4h

5.4.3　常见故障处理

5.4.3.1　设备常见故障处理

圆筒混合机机械常见故障的判断和处理见表 5 - 4。

表 5 - 4　圆筒混合机机械常见故障的判断和处理

序号	常见故障	原　　因	处 理 方 法
1	减速机声音大	（1）轴承磨损； （2）人字齿轮啮合错位	（1）调换新轴承； （2）重新调整齿轮啮合
2	圆筒混合机筒体振动大或窜动	（1）四组托辊位置不正； （2）辊道螺丝松动，垫板摇动； （3）辊道开裂、变形、托辊或辊道掉皮； （4）大型圆筒混合机托辊润滑不正常； （5）筒体托辊的中心线与筒体的中心线不平行，上窜是指筒体向进料口方向移动，反之就是下窜	（1）调整托辊； （2）调整垫板，拧紧螺帽； （3）辊道、托辊修理或更换； （4）查看托辊的润滑系统，恢复正常润滑； （5）查找托辊和筒体中心线，使其两线平行
3	轴承过热	（1）轴承损坏； （2）缺油或油脂过多	（1）检查更换轴承； （2）适量加减油脂

序号	常见故障	原　因	处理方法
4	减速机漏油	(1) 油量过多; (2) 轴头密封不好	(1) 减少油量; (2) 重新密封
5	转动小牙振动	(1) 齿轮啮合不正,或地脚螺丝松动; (2) 轴承间隙过大	(1) 重新找正拧紧螺丝; (2) 检查更换轴承
6	喷水管水眼堵	(1) 水质不好,泥沙较多; (2) 水眼被料堵死	(1) 查明原因进行疏通; (2) 更换喷头
7	电动机不能启动	(1) 未送电,事故开关未合上或系统选择开关不对; (2) 熔断器内熔丝断,电压过低; (3) 电机负荷过大,或传动机械有故障	(1) 检查开关; (2) 检查电压及熔断器; (3) 检查负荷情况
8	电机有异常振动和响声	(1) 地基不平,安装不好; (2) 轴承有缺陷或装配不好	(1) 检查地基和安装情况; (2) 检查轴承情况或更换轴承
9	电机局部或全部发热	(1) 电机过载; (2) 电源比额定电压过低或过高; (3) 电机通风不好,环境温度高	(1) 应降低负荷,或换一台容量较大的电机; (2) 调整电源电压,允许波动范围 ±5%; (3) 检查风向旋转方向,风扇是否脱落,通风孔道是否堵塞,改善环境通风

5.4.3.2　生产常见故障处理

A　圆筒混合机进口漏料

漏料虽然不影响圆筒混合机运转,但增加了劳动强度,污染了环境。产生这一现象的原因:一是送料进入圆筒混合机内的胶带运输机头部刮料板坏,或者清扫器损坏,使料由胶带带出;二是筒体粘料后形成料垭,堵住物料不能顺利前行,造成向后漏料。

处理方法是:若是第一种情况出现时,在漏料并非严重的情形下,有停机检修的机会,按安全规定停电后进入筒体内处理;若是第二种情形出现,安排清料,清料时要执行安全规定。

B　圆筒混合机压料

事故原因:圆筒混合机使用一段时间后,由于内衬和角钢被磨掉之后变得越来越光滑,物料与筒体的摩擦力减小,物料扬起来,在圆筒混合机内的运动减慢,圆筒混合机筒体积料增加,当增加到超过某一极限时,造成圆筒混合机被压死。有时圆筒混合机出口堵塞杂物,也易造成压料事故。

处理方法:事故出现后,要立即切断事故开关停机,并报告主控室停电进行处理。在处理过程中,必须有人在外监护。在处理前,先打开出口端热气门排气,当温度降低后进行人工挖料。在挖料过程中,要采取有效措施,防止高位料块下落伤人,严格执行安全规程。清料工作结束后,通知主控室,恢复生产。清理圆筒混合机筒体内的粘料要与检修计划同步,尽量减少临时停产。

5.5　安全生产要求

5.5.1　危害因素辨识

作业内容主要有:

(1) 设备巡检作业;

（2）圆筒混合机筒体内壁黏结料清理作业；

（3）水分检查作业。

危险因素辨识主要是：

（1）劳保用品穿戴不齐全或不规范易造成人身伤害；

（2）作业前人员精神状态差或无互保对子单人作业易误伤害；

（3）巡检时身体靠近传动部位，易发生机械伤害；

（4）地面有渍油未清除，行走时易滑跌受伤；

（5）无安全照明，无通风设施，易造成机具伤害、触电、中暑；

（6）未停电，未确认，图省事，盲目作业，易发生事故；

（7）挖料前未清除管梁上积料，易造成物体打击；

（8）筒体倒料转动时，未确认作业人员撤离，易造成机械伤害；

（9）倒料再挖时，未再次办理停电手续，易造成伤害；

（10）无专人监护，人员安排不当，疲劳作业，工具不齐全完好，人员站位不当，会造成机具伤害。

5.5.2　应急预案

应急预案主要有：

（1）凡出现圆筒混合机突发事故，立即切断事故开关停机；

（2）及时报告主控室，并办理停电手续；

（3）打开出口端热气门排气、降温；

（4）配合进行事故处理。

5.5.3　安全生产要求

5.5.3.1　作业前的准备

作业前的准备工作主要有：

（1）上岗前必须穿戴好劳保用品；

（2）检查设备、安全防护装置、安全警示标志、工机具性能是否符合安全技术标准和作业条件；

（3）所有作业项目必须先制定作业方案并上报审批后按方案执行；

（4）确定联保互保对子并相互监督配合，严禁单人作业；

（5）动火作业前，必须检查作业区域是否有易燃物，并配备消防器材。

5.5.3.2　设备巡检要求

设备巡检要求主要是：

（1）检查确认设备周围无人或障碍物，上下楼梯及过桥必须手扶栏杆；

（2）设备运行中，禁止身体任何部位与运转设备接触；

（3）及时清除通道散料、油泥等障碍物；

（4）保持岗位照明度，落实联保互保和班中联系制度；

（5）现场巡检，电器操作箱、动力柜门关好，安全、消防设施完好。

5.5.3.3 挖圆筒混合机筒体内壁黏结料的作业要求

挖圆筒混合机筒体内壁黏结料的作业要求主要是：

(1) 穿戴好必备的劳保用品，接好安全照明（含通风机），确认挖料工具齐全完好；

(2) 当筒体外有滑道、托辊等检修时，禁止进入筒体内工作；

(3) 搭好进出筒体专用安全跳板，确认牢靠，上下爬梯抓紧；

(4) 先清除管梁上积料，再从底部或两侧开始挖料，侧面挖料高度严禁超过1.5m；

(5) 使用微动电机转筒体松料时，必须三人配合，专人指挥；

(6) 筒体上方有松料时，用风管将松料吹下，防止垮料伤人；

(7) 挖料人周围1.5m内不得有人，以免工具伤人；

(8) 筒体松料倒空转动时，确认作业人员、工具撤离完毕；

(9) 统一组织指挥，合理安排作业人员，防止疲劳作业或中暑。

复习思考题

5-1 混合料的制粒机理是什么？

5-2 影响混合料混匀和制粒的因素有哪些？

5-3 红外线自动控制的原理是什么？

5-4 混合工序在烧结生产中的作用是什么？

5-5 圆筒混合机进口漏料的原因及处理方法是什么？

5-6 混合制粒必须具备哪两个主要条件？

5-7 水分对烧结产生什么影响？

5-8 返矿的数量和粒度对混匀和制粒有何影响？

5-9 为什么要强化混合料的混匀和制粒，目前有哪些强化措施？

5-10 圆筒混合机的工作原理是什么？

5-11 强化混合料的混匀与制粒有哪些措施？

5-12 如何人工测定混合料的水分？

5-13 圆筒混合机筒体内壁粘料清理作业有哪些要求？

5-14 如何处理圆筒混合机的压料事故？

5-15 延长圆筒混合机混合时间的方法有哪些？

5-16 简述一、二、三段圆筒混合机在混合制粒过程中的主要功能。

5-17 圆筒混合机按传动方式可分为哪两种，各有什么优缺点？

5-18 圆筒混合机的支撑托辊有哪几种方式，各有什么优缺点？

5-19 在混合料的成球过程中，混合料中水分存在的形态有哪几种？

5-20 如何计算混合料的混合效率？

6 抽 风 机

6.1 烧结抽风机设备

应用于烧结的风机主要是叶片单级式、尺寸大型化、高功率、高电压、转速中等化的离心式抽风机，起着提供助燃空气、使烧结料中的固体燃料充分燃烧、强化烧结、提高烧结生产率的作用，同时将烧结过程中产生的各种气体途经烟道、电除尘器或多管除尘净化后由烟囱排除。抽风机是烧结生产的重要设备之一，直接影响着烧结机的生产效率、烧结矿的产品质量和成本，被人们称为烧结生产的心脏。近年来，由于烧结技术的进步，烧结设备逐步大型化，风机也随之向大型化（大风量、高功率）方向发展。目前，在功率配置上，100m² 以下烧结机所配的风机功率为 3000kW，200m² 以下烧结机所配的风机功率为 4000kW，400m² 以下烧结机所配的风机功率为 7000kW，600m² 以下烧结机所配的风机功率为 10000kW。随着烧结风机的大型化，不仅对制造风机的材质、强度以及经济性和操作条件等提出了新的要求，而且对风机运行状态的控制和风机故障诊断提出了更高的要求。

6.1.1 抽风机工作原理与构造

6.1.1.1 抽风机的工作原理

风机主要的结构是叶轮和机壳，机壳内的叶轮固定装配在电机带动的转轴上，当电动机带动叶轮旋转时，烟气从两侧进风口进入，随叶轮旋转，在离心力的作用下，烟气从叶轮中心被甩向边沿，以较高速度流入蜗壳，并由蜗壳导流向排风口流出，此时在风机的进风口处形成一定的真空度（即负压），使空气经台车上的料面、风箱、大烟道、除尘器而进入风口。由于叶轮的不断旋转，进风口的烟气不断经过叶片间的流道蜗壳向排风管流出，使烧结过程连续进行。

当烟尘通过叶轮时，由于叶轮的叶片与气体的相互作用，叶轮将能量传递给烟气，使烟气的压力和动能增加。烧结抽风机的工作主要是靠离心力的作用，所以称为离心式风机。

6.1.1.2 抽风机的结构

国内烧结生产使用的抽风机绝大多数属于单级离心风机，一些小型烧结机有的采用单吸入式，而大、中型烧结机则多采用双吸入式风机。任何一种形式的风机都是由主轴、叶轮、轴承、联轴器以及机壳构成。

A 机壳

机壳用钢板制成旋涡型，也有铸铁的。在结构上不仅要考虑耐磨性和抗振性，而且还要考虑其机械效率。

B 叶轮的结构

我国烧结生产采用的离心风机，按吸入型分为单吸入式和双吸入式。大型烧结机采用的大型风机多为双吸入式。

若按叶轮叶片的形式，可分为径向型和后弯型。其中，径向型分为径向直叶片和径向曲叶片两种；后弯型分为后直叶片、后弯曲叶片和翼型叶片3种。

叶片的形状决定进入风机的气体流线形状和叶片进出口压力损失的大小。因此，叶片的形状与风机的效率关系很大，径向叶片风机效率一般较低，只有71%；后弯叶片风机效率比径向叶片高5%～11%；翼型叶片风机效率较高，为84%。

风机的叶轮主要由中间板、侧板、轮壳和不同角度的叶片构成。中间板和侧板的材质多选用S45C～50C钢。现行风机叶轮主要有径向型、后弯型和翼型3种形式，其构造简述如下。

a 径向型

径向型风机叶片又可分为两种形式：一种是径向直板叶片；另一种是弯曲叶片。含尘气体进入叶轮后，粉尘在叶片的入口地方大部分与叶片发生碰撞，气流迅速地经过叶轮，因此对叶片磨损很大。磨损是从叶片的前端开始的，因此叶片出现不平衡以致产生振动。为了减少在叶轮入口处的碰撞程度，将叶片前部做成弯曲线型，而后部也有一个倾斜角，使从叶轮中出来的气流平滑地离开，以减少磨损，这就是径向弯曲叶轮的特点。径向弯曲叶轮的结构较为紧凑而效率也比直板型高，其缺点是磨损到一定程度时叶片容易变形。总之，径向型与其他形式相比，具有体积小、转数小、质量轻、加工费用低、耐磨、易维护和更换等优点，其缺点是风机效率低。

b 后弯型

为了防止叶片前端的磨损和产生不平衡，在叶片的出口处做一倾斜角；为了减少入口处的碰撞，又做一个入口倾斜角，目的是减少灰尘入口时对叶片的碰撞。从流线图可以看出，含尘气流在进入、排出以及在叶片间流动时流线是平滑的，而且涡流少，所以对叶片的磨损量少，效率也高。但是，含尘气流在离心力的作用下成直角进入叶片中间，由于灰尘颗粒的惯性作用冲刷叶片根部，因而叶轮的叶片、中板和侧板都被磨成深沟。所以选用这种风机时要考虑叶片和中、侧板的耐磨性能，并且中、侧板要加保护衬板。

c 翼型

其叶轮实际上是后弯型的一种，叶片的断面呈鸟翼形状，这种形状的叶片有利于减少气流在入口处的冲撞损失，而且叶片表面的涡流也很少出现，效率比较高。但由于叶片直径大，速度快，叶片头部与含尘废气接触面大，容易被磨损，所以它的寿命不如后弯叶片长。为了克服这一缺点，叶片头部做成整个实心体，在垂直气流方向堆焊若干条耐磨的碳化钨硬质合金以延长叶轮寿命。但在实际生产中，堆焊的地方容易产生裂缝。国外有的厂家不仅把翼型叶片头部做成整块实心体，还在叶片上安装可更换的衬板。在中间板、侧板磨损较剧烈的部分安装保护衬垫。翼型风机叶轮与径向型、后弯型相比较效率最高，而且费用低，但耐磨性和强度是它的薄弱环节。所以制造翼型风机方面需要加强其耐磨措施的研究及选用高强度的材质，以适应风机大型化的要求。

C 轴、轴承及联轴器

烧结风机的轴一般采用实心结构，为了提高转子的刚度，使转子因不平衡产生的振动小一些，转子的临界转速比运转速度要大100倍以上。轴与机壳之间的密封一般有多种形式，有密封性能较好的迷宫环密封、羊毛毡密封、石棉绳密封等。烧结风机的轴承采用的是滑动轴承，其材质是钨合金，此类轴瓦是运用流体动力学理论，在轴颈与轴瓦之间形成油膜，进行润滑。按照实践经验，要形成稳定的油膜，两者要保留一定的顶间隙，间隙按轴颈直径的0.17%～0.20%控制。风机转子的止推端位于风机与电机之间，以减少对电动机的轴向推力。风机和电机之间的联轴器可采取万向联轴器、半刚性齿轮联轴器、蛇形弹簧联轴器等。其中，由于蛇形弹簧联轴器不仅能调节部分安装误差，而且具有弹性，减少启动时的瞬间力矩而逐渐得到广泛应用。

6.1.1.3　传动示意图

抽风机传动示意图如图 6-1 所示。

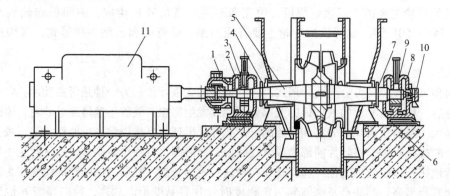

图 6-1　抽风机传动示意图

1—联轴器；2—支承轴承箱；3—支承轴衬；4—风扇；5—转子；6—密封；7—端盖；
8—止推轴承箱体；9—轴头齿轮油泵；10—窥视孔；11—电动机

6.1.2　抽风机技术特性

6.1.2.1　技术特性

不同规格、性能抽风机的技术特性见表 6-1。

6.1.2.2　特性曲线及基本要求

抽风机的特性曲线是指风机在一定的转速下，风压、功率（一般指轴功率）、效率与流量的关系曲线。也就是说，当风机转速一定时，相对应着一定的风量 Q、风压 P、功率 N 和效率 η。若风量 Q 变化，风压 P 和功率 N 和效率 η 也将随之改变，取转速 n 为常数，绘出函数 $Q = f(p)$，$Q = f(N)$，$Q = f(\eta)$ 的曲线，即风机的特性曲线。

A　风机特性曲线显示

风压随流量的变化而改变。从流量为零上升到最大值，然后随流量的继续增大而不断下降。

功率随流量的增大而不断增加。在流量为零时，功率最小，此时的功率消耗在机械摩擦损失、流体与盘面摩擦损失以及叶轮内部液体的旋涡运动等方面。由于功率在流量为零时最小，所以风机应在流量为零的条件下启动。

效率 η 先随流量的增大达到最大值后，随流量的增大而下降。风机于设计转数下运转，相适应的效率最高，其工作情况称为最佳工况。在最佳工况下运转是最经济的，风机说明上所载的风压、风量、功率都是按最佳工况给出的。

抽风机工作特性曲线，目前只能通过试验方法测出，它是合理选用风机的重要技术依据。在生产操作中，用它来衡量抽风机是否达到最佳工况及是否经济合理。烧结生产普遍采用抽风方式，它直接影响着烧结机的生产和烧结矿的质量。

表 6 - 1　抽风机技术特性

设备性能	技术性能	参　数		
离心式抽风机	规格型号	L3N357505	RNV175 - 90NO - 410B4	HOWDENL3NDBL6T
	叶轮直径/mm	3575	3700	3502
	叶片数/个	12	10	13
	风量/m³·min⁻¹	21000	17000	16500
	负压/Pa	17150	14500	15000
	进气允许含量/mg·m⁻³	0.728		
	允许进气温度/℃	80～250	165	140
电动机	型　号	SYNCHRONOUSMOTOR	RNV175 - 9	T5200 - 611730
	功率/kW	7800	5100	5200
	转速/r·min⁻¹	1000	1000	1000
	电压/V	10000	10000	10000
地面油箱	容量/L	2000	2200	2700
	润滑用油	32 号汽轮机油	22 号透平油	32 号透平油
电动油泵	输出油压/Pa	5		
	油量/L·min⁻¹	85	150	80
	电动机功率/kW	3	5.5	3
	转速/r·min⁻¹	1415	1425	
高位油箱	容量/L	600	1950	1000
	落差/m	4.5	14	
风量调节阀门	扇形风门数/个	6	2 12	6
	开启角度/(°)	0～90	0～90	0～180
	调节方式	手动 电动	手动 电动	手动 电动

B　烧结抽风机必须具备的基本要求

烧结抽风机必须具备的基本要求是:

(1) 要求风机效益高,运转特性稳定。

(2) 鉴于烧结废气含尘、高温,要求风机必须具有良好的耐磨和耐热性能,并经得起长时间的连续运转,而且具有很好的可靠性。

(3) 风机容量要大,风机叶轮要有足够的转速,在设备和制造上要留有充分的备用能力,还要对转子做严格的静平衡和动平衡试验,以防止风机在运转过程中产生震动和轴承过热。

（4）由于风机叶轮的各部件要在高温、高压下连续运转，必须注意其零件材料的选择、热处理和焊接等工艺过程，不允许由于制造上的疏忽而造成风机运转中发生重大事故。

（5）要有必要的防噪声措施，防止风机运转时产生过大的噪声。

6.1.3 抽风机冷却润滑系统

6.1.3.1 工作原理

烧结使用的抽风机普遍采用齿轮泵供油的循环供油系统。目前这套系统已逐步标准化和系列化。这类齿轮油泵的润滑系统，供油能力有大小之分，但是它们的工作原理基本是一样的。齿轮泵从油箱吸出润滑油，经单向阀、双筒网式过滤装置及冷却器或者板式换热器送到机械设备的各个润滑点。稀油系统的出口压力为 392kPa。当润滑系统压力超过 392kPa 时，安全阀自动开启，多余的油经安全阀流回油箱。

抽风机的润滑系统正常工作时，有一台齿轮泵由风机轴带动运转给风机各点供油，这台油泵称为主油泵。此外，还有一台电动齿轮泵备用，当风机启动或者润滑系统耗油量增加，油压力不足而下降到某一定值时，备用的电动齿轮泵便自动启动，直至主油泵压力恢复正常时，备用泵才停止工作。

6.1.3.2 主要设备构成和性能

抽风机的润滑系统主要由油箱、油泵、油冷却器、吸入型油过滤器、成对油过滤器、安全阀、逆止阀、止油阀、油压替换器、油压表、油标计等组成。

A 油箱

油箱的主要功能是储油。送往各润滑点的润滑油从油箱吸取，又从各润滑点流回。经过沉淀，油水分离，油与杂质分离，消除油内泡沫，发散气体等处理后留于油箱，以备再送往各润滑点使用。同时，油箱本身还起到散热和冷却作用。

B 齿轮泵

齿轮泵是稀油供油的油泵，一般工作压力在 294～585kPa，属于低压范围。齿轮油泵由泵体内的一对互相啮合的圆柱齿轮组成。由于齿轮齿顶和泵体内腔表面是精密配合，形成了密封的空间容积。这个密封容积被相互啮合的齿轮从两个齿轮开始接触的啮合线处分隔为两部，即 a 腔和 b 腔（见图 6-2）。当齿轮沿箭头所示的方向旋转时，齿轮开始啮合，齿轮相邻两齿之间的空间逐渐被另一齿轮啮合的齿所占据，齿间的空间容积则逐渐缩小。当啮合进入到下一对齿开始接触时，这个排油容积减到最小。在容积减少的过程中，b 腔内的油产生压力形成排油腔，把油从排油口压出。再看 a 腔，当齿轮离开啮合时，齿又逐渐退出，相邻两个齿之间的空间容积逐渐增大的过程中，a 腔内产生负压（或局部真空）。由于上述密封容积的变化油液从吸油腔吸入，从排油腔 b 经排油口送出。这种油泵结构紧凑，外形尺寸小，自吸性好，转速范围大，工作条件适应性较高，所以在烧结风机润滑系统中得到广泛的应用。

C 油冷却器

用于稀油润滑系统中的冷却器有列管冷却器、板式换热器和冷却过滤器。目前，用于烧结风机最多的是列管冷却器。列管冷却器是利用热的油液和冷却剂（冷却水）进行强制对流而达到油液降温冷却的目的。由输油管来的热润滑油经过油口进入冷却器的下部，在冷却器中排列着一列列有规则的铜管，这些铜管同时穿插在间隔距离相同的隔板中，使热油沿管子外壁顺隔板组成的迷宫式的流道迂回流动，然后由冷却器的出口流出，冷却水从进水口进入冷却器管

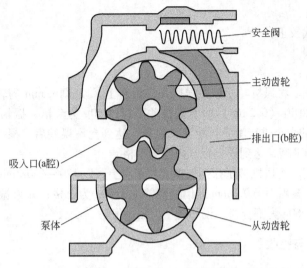

安全阀

主动齿轮

排出口(b腔)

吸入口(a腔)

泵体

从动齿轮

图 6-2　齿轮泵的工作原理图

子内由出水口流出。当热润滑油在管子之间顺隔板组成的流道流动时，把油流的热量经管壁传递给冷却水（冷却水吸收了油中热量）进行热交换，冷却管是用黄铜或紫铜做的。润滑油经冷却器冷却，一般温度可降低 5～10℃。油冷却器一般装在油的主输出管路上。

D　逆止阀

逆止阀能够保证辅助泵的油流出，从而防止往辅助泵倒流。

E　安全阀

安全阀控制油压。安全阀的阀板用弹簧驱动，弹簧受圆锥形阀上的油压控制。当油压变化时，弹簧动作以保持油压和弹簧压力之间的平衡，造成阀板控制力的共同变化，从而使油压保持在预定的水平。油压的预定值可用调整阀顶的螺栓来完成。当油压超过预定值时，过剩的油通过安全阀流回油箱。

6.1.3.3　安全阀调整

在润滑油管路中，如果压力表的指数大于 $1kg/cm^2$（$1kg/cm^2 \approx 0.1MPa$），可将调压阀螺盖拧下，用扳手调整弹簧杆，使弹簧放松以降低油压；管路中油压如低于 $0.7kg/cm^2$ 时，转动顶杆压紧弹簧，使弹簧缩短，以增加油压。通过上述方法，使油压保持在 $0.7～1.0kg/cm^2$ 的正常范围内。

6.1.3.4　润滑油性能

润滑系统采用 22 号汽轮机油（22 号透平油），其主要物理化学性能为：

50℃时黏度	$2.95～3.31mm^2/s$
凝点	$\leqslant -10℃$
闪点	$\leqslant 180℃$
灰粉	$\leqslant 0.05\%$
酸值（以 koh 计）	$0.021mg/g$

6.1.4　风机转子的动、静平衡校正

风机转子动、静平衡的试验校正方法有两种，即作图法和三点比较法。

校正工具主要有：

（1）采用摇摆式校正台；

（2）振动百分表。

校正步骤主要有：

（1）动平衡校正。将风机转子摆在摇摆式校正台上，以 300r/min 的转速进行转动。用百分表测定振幅小于 20 道（0.2mm）即偏重误差不超过 60g 为合格，振幅 0.1mm 相当于偏重 40g，根据空转振幅的大小进行配重再校正动平衡，达到允许误差后，根据配重进行加焊，再根据以上方法校正动平衡，达到误差标准内即为合格。

（2）静平衡校正。将风机转子摆到摇摆式校正台上，以 120~160r/min 的速度转动，用百分表进行测动振幅，振幅小于 0.2mm 即偏重误差小于 60g 为合格；如果振幅大于 0.2mm 则为不合格，即偏重大于 60g 为不合格，说明转子失去平衡。

6.1.5　抽风机试车与验收

试车前的注意事项及准备工作主要是：

（1）运转前应检查确认后，方可准备启动试车运转。

（2）检查电动机和风机旋转方向是否符合规定。

（3）检查油箱中油位是否符合要求。风机启动前油箱中的油面应低于顶部约 35~50mm。

（4）检查冷却水流动是否畅通。

（5）检查所有测量仪表的安装情况及灵敏性。

（6）启动电动泵，检查润滑油管道安装的正确性及回流情况，并校正安全阀。

（7）检查电动油泵旋转方向是否正确。

（8）检查安全阀体和止回阀体的连接是否正确。

（9）冷却器的冷却水压应低于油压。

试车及验收要求主要是：

（1）电动机空转 4h，无异常时，再带风机转 4h。

（2）试车运转时轴承温度不超过 65℃，振动不大于 0.05mm。

（3）检修后把拆下的备件及剩余的材料运走并保管好，周围的环境要打扫干净。

（4）试转时需检查的项目应按设备使用维护规程的要求进行。

（5）经过检查符合要求后，检修单位和生产单位办理交接手续。

（6）空转试车完毕后，即可进行负荷试车 24h。

6.2　抽风机操作

正确操作抽风机是防止事故发生及保证烧结生产正常进行的前提。当烧结机尚未布料时，抽风机风门过早打开，会造成抽风机负荷增大，浪费电能，还可能造成设备事故。正常生产时，抽风机风门开启不及时或不到位，将会影响烧结矿的产量和质量。另外，抽风机系统设备及供电控制程序复杂、制造精度高，稍有疏忽，将造成严重事故。

6.2.1　有关知识

6.2.1.1　名词解释

（1）电流：电荷沿着电路做定向流动称为电流，符号 I，单位 AC（安培）。

（2）电流强度：单位时间内通过导线截面积的电量大小。

（3）电压：电路中，任意两点间的电位差称为这两点的电压，符号 U，单位 V（伏特）。

（4）电阻：电子在导体中流动时有阻力，阻碍了电子的流动，称为电阻，符号 R，单位 Ω（欧姆）。

（5）绝缘体：导电能力差，电流几乎不能通过的物体。

（6）电功率：在单位时间内电流所做的功，符号 P，单位 kW。

（7）交流电：电流或电压的大小和方向随时间按一定规律做周期性变化的电流。

（8）直流电：一般指电流或电压的大小方向都不随时间的变化而变化的电流。

（9）安全电压：是指对人身安全危害不大的电压，一般是指 36V 以下的电压，12V 以下电压又称为绝对安全电压。

（10）润滑：是指机器在摩擦之间加入某种特种物质，用来控制摩擦，降低磨损，延长机器使用寿命。其作用是降低摩擦系数，减少磨损，降低温度，防止腐蚀，清洁冲洗，密封。

（11）联轴器：是指连接两轴或轴和回转件在传递运动和动力过程中一起回转而不脱开的一种装置。其作用是具有补偿两轴相对位移、缓冲和减振以及安全防护等功能。

6.2.1.2 自动开关

自动开关的用途是：主要用于直流 220V 和交流 380V 的低压电路，作为过流和短路保护及非频繁的接通和断开电路使用。

自动开关的构造是：由塑料外壳、塑料底座、电路脱扣器、静触头、动触头、灭弧室、自由脱扣机构、热脱扣调节指针等组成。

自动开关的特点是：

（1）断流的容量大，断开极限的短路电流相当于自动开关额定电流的80~300倍。

（2）保护性好，短路时，电磁脱扣机构瞬时断开电路；过载时，根据过载电流的大小，选择不同的脱扣时间来断开电路。

（3）使用安全，导电部分全部密封于胶木盒中。

（4）接通、断开电路迅速，大约在 0.02s 左右。

（5）能满足多方面的要求，是低压电器设备中最常用的设备。

6.2.1.3 继电器保护装置

继电器保护装置的作用是：当电力系统中发生故障或不正常的作用状态时，完成反应动作，迅速将事故部分与系统自动断开，以保证电力系统的正常运行并缩小事故范围，避免事故扩大；第二个作用是检测电力系统的设备处于不正常运行状态（例如过负荷、变压器中的油分解成轻瓦斯气体等）时，向运行人员发出报警信号或经过一定时限后断开。

继电器保护装置的基本要求是：动作迅速可靠，选择性好，灵敏度高。选择继电保护装置及接线方式应力求简单，以提高可靠性。

6.2.1.4 检查维护电动机应注意事项

检查电动机，一是听声音，应无异常响声；二是用手摸外壳温度不烫手（温度小于65℃），一般用手背与电动机外壳接触能持续 5s 以上。如果有异常声响，振动大或温度过高，应及时向主控室报告。

维护电机进行清洁时，不得用水清洗，只能用风管吹或用扫帚、破布清扫积灰。注意：扫帚、破布千万不能与高速运转的电动机接手接触，以防被接手转入发生危险。

6.2.1.5　计算机基本操作

抽风机岗位人员必须会正确使用计算机，能严格按技术标准和作业要求运用计算机对抽风机进行操作，通过计算机有步骤地开启、关停抽风机，合理调节风门开度，检查计算机画面中风机振幅、电流、油温、油压、风门开度等情况。能对计算机出现的一般性常见故障及时排除，对不能排除的故障要及时通知专业人员进行处理，严禁私自对计算机程序进行修改。

6.2.2　抽风机技术操作要求

6.2.2.1　运转指标

抽风机运转指标要求主要有：

（1）抽风机电动机电流不超过500A、励磁电流不超过45A。

（2）入口气体温度80~250℃，正常为130℃。

（3）风机轴承报警温度75℃、跳闸温度85℃。

（4）电机轴承报警温度75℃、跳闸温度80℃。

（5）电机绕组报警温度130℃、跳闸温度140℃。

（6）风机轴承面振动报警130μm、跳闸指标140μm。

（7）电动机功率因数0.9~1.0。

（8）电机、风机的振动极限见表6-2。

表6-2　某厂电机、风机运转中的振动极限　　　　　（mm/s·RMS）

项　目	1号			2号		
	电　机		风机	电　机		风机
	驱动端	非驱动端		驱动端	非驱动端	
报　警	3.0	3.0	5.5	3.0	3.0	5.5
跳　闸	4.0	3.8	5.9	4.5	4.0	9.5

6.2.2.2　润滑油站及油箱、油路系统

油冷却器的油、水温度和压力异常时，应检查管路和油质，调节油和水的压力。

（1）油压正常时，允许启动风机；当油压低时，启动备用油泵，当低油压持续超过60s时，停风机。

（2）当油箱温度低于20℃时报警；高于20℃时允许启动风机。

（3）冷油器的出口油温高于40℃时报警；高于45℃时跳闸。

（4）当油温低于15℃时，启动加热器；高于25℃时，停加热器。

（5）当过滤器压差高时报警。

（6）当轴承进油管流量低时报警。

（7）当电机冷却器水量低时报警，润滑油站冷却水量低时报警。

（8）进出冷却器的油温差大于3℃。

6.2.2.3　技术操作要求

抽风机的技术操作要求主要是：

（1）两台风机运行后方能生产。

（2）抽风分配原则：脱硫系与非脱硫系风量、负压温度基本平衡，如不平衡，调节风机风门开度或风箱支管切换阀进行调节。

（3）发现电机电流、风机负压、废气温度异常时应及时与主控室联系，检查烧结机布料及冷风阀工作情况。

（4）随时观察电机、风机运转状况（电机、风机、油、水路的运行参数），保持与主控室联系，核对相关参数。

（5）因突然停电或停机电动油泵出现故障不能启动时，应及时打开事故油箱。

（6）一台风机运转，另一台风机因故障停机时，所停风机的风门必须关闭并保持电动油泵继续运转。

（7）发现电机定子温度、电动机电流、电动机或风机轴瓦的温度、振动异常时，应及时报告主控室，并与有关人员共同诊断，采取措施。

6.2.3 生产操作

接到开机指令后，必须做好启动前的检查准备工作。

6.2.3.1 启动前的检查、准备和确认

启动前的检查、准备和确认工作主要有：

（1）操作牌齐全，大烟道无人，所有人孔点检门均已关严。

（2）确认抽风机风门已关严，转子处于静止状态，风机转动部位无卡阻现象。

（3）检查确认所有油路、水路畅通，阀门灵活，油箱油位适宜。

（4）主粉尘系统具备生产条件，未动作的双层卸灰阀处于关严状态，无漏风。

（5）机头电除尘具备生产条件。

（6）控制面板上无任何故障显示，测试正常。

6.2.3.2 空投操作程序

空投操作程序主要是：

（1）确认准备工作无误。

（2）确认电工检查正常。

（3）通知主控室、高压室准备空投。

6.2.3.3 计算机画面操作

计算机画面做如下操作：

（1）故障复位。

（2）风机检查，准备就绪。

（3）空投、计时。

一台风机空投完成后方可对另一台风机进行空投操作，空投时间超过2min应停止空投，检查排除故障后方可进行第二次空投，两台风机空投完成后通知主控室空投完毕。

6.2.3.4 启动操作程序

启动操作程序主要是：

（1）确认风门关严，油泵启动正常，空投无误。

（2）通知电工联系高压室送电。

（3）确认计算机画面出现"允许启动"。

（4）点击要启动的风机，点击"合闸"。

（5）记录启动时间，观察风机各参数是否正常，并按要求做好记录。

（6）一台风机启动正常后方可启动另一台风机。

（7）电工确认风机运转正常后通知主控室，风机启动完毕。启动不能超过规定时间，否则应立即停机检查，排除故障后方可进行第二次启动。

（8）启动时，操作工在室内操作，工长在室外观察，一台风机运行，启动另一台风机时应关严已运行风机的风门。

6.2.3.5　风门操作程序

风门操作程序主要是：

（1）风门开关有"仪控"和"电控"两种方式，正常生产应使用"仪控"方式控制风门开度。

（2）风门开度大小由主控室确认，并下达指令。

（3）收到主控室指令后，将风门逐步开、关到设定值并确认，做好相应记录并报告主控室。

（4）在"仪控"方式失灵的情况下，使用"电控"方式开关风门，并确认反馈值和现场开度是否一致。

（5）机旁方式是在"仪控"和"电控"方式均失效的情况下使用，"正向联动"为开阀，"反向联动"为关阀，机旁操作应两人配合操作，监视好风机电流和风门开度反馈值是否正常。

6.2.3.6　停机操作程序

停机操作程序主要是：

（1）接到停机通知后，将风门逐步关到"0"位。

（2）确认风门关严后，按下"停机"按钮。

（3）记录停机时间及停机原因。

（4）通知主控室风机已停。

6.2.3.7　紧急停机条件

需要紧急停机时，可先停主电动机，然后按正常停机顺序操作。如发现下列现象，应紧急停机：

（1）主电动机冒烟；

（2）电动机或风机突然振动加剧或有金属撞击声；

（3）油温油压正常，但轴瓦温度突然上升超过本机规定值；

（4）闸阀连杆脱开；

（5）电刷滑环出现严重火花；

（6）油管断裂或油路不通。

6.2.4　异常情况判断与操作

在风机操作过程中，时常会出现一些异常情况，应采取相应的对策与措施，杜绝事故的发生。

6.2.4.1 电流波动

正常生产中，电流突然大幅波动，可判定烧结机漏风严重，应及时要求烧结机采取堵漏风措施，避免电流波动大而造成抽风机失常，必要时关风观察。

6.2.4.2 温度波动

抽风机正常运行时，电机定子温度和瓦温同时上升，这说明水温过高，现场检查测试，可发现冷却器前后水温无明显差值。这种情况一般出现在气温较高季节，现场应适当加大给水量。如果瓦温正常，电机定子温度高，这说明空气冷却器堵塞严重，应安排对空气冷却器进行清洗，温度急剧上升，应先关风门，紧急情况先停机。

6.2.4.3 负压与风量波动

抽风机正常运行时，引起风机负压和风量波动的因素比较复杂：一是工艺参数变化引起经常性的随机波动，如料层厚度变化、料面平整性以及混合料中水和碳的质量分数改变等，都影响风机风量和负压波动；二是抽风机系统密封状况的好坏的影响，在漏风严重时，则负压和风量波动大；三是抽风机系统管道不畅、烟气含尘量增大及风机叶片磨损等，也会影响风机风量的变化。

6.2.4.4 异常情况判断

在风机正常运行时，抽风机岗位人员可根据仪表数据的变化判断生产情况（见表6-3）。

表6-3 仪表判断生产情况

项 目	废气流量	除尘器前后吸力	废气温度	电机电流
开风门	升高	升高	升高	升高
关风门	下降	下降	下降	下降
烧结机压料	下降	升高	下降	下降
拉沟、跑空台车	升高	下降	下降	升高

6.2.5 提高抽风机效率的方法

提高抽风机效率的途径这里主要介绍两种：一种是延长风机叶轮的使用寿命；另一种是提高风机有效风量。

6.2.5.1 延长风机叶轮的使用寿命

结合生产实际，知道影响风机叶轮寿命的主要因素有烟废气中的含尘量及叶片的材质。因此，应该从以下几个方面加强管理：

（1）降低烧结烟气的含尘量。首先要加强生产操作，注重混合料制粒，控制好混合料水分，消除铺料的拉沟、抽洞现象，适当提高料层，控制好底科厚度，避免过多的混合料粉尘抽入烟道。严格控制烧结"终点"，保证烧好烧透，降低进入烟道的含尘量。其次是要减少风机和台车的漏风，保证台车车体符合标准。炉算条完整无缺，防止混合料从炉算条缝隙中被吸入烟道。选取较好的滑道密封形式，及时检查焊补抽风系统的漏风部位，特别是注意烧结机尾部风箱的漏风。

（2）提高除尘效率。要加强生产管理，定期清理大烟道，落实放尘制度，保证废气温度不低于100℃。防止水蒸气冷凝、风机叶片挂泥。

（3）加强除尘设施的检查。生产实践证明，除尘设施和阀门安装质量对除尘效率影响很大，尤其是双层卸灰阀需密封良好，上下阀动作要灵活协调。

（4）提高叶片材质的强度和耐磨性。为了防止风机叶片的磨损，一方面要选择耐磨性能好的材料制作叶片，目前广泛采用合金钢制造，有的在叶片易磨部位还增加了厚度；另一方面，为了提高叶片的耐磨性，在易磨损部位增加耐磨衬板，或者用硬质合金进行堆焊。

6.2.5.2 提高风机有效风量

A 提高风机有效风量的意义

烧结过程之所以能够不断地进行下去，主要是依靠混合料燃料在空气中不断燃烧提供热源来保证的。因而风量对于烧结生产的产量质量是具有重要意义的。

烧结过程所利用的风量由抽风机吸入。抽风机吸入的风量来自两个部分：一部分是通过料层吸入的风量；另一部分则是不通过料层吸入的风量。通过料层的风量为有效风量，从料层以外进入抽风机系统的风量为有害风量，或称为有害漏风。

在烧结生产中，不能单纯强调提高烧结风量，而应该强调提高烧结过程中的有效风量。因为只有通过料层的有效风量才能保证混合料中碳的燃烧。所以，在抽风能力一定的条件下，应该减少有害漏风，提高有效风量，加速料层垂直烧结速度。实验表明，烧结产量随有效风量的提高而增加。提高有效风量还可以改善烧结矿质量，特别是对节能更有其重要意义。

B 提高风机有效风量的作用

减少漏风，就是减少不通过料层的风量，增加通过料层的风量。在烧结过程中，通过料层的有效风量的多少，对烧结生产起很大的作用。单位时间通过烧结面积的风量越多，料层燃烧的条件就越好，对生产就越有利。一般烧结生产工艺要求每分钟、每平方米烧结面积的风量不应低于 $85m^3$，设计中都略超过 $85m^3$ 的要求，但富余量不多。要使通过料层的风量多，必须从降低漏风率和改善料层的透气性两个方面努力，降低漏风率要搞好机头、机尾、风箱隔板的密封和弹性滑道的密封，确保滑道润滑良好，电除尘器和大烟道卸灰均采用双层卸灰阀来减少漏风，控制大烟道风箱弯管堵塞及漏风。

C 提高风机有效风量的方法

要提高有效风量，首先要开展堵漏风工作，发现漏风点及时进行封堵处理；第二，烧结机铺料要平整，料面不出现抽洞；第三，合理控制水和碳的质量分数，强化制粒，改善料层的透气性。

6.2.5.3 提高料层透气性的措施

提高料层透气性的措施主要有：

（1）改善混合机工艺性能，加强制粒效果。

（2）使用生石灰添加剂。

（3）稳定混合料水分。

（4）采用低碳操作。

（5）预热混合料。

（6）均匀布料，不拉沟，抽洞、减少偏析。

6.2.6 抽风机的有关计算

6.2.6.1 风量计算

风机的风量由烧结机的有效面积来决定,通常是指风机在单位时间内吸入风的量,常用 m^3/min 来表示,也有用质量流量单位 kg/s、t/h、J/s、kJ/h 时来表示,我国常用 m^3/min 作为风量的单位,设计时按每平方米烧结面积需要 $80 \sim 100m^3/min$ 的风量选用。在实际操作过程中,风量会产生波动,该现象主要是风机叶片的磨损、粘料等因素导致风机特性发生变化,其波动极限风量为设计风量的 50% ~ 60% 左右。

风量计算公式为:

$$Q = \frac{60\pi v d^2}{4} \tag{6-1}$$

式中 Q——风量,m^3/min;

v——进入风机及风口的气体流速,m/s;

d——抽风机转子直径,m;

π——圆周率。

6.2.6.2 风压计算

风压是指单位体积气体流过风机叶轮时所获得的能量,它的单位为"mmH_2O"、"Pa"、"工程大气压",国内常用的风压单位是 mmH_2O、Pa。$1mmH_2O = 9.81Pa$,$1000mmH_2O = 1at$(1工程大气压),$1at = 98.1kPa$。

烧结机的风压损耗与烧结混合料的粒度、料层厚度、除尘器和集气管的阻力有关,国内采用的风机负压是 $9810 \sim 13734Pa$($1000 \sim 1400mmH_2O$),随着烧结机逐步大型化和烧结料层的提高,烧结风机负压也逐步升高,大型烧结厂风机平均负压为 $13734 \sim 17167.5Pa$($1400 \sim 1750mmH_2O$)。

6.2.6.3 转速

转速是抽风机的轴每分钟转动的圈数,单位为 r/min。

6.2.6.4 功率计算

抽风机的功率是指单位时间内所做功的大小,单位是 kW。

风机轴功率计算公式为:

$$N = \frac{QH}{60 \times 75\eta \times 1.36} \tag{6-2}$$

式中 N——轴功率,kW;

Q——风机风量,m^3/min;

H——负压,Pa;

η——机械系数,0.4 ~ 0.6;

1.36——马力换算常数。

6.2.6.5 效率计算

抽风机的功率是指单位时间内所做功的大小,功率单位是 W,也常用 kW 来表示(1kW =

1000N·m/s)。电动机传递给风机轴上的功率称为轴功率。风机在运转过程中内部必然要消耗一部分能量，不可能把全部的能量都传给气体，所以把传递气体的功率称为有效功率，而把有效功率与轴功率的比称为效率，用符号 η 来表示。

效率计算公式为：

$$\eta = \frac{N_e}{N} \times 100\% \qquad\qquad (6-3)$$

式中　η——风机效率，%；

　　　N_e——风机有效功率，kW；

　　　N——风机轴功率，kW。

6.3　常见故障及处理

要保证设备的正常运行，必须严格执行设备的检查制度，认真做好记录，并对岗位所属的设备进行精心的维护，通过对设备的维护来延长设备的使用周期，减少设备故障。

6.3.1　巡检

6.3.1.1　设备使用前的检查确认程序

检查确认程序如图6-3所示。

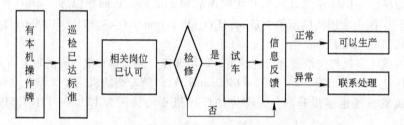

图6-3　设备使用前的检查确认流程图

6.3.1.2　巡检路线

设备巡检路线：油箱→油位→电动油泵→油冷却器→油压调节阀→冷却水阀门→水温水压→主电机轴瓦油环→进出油管→风机轴瓦→风机运行→温度表→压力表→事故油箱→蝶阀电机→蝶阀极限开关→蝶阀曲柄连杆→操作室各仪表→各指示信号→计算机画面→各种记录登记→消防器材。

6.3.1.3　检查标准及要求

检查标准及要求见表6-4。

表6-4　抽风机检查标准

序　号	检查部位	检查项目	检查标准	检查方法	检查周期
1	仪表盘	显示	灵敏可靠，调节灵活	目测、手试	1h
2	各监测处	读数显示	灵敏真实	目测	1h
3	计算机	显示	灵敏可靠，调试灵活	目测、手试	随时

续表 6 - 4

序 号	检查部位	检查项目	检查标准	检查方法	检查周期
4	电动机	轴瓦温度	小于 75℃	目测、手试	1h
		定子温度	小于 130℃	目测、手试	1h
		运行	平稳，无杂音	五感	随时
		振动	小于 5.5mm/s · RMS	目测、手试	1h
		各部螺栓	齐全，紧固	五感	8h
5	风机	运行	平稳，无杂音	五感	1h
		轴瓦温度	小于 75℃	目测、手试	1h
		振动	小于 5.5mm/s · RMS	目测、手试	1h
		联轴器	平稳，紧固	五感	1h
		进出口及人孔	不漏风	手试	1h
		各部螺栓	齐全，紧固	五感	8h
6	风 门	极限	灵活可靠	手试	开风门时
		曲柄连杆	灵活可靠	手试	开风门时
		各部螺栓	齐全，紧固	五感	8h
7	冷却系统	阀门	不堵、不漏	目测	4h
		各接头处	不堵、不漏	目测	4h
		压力	不超过 69kPa	目测	1h
		水温	35℃左右	手试	1h
		电动机绕组出水温度	小于 130℃	目测	1h
8	润滑系统	运行	平稳，无杂音	五感	1h
		节点、润滑点	无泄漏	目测	1h
		油压	正常	目测	1h
		油流指示器	均匀流量	目测	1h
		压差表	正常范围	目测	4h
		油池吸气	畅通	手试	8h
		冷却器水油温差	小于 15℃	目测	1h
		高位油箱	有油，不漏	目测	1h

操作人员必须按表 6 - 4 中内容进行检查，并做好记录。

（1）生产操作点检中发现的问题应及时处理，处理不了的应及时报告主控室。

（2）主电机、风机及附属设备和各项指标异常时，应及时向主控室报告并请示处理，紧急情况下可先停机后处理。

（3）注意和记录电机轴承及绕组、风机轴承温度、振动值。

（4）检查轴承油回流，窥视流量指示器是否有均匀的流量。

（5）做好设备的维护。

6.3.2 常见故障处理

风机是烧结生产的心脏，因此要及时发现并迅速处理风机的常见故障，以确保风机系统正常工作。

6.3.2.1　风机振动

风机在运转过程中常常由于各种原因引起振动，严重时影响风机的安全运转，但是振动产生的原因非常复杂，下面仅就一些常见的原因加以归纳。

（1）设备方面：

1）叶轮的中心偏离回转轴的中心线时，便会产生叶轮轴在运转时的振动，造成叶轮重心偏离轴中心线的原因可能由于叶轮本身材质不均匀、制造精度不高、铆钉松动、叶轮变形、灰尘进入机翼、叶轮的不均匀磨损、叶轮轴弯曲等。

2）安装和检修时中心未找好，造成电机轴和风机不同心，会产生负荷不平衡。

3）风机叶轮直径大，质量大，支点远，有自然挠度存在，用水平仪测量时，叶轮中心较两端低，因此应使其数值相等，方向相反，否则将产生振动。

4）轴瓦在轴承座是自由状态，振动加重，并伴有敲击声，所以在轴瓦和轴承座之间保持0.03～0.05mm 的预紧力是必要的。

（2）生产方面：

1）正常操作要求进入风机的废气温度必须为 120～150℃，而实际生产中，由于季节、气候原因或者某些操作因素，有时废气温度低于100℃。因而含尘的废气中的水蒸气和粉尘就会粘在叶轮上，引起叶轮的不平衡振动，出现这种现象严重时必须停机检查，将挂泥清除后仍可继续运转。

2）由于除尘设备维护不当，放灰不正常，使得大烟道漏风或者电除尘器吸尘管堵塞，破坏了正常废气的流动，促使风机除尘效率下降，废气中大颗粒粉尘大大增加，引起风机叶轮急剧不均匀磨损，因而失去平衡运转。

3）当烧结机布料不平、拉沟、掉炉箅子、跑空台车时都会引起风机的振动，直至上述现象消失振动即可结束。

（3）其他原因：

1）由于驱动风机的电动机本身的特点，也会引起风机的振动，譬如电动机由于电磁力不平衡而使定子受到变化的电磁力作用产生周期性的振动，它的振动频率等于转数与极数的乘积的倍数。如果它的频率与电动机座固有频率相一致，则振动将增加，风机也会受到影响而产生振动。

2）风机在不稳定区工作，往往会出现"飞动"现象。风机产生异常振动时称为"飞动"，又称为"喘振"现象，其产生的主要原因是由于吸入侧的阻力显著增加，使吸入风量减少，风机外壳内压力异常升高而激发出的脉动，此时风机内部有较大的低频涡流噪声，这种噪声具有一定的频率，使人听起来感觉风机在"喘气"一样，因此称为"喘振"。

在风机运转中，应力求避免"飞动"。"飞动"时风机的流量、压力波动大，而且有强烈的振动，时间长了，风机及有关设备会遭到破坏。

从风机的设计上要求临界风量（引起"飞动"的最小风量）值尽量小于规定风量，使风机在任何工作点上运转，内部都不发生不稳定涡流，因而就不会产生"飞动"。

使用风机的工作点永远是处于压力性能曲线最高点的右边，即：使风机运转控制在稳定工作区内，这样也不会产生"飞动"。

6.3.2.2　轴瓦温度高

轴瓦温度高时：

（1）检查油温、油质，润滑油进出冷却器的油温差应在10℃左右，检查油箱是否进水。

（2）检查油冷却器的水压及水温是否正常。

（3）采取措施无效，关风门并报告主控室。

（4）若突然停水导致瓦温及主电机电流高，若温度超出警戒值立即停机。

（5）若突然停电，应打开事故油箱（高位油箱），待风机停稳后，关闭事故油路的阀门。

6.3.2.3　其他常见故障

抽风机常见故障及处理方法见表6-5。

表6-5　常见故障的原因及处理方法

故障现象	原　因	处　理　方　法
轴瓦过热	油量不足	补充油
	油的牌号不合规定	换合格油
	油环阻堵	进行修理
	轴瓦和轴的表面不光滑	重新研磨
	轴瓦之间的间隙不对	调整间隙
	轴承压力过大，轴承倾斜	找正
	轴电流存在	消除轴电流
轴承漏油	轴承内油量过多	减少油量
	油垫封闭不严	重新封闭
	油压太高	减压
转子振动	机组轴未找正	重新找正
	轴弯曲或轴瓦间隙太大和轴径偏摆	调整间隙
	齿接手装配不好	重新装配
	转子不平衡	重新找平衡
	基础下沉	重新加固
	电机磁极线圈移动或松动闸间短路	电检修理
机体振动	由于转子与电机主轴不同心	重新找正
	风机转子平衡受到破坏	擦净转子并找平衡
	轴承盖与轴承间压合不紧密	上轴承与轴承盖有0.03~0.06mm过盈
	基础接触不良或底座固定不牢固	修补加固，拧紧所有螺栓
	转子与气封机壳壁发生碰触现象	重新找正
	负荷急剧变化或处于风机"飞动"区工作	缓慢调整负荷，避免"飞动"区工作
主油泵运转时，油管中没有油压或油压急剧下降	油管系统安装不正确	清洗油冷却器
	油泵齿轮端面与泵体及侧盖的间隙过大	拧排气旋塞排除空气
	油管破裂	更换润滑油
	油过滤网堵塞	增大供水量
	油箱中油位下降至最低油线下	检查或更换
	油泵吸入管道不严密	调整或更换
	压力表不灵或压力表导管有故障	检查或排除

故障现象	原　因	处 理 方 法
油经冷却后仍然油温高	油冷却器内有积垢	清洗油冷却器
	冷却器外壳内积有空气	拧排气旋塞排除空气
	润滑油变质	更换润滑油
	冷却水供应量不足	增大供水量
	冷却水管中的闸阀损坏	检查并更换
	冷却水压不足	调整冷却水压力
	由于管道出现故障影响冷却水中断	检查并排除
主油泵振动、发热或有严重噪声	主轴泵与风机主轴不同心	重新找正
	主轴泵与齿轮在装配中调整不良，因而当油泵工作时个别齿触碰油泵外壳	检查外壳，用刮刀轻轻将触碰的地方加以刮研
	主油泵外壳与侧盖之间的连接螺钉松动和定位销未安装	拧紧螺栓并将定位销安装好

6.4　安全生产要求

6.4.1　事故应急预案

抽风机岗位在生产过程中可能会遇到意外情况，此时应严格按照规定要求，有步骤、按标准进行操作，避免事故的扩大。

（1）突然停电，风机停转，电动油泵不能工作，岗位人员迅速开启应急照明，立即将高位油箱的油输入，待转子停稳后，轴瓦温度稳定不回升为止。

（2）突然停水，但轴瓦温度或电机温度不超过规定温度时应尽快联系供水，如轴瓦或电机温度超过规定，应立即停机。

（3）主轴油泵油压下降到规定值时，电动油泵又不能自动投入运转，应立即开启高位油箱供油，并汇报主控室停机处理。

（4）风机出现异常振动或异常响声时，立即停机。

6.4.2　危险因素识别和防范

6.4.2.1　风机岗位作业内容

风机岗位作业内容主要有：

（1）设备的启停作业。

（2）设备巡检作业。

（3）抽风机转子制动作业。

（4）抽风机清理挂泥作业。

6.4.2.2　危害因素辨识

危害因素辨识主要是：

（1）劳保用品穿戴不齐全或不规范易造成人身伤害。

(2) 作业前人员精神状态差或无互保对子单人作业易发生误伤害。

(3) 未得到相关岗位确认应答，本岗位是否具备启动条件未确认易造成伤害。

(4) 检查时未观察周围环境，检修后地面油污、杂物未清除，造成人员跌滑伤害。

(5) 岗位噪声超值，易发生职业伤害。

(6) 地面漏油、积油未及时清理易造成跌滑伤害。

(7) 安放制动装置，接触运转部位造成机械伤害。

(8) 未检查煤气水封状况和检测废气浓度进入造成中毒事故。

6.4.3 安全生产要求

6.4.3.1 作业前的准备要求

作业前的准备要求主要有：

(1) 上岗要严格按配备标准穿戴好劳保用品。

(2) 检查设备安全防护装置、安全警示标志、工机具性能是否符合安全技术标准和作业条件。

(3) 动火作业前，必须办理相关手续，检查作业区域是否有易燃物，并佩戴消防器材。

6.4.3.2 设备巡检作业安全要求

设备巡检作业安全要求主要有：

(1) 启动设备必须检查确认设备周围无人或障碍物，设备运行中，禁止身体任何部位与运转设备接触，禁止戴手套触摸轴瓦。

(2) 正常生产时，检查确认电机、风机运行平稳，操作控制检测信号、仪表完好，油位、油压、冷却水流、水压正常，油管无渗油，异常情况及时报告，紧急情况及时停机，做好运行记录。

(3) 抽风机启动前，必须完成室内外检查确认，并得到主控室认可。

(4) 启动抽风机必须在工长的指挥下，按技术操作规程执行。

(5) 严禁用水冲地和用湿抹布擦抹电器模拟盘或电脑显示屏，室内禁放易燃易爆物品。

(6) 室内需动火作业时，必须按规定办证，防范措施到位，消防器材配备完好。

(7) 严格执行大烟道、电除尘器、消音器检修作业以及人员出入登记制度。

6.4.3.3 抽风机清理挂泥作业安全要求

抽风机清理挂泥作业安全要求主要有：

(1) 联系主控室确认煤气已停，检测废气浓度低于规定值后方可进入。

(2) 作业前必须接好临时安全照明或移动式照明。

(3) 清理挂泥必须带好护目镜和防尘口罩。

(4) 机壳内作业应选好站位，以防止摔倒。

复习思考题

6-1 抽风机的性能指标主要有哪些？

6-2　离心式抽风机的工作原理是什么？

6-3　从操作方面来说，造成抽风机振动的主要原因有哪些？

6-4　延长风机转子寿命的途径有哪些？

6-5　抽风机在启动中应注意哪些事项？

6-6　抽风机出现哪些现象应紧急停机？

6-7　抽风机润滑系统由哪些主要设备组成？

6-8　如何进行抽风机开、关风门操作？

6-9　抽风机正常运转时，遇到停电或跳闸事故，应该如何处理？

6-10　抽风机轴瓦温度高怎样处理？

6-11　润滑的作用是什么？

6-12　试述抽风机主要组成部件及材质要求。

6-13　影响风机叶轮寿命的因素有哪些？

6-14　什么是抽风机的特性曲线？

6-15　抽风机的特性曲线在生产操作中有什么意义？

6-16　何谓"飞动"，产生原因是什么？

6-17　抽风机试车要求及验收标准是什么？

6-18　抽风机正常运行时，电流突然上下滚动如何处理？

6-19　简述风机转子的动、静平衡校正方法。

6-20　简述风机常见故障及处理方法。

6-21　简述安全阀的调整方法。

6-22　风机岗位安全危险因素有哪些？

6-23　简述风机岗位安全要求。

7 烧 结

7.1 烧结过程基本理论

7.1.1 烧结目的

7.1.1.1 烧结的目的

烧结的目的是将铁矿粉进行造块，为高炉冶炼提供优质的人造富矿。按照烧结设备和供风方式的不同，可分为鼓风烧结、抽风烧结和在烟气中烧结。抽风烧结又分连续式和间歇式烧结。连续式烧结设备有带式烧结机和环式烧结机等。

7.1.1.2 烧结的意义

烧结具有下列重要意义：

(1) 高效合理利用铁矿石资源，满足钢铁工业发展。

(2) 为高炉提供化学成分稳定、粒度均匀、还原性好、冶金性能高的优质烧结矿，为高炉优质、高产、低耗、长寿创造良好的条件。

(3) 综合利用高炉炉尘灰、轧钢皮、硫酸渣、钢渣等工业生产的废弃物。

(4) 回收有色金属、稀土和稀有金属。

7.1.1.3 烧结的作用

烧结机是烧结厂最重要的设备，烧结是最关键的工序。烧结生产是将原料进行配料、混匀、制粒后，通过布料、点火、抽风烧结，使烧结料烧结成烧结饼，经破碎、冷却、筛分得到成品烧结矿。

7.1.2 抽风烧结过程

抽风烧结是将配有燃料、熔剂的含铁原料经加水混匀制粒，均匀分布到烧结机台车上，随后在料面进行点火，点火的同时开始抽风，在台车下形成一定负压，空气则自上而下通过烧结料层进入下面的风箱。随着料层表面燃料的燃烧，燃烧带自上逐渐向下部料层迁移，当燃料全部燃烧完毕，烧结过程即告终结。

烧结过程是复杂的物理化学反应的综合过程。在烧结中有燃料的燃烧和热交换、水分的蒸发和冷凝、碳酸盐和硫化物的分解、铁矿石的氧化和还原反应、有害杂质的去除及黏结相的生成和冷却结晶等。其基本现象是：烧结料借点火和抽风，炭燃烧产生热量，使烧结料层在氧化气氛中（又有部分还原气氛），烧结料不断发生分解、还原、氧化和脱硫等一系列反应，同时在矿物间产生固—液—固相转变，生成的液相冷凝时把未熔化的物料粘在一起，形成外观多孔的块状烧结矿。

由于烧结过程从料层表面开始逐渐往下进行，因而沿料层高度方向就有明显的分层性。根据各层温度水平和物理化学变化的不同，可以将正在烧结的料层自上而下分为五层（也称为五带），依次为烧结矿层、燃烧层、预热层、干燥层和过湿层。点火后五层相继出现，不断向下移动，最后全部变为烧结矿层（见图 7-1 和图 7-2）。

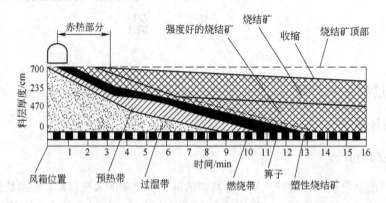

图 7-1　抽风烧结过程中沿料层高度的分层情况

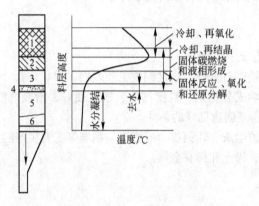

图 7-2　烧结过程各层反应示意图
1—烧结矿层；2—燃烧层；3—预热层；4—干燥层；5—湿料层；6—铺底料层

7.1.2.1　烧结矿层

从点火烧结开始，烧结矿层即已形成，并逐渐加厚。这一带的温度在 1100℃ 以下，大部分固体燃料中的碳已燃烧，反应生成 CO_2 和 CO。同时，还有 FeO、Fe_3O_4 和硫化物的氧化反应。当熔融的高温液相被抽入的冷空气冷却时，液相逐渐结晶或凝固，并放出熔化潜热。通过烧结矿层的空气被烧结矿的物理热、反应热和熔化潜热所加热。热空气进入下部使下层的燃料继续燃烧，形成燃烧带。热空气的温度随着烧结矿层的增厚而提高。它可提供燃烧层需要的部分热量，这就是烧结过程的自动蓄热作用。

由于烧结矿层孔隙率高及气孔直径大，因此气体阻力损失最小。在空气通过的气孔和矿层的裂缝附近，可发生低级氧化物的再氧化。

7.1.2.2　燃烧层

燃烧层是从燃料着火（600~700℃）开始，料层达到最高温度（1100~1400℃）并下降至 1100℃ 左右为止，其厚度主要取决于烧结料的物理化学性质，一般为 40~80mm，并以 10~

40mm/min 的速度向下移动。这一带进行的主要反应有燃料的燃烧，碳酸盐和硫酸盐的分解，铁锰氧化物的氧化、还原及热分解，硫化物的脱硫和低熔点矿物的生成与熔化等。由于燃烧产物温度高并有液相生成，这层的气体阻力较大。

7.1.2.3 预热层

空气通过燃烧层参加反应后即带着一部分热量进入下部料层，使下部料层加热到一定温度，这一区间为预热层。

在烧结过程中，预热层的厚度很窄，这一带的温度为 150 ~ 700℃。由于温度不断升高，物料进行着结晶水分解，部分碳酸盐、硫化物、高价锰氧化物逐步分解。在废气中氧的作用下，部分磁铁矿可发生氧化，并且燃料的着火和燃烧也逐步在发生。在此带，只有气相与固相，或固相与固相之间的反应，没有液相的生成。

7.1.2.4 干燥层

从预热层下来的热废气将烧结料加热，料层中的游离水迅速蒸发。由于湿料的导热性好，料温很快升高到100℃以上，水分完全蒸发需要到120 ~ 150℃左右。

由于升温速度太快，干燥层和预热层很难截然分开，因此有时又统称为干燥预热层，其厚度只有约20 ~ 40mm，它们对烧结过程有影响。烧结料中小球的热稳定性不好时，会在剧烈升温和水分蒸发过程中产生炸裂现象，影响料层透气性。

7.1.2.5 过湿层

从干燥层下来的废气含有大量的水蒸气，这些含水蒸气的废气遇到下层的冷料时温度突然下降。当其温度降到露点温度（52 ~ 65℃）以下时，水蒸气从气态变为液态，使下层烧结料水分不断增加而形成过湿层。过湿层的形成将使料层的透气性变坏。为克服过湿作用对生产的影响，可采取提高烧结料温度至露点以上的办法来解决，如加生石灰、热返矿以及蒸汽预热等。

7.1.3 烧结过程主要物理化学反应

7.1.3.1 碳的燃烧和热交换

烧结过程中，固体碳的燃烧为液相生成和其他一切反应的进行提供了所需热量和气氛条件，燃料燃烧所产生的热量占烧结总热量的90%以上。燃烧层是烧结中温度最高的区域，也是反应最多的区域。因此，碳的燃烧是决定烧结矿产量和质量的重要条件，也是影响其他一系列反应的重要因素。

A 固体燃料燃烧的一般原理

固体燃料燃烧的一般原理为：

$$C + O_2 = CO_2$$
$$2C + O_2 = 2CO$$

固体燃料在空气中燃烧属于多相反应，燃烧的结果导致固相消失而形成新的气体，这种类型的反应可以概括地分为 5 个连续的步骤：

(1) 气体分子扩散到固体碳表面。

(2) 气体分子被固体碳表面所吸附。

（3）被吸附的气体和碳发生反应，形成中间产物。

（4）中间产物断裂，形成反应产物气体，并被吸附在碳的表面。

（5）反应产物气体脱附，并向气相扩散，固体燃料的燃烧基本上是在扩散区域内进行的。

影响燃烧反应速度的因素很多，如减小燃料粒度，增加气流速度（增大风量、改善料层透气性）和气流中的氧的体积分数，都能增加燃烧反应的速度，从而能够强化烧结过程。

B　燃烧层温度及其厚度对烧结过程的影响

烧结过程不是一个等温过程。烧结温度是指烧结料层中达到的最高温度，也就是燃烧层的温度。这一层的温度水平与厚度对烧结过程的进行和烧结矿产、质量有着重大的影响。

若燃烧层的温度越高，产生的液相量必然越多，同时燃烧层厚度也增加。虽然对烧结矿的强度有利，但由于温度过高，物料过熔，使得燃烧层阻力加大，不仅延长了烧结过程的时间，使烧结矿产量下降，而且还会使 FeO 的质量分数增加，烧结矿还原性变差。

然而，燃烧层过薄也不好，虽然透气性变好，但是不能满足各种物料高温反应所需要的温度和高温保持时间，同样影响烧结产、质量。

通常烧结过程中燃烧层的温度水平和厚度取决于高温区的热平衡和固定碳的燃烧速度以及传热速度。

C　影响燃烧层温度和厚度的因素

a　燃料性能的影响

烧结使用的固体燃料主要是焦粉和无烟煤。一般来说，要求燃料具有固定碳的质量分数高、灰分低、挥发分低、含硫低、燃烧反应性能好。无烟煤和焦炭相比，无烟煤孔隙度要小得多，它的反应性能和可燃性较差，发热量也较低。因而使用无烟煤代替焦粉时，烧结料层会出现燃烧层温度水平下降和厚度增加的趋势，并导致垂直烧结速度下降。减小无烟煤粒度和增加用量，可以适当降低影响。对烧结生产来说，焦粉比无烟煤好一些。

b　燃料粒度的影响

燃料粒度大，比表面积就小，燃烧速度慢，因而使燃烧带变宽，料层透气性变坏。燃料粒度大，相对在料层中的分布就不均匀，以致在大颗粒燃料周围过于熔化，而燃料相对少的地方液相量少。另外，大颗粒的燃料在烧结机布料时容易产生偏析而集中于底部，加上烧结料层的自动蓄热作用，使烧结料层上、下部的温度差异更大，上层烧不好，下层又过熔。相反，若燃料粒度过小（特别是小于 0.5mm），燃料的燃烧速度过快，不能保证料层所需要的高温时间，使烧结矿强度下降。另外，小颗粒燃料使料层的透气性变坏，还可能被气流抽走，浪费了燃料。

c　燃料用量的影响

燃料用量的多少直接影响到烧结过程中燃烧层的温度水平、垂直烧结速度和矿物结晶等。液相生成的多少以及烧结矿的结构都与燃料的用量有着直接的关系。

（1）对高温层的影响。一般来说，烧结料中燃料用量低，达不到烧结过程所需要的温度，也就不能产生足够的液相，因而烧结矿结构疏松。而燃料配比过高，则烧结温度过高，还原性气氛强，烧结矿过熔，还原性能差，产量也低。

（2）对垂直烧结速度的影响。增加燃料不仅提高燃烧层的温度，而且通过高温带的气流中氧的体积分数降低，燃烧速度减慢，使得高温带的厚度增加，气体阻力增大，使烧结速度下降。

不同的矿石，其适宜的燃料用量是不同的，具体的要由试验确定或在生产中摸索和总结。

（3）对矿物结晶的影响。燃料用量还对烧结矿液相量的多少和黏结相的形态及矿物结晶过程有着直接的影响。

D 烧结过程的热交换

a 烧结料层的自动蓄热作用

抽入烧结料层的空气经过热烧结矿层被预热，参加燃烧层的燃烧，燃烧后的废气又将下层的烧结料预热。因而料层越是向下，热量积蓄得越多，以至于达到更高的温度，这种积蓄热量的过程被称为自动蓄热作用。

根据试验测定，当燃烧层上部的烧结矿层达到 200mm 厚时，上部烧结矿层的自动蓄热量可以提供燃烧层总热量的 40% 左右。当上层烧结矿层厚度超过 200mm 时，蓄热的增长速度逐渐减慢。这是因为从上部抽入的空气带入燃烧层的热量已接近最高水平的恒定值。从节约能源、提高经济效益的观点来看，应该尽可能提高烧结料层厚度，这对烧结的热利用是有利的，对产品的质量也有好处。

b 烧结料层中温度分布和热交换的特点

由于燃料集中燃烧和烧结矿层的自动蓄热作用，距料层底部越近温度越高，热量越多，高温带越厚。因此，在研究料层中温度分布对烧结过程的影响时，高温区的移动速度、高温区的温度水平及厚度很有意义。

高温区移动快，即烧结速度快，产量高。但是速度过快会导致高温停留时间短，从而使产品质量下降。

提高高温区的温度水平可以提高烧结矿强度，但是温度过高必然会增加过多的燃料，导致还原气氛浓，烧结矿 FeO 的质量分数增加、还原性能变差，同时烧结速度下降，产量也受到影响。

高温区的厚度增加，可以保证烧结过程各种反应充分，对提高质量有利。但是厚度过厚，气体阻力增加，会降低烧结速度。

c 影响传热速度的因素

烧结料层中高温区的移动速度实际上反映了料层中燃烧层碳的燃烧速度和燃烧层下部热量的传递速度。

热量的传递速度主要取决于气流速度、气体和物料的热容量，因为空气是料层的传热介质，风量增加，即燃烧层的氧量增加，则固体碳燃烧速度加快。料层中高温区的移动速度随风量增加而增加。因此，凡是可以增加通过料层风量的措施都可以提高高温区的移动速度。

此外，烧结料的性质也影响热传递速度。烧结料的热容量、导热性能、粒度以及吸热反应等因素都会影响烧结料吸热能力。因而随气流传递速度减慢，透气性变差，就降低了燃烧层的温度。

烧结料传热速度较快，主要是因为废气中的水蒸气起作用。烧结料与废气之间的热交换面积比烧结矿大得多。因此，烧结料与废气之间的热交换较快。

d 对传热速度及燃烧速度的基本要求

当传热速度快于燃烧速度时，上部带入大量热量，但碳还未燃烧完，传热速度、燃烧速度两者没能同步，因而高温区温度降低，高温区的厚度增大。

当传热速度慢于燃烧速度时，上部的热量不能大量地被用来提高下部的燃烧温度，也是传热和燃烧不同步，因此高温区的温度降低，高温区厚度也增加。

所以，只有在传热速度与燃烧速度一致时，才能获得高温区的最高温度和最薄的高温区厚度，使燃料得到充分利用。

7.1.3.2　水分的蒸发和凝结

A　烧结料中水分的来源和作用

烧结料中的水分主要来源于：

（1）矿石、熔剂、燃料带入的水分。

（2）混合料混匀制粒、预热添加的水和蒸汽。

（3）空气中带入的水、燃料中碳氢化合物燃烧时产生的水以及烧结料中矿物分解的化合水。

水分在烧结过程中的作用可归纳为以下 4 个方面：

（1）制粒作用。由于水分在混合料颗粒之间产生毛细力，混合料在混合机中的滚动过程中互相接触而靠紧，制成小球粒，以改善料层的透气性。

（2）导热作用。由于水分的导热系数比矿石的高得多，烧结料中的水分就能改善烧结料的导热性，使料层中的热交换良好，这就有利于燃烧带控制在较窄的范围内，减少了烧结过程中料层的阻力，同时保证了在燃料消耗较少的情况下获得必要的高温。

（3）润滑作用。水分子覆盖在矿粉颗粒表面，起类似润滑剂的作用，降低表面粗糙度，减少气流的阻力。

（4）助燃作用。固体燃料在完全干燥的烧结料中燃烧缓慢，因为根据 CO 和 C 的链式燃烧机理，要求火焰中有一定含量的 H^+ 和 OH^-，所以混合料中适当加湿是必要的。

B　水分蒸发和水汽冷凝的一般规律

当烧结过程开始，烧结料层的水分就会沿着料层不同高度和烧结的不同阶段而出现一系列的蒸发和冷凝现象。

a　水分的蒸发条件

烧结过程中，水分蒸发的条件是气相中水汽的实际分压 p_{H_2O} 小于在该条件下的饱和蒸汽压 p'_{H_2O}，即 $p_{H_2O} < p'_{H_2O}$。饱和蒸汽压 p'_{H_2O} 是随温度的升高而增大的。当水的温度升高到 100℃ 时，它的饱和蒸汽压等于一个大气压，这时便会产生汽化沸腾现象。从理论上讲，蒸发速度是随大气压力的减小而增大的。但是在烧结过程中，烟气压力约为 0.9 个大气压，水的汽化沸腾温度小于 100℃。而实际上，在大于 100℃ 的烧结料中仍然存在部分的水分，这是因为烟气对烧结料的传热速度很快。另外，少量的水分子和薄膜水同物料粒子的表面存在着巨大的结合力，使得水分子不易跑掉。所以，一般认为干燥层终了温度应该为 150℃ 左右。

b　水汽的冷凝规律

在烧结过程中，从点火瞬间开始水分就开始受热蒸发，使废气中的水汽分压 p_{H_2O} 不断升高，带着水汽的废气在穿过下层冷料时，与烧结料之间进行热交换，将热量的大部分传给冷料，而自身的温度不断降低，饱和蒸汽压 p'_{H_2O} 也随之下降，当 $p_{H_2O} > p'_{H_2O}$ 时，废气中的水汽就开始在冷料表面上发生冷凝。水汽开始冷凝的温度称为露点。根据烧结混合料水分的不同，其露点温度也有差异，一般来说，烧结废气的露点为 52 ~ 65℃。

c　消除过湿层的措施

消除过湿层的措施主要有：

（1）预热混合料。将混合料的温度预热到露点以上，就可以显著地减少料层中水汽冷凝形成的过湿现象。目前预热混合料的方法有：热返矿预热、生石灰预热、蒸汽预热。

（2）提高混合料的湿容量。所有增加比表面的胶体物质都能增大混合料的湿容量，例如添加生石灰、消石灰等。

（3）降低废气中的水分含量。实际上是降低废气中水汽的分压，将混合料中水分含量降到比适宜造球水分低 1.0% ~ 1.5% ，可以减少过湿层的冷凝水。

C　结晶水的分解

褐铁矿是含结晶水的 Fe_2O_3 。在烧结料中的褐铁矿等矿石、脉石和添加剂中往往含有一定量的结晶水，它们不属于物理水（吸附水、表面水等），而是一种化合水，在干燥层不能蒸发，而要在更高温度才能进行分解再蒸发。一般分解开始温度不低于 150℃ ，在预热层及燃烧层才能进行分解完毕。

7.1.3.3　碳酸盐的分解和氧化钙的化合

A　烧结料中常见的碳酸盐

烧结料中最常见的碳酸盐有菱铁矿（$FeCO_3$）、菱锰矿（$MnCO_3$）、石灰石（$CaCO_3$）、白云石（$mCaCO_3 \cdot nMgCO_3$）等。石灰石和白云石作为熔剂，在生产高碱度烧结矿中使用较多。

烧结过程中由于烧结料被加热，在一定温度条件下碳酸盐开始分解。其分解反应通式为：

$$MeCO_3 \longrightarrow MeO + CO_2$$

随着温度的升高，碳酸盐的分解压 p_{CO_2} 也随之增大，通常将 p_{CO_2} 等于一个大气压时的 CO_2 分解压 p'_{CO_2} 的温度称为碳酸盐的化学沸腾温度。

例如：$CaCO_3$ 的化学沸腾温度约为 910℃ ，$MgCO_3$ 的化学沸腾温度约为 680℃ ，$FeCO_3$ 的化学沸腾温度约为 400℃ 。因此，这些矿物在烧结过程中不难分解。

B　碳酸钙的分解

碳酸钙开始分解温度是其分解压 p_{CO_2} 等于周围气相中 CO_2 的分压 p'_{CO_2} 时的温度。要使碳酸钙分解，就只有提高碳酸钙的温度，使 $CaCO_3$ 分解压达到气相中 CO_2 的分压 p'_{CO_2} 。如果继续升高温度，碳酸钙的分解能力增强。

影响碳酸钙分解的因素有：

（1）温度越高，$CaCO_3$ 的分解压越大，其分解速度也就越快。然而，随着烧结料中碳的燃烧，气相中的 CO_2 浓度必然增大，也就是说，气相中 p'_{CO_2} 分压增大，影响到石灰石开始分解温度升高。一般烧结过程中石灰石的分解是在燃烧层进行。

（2）石灰石的分解还与石灰石的粒度有关。粒度越小，其分解速度就越快。为了保证在烧结过程中石灰石能够完全分解，要求石灰石粒度小于 3mm 是必要的。

（3）气流速度越快、气相中 CO_2 的浓度越低，其分解速度就越快；反之，亦然。

C　氧化钙与矿石的化合

在生产熔剂性烧结矿时，不仅要求 $CaCO_3$ 能完全分解为 CaO ，而且还要求 CaO 与矿石中其他组分如 SiO_2、Fe_2O_3 等完全化合。不希望烧结矿中有游离的 CaO 存在，因为这些游离 CaO 吸收空气中的水分后会发生消化反应：

$$CaO + H_2O = Ca(OH)_2$$

结果造成烧结矿因其体积膨胀而粉化，致使强度变差。

氧化钙与铁矿石的化合程度同烧结温度、石灰石粒度和矿石粒度有关。

温度越高，粒度越细，则氧化钙与矿石的化合作用越完全，但温度不宜过高，过高时会使液相增加，烧结矿过熔，则对烧结矿的强度和还原性不利。

矿石的粒度对氧化钙的化合也有影响。一般来说，矿石粒度小，则化合程度高，而矿石粒度粗时，则要求石灰石粒度更细一些，那么化合程度就要好些，否则就差一些。

烧结时，适宜的石灰石粒度与烧结料中矿石粒度的关系是：对于细磨精矿，石灰石粒度可以粗一些（0~3mm），而对于粗粒粉矿烧结时，则要求石灰石更细一些（0~1mm）。在我国，大多数烧结厂石灰石的粒度一般都是0~3mm粒级的占90%以上。

7.1.3.4　铁氧化物的分解、氧化和还原

自然界纯铁是很少见的，由于氧化作用，铁元素在自然界大多数是以氧化物的形式存在。铁氧化物主要有3种状态，即 FeO、Fe_3O_4、Fe_2O_3。由这3种基本形式而构成自然界中上百种含铁矿物。

在烧结过程中，铁的氧化物中氧的质量分数并不是保持不变的，它们在烧结料层的各个不同的带进行着热分解、还原和氧化反应。

A　铁氧化物的分解

当铁的氧化物被加热到分解压 p_{O_2}，且大于周围气氛中氧的分压 p'_{O_2} 时（大气中氧的分压为21kPa），铁的氧化物就开始分解。

铁氧化物的分解压 p_{O_2} 表示铁和氧的亲和能力的大小，p_{O_2} 大就表示对氧的亲和力小，容易丢失氧化物中的氧，容易被 p_{O_2} 小（对氧亲和力大）的物质所还原。

3种铁的氧化物中只有 Fe_2O_3 的分解压在冶金温度下可以直接测量，它的分解反应为：

$$3Fe_2O_3 \Longrightarrow 2Fe_3O_4 + \frac{1}{2}O_2$$

在1383℃时，Fe_2O_3 的分解压为21kPa，只要超过这个温度 Fe_2O_3 的分解就可以开始。在烧结的条件下，气相中氧的分压介于18~19kPa（烧结矿带）到6kPa（预热带）之间，赤铁矿可以在燃烧带进行分解，而磁铁矿的分解压在1600℃才能达到1Pa，所以在烧结温度条件下是不能进行分解的。但是在有 SiO_2 存在的条件下，当温度高于1300~1350℃时，也可能发生分解。例如烧结时，Fe_3O_4（是 $Fe_2O_3 \cdot FeO$ 的集合体）中的 FeO 与 SiO_2 作用，可以结合成 $2FeO \cdot SiO_2$。

B　铁氧化物的还原和氧化

在烧结过程中，Fe_3O_4 和 FeO 是不可能进行热分解的。但是在实际烧结矿中，往往含有少量的金属铁。这是因为在烧结过程中正常燃料用量的条件下，烧结料层中除了某些赤铁矿的热分解外，还活跃地进行着赤铁矿、磁铁矿与氧化亚铁的还原反应。

烧结过程的氧化和还原反应，也就是金属氧化物获得和失去氧的过程，获得氧的反应（过程）称为氧化，失去氧的反应（过程）称为还原。

在烧结过程中，作为还原剂的有 CO、C 和 H_2。所以，烧结所使用的燃料除起到加热作用外，碳本身也是一种还原剂。

当烧结料层温度高于570℃时，有可能发生以下一些还原反应：

$$3Fe_2O_3 + CO \Longrightarrow 2Fe_3O_4 + CO_2$$
$$Fe_3O_4 + CO \Longrightarrow 3FeO + CO_2$$
$$FeO + CO \Longrightarrow Fe + CO_2$$

烧结料层中气体组成（气氛）是非常不均匀的，在固体燃料颗粒周围温度高，还原性气氛强，而在远离固体燃料颗粒的地方温度低，氧的含量也较大。所以在固体燃料周围，铁的氧化物甚至可能还原成铁，而在远离固体燃料颗粒的地方，Fe_3O_4 和 FeO 却有可能被氧化。

此外，实际的还原过程还取决于过程的动力学条件。燃料用量多时，Fe_3O_4 的还原区扩大，氧化区缩小，还原的动力学条件改善。因而，Fe_3O_4 被还原的就多。反之，燃料用量少，

Fe_3O_4 被还原的就少，甚至氧化的影响超过还原的影响。

总之，烧结过程的气氛和温度、铁矿粉种类及特性都能影响铁氧化物的还原、氧化和分解过程的进行，而铁矿物的存在形态和数量取决于还原、氧化反应。氧化和还原反应还与液相生成和烧结矿的组成有着密切的关系。

在烧结过程中，不希望还原过程太充分，而希望在保证烧结矿强度的前提下，促进氧化过程，这样有利于提高烧结矿的还原性能。

C　烧结矿的氧化度及影响因素

烧结矿的氧化度是指烧结矿中的铁氧化物被氧化的程度。烧结矿的氧化度对烧结矿的还原性有很大影响。其氧化度高，表示以 Fe_2O_3 形态存在的铁多（Fe_2O_3 的氧化度为100%），还原性好；反之，则还原性差。因此，在保证烧结矿有足够强度的前提下，应尽量提高其氧化度，以改善还原性。影响烧结矿氧化度的主要因素有以下几个：

（1）燃料用量。燃料配比是影响烧结矿中 FeO 的质量分数的首要因素，它决定着高温区的温度水平和料层的气氛性质，对铁氧化物的分解、还原、氧化有直接影响。适宜燃料配比与矿粉性质、烧结矿碱度和料层厚度有关，烧结赤铁矿时，由于有分解耗热，燃料配比相对较高；对磁铁矿粉，烧结时 Fe_3O_4 中的 FeO 氧化放热，燃料应减少；而褐铁矿和菱铁矿粉的烧结，因结晶水与碳酸盐分解耗热量大，燃料配比要更高。采用厚料层和热风烧结，均可减少燃料用量。

（2）烧结矿碱度。提高烧结矿碱度，有利于降低 FeO 的质量分数。因为在此条件下可形成多种低熔点化合物，能降低燃烧层温度，并阻碍了 Fe_2O_3 分解与还原。

（3）燃料及矿粉粒度。适当减小燃料粒度，可使料层中燃料分布更趋均匀，并有助于减少燃料用量，避免局部高温和强还原性气氛。减小矿粉粒度，尤其是磁铁矿粉的粒度，既有利于液相的生成，又有助于矿粉的氧化，均可降低 FeO 的质量分数。

7.1.3.5　烧结过程的脱硫

A　硫的存在形态

烧结料中常见的有害杂质是硫和磷，有的还含有氟、铅、锌、砷等。在烧结过程中，凡能分解、氧化成气态的有害杂质均可去除一部分。

硫主要来自矿粉，以硫化物为主，常见的有黄铁矿（FeS_2），有时有黄铜铁矿（$CuFeS_2$）、方铅矿（PbS）和闪锌矿（ZnS）；少数矿粉中有硫酸盐，如石膏（$CaSO_4$）和重晶石（$BaSO_4$）；燃料带入的硫主要为有机硫。

硫的存在形态不同，去除方式和效果也不同。以硫化物和有机硫形态存在时，较易去除，以硫酸盐形态存在时，不易去除。

硫是对钢质量极为有害的元素，它大大降低了钢的塑性，在加工过程中产生"热脆"现象。硫对铸造生铁同样有害，它降低生铁的流动性，阻止碳化铁分解，使铸件产生气孔并难以切削。为使高炉生产含硫低的合格生铁，要求铁矿石和烧结矿中硫的质量分数不超过0.08%，甚至要求小于0.04%更好。

B　烧结过程脱硫原理

烧结过程中以单质和硫化物形式存在的硫通常在氧化反应中脱除，以硫酸盐存在的硫则在分解反应中脱除。

黄铁矿（FeS_2）具有较大分解压，在空气中加热到565℃时很容易分解出一半的硫，因此，在烧结条件下可能分解出二氧化硫。

黄铁矿的氧化在更低的温度（280℃）就开始了，氧化脱硫反应为：

$$2FeS_2 + 5.5O_2 =\!=\!= Fe_2O_3 + 4SO_2$$

$$3FeS + 8O_2 =\!=\!= Fe_3O_4 + 6SO_2$$

当温度高于 565℃ 时，黄铁矿分解，分解生成的 FeS 和 S 的燃烧（氧化反应）同时进行。

FeS_2，ZnS，PbS 中的硫都较容易脱除，而含铜硫化物中的硫较难脱除，因为这些化合物很稳定。硫酸盐的分解需要相当高的温度，但是 $CaSO_4$ 有 Fe_2O_3 存在和 $BaSO_4$ 有 SiO_2 存在的情况下可以改善这些硫酸盐分解的热力学条件，反应为：

$$CaSO_4 + Fe_2O_3 =\!=\!= CaO \cdot Fe_2O_3 + SO_2 + \frac{1}{2}O_2$$

$$BaSO_4 + SiO_2 =\!=\!= BaO \cdot SiO_2 + SO_2 + \frac{1}{2}O_2$$

C　影响烧结脱硫的因素

影响烧结脱硫的因素主要有：

(1) 矿石的粒度和品位。脱硫较适宜的矿石粒度为 0~6.3mm。矿石含铁品位高、含脉石成分少时，一般软化温度较高，有利于脱硫。

(2) 烧结矿碱度和添加物的性质。随着碱度的提高，导致烧结矿的液相增加，烧结温度降低，脱硫率明显地下降。消石灰和生石灰对废气中 SO_2 和 SO_3 吸收能力强，对脱硫不利。在烧结料中添加 MgO 有可能提高烧结料的软化温度，对脱硫有利。

(3) 燃料用量和性质。燃料的用量直接影响到烧结料层中的最高温度水平和气氛。燃料用量增加时，液相增多会妨碍进一步脱硫。同时，空气中的氧主要为燃料所消耗，也不利于硫化物的氧化。相反，燃料用量不足时，料层中温度低，脱硫条件也变坏。因此，烧结时燃料用量要适宜，燃料的配比要求精确。但是，燃料用量增加所产生的高温和还原性气氛对硫酸盐的分解是有利的。

(4) 返矿的数量。返矿对脱硫有相互矛盾的影响，一方面改善烧结料的透气性，促使硫顺利脱除；另一方面液相更多、更快地生成，致使相当部分的硫转入烧结矿中，所以适宜的返矿用量要根据具体情况由试验确定。

烧结过程中总的脱硫率一般可达 85% 以上，在较好的情况下脱硫率可达 90% 以上。

D　其他有害杂质的去除

除了硫以外还有磷、氟、铅、锌、砷和碱金属等，在烧结过程中，由于氧化和还原反应，加上烧结过程所产生的超过 1000℃ 的高温，使得这些有害杂质被氧化成金属氧化物，特别是熔点较低的铅、锌、钾、钠等有害杂质在一定温度下为气态，随着烧结抽风的废气一并进入大烟道，当环境温度下降后，这些气态物质就变为固态的氧化物，在烧结机机头的除尘器中被捕集而残留在除尘灰中。如铅、锌、钾、钠等氧化物固体常常在三电场或四电场除尘灰中聚集。对机头除尘灰进行选择性处理，不仅能得到许多有用的产品，还可以提高除尘灰的含铁品位，降低烧结料中带入的有害杂质的质量分数。

7.1.4　烧结过程中的气流运动

烧结过程必须向料层送风，固体燃料的燃烧反应才能进行，混合料层才能获得必要的高温，物料烧结才能顺利实现。气流在烧结料层内的流动状况及变化规律，关系到烧结过程的传质、传热和物理化学反应的进行。因此，对烧结矿的产、质量以及烧结能耗都有很大的影响。

7.1.4.1　烧结料层的透气性

透气性是指固体散料层允许气体通过的难易程度，也是衡量烧结料孔隙率的标志。

透气性通常有两种表示方法：

（1）在一定的负压（真空度）条件下，透气性用单位时间内通过单位面积和一定料层高度的气体量来表示，即：

$$G = \frac{Q}{tF} \tag{7-1}$$

式中　G——透气性，$m^3/(m^2 \cdot min)$；

　　　Q——气体流量，m^3；

　　　t——时间，min；

　　　F——抽风面积，m^2。

显然，当抽风面积和料层高度一定时，单位时间内通过料层的空气量越大，则表明烧结料层的透气性越好。

（2）在一定料层高度、抽风量的情况下，料层透气性可用气体通过料层时的压头损失 Δp 表示。压头损失越高，则料层透气性越差；反之，亦然。

通过烧结料层的风量是决定烧结机生产能力的重要因素。根据烧结机生产率的计算式：

$$q = 60Fv_{\perp}rk \tag{7-2}$$

式中　q——烧结机台时产量，$t/(h \cdot 台)$；

　　　F——烧结机抽风面积，m^2；

　　　$v_{\perp}$——垂直烧结速度，mm/min；

　　　r——烧结料堆密度，t/m^3；

　　　k——烧结矿成品率，%。

烧结机的台时产量与垂直烧结速度 $v_{\perp}$ 成正比关系，而 $v_{\perp}$ 又与单位时间内通过料层的空气量成正比，即：

$$v_{\perp} = k'w^n \tag{7-3}$$

式中　k'——取决于原料性质的系数；

　　　w——气流速度，m/s；

　　　n——系数，一般为 $0.8 \sim 1.0$。

提高通过料层的空气量，就能使烧结机的生产率提高。但是，在抽风机能力不变的情况下，要增加通过料层的空气量，就必须减小物料对气流量的阻力，也就是改善烧结料层的透气性。

7.1.4.2　烧结过程透气性变化规律

A　烧结料层的透气性

烧结料层的透气性分为料层原始透气性和点火后烧结料层的透气性。垂直烧结速度主要取决于烧结过程中的透气性，而不取决于烧结前料层的透气性。

对于料层原始透气性，即指点火前料层的透气性，受原料粒度和粒度分布的影响。它取决于原料的物理化学性质、水分的质量分数、混合制粒情况和布料方法，其透气性是一个定值。通常当烧结原料性质及其设备不变时，料层的透气性数值变化不大。而点火后的烧结过程中的透气性随着烧结过程的进行发生很大的变化。烧结过程透气性变化规律实质上是指点火后烧结料层透气性的变化规律，随着烧结过程的进行，料层的透气性会发生急剧变化。

B　烧结过程中料层透气性的一般变化规律

在点火开始阶段，料层被抽风压实、气体温度快速升高、过湿现象开始形成等原因，使料层阻力增加，负压升高。烧结矿层形成以后，烧结料层的阻力出现一个较平稳阶段。随着烧结过程的向下进行，由于自动蓄热作用，燃烧层增厚和过湿层的存在，整个料层的透气性变差，负压逐渐升高。当烧结过程再向下进行时，过湿层逐渐消失，整个矿层的阻力减少，透气性变好，负压逐渐降低。废气流量的变化规律和负压的变化相对应。当料层阻力增加时，在相同的压差作用下，废气流量下降；反之，废气流量增加。而温度的变化规律与燃料燃烧和烧结矿层的自动蓄热作用有关。

在料层中各带阻力相差较大，因为各带阻力产生的原因不同。如：原始料层，由原料性能和制粒过程确定其制粒的粒度与粒度分布，在烧结台车上，一般按简单立方体堆积，料层较高时，上层混合料对下层混合料有挤压作用，抽风时，对料层也有压实的作用；对于燃烧层，由于液相的形成、流动与料层的收缩，透气性变差；在干燥预热层，如果料层颗粒有爆裂现象，粒度将细化，水分的润滑作用消失；在过湿层中，过湿可能引起制粒小球的破坏和变细，过湿形成的自由水可能填充孔隙；而对于烧结矿层，多孔烧结矿的形成使孔隙度增加。

C　孔隙率

孔隙率是决定料层结构的重要因素，它对气体通过料层的阻力有较大的影响。影响孔隙率的主要因素是颗粒的形状、粒度分布、比表面积、粗糙度及充填方式等，这类因素可以近似综合表示为颗粒的形状系数对孔隙率的影响。同时，烧结过程中燃料的燃烧及料层收缩对孔隙率的影响也十分重要。

D　各层的阻力

烧结过程中的透气性与各料层的阻力有很大关系，料层中各层阻力相差较大。

烧结矿层即烧结矿开始冷却层，由于烧结矿气孔多，阻力小，所以透气性好，随着烧结过程自上而下进行，烧结矿层增厚，有利于改善整个料层的透气性。但在烧结过熔时，烧结矿结构致密，气孔小，透气性相应变差。

燃烧层与其他层相比较，透气性最差。这一层由于温度高，并有液相存在，气流阻力很大，所以该层单位厚度的阻力也最大。显然，燃烧层温度增高，液相增多，熔化层的厚度增大，都会促进料层阻力增加。

预热层相对干燥层厚度虽然较小，但其单位厚度阻力较大。这是因为湿料球粒干燥、预热时会发生碎裂，料层孔隙度变小；同时，预热层温度高，通过此层实际气流速度增大，从而增加了气流的阻力。

对于过湿层，由于下部料层发生过湿，导致球粒破坏，彼此黏结或堵塞孔隙，所以料层阻力明显增加，尤其是未经预热的细精矿烧结时，过湿现象及其影响特别显著。

在烧结过程中，由于各层阻力相应发生变化，所以料层的总阻力并不是固定不变的。在开始阶段，烧结矿层尚未形成，料面点火后温度升高，抽风造成料层压紧以及过湿现象的形成等，料层阻力升高，与此同时，固体燃料燃烧、燃烧层熔融物形成以及干燥预热层混合料中的球粒破裂，也会使料层阻力增大，点火烧结 2~4min 内料层透气性剧烈下降。随后，烧结矿层的增厚以及过湿层消失，料层阻力逐渐下降，透气性变好。据此可以推断，垂直烧结速度并非固定不变，而是越向下速度越快。

除此以外，应该指出的是，气流在料层各处分布的均匀性对烧结生产也有很大的影响。不均匀的气流分布会造成不同的垂直烧结速度，而不同的垂直烧结速度反过来又会加重气流分布的不均匀性，这就必然产生烧不透的生料，降低烧结矿成品率和返矿质量。为营造一个透气性均匀的烧结料层，均匀布料和防止粒度不合理偏析也是非常必要的。

从以上分析可知，改善烧结过程料层透气性除了改善原始烧结料的透气性外，控制燃烧层的宽度、消除过湿层以降低阻力也是十分重要的。

7.1.4.3 改善烧结料层透气性的途径

A 强化烧结原料准备

可通过配加部分富矿粉或添加适量的具有一定粒度组成的返矿，来改善混合料粒度和粒度组成，进而改善料层的透气性。

B 强化制粒

强化制粒措施有：

(1) 加强操作，掌握混合料的最佳水分，提高造球效果。

(2) 通过延长混合机或适当降低混合机的倾角，延长混合料的制粒时间。

(3) 添加生石灰、消石灰或有机黏结剂等添加剂，提高混合料的成球性。

C 强化烧结操作

确定适宜的料层厚度，布料平整，减少抽洞和各种有害漏风，使用松料器，少压或不压料，增加通过料层的风量。

7.1.5 烧结成矿机理

7.1.5.1 固相反应

固相反应，是指在烧结过程中混合料熔融之前所发生的化学反应，参与反应的各部分物质是固体，反应所生成的新的化合物也是固体。固相反应在烧结过程中的作用和地位也是值得重视和研究的。

A 固相反应机理

固相反应的机理是离子扩散的机理。任何物质间的反应都是由分子或离子运动所决定的。固体分子和液体、气体分子一样，随时都处于不停地运动状态之中，随着温度升高，固体表面晶格的一些离子（或原子）的运动激烈起来。温度越高，就越容易获得进行位移所需要的能量（活化能）。当这些离子具有足够的能量时，它们就可以向附近的固体表面进行扩散，这种固体间的离子扩散过程就导致了固相反应的发生。

B 固相反应的条件和特点

固相反应开始进行的温度比反应物的熔融或系统的低共熔温度低得多。某些固相反应物开始出现的温度见表 7-1。

表 7-1 固相反应开始温度

反 应 物	固相产物	产物开始出现的温度/℃
$SiO_2 + Fe_2O_3$	Fe_2O_3 在 SiO_2 中的固溶体	575
$2CaO + SiO_2$	$2CaO \cdot SiO_2$	500 ~ 690
$2MgO + SiO_2$	$2MgO \cdot SiO_2$	680
$MgO + Fe_2O_3$	$MgO \cdot Fe_2O_3$	600
$CaO + Fe_2O_3$	$CaO \cdot Fe_2O_3$	500 ~ 650
$CaCO_3 + Fe_2O_3$	$CaO \cdot Fe_2O_3$	590
$MgO + Al_2O_3$	$MgO \cdot Al_2O_3$	920 ~ 1000
$MgO + FeO$	含 MgO 浮氏体	700

由表 7-1 可知，多数固相反应产物开始形成的温度比较接近，大多数在 500~700℃。但是，它们的反应速度不同，因此生成量不一样。虽然铁酸钙与硅酸盐开始生成温度很接近，但是烧结料中 Fe_2O_3 的质量分数远比 SiO_2 的质量分数大，分布较广，所以在熔剂烧结料中，在碳的质量分数不高的条件下，有可能较早地出现 $CaO \cdot Fe_2O_3$，而在碳的质量分数高的条件下就变化为新的物质了。

固相反应速度除了与温度有关外，还同反应物接触条件有关。反应物粒度越细，比表面积增加，反应速度就越快。

固相反应的产物一般可以作为液相形成的基础。它的一部分可以保留在液相中，而它的另一部分则将在液态时分解。它们不能保留到最终的产品中去。但是在低碳时，一些固相产物则可以保留到最终产品中去，而不参与液相中。一般来说，烧结矿的最终矿物成分取决于熔体（液相）的成分和冷却条件。在燃料用量一定条件下，只取决于烧结料中矿石原料的组成、烧结矿的碱度等。

7.1.5.2　液相的结晶和冷却

A　液相的数量及组成

烧结过程中部分烧结料生成液相是烧结矿固结成型的基础。

液相的形成是各种物理化学反应的结果。混合料颗粒之间在高温作用下产生低熔点物质变成熔融的液体状态，这些液体通过对周围物料浸润、熔解、黏附和填充空隙使相互间黏结起来，经过冷却而成为烧结矿。因而液相的组成、性质和数量在很大程度上决定了烧结矿的产量和质量。

液相数量增加可以增加物料颗粒之间的接触面积，可以提高烧结矿的强度。但是液相过多不利于铁矿物的还原，也会影响透气性，降低产量。因而需要根据不同原料、操作条件等确定合适的液相量。

液相量的多少与烧结料的总接触面积和孔隙度有关。而接触面积的大小同颗粒大小、形状、表面性质及堆积密度有关。

液相量还与燃料用量有关。燃料用量的多少影响到烧结温度水平的高低。温度升高，液相量增加；反之，温度降低，液相量减少。

液相量还与液相的组成有关。SiO_2 是烧结矿中许多液相的基本组成，加强还原性气氛和增加 SiO_2 的质量分数有助于增加液相量。当然，如果考虑发展铁酸钙液相就不受 SiO_2 的影响。

液相的组成是决定烧结矿矿物组成的重要因素。根据烧结料的组成、温度水平和气氛条件，可以发展各种不同的液相，这些液相都必须有较低的熔化温度。烧结矿存在着两个低熔点液相区，即硅酸盐系液相区和铁酸盐系液相区。烧结矿碱度 $w(CaO)/w(SiO_2)$ 是影响液相类型的主要因素。

总之，影响液相形成量的主要因素有：烧结温度、配料碱度、烧结气氛和烧结混合料的化学成分。

B　几种主要液相的特点

根据液相的不同成分，烧结过程中可以形成的液相体系主要有以下几种：

（1）硅酸铁体系（$FeO-SiO_2$）。这个体系是生产非熔剂性烧结矿固结成型的基础，是普通烧结矿中主要的液相成分。这个体系的生成条件要求有较高的温度和还原气氛，也就是要求有较多的燃料用量以保证形成必要的 FeO。硅酸铁生成数量的多少取决于 FeO 和 SiO_2 的数量。

（2）硅酸钙体系（$CaO-SiO_2$）。在生产自熔性烧结矿时，烧结料中存在着大量的 CaO，

它与 SiO_2 发生作用而生成硅酸钙系列化合物。这个体系的化合物有：铁酸一钙（$CaO \cdot Fe_2O_3$）、硅灰石（$2CaO \cdot SiO_2$）、硅钙石（$3CaO \cdot 2SiO_2$）、正硅酸钙（$CaO \cdot SiO_2$）和硅酸三钙（$3CaO \cdot SiO_2$）。正硅酸钙在冷却过程中发生晶型的变化，同时体积膨胀，产生内应力，因此对烧结矿强度有影响。

（3）铁酸钙体系（$CaO - Fe_2O_3$）。当用赤铁矿生产熔剂性烧结矿，或在燃料用量较低的情况下用磁铁矿生产熔剂性烧结矿时，都能产生这个体系的化合物。这个体系的化合物有：铁酸一钙（$CaO \cdot Fe_2O_3$）、铁酸二钙（$2CaO \cdot Fe_2O_3$）和二铁酸钙（$CaO \cdot 2Fe_2O_3$），这三种化合物的熔点都较低，分别为 1449℃、1216℃和 1226℃。铁酸钙是一种熔点低、强度好、还原性也好的黏结相，所以应该在生产中尽量争取多生成铁酸钙体系矿物，为此可采取以下措施：

1）尽可能使铁的氧化物以 Fe_2O_3 形式存在，这就需要使烧结过程中保持较强的氧化气氛。

2）减小熔剂粒度，加强混匀过程，使 CaO 与 Fe_2O_3 有更多的紧密接触机会。

3）避免高温和高碳操作，只有较低配碳量和较低烧结温度水平下才有利于铁酸钙的生成。

（4）钙铁橄榄石体系（$CaO - FeO - SiO_2$）。这个体系中的主要矿物有：铁黄长石（$2CaO \cdot FeO \cdot 2SiO_2$）、铁橄榄石（$CaO \cdot FeO \cdot SiO_2$）和钙铁辉石（$CaO \cdot FeO \cdot 2SiO_2$）。这些化合物的特点是能够形成一系列的固溶体，并在固溶体中产生复杂的化学变化和分解作用。

（5）$CaO - SiO_2 - TiO_2$ 体系。使用含钛铁矿烧结时，有可能生成这个体系的化合物。

（6）钙镁橄榄石体系（$CaO - MgO - SiO_2$）。烧结料中含有少量 MgO，或者添加有少量的白云石，因而生成这个体系的化合物。这个体系的化合物有许多种，在此不一一述说。

（7）$CaO - Al_2O_3 - SiO_2$ 体系。Al_2O_3 在烧结矿矿物中的分布以 $CaO \cdot Fe_2O_3$ 相为最多，其次是硅酸盐相，如：$4CaO \cdot Al_2O_3 \cdot Fe_2O_3$，$CaO \cdot Al_2O_3 \cdot 2Fe_2O_3$。在硅酸盐黏结相中，除通常一些橄榄石类外，还有黄长石（$2CaO \cdot Al_2O_3 \cdot SiO_2$）和镁黄长石（$2CaO \cdot MgO \cdot 2SiO_2$）的固溶体以及少量的莫来石（$3Al_2O_3 \cdot 2SiO_2$）等。

C 液相的凝固

a 液相凝固过程的特点

在高温区产生的液相随着抽入空气的冷却，温度开始下降，使熔融状态的液相冷却并凝固，在冷却过程中会有不同的化合物以液相析出形成结晶体，一般是熔点高的矿物先结晶。冷却速度慢时，晶形发展就比较大而完整。然而，由于烧结过程中冷却速度较快，常常残留30%~70%来不及结晶的液相，最后以玻璃质的形态充填在铁氧化物之间。

在温度低于 1000~1100℃时，结晶或固结完毕。继续降低温度时，烧结矿各部分将由于组成或冷却速度的不同而产生热应力，甚至出现裂纹，有些矿物还将产生相变，造成烧结矿的粉化，如正硅酸钙在 670℃时由 β 型转变为 γ 型，体积膨胀10%，使烧结矿产生粉化。

在冷却过程中，烧结矿表层直接受冷空气的作用，温差大，冷却快。所以烧结矿表面结晶不好，易粉碎，强度差。同时，烧结矿表层还将发生再氧化现象，使得 Fe_3O_4 氧化成 Fe_2O_3。

b 冷凝速度对烧结矿质量的影响

冷凝速度对烧结矿质量的影响主要是：

（1）影响矿物成分。冷却降温过程中，烧结矿的裂纹和气孔表面氧位较高，先析出的低价铁氧化物（Fe_3O_4）很容易氧化为高价铁氧化物（Fe_2O_3）。

（2）影响晶体结构。高温冷却速度快，液相析出的矿物来不及结晶，易生成脆性大的玻璃质，已析出的晶体在冷却过程中会发生晶形变化。

（3）冷却影响热内应力。不仅宏观烧结矿产生热内应力，而且由于各种矿物结晶先后和晶粒长大速度的不同，加上各种矿物的线膨胀系数的不同，这一热应力可能残留在烧结矿中而降低烧结矿的强度。

7.1.5.3　烧结矿成矿固结理论

A　烧结矿中矿物间的黏结方式

烧结矿成矿固结主要依靠铁氧化物与黏结相之间的黏结作用，晶桥作用因高温保持的时间不长，因此不是主要因素。黏结方式主要有：

（1）铁氧化物与黏结相成分的表面生成一种新的化合物，这种化合物与氧化物和黏结相都有较大的结合力，它作为中间媒介物质使两者结合起来，如铁酸钙与铁氧化物的连接。

（2）铁氧化物表层受黏结相成分的扩散和渗透形成中间过渡物质而把两者连接起来，如钙铁橄榄石与铁氧化物之间的连接。

B　钙铁橄榄石固结理论

这是在低氧位条件下碱度不很高的烧结矿固结理论，以钙铁橄榄石为主要黏结相。

（1）在固相反应产物 $2FeO \cdot SiO_2$ 的基础上，熔入 CaO 后很快形成成分很宽的钙铁橄榄石 $CaO_x \cdot FeO_{2-x} \cdot SiO_2$ 熔体，这类熔体熔点很低（1120~1150℃），可熔入数量相当多的 CaO。

（2）钙铁橄榄石液相熔点虽低，但黏度很大，升温到1500℃以上后才有较好的流动性，得以使传热和传质过程完成。因而只发生在高温型的烧结工艺中。高配碳又导致了低氧位，因此温度越高，形成 FeO 越多，强度虽升高，但还原性降低。

（3）当烧结料碱度为1.2~2.0时，生成的钙铁橄榄石液相结晶能力较差，冷却速度快时会形成较多的玻璃相。

（4）烧结料碱度在1.2~2.0时，冷却后会析出较多的 $2CaO \cdot SiO_2$，使冷却强度变差。

（5）钙铁橄榄石与铁氧化物结合力强，本身有足够强度但还原性很差。

C　铁酸钙固结理论

这是在高氧位条件下配料碱度较高时的固结理论，以铁酸钙为主要黏结相。

（1）在固相反应产物 $CaO \cdot Fe_2O_3$ 的基础上形成的低熔点液相（1200~1220℃），随着温度升高，液相黏度很快降低（1250℃时为 0.1~0.2Pa·s），传热传质条件好，属于低温烧结型的固结相。

（2）铁酸钙本身具有较好的还原性和较高的强度，在升温还原时性质稳定，与 Fe_3O_4 和 Fe_2O_3 的黏结力强。

（3）铁酸钙的结晶能力强，晶体的生长速度快，以针状、棒状和树枝状晶体析出，成为烧结矿块的骨架，即使冷却速度很快时也不会形成玻璃相。

（4）铁酸钙具有多种类质同象结晶体，并能以较宽成分的固溶体存在，这些类质同象体和固溶体只有与简单铁酸钙相近的性质。三元铁酸钙，如：$CaO \cdot 3FeO \cdot Fe_2O_3$，$CaO \cdot FeO \cdot Fe_2O_3$，$4CaO \cdot FeO \cdot 4Fe_2O_3$，$3CaO \cdot FeO \cdot 7Fe_2O_3$，$4CaO \cdot FeO \cdot 8Fe_2O_3$，固熔成分可熔入 Al_2O_3 和 SiO_2 成为多元铁酸钙。这不仅增加了铁酸钙的数量，也使硅酸盐的数量减少。

类质同象体，是两个或几个性质和结晶构造相近的物质，在一定的外界条件下结晶时所形成的结晶变体。晶体中部分质点相互取代或置换，而晶格常数只发生微小的变动，原有结晶构造不被破坏。

7.1.6　烧结矿的矿物组成、结构及性质对质量的影响

7.1.6.1　烧结矿中的矿物组成及性质

A　烧结矿的矿物组成

烧结矿是由多种矿物组成的复合物，它是由含铁矿物和脉石矿物以及由它们形成的液相黏结而成，矿物组成随原料及烧结工艺条件不同而异。一般来说，烧结矿的矿物组成有 3 大类：

（1）含铁矿物。包括磁铁矿、赤铁矿和浮氏体（Fe_xO_y）。

（2）黏结相矿物。各种原料差别很大，一般有：铁橄榄石、钙铁橄榄石、铁酸钙。这些矿物随碱度不同而异。

（3）其他硅酸盐。有正硅酸钙、硅灰石、硅酸三钙。含有 Al_2O_3 脉石时，黏结相矿物有铝黄长石、铁铝酸四钙、铁黄长石；含有 MgO 脉石时，有钙镁橄榄石、镁黄长石、镁蔷薇辉石；含有 TiO_2 时，有钙钛矿等。

B　烧结矿的矿物结构

烧结矿的矿物结构包括宏观结构和微观结构。

a　宏观结构

宏观结构指烧结矿的外部特征，肉眼能看见的孔隙的大小、孔隙的分布状态和孔壁的厚薄等。烧结矿的宏观结构可分为：

（1）疏松多孔、薄壁结构。疏松多孔、薄壁的烧结矿强度差，易破损，粉末多，但易还原。这种结构的烧结矿一般是在配碳少、液相量少、液相黏度小的情况下出现。

（2）中孔、厚壁结构。中孔、厚壁结构的烧结矿强度高，粉末少，还原性一般。这种结构的烧结矿是人们所希望的，一般在配碳适当、液相量充分的情况下出现。

（3）大孔、薄壁结构。大孔、薄壁结构的烧结矿强度较好，但还原性差。当配碳过高时，常出现大孔、薄壁结构的烧结矿。

（4）粗孔蜂窝状结构。有熔融的光滑表面，由于燃料用量大，液相生成量多，燃料用量更高时，则成为气孔度很小的石头状体。

（5）微孔海绵状结构。燃料用量适量，液相量为 30% 左右，液相黏度较高，这种结构强度高，还原性好。若黏度低时，则易形成强度低的粗孔结构。

（6）松散状结构。燃料用量低，液相数量少，烧结料颗粒仅点接触黏结，所以烧结矿强度低。

b　微观结构

借助于显微镜观察能见到矿物结晶颗粒的形状、相对大小及它们相互结合排列的关系。

（1）粒状结构。当熔融体冷却时，磁铁矿首先析晶出来，形成完好的自形晶粒状结构。这种磁铁矿也可以是烧结矿配料中的磁铁矿再结晶而产生的。有时由于熔融体冷却速度较快，析晶出来的磁铁矿为半自形晶和他形晶，粒状结构分布均匀，烧结矿强度好。

通常磁铁矿晶体中心部分是被熔融的原始精矿粉颗粒，而外部是从熔融体中结晶出来的，即在原始精矿粉周围又包上薄薄一层磁铁矿。

（2）斑状结构。烧结矿中含铁矿物呈斑晶状，与细粒的黏结相矿物或玻璃相相互结合成斑状结构，强度也较好。

（3）骸晶结构。早期结晶的含铁矿物，晶粒发育不完善，只形成骨架，其内部常为硅酸盐黏结相充填于其中，可以看到含铁矿物结晶外形和边缘呈骸晶结构，这是强度差的一种

结构。

（4）共晶结构。具体有：

圆点状或树枝状共晶结构，磁铁矿呈圆点状或树枝状存在于橄榄石的晶体中，是 Fe_3O_4 - $Ca_xFe_{2-x}SiO_4$ 体系中共晶部分形成的。赤铁矿呈细点状分布在硅酸盐晶体中，是由 Fe_2O_3 - $Ca_xFe_{2-x}SiO_4$ 体系中共晶体被氧化而形成的。赤铁矿呈细粒状晶体分布在硅酸盐晶体中，是 Fe_2O_3 - $Ca_xFe_{2-x}SiO_4$ 系统共晶体被氧化而形成的。

磁铁矿、硅酸二钙共晶结构。此种结构为 $2CaO \cdot SiO_2$ - Fe_3O_4 体系中共晶部分形成的。

磁铁矿与铁酸钙的共晶结构。这种结构多出现在高碱度烧结矿中。

（5）熔融结构。烧结矿中磁铁矿多为熔融残余他形晶，晶粒较小，多为浑圆状，与黏结相形成熔融结构。在熔剂性液相量高的烧结矿中常见。含铁矿物与黏结相紧密接触，强度很好。

（6）交织结构。含铁矿物与黏结相矿物或同一种矿物晶体彼此发展或交叉生长，这种结构强度最好。高品位和高碱度烧结矿中此种结构较多。

7.1.6.2　影响烧结矿矿物组成的因素

烧结料中原料的组成是决定烧结矿矿物组成的内在因素，而配加熔剂和燃料的品种及数量以及烧结过程的工艺条件，则属于决定烧结矿中矿物组成的外在因素。

A　烧结料配碳量的影响

烧结料中配碳量决定烧结温度、烧结速度及气氛，对烧结矿的性质及矿物组成有很大的影响。

B　烧结料碱度的影响

碱度不超过 1.0 的酸性烧结矿，主要矿物是磁铁矿，少量浮氏体和赤铁矿。黏结相矿物主要为铁橄榄石、钙铁橄榄石、玻璃质及少量钙铁辉石等。

碱度为 1.05~2.42 的熔剂性烧结矿，主要铁矿物与上一种基本相同。黏结相矿物主要为钙铁橄榄石及少量的硅酸一钙、硅酸二钙及玻璃质等。随着碱度的升高，铁酸钙、硅酸二钙和硅灰石均有明显地增加，而钙铁橄榄石和玻璃质明显减少。

碱度在 3.0 以上的超高碱度烧结矿，矿物组成比较简单，主要有铁酸钙、铁酸二钙，其次是硅酸二钙、硅酸三钙和磁铁矿。

C　烧结料化学成分影响

烧结料化学成分的影响主要是：

（1）SiO_2 的质量分数的影响。烧结料中 SiO_2 的质量分数和铁的质量分数对矿物组成的影响最为明显。

（2）MgO 的质量分数的影响。研究发现，在一定的 MgO 含量范围内，烧结矿的粉化率随着 MgO 的质量分数的增加而降低，烧结矿强度得到改善。

（3）Al_2O_3 的质量分数的影响。烧结矿中 Al_2O_3 太多会引起烧结矿还原粉化性能恶化，因此烧结矿中的 Al_2O_3 的质量分数应小于 2.1%。但原料中少量的 Al_2O_3 对烧结矿的性质有良好作用，能生成铝酸钙和铁酸钙的固溶体，降低烧结液相黏度，有利于烧结矿的氧化，可以生成较多的铁酸钙。

（4）不同 Fe_2O_3 种类的影响。Fe_2O_3 生成路线有多种：

1）升温过程中氧化生成片状、粒状赤铁矿；

2）升温到 Fe_2O_3 与液相反应后凝固而形成的斑状赤铁矿；

3）磁铁矿再氧化形成的骸晶状菱形赤铁矿；

4）赤铁矿－磁铁矿固溶体析出的细晶胞赤铁矿等。

D 操作工艺制度的影响

烧结过程的温度、气氛对烧结有很大影响，这除与燃料用量有关外，还与点火温度、冷却速度和料层高度等有关。

7.1.6.3 烧结矿矿物组成及结构对烧结矿质量的影响

这里所说的烧结矿质量主要是指机械强度和还原性。

A 不同矿物组成及结构对烧结矿强度的影响

不同矿物组成及结构对烧结矿强度有影响，具体有：

（1）各种矿物成分自身的强度。烧结矿中的铁酸一钙、磁铁矿、赤铁矿和铁橄榄石有较高的强度，其次则为钙铁橄榄石及铁酸二钙，最差的是玻璃相。因此，在烧结矿的矿物中应尽量减少玻璃质的形成，以提高烧结矿的强度。

（2）烧结矿冷凝结晶的内应力。烧结矿在冷却过程中，产生不同的内应力，内应力越大，能忍受的机械作用力就越小，强度就越差。

（3）烧结矿中气孔的大小和分布。

（4）烧结矿中组分的多少和组成的均匀度。

1）非熔剂性烧结矿的矿物组成属低组分的，主要为斑状或共晶结构，因而强度良好。

2）熔剂性烧结矿的矿物组成属多组分的。其中的磁铁矿斑晶或晶粒被钙铁橄榄石、玻璃质以及少数的硅酸钙等固结，强度较差。

3）高碱度烧结矿的矿物组成也属低组分的，其结构为熔融共晶结构，其中的磁铁矿与黏结相矿物－铁酸钙等一起固结，具有良好的强度。

B 烧结矿的矿物组成、结构对其还原性的影响

烧结矿的还原性能是重要的冶金性能之一，影响还原性能的因素主要有以下3个方面：

（1）各种组成矿物的自身还原性。不同的含铁矿物还原性有差别，还原性从好到差排列依次为：赤铁矿、二铁酸钙、铁酸一钙、磁铁矿、铁酸二钙、铁铝酸钙、玻璃质、钙铁橄榄石和铁橄榄石。

（2）气孔率、气孔大小与性质。一般说来，气孔越小，烧结反应进行越充分，固结加强，气孔壁增厚，强度越好，但是这种烧结矿的还原性变差。

（3）矿物晶粒的大小和晶格能的高低。磁铁矿晶粒细小，在晶粒间黏结相很少，这种烧结矿在800℃时易还原，而大颗粒的磁铁矿被硅酸盐包裹时则难还原。此外，晶格能低的易还原，晶格能高的还原性差。

7.1.7 烧结热平衡

能量平衡是对生产中使用能量的情况进行定量分析的一种科学方法，又称为热平衡。能量平衡作为一种科学的分析方法，已基本上形成了一套完整的和行之有效的程序。在进行热量平衡时，必须对所测取的有关数据进行各种计算。考虑到能量平衡计算的复杂性，对影响最大的3个量规定了统一的基准，这就是温度基准、燃料发热量基准、燃烧用空气基准。

烧结机是燃料燃烧和热交换的设备。烧结机热平衡是烧结机本身（包括冷却设备在内）的热平衡，它所考核或研究的只是进入烧结机的热能与离开烧结机的热能在数量上的平衡关系，即从烧结机布料至烧结机卸矿经破碎和筛分热矿为止的热平衡体系。在有冷却设备时，烧

结机的热平衡体系必须扩展到冷却、筛分系统。

为计算烧结机热平衡，首先要测定和计算烧结生产中物料收支，列出物料平衡表，其中，在烧结生产中有部分物料是循环使用的，称为循环物料（见表7-2）。

表7-2　循环物料

符　号	项　目	质量/kg·t⁻¹	比例/%
G_{8a}	一、二次返矿量	161.92	86.40
G_{8b}	电除尘灰量	5.68	3.03
G_{8c}	双层卸灰量（干）	19.80	10.57
$\sum G$	合　计	187.4	100

烧结生产中物料平衡主要由三部分组成：

（1）配料中各种物料质量，即从配料室出来的未经混合的物料，也就是烧结用的各种原燃料，它有别于混合料。

（2）烧结饼中各种物料质量，包括成品烧结矿、冷（热）返矿、粉尘、铺底料。

（3）烧结过程中各种进出气体量，包括：点火烟气（煤气与空气燃烧产物）、烧结用空气（烧结料面进入的风）、烧结过程产生的废气体积增量，以及烧结抽风系统的漏入空气量。然后将各种物料按体系的划分范围编入收支项中，制成物料平衡表，见表7-3。

表7-3　某烧结机物料平衡表

收　入		质　量		支　出		质　量	
符号	项目	kg/t	%	符号	项目	kg/t	%
G_{1a}	精矿1	287.22	7.79	G'_1	成品烧结矿质量	1000	27.15
G_{1b}	精矿2	193.35	5.25	G^a_{of}	烧结总废气质量	2665.46	72.35
G_{1c}	精矿3	107.41	2.91		差　值	19.91	0.50
G_{1d}	精矿4	135.09	3.67				
G_2	印度富矿	36.25	1.53				
G_4	菱镁石	46.30	1.26				
G_5	石灰石	150.38	4.08				
G_6	消石灰	34.41	0.93				
G_7	煤　粉	63.37	1.72				
G_w	混合料物理水	98.91	2.68				
G_d	点火煤气质量	28.02	0.76				
G_{dk}	点火空气质量	59.89	1.63				
G_{lk}	烧结漏风质量	1306.08	35.44				
G_{yk}	烧结用空气质量	1099.69	29.83				
G	合　计	3685.69	100	G'	合　计	3685.69	100

注：1. $G_1 \sim G_7$ 为干料重；

　　2. 废气带走的固体物未包括在总废气质量内。

烧结热平衡主要包括输入能量与输出能量。

输入能量，即烧结热平衡体系所收入的全部能量。例如，燃料带入的化学热和显热、物料和空气带入的湿热、化学反应热等。

输出能量，即体系所输出的全部能量。例如，离开体系的烧结矿和物料的显热、物料的分解热和蒸发热、化学不完全燃烧热、体系对外界的传热等。

能量平衡的内容和结果按项目列入能量平衡表中，见表7-4。

表7-4 热平衡表

符号	热 收 入			符号	热 支 出		
	项目	kJ	%		项目	kJ	%
Q_1	点火燃料的化学热	24.25×10^4	8.03	Q'_1	混合料物理水蒸发热	32.33×10^4	10.32
Q_2	点火燃料带入的物理热	0.13×10^4	0.04	Q'_2	混合料结晶水分解热		
Q_3	点火助燃空气带入的物理热	1.38×10^4	0.46	Q'_3	碳酸盐的分解热	33.37×10^4	10.65
Q_4	烧结固体燃料的化学热	230.92×10^4	76.46	Q'_4	烧结饼的物理热	147.37×10^4	47.03
Q_5	高炉灰（泥）中或高炉返矿残碳的化学热	0	0	$Q'_{4.1}$	热烧结矿物理热	(104.21×10^4)	(33.26)
Q_6	烧结混合料的物理热	11.92×10^4	3.95	$Q'_{4.2}$	热返矿物理热	(21.37×10^4)	(6.82)
Q_7	铺底料带入的物理热	1.23×10^4	0.37	$Q'_{4.3}$	机尾其他损失的热	(21.79×10^4)	(6.95)
Q_8	化学反应放热	21.62×10^4	7.16	Q'_5	烧结废气带出的物理热	45.04×10^4	14.37
$Q_{8.1}$	硫化物氧化放热	(1.21×10^4)	(0.04)	Q'_6	化学不完全燃烧损失的热	49.43×10^4	15.77
$Q_{8.2}$	氧化亚铁氧化放热	(12.29×10^4)	(4.07)	$Q'_{6.1}$	废气可燃物化学热	(41.07×10^4)	(13.10)
$Q_{8.3}$	成渣热	(8.11×10^4)	(2.94)	$Q'_{6.2}$	烧结矿残碳	(8.36×10^4)	(2.67)
Q_9	烧结过程空气物理热	4.93×10^4	1.63	Q'_7	主要散热	5.81×10^4	1.86
Q_{10}	烧结漏风物理热	5.73×10^4	1.90	$Q'_{7.1}$	点火炉表面散热	(0.33×10^4)	(0.11)
				$Q'_{7.2}$	烧结饼表面散热	(0.17×10^4)	(0.05)
				$Q'_{7.3}$	点火炉冷却水带出热	(0.17×10^4)	(0.05)
				$Q'_{7.4}$	烧结台车散热	(5.14×10^4)	(1.65)
				Q'_8	向外部供热		
				$\Delta Q'$	差值	-11.24×10^4	
ΣQ	合 计	302.11×10^4	100	$\Sigma Q'$	合 计	302.11×10^4	100

注：表中带括号的数据已包含在上面的总热量中，例如 Q_8 的热量由 $Q_{8.1} \sim Q_{8.3}$ 组成。

烧结矿热耗是指在烧结过程中所消耗的固体燃料和点火燃料。如果在输入能量中，除了固体燃料和点火燃料外，若增加其他输入项目的热能，同样可以降低烧结矿的热耗。影响燃耗诸因素间的关系是错综复杂的，可以从热平衡角度分析影响烧结矿热耗的重要因素。

从烧结机热平衡支出项中可知，烧结矿热耗的因素，首先是烧结饼的物理热；其次是烧结混合料的分解吸热；第三是返矿热；第四是混合料水分；第五是燃料利用率；第六是点火器绝热程度及冷却水带走的物理热等。

从热平衡收入项看：首先是燃料的种类和性质；其次是烧结用各种物料带入的物理热；第三是使用高炉瓦斯灰和钢渣等低价料，混合料内部产生化学反应热（如成渣热、FeO 氧化放热）等。总之，烧结矿的热耗随原料的矿物性质、粒度、生产操作条件、设备性能、工艺流程以及烧结矿的质量要求不同而异。

降低热损失的主攻方向可概括为：降低烧结饼的平均温度，并提高烧结矿成品率，减少返矿率；提高燃料的热利用率，即在烧结烟气中，降低 $\varphi(CO)/\varphi(CO_2+CO)$ 的比值和减少残碳的质量分数；有效地回收利用热返矿的显热与烧结烟气的余热；减少点火器表面散热和冷却水带出的热损失等。

7.2　烧结设备

7.2.1　布料设备

布料设备包括铺底料布料设备及烧结料布料设备。

7.2.1.1　铺底料布料设备

铺底料布料设备由铺底料矿仓及矿仓下部的扇形门组成。铺底料矿仓由上、下两部分组成，为焊接钢结构，矿仓内设置衬板或焊有角钢形成料衬以防磨损。上部矿仓用两个重力传感器和两个销轴支承或通过法兰直接固定在厂房的梁上，安装限位装置，以防矿仓平移。下部矿仓支承在烧结机骨架上，底部有扇形闸门调节排料量，扇形闸门开闭度由手动式调节器及其传动机构调节，扇形闸门排出的铺底料通过其下的摆动漏斗布于烧结机台车上，摆动漏斗可前后摆动，当台车粘料或炉算条翘起时，漏斗向台车前进方向摆动。待异物通过后由漏斗后面的平衡锤复位。

7.2.1.2　烧结料布料设备

目前，大型烧结厂主要采用两种布料设备（见图7-3）：圆辊给料机 + 反射板；圆辊给料机 + 辊式布料器，其中，圆辊给料机 + 辊式布料器如图7-4和图7-5所示。

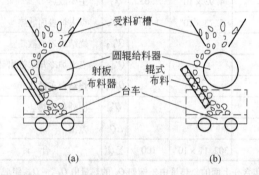

图7-3　烧结机的两种布料方式
(a) 圆辊给料机 + 反射板布料方式；(b) 圆辊给料机 + 辊式布料方式

反射板式布料适用于普通小型烧结设备，在大型烧结机中多用辊式布料器。辊式布料方式不仅适用于小球烧结，而且可以产生偏析布料，获得良好布料效果，代表着大型布料设备未来的发展方向。

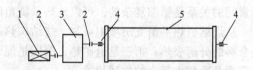

图7-4　圆辊给料机的传动示意图
1—电动机；2—联轴器；3—减速机；4—轴承；5—圆辊

7.2.1.3　辊式布料器

A　工作原理

辊式布料器主要由轴承箱、齿轮箱、布料辊、减速机、电机、变频调速器6大部分组成

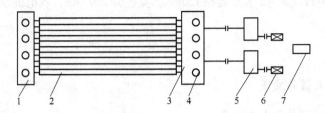

图 7 – 5　辊式布料器的结构示意图

1—轴承箱；2—布料辊；3—齿轮箱；4—润滑孔；5—减速机；6—电机；7—变频调速器

（见图 7 – 5）。

其工作原理为：从圆辊给料机滚出的烧结混合料，落到多辊布料器的布料辊上，并随着布料辊向下转动而滚出。混合料在向下滚动的过程中，有一部分细粒级的混合料从布料辊之间的缝隙落到料层的表面，而粒度大于布料辊间隙的粗粒级的混合料则一直滚到布料器的下端（此功能相当于对混合料起筛分作用），同时，混合料在布料辊上滚动，松散了混合料，烧结混合料从多辊布料器下端落到烧结机台车料层上产生粒度偏析，多辊布料器转速加快，多辊布料器上的混合料向下移动速度加快，烧结机台车上料层的粒度偏析增大，反之，烧结料层粒度偏析减弱。

B　特点

辊式布料器用于向烧结机台车上偏析布料，其特点是：在布料过程中具有"筛分"效果，保证偏析布料。其一，混合料在台车垂直方向由下而上，粒度逐渐减小，小粒度级的混合料在上，大粒度级的混合料在下，可以保证良好的透气性；其二，混合料中的燃料（煤粉）在台车垂直方向由下而上，粒度逐渐增加，小粒度级的煤粉在下，大粒度级的煤粉在上，保证燃料燃烧充分，热量充分利用，可以优化烧结热制度。通过调节多辊布料器布料辊的转速，可控制混合料粒度的偏析度，达到料层中固定碳适度偏析，在烧结过程中使烧结料层上部温度和下部温度趋于均匀，提高垂直烧结速度，提高烧结矿的质量，降低烧结能耗。

辊式布料器在布料辊数量、工作原理、机械结构、传动系统、润滑方式、安装及控制方式上均有讲究，参数不同，结果和效果均不同。烧结机布料时，多辊布料器的混合料向下滚动的速度由布料辊的转速控制，通过转速可控制混合料的偏析度。一般多辊布料器的安装角度在30°~40°之间。多辊布料器由于故障不能运行时，混合料向下运行不畅，影响烧结机的正常运行。布料辊的使用寿命一般要求 18 个月左右，可通过整体更换的方法进行处理。

C　型号表示

辊式布料器的型号说明如图 7 – 6 所示。

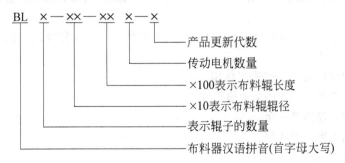

图 7 – 6　辊式布料器的型号说明示意图

举例说明：BL7 – 12 – 26 – 2 表示辊径 120mm，宽度为 2600mm，双电机驱动，第 2 代改良型的七辊布料器。

7.2.2 点火器

7.2.2.1 国内点火器的发展

国内点火器的发展分为 4 个阶段：

第一阶段，20 世纪 70 年代中期以前。这个阶段使用的烧结点火器主要是苏联 20 世纪 40 年代的大型涡流式烧嘴点火器，点火不均匀，能耗高。

第二阶段，20 世纪 70 年代中期开始。主要是借鉴日本 60 年代烧结点火技术，开始对点火器进行改造，主要采取增设保温炉对表层烧结矿进行保温处理，以提高表层烧结矿强度来达到提高成品率的目的。

第三阶段，20 世纪 80 年代初期。各烧结厂普遍推广采用带强旋流结构的混合型烧嘴，保温段采用平焰烧嘴，点火煤气消耗降低 20% 左右。

第四阶段，20 世纪 80 年代中期以后。这个阶段主要是在引进消化日本烧结点火技术的基础上，相继研制出多种类型的点火烧嘴，其特点是采取直接点火和形成带状火焰，从根本上改变了传统的点火观念，采用"集中点火"代替老式的"均匀点火"，使煤气消耗大幅度下降。如多缝式烧嘴、双斜式点火炉等。

7.2.2.2 新型点火器及烧嘴

A 多缝式烧嘴点火器

多缝式烧嘴点火器的特点是：

（1）这种烧嘴燃烧完全、稳定、连续带状火焰可调，对混合料直接点火，热利用率高，横向温差最大为 50℃。

（2）喷口距料面 250 ~ 300mm，由于喷口设计合理，物料不喷溅黏结烧嘴。

（3）分二次供给助燃空气，二次空气不仅可冷却烧嘴，而且根据二次空气的多少，可调火焰长短。

（4）寿命长达 4 年之久。

B 幕帘式点火器

幕帘式点火器的特点是：

（1）火焰呈 300 ~ 400mm 幕帘状。

（2）煤气以一定速度轴向喷出，在出口处与一次风旋转气流相结合，边燃烧边形成稳定火焰。

（3）二次空气是从二次空气狭道中以一定速度喷出，它只有轴向速度。二次空气的作用是：

1）对火焰起到幕帘状"整形"作用；

2）改变一次空气比例，调节火焰长度；

3）冷却烧嘴，提高其寿命；

4）台车横向温度分布均匀。

C 线式烧嘴点火器

线式烧嘴点火器的特点是：

（1）烧嘴高度和倾角可以随意调节，使用密集型多喷孔烧嘴，并加强台车轴点火强度。

（2）采用多烧嘴，料层表面温度均匀，火焰短而且稳定，这样可使点火器容积从 27m³ 缩小到 2m³。

（3）火焰冲击料面直接点火，空气和煤气混合好，燃烧完全，所以能耗低。

D 面燃烧烧嘴点火器

面燃烧烧嘴点火器的特点是：

（1）采用预混合的方式，使空煤比较低的条件下，燃烧仍然稳定、完全。

（2）火焰连续，分布均匀。

（3）火焰温度高，点火时间短。

各种新型点火器的比较见表 7-5。

表 7-5　各种新型点火器的比较

种　类	结构特性	效　果
线式烧嘴	多孔烧嘴； 短火焰，400~600mm 可用低热值混合煤气； 可更换前烧嘴	点火消耗 28.05MJ/t，空燃比 17
长缝式烧嘴	长缝式烧嘴； 炉顶可移动； 长火焰，800mm	点火消耗 28.05MJ/t（混合煤气）
面燃式烧嘴	预混合型； 短火焰，400mm； Ni-Cr 合金多孔燃烧面板	焦炉煤气（标态）消耗 1.46m³/t，$m=1.1$
煤气-煤粉混烧式烧嘴	煤混合二次空气经旋转器转入烧嘴； 长火焰，800mm	煤粉（<0.088mm，即 -170 目）+ 焦炉煤气（混入比 10%）； 煤粉消耗 1.7kg/t； 焦炉煤气消耗 0.41m³/t（标态）
煤粉烧嘴	作辅助点火喷煤烧嘴； 长火焰，800mm	煤粉（<0.074mm，-200 目）消耗 1.4kg/t，$m=1.3$

7.2.2.3 双斜式烧嘴点火保温炉

双斜带式点火保温炉代表了现代点火技术，是 20 世纪 90 年代以后国内大型烧结机应用最多的一种烧结点火保温炉。其点火段长 4m，设有两排双斜式（成 60°、75° 安装）点火烧嘴，前排 n 个，后排 n+1 个，侧墙对应每排炉顶烧嘴下方共设 4 个引火烧嘴，每边 2 个，入口端墙、中间隔墙及侧墙底部设水冷套。保温段总长 18m，炉顶共设平焰式热风喷嘴 6 排，共 36 个，每排 6 个。点火段和保温段的耐火衬采用整体浇注，具有气密性好、寿命长等特点。某厂采用双斜带式点火保温炉技术性能见表 7-6。

表 7-6　双斜带式点火保温炉技术性能

序号	名　称	点火段	保温段
1	长 × 宽 × 高/ mm × mm × mm	4000 × 600 × 5130	18000 × 600 × 5130
2	煤气热值（标态）/ MJ·m^{-3}（kal·m^{-3}）	17.58（4200）	
3	助燃风温度/℃	约 260	约 260
4	正常供热值/ GJ·h^{-1}（kal·h^{-1}）	38.6（924 × 10^4）	
5	煤气需要量（标态）/m^3·h^{-1}	2200	
6	热风需要量（标态）/m^3·h^{-1}	17000	111400
7	引火用助燃风温度/℃	常温	
8	引火用助燃风风量（标态）/m^3·h^{-1}	480	
9	引火用煤气量（标态）/m^3·h^{-1}	95	
10	炉温/℃	1000 ~ 1300	300 ~ 900
11	烧嘴排数（个数）	2 排（27 个）	6 排（36 个）

7.2.2.4　烧结点火装置

　　点火装置布置在第一真空箱的上方，点火所用燃料主要是气体燃料。气体燃料由于具有便于运输、与空气可以充分混合、燃烧充分、没有灰分、成本较低、设备简单可靠、劳动条件好、便于实现自动控制等优点被烧结厂广泛使用。常用的气体燃料有焦炉煤气、高炉煤气、天然气以及焦炉煤气与高炉煤气的混合气体。

　　目前，点火装置主要有点火保温炉和预热点火炉两类。

　　点火保温炉是由点火炉和保温炉两段组成，中间用隔墙分开，两侧和端部外壳由钢板焊接而成，炉墙用耐火材料砌筑，在炉顶上留孔装烧嘴。图 7-7 所示为顶燃式点火保温炉的典型结构。

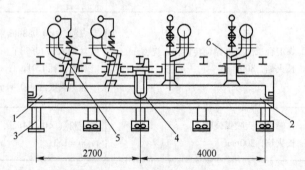

图 7-7　顶燃式点火保温炉的典型结构
1—点火段；2—保温段；3—结构；4—间隔墙；5—点火段烧嘴；6—保温段烧嘴

　　预热点火炉由预热段和点火段组成，它在下列两种情况下采用：一种是对高温点火爆裂严重的混合料，例如褐铁矿、氧化锰矿等；另一种是缺少高发热值煤气而只有低发热量煤气的烧结厂。预热点火炉有顶燃式和侧燃式两种形式，分别如图 7-8 和图 7-9 所示。

　　旧式点火炉一般采用顶部布置的低压涡流式烧嘴，满炉膛点火，点火效果差，能耗高。近年来，国内外烧结点火技术迅速发展，各种不同类型点火烧嘴的应用，使烧结点火能耗大幅度下降。如煤气-煤粉混烧式烧嘴、多缝式烧嘴（见图 7-10）、线型组合式多孔烧嘴、幕帘式

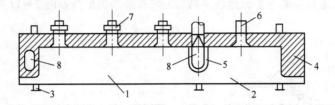

图 7-8 预热式点火炉(一)

1—预热段;2—点火段;3—钢结构;4—炉子内衬;5—中间隔墙;6—点火段烧嘴;7—预热段烧嘴;8—预热器

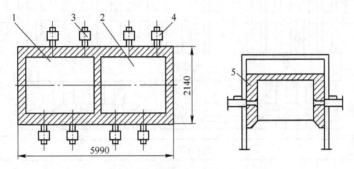

图 7-9 预热式点火炉(二)

1—预热段;2—点火段;3—预热段烧嘴;4—点火段烧嘴;5—钢结构

烧嘴等。与过去相比,近期发展的新型点火炉由于烧嘴的火焰短,因此炉膛高度较低,同时点火热量集中,沿点火装置横剖面在混合料表面形成一个带状的高温区,使混合料在很短的时间内被点燃并进行烧结。这种点火装置节省气体燃料显著,质量也比原来的点火装置轻得多,这使我国的点火能耗逐年下降。

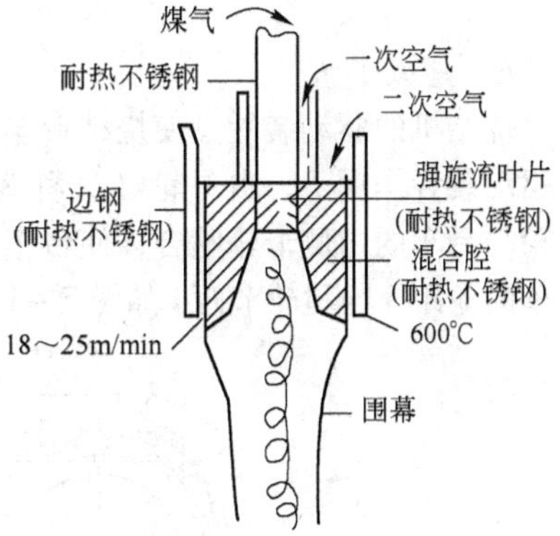

7.2.3 带式烧结机

7.2.3.1 工作原理

传动装置带动的头部星轮将台车由下部轨道经头部弯道而抬到上部水平轨道,并推动前面的台车向机尾方向移动。在台车移动过程中,给料装置将铺底料和混合料装到台车上,并随着台车移动至风箱上面即点火器下面时,同时进行点火抽风,烧结过程从此开始。当台车继续移动时,位于台车下部的风箱继续抽风,烧结过程继续进行。台车移至烧结机尾部的风箱或前一个风箱时,烧结过程进行完毕,台车在机尾弯道处进行翻转卸料,然后靠后边台车的顶推作用而沿着水平(摆架式或水平移动架式)或一定倾角(机尾固定弯道式烧结机)的运行轨道移动。当台车移至头部弯道处,被转动着的头部星轮咬入,通过头部弯道转至上部水平轨道,台车运转一周,完成一个工作循环。如此反复进行。

图 7-10 多缝式烧嘴结构示意图

7.2.3.2 烧结机的组成及功能

带式烧结机主要是由台车、驱动装置、原料及铺底料给料装置、点火装置、风箱、灰尘排出装置、主排气管道及骨架等部分组成，典型的带式烧结机配置如图7-11所示。

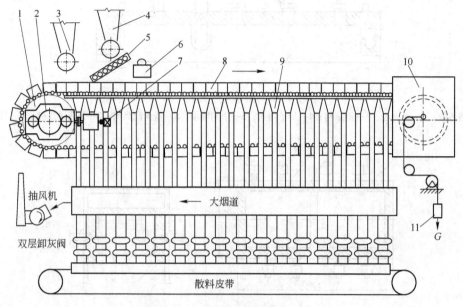

图7-11　典型的带式烧结机配置

1—头部星轮；2—柔性传动；3—铺底料装置；4—泥辊给料装置；5—辊式布料器；6—点火器；
7—主驱动电动机；8—台车；9—风箱装置；10—机尾摆架装置；11—机尾摆架配重

A　驱动装置

烧结机的驱动装置是使烧结台车向着一定方向运动的装置。台车在上下轨道上循环移动，在驱动装置作用下，由星轮（又称为头轮）和导轨使后面的台车推动前面的台车连续移动。星轮与台车的内侧卡轮啮合，使台车能上升下降，沿着弯道翻转。台车车轮间距 a、相邻两个台车的轮距 b 与星轮节距 t 如图7-12所示。

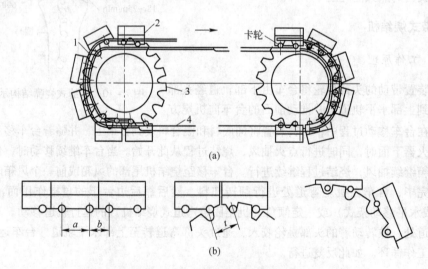

图7-12　台车的运动示意图

(a) 台车运动状态；(b) 台车尾星轮运动状态
1—弯轨；2—台车；3—星轮；4—轨道

从星轮与卡轮开始啮合时起，相邻的台车之间便开始产生一个间隙，在上升及下降过程中，保持着随 a、b 而定的间隙，这就避免了一个台车的前端与另一个台车后端的摩擦和冲击，造成台车的损坏和变形。从链轮与卡轮分离之前起，间隙开始缩小。由于链轮齿形顶部的修削，因此，相邻台车运行到上下平行位置时，间隙开始减小直至消失，台车就一个紧挨着一个运动。

烧结机的驱动装置是由电动机、定扭矩联轴器、减速机、开式齿轮或柔性传动装置、机头星轮主轴承调整装置等组成，各部结构简介如图 7-13 所示。

　　a　电动机

电动机一般选用直流或交流电动机。直流、交流电动机采用可控硅直流调速系统或变频调速控制，交流电动机的优点是节约电能，操作简便可靠，易于维护检修。

　　b　定扭矩联轴器

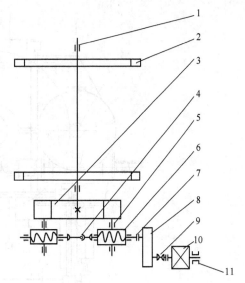

图 7-13　带式烧结机传动示意图

1，5—轴承；2—大星轮；3—大齿轮；
4，7—联轴器；6—柔性传动；8—减速机；
9—万向联轴器；10—电动机；11—抱闸轮

定扭矩联轴器（见图 7-14）是在台车运行阻力异常高时，作为防止出现意外事故等危险而采用的，定扭矩联轴器的打滑由接近开关进行检测并在主控室有显示。

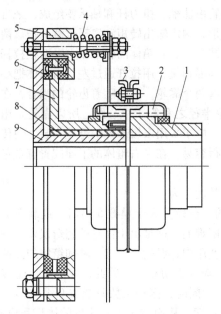

图 7-14　定扭矩联轴器

1，9—半联轴器；2—蛇形弹簧；3—罩子；4—弹簧；
5—传动板；6—摩擦片；7—连接套；8—含油轴承

　　c　柔性传动装置

柔性传动装置除结构紧凑、传动速比大、转矩大、安装找正容易外，其突出的特点是调节台车跑偏时齿轮的啮合不受影响。根据传动装置输出级小齿轮与大齿轮的连接形式不同，大致可分为 3 类，即拉杆型、压杆型和悬挂型。大多数烧结机采用拉杆型，只是型号不同，速比不一样（见图 7-15）。

拉杆型通常是用两根成对角线布置的拉杆将小齿轮压靠在大齿轮上，通过蜗杆（两蜗杆之间用万向联轴器连接）—蜗轮—小齿轮—大齿轮进行传动。这是拉杆型的基本结构，在蜗杆轴的一端还可以根据传动比和布置的需要悬挂安装各种类型的减速器。一般输入轴是用万向联轴器与固定在基础上的电动机相连。输出大齿轮直接装在被驱动轴的伸出端上。对于烧结机而言，即直接装在机头链轮的伸出轴端上。

输出级齿轮箱不是整体的，它由 4 部分组成，即左箱体、右箱体、上箱体和下箱体。上、下箱体用螺栓连接悬挂在输出大齿轮轮毂上，它们之间有滚针轴承或轴瓦，可以相对运动。左、右箱体与上、下箱体是不相连的，两个小齿轮和蜗杆分别装在左、右箱体的轴承孔内，两个蜗轮

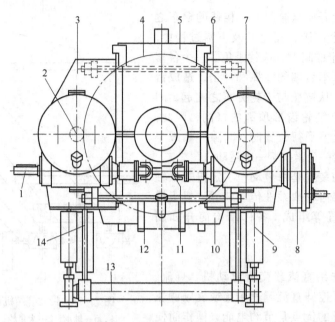

图 7 – 15　柔性传动示意图

1—蜗杆；2—小齿轮；3—左箱体；4—大齿轮；5—上箱体；6—上拉杆；7—右箱体；8—输入减速器；
9—重量平衡器；10—下箱体；11—万向联轴器；12—下拉杆；13—转矩平衡装置；14—连杆

直接悬挂在两个小齿轮的轴伸上。左、右箱体的下面是转矩平衡装置，中间用连杆连接，用以平衡左、右或小齿轮圆周力产生的转矩。转矩平衡装置由曲柄、扭力杆和轴承座组成，来自两连杆的力构成一个转矩。还可以通过扭力杆的扭转变形，测定输出转矩和实现过载保护。两轴承座是用来支承扭力杆的，它安装在地基上。拉杆安装在左、右箱体的轴承座上，两根拉杆成对角线布置，拉杆的两端装有球面轴承，一端还装有蝶形弹簧，用拉杆通过左、右箱体把小齿轮和大齿轮压靠在一起。在两小齿轮齿宽的两端各装有两个靠轮，靠轮随着齿轮的啮合，在大齿轮的外圈（外轨道）上滚动。因靠轮半径与大齿轮半径之和等于中心距，所以靠轮是用来定齿轮副中心距的。拉杆型输出级传动属于两点啮合。由于采用多级部件的悬挂安装，使传动装置的结构大为紧凑，悬挂安装也使传动部件安装显得容易。在左右箱体的下面配置有重量平衡器，用以平衡左、右箱体载荷。

　　柔性传动装置与减速机、开式齿轮传动相比较，其优点为：

　　（1）一般齿轮减速机的大小齿轮轴承都是固定的，在齿宽大于模数 5 倍时，或载荷的影响而产生变形的情况下，齿轮要达到完好的接触是很困难的。这是由于齿轮的制造误差、轴承的安装误差和齿轮轴心线的误差所引起的。此外，在使用中，温度的影响、轴和箱体的弹性变形，以及基础和支承构件的变形，都与齿面接触率的降低密切相关。因此，在一般齿轮传动中，齿宽与模数的比值应取得小一些，通常为 10～15。同时，接触系数只能取 0.4～0.7。这就迫使实际所选定的齿轮宽度超过了需要的有效齿轮宽度，从而增大了减速机的体积和质量。而柔性传动装置能得到良好的接触，可以妥善地解决制造误差与工作条件的影响而使齿轮啮合精度不良的问题，这是因为它能经常地保证齿面良好的接触率，即使齿宽为模数 30 倍的情况下，齿面接触率仍可达到 98%，能显著增加齿轮的宽度。所以在齿轮模数相同的条件下，比一般齿轮所传递的转矩大。

　　（2）柔性传动装置是直接安装在主传动星轮轴上，因此没有必要在出力轴上再设置大型联轴器。

（3）能安装测定转矩及过载切断电源的安全装置。

（4）基础简单，因为大齿轮直接悬挂在主传动星轮轴上，没有固定在基础上的旋转运动件，基础上只设置有弹性支撑平衡杆，单纯承受轴减速机和蜗轮副等部件的质量。

（5）对烧结机台车跑偏的调整来说，具有独到的优点，一是不需要停机，随时可以调整，方便易行；二是不存在影响传动齿轮的啮合问题。

（6）传动速比大，安装维护简单。

d 机头星轮

机头星轮（也称为链轮）滚筒为焊接结构件，传动轴也是焊在筒体上成为耳轴形式。星轮齿板装配在星轮滚筒上。齿板齿面设计成曲线形状（见图7-16），使台车在给矿部和排矿部的弯道上圆滑地做上升翻转与下降翻转运动。

星轮齿板齿面要进行高频淬火，提高硬度，提高寿命。一组星轮由7块二联齿板和1块三联齿板组成，用螺栓及铰孔螺栓固定在星轮体上。机头星轮一般设计17个齿（7块2个组合，1块3个组合，即7×2+3=17）。在星轮滚筒外面，装有带特殊形式导向叶片的除尘滚筒，将台车上落下的烧结矿导入灰箱内。

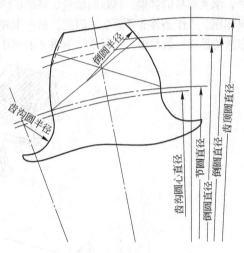

图7-16 星轮齿轮示意图

e 机尾装置

烧结机机尾形式大体可分为两类：一类为机尾固定弯道装置；另一类为机尾活动摆架装置。当前大型烧结机多采用活动摆架装置。机尾固定弯道是由左右弯道夹板、内外方钢等组成。为了调整台车的热膨胀，在烧结机尾部弯道开始处，台车之间形成一断开处，这个断开处的间隙，称为烧结机冲程。通常冲程为160~200mm左右。这种结构，由于台车靠自重落到回车道上，彼此间因冲撞而发生变形，造成台车端部损坏，不能互相紧贴在一起，增加有害漏风。同时，由于有断开处，使部分烧结矿由此缝落下，因此，设有专门的"马耳"漏斗，以排出落下的烧结矿。

机尾是活动摆架的烧结机，既解决了台车的热膨胀问题，同时也消除了台车之间的冲击及台车尾部的散料现象，大大减少了有害漏风。机尾摆架是由机尾星轮、移动架、排灰装置、平衡装置等组成。尾部星轮为通轴式，轴用锻钢制造。星轮辐板为焊接组合件，通过钩头键装配在通轴上。齿板用铰制螺栓逐块连接在辐板上。尾星轮与头星轮基本上是一样的，只不过外径要小一些，齿数少一些，达到回车道轨道尾高头低，台车在回车道上从尾部向头部滑行。

移动架由上下框架、侧板和弯道组成，通过左右4个托辊的支承悬挂在尾部骨架上。上、下各4个导向轮使移动架只能沿纵向水平的轨道上移动，以吸收台车的热伸长。弯道采用高强度耐磨耗的材质制造，上下框架及侧板为普通碳钢组焊件。为收集台车卸矿时的散料，设置了随移动架一起水平移动的接料斗、旋转斗和固定斗，使散料能顺利地排到机下的卸料斗内。排灰装置均为焊接结构，内部设有衬板或料衬。

由滑轮、链条（或钢丝绳）配重等组成的平衡装置，通过其配重向机头方向拉紧移动架，使单个台车形成了一个连续的输送带，起到了挤紧台车的作用，从而减少了台车间的漏风和漏料，还消除了台车在运行过程中的挤磨和冲击。采用合适的配重，能使烧结机在运转过程中，随着温度的变化，移动架自动实现调节作用，避免台车卡轨、跑偏等事故发生。为了满足安装台车和检修时取出台车的需要，在尾部骨架上设置了电动式液压千斤顶。

　　B　烧结机台车

台车是烧结机的重要部件，其结构如图7-17所示。连续式烧结机是由许多块台车组成的一个封闭烧结带。在烧结过程中，台车在上轨道进行布料、点火、烧结，在尾部排出烧结矿。台车在倒数第二个风箱处，温度达到最高值，在返回下轨道时温度下降。台车在整个工作过程中，承受本身的自重、箅条的质量、烧结矿的质量及抽风负压的作用，又要承受长时间高温的反复作用，工作条件非常恶劣，因此，易产生较大的热疲劳，所以台车是容易损坏的部件。由于台车造价昂贵、数量多，又是烧结机重要的组成部分，它的性能优劣直接影响烧结机的正常运转。

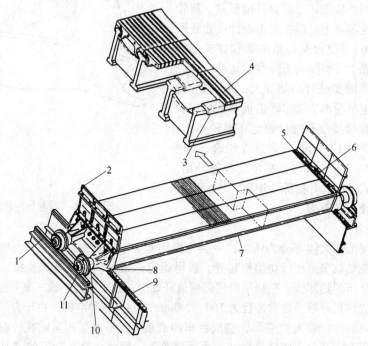

图7-17　烧结机台车结构示意图

1—轨道；2—台车挡板；3—隔热件；4—炉箅条；5—边缘炉箅条；6—炉箅栓；7—本体；
8—台车轮轴支承；9—密封；10—轴；11—台车轮子

　　烧结机的有效烧结面积，是台车的宽度与烧结机抽风段长度（即有效长度）之乘积。随着烧结机面积的增大，台车的面积也相应增加，特别是台车在宽度方向的加宽。国内生产的烧结机台车曾有用于尾部弯道式的烧结机和链轮式烧结机两种。前者均为小规格的烧结机，已经被淘汰。目前生产的均为链轮式烧结机用台车。

　　台车是由台车体、栏板、隔热板、箅条、箅条压板、卡轮、车轮、车轴及空气密封装置等组成。

　　台车的寿命主要取决于台车本体的寿命。台车体损坏的主要原因是热循环变化及与燃烧物相接触而引起的裂纹和变形。此外，高温气体对台车体有强烈的烧损及气流冲刷作用。因此，台车体应选用具有足够的机械强度、耐磨性，又具有耐高温、抗热疲劳性能的材料来制造，一般采用铸钢或球墨铸铁来制造。

　　台车体有整体结构、两体装配式和三体装配式3种形式，一般根据烧结机台车的宽度来决定形式。大型烧结机台车宽度在4m以上的，大都采用三体装配结构。这种结构的台车，把温度较低的两端和温度较高的中部分开，用强力螺栓连接。这种结构铸造容易，便于维护及更换中间部分。目前国内450m²烧结机均采用5m宽台车，是三体装配式结构。中间本体与两端台车体使用两组共14个高强度螺栓连接。

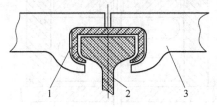

图7-18　隔热垫
1—隔热垫；2—台车体主梁；3—箅条

为了降低台车的热应力，提高台车的使用寿命，降低烧结矿对台车体的传导热，避免台车体"塌腰"现象的发生，除采用铺底料外，还在台车主梁和箅条间采用安放隔热垫的方法（见图7-18），有效地阻止高温的烧结矿及箅条的热量传递到台车本体上。台车体的热量不仅来自高温气体的辐射、对流，还来自于与台车直接接触的箅条。通常箅条将其30%～40%的热量传给台车体。安放隔热垫后，整个台车体温度降低，尤其是减小了主梁上部和下部的温度差，从而大大降低了由温度差产生的热应力。采用铸铁类隔热垫，可使台车本体温度降低150～200℃，台车越宽，降温效果越明显。隔热垫直接插入台车体主梁上部，并与主梁间有5～7mm间隙，形成了一道空气隔热层，较好地改善了台车体的变形，一根主梁上有若干块隔热垫，其拆、装需卸掉栏板后进行。

箅条连续地排列在烧结机台车上，构成了烧结炉床。箅条的使用寿命及形状对烧结机生产影响很大。从工作条件看，箅条处在温差激烈波动之中，大约在100～800℃之间变化，由于台车两端散热条件差，其温差还要高出70～100℃。同时，又有高温含尘气体冲刷和氧化，所以箅条极易磨损，特别是两端尤为严重。这样就要求箅条的材料能够经受住激烈的温度变化，能抵抗高温氧化，还应具有足够的机械强度。目前，箅条材质采用较多的有球墨铸铁、铸钢、铬镍合金或其他材料。中间箅条的形状如图7-19所示。

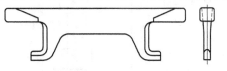

图7-19　中间箅条形状示意图

箅条要求精密铸造，严格控制尺寸误差，便于安装。另外，铸造后应进行退火处理，消除内应力及细化晶粒。箅条分为中间箅条和端部箅条，端部箅条设有卡口，通过箅条压块可将其牢牢卡住，避免了台车在翻转过程中的跌落。

台车上的两箅条间的间隙为5～8mm，其通风面积约占总面积的13%～21%（不包括隔热垫堵塞的部分，9%）。台车的车轮是用高碳钢制造的，工作表面要进行高频淬火，以增强耐磨性。车轮内部装有承载能力很大的双列圆锥滚子轴承。卡轮外圆表面也要进行高频淬火处理，其内部嵌有耐磨金属（铜合金）的轴承。车轴热装于台车体的轮毂中，并用紧定螺钉固定。

台车栏板（即挡板）由球墨铸铁制造，有整体栏板和分块栏板结构之分。分块栏板为防止相邻两块之间的漏风，在下栏板侧面开槽，压入特制的耐热石棉绳，有一定的密封效果。

C　密封装置

烧结矿的生产是通过抽风烧结来完成的，减少漏风率即解决密封问题就显得相当重要。在烧结生产中，风机的能量一定，如果漏风量越多，则通过烧结料层的风量就越少，对产量的影响也越大。因此，良好的密封对于提高烧结设备的生产率和产品质量、降低烧结矿成本具有重要的意义。烧结机的漏风牵涉到很多方面，下面仅对烧结机台车与风箱之间以及机头、机尾等的密封装置做一些介绍。

烧结机台车与风箱之间的密封，目前主要采用下列3种形式：

（1）弹性滑道密封（见图7-20）。在烧结机
轨道的两侧分别安装了滑槽，滑槽与风箱之间满
焊。滑槽当中装有蛇形板簧，板簧的上下方均垫有
鸡毛纸垫，上面装有弹性滑板，滑板在板簧与台车
的作用之下可上下活动，从而保证台车的油板与滑
板紧密相贴，达到密封效果。为减少台车油板与滑
板之间的摩擦阻力，每间隔几块滑板就有一块带油
管的滑板，润滑油脂就通过自动集中润滑装置给到
滑板的表面，滑板的表面开有油槽，以储存润滑
脂，使接触面经常保持适当的油膜，以保证台车与
风箱间良好的密封性。为了防止滑板被台车推走，
在每块滑板的两边都设计有定位止动块，分别嵌入
滑槽的定位槽内。

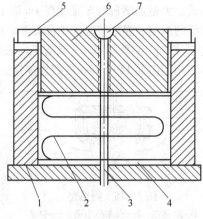

图7-20　弹性滑道密封
1—滑槽；2—蛇形板簧；3—油管；4—密封垫；
5—止动块；6—滑板；7—油槽

（2）密封装置采用弹簧式结构（见图7-21）。
风箱两侧是采用固定滑道，将密封装置用螺栓连接在台车体上，密封滑板与密封装置形成框
体，由螺旋弹簧以适当的压力将其压在固定滑道上。密封板与滑道间打入润滑油脂形成油膜以
保持密封。目前，国内绝大多数大型的烧结机采用这种密封装置。

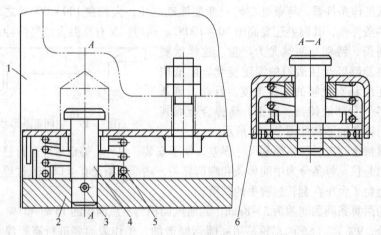

图7-21　弹簧密封装置
1—台车车体；2—密封滑板；3—弹簧销；4—销；5—弹簧；6—门形柜体

（3）采用胶皮（或塑料板）密封（见图7-22）。烧结机头、尾的密封有许多形式，一种
是重锤式密封，即在密封板的中部焊一根圆轴，安装在半圆形凹槽的底座上，在密封板的一端
配有重锤，重锤是用螺栓固定在密封板的端部。密封板的两端可绕圆轴上下摆动，起到密封与
保证烧结机正常运行的作用。另一种形式是杠杆重锤式密封，由密封板及其支座、配重、调节
螺杆、安装框架等组成。密封板沿台车宽度方向分成6段，各段可通过调节螺旋杆将密封板调
节到合适的位置，使其既不与台车梁底面接触而产生磨损，又使漏风量尽可能地降到最低程
度。此密封装置采用全金属结构，使用寿命长，维修量小且密封可靠，有利于烧结机作业率的
提高。

此外，较新式的密封是将一整块密封板装在金属弹簧上，以弹簧的压力使密封板与台车底
面接触，防止漏风，使用效果较好。

为了防止风箱与风箱之间的窜风问题，在风箱与风箱之间设置有中间隔板，使温度测量更加准确。

7.2.4 单辊破碎机

7.2.4.1 工作原理

单辊破碎机经由电动机驱动减速机，减速机带动辊轴，辊轴上交错分布着一些辊齿，随着辊轴的转动，辊齿交错通过固定箅条的间隙处，烧结饼块在辊齿与箅板间受剪切力而破碎，破碎效率高，粒度均匀，达到破碎大块物料、便于均衡物料粒度和使冷却工序顺利进行的作用。单齿辊破碎机用于破碎从烧结机卸出的大块烧结饼，其温度高达 600~800℃ 左右。因其长期处于高温、

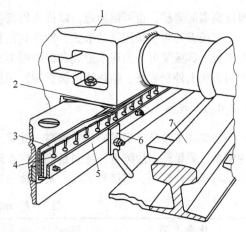

图 7-22 胶皮密封示意图
1—台车体；2—滑道；3—密封板；4—支撑板；
5—压板条；6—压板；7—轨道

多尘的工作环境中，必须由耐高温、抗磨损的材料制成。为了延长其使用寿命，国内外除了选用优质材料或表面堆焊耐热、耐磨的硬化层以外，还采用分别给单辊轴和箅板通水冷却的方式达到延长使用寿命的效果。

7.2.4.2 结构与功能

单辊破碎机的结构主要是由传动装置、单辊辊轴（辊齿）、辊轴给排水冷却装置、辊轴轴承支架、箅板及保险装置等组成，其结构如图 7-23 所示。

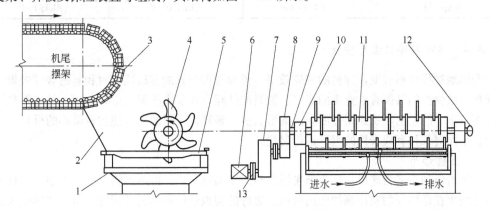

图 7-23 热矿单辊破碎机配置简图
1—水冷箅板台车；2—机下漏斗；3—烧结机台车；4—单辊齿；5—水冷箅板；6—电动机；7—减速机；
8—大开式牙；9—小开式牙；10—辊轴轴承座；11—单辊轴；12—旋转给水接头；13—定扭矩联轴器

传动装置由电动机、减速机和保险装置组成。保险装置主要有定扭矩和保险销两种形式。目前采用较广泛的是定扭矩装置。当破碎机工作时，有异物进入使破碎机过负荷时，破碎机转矩超过了设定值，联轴器打滑，这时由打滑检测器测出并控制破碎机停机和设备联锁。而保险销形式则通过保险销被剪断来保护电机和破碎机。

单辊轴给排水冷却装置由主轴、辊齿、轴承、给排水冷却装置组成。主轴是空心轴，以便于通水冷却，用 25 号碳钢或 40Cr 钢锻制而成，辊齿按圆周方向与主轴焊接，辊齿端都可以堆

焊抗高温耐磨层，也可镶齿冠，以提高辊齿使用寿命。

算板近几年多采用活动形式，即将其搁置于移动检修台车框架的限位槽内，便于检修或更换算板。算板又可分为通水形式和保护帽形式两种。通水算板制成单根式，中间通水冷却；保护帽算板上外套耐磨、耐热铸造保护帽，保护帽可掉头，可更换。

7.2.4.3　规格及性能

剪切式单辊破碎机的破碎效率高、处理能力大，破碎的烧结矿粒度均匀、粉末少，设备结构简单、质量轻、故障少，特别是能适应在环境差、温度高的条件下工作，但辊齿易磨损，齿板及算板寿命较短，需经常更换。某厂烧结机的单辊破碎设备各种性能见表 7-7。

表 7-7　单辊破碎机性能参数

性能参数	280m² 烧结机	360m² 烧结机	450m² 烧结机
规格/mm×mm	2400×4800	2400×4340	2400×5120
形式	剪切式	剪切式	剪切式
齿数/个×排	3×16	3×14	3×14
转速/r·min⁻¹	6.3	6.26	8.48
生产能力/t·h⁻¹	784	300	1223
固定算条/排	17	15	17
算条间隙/mm	170	180	190
电机功率/kW	200	200	200
电机转速/r·min⁻¹	985	735	735
电机型号	YKK450-6A	YKK450-8	YKK450-8

7.2.4.4　单辊破碎机齿形特点

合理地选择齿形有助于物料的破碎效果。齿形与齿布置的有机匹配对物料的破碎效果、降低能耗、减少齿的磨损有着重要的意义。物料的破碎方式取决于齿的形状。齿形的选择直接影响破碎效率、能量消耗及磨损程度。齿的形状多种多样，不同的齿形使物料破碎的机理不完全相同，下面对几种有代表性的齿形进行讨论。

A　圆柱形齿

该种齿形的头部为球形，其头部接触物料而使物料破碎，齿压入物料的过程中，物料的裂隙首先发生在球体与物料接触的四周边缘，边缘的裂隙延伸向物料的深处。由于球体底部的物料处于多向压缩状态，其抗剪切强度提高，因此，裂隙向深度伸展受到阻碍，进一步加大载荷，球体底部的极限区迅速发展，并对周围未产生裂隙的物料产生压力，最终导致整个物料破解和崩离。球体对物料的破碎主要是拉应力，而不是压应力与剪应力。

B　五棱形齿

该种齿形实质上是锐形齿对物料产生破碎，锐形齿压入物料，当载荷很小时，尖棱底部的物料就出现了极限状态。从破碎开始，齿棱将产生弹性变形，同时尖棱与物料的接触面积迅速增大，然后压皱。压皱后期，表层产生第一循环的压碎，齿棱压入物料至一定深度，再进一步是齿将第一循环所产生的破碎物压密。这个压密过程，称为中间循环的压皱和压碎，中间循环一直延续到齿压入物料并完全被物料夹持，此后压实体迅速传递变形，直至发生压碎的最后环节。所以,锐形齿破碎物料是压皱和压碎共同作用的结果,是齿在受夹持条件下有压皱、压碎以及发生大体积剪切的过程。

C 四棱形齿

该种齿形在破碎时,是两棱的平面接触物料施力破碎物料,施力一开始产生弱性变形,然后从接触的轮廓线开始出现裂隙,在棱边缘外的裂隙首先出现,且发展快,在棱齿下部的裂隙是沿着最大剪切应力面的方向发展。随着载荷的增大,这两组裂隙向深度延伸,由于细小裂纹的产生,在齿面下形成一个粉碎区,最终达到极限状态,物料产生破碎。在单颗粒物料的压碎裂试验中,该种齿形一次能把物料破碎成3~4块,破碎效果比较好。

7.2.4.5 齿型排列

齿型排列方案对破碎效果影响很大。齿型排列如果合理,可以减少物料的重复破碎,降低能耗,使机器负荷均匀等。为此,下面对齿型排列方案进行讨论。

A 均布型排列

其排列布置的展开图如图7-24所示。该种排列使轴的受力均匀,不会出现偏载现象,另外,排与排的间距为合格产品粒度尺寸,它可使合格产品避免受再次破碎而顺利排出机外。但这样排列,齿数较多,装拆不方便,在转速相同的情况下,单位时间破碎点多,齿的寿命会降低。

B 齿差型排列

其排列布置的展开图如图7-25所示。该种布置方案,齿数较少,装拆工作量少,而且整机的成本有所下降,齿与齿的间距较大,有跑粗的可能性。但当转速调整合理时,从理论上讲不能跑粗,这是因为在两齿之间的大块没有足够的时间排出机外,就被后面的齿赶上破碎了,这种布置方式,同时参加破碎的齿数不可能保持恒定,因此,轴上的载荷不均匀,呈周期性变化。

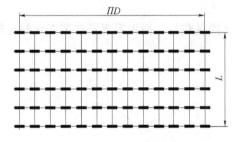

图7-24 均布型齿布置示意图

▬—齿的位置;*L*—给料口长度;*ΠD*—辊子直径

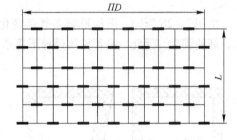

图7-25 齿差型齿布置示意图

▬—齿的位置;*L*—给料口长度;*ΠD*—辊子直径

C 跟进型排列

其排列布置的展开图如图7-26所示。该种布置能更好地发挥每个齿的作用,兼有以上两种齿的优点,由于齿的布置是有规律的,在转速一定的条件下,齿与齿的间隙也是相对稳定的,这给大块物料跑粗排矿创造了可能性。

齿与齿形排列是独立的两部分,又是一个有机的联系体,互不可缺,只有齿形选择得好、齿排列

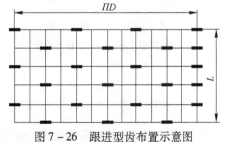

图7-26 跟进型齿布置示意图

▬—齿的位置;*L*—给料口长度;*ΠD*—辊子直径

得合理，才能使机构达到最佳工作状态，输出最佳工作参数，所以，齿形和齿有个匹配的问题。

由于齿形与齿布置的研究没有成熟的理论和有价值的实验可供参考，所以必须在一定的理论指导下进行全面的实践探索。为此，有关专家把齿形与齿形排列组合成多种匹配方式分别实验，得出下列结论：

（1）在齿形方面，由实验数据知，五棱形齿破碎物料消耗的功率较小，圆柱形齿次之，这和前面的分析基本吻合。

（2）在齿排列方面，齿差排列比均匀排列和跟进排列消耗的功率小，这说明齿的排列对能量消耗是有影响的。

（3）从破碎效果看，五棱形齿齿差型排列效果最好，其金属单耗和单位功率这些综合指标明显优于其他齿形和排列，通过实验综合评价，在今后单辊破碎机齿辊设计中，应优先选用这种排列。

单齿辊破碎机的齿形及齿排列是影响整机性能的关键参数，由于破碎机所处工况各异、破碎物料的性质也不尽相同，所以效果也不尽相同。

7.2.4.6　固定算条结构

固定算条结构以及算条与齿之间的间距大小决定着破碎质量的好坏与算条寿命的长短，一般情况下，这是一对矛盾。间距越小（一定范围内），破碎质量越好，破碎的烧结矿越均匀，齿辊磨损也就越快，寿命越短，所以，必须使用特殊抗磨材料，这就增加了成本。相反，间距越大，破碎效果越差，但是其使用寿命较长。除了间距大小之外，算条断面形状与破碎能耗也有一定关系。算条断面结构如图 7 - 27 所示。

烧结机用的单辊破碎机的固定算条断面结构有两种：矩形算条和倒梯形算条。采用矩形算条时，破碎承受载荷逐渐增大，到达一定值时突然卸荷，直至为零。两者承载情况如图 7 - 28 所示。

由图 7 - 28 所知，倒梯形算条载荷变化幅度小，能耗较低；而矩形算条载荷变化幅度较大，能耗较高。因此，推荐使用倒梯形算条。

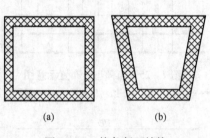

图 7 - 27　算条断面结构

（a）矩形算条；（b）倒梯形算条

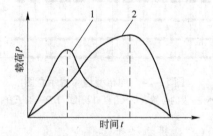

图 7 - 28　载荷变化示意图

1—倒梯形算条载荷变化曲线图；

2—矩形算条载荷变化曲线图

7.2.4.7　水冷系统

由于单辊破碎机是对高温烧结矿进行破碎，承受高温重载，因此要延长其使用寿命，降低设备故障，必须对轴及辊齿以及固定算条进行冷却。

筒体轴的冷却方式是将轴制成中空的空心轴，一端通水，再由另一端返回。辊齿的冷却方式也是将辊齿做成中空的，通过轴的冷却水延伸至空心辊齿进行冷却。

固定箅条的冷却方式是将箅条做成中空的，一端通水，再由另一端按原路返回进行冷却。随着箅条的逐渐磨损，其壁厚逐渐磨薄，若强度不够时，就会发生突然脆断，造成事故。因此，对固定箅条应定期检查，及时更换。

7.3 生产操作

7.3.1 烧结机布料

布料操作是将铺底料和混合料均匀铺到烧结机台车上。混合料在烧结机台车上的分布是否均匀，直接关系到烧结过程料层透气性的好坏与烧结矿的产量、质量。

7.3.1.1 铺底料

布混合料以前，在烧结台车上先布一层厚 20~40mm、粒度为 10~20mm 的烧结矿作为铺底料。在我国铺底料是 20 世纪 80 年代中期发展起来的一项烧结新工艺，现在我国烧结厂大多使用了该项工艺。铺底料一般是从成品烧结矿中筛分出来，通过胶带运输机送到混合料仓前专设的铺底料仓，再布到台车上。布铺底料的粒度和厚度是否均匀对混合料布料及烧结生产都有一定的影响。

铺底料的作用是：

（1）将混合料与炉箅分开，防止烧结时燃烧带与炉箅直接接触，既可保证烧好烧透，又能保护炉箅，延长其使用寿命，提高作业率。

（2）铺底料组成过滤层，防止粉料从炉箅缝抽走，使废气含尘量大大减小，降低除尘负荷，提高风机转子寿命。

（3）防止细粒料或烧结矿堵塞与黏结箅条，保护炉箅的有效抽风面积不变，使气流分布均匀，减小抽风阻力，加速烧结过程。

（4）铺底料能吸收一部分水分，减少过湿层，有助于烧好烧透，因而返矿稳定，这为混合料水、碳、料温的稳定和粒度组成的改善创造了条件，不仅能进一步改善烧结作业，还便于实现烧结过程的自动控制。

（5）因台车黏结和撒料情况得以避免，劳动条件也大为改善。

7.3.1.2 混合料

混合料布料紧接在铺底料布料之后进行。烧结生产对布混合料的要求是：

（1）按规定的料层厚度布料，沿台车长度和宽度方向料面平整，无大的波浪和拉沟现象，特别是在台车栏板附近，应避免因布料不满而形成斜坡，加重气流的边缘效应，造成风的不合理分布和浪费。

（2）沿台车高度方向，混合料粒度、成分分布合理，能适应烧结过程的内在规律。最理想的布料应是：自上而下粒度逐渐变粗，碳的质量分数逐渐减少。这样有利于增加料层透气性，并改善烧结矿质量。双层布料法就是据此提出来的。采用一般布料方法，只要合理控制反射板上料的堆积高度，使其产生自然偏析，也能收到一定效果。

（3）保证布到台车上的料具有一定的松散性，防止产生堆积和压紧。但在烧结疏松多孔、粒度粗大、堆积密度小的烧结料，如褐铁矿粉、锰矿粉和高碱度烧结矿时，可适当压料，以免透气性过好,烧结和冷却速度过快而影响成型条件和强度。

7.3.1.3 压料

烧结工艺对布料操作要求是使混合料在烧结台车长度及宽度方向的料层厚度和料面的平整、粒度分布均匀,以及沿烧结台车高度方向粒度由上至下逐渐增粗。

料层厚度可以利用调整圆辊给料机的转速来控制。当需要大幅度调整时,可以同时调整下料矿槽底部闸门的开口度和圆辊给料机的转速。

混合料铺到台车以后,在生产上还需根据混合料的粒度、透气性的要求,在点火之前进行压料。在粉矿或褐铁矿配比量较大及混合料平均粒度较粗时,压料更为重要。当料层在比较松散的情况下烧结时,由于风速过大,热交换差,风量不能充分利用,结果使烧结饼气孔大、体积密度小,强度差。在生产上,一般是利用挂在给料器下边的压料板或压料辊进行压料。压料辊吊挂的高低及压料的轻重,应根据混合料的性质进行调整,若压料辊变形,应及时更换。

压料操作是否合理可以从点火、机尾断面观察反映出来,压料严重则点火器火焰往外扑,机尾断面烧不透。拉沟或局部压料时,将使机尾烧结矿断面不整齐。

7.3.1.4 影响布料均匀的因素

铺底料和混合料既受缓冲料槽内料位高度、粒度的分布状态影响,混合料还受到水分、粒度组成和各组分堆积密度差异的影响,也与布料方式密切相关。

A 缓冲料槽内料面、料位高度的影响

缓冲料槽内料位高度波动时,物料出口压力变化,使布于台车上的料时多时少,影响布料的均匀性。因此,应保证缓冲料槽内 1/2 ~ 2/3 的料槽高度,有利于布料的均匀。缓冲料槽料面是否平坦也影响布料,若料面不平,在料槽形成堆尖时,则因堆尖处料多且细,四周料少且粗,就会引起下料量有多有少,从而造成料面不平。为避免这种现象,必须采用合理的布料设备,以保证在缓冲料槽内铺底料和混合料的粒度均匀。

B 混合料水分、粒度组成的影响

对混合料布料而言,若混合料水分、粒度发生大的波动,结果沿烧结机长度方向形成波浪形料面,造成布料的不均匀性,会影响烧结矿质量。

C 布料设备的影响

烧结厂采用的布料方式有4种:一是圆辊给料机加反射板;二是梭式布料器、圆辊给料机加反射板联合布料;三是梭式布料器、圆辊给料机加辊式布料器联合布料;四是宽胶带给料机加辊式布料机联合布料。

圆辊给料机加反射板布料的最大优点是工艺简单、设备事故少、运转可靠;缺点是混合料从二次混合机出口直接落到圆辊小矿槽里,料面呈尖峰状,自然偏析导致大颗粒的物料落到矿槽的两端,较细的颗粒落在矿槽的中间。布料偏析会使沿台车宽度方向透气性不均匀,靠台车两侧粒度较粗,透气性较好,而台车中间粒度较细,尤其是反射板经常粘料,下料忽多忽少,堆料现象严重,料面凹凸不平,因而有的烧结厂增设自动清料装置。

梭式布料机把向缓冲料槽的定点给料变为沿宽度方向的往复式直线给料,消除了料槽中料面的不平和粒度偏析现象,从而大大改善台车宽度方向布料的不均匀性。虽然第二种布料方式克服了第一种布料方式的一些缺点,但沿台车高度方向没有粒度的偏析效应。

第三种布料方式不仅使小矿槽料面平,使混合料沿烧结机台车宽度均匀分布,而且由于辊式布料器的偏析作用,还保证了混合料在台车高度上的偏析,更有效地保证了布料满足烧结工艺的要求。

第四种布料方式避免了圆辊布料机在下料过程中由于挤压对小球的破坏,同时减少了设备和厂房的投资,但不利于烧结机给料量的调整和缓冲。

7.3.2 点火操作

7.3.2.1 点火

烧结机布料后就是点火操作。点火的目的是将混合料中的固体燃料点燃,在抽风的作用下使料层中的燃料继续燃烧。此外,点火还可以向料层表面补充热量,改善表层烧结矿强度,减少表层返矿。

点火用的燃料有3种,即气体燃料、液体燃料和固体燃料。其中,气体燃料点火应用得较为普遍,国内大多数的烧结厂设在冶金工厂区域,高炉煤气和焦炉煤气供应方便。另外,气体燃料点火器较好控制,调整方便。根据烧结厂的资源供应情况,也可以使用重油、天然气、发生炉煤气等作点火燃料。焦炉煤气和高炉煤气都是副产品,经净化后送到烧结厂使用。两种煤气的特性见表7-8。

表7-8 煤气特性

种类	气体成分(体积分数)/%							发热值 /J·m^{-3}
	H_2	CO	CH_4	C_mH_n	CO_2	N_2	O_2	
焦炉煤气	46~61	4.0~8.5	21~30	1.5~3.0	1.0~4.0	2.6~3.6	0.3~1.7	$13×10^6$~$19×10^6$
高炉煤气	2.0~3.0	25~31	0.3~0.5	—	9.5~15.5	55~58	—	$3.6×10^6$~$4.6×10^6$

为了达到点火的目的,烧结点火应满足下列要求:

(1)有足够高的点火温度;

(2)有一定的点火时间;

(3)适宜的点火负压;

(4)点火烟气中氧的体积分数充足;

(5)沿台车宽度方向点火要均匀。

7.3.2.2 点火控制

影响点火过程的主要因素有:点火时间、点火温度、点火强度和烟气中氧的体积分数。

A 点火时间与点火温度的影响

为了点燃混合料中的碳,必须将混合料中的碳加热到其燃点以上。为了获得足够的点火热量,有两种途径:一是提高点火温度;二是延长点火时间。

当点火温度一定时,相应的点火时间也有一个定值,才能确保表层烧结料有足够的热量使烧结过程正常进行。

若提高点火温度,点火时间可相应缩短,目前国内外许多新型点火器,都是采用集中火焰点火,可以有效地使表层烧结料在较短时间内获得足够热量,而且还可以降低点火燃耗。

B 点火强度的影响

点火强度是指单位面积上的混合料在点火过程中所需供给的热量或燃烧的煤气量。点火强度的计算公式为:

$$J = \frac{Q}{60vB}$$

(7-4)

式中　J——点火强度，kJ/m^2；

　　　Q——点火段的供热量，kJ/h；

　　　v——烧结台车的正常速度，m/min；

　　　B——台车宽度，m。

点火强度主要与烧结料的性质、通过料层风量和点火器热效率有关，我国采用低风箱负压点火，一般强度为 $39300kJ/m^2$。

C　烟气中氧的体积分数的影响

烟气中含有足够的氧可保证烧结料表层的固体燃料充分燃烧，这不仅可以提高燃料利用率，还可提高表层烧结的质量。当点火烟气中氧的体积分数为 13% 时，固体燃料的利用率与烧结料在大气中烧结时相同。在氧的体积分数为 3%～13% 的范围内，点火烟气中增加 1% 的氧，烧结机利用系数提高 0.5%，燃料消耗降低 0.3kg/t（烧结矿）。提高点火烟气中氧的体积分数的主要措施是：

（1）增加燃烧时的过剩空气量。点火烟气中氧的体积分数与过剩空气量可用下式计算：

$$Q_2 = \frac{0.21(a-1)L_0}{V_n} \times 100\% \qquad\qquad (7-5)$$

式中　Q_2——烟气中氧的体积分数，%；

　　　a——过剩空气系数；

　　　L_0——理论燃烧所需空气量（标态），m^3/m^3；

　　　V_n——燃烧产物的体积（标态），m^3/m^3。

由式（7-5）可以看出，点火烟气中氧的体积分数随过剩空气系数的增大而增加。但是，过剩空气系数太大会使烟气量大增，同时会降低点火温度，因此，提高过剩空气量使烟气中氧的体积分数增加的办法，只适用于高热值的天然气或焦炉煤气，而对低热值的高炉煤气或混合煤气，其过剩空气量要大受限制。

（2）利用预热空气助燃。利用预热空气助燃既节省燃料，又能提高烟气中氧气的体积分数。

（3）采用富氧空气点火。该方法效果虽好，但是富氧空气费用高，且氧气供应困难。

7.3.2.3　烧结点火温度与火焰长度的调节

为确保烧结生产的正常进行，在生产过程中，要根据情况及时调整点火火焰长度。点火火焰长度的调整，必须使火焰最高温度达到料面，如果料层发生较大的变化，则相应调整火焰长度。

点火温度的控制必须在火焰长度调节好，并观察点火状态后进行，国内烧结点火温度常控制在 1050～1250℃。

点火温度的调节可通过调节煤气与空气的大小来实现。操作煤气调节器可以使点火温度升高或降低，使煤气达到完全燃烧。操作调节器不要过快，应一边操作一边观察流量表的数字，最后将点火温度调到要求数值。通过上述方法仍然达不到生产需要时，必须查明原因，比如，混合料水分是否偏大，料层是否偏薄，煤气发热值是否偏低等。生产中，点火温度的控制常采取固定空气量调节煤气量的方法。

7.3.2.4　点火器的烘炉

新型点火炉与原来的黏土砖点火炉不同，筑炉材料用现场捣打成型的高铝质可塑料代替黏土耐火砖砌筑炉衬,用套筒预混式烧嘴代替环缝涡流式烧嘴,用平顶结构代替拱顶结构,加强绝热。

烘炉是延长点火炉寿命的一个重要环节。烘炉的主要任务是排除筑炉物料中的结晶水以及混料时带入的物理水(约占料重的10%左右)。这些物理水达到一定温度时(即100℃±10℃),水分开始蒸发,若升温速度过快,将会产生很大的蒸汽压力而使炉衬爆裂,这是可塑料点火炉烘炉曲线要在100℃±10℃温度下保温40h的原因及掌握烘炉的技术诀窍。

两种不同筑炉材料的点火炉的烘炉曲线分别如图7-29和图7-30所示。

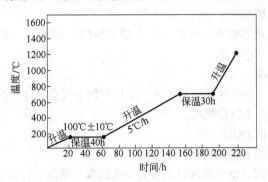

图7-29 高铝质可塑料耐火材料烘炉曲线

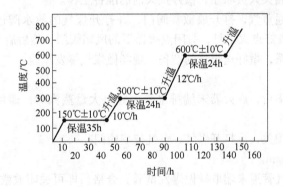

图7-30 黏土砖筑炉烘炉曲线

7.3.2.5 烧结点火操作注意事项

A 生产时点火操作

生产时点火操作注意事项有:

(1)点火时应保证沿台车宽度的料面要均匀一致。

(2)当燃料配比低、烧结料水分高、料温低或烧结机机速快时,点火温度应掌握在上限;反之,则掌握在下限。

(3)点火时间最低不得低于1min。

(4)点火面要均匀,火焰不得有中断。一般情况下,台车边缘的各火嘴煤气量应大于中部各火嘴煤气量。点火后料面应有一定的熔融,一般熔融面应占1/3左右,料面不应有生料及浮灰。

(5)对于烧结机来说,台车出点火器后3~4m,料面仍应保持红色,如达不到时,应提高点火温度或减慢机速；如超过 6m 料面还是红的，应降低点火温度或加快机速，保证在一定风箱处结成坚硬烧结矿。在查看料面颜色时，除考虑点火温度外，还要结合烧结料中固定碳的质量分数综合判断。

（6）为充分利用点火热量，采用微负压点火，既保证台车边沿点着火，又不会使火焰外喷，就必须合理控制点火器下部的风箱负压，其点火负压大小可通过调节风箱闸门来实现。

（7）点火器停水后送水，应慢慢开水门，防止水箱炸裂。

（8）点火器灭火后，务必将烧嘴的煤气与空气闸门关严，应先关空气闸门，再关煤气闸门，以防点火时发生爆炸。

（9）如果台车边缘点不着火，可关小点火器下部的风箱闸门，或提高料层厚度，或加大点火器两旁烧嘴的煤气与空气量。

B 点火、关火操作

用气体燃料点火时，由于气体燃料混入一定比例的空气会发生爆炸，煤气还会使人中毒窒息，因此必须严格遵守安全操作规程。

点火前要做好的准备工作有：

（1）检查所有闸阀是否灵活好用。

（2）关闭煤气一道阀、空气闸阀以及所有烧嘴的煤气闸阀，打开煤气旁通阀。

（3）检查冷却水流是否畅通。

（4）由主控室与相关人员联系，做好点火前的准备工作。

（5）向煤气管道通蒸汽，打开放散管阀门，并打开煤气的放水阀进行放水，完毕后立即关闭放水阀。同时准备好点火工具，关闭点火器下的风箱阀门，然后启动助燃风机。

（6）由主控室联系，做好送煤气的准备，现场做煤气爆发试验。

点火程序主要是：

（1）点火准备完毕后，点火器末端排水管处冒出大量蒸汽时，即可打开头道阀门，关闭蒸汽阀门。

（2）通知仪表工相关人员打开煤气、空气仪表阀门。

（3）放散煤气 10min。

（4）在点火器煤气管道末端取样做爆发试验，合格后即可关闭放散管，否则要继续放散，重做爆发试验，直至合格为止。

（5）确认能安全使用煤气后，关闭放散阀。

（6）准备好点火棒，并用胶管与煤气主管连接；将煤气主管上的阀门与点火棒上的煤气小阀打开，点燃点火棒，并调整火焰大小；确认点火棒火焰稳定燃烧。

（7）打开空气总阀，并将烧嘴上的空气手动阀、煤气自动调节阀和手动阀适度打开；将点火棒通过观察孔放进点火器内需要点火的烧嘴下方，开启该烧嘴的煤气阀门，把烧嘴点着（如果有两排烧嘴，依次点燃）；若煤气点火不着，或点燃后又熄灭时，应立即关闭煤气阀，检查原因，并确认问题排除后再进行点火。

（8）依次打开点火器烧嘴阀门，确认全部烧嘴点燃后，调节空气、煤气电动调节阀，进行温度调节、火焰长度调节，达到点火要求后，即可投入生产。

（9）点火棒放在炉内待点火完毕后，方可退出熄火。

（10）刚生产时应手动调节煤气、空气阀门，待生产正常后方可将煤气、空气阀门变为自动调节。

点火炉的停炉分为短期和长期两种情况。当点火器短期停炉时，通过保留 2~3 个烧嘴或减少煤气来控制炉内的温度即可。长期停炉时应先关闭烧嘴上的阀门和总阀门，并通蒸汽，堵盲板。对于设有助燃风机的点火器，当熄火后应继续送风一段时间以后停机，点火器关火 2 h 后才能停送冷却水。

点火炉关火操作主要是：

（1）关小煤气管道流量调节阀，使之达到最小流量，然后逐一关闭点火器烧嘴的煤气阀门。

（2）打开煤气放散阀进行放散，通知关闭仪表阀门。

（3）确认炉内无火焰，关闭煤气一道阀。

（4）手动打开煤气切断阀。

（5）打开蒸汽阀门，通入蒸汽驱赶残余煤气，残余煤气驱赶完后，关闭蒸汽阀、调节阀。

（6）关闭空气管道上的空气调节阀，停止助燃风机送风。

（7）若检查点火器或处理点火器的其他设备需要动火时，应事先办动火手续及堵好盲板。

（8）堵盲板前确认残余煤气赶尽，蒸汽阀门关闭。经化验合格后，关闭眼镜阀。

7.3.3 烧结过程的控制、分析判断及调整

7.3.3.1 点火温度的判断和调整

点火温度适当与否，可从点火料面状况等加以判断。点火温度过高（或点火时间过长），料层表面过熔，呈现气泡，风箱负压升高，总烟道废气量减少；点火温度过低（或点火时间过短），料层表面呈棕褐色或有花痕，出现浮灰，烧结矿强度变坏，返矿量增大。点火正常的特征：料层表面呈黑亮色，成品层表面已熔结成坚实的烧结矿。点火温度主要取决于煤气热值和煤气、空气比例是否适当。在煤气发热值基本稳定条件下，点火温度的调节是通过改变煤气、空气配比来实现的。一般纯焦炉煤气与空气的比例为 1:（4~7）；混合煤气与空气的比例则视煤气成分而定。煤气、空气比例适当时，点火器燃烧火焰呈黄白亮色；空气过剩呈暗红色；煤气过剩则为蓝色。

7.3.3.2 混合料水分的判断和调整

从外表判断混合料水分的大小，要根据原料的种类、粒度组成、物料的亲水性等情况进行判断。在混合料水分相同的情况下，混合料的粒度粗或返矿多，表面看起来水分偏大，而粒度小的水分偏小。亲水性强的物料从表面看水分偏小，实际水分大；亲水性差的物料表面水分大实际水分小。当配用生石灰或消石灰时，混合料水分应适当增大。

也可以用手抓料来判断水分的大小。一般来说，混合料水分适宜时，用手轻捏成团，抖动一下又可以散开；如果用力还捏不成团，则水分偏小；如果成团后散不开则水分太大。

从点火时的火焰和烧结机尾卸矿断面来判断，混合料水分适宜时，点火的火焰喷射声响有力、微向内抽，机尾烧结矿断面均匀；混合料水分过大时，火焰呈蓝色、外喷，机尾断面有潮泥；混合料水分过小时，火焰呈黄色，并往外喷火星，机尾断面出现"花脸"，即各部很不均匀。若发现水分过大或过小时，应该及时联系调整混合料的水分至正常范围，并相应调整烧结机的速度，以保证烧好。

7.3.3.3 混合料固定碳的质量分数大小的判断和调整

燃料用量的多少与原料的种类及其配比、熔剂的性能和添加量、燃料本身的性质、返矿用

量、料层厚度等许多因素有关。判断燃料用量的多少，主要通过以下途径：

（1）观看机尾烧结矿卸料断面，从红层厚度和烧结矿强度来判断。

（2）从烧结终点处风箱废气温度和总管废气温度的高低来判断。

（3）根据烧结矿的检验结果，即转鼓指数和 FeO 的质量分数的高低来判断。

对于不同原料的烧结和不同的烧结机，判断的标准各不相同，要在生产实践中摸索总结出适宜的判断标准。

在烧结操作过程中，应该根据生产情况的变化，随时掌握判断混合料固定碳的质量分数的高低，并及时做出相应的调整。

7.3.3.4 料层厚度与机速

一般来说，料层薄，机速快，生产率高，但在薄料层操作时，表层强度差的烧结矿数量相对增加，使烧结矿的平均强度降低，返矿和粉末增多，同时还会削弱料层的自动蓄热作用，增加燃料用量，降低烧结矿的还原性。生产中，在烧好烧透的前提下，应尽量采取厚料层操作。低碳厚料操作一方面有利于提高烧结矿强度，改善烧结矿的粒度组成，使烧结矿大块降低，粉末减少，粒度趋于均匀，成品率提高；另一方面，又有利于降低烧结矿中 FeO 的质量分数，改善烧结矿的还原性。

合适的机速是在一定的烧结条件下，保证在预定的烧结终点烧透烧好。影响机速的因素很多，如混合料粒度变细、水分过高或过低、返矿数量减少及品质变坏、混合料制粒性差、预热温度低、含碳波动大、点火煤气不足及漏风损失增大等，这就需要减低机速，延长烧结时间来保证烧结矿在预定终点烧好烧透。

烧结机的速度是根据料层厚度及垂直烧结速度的快慢而决定的，机速的快慢以烧结终点控制在机尾倒数第二或第三个风箱为原则。在正常生产中，一般稳定料层厚度不变，以适当调整机速来控制烧结终点。机速的调整要求稳定平缓，防止忽快忽慢，不能过猛过急，10min 内调整的次数不能多于 1 次，每次增减不得大于 0.2m/min。

7.3.3.5 料层厚度的选择与机速的控制和调整

烧结机料层厚度与机速是影响带式烧结机生产能力的两个主要因素。烧结料层厚度在风机能力一定的条件下决定抽风系统的漏风率和烧结料的性质。漏风率低及混合料透气性好时，料层可选择厚一些或者适当压紧一些；反之，则料层铺薄一点或不压料。在生产操作上，如果料层透气性变化不大，可以用调整料层厚度而不用调整机速的办法来控制烧结终点。但当烧结料发生大的变化，只靠调整料层厚度不能满足要求时，就可调整机速。

当出现混合料水分过高或过低、生石灰或消石灰待料、混合料碳低、点火温度过低、返矿质量差、混合料温度大幅度降低以及漏风严重等情况发生时，应当减慢烧结机速度。而在烧结终点提前、混合料成球性好、料温高、添加生石灰或消石灰等情况下，就应适当加快烧结机速度，以充分发挥烧结机的生产能力。

7.3.3.6 烧结风量与真空度的控制

风是烧结作业赖以进行的基本物质条件之一，也是加快烧结过程最活跃积极的因素。通过料层的风量越大，垂直烧结速度越快，在保持成品率不变的情况下，可大幅度提高烧结生产产量。但是风量过大，烧结速度过快，高温保持时间短，混合料各组分没有足够的时间互相黏结在一起，将降低烧结矿的成品率，同时，冷却速度加快也会引起烧结矿强度的降低。

生产中常用的加大料层风量的方法有3种：

（1）改善烧结料的透气性；

（2）改善烧结机及其抽风系统的密封性，降低漏风率；

（3）提高抽风机能力。

改善烧结料的透气性，减少料层阻力损失，在不提高风机能力的情况下，可以达到增产的目的；同时，烧结生产的单位电耗降低。因为这种措施使通过料层的风量相对增加，而有害风量相对减少，提高了风的利用率，这种方法是合理的。

国内烧结机的漏风率一般在40%～60%。也就是说，抽风消耗的电能仅有一半用于烧结，而另一半则白白浪费掉了。同时，漏风裹带着的灰尘对设备造成严重的磨损。因此，堵漏风是提高通过料层风量、提高烧结产量十分重要的措施。烧结机的漏风主要存在于台车与台车及台车与滑道之间，其次存在于烧结机首尾风箱，这两部分约占烧结机总漏风率的80%；此外，烧结机集气管、除尘器及导气管道也会漏风。当炉算条、挡板不全、台车边缘布不满料时，漏风率进一步加大。降低漏风的方法主要有：

（1）采用新型的密封装置；

（2）按技术要求检修好台车弹簧滑道；

（3）定期成批更换台车和滑道，台车轮子直径应相近；

（4）利用一切机会更换烧损严重的炉算条和破损的挡板；

（5）清理大烟道，减少阻力，增大抽风量；

（6）加强检查堵漏风；

（7）采取低碳厚料操作，加强边缘布料。

抽风烧结过程是在负压状态下进行的，为了克服料层对气流的阻力，以获得所需要的风量，料层下部必须保持一定的真空度。在料层透气性和有害漏风一定的情况下，风箱内能造成的真空度高，抽过料层的风量就大，对烧结是有利的。所以，为强化烧结过程，都选配较大风量和较高负压的风机。

风机能力确定后，真空度的变化也是判断烧结过程的依据之一。正常情况下，各风箱有一个相适应的真空度，当真空度出现反常情况时，则表明烧结抽风系统出现了问题。比如水分过大或过小时，由于烧结料层的透气性变差，风箱与总管的负压均上升；燃料配比和点火温度过高时，会导致液相过多和表层过熔，负压升高；当返矿质量变差、混合料压得过紧、混合料粒度变小以及风箱堵塞或台车算条缝隙堵塞严重时，负压也将升高。当真空度反常地下降时，可能出现跑料、漏料，系统漏风现象，或者风机转子磨损严重、烧结终点提前等。

7.3.3.7 烧结终点的控制与判断

正确判断烧结终点的主要依据是：

（1）主管（大烟道）废气温度达到规定值，应大于100℃。但废气温度还与漏风和空气温度有关，当漏风严重或冬天气温低时，主管废气温度在100℃以下时，也烧好、烧透了，所以应根据具体情况判断。要求烧结终点控制在机尾倒数第二个风箱。

（2）根据风箱负压高低来判断，当倒数第二个风箱负压高于机尾最后一个风箱负压时，说明烧结终点控制较好。

（3）根据风箱温度高低来判断，即倒数第二个风箱的废气温度最高，烧结终点位置控制较好。

（4）用眼观察机尾烧结矿断面应均匀整齐，红层少于2/5，底部无生料又不粘大块，卸料时摔打声音有力，表明烧得好。

（5）用眼观察机头台车上的炉算子发白，不带潮泥，表明烧结料层烧透了。

（6）成品烧结矿和返矿中的残碳的质量分数低。

生产操作稳定时，烧结终点基本不变。如果主管负压升高，废气温度降低，则有可能终点后移。终点后移则应减慢机速；反之，则要加快机速。

当烧结过程到达烧结终点时，料层中的燃烧反应基本完毕，因此终点处的风箱废气温度最高，一般可达 280~350℃，它比前后相邻的风箱的废气温度高出 25~40℃。终点位置的风箱负压也降低，这是由于烧结矿层的透气性所致。

现在对烧结终点的控制是在主控室进行控制。当终点位置移动不多时，采用调整布料厚度来调整，该终点控制方法也是在烧结生产过程中摸索和总结出来的较先进的终点控制方法。当终点位置移动较多时，应先调整机速，再调整布料厚度，待烧结终点开始稳定后，逐步恢复机速到所规定的机速。

7.3.3.8　主控室技术操作

A　配混系统操作

配混系统启动顺序：用于配混系统空负荷组织生产，具备联动条件，显示屏出现"OK"信号后选择顺序启动方式，点击系统启动，配混系统将逆流程依次运转，配料工作圆盘将按设定的时间差顺序运转。

配混系统"一齐"启动：用于配混系统带负荷组织生产，具备联动条件，显示屏出现"OK"信号后选择"一齐"启动方式，点击系统启动，配混系统将逆流程按顺序依次运转，配料圆盘"一齐"运转。

配混系统顺序停止：用于配混系统倒空，选择顺序方式，点击系统停止，配料工作圆盘按设定的时间差顺序停止，配混系统按流程依次停止运行，系统倒空。

配混系统紧停：点击配混系统紧停，配混系统将"一齐"停止运行，用于紧急状况的系统停止。

配混系统圆盘有工作、备用、检修3种状态。工作圆盘随系统联动而自行启动，工作圆盘出现故障时将停止运行，同时，对应的备用圆盘将立即自动启动。检修状态下的圆盘在对应工作圆盘出现故障时不会自行启动，将迫使配混系统自动停止运行。对应圆盘的槽存小于10%时将出现报警，同时停止运行，此时如果要转空该圆盘，需将该圆盘置于排空方式。

B　烧冷系统操作

烧冷系统装料方式下的生产操作：在装料方式下，同时选择与整粒系统不联锁，启动系统，烧结机将以设定的机速运行。

烧冷系统全体方式下的生产操作：与整粒系统联锁，为正常生产时的操作方式，点击启动，烧冷系统将"一齐"启动，点击停止按钮，烧冷系统和配混系统将"一齐"停止。

烧冷系统排空方式下的生产操作：选择排空方式后，烧结机将以设定的机速运行。

烧冷系统紧停：出现故障时，用于烧冷系统的紧急停机，配混系统也将停下。

C　成品系统操作

成品系统启动与切换：选择成品系统画面，在成品出口栏中按实际要求切换好成品物料运送方式，如对应的整粒系统及高炉。

D　机旁操作

岗位提出机旁操作要求，必须先问清原因，调出相应系统控制画面，确认可以现场机旁操作。岗位工人登记后，取下该设备的操作牌交给岗位工人，方可置该系统方式为机旁，岗位自行操作。

7.3.3.9 主控室生产操作

A 原料准备

原料准备工作主要有：

（1）根据实际情况或检修需要，设置工作槽、备用槽、检修槽。

（2）做好画面槽位监视，根据计算机槽位信号或储矿槽槽位管理规定及时上料，合理掌握槽存，确保烧结机正常生产所需原料。

（3）上料操作时，调出相应的控制画面，通知岗位做好上料准备，确认料种选择、料线选择、槽号无误，带小车的胶带机应先确认小车位置现场与画面显示一致，方可进行启动操作。

（4）经常与岗位联系，核对显示槽料位与实际槽存。

B 装料方式下组织生产

装料方式下组织生产工作主要是：

（1）接到生产通知，通知各岗位检查设备，做好生产准备，辅机启动，包括供水设备、水道系统、空压机、润滑站，循环水池水位、添加水水池水位正常，且外网具备补水条件，干油站供油正常，在相应的控制画面设定开机参数，包括：各物料适宜的配比和总输送量，一、二混设定水分，各原料水分，混合料小矿槽料位，各辅闸门设定控制层厚（现场操作），铺底料厚度（现场手动），铺底料槽料位，烧结机机速，圆辊速度，空煤比，点火炉温度或强度、流量。

（2）引火风机启动。

（3）通蒸汽，解除水封，煤气导入，煤气确认，压力正常。

（4）引火烧嘴点火，助燃风机启动；配料除尘风机启动；配混系统启动；装料方式下，烧结机、单辊、圆辊启动。

（5）带冷或环冷鼓风机启动及带冷或环冷机启动（烧冷系统转入全体方式下生产，但与整粒系统不联锁）。

（6）联系高炉栈桥提供料线，返矿系统启动，除尘卸灰系统启动（整粒、配料和机尾除尘）。

（7）成品系统启动；主粉尘系统启动（烧冷系统与整粒系统选入联锁运行）；主抽风机启动。

（8）主烧嘴点火。

（9）机尾除尘风机启动；整粒除尘风机启动；成品除尘系统启动。

（10）原料准备。

在组织生产时，尽量缩短组织生产时间，减少大型风机空转时间，并避免大型风机同时启动，抽风机启动15min内要开机生产，开机顺序由中控人员（或工长）根据实际情况合理控制。操作人员视实际情况、检修进度灵活运用开停机顺序图。

C 排空方式下倒料操作

排空方式下倒料操作为：

（1）配混系统停止。

（2）混合料槽排空，圆辊停止。

（3）烧结机倒空停止。

（4）主抽风机停止。

（5）环冷或带冷机倒空停止。

（6）关火、通蒸汽管道清扫。

（7）铺底料，返矿、成品系统停止。

（8）各除尘风机停止。

（9）辅助设施停机（水道设备、润滑站等停机，空压机视实际情况看停否）。

（10）检修开始。

D　临时停机的生产操作

烧结机停机 15min 后，抽风机除尘风机的风门要关闭，若停机时间大于 2h，抽风机和除尘风机要停机。临时停机后的生产组织，首先确认各岗位设备具备安全生产条件，按"全体"方式下逆流程启动各系统设备生产。

7.3.4　单辊破碎机操作

7.3.4.1　生产率的计算

生产率的计算公式为：

$$Q = 60VJnKZ \tag{7-6}$$

式中　Q——破碎的生产率，t/h；

V——烧结矿体积，$V = Lbh$，即台车长×宽×烧结矿层厚，m^3；

J——烧结矿密度，t/m^3，常取 $1.5t/m^3$；

n——破碎齿转速，r/min；

K——破碎不均匀系数，取 $K = 0.5$；

Z——破碎齿的齿数。

7.3.4.2　功率的计算

功率 N（kW）的计算公式为：

$$N = \frac{97500P}{Rn\eta} \tag{7-7}$$

式中　P——破碎力（根据烧结块强度试验计算）；

R——破碎齿外圆半径，cm；

n——破碎齿的转速，r/min；

η——传动效率，取 0.65。

7.3.4.3　技术操作要点

技术操作要点是：

（1）经常保持烧结机尾部马耳漏斗、头部漏斗的畅通，小格上台车返回时掉下来的料要及时清理，杜绝集中清料。

（2）保证单辊破碎机空心轴和轴瓦冷却水畅通，压力保持在技术要求范围内（0.1~0.2MPa）。

（3）严禁往小格里打水或水门常开。

（4）单辊卡矿严重、单辊销子断、堆矿过多时，要立即通知集中控制室停机处理。

（5）在机尾捅烧结矿时应站在箅子外边，不得站在台车下工作。

（6）捅马耳漏斗时，人应站在料流侧边，工具要握紧，以防被烧结矿烧伤或工具掉落。

（7）齿冠、衬板、安全销、定扭矩装置、清扫器如有松动、折断、严重变形或脱落情况，立即通知集中控制室停机处理。

（8）及时将烧结矿的好坏、风箱跑风、台车运行及车轮、摩擦板完好等情况通知烧结机工。

（9）每两小时巡回检查设备一次，检查内容包括设备运转、工艺过程、润滑、水冷却等情况。

7.4 岗位巡检及维护

7.4.1 烧结机的检查维护

烧结机重点部位使用维护要求见表 7 - 9。

表 7 - 9 烧结机重点部位使用维护要求

序号	检查部位	检查项目	检查标准	检查方法	检查周期
1	计量器具	显示	灵敏可靠	目测	随时
		比例调节	调节灵活	手试	随时
2	圆辊给料机	轴承温度	小于65℃	手试	2h
		传动部分	连接固定良好	五感	4h
		运行	平稳，无杂音	五感	随时
3	九辊布料器	轴承温度	小于65℃	手试	2h
		传动部分	连接固定良好	五感	4h
		运行	平稳，无杂音	五感	随时
4	台 车	运行	平稳，不啃道	目测	随时
		台车轮、卡轮	灵活，无磨损	目测	随时
		挡板、端面衬板	齐全，无破损	目测	随时
		台车箅条	齐全，无变形	目测	随时
		台车本体	无断裂、塌腰	目测	随时
5	润滑系统	油泵、给油器	压力、换向正常	五感	2h
		节点、润滑点	无泄漏	五感	2h
6	主电动机	运行	平稳，无杂音	五感	随时
		温升	小于65℃	手试	2h
		各部位螺栓	齐全，紧固	五感	8h
		联轴器、抱闸	扭力正常，无变形	五感	停机时
7	柔性传动	各部位螺栓	齐全，紧固	五感	8h
		联轴器	紧固，无变形	五感	8h
		轴承温升	小于65℃	手试	2h
		系杆、平衡杆	不变形	目测	8h
		油位	油标中位	目测	2h
		运行	平稳，无杂音	五感	随时

序号	检查部位	检查项目	检查标准	检查方法	检查周期
8	头尾弯道	固定装置	无弯曲、开裂	目测	2h
		压道	运行自如	目测	2h
9	风箱密封部	阀门	灵活	五感	8h
		密封	完整、不破漏	五感	4h
10	星轮	螺栓	齐全，紧固	目测	8h
		齿轮	啮合正常	目测	8h

7.4.2　单辊破碎机的检查维护

7.4.2.1　运转中的注意事项

运转中的注意事项主要有：

（1）单辊破碎机为剪切式破碎，所有烧结矿全部通过单辊剪切破碎后从算板缝中排出，因此，不许烧成熔融烧结矿，以免与单辊的辊轴、牙冠及算板产生严重黏结形成卡料事故，要严格控制烧结终点温度，机尾不应有堆料现象。

（2）保证冷却水不断供应，压力一般保持在 0.1 ~ 0.2MPa。

（3）单辊水冷辊与辊轴端温度在 50℃ 以下，要定期检查与清除水冷轴承的通水管中的水垢。

（4）岗位上的电机温度不应超过 65℃，轴承温度不超过 60℃。

（5）要经常检查衬板与齿冠磨损情况，当表面磨损量达到 50mm 左右时应予更换。

（6）当衬板与齿冠及清扫器有松动变形或磨损严重时，应立即停车更换处理，以免形成卡料事故。

（7）更换齿冠时必须把螺钉拧紧，然后试用一个班后重新紧固，最后把螺钉尾部螺帽焊死。

（8）更换衬板后应检查螺钉是否拧紧，算板上是否有异物遗留，否则不准开车。

（9）发现烧结矿粉末过多或固定碳过高应向烧结机工及时反应。

（10）发现马耳漏斗、单辊箱内堵塞后，要用工具捅，不要打水，以免设备变形。

7.4.2.2　停机后的维护

停机后的维护主要有：

（1）要检查锤头是否松动，并设法紧固，若已松动并且磨损严重，应及时更换。

（2）检查更换开式齿轮的润滑油（半月一次）。

（3）检查单辊水冷系统，确保管路畅通不堵。

（4）检查并紧固电机、减速机的地脚螺栓，并搞好环境卫生，确保电机、减速机完好。

7.5　常见故障处理

7.5.1　辊式给料设备

辊式给料机是布料的主要设备，其设备性能直接影响布料操作，保持其完好是烧结生产的必备条件。辊式给料机常见故障及处理方法见表7-10。

表7-10 给料设备一般常见故障及处理方法

序号	故障现象	故障原因	处理方法
1	减速机发热、振动、跳动	(1) 减速机油少或油质差，温度高； (2) 轴承磨损温度高； (3) 轴承间隙小； (4) 连接螺栓松动； (5) 负荷过重或卡阻	(1) 加油或更换； (2) 更换； (3) 调整间隙； (4) 紧固或更换； (5) 检查处理
2	减速机轴窜动超过规定范围	(1) 滚珠粒子和套磨损间隙过大； (2) 滚珠压不紧； (3) 外套转磨压盖	(1) 换轴承； (2) 调整压盖； (3) 外套加调整垫
3	减速机内杂音过大	(1) 滚珠隔离架损坏或滚珠有斑痕； (2) 齿轮啮合不符合要求	(1) 更换轴承； (2) 分解调整
4	润滑给油不畅通	(1) 电机运转异常； (2) 油路管网堵塞； (3) 定时器定时失效； (4) 油泵油缸缺油； (5) 分配器指针不灵	(1) 电机定检； (2) 疏通处理； (3) 调整定时； (4) 加润滑油； (5) 检查处理
5	圆辊给料不畅	(1) 混合料仓内产生架桥； (2) 大块物料或异物堵塞闸门，主闸门开度不够	(1) 清除架桥，清理积料； (2) 排除异物，加大主闸门开度
6	九辊布料不畅	(1) 辊子粘料过多或转动不灵活； (2) 大块物料或异物阻塞辊子间隙	(1) 清除积料，调整转动部位； (2) 清除积料或异物
7	轴承温度高	(1) 油位低； (2) 轴承损坏； (3) 被动轴承不能满足主轴热膨胀； (4) 轴承径向间隙小； (5) 油质变坏； (6) 轴承油流不足	(1) 检查轴承箱是否有泄漏，补充油至标准位； (2) 处理或更换轴承； (3) 检查轴承壳体是否对主轴形成约束，及时调整轴承； (4) 重新刮研轴瓦； (5) 更换新油； (6) 调整油流进出口
8	圆辊轴承间隙过大	(1) 轴瓦磨损； (2) 频繁起停圆辊； (3) 油质变差	(1) 更换轴瓦； (2) 延长圆辊起停间隔； (3) 检查油质，更换新油

7.5.2 梭式布料器

梭式布料器是保证布料粒度均匀的设备，虽然梭式布料器不行走也能生产，但是由于粒度的偏析，直接影响烧结矿的产量和质量。梭式布料器常见故障及处理方法见表7-11。

表 7 – 11　梭式布料器常见故障及处理方法

故障现象	产生原因	处理方法
梭式布料器停走或超运行	电气控制不良	检查处理
	行走齿轮磨损，固定螺丝松动	拧紧固定螺丝
梭式小胶带扯坏	掉下来衬板或杂物	打好接头卡子或更换
	胶带磨损	
转不起来	主动轮有料卡住	消除卡料
	电气线路有故障	电工维修
	带负荷启动，主动轮有水打滑	不带负荷启动
胶带跑偏	前后轮轴的中心线不平衡	调整前后轮中心线平行
	此带接头胶接不正	重新胶接
滚动轴承过热	油量不足或过多	检查油量，加油或减油
	间隙不合标准	检查并调整间隙
	轴不同心	检查并调整轴中心度
	内外套薄	更换新件
减速机轴窜动超过规定范围	滚珠粒和套磨损，间隙过大	换滚珠
	滚珠压盖不紧	调压盖
	外套转磨压盖	外套加垫调整
减速机轴及端盖机盖漏油	回油孔堵塞	清扫回油孔
	盖端或机盖接触面不平	机盖和机体上面研平涂漆后装好
	加油时油过多，或螺丝拧得不紧	加油按规定位置，螺丝拧紧
减速机轴承箱热	齿轮啮合不好或间隙小	检修齿轮，调整间隙
	机内油量过多或不足	调整油量
减速机内杂音过大	滚珠隔离架坏了	换滚珠
	滚珠粒有斑疤	换滚珠
	齿轮啮合不合标准	分解调整
	减速机内缺油，齿轮接触不上油	加油适量

7.5.3　点火器常见故障处理

7.5.3.1　点火器停水处理

点火器停水处理步骤是：

（1）发现点火器冷却水出口冒汽，应立即检查水阀门是否全部打开和水压大小是否合适。如水压不低，应敲打水管，敲打无效或水压低时，立即通知组长和中控人员。

（2）与水泵房联系并查明停水原因，并将事故水阀门打开补上，若仍无水则应切断煤气，把未点燃的原料推到点火器下，再把烧结机停下。

（3）断水后关闭各进水阀门，送水后要缓慢打开进水阀门，不得急速送水。

（4）高压鼓风机继续送风，抽风机关风门，待水压恢复正常后，按点火步骤重新点火。

7.5.3.2 停电处理

停电处理步骤是：

(1) 人工切断煤气，关闭头道闸门及点火器的烧嘴闸门，关闭仪表的煤气管阀门。

(2) 同时通入蒸汽，开启点火器旁的放散管。

7.5.3.3 煤气低压、停风处理

煤气压力低于规定值时，管道上切断阀自动切断，报警信号响，必须进行下列操作：

(1) 停止烧结机系统运转，关闭抽风机闸门。

(2) 关闭点火器的煤气和空气开闭器，关闭煤气管道上的头道阀门。

(3) 通知仪表工关闭仪表煤气管阀门，打开切断阀通入蒸汽，同时打开点火器旁的放散管。

(4) 关闭空气管道的风门和停止高压鼓风机。

(5) 停空气时则应开动备用风机。若备用风机开不起来或管道有问题，则应按停煤气的方法进行处理。

(6) 煤气、空气恢复正常后，通知计器人员进行检查，并按点火步骤重新点火，即可进行生产。

7.5.4 烧结机常见故障及处理

带式烧结机的台车跑偏与赶道是比较常见的故障，其产生的原因是错综复杂的，两者有相似之处，但又有不同之点。

台车跑偏，多是指平面台车在运行过程中，其一边的台车轮缘擦着轨道，而另一边台车轮却与轨道有一定间距，台车宽度方向的中心线路与其运行方向基本一致，但与烧结机纵中心线存在平行位移，即台车没有产生歪斜。

台车赶道，多是指回车道台车在运行中产生了歪斜，即台车宽度方向的中心线与其运行方向形成了一定夹角。赶道越严重，夹角就越大。台车赶道时从 3 个部分可以明显看出来：一是机尾冲程处（固定弯道式），烧结机台车在下落过程中不是平行下落的，两端有先后之分，下落的冲击声也可听到有两响，机尾冲程两边也明显不一致；二是在回车道上，可以看到相邻台车的肩膀车头已有明显的错位，同一台车前后轮缘与回车道的接触有明显差异；三是在机头星轮的下部，当台车车轮与星轮啮合时，两边不同步，即一边接触到了，而另一边还有明显的距离。

7.5.4.1 烧结机电机电流高或突然停机

烧结机电机电流高或突然停机的处理办法是：

(1) 发现电流异常偏高或烧结机运行异常，应立即切断事故开关。

(2) 从以下几方面检查：看台车辊辘是否掉卡弯道、台车游板是否顶滑板、是否台车塌腰顶风箱隔板、是否台车跑偏掉道、是否弯道移位卡清扫器、是否台车抬头挡板顶平料板等。

(3) 确定故障原因并报告主控室。

(4) 排除故障必须专人负责，统一指挥，做好安全防范措施，谨防盲目启动，扩大事故或伤人。

(5) 试转正常后恢复生产。

7.5.4.2　烧结机其他常见故障及处理

烧结机其他常见故障及处理方法见表 7 – 12。

表 7 – 12　烧结机其他常见故障及处理方法

故障现象	原　因	处　理　方　法
电流偏大	滑道缺油，台车赶道或塌腰擦隔板	疏通滑道油孔，更换台车
台车跑偏	头尾弯道不正，滑道缺油，台车轮直径不一致，轨道不正	弯道找正，疏通滑道油孔，更换台车轨道找水平，找跨距
滑板堆起	滑板翘起，台车油板的螺丝松动	更换台车、补上旧滑板，检查松动螺栓并进行处理
台车在回车道上掉道	台车掉轮子，机尾弯道错位	台车补轮子，弯道找正
台车轮卡弯道	台车运行不正，台车轮摆动	台车轮背帽上紧或更换

7.5.5　单辊破碎机常见故障

单辊破碎机是烧结生产的重要设备，一旦出现故障，就要停产，所以及时检查和发现设备隐患是保证烧结生产正常进行的必要手段。单辊破碎机常见故障及处理方法见表 7 – 13。

表 7 – 13　单辊破碎机常见故障及处理方法

故障现象	原　因	处　理　方　法
保险销子断	齿冠松动偏斜断裂，铁块卡住单辊或烧结矿堆积过多，衬板断裂而偏斜	紧固或更换齿轮，处理障碍物或更换衬板
轴瓦温度高	轴瓦缺油，冷却流水量小或断水	加油，处理冷却水，检查水压、水质及管道
单辊窜动严重	负荷不平均、不水平，止推轴瓦失效	检查轴的水平或更换轴瓦
马耳漏斗堵塞	烧结机碰撞间隙大，马鞍漏斗衬板变形，大块卡死	调整烧结机碰撞间隙，处理马耳漏斗变形或勤捅漏斗
机尾簸箕堆料	过烧粘炉箅子，清扫器磨损，未及时处理积料	严格控制烧结终点，检查补焊，或更换清扫器，或及时清理积料
单辊箱体连接螺丝断裂	前后壁变形	更换螺栓，检查箱体前后壁

7.5.6　烧结机试车与验收

烧结机是烧结生产的主体设备，因此，烧结工不仅要掌握烧结机的性能、操作及常见故障的处理，而且还应了解烧结机检修方面的知识。如烧结机经常是哪些部位要进行检修，检修需要多少时间，烧结机各部位检修的技术标准是什么，只有了解了这些知识，才能正确地参加烧结机检修后的验收工作。发现检修中存在的质量问题，应及时提出并加以处理，减少交工后生产中的设备事故，保证烧结生产正常进行。

7.5.6.1 检修质量标准

检修质量标准是：

（1）所有零件、部件及备品，必须按图纸要求检查，不符合要求者，施工单位一定要提出，以便研究解决。

（2）骨架等结构件的连接（焊、铆和螺栓连接），必须符合图纸要求及有关技术规范。

（3）各活动部位调整灵活，密封良好，方向正确。

（4）需要烧结机反转时，必须将风箱中的密封板高度降低。

（5）密封胶皮安装后，活动自如，无漏风现象。

（6）轴承座及轨道等垫板的数量每组不超过3块，轴承座垫板大于底座，而轨道垫板长度不小于150mm，宽度与轨道底宽相等。

（7）所有连接法兰应贴合紧密，不得有缝隙。

（8）头、尾密封板调整到台车底部紧贴密封，但要求上下灵活自如。

（9）各部位安装精度及尺寸符合要求，各处螺丝必须紧固，试车后需检查再紧固。

（10）各润滑点及管路无泄漏现象。

（11）各部运转正常，无卡碰现象，整体运行能较好地满足生产上的工艺要求。

（12）风箱上的密封滑道磨损超过10mm时应更换。

7.5.6.2 检修中的质量检查及记录

检修中质量检查按三级检查制进行，即自检、质检、联检。各类检查均需填写书面记录，并有检查人及责任人签字认可，竣工时一并上交。

7.5.6.3 调整、试车的要求和规定

调整、试车的要求和规定是：

（1）由检修主管部门，甲、乙方及有关人员组成试车验收小组。

（2）制订试车进度计划，做好分工和配合。

（3）单机无负荷试车，联动试车以乙方为主，负荷试车以甲方为主，乙方配合。

（4）试车中发现问题由乙方处理后再试。

（5）确认整个传动系统机构传动灵活后方可进行空负荷试车。

（6）试车前先点动，并要注意旋转方向。

7.5.6.4 交工验收及检修记录、图纸资料归档

交工验收及检修记录、图纸资料归档工作主要有：

（1）乙方应向甲方提供全部记录，包括质检、图纸、试车、项目变更、返工、质量标准修改、代用备品、材料记录等。

（2）乙方应向甲方提交全部施工用图、设备合格证、说明书等。

（3）上述记录、证书、图纸资料连同竣工证书及竣工决算，一并归档备查。

7.5.6.5 烧结机检修后试车与验收

A 试车前的准备工作

试车前的准备工作主要有：

（1）恢复好原设备系统的润滑系统、水、煤气、蒸汽管路，保证其畅通无泄漏。

（2）设备的安全装置、走梯、平台都必须完好。

（3）检修完毕后检修人员必须清理现场，一时清理不了的物件要限期清理干净，否则不能试车。

（4）试车之前必须提交所有检修部件的自检记录，否则不能试车与验收。

（5）操作牌齐全。

B　试车和验收

a　不带台车试车

机头转动系统大星轮空转 2h，试转中不得有振动、噪声、发热及漏油现象，各部轴承温度不得超过 65℃，各部螺丝不得松动。

b　带台车试车

带台车试车内容是：

（1）试转 2h，试转前先启动油泵，滑道油点上有油。

（2）主轴、传动轴的轴间窜动量应符合技术标准。

（3）台车进入大星轮时，两侧离小星轮距离应相等，每个台车不得有跑偏、啃道现象。

（4）机尾清扫器与台车箅条顶面最小间隙为 40~60mm，应逐个台车检查。

（5）机头活道及安全杠杆动作灵活，保证杠杆在事故情况下动作可自行停止。

（6）试车检查合格后，检修人员再次紧固全部螺丝。

（7）试运转符合生产条件，经验收签字后正式生产。

7.6　安全生产要求

7.6.1　烧结机作业前的准备要求

烧结机作业前的准备要求是：

（1）严格执行各项通用安全管理规定。

（2）上岗前严格按配备标准穿戴好劳保用品，中夜班必须带好手电筒或头灯。

（3）检查设备、安全防护装置、安全警示标志、工机具性能是否符合安全技术标准和作业条件。

（4）所有作业项目必须先制定作业方案并上报审批后按方案执行。

（5）动火作业前，必须检查作业区域是否有易燃物，并佩戴消防器材。

烧结机岗位存在一些危险因素，在发生安全事故或紧急情况下必须做出快速、正确的反应。

7.6.2　岗位危害因素辨识

岗位危害因素辨识主要是：

（1）劳保用品穿戴不齐全或不规范造成人身伤害。

（2）作业前人员精神状态差或无互保对子单人作业发生误伤害。

（3）作业前未执行停、送电制度，作业工具不齐全且使用不当，易造成机械伤害。

（4）检查时靠近设备传动部位或脚踏台车轨道，易造成机械伤害。

（5）未携带煤气检测仪，易发生中毒事故。

（6）在烧结机台车料面抽洞周围停留，易发生被吸入伤害事故。

（7）不与中控室联系，无人监护，不停烧结机边转边捅处理，易发生机械伤害和物体打击事故。

（8）进小矿槽内作业前，未清除黏结悬料或未关蒸汽，易发生垮料砸伤或烫伤事故。

（9）作业无专人指挥，乱扔算条，易发生物体打击事故。

（10）台车运行时，脚踏轨道或台车肩膀，容易造成机械伤害事故。

（11）作业前未确认大烟道内有无作业项目，易发生坠物伤人事故。

（12）启动烧结机前，未检查确认单辊、小格是否有人作业，易造成坠物伤人事故。

（13）台车上悬料未清除，物料垮下、高温打水造成砸伤、掩埋或烫伤事故。

（14）温度高、堵料多，盲目开单辊门时，被高温矿料砸伤或烫伤。

（15）捅料时，作业人员站位、配合不当，易造成机具伤害事故。

（16）格子算板松脱未及时发现，进入作业时，易发生坠落事故。

（17）在高温台车下作业时，易发生烫伤或中暑事故。

（18）将手伸到漏斗内取杂物造成机械伤害事故。

（19）漏斗、风箱、集尘管切割开口未制定作业方案或不按方案执行，易造成伤害事故。

（20）站在开口处正下方捅料，物料喷出伤人。

（21）高处作业未系安全带，地面区域未设置警戒和无专人监护，易发生伤害事故。

（22）点火、关火、烘炉和生产操作中点火温度调节作业未严格按技术操作规程规定的安全步骤执行，易发生煤气回火、中毒、爆炸事故。

（23）点火炉未关火，烟道内废气浓度高，造成中毒或窒息。

（24）作业完毕后未确认烟道内工具和人员已撤出就关门。

（25）在过桥上行走脚卡入缝隙内伤脚。

（26）换台车前对吊车及吊运工具未检查确认，易发生机具伤害。

（27）台车上矿料未倒空或未关风强行更换，歪拉斜吊，砸伤手脚。

（28）起重吊物下站人，钢绳、卡板穿挂不当等，易造成起重伤害。

（29）台车拉缝、松闸和使用液压千斤顶不当，易发生机具伤害。

7.6.3 事故应急预案

一旦发生突发事故时，应在应急预案指挥部的领导下，分别设立灭火、抢险、监护、联络等应急小组，在总指挥的统一部署下，对分管的现场做出应急处理。同时通知厂医务所或拨打"120"急救，随时做好突发事故中伤员的救护准备。

7.6.3.1 停煤气

停煤气的处理办法是：

（1）关低压操作翻板。

（2）停烧结机。

（3）报告集中控制室。

（4）关闭火嘴。

（5）关煤气二道阀。

（6）开二次放散阀。

（7）通知关计器导管。

（8）打开煤气低压翻板后开煤气操作翻板。

（9）关煤气一道阀。

（10）开一次放散阀、引火支管阀，开煤气二道阀。

（11）开蒸汽一、二道阀通蒸汽。

（12）约 15min 后手摸管道，若发热则关蒸汽一、二道阀。

（13）通知堵盲板。

（14）待煤气人员确认后，关闭一、二次放散阀和引火支管阀。

7.6.3.2　停电、停水

停电、停水的处理办法是：

（1）迅速打开事故水。

（2）手动关闭煤气低压操作翻板。

（3）按前述关火程序关火。

7.6.3.3　煤气泄漏

煤气泄漏的处理办法是：

（1）凡第一时间发现煤气管破损泄漏等意外情况者，必须立即向主控室报告并迅速报"119"火警。

（2）主控室操作人员接到险情报告后，必须迅速报火警，立即组织该区域相关人员撤离并疏散到警戒线以外安全地带。

（3）由总指挥或副总指挥下达停产指令，组织急救工作。

（4）在泄漏点周围 100m 外设立警戒线，封锁出事地的道路，专人看守，禁止车辆和人员过往。

（5）煤气泄漏区和主厂房禁止开关照明，严禁动负荷开关。

（6）戴好空气呼吸器，备好灭火器，在统一指挥下配合现场应急处理，搜寻现场未疏散人员。未戴好呼吸器（防毒面具）严禁进入煤气区域。

复习思考题

7-1　在抽风烧结过程中沿料层高度可分为哪几个带，各个带有何特点？

7-2　简述固体燃料燃烧的一般原理。

7-3　影响石灰石的分解和氧化钙矿化的因素有哪些？

7-4　什么是铁氧化物的氧化和还原，其影响因素有哪些？

7-5　试述烧结过程中生成的几种主要液相的特点和作用。

7-6　烧结矿的矿物组成、结构及性质对烧结矿质量的影响如何？

7-7　简述烧结能源、烧结工序能耗、烧结热平衡概念。

7-8　点火炉的特点、操作和热工知识有哪些？

7-9　烧结机的结构特点、密封装置有哪些？

7-10　返矿在烧结生产中有什么作用？

7-11　返矿的数量和粒度对混匀和制粒有何影响？

7-12　烧结机的布料操作有哪些要求？

7-13　影响混合料布料操作的因素有哪些？

7 – 14 厚料层烧结有何优点?

7 – 15 铺底料的作用有哪些?

7 – 16 烧结生产中点火的目的是什么?

7 – 17 烧结生产对点火的要求有哪些?

7 – 18 点火炉点火、关火的操作方法是什么?

7 – 19 点火温度对烧结生产有何影响?

7 – 20 如何对点火炉燃烧情况进行判断和调整?

7 – 21 如何通过烧结过程判断混合料中碳的质量分数的高低?

7 – 22 如何判断烧结矿中 FeO 的质量分数的高低?

7 – 23 什么是烧结料层的透气性?

7 – 24 什么是垂直烧结速度?

7 – 25 烧结过程中有哪些主要的物理化学变化?

7 – 26 常见的烧结矿液相有哪几种体系?

7 – 27 为何要实现烧结终点的准确控制?

7 – 28 发现烧结终点不正常时,应采取哪些方法进行调节?

7 – 29 如何通过风箱负压的变化来判断烧结过程?

7 – 30 燃料用量对烧结过程有何影响?

7 – 31 影响烧结过程的主要因素有哪些?

7 – 32 什么是烧结矿的还原性?

7 – 33 烧结矿中 FeO 的质量分数与转鼓强度有什么关系?

7 – 34 烧结矿强度的经验判断方法有哪些?

7 – 35 烧结机有害漏风的产生因素有哪些,应如何进行处理?

7 – 36 烧结机台车赶道应如何处理?

7 – 37 如何实现烧结终点(BTP)控制?

8 烧结矿成品处理

8.1 烧结矿成品处理工艺

随着高炉大型化和现代化的发展，对入炉烧结矿的要求越来越高。不仅要求烧结矿品位高、成分稳、强度好，粒度均匀、粉末少，而且要求冶金性能方面还原度高和低温粉化率低等。烧结矿成品处理工艺也随着高炉对烧结矿的质量要求而逐步完善和发展起来，它是烧结生产的重要组成部分，也是满足高炉"精料"要求的有效措施。目前，烧结矿成品处理工艺包括烧结矿的破碎、筛分、冷却、整粒及成品矿表面处理等工序。随着现代化冶炼技术的不断提高，烧结矿成品处理也显得日益重要。

8.1.1 烧结矿成品处理的目的和意义

烧结矿成品处理对提高烧结矿的质量，减少入炉粉末，实现增铁节焦都具有重要意义。烧结饼从烧结机机尾卸下，其温度高、粒度不均匀、大块多、粉末多、矿物组成也不尽相同，若对这些烧结饼不进行加工处理而直接给高炉使用，将会对高炉冶炼造成不良影响。温度高的矿不但运输困难，污染厂区环境，恶化劳动条件，而且影响炉顶设备的使用寿命，同时会导致高炉料柱透气性差，煤气流分布不均衡，不利于提高冶炼强度，更不利于高炉大型化的发展。烧结矿成品处理，改善了烧结矿质量，为高炉实现"精料"打下了基础，有利于高炉利用系数的提高及焦比的降低。因此，烧结矿成品处理有较大意义，其主要有：

（1）减少烧结矿中的粉末含量，改善烧结矿的粒度组成，提高烧结矿的强度，为高炉提供物化性能稳定、粒度均匀的烧结矿。

（2）冷矿有利于实现高压操作，提高炉顶寿命，便于高炉提高冶炼强度，为高炉增铁节焦和提高生铁质量创造了条件。

（3）有利于改善厂区环境，便于紧凑厂区布置，减少基建和运输设备的投资，便于实现胶带运输机运输和上料。

（4）有利于实现高炉大型化和自动化。

（5）有利于改善烧结矿在炉内的还原，有利于高炉实现大风操作，使炉内煤气流分布均匀，增加高炉间接还原，为降低焦比提高喷煤量打下了基础。

（6）可以分出铺底料，有利于烧结工艺的完善。

8.1.2 烧结矿成品处理工序

较完善的烧结矿成品处理系统主要包括烧结矿的热破碎、热筛分、冷却、整粒、铺底料和表面处理等。各工序之间以漏斗和胶带运输机相互连接，形成较紧凑的生产系统。

8.1.2.1 热破碎

从烧结机机尾卸下的烧结饼，不经破碎处理不利于冷却，也不符合高炉对原料粒度的要求，同时，大块料在运输中易在矿槽或漏斗内卡塞和损坏胶带。对烧结饼破碎，不仅利于运输，还为烧结矿的冷却和高炉冶炼创造条件。

常用的破碎设备有单辊破碎机和颚式破碎机，目前以单辊破碎机最为普遍。单辊破碎机是利用剪切和挤压原理对烧结饼进行破碎，其破碎能力大，设备结构简单，易于维护。随着烧结机大型化后，单辊破碎机成为热烧结矿唯一的破碎设备。

8.1.2.2 热筛分

热筛分的目的是为了去掉烧结矿中的粉末，提高烧结矿的冷却速度，改善高炉的透气性，使高炉炉况顺行，煤气流分布均匀。同时，筛出的热返矿参加配料，提高混合料温度，强化烧结过程。

常用的筛分设备有固定棒条筛和热矿振动筛。由于热返矿存在不利于配料精度的提高、污染岗位环境、职工劳动强度高等缺点，所以在新建烧结机时，取消了热矿筛，烧结饼经单辊破碎后全部进入冷却机冷却，其中的粉末在成品烧结矿出厂前筛出。

8.1.2.3 冷却

从机尾卸下的烧结饼温度大约为750~800℃，需冷却至150℃以下，才利于运输及高炉的冶炼。

冷却的方式有机上冷却和机外冷却。机外冷却常用的设备有环式冷却机、带式冷却机、盘式冷却机、桥式冷却机、塔式冷却机和振动冷却机等。目前，最常用的机外冷却设备是环式冷却机和带式冷却机。机上冷却由于电耗高，逐步被机外冷却所替代。

8.1.2.4 整粒

烧结矿的整粒工艺是由日本和联邦德国等国最先发展起来的，我国是在20世纪80年代中期才开始采用整粒工艺。武钢三烧1984年在国内率先建成烧结矿整粒系统。烧结矿的整粒包括冷却后烧结矿破碎和筛分。冷矿破碎是将大块的成品烧结矿进一步破碎至50mm以下，有效地控制成品矿粒度组成范围；而冷矿筛分是进一步筛分除去烧结矿中的粉末，并分出铺底料。因而烧结矿的整粒改善了烧结矿的强度，减少了烧结矿的粉末含量，使烧结矿的粒度组成均匀，化学成分也趋于稳定。

8.1.2.5 烧结矿表面处理

成品烧结矿表面处理工艺是在我国20世纪90年代发展起来的。武钢二烧在1992年实施了烧结矿表面处理，后来国内一些烧结厂也采用了烧结矿表面处理工艺。

成品烧结矿表面处理，主要是对成品烧结矿喷洒卤盐类溶剂使其外表增加一层薄膜，使烧结矿在炉内低温区即500℃左右时不被炉内煤气所侵蚀，有效控制了烧结矿低温还原过程中体积膨胀的粉化，保证了炉内透气性和煤气流正常分布，有利于实现高炉大风、高压操作，达到了增铁节焦的目的。

8.1.3 烧结矿成品处理工艺流程

烧结矿成品处理工艺流程随着烧结工艺的不断发展而发展，其处理流程大体可划分为冷却和整粒铺底两部分。目前较为典型的工艺由烧结矿破碎、筛分、冷却及整粒铺底工序组成。

8.1.3.1 热矿工艺流程

热矿工艺流程由破碎、筛分两道工序组成。烧结饼从烧结机机尾卸矿后，经单辊破碎机将

大块烧结矿破碎至 150mm 以下的粒级；再经过筛分将小
于 5mm 的烧结粉末筛出来，作为热返矿使用，筛上大于
5mm 的烧结矿作为成品矿送往高炉冶炼。

图 8 - 1 所示为烧结矿热矿处理工艺流程。其流程较
简单，设备少，工作可靠，作业率可达 90% 以上。但这
种流程多用固定筛分，因此筛分效率较差，粒度不均，
所得成品为热烧结矿，给运输储存带来一定困难，同时
也不利于高炉炉顶设备的寿命延长。随着近几年国内烧
结工艺不断发展和烧结机大型化，该流程已逐渐被淘汰。

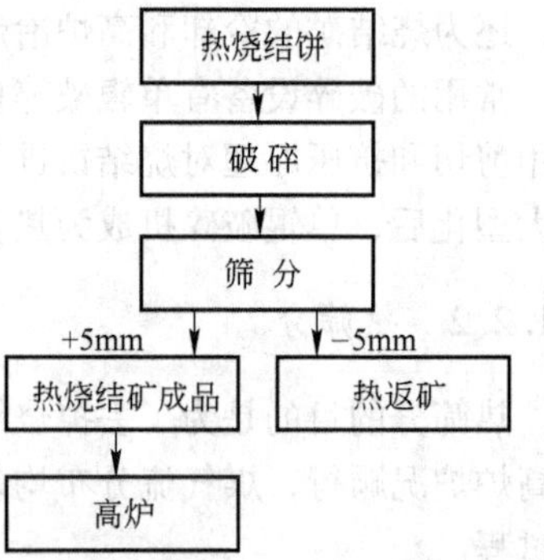

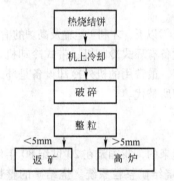

图 8 - 1 烧结矿热矿处理工艺流程

8.1.3.2 冷却工艺流程

A 机上冷却

机上冷却工艺就是将烧结机分为烧结段和冷却段，并在烧结机上完成烧结饼的冷却过程。
烧结段和冷却段各有自己的抽风系统，烧结段和冷却段
之间设置隔板，以防止两系统串风。机上冷却时，冷却
气流与烧结饼接触的面积较大而且均匀，采用这种冷却
方式可使整体烧结饼层发生均匀破裂，因此，烧结矿的
粒度均匀，大块很少。采用机上冷却工艺可取消烧结矿
的热破碎、热筛分及单独的冷却设备，可提高设备的作
业率，降低设备的维修费用，节约了基建投资。但机上
冷却电耗高，机上冷却工艺在急冷时黏结相来不及充分
结晶而形成玻璃质，烧结矿易粉化，降低了成品率，烧
结矿机上冷却工艺流程如图 8 - 2 所示。

B 机外冷却

机外冷却工艺如图 8 - 3 和图 8 - 4 所示，这两个工艺的主要区别在于有无热矿筛分。

图 8 - 2 烧结矿机上冷却工艺流程

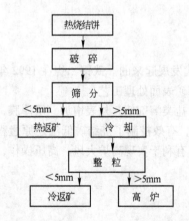

图 8 - 3 带热筛机外冷却工艺流程

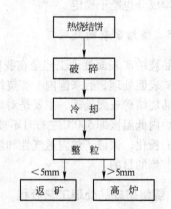

图 8 - 4 无热筛机外冷却工艺流程

不经热筛直接冷却，省去了昂贵的链板运输机，减少了设备事故；没有热返矿，有利于配
料精度的提高和劳动环境的改善，减少了热振筛的扬尘，有利于环境保护，而且减少了厂房的
占地和设备投资。

8.1.3.3 整粒铺底料工艺流程

整粒铺底料工艺流程主要是由冷破碎和筛分工序组成。其工艺流程根据各厂的实际情况而有不同形式，下面介绍的是目前国内较为典型的3种流程。

A 四段式筛分整粒

四段式筛分整粒工艺流程如图8-5所示。冷却后的烧结矿通过第一道筛，分出大块，经过对辊破碎后，与筛下物一起进入第二道筛子，二筛的筛上物作为成品矿，筛下的经过三筛筛出铺底料，筛下物经四筛筛去粉末后送往高炉。这种流程的特点是每台筛子筛出一种成品或铺底料，能够较合理地控制烧结矿的上下限粒度和铺底料粒度，成品粉末少，且都采用振动筛，筛分效率高。武钢四烧和宝钢就是采用这种工艺流程。该流程投资高，烧结矿运转次数多。

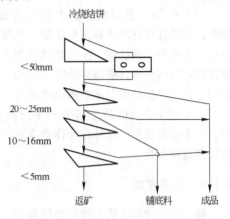

图8-5 四段式筛分整粒工艺流程

B 一筛为分级振动筛的三段式筛分整粒

图8-6和图8-7所示分别为三段式分级振动筛筛分整粒工艺流程。这种流程与图8-5较相似，不同的是将一、二段筛分合在一起或将二、三段筛分合在一起，节省了一台筛分设备，也可减少烧结矿的运转次数，节省投资。武钢三烧采用的是图8-7所示的整粒工艺流程，该流程对烧结矿的粒度上、下限控制较好，成品矿粉末含量少。

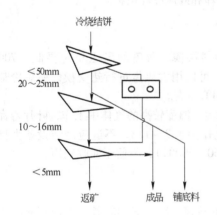

图8-6 三段式整粒工艺流程图
（一段为双层振动筛）

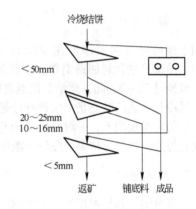

图8-7 三段式整粒工艺流程图
（二段为双层振动筛）

从图8-6和图8-7的流程比较来看，很明显图8-7更有其优越性，对于双层固定筛来说，将破碎后的烧结矿直接送入三筛，可减轻双层筛的负荷，减少筛板磨损，同时也减少了双层筛的维修量。

图8-8所示为无破碎三段单层筛分工艺流程。这种流程是由于低温、厚料层烧结工艺的不断发展，成品矿大块少而发展来的。与前两种流程相比，取消了冷破碎和一段筛分，有利于作业率提高，节省了设备、占地面积和投资，但这种工艺由于取消了冷破碎和一段筛分，对烧结矿粒度的上、下限控制要差一些。

C　整粒铺底料工艺流程的布置

在小型厂矿中，整粒流程一般以单系统布置为主，但对于大、中型烧结厂来说，要考虑烧结机的作业率，通常以双系统布置为主，其布置形式主要有以下两类：

（1）以每个系列处理能力设计为总生产能力的 50% 或 75%，并设有可移动式备用振动筛，保证作业率。这种设计可以在一个系列出问题时，维持烧结机生产能力的 50% 或 75%，并在较短时间内整体更换振动筛。有的厂还设有成品矿堆场或矿槽，可缓冲烧结矿与高炉的供求关系。

（2）每个系统的处理能力与生产能力相等，一个系列生产，一个系列备用。这种布置作业率高，维修方便。在国内普遍采用这种布置。

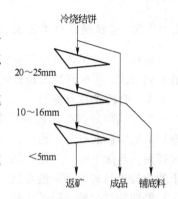

图 8-8　无破碎三段单层
筛分工艺流程图

8.1.4　冷却方式

烧结矿的冷却方法按冷却介质来分，主要有水冷却、空气冷却、空气和水相结合的混合冷却方法。但不管采用什么方法进行冷却，都是根据冷却介质通过赤热烧结矿层时，利用传导、对流、辐射等传热方式，将赤热烧结矿的热量带走这个原理进行的。空气冷却效果较低，但对烧结矿的破坏作用也小些。用水冷却效果好，但对烧结矿的破坏作用大，对熔剂性烧结矿的影响更大。采用空气和水混合冷却，其优点介于前两者之间。实践证明，用空气强制通风冷却法是比较好的。

按冷却风流通的方式，强制通风冷却又分抽风冷却和鼓风冷却两种。

8.1.4.1　抽风冷却

用于薄料层（料层厚度在 500mm 以下），因为料层薄，所需的风压相对要低（700 ~ 750Pa），冷却机的密封回路简单，而且风机功率小，可以用大风量进行热交换，缩短冷却时间，一般经过 20 ~ 30min，烧结矿的温度即可降到 100℃左右。

抽风冷却方式的缺点是：风机叶片是在含尘量较大、温度较高的气体中工作，叶片寿命较短；所需的冷却面积大，一般冷却面积与烧结面积之比为 1.3 ~ 1.8，不适应烧结设备大型化的需要；另外，抽风冷却第一段废气温度较低（约 150 ~ 200℃），不便于回收利用。

8.1.4.2　鼓风冷却

用于厚料层（料层厚度可达到 1500mm 以上），低转速、冷却时间较长，因而相对减少了冷却设备的有效面积，同时减少了冷却设备所占用的土地面积。鼓风冷却设备所需的面积一般为烧结机面积的 0.8 ~ 1.2 倍，由于料层厚，空气与烧结矿层之间的热交换进行得比较充分。冷却机前段热废气温度为 300 ~ 450℃，远比薄料层抽风冷却温度要高，便于回收利用，而且风机在常温下工作，叶片寿命较长。

鼓风冷却的缺点是：由于料层厚，所需风压较高，一般为 2000 ~ 5000Pa 的正压，因此，必须选用密封性能好的密封装置。抽风冷却和鼓风冷却相比较，各有利弊。但总的来看，鼓风冷却优于抽风冷却。新建的大型烧结机大都采用鼓风冷却工艺。

8.1.5　烧结矿整粒、铺底料工艺

"精料"是高炉强化冶炼和增铁节焦的重要方法，而烧结矿的整粒则是高炉"精料"的主

要措施之一。高炉对原料粒度要求的提高，促进了烧结矿整粒技术的发展，也使烧结矿的整粒工艺得到了完善。

8.1.5.1 烧结矿的整粒

烧结矿整粒是指烧结饼冷却后的破碎、筛分过程。烧结饼整粒达到均匀烧结矿的粒度、缩小粒度范围、改善烧结矿的强度和降低粉末含量并获得铺底料的目的。烧结饼整粒流程模拟了烧结矿在运输中的磨损、摔打过程，使得烧结矿强度得到提高和稳定。

1984 年，武钢三烧在国内率先对成品系统进行了改造，增设了整粒铺底料工艺。

从表 8-1 中可知，经过整粒后的烧结矿平均粒径提高了，小于 5mm 的粒级减少，粒度也较均匀。武钢 5 号高炉使用整粒后的烧结矿，综合焦比降低 3.9kg/t，产量提高 143.2t/h，可见"精料"的效果是显著的。

表 8-1 烧结矿整粒前后物理性能比较

测定条件	平均粒径/mm	粒度组成/%				
		>40	20~40	10~20	5~10	<5
整粒前	21.74	18.70	8.79	44.11	22.05	7.35
整粒后	22.14	21.19	12.55	47.14	15.07	4.08

8.1.5.2 铺底料

铺底料是用粒级在 16~25mm 范围内的一部分成品烧结矿，在烧结机布料前，将这部分烧结矿均匀地铺在台车炉算条上，其厚度为 20~40mm。

A 铺底料在烧结生产中的作用

铺底料在烧结生产中的作用主要是：

(1) 隔热保护层。从烧结机机尾观察烧结断面，当燃烧层到达底层时，铺底料是暗红色的松散颗粒，没有粘料现象。铺底料能吸收一部分料层热量，将熔融的高温物料与台车炉算条隔开，降低了炉算子的温度，减少了台车受热负荷的影响。因此，铺底料是良好的隔热层。铺底料充当了隔热体，减少了烧结矿对炉算条的磨损，所以铺底料可以延长炉算条的寿命。

(2) 充当过滤层。铺底料可以均匀烧结抽风气流，从而改善了料层的透气性，同时还可以防止炉算条不齐而产生的抽洞现象，控制风的短路，降低了有害漏风。铺底料还可以吸收废气中的水分和细粉末，并使废气中的初始粉尘浓度和含湿量降低，延长了风箱的使用寿命，减少了主抽风机叶片的磨损，同时也减轻了机头除尘器和除尘设备的负荷。

(3) 有利于降低固体燃耗，提高烧结生产率。铺底料不但可以吸收热量，还能吸收水分便于过湿层水分的蒸发，提高了料层的透气性和垂直烧结速度，有利于烧结生产率的提高。同时，还可以提高烧结料层厚度，发挥烧结料层的蓄热作用，减少配碳量，降低固体燃耗。铺底料有利于烧结料层的烧透，使烧结料中的固定碳充分燃烧，不但可以降低配碳量，还可以降低烧结矿中残碳的质量分数。

B 铺底料的粒度和厚度

铺底料的粒度组成一直是生产厂家较为关注的问题，实践表明，当铺底料厚度不变时，随着铺底料粒度的提高，垂直烧结速度提高，但粒度过大对烧结生产的产量有影响。根据国内外生产实践表明，铺底料粒度在 16~25mm 内为宜，并且粒级范围越窄，料层的透气性越好。铺底料的粒度应与铺底料量和铺底料厚度相匹配，因炉算条的间隙决定了铺底料的下限粒度，而上限粒度应考虑底料量，同时铺底料用量又与铺底料厚度有关，所以铺底料的上限粒度应比铺底料用量略高一点。

　　铺底料的厚度为 20 ~ 40mm。铺底料的厚度与铺底料最大粒度和料层高度及烧结料的透气性一并考虑，原料结构也会影响铺底料的厚度。有的烧结厂将铺底料粒度限制在 8 ~ 20mm。

8.1.6　烧结矿表面处理工艺

　　对烧结矿成品进行表面处理是 20 世纪 90 年代才发展起来的一种新的技术。武钢二烧于 1992 年开始在国内首先用于工业生产。生产指标表明，高炉使用经表面处理的烧结矿后，产量增加 7.94%，焦比降低 1.31kg/t，取得了明显的经济效益。

　　对烧结矿表面处理，就是使用卤族盐类熔剂喷洒在成品烧结矿上，被喷洒的烧结矿经水分的挥发、卤族盐类物滞留在烧结矿表面，形成一层薄膜将烧结矿紧紧地包裹住。

　　在炼铁工艺过程中，高炉料柱必须保证一定的透气性，以保证料柱从上而下的运动和炉内煤气从下而上的运动能够顺利进行，从而达到增加矿石的间接还原和减少矿石直接还原、降低高炉焦比的目的。另一方面，铁矿石在高炉低温区（500℃左右），即高炉炉身上部区域，由于煤气与铁矿石接触，铁矿石由高价铁被还原为低价铁。反应式为：

$$3Fe_2O_3 + CO = 2Fe_3O_4 + CO_2$$

　　这一转变，导致铁矿石内部晶格的相变使得铁矿石体积膨胀，在此过程中，铁矿石发生相变和体积膨胀的部分产生粉化，称之为低温还原粉化。由于使用的原料不同，采用的烧结工艺参数不同，烧结矿中再生的 Fe_2O_3 的质量分数也不相同。而烧结矿低温还原粉化率主要与烧结矿中再生 Fe_2O_3 的质量分数、烧结矿碱度和矿相组织有关。

　　实施烧结矿表面处理工艺就是控制烧结矿在高炉低温区的还原，从而达到防止烧结矿粉化的目的。当烧结矿在炉内随料柱逐步下降到中温区后，对烧结矿进行保护的这层薄膜在 600 ~ 700℃ 时，遇高温而汽化，烧结矿再与煤气或焦炭进行接触，开始炉内的还原过程。所以这些卤族盐类物质在高炉上部 300 ~ 700℃ 的区间内形成一个卤族盐类物质的层。在温度较低（200 ~ 300℃）时，这些"蒸汽"冷凝，将烧结矿等炉料包裹起来，到温度在 600 ~ 700℃ 时，包裹层离开烧结矿等炉料，成为"蒸汽"，随炉内其他气体一并上升，这样无限制地循环，当这些"蒸汽"超过一定的浓度后，多余部分将从高炉上升管排出高炉。

　　烧结矿成品表面处理工序通常是设置在烧结矿成品胶带运输机和高炉烧结矿矿槽之间。其设备由溶液喷洒罐、溶液储存罐和高压水泵及喷雾泵组成。喷洒的要求：一是控制适宜的溶液浓度和喷洒量，以效果好、用量少、成本低为准；二是适宜的喷洒面积和喷洒高度，以便喷洒均匀。

　　烧结矿成品处理设备是烧结矿成品处理的关键，在满足烧结生产工艺要求的前提下，尽量选用一些可靠性好、经久耐用、维修简便的设备，这是保证烧结矿成品处理质量的首要问题。

8.2　烧结矿冷却

　　烧结矿的冷却是烧结生产中的重要工序。采用冷矿工艺，有利于对烧结矿成品处理，分出铺底料，有利于胶带运输和矿槽储存，还有利于高炉强化冶炼，增产节焦，延长高炉炉顶设备寿命，符合高炉大型化的需要。

8.2.1　机外冷却设备的构造与工作原理

8.2.1.1　环式冷却机的构造与原理

　　环式冷却机是使用较广的冷却设备，按通风方式可分为抽风和鼓风。国内环式冷却机以前主要是以抽风式为主，许多中、小型烧结厂均采用抽风式。鼓风式环冷是20世纪70年代中后期才问世的，第一台鼓风环式冷却机是由日本日立造船公司设计制造的。国内如宝钢烧结厂、武钢烧结厂等均采用鼓风环式冷却机，鼓风冷却已成为烧结矿冷却的发展趋势。进入21世纪，新建烧结机大都采用鼓风式冷却机（见图8-9）。

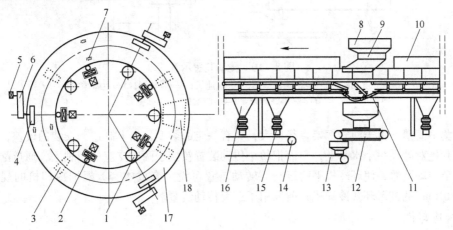

图8-9 鼓风环式冷却机的设备示意图

1—挡轮；2—鼓风机；3—台车；4—摩擦轮；5—电动机；6—驱动机构；7—托轮；
8—破碎机下溜槽；9—给矿斗；10—罩子；11—曲轨；12—板式给矿机；13—成品胶带机；
14—散料运输设备；15—双层卸灰阀；16—风箱；17—摩擦片；18—曲轨下料漏斗

环式冷却机是一种环形布置的冷却设备，它的主体由若干个盛放烧结矿的扇形台车组成，台车连接在一个水平配置的环形框架上，形成一个首尾相连的环。当传动框架运转时，带动台车做圆周运动。

鼓风环冷机是一种机械通用机型，风机鼓入的气体通过风箱和台车箅板穿过料层将烧结饼热量带走，使烧结饼温度降到150℃以下。环式鼓风冷却机的结构组成主要有机架、回转框、台车驱动装置、导轨、给排料斗、鼓风系统、密封装置、双层卸灰阀、排气烟囱等。

A 骨架

环冷机骨架为钢结构骨架，其环形骨架部分、立柱及支撑梁用螺栓连接，构成整体框架，立柱沿圆周方向分为三列。

B 传动装置

传动装置一般包括减速机、电动机、联轴器、摩擦轮组、弹簧、骨架等构件以及润滑减速机的油路、电动机管道等，传动装置为2~3套（见图8-10）。环冷机在卸料时，沿台车曲轨向下运动，由于水平推力的作用产生一个倾翻力矩，运行时传动装置与摩擦板啮合处产生一个力矩，合成力矩应使冷却机受到平移力尽量减少到接近于零，这样才避免回转框架转动时产生水平摆动，使运行平稳，所以传动装置的位置十分重要。

环冷机台车运行速度应适应烧结机运行速度要求，通常在1∶3范围内调节，开始高速转动，然后向下调整，传动装置要求长期连续运转，并能满足调整要求，保持恒扭矩特征。

两个摩擦轮，一个为主动轮，另一个为被动轮。主动轮与减速机传动轴相连接，主动轮轴用滚动轴承支撑，滚动轴承装在固定传动底架上。被动轮是装在可以摆动的底架上，在侧面设有支杆和弹簧，通过调节弹簧的弹力保证啮合点的夹紧力。调整被动轮的弹簧，通常采用宝塔弹簧和蝶形弹簧。为保证电机和减速机不致因过载而受损伤，在设计时，电动机与减速机之间的连接采用定扭矩联轴器，作为设备过负荷的保护装置。减速机采用稀油润滑，摩擦轮轴承采

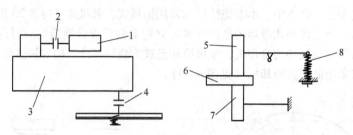

图 8 - 10　传动装置示意图
1—电动机；2—定扭矩联轴器；3—减速机；4—联轴器；5—上摩擦轮；
6—环冷摩擦片；7—下摩擦轮；8—弹簧

用干油集中润滑，由于回转框架直径很大，具有一定的柔度，加上制造、安装的误差，很难保证摩擦片绝对处在一个水平上，因而把整个传动装置铰接于两个支座的断轴上，通过配重平衡自动调节传动装置，使环冷机平稳运行。转动装置可设一套或数套，根据冷却机的规格来确定，如 $610m^2$ 的鼓风环式冷却机，就采用了三套传动装置。

　　C　冷却槽

冷却槽即台车。台车带料做圆周运行，通过台车下部鼓入的空气，经过料层将烧结矿热量带走，使烧结矿冷却。台车在冷却环上运动时，由荷重引起车轮反力，则车轮轴承承受轴向和径向载荷，因此选用双列向心球面滚子轴承。

前面所述的台车通过心轴和球铰轴承与三角梁连接，与每个台车装有两个车轮构成三支点，车轮与支承部转动荷重，转动点使台车成一摆动体，可在冷却环上运动时出现水平微量波动和摆动，有利于在卸料曲轨段的运行和返回水平轨道上顺利卸料，这种结构经生产现场证明是一种成熟的典型结构。

台车宽度与冷却机有效面积、回转框的中心距、曲轨区域的长度及卸料斗的高度等诸多因素有关。台车宽度过大容易引起回转框运行的摆动，也给密封带来困难。台车中心长度选择过大则会减少台车个数，也会增加卸料区域长度及卸料斗的高度。台车中心长度小，也会增加台车个数和质量，更重要的是减少通风面积，但是在保证足够的通风面积和强度的基础上，设计应尽量减小中心长度，台车个数应该取 3 的倍数，例如，$610m^2$ 的环冷台车数取 75 个。

台车算板是在角钢制造的框架上焊接上扁钢构成百叶形成。台车示意图如图 8 - 11 所示。

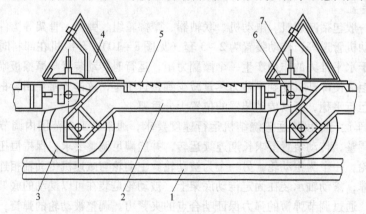

图 8 - 11　台车示意图
1—轨道；2—台车体；3—车轮；4—三角梁；5—算板；6—球形轴承；7—连接件

该台车宽度方向安排三排箅板，用压板和四头螺栓将箅板固定在台车上，每排箅板一端与压板焊接三处，另一端不焊，作为热胀冷缩的调节手段。箅条之间间隙决定有效通风面积，箅条的间隙及倾角可根据经验选取。如某厂 450m² 的环冷箅条间隙为 13.5mm，与水平倾角为 24°。

大型环冷机回转框为正方形，它由内外环及三角梁构成，三角梁与台车个数相同，与内外环用高强度螺栓把合。内外环视外形尺寸分为若干块，一般分段个数与台车相同，各段之间在侧面和底面通过连接板连接起来，构成整体回转框架。在内外根据需要，安装挡轮、侧挡轮与侧导轨之间留有间隙，间隙为 5mm，在外环外侧装有润滑台车与三角梁之间的球铰轴承，用给脂分配器及配管球铰轴承使用干油，轴承易磨损，且更换困难，会直接影响作业率。操作时，控制给脂压力、周期及给脂量是十分关键的。

三角梁连接着内外环并装有台车内外侧板，中心断面为三角形，因此称为三角梁，如图 8-11所示。三角梁也是主要承载件，其结构刚性好，装配后的回转精度高，在梁中部一侧焊上一块凸块，可限制台车的摆动和窜动，使台车轮缘与水平轨道之间间隙一致，保证环冷机平稳运行。

D　密封装置

冷却机密封的好坏直接影响冷却效果，所以应尽量减少漏风。现在大型环冷机密封分机械动静密封胶皮式密封和水密封。水密封效果好，是目前环冷机上较先进的密封方式。

机械动静密封胶皮式密封，通过台车上动密封胶皮与回转框架上的静密封胶皮实现密封，成环形，如图 8-12 所示。

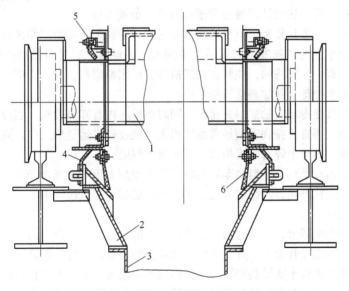

图 8-12　机械动静密封室示意图

1—台车；2—密封座；3—风箱；4—静密封；5—台车轴密封；6—动密封

这种密封是台车密封板下、风箱之上形成的密封腔，每道密封分两层。内层密封板吊挂在台车密封侧板下，跟台车一起转动，称为动密封；外层密封板固定在位于风箱之上的密封腔座面上，固定不动，因此称为静密封。台车轴部密封是在台车车轴上和两侧部与冷却环下部吊装的密封板槽部密封，台车沿卸料曲轨运行时，密封面脱开台车处与水平轨道密封面接触形成密封。端部密封是指设在鼓风区域第一个和最后一个风箱上部的横向密封座密封。该表面为平面，高度可以调整，在台车下面横向挂着橡胶板，橡胶板与密封座上平面接触，形成密封。以上3种密封形成一个密封腔。

水密封式环冷台车本体设计为一个中腔，中腔底面为一块整体钢板，起到密封作用，中腔为内空，台车内侧有一风箱与内环密封槽连接，引导鼓风机风进入台车。上面为箅板结构，起通风作用。台车与环冷框架设密封胶皮，通过胶皮与端部密封。由于端部密封不发生相对运行，密封橡胶板使用寿命长，密封效果好。同时，台车中腔可以将箅板漏下的散料进行搜集，台车运行到曲轨时，与台车料层一起倒料，保证了密封效果。

E　鼓风系统

鼓风式环冷机的鼓风系统主要由鼓风机和风箱风管组成。鼓风机台数根据环冷冷却面积而定。现大型烧结机一般布置5~7台风机，留1~2台作为备用风机。冷却风机布置根据冷却方式一般尽量布置在内环，以节约场地面积。

机械动静密封胶皮式密封风箱是用多板焊接的并用螺栓固定在骨架上，风箱的作用是保证鼓入的气体均匀通过台车箅板。另外，风箱也是散料收集箱，收集台车箅板漏下的散料。为使散料能顺利滑落到风箱底部，风箱底部角度一般为40°~50°。

水密封式环冷在内环设计密封水箱，台车外侧设风箱，安装在回转框架上，通过密封槽内水进行密封，因此称为水密封。在水密封槽底部安装排水阀，定期清理水槽内侧的积料。回转框架上风箱与水槽内密封板形成一个U字形密封结构，通过槽体两侧压差，密封风箱内空气。

F　给矿与排料

环式冷却机的布料是采用从中心方向（给矿口与环式冷却机切线方向相垂直）的给矿布料法，经单辊破碎机后的热烧结矿通过溜槽和给料斗布置到台车上。

给料斗构造和几何形状复杂，但要防止落差过大，导致烧结矿粉碎而影响料层透气性，而且还要使布置到台车上的矿粒度均匀而不产生偏析。矿料落下后对料槽磨损严重，为防止磨损，在矿槽内壁上焊一些方格筋，使料存在筋槽内，形成料磨料。为防止矿斗受高温矿料烧烤变形，部分位置通水冷却，并加高铬铸铁衬板。

排料斗主要是接受冷却后的矿料并排出，同时在矿斗内有卸料曲轨。当台车运行到曲轨处将矿料卸在矿斗内，再直接排到重型板式给矿机上，经胶带机运至后工序。同给料斗一样，为克服对内壁的磨损，内壁上焊有许多格板，形成自磨料层。

为了使冷却机运行平稳，平衡台车卸料时产生的倾翻力矩并支托冷却环，在卸料区内外侧设置五组托辊，三组在外侧，两组在内侧，托辊轴心通过冷却机回转中心。

G　环冷机轨道

环冷机轨道分为两部分，一部分为水平轨，另一部分为卸料曲轨。内外各一条水平轨成环形，且相互平行，固定在骨架上，并支承台车所承受的荷重，使台车按其轨迹运行。曲轨作用除支承台车外，还要使台车能顺利卸料和平稳回到水平轨道上来。为防止台车在曲轨区域运行时出现脱轨掉道，还设置与曲轨相似的两条护轨。曲轨的几何形状是复杂的，它不但要使台车卸料时不产生冲击力，还要保证台车的料全部卸完。

H　散料收集与双层卸灰阀

环冷机的散料主要是装卸料时沿台车箅板空隙落下的，还有一些是台车运行鼓风过程中落下的，在鼓风区域内，由风箱收集散料通过设在风箱下的双层卸灰阀储存并定期排出。

双层卸灰阀由上阀和下阀组成（见图8-13），阀体呈圆锥体，一般采用球磨铸铁材质作为阀座与阀体，接触面进行加工，并在阀座加工面处用橡胶圈密封，阀体启闭是由气缸通过自动控制，但也可手动操作。卸料时上下阀体处于一开一闭位置，散料不排出时，下阀体关闭，上阀体开启，排料时上阀体关闭，然后下阀体打开，将料排出。这样的开关制度能保证散料的收集和排出，并能保证风不从风箱口和双层阀外漏。

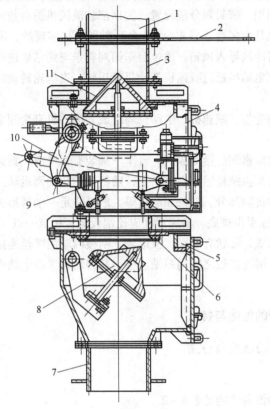

图 8-13 双层卸灰阀示意图

1—风箱；2—插板；3—连接管；4—上阀体；5—下阀体；6—橡胶圈；7—排除管；
8—下阀座；9—气缸；10—连接杆；11—上阀座

8.2.1.2 带式冷却机的构造与原理

带式冷却机与环式冷却机一样，也是使用较普遍的冷却设备。图 8-14 所示为带式冷却机的设备示意图。从冷却方式来说，可分为抽风式和鼓风式带冷，国内主要以鼓风带冷为主。

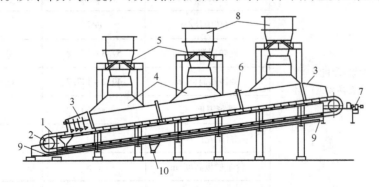

图 8-14 带式冷却机的设备示意图

1—链板；2—链轮；3—端部密封罩；4—密封罩；5—抽风机；6—密封罩吊架；
7—传动装置；8—烟囱；9—刮板运输机；10—散料漏斗

带式冷却机是由台车、链条、托辊、传动装置、密封罩和风机等组成。整个冷却机上部设有密封罩，在其两头用紧密排列的摆动挡板密封，给料端和卸料端设有 2 ~ 3 排扇形密封板，以防止漏风和起平料作用。密封罩分段设置，按顶部轴流风机的台数设置排气烟囱。

抽风带冷机的送风是由多台（或 4 台、5 台）鼓风机来实现的，风机导流在台车下部装有风箱和隔板，用管道将冷风导入风箱，通过台车筛网算条与烧结矿进行热交换。

冷却机的传动是靠电动机通过减速机带动星轮运转。当星轮转动时使链条运转而带动台车的运转。

传动装置主要由链轮组、减速机、电动机等组成。电动机有变频电机、滑差电机或直流电机，便于调速。

带冷台车是由普通碳素钢焊接而成的，台车下部装有百叶窗式算条和钢丝网。链条是台车的支承和曳引机构，台车由螺栓紧固在链条上，随链条的运动而运动。

散料收集装置包括传动部分、链条和刮板等。散料斗是一个梯形长槽，两边进料斜坡一般为 70°，可以保证散料能滑出槽底。槽底宽度应比刮板宽度稍宽一点。

刮板由普通钢材制成，形状有圆形、板形等，刮板两端用螺丝连接于链条上。链条是用普通钢材制成的连接板，两连接板之间用短轴连接，其传动装置由电动机、胶带轮、减速机和链轮等组成。

8.2.2 机外冷却设备的性能与特点

8.2.2.1 环式冷却机的性能与特点

A 设备性能

国内环式冷却机的设备性能见表 8 - 2。

表 8 - 2 国内环式冷却机的设备性能

序号	名　称	项　目	397m²	470m²
1	环式冷却机主要参数	有效冷却面积/m²	397	470
		处理能力/t·h⁻¹	842	最大 1150，正常 880
		台车旋转方向	顺时针	顺时针
		回转中径/m	φ42	φ48
		回转周期/min	57.3 ~ 171.8	48.35 ~ 145.1
		有效冷却时间/min	49.2 ~ 147.7	42.17 ~ 127.57
		排料温度/℃	≤150	≤150
		台车宽度/m		3.5
		台车栏板高度/m	1.5	1.5
		台车数/个	72	75
		烧结矿密度/t·m⁻³	1.7	1.7

序号	名　称		项　目	397m²	470m²
2	驱动装置（两套）	电动机	型　号	YVP180L - 8W	YZP170L - 4W（IP15）
			额定功率/kW	11	15
			额定转速/r·min⁻¹	720	1470
			变频调速范围/r·min⁻¹	240 ~ 720	480 ~ 1470
			额定电压/V	AC380	AC380
		减速机	主减速机型号	4C570NE5 - 1525	3C570NE - 1240
			主减速机速比	125.478	25
			额定输出扭矩/N·m		300
			辅助减速机型号	KF97AR	KF127AD8
			辅助减速机速比	13.85	72.7
			总速比		1575
		摩擦驱动装置	驱动摩擦轮直径/mm	φ1000	φ1200
3	冷却风机	主参数	型　号	G4 - 73 - NO25D	RJ170 - DW2480F
			风量/m³·min⁻¹	45300 ~ 48400	9200
			全压/Pa	4071 ~ 3747	4117
			数量/台	5	5
		电动机	型　号	YKK570 - 8W	YKK7302 - 8W
			功率/kW	710	1000
			转速/r·min⁻¹	740	730
			电压/kV	10	10
4	双层卸灰阀	参数	台数/台	23	22
			型　号	SXF - 300D	HSXF - 350DW2
			形式	电动双锤	气动上锤下板
			电压		AC220

B　特点

抽风环式冷却机冷却效果好，一般在 30min 左右可将 750℃ 的热矿冷却到 100℃ 左右；抽风环冷的料层薄，一般为 300mm 左右，阻力损失小，抽风冷却过程不需除尘；设备运转平稳，静料层烧结矿粉碎少，台车面积利用率高。但设备重，投资高，占地面积大，在冷却过程中不能起到运输和提升作用，实际生产中铺料难以布平，易造成抽风的短路；台车下钢丝网易堵塞，密封效果不太理想。

鼓风环冷结构形式采用了抽风环冷机的优点。在冷却台车的下面，将风箱固定在支架上，把水平的冷却面积分成几段。这种冷却机易实现厚料层，占地面积比抽风式小。鼓风冷却具有热交换充分、冷却效果好、单位烧结矿所需风量小、风机转子不易磨损、维修简单、余热利用率高、能耗低、基建费用和维修费用少等特点，但密封装置较复杂，密封效果难以保证。

8.2.2.2　带式冷却机的性能与特点

A　设备性能

带式冷却机是一种较成功的冷却设备，既能冷却，又能起到运输作用。带式冷却机设备规格及性能见表8-3。

表8-3　带式冷却机设备规格及性能

规格/m²		30	40	70	77	120	320
有效冷却面积/m²		32.5	42.25	72.125	77.3	127	326
中心直径/m		2.54~0.51	2.54~0.51	3.30~0.77	4.875~1.72	1.5~3.0	
冷却环转速/r·h⁻¹		14.7~24.4	14.5~24.1	13.7~22.79	9.07~27.2	25~30	
台车宽度/m		1.5	1.5	1.5	1.5	2.8	3.5
带冷机坡度		12°	12°	4°15′	10°	7°	3.5°
生产能力/t·h⁻¹		22	42	74	70.2	120	560
给料粒度/mm		8~150	8~150	8~150	8~150	8~150	<150
进料温度/℃		750	750	750	750	750	750~850
排料温度/℃		<150	<150	<150	<150	<150	<150
配套烧结机/m²		18	24	37	37	75	280
传动电机	JZT₂-4	JTZ₂74-4	JTZ₂74-4	JTZ₂74-4	JTZ₂74-4	JTK-4	YVPEJ225M-6
	功率/kW	15	15	15	15	30	30
风机	风量/台×m³·min⁻¹	2×2250	3×2250	4×2250	4×2250	3×3900	5×6700
	风压/Pa	-588	-588	-588	-588		3747~4159
通风方式		抽风	抽风	抽风	抽风	抽风	鼓风
使用单位举例		昆钢	新余钢厂、鄂钢	济钢	南京钢铁厂		武钢

B　特点

带式冷却机的冷却效果好，便于铺料，设备结构简单，作业率高，易于解决密封问题，在冷却过程中同时进行运输和提升，适用多台布置等。但台车的有效利用面积小，空行程多，设备耗电量大，投资高等。

8.2.3　机外冷却设备的有关计算

8.2.3.1　环式冷却机的有关计算

A　生产率的计算

生产率的计算公式为：

$$P = 60BHv\gamma \tag{8-1}$$

式中　P——生产能力，t/h；

　　　B——有效冷却宽度，m；

　　　H——料层高度，m；

　　　v——冷却台车移动平均线速度，m/min；

　　　γ——烧结矿堆密度，t/m³，常取$\gamma = 1.5$t/m³。

B　风量的计算

风量的计算公式为：

$$V = \frac{UQ}{60} \tag{8-2}$$

式中　V——冷却需要的（标准状态下）总风量，m^3/min；

　　　U——单位烧结矿所需（标准状态下）风量，m^3/t；

　　　Q——冷却机设备生产能力，t/h。

8.2.3.2　带式冷却机的有关计算

　　A　生产率的计算

　　生产率的计算公式为：

$$Q = \frac{60Fh\gamma}{t} \tag{8-3}$$

式中　Q——冷却机的产量，t/h；

　　　F——冷却机面积，m^2；

　　　h——料层厚度，m；

　　　γ——烧结矿堆密度，t/m^3，常取 $1.5t/m^3$；

　　　t——冷却时间，min。

　　B　功率的计算

　　功率的计算公式为：

$$N = \frac{\mu_1 I(7.2vW_c + Q) + Qn + 3.6\nu_2 L_s h_1 h_2}{270} \tag{8-4}$$

式中　N——实际功率，kW；

　　　μ_1——静摩擦系数；

　　　I——带冷机投影水平距离，m；

　　　v——带冷机台车速度，m/min；

　　　W_c——台车单位长度质量，kg/m；

　　　Q——原料量，t/h；

　　　n——升高距离，m；

　　$h_1 h_2$——减速机效率和电机损失；

　　　ν_2——动摩擦系数；

　　　L_s——带冷机长度，m。

8.2.4　机外冷却技术操作

　　烧结矿的冷却能否达到技术要求，对保证烧结矿的质量、提高烧结矿的产量有着重要的意义，严格执行技术操作标准，可延长设备的使用寿命，所以要求冷却岗位的工人必须搞好技术操作，在实践中不断地摸索操作经验，提高操作水平。

8.2.4.1　技术操作

　　A　环冷机技术操作要求

　　环冷机技术操作要求有：

　　（1）正常生产时，至少有 3 台鼓风机运行。

　　（2）正常生产时，环式冷却机运转速度、板式给料机给矿速度与烧结机台车速度应相适应，料层厚度为 $A \pm 100mm$，布料均匀，不跑空台车。

　　（3）合理掌握鼓风机运转台数，确保卸矿温度不超过 150℃。

(4) 备用鼓风机应定期试运转，确认设备具备生产条件。

(5) 双层卸灰阀卸料含大块应及时报告主控室。

本岗位主要参数检测点是：烟囱温度、卸矿温度、层厚、鼓风机轴承温度、冷却水流量、板式矿槽料位、板式给矿机速度、环冷机速度、油压、油温等。

B　带冷机技术操作要求

带冷机技术操作要求有：

(1) 台车布料要求均匀、平整，厚度为 $A \pm 100mm$，不跑空台车。

(2) 经带冷机冷却后的烧结矿表面温度不超过150℃，没有红料。

(3) 带冷机停机，鼓风机需继续运转，待各烟罩废气温度降至50℃时，停鼓风机。

(4) 发现有未烧透的物料进入带冷机，应及时报告主控室。

(5) 自动运转，没有特殊的情况，不准单动。

8.2.4.2　生产操作

A　环冷机生产操作要求

环冷机生产操作要求有：

(1) 检查确认环式冷却机、卸料小车及行走轨道（周围无人及障碍物）、板式给矿机、鼓风机设备状况完好，油站油压、油温正常。

(2) 环冷机摩擦轮压紧弹簧张紧力适宜，两台一致，并打开摩擦片清扫风管阀门清扫；打开各冷却水管（环冷及鼓风机），冷却水流量正常。

(3) 检查油站油箱油位，确认正常后，将各设备选择开关置于"中央"位，合上事故开关，通知主控室可以启动。

(4) 需要单机操作时，应报告主控室并说明原因，到主控室登记并领取操作牌，主控置该系统为"单机"方式。启动前，应先将环冷调速器打至"0"位，启动后再缓慢调速。带负荷单机时，应先确认下游设备运转正常，方可启动，板式给矿机速度应与环冷机台车速度相匹配。

(5) 班中应按规定的要求、频次、路线对该岗位设备仔细巡检，准确、工整填写巡检卡片，做到有隐患能及时反馈、整改。

B　环冷鼓风机操作要求

鼓风机停机操作要求是：

(1) 关闭进风口。

(2) 停止风机电机。

(3) 风机完全停止后20min或从轴承箱流出的油温低于45℃时，停止工作油泵。

(4) 切断油冷却器的供水，并排除油冷却器的积水。

需要急停的有几种情况：

(1) 鼓风机或电动机有突然的强烈振动或机组内部有异常声响时。

(2) 鼓风机或电动机任何地方发现冒烟时。

(3) 油温急剧升高，即只有一只轴承出油温度高于75℃，并无法使其降低时。

C　带冷机生产操作

接到生产通知后，检查带冷机的设备状况应良好，带冷机周围无人和障碍物，润滑状况应良好，确认下工序设备已运行正常。

启动操作要求是：

（1）启动带冷机前，必须启动鼓风机，并运行正常，否则带冷机不能启动。

（2）合上事故开关，通知主控室可以启动。

（3）带冷机空台车启动后，岗位应根据烧结矿到达位置，依次打开鼓风机风门；带冷机带料启动前，岗位应先逐台打开鼓风机风门。

停机操作要求是：

（1）集中联锁停机，带冷机由主控室操作，带冷机润滑系统、鼓风机及润滑系统由岗位按主控室要求停机。

（2）发生安全、设备事故，应立即切断事故开关，并报告主控室。

D 带冷鼓风机生产操作

带冷鼓风机生产操作要求是：

（1）确认高压室送电，允许启动信号灯亮。

（2）确认润滑系统工作正常。

（3）确认风机转子转动方向正确，观察电流电压变化。

（4）风机达到额定转速时，应检查供油压力、轴承温度、轴承振动均应正常。

8.2.4.3 在生产技术操作中应该掌握和做到几个方面

在生产技术操作中应该掌握和做到几个方面：

（1）确保冷却后烧结饼表面的温度低于150℃。为满足高炉的需要和烧结矿运输中不烧胶带，烧结饼冷却后表面温度必须低于150℃，为了达到这个技术要求，冷却机的运转速度与烧结机的速度要相适应，以达到冷却效果。通常抽风式冷却机的机速为2.0～2.5m/min，料层为200～250mm，烧结饼的冷却时间为20～25min。鼓风式冷却机料层要高一些，冷却时间也相对要长一些。目前，大型烧结冷却机的机速为2.5～3.0m/min，料层为1400～2000mm，烧结饼的冷却时间为75～90min。在操作中要经常检查冷却机台车上的布料是否均匀，如果不均匀就需要查找原因，及时调整操作，要特别注意冷却机的台车上不能是跑空台车。

（2）确保冷却机的正常运转。冷却机是一个比较庞大的设备，其结构复杂，要想保证设备的正常运转，就必须加强岗位上的巡回检查，严格按照设备的使用和维护标准去执行，还需随时监视冷却机上电动机的电压和电流情况。冷却机正常运转时，电动机的电压和电流都不得超过额定值。

（3）协调好操作，保证产品质量。在烧结生产中，由于连续作业，每道工序间的配合是保证烧结生产正常进行的关键，冷却岗位作为成品处理的前工序，与烧结机岗位应该有着密切的配合，在冷却机上可以观察到烧结饼的质量，在烧结饼质量异常的情况下，应及时与烧结机岗位取得联系，提供信息，这对烧结机的操作很有帮助，同时，与下一道胶带运输岗位的联系和提供信息也很重要，双层卸灰阀不得同时运转，或将散料集中运转。

（4）兼顾余热发电。烧结饼在冷却时，会有大量的废热烟气排出，根据烟气温度的高低合理安排鼓风机运转台数，尽可能满足余热发电的需要。

8.2.5 提高机外冷却效果的方法

8.2.5.1 对烧结矿冷却效果的判断

烧结饼冷却后的温度应低于150℃，才能保证在运输的过程中不烧坏运输机的胶带。对烧结饼冷却效果的判断，一般就是看烧结饼表面的颜色，冷却温度小于150℃时，烧结饼表面颜色是褐色的，没有冷却下来的烧结饼表面上还有暗红色，判断时要以绝大部分烧结饼的颜色进行判断。一般来说，达到冷却效果的烧结饼中只有少数大块中有未冷却下来的暗红色，这些都是烧结块比较大而冷却时间不足，如果红块较多时，则说明冷却效果不好，可以根据实际情况采取适当的措施。

8.2.5.2　冷却效果的调整方法

冷却机的冷却效果要受烧结饼的粒度组成、冷却机台车上烧结饼料层厚度、台车上的铺料状况、冷却时间、风量等因素的影响。烧结过程的终点控制对冷却有较大的影响，若烧结饼未烧透，残留的固体燃料将在冷却过程中进行"二次燃烧"，大大降低冷却效果。烧结饼的粒度越大，粒度越不均匀，烧结饼冷却难度越大，这是因为大块烧结饼的导热性能差，粒度不均匀，料层的透气性差，影响烧结饼冷却效果。

当烧结饼大块多时，冷却速度取决于热传导速度。可以适当提高烧结饼层的厚度、减慢机速，以使烧结饼冷却时间延长。

当烧结饼粒度小时，冷却速度取决于热对流速度。在这种情况下，一是应降低料层，提高机速，减少烧结饼的冷却时间；二是减少鼓风机运转台数。

在冷却机上铺料要均匀，铺料不均匀时要及时查找原因。如果是给料机有问题，要及时检修处理；如果是漏斗下料产生的问题，则必须处理下料点。总之，在生产中要杜绝布料不均的现象，因为空气易从阻力最小处通过，造成"风短路"，冷却效果下降。

8.2.5.3　烧结饼质量的判断

烧结饼质量的好坏、烧透与否、粒度组成，对烧结饼的冷却效果有重要的影响。因此，应随时注意烧结饼的质量，做出相应的处理。从以下几个方面进行判断：

（1）在机尾平台上观察进入冷却机的烧结饼，赤热的烧结饼发出的光是暗红色的，而且没有继续燃烧的火苗，呈块状，粒度比较均匀，没有未烧透的生料。这说明烧结终点控制比较合适，已经烧透，进入冷却机后，烧结饼的温度下降较快，没有炽热的感觉。

如果进入冷却机的烧结饼还带有火苗，则说明烧结饼中的残碳还在燃烧。造成这种现象有两种可能，一是混合料固体燃料颗粒较大；二是混合料配碳量较高。在夜间观察比较明显，好像一条"火龙"，它将进行二次燃烧，降低冷却的效果。

判断烧结饼的粒度主要是观察粒度组成，如果把粒度分成大、中、小块时，则应该是中块多、大、小块少，这样的粒度组成较好。如果粒度不均匀，特别是小块和细粉占有较大比例，则说明烧结饼的强度较差，或是未烧透，或是配碳量不适宜。

（2）从冷却后烧结饼的颜色和粒度组成来判断烧结矿的质量，烧结饼冷却后的颜色是深褐色（当然，由于使用的矿种类不同，颜色深浅也有所不同，要视实际情况来判断），当颜色呈黄褐色时，一般都是烧结饼强度比较差而且粒度不均匀，特别在倒运后，烧结饼中粉末多，造成这种现象的主要原因是烧结过程中热量不足，或烧结时间不够充分。

对于烧结饼质量不好的状况，应及时把情况反馈给主控室，以便进行调整。

8.2.6　机外冷却设备检查与维护

要保证设备正常运行，必须严格执行设备检查制度，并对岗位所属设备进行精心维护，通过对设备维护达到延长设备使用周期、减少设备故障的目的。

8.2.6.1　设备使用前的检查

在使用操作设备之前，必须要求对设备进行一次全面、仔细的检查确认。设备使用前的检查确认程序如图 8-15 所示。

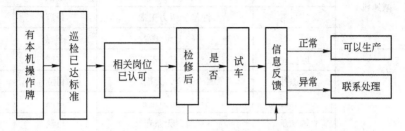

图 8-15　设备使用前的检查确认程序

使用前检查确认程序是指在停机检修后恢复生产时的检查确认程序。在启动设备前，要按照巡检标准与要求，详细对设备进行一次全面检查。在生产之前，必须与下道运输工序进行联系。

冷却机的停车一般分两种原因，一种是正常生产时的临时停机，更多的情况是设备检修停机。如果是检修后，就需要进行试车。检查和试车的结果都要反馈信息，正常则组织生产，异常需重新处理。

8.2.6.2　设备的巡检路线

不管是设备使用前检查或者是正常生产中设备检查，对设备检查必须是全面检查，一般分为工作面的动力部分、传动部分、工作部分、冷却部分、机械润滑部分、辅助设备和安全保护、操作工具和照明部分。所以检查中应有一个比较合理的检查路线和次序，环式冷却机巡检路线为：电动机→联轴器→减速机→润滑→摩擦轮→摩擦片→挡轮、托辊→轴承→台车轮→内外轨道→曲轴→通气板→密封胶皮→台车运行→箅板→阀门控制器→进出口溜槽→板式给料机→链板→头尾轮→张紧装置→双层卸料→卸料小车→冷却风机→油水管道→油泵→计器仪表。

巡回检查时必须逐台检查，检查完毕必须认真填写巡回卡片，有问题及时反馈，必要时立即停机。属本岗位自行处理的问题，从安全角度出发，一方面联系相关人员协同处理，另一方面还要积极做好处理前的准备，如备品、工具等；如本岗位无能力处理，一方面要及时与主控室联系，另一方面做好处理前需要的准备工作，争取尽快地消除事故的隐患，恢复正常生产。

8.2.6.3　设备巡检内容及标准

冷却机巡检内容及维护标准见表 8-4。

表 8-4　环式冷却机巡检及维护标准

序号	检查部位	检查项目	检查标准	检查方法	检查周期
1	电动机	运　行	平稳，无杂音	五感	随时
		温升	小于 75℃	手试	2h
		各部位螺栓	齐全，紧固	五感	8h
		联轴器	扭力正常，无变形	五感	随时

序号	检查部位	检查项目	检查标准	检查方法	检查周期
2	减速机	各部位螺栓	齐全，紧固	五感	8h
		温　升	小于 75℃	手试	2h
		润　滑	油位、压力正常	目测	2h
		运　行	平稳，无杂音	五感	随时
3	主　机	摩擦轮	齐全，紧固，不打滑	五感	2h
		摩擦片	螺栓齐全，无损坏	目测	随时
		挡轮、托辊	平稳，磨损正常	目测	2h
		轴　承	平稳，无杂音	目测	2h
		台车轮	无磨损，不摇头	目测	8h
		轨道、曲轨	无磨损、断裂、变形	目测	8h
		通气板	不堵、不漏	目测	8h
		密封胶皮	齐全	目测	8h
		运　行	平稳，无杂音	五感	4h
		阀门控制器	齐全，运动灵活	五感	2h
		进出口溜槽	衬板齐全，不漏料	目测	8h
4	风　机	运　行	平稳，无杂音	五感	2h
		温　升	小于 75℃	手试	2h
		各部位螺栓	齐全，紧固	五感	8h
		水路、油路	畅通，不漏	目测	2h

8.2.6.4　维护要求

维护要求有：

（1）生产操作和点检发现的问题应及时处理，处理不了的应及时反馈信息。

（2）风机、环冷机每两小时检查润滑情况，并及时加满油、脂。

（3）保持上、下摩擦轮和摩擦片表面无油渍。

（4）密封胶皮破损应及时更换。

8.2.6.5　维护操作要求

维护操作要求有：

（1）调整转速应保持料层厚度相对稳定，保证料铺平铺匀，以充分提高冷却效果。当烧结机给料偏小时，应减慢冷却机的运行速度；反之，应增加速度。其原则是充分利用冷风提高冷却效果，不烧坏胶带。当透气性好时，应加快冷却机运转速度；反之，应减慢冷却机运转速度。生产时应经常与上工序联系，互相配合，搞好操作。

（2）合理调整风机运转台数，做到既保证冷却效果，又降低电耗。

（3）经常检查卸料漏斗、卸料弯道、空心轴销子、台车轮，出现问题及时反馈处理。

（4）检查风机有无不正常的振动，各部机械是否有不正常的噪声，如风机突然发生很大的振动时，必须停车检查。

（5）如果台车运转不平衡可拧紧一对螺栓，以压紧锥形弹簧而使上下摩擦传动轮具有足够的摩擦力。

（6）罩子进出口扇形密封板与烧结饼表面的间隙是否恰当、各罩子之间的连接是否保持密封不漏气。

（7）抽、鼓风机的电机及联轴器的环境温度是否超过规定数字，水冷是否正常，润滑是否良好。

（8）经常注意电机的电压和电流、风机的正压和负压等数字变化情况。

（9）手动操作时，如环冷机有料，必须经主控室允许，待下一工序运转正常后方可运转。

8.2.6.6 设备故障的分析判断

冷却机岗位的设备故障包括机械故障和电器故障，在生产中较多见的是机械故障。主要是设备运转一段时间后，机械磨损或者强度不够、摩擦力减小等原因造成的；还有些因个人操作不当造成的。在电器设备中，主要的故障是冷却机启动不起来，有电器原因，也有环冷机打滑等原因造成的。对于故障，一般首先要检查机械是否有故障，然后再做出判断与分析。

对设备事故进行分析与判断的要点为：

（1）熟悉设备的结构和工作原理，掌握设备的基本性能、设备的基本尺寸、所使用的材料和易损件等。

（2）掌握生产的基本特点和工艺流程。

（3）加强平时的设备巡回检查，对设备的缺陷和事故隐患要做到心中有数。

（4）了解设备的常见故障。

8.2.7 机外冷却设备的常见故障与处理

8.2.7.1 设备的试车验收

设备的试车验收主要是：

（1）试运转前对传动部分进行检查，并用手转动减速机的弹性联轴器，看有没有卡位现象。

（2）检查各部位是否安装正确，各紧固件是否齐全完整。

（3）试车时先慢速运转，再快速运转。

（4）空负荷试车不少于24h，试车时应调整传动部分的压紧弹簧，勿使夹紧力过大，调整到摩擦片能正常运转起来为止，同时两个弹簧的压力应一致。

（5）在空负荷试车正常后方可进行负荷试车，负荷试车时间不得少于空负荷试车时间。

（6）负荷试车8h后，应停机进行仔细检查和调整，拧紧各部件螺栓，符合安装标准后，可继续进行负荷试车。

8.2.7.2 冷却设备常见故障及处理

A 环式冷却机

环式冷却机常见故障及处理方法见表8-5。

B 带式冷却机

带式冷却机常见故障及处理方法见表8-6。

表 8-5　环式冷却机常见故障及处理方法

故障现象	原　　因	处理方法
烧结矿顶台车	下料嘴堵	捅开料嘴，打倒车
台车跑偏	台车轮子不转	更换车轮
	传动环与挡轮之间间隙过大，使传动环径向位移过大	调整挡轮与摩擦板之间的间隙
台车转动不灵活，掉轮	轴承坏	更换轴承和更换车轮
	挡圈脱落，粒珠磨损松动	更换轴承和更换车轮
	间隙没有达到要求	调整间隙
摩擦轮与摩擦板打滑	摩擦轮对摩擦板压力不够	调整弹簧，增大压力
	摩擦轮与摩擦板之间有杂物	装好清扫器，清除杂物
	冬天停车有水结冰	除冰层
	扇形台车卡道	处理卡道台车
台车卡弯道	台车轮子不转或脱落	打倒车，挂倒链，更换轮子
	弯道、曲轨变形或损坏	处理弯道
	台车轮轴销子脱落	上销子
风机振动	风机叶轮失去平衡	更换叶轮
	轴承坏	更换轴承
台车内布料不均匀	给矿漏斗结构有问题	修正漏斗及结构
	烧结矿料下偏	在漏斗底板上安装分料器
台车冷空气进不去	箅条变形或间隙有阻碍物	清除卡杂物，更换箅条
冷却效果差	风机叶片装置不当，风量不够	调整风机叶片
	台车钢丝网堵塞	清理钢丝网
	密封不好，有害漏风增加	修理密封装置
	布料厚度不适应	调整机速
	烧结矿筛分效果差	加强筛分

表 8-6　带式冷却机常见故障及处理方法

故障现象	原　　因	处理方法
台车跑偏	对称两辊轴心线与机体纵中心线不垂直，误差大	调整托辊，找正中心
	头部链轮轴心线与机体纵中心线不垂直，误差大	检查调整头部链轮
	机尾链轮不正	调整尾部，拉紧重锤底的质量
	头尾部链轮一左一右窜动	检查头尾部链轮窜动间隙，按要求调整
台车掉大块，冷却效果差	箅条变形，间隙大	修理或更换箅条，重新排列
	筛网堵塞	清除堵塞物

故障现象	原 因	处理方法
电动机振动过大	电机轴承坏	更换轴承
	电机与减速机快速轴不同心	检查重新找正
减速机及轴承发热	减速机油量不足	加油
	轴承间隙过小	调整轴承间隙
	轴承有杂物或损坏	清洗轴承，更换轴承
	透气孔堵塞	勤捅透气孔

8.2.8 机上冷却工艺

20 世纪 50 年代初期，机上冷却就在美国和苏联问世，但当时一些技术问题和电耗问题未及时解决，导致机上冷却工艺发展缓慢。进入 70 年代中后期，机上冷却开始广泛推广，国内水钢烧结厂和首钢均采用了机上冷却工艺。武钢二烧在 80 年代中期从法国引进的烧结设备也是采用的机上冷却工艺，但现在已改造为机外冷却。

8.2.8.1 机上冷却的特点

生产实践表明，机上冷却具有下列优点：
（1）工艺流程简单，工艺布置紧凑；
（2）设备构造简单，检修工作量少，易于操作；
（3）烧结饼成品率高，返矿量少，耗碳量低；
（4）烧结饼强度好，FeO 的质量分数低，厂区环境得到改善。

但机上冷却由于电耗高、烧结机台车炉算条消耗大、对原料的适应性差及基建投资大等弱点，导致机上冷却工艺发展较缓慢，还需要进一步完善。

8.2.8.2 设备结构及冷却原理

机上冷却设备实际上是烧结机的加长，将延长的部分作为冷却段，并增设冷却抽风机或加大烧结主抽风机功率。

机上冷却是由抽风机使冷风强制通过烧结饼的孔隙和裂纹，主要通过对流传热方式使烧结饼冷却。在冷却过程中，冷空气是随着料层的进入温度逐渐升高的，其冷却过程是迅速又循序渐进的。在冷却过程中，烧结饼发生收缩现象，导致烧结块形成裂缝，这些细小裂缝又是形成冷风的良好通道。随着冷却过程的发展，烧结块的透气性增加，可使整个烧结块发生破裂，使烧结饼的粒度均匀，大块较少，最终烧结饼被冷却到 150℃ 以下。

8.3 烧结矿破碎

烧结矿的破碎主要使用对齿辊破碎机，冷却后的烧结饼通过一次筛分筛出大于 50mm 的烧结饼，再通过双（对）齿辊破碎机破碎，其目的是控制烧结矿上限粒度，使入炉烧结矿粒度均匀，有利于实现高炉炉料用胶带运输机上料，实现高炉上料自动控制。随着烧结工艺技术的进步，国内大多数烧结厂已取消了对齿破碎工序，烧结饼经过筛分后直接分出铺底料、返矿和成品烧结矿。

8.3.1 设备构造与工作原理

双（对）齿辊破碎机是成品整粒系统的重要设备之一，安装在一次筛分设备与二次筛分或三次筛分设备之间。双（对）齿辊破碎机工作原理是由电动机通过减速机驱动固定辊转动，再通过安装在固定辊端头的连板齿轮箱中的连板和齿轮使固定辊与活动辊做相向旋转。当物料经加料斗进入两辊之间时，由于辊子做相向旋转，在摩擦力和重力作用下，物料由两辊之间的齿圈咬入破碎腔中，在冲击、挤压和磨削的作用下破碎，破碎后的成品矿自下部料斗口排出，其结构如图 8 - 16 所示。

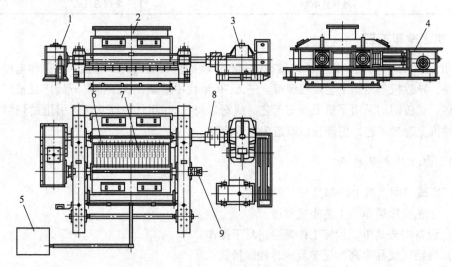

图 8 - 16 双（对）齿轮破碎机结构简图

1—连板齿轮箱；2—齿辊罩；3—传动装置；4—架体；5—液压系统；
6—固定辊；7—活动辊；8—链条联轴器；9—速度检测器

烧结生产中，双（对）齿辊破碎机是强制排料、破碎大块烧结饼的设备，也是在伴有冲击、振动负荷的条件下工作的机械设备。与其他破碎设备相比，它具有诸多优点：

（1）结构简单，质量轻，投资少；

（2）破碎过程的粉化程度低，产品多为立方体状；

（3）破碎能量消耗少；

（4）工作可靠，故障少，使用维修方便；

（5）自动化水平较高，可自动排除故障。

8.3.2 双(对)齿辊破碎机的规格及技术参数

双(对)齿辊破碎机的规格及技术参数见表 8 - 7。

表 8 - 7 双(对)齿辊破碎机的规格及技术参数

技术性能/mm × mm	$\phi 800 \times 600$	$\phi 1200 \times 1500$	$\phi 1200 \times 1800$	$\phi 1250 \times 1600$
辊子直径/mm	800	1200	1200	1250
辊子长度/mm	600	1500	1800	1600
最大进料块/mm	180	150	150	160

技术性能/mm×mm	$\phi800\times600$	$\phi1200\times1500$	$\phi1200\times1800$	$\phi1250\times1600$
出料粒度/mm	50	0～40	0～50	0～50
产量/t·h^{-1}	30	210	210	210
辊子速度/r·min^{-1}	50	60	59	60
电机型号	r225M－6	r315S－6	r315－4	JS115－4
电机功率/kW	30	75	110	135
电机转速/r·min^{-1}	980	990	1480	1480
外形尺寸/mm×mm×mm		5798×52000×2150	5450×6036×2180	7700×4900×2100
质量/kg	12030	36680	50600	5000

8.3.3 双(对)齿辊破碎机的有关计算

A 生产率的计算

生产率（t/h）的计算公式为：

$$Q = 180DnLek\delta \tag{8-5}$$

式中 Q——破碎机的生产率，%；

　　　D——辊子直径，m；

　　　n——辊子转速，r/min；

　　　L——辊子长度，m；

　　　e——辊子排矿口宽度，指调整后的宽度×（20%～30%），m；

　　　k——破碎产物的松散系数，取 0.2～0.3；

　　　δ——碎物堆密度，t/m^3 烧结矿取 1.5t/m^3。

B 功率的计算

功率的计算公式为：

$$N = kLDn \tag{8-6}$$

式中 k——系数，烧结矿取 0.90；

　　　L——辊子长度，m；

　　　D——辊子直径，m；

　　　n——辊子转速，r/min。

8.3.4 双(对)齿辊技术操作

冷却破碎工需掌握的技术操作要点是：冷矿破碎后的粒度小于50mm 的占80%，液力联轴器必须做到电动机轴与减速机轴同心，安全联轴器减速机低速轴与固定辊子同心，而两项的径向位移不大于 0.3mm，每米倾斜度不大于 0.5mm，破碎机弹簧调整到约 250MPa（2500kg/cm^2）工作压力值，每个弹簧受力均匀，破碎机电流大于 257A 时，自动停机保护。

冷却破碎工序是对烧结矿上限粒度的把关工序。烧结矿上限粒度的大小、含量的多少，直接影响着高炉的冶炼，对高炉增铁节焦和烧结矿的强度指标都有影响，所以必须确保烧结矿上限粒度控制在 50mm 以下，且烧结矿小于 50mm 的粒级占 80% 以上。

8.3.5　双(对)齿辊生产操作及齿辊间隙调整

8.3.5.1　生产操作

生产操作要求是：

(1) 启动前必须详细检查电动机、联轴器、减速机连板齿轮箱各部位。

(2) 启动前必须检查各润滑点的润滑是否正常。

(3) 启动前必须把两辊间的物料清除干净，并确认下工序皮带已运转。

(4) 工作中当物料被卡住时，立即停机，使用千斤顶工作，顶开活动辊子，辊子间隙增大，使物料排出。

(5) 启动后当电动机达到正常运转后，方可给料进行破碎。

(6) 各轴承温升不得大于40℃。

(7) 生产中发生故障时要立即停车，检查原因，将事故消除后方可继续进行破碎。

(8) 破碎机负荷运转时，不准突然停电。

(9) 自动控制由电子计算机自动操作控制室进行，岗位检查确认无误后，给出信号由计算机集中联锁进行启动。

(10) 岗位非联锁操作。在处理设备故障或计算机发生故障时，由岗位进行开、停操作。

冷破碎岗位的上工序为冷筛，下工序为胶带运输机，与其岗位的配合也是很重要的。在联锁状态生产时，由于振动筛不允许带负荷停机，因此除事故状态下的紧急停机外，要保证冷筛空转后再停冷破碎机。这样可以减少筛子被料压死故障和提高设备使用寿命，在非联锁状态下处理问题时，要让胶带运输机运转起来，再操作破碎机运转，才能让筛子倒料。破碎机进口堵料时，应及时停止冷矿筛的给料，当破碎机的出口堵料时，也应保证胶带运输机在运转状态下处理。在处理辊内杂物时，可通知胶带运输机岗位注意，尽可能让杂物从辊内取出。在杂物通过齿辊时，要有专人看守胶带运输机，以免造成胶带运输机被划破而造成事故。

8.3.5.2　间隙调整方法

与小型破碎机相比，大型齿辊破碎机齿辊间隙调整均采用油压调整装置。油压调整装置包括液压系统和氮气储能器。液压系统由液压站及其附件组成，液压站主要由油泵、电动机、电磁换向阀、单向阀、溢流阀、压力继电器、压力表等组成（见图8-17）。

破碎机正常工作时，油泵电动机处于停止状态，电磁换向阀为开启状态，辊间距保持不变。调整辊间隙或排出硬物时，先启动油泵电动机，油泵工作，关闭电磁换向阀，使液压系统向储能器供高压油，用以压缩储能器中的氮气，使传动辊在底机架中向水平移动，齿辊之间空隙增大，此时可加入间隙调整垫块或排出齿间大块异物。取杂物时，应关严手动回油阀，防止突然停电时电磁阀回油。大块硬物尺寸过大，若卡在齿辊中，超过活动辊移动距离140～170mm时，触及安装在两侧的极限开关，油泵停止工作，从而保护设备。

调整方法是：

(1) 两辊平行度（间隙一致）的调整方法是借助平行联动机构的同步调整运动来完成。

(2) 辊间隙大小调整方法是：

1) 先打开氮气，具有压力后再启动液压泵来调整辊子间隙。

2) 液压泵电机启动后，打开需要调整辊间隙的液压螺旋开关。当达到需要的辊间隙时，应先关闭液压螺旋开关，再停止液压泵电机工作。

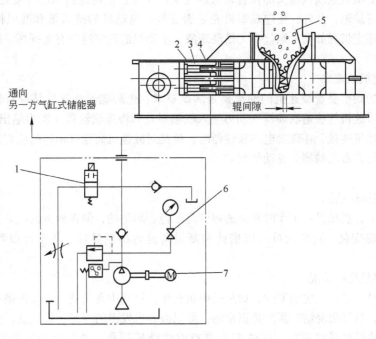

图 8-17　液压系统示意图

1—电磁阀；2—氮气；3—气缸式储能器；4—工作油；
5—齿辊；6—压力表开关；7—电动机

3）通过液压调整达到满意的出料粒度后，应用手动定位装置将辊子固定，从而起到双重保险的作用。

4）手动定位位置通过手动蜗轮时，使推杆前后移动，达到固定辊间隙的目的。

5）当液压调整后，用扳手转动手动蜗轮时，到使推杆与活动轴承相接触为止。

8.3.6　对设备运行情况的判断与检查

要保证设备的正常运行，必须严格执行设备的检查制度，并对岗位所属的设备进行精心的维护，通过对设备的维护达到延长设备的使用周期、减少设备故障的目的。

8.3.6.1　对设备运转情况的判断

为了保证设备的正常运转，防止设备事故的发生，要准确判断设备运转状况的 3 个要点。

A　看

a　对电动机的观察

用肉眼观察电动机的联轴器运转是否平稳，主要是看联轴器有没有跳动及左右摆动现象。其方法是眼睛与联轴器的上半圈位置保持水平，若运转的联轴器轨迹成一条比较清晰的实线，没有模糊的感觉，并且这条实线不随时间的变化而发生位移，说明联轴器运转平稳；若这条实线很模糊或随时间发生位移，可判断联轴器在跳动。一旦发生跳动现象，就要对跳动的幅度进行目测，这条模糊线的宽度就是联轴器跳动的幅度，一般跳动都在几个毫米左右。如果大于 2mm，则应作为设备隐患及时进行处理。摆动的判断方法与跳动基本一样。

对电动机的观察还要看电缆线的情况。首先要看电动机电缆线的绝缘包胶是否完好、有无折断现象，还要检查电缆线接头部位有无裸露现象，并检查电缆线周围的环境是否符合标准、有无火灾隐患等缺陷。此外，还应观察机壳是否完好、电动机的排风罩和散风机运转是否平稳、电动机的固定情况如何、螺丝有无松动现象、电动机的固定挡铁有无损坏、固定基础有无破损等。

　　b　对减速机的观察

对减速机的观察要看减速机的油量是否满足要求、地脚螺丝和垫片是否有松动现象。另外，还要观察减速机的快速联轴器（动力输入联轴器）和慢速联轴器（动力输出联轴器）。快速联轴器与电动机连接，在观察电动联轴器时，就是对减速机高速联轴器的检查。对于低速联轴器的观察主要是看联轴器的晃动情况。

　　B　听

　　a　听机械运转情况

正常情况下，机械设备工作时发出的声音是平稳、均匀的，但在异常情况下，机械设备发出的声音会出现变化，岗位人员可以借此判断设备是否出现异常，甚至可以判断故障出在哪里。

　　b　听破碎机生产情况

合格的烧结矿是有一定强度的，如果破碎机在生产过程中发出的声音是铿锵有力的，就像破碎石头一样，这说明烧结矿强度是正常的；如果破碎机发出的声音沉闷低沉，就像破碎沙子一样，这说明烧结矿强度不好，岗位工人应查看烧结矿质量，并及时与主控室联系并反馈信息。

　　C　摸

手摸电动机，一是判断电动机的振动情况，当振动大时，需对联轴器或紧固装置进行检查；二是判断电动机机壳温度情况，一般来说，手摸电动机机壳应感觉不烫手，否则应立即联系专业人员来检查。同时注意，手摸电动机应用手背，并不得接触运转部位。

手摸减速机也是对振动和温度两方面进行判断。对振动的判断在减速机的两端；对温度的判断主要是在轴承处。

手摸双齿轮的弹簧，主要是判断弹簧是否紧张，能否保证工作压力。主要方法是用手摸弹簧在工作中的振幅和频率。频率越高、振幅越大，则弹簧绷得越紧，工作压力越大。在手摸弹簧时，左右两手要同时摸辊子两边的弹簧，根据两手同时感知振动是否有较大区别，并做出相应调整。

8.3.6.2　对设备运行情况的检查

　　A　电动机的检查

电动机连续工作，由于磁场的作用和机械摩擦，电动机本体温度会升高。但温度必须小于65℃，否则电动机内的绝缘介质会很快老化，失去绝缘效果，导致电动机烧毁。现场控制箱上一般都装有电流表，要求电动机工作电流小于额定电流。如果工作电流大于额定电流，就必须检查机械传动部分和工作部分是否有卡刮现象。检查方法是先将电动机停止运转，然后用手去转动电机联轴器，如果感觉很费劲，则可能是机械原因，如果感觉很轻松，则可能是电动机的原因。

电动机在运行中应该平稳，无杂音，如果电动机有抖动或声音有异常，应对地脚螺栓进行检查，看是否有松动或缺失。电动机要注意保持干燥，严禁用水冲洗。在电动机的维护上，地线不能忽视，要经常检查，并保证地线完好、牢固，周围无积料、积油和水。

B　减速机的检查

减速机壳内装有机油,其作用是润滑齿轮,减缓齿轮磨损和降低阻力。减速机的油位是专业人员标定的,一般有3个标线,分别是上线、中线和下线。在给减速机加油时一般不能超过上线和低于下线,如果超过上线减速机容易漏油,如油位低于下线则容易造成减速机齿轮严重磨损。

由于齿辊减速机需要承受较大的冲击力,所以容易造成减速机移位。为了减小阻力和机械磨损,减速机、电动机及牙轮在安装中都经过了中心调整。减速机在维护中不能用水冲洗,必要时可用湿抹布进行擦洗。

C　联轴器的检查

检查传动联轴器主要是看联轴器运转是否平稳,有无晃动现象,并看联轴器下方是否有螺栓垫圈等部件掉下。

8.3.7　双(对)齿辊破碎机检查维护

8.3.7.1　运转中注意事项

运转中注意事项有:

(1) 杂物应在进料斗前取出,以防发生事故。

(2) 设备运转正常后再给料,停机前应先停止给料,待辊内物料全部排出后方可停机。

(3) 为使齿辊均匀磨损,给料应沿辊子轴线方向均匀分布。

(4) 严禁在氮气系统工作情况下用手动定位装置直接调整辊隙。

(5) 经常注意氮气瓶的压力情况,检查氮气是否泄漏(用肥皂水检查氮液系统连接部位有无渗漏现象)。

(6) 经常注意氮液缸压力状况,以保证齿辊有足够的压力(一般氮气压力控制在7~8MPa,液压控制在9.5~11MPa)。

(7) 设备轴承座定期加油,轴承最高温度不允许超过75℃。

(8) 在冬季,液压站和干油泵的室温必须保持在10℃以上,以防止润滑油冻结。

(9) 辊子被大块物料挤住或有金属物进入辊内,应停机处理。

8.3.7.2　常见故障及处理

双(对)齿辊破碎机常见故障及处理见表8-8。

表8-8　双(对)齿辊破碎机常见故障及处理

故障原因	处理方法	作业要求
进口漏斗堵	及时通知主控室,处理时打开捅料口的门用铁棍捅料,直到物料畅通为止	遵守安全操作规程,处理完毕后及时报告主控室,严格执行停送电制度
物料卡齿辊	切断事故开关,打开齿辊门,将料捅干净,若有杂物及时取出	处理完毕应及时报告主控室,严格执行停送电制度
保险螺丝断	及时通知主控室,切断事故开关,打开齿辊门进行检查,若有杂物应及时取出,然后关闭齿辊门	通知检修人员,更换保险螺丝,处理完毕应及时报告主控室,严格执行停送电制度

8.4　烧结饼筛分

烧结饼筛分是为了有效控制烧结矿上、下限粒度，并按需要进行分级，以达到提高烧结矿质量的目的。烧结机的铺底料也可以从筛分过程中分出，经过整粒筛分后的烧结矿粒度均匀，粉末少，强度高，对改善高炉冶炼指标有很重要的作用。

国内以前多采用筛分效率高的热矿振动筛进行热烧结饼的筛分，随着科技发展，棒条筛已逐步进入烧结生产，棒条筛以设备小、质量轻、电耗低、占地面积小、筛分效率高等优点为许多烧结厂所采用。热返矿可改善烧结混合料的粒度组成和预热混合料，对提高烧结矿的产量和质量有利。但热矿振动筛因在高温下工作，振动筛事故多，降低了烧结机作业率。因此，近年来设计投产的大型烧结机均取消了热筛工序，烧结饼自机尾经单辊破碎后直接进入冷却机冷却，所以本章主要介绍冷矿筛分。

8.4.1　冷矿振动筛构造与工作原理

8.4.1.1　振动筛的构造

振动筛的构造如图 8-18 所示。

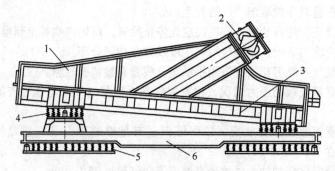

图 8-18　振动筛示意图

1—筛箱；2—振动器；3—横梁；4——次减振弹簧；5—二次减振弹簧；6—二次减振架

筛箱是筛子的运动部件，它由筛框、筛箅板、箅楔固定装置和挡板组成。箅板安装在小梁上，采用螺旋压板固定结构，中间箅板采用斜楔固定结构（见图 8-19）。

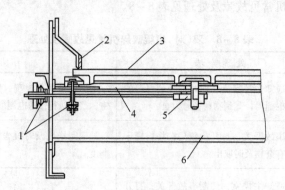

图 8-19　箅板紧固装置

1—蝶形弹簧；2—挡板；3—箅板；4—挡料板；5—斜楔；6—横梁

　　为防止由于工作时膨胀不均匀而引起的箅板松动，采用蝶形弹簧组作为热补偿机构，小梁与侧板用铆接方式连接。振动器是产生振力的部件，它是由一对速比1:1的渐开线齿型人字齿轮、箱体、转动轴、偏心块和轴承组成的。振动器旁边有扇形偏心块，并可根据生产需求，调整偏心块的固定位置，使筛子的运行符合生产要求。

　　挠性联轴器是将功率传给振动器的连接部件，它由橡胶挠性盘和中间的花键轴套等组成（见图8-20）。要保证振动筛工作时电机的轴线固定不振，就需要联轴器不但能传递功率，还具有角度和长度的位移补偿功能，也就是靠橡胶挠性盘和中间花键轴套来完成补偿。减振底架是由减振架和弹簧组成，热矿振动筛采用了二次减振的方法，减轻了对厂房的振动影响，又避免了筛体在停车时的损坏。

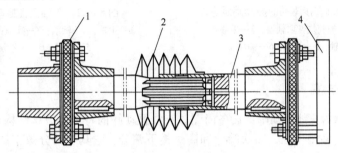

图8-20　挠性联轴器

1—橡胶挠性盘；2—保护套；3—花键轴套；4—连接法兰

8.4.1.2　冷矿振动筛的工作原理

　　筛箱所需动力是由两个振动器产生的，振动器上两对偏心块在电动机带动下做高速相反方向旋转，产生定向惯性力传给筛箱，与筛箱振动时所产生的惯性力相平衡，从而使筛箱产生具有一定振幅的直线往复运动。

8.4.2　振动筛简介

8.4.2.1　惯性振动筛

　　惯性振动筛采用电动机直接驱动，减少了三角胶带传动中的结构复杂和筛箱的扭摆力矩，从而提高振动筛的处理能力和延长检修周期。设备技术性能见表8-9。

表8-9　惯性振动筛技术性能

型　号	工作面积 /m²	筛网层数 /层	最大入料粒度 /mm	筛面倾角 /(°)	处理能力 /t·h⁻¹	振动次数 /次·min⁻¹	双振幅 /mm	电动机性能
SZSZ₂1250×2500	3	1~2	100	15~30	100	1300~1440	4~4.8	BJO₂-42-4, 5.5kW
S×G1700×3700	5.5	1	500		300	1000~1200	1.4~2.3	JO₂-51-4, 7.5kW
单轴SZ1800×5500	9	1				800	9	JQO₂-52-4, 10kW
双轴SSZ₂1500×3700	7	2	300			800	9	JO₂-5-4, 10kW
双轴SSZ₁800×5500	9	1	300			800	7	JQO₂-52-4, 10kW

　　惯性振动筛具有振幅调整方便、设备结构简单等特点，但振动器结构复杂。

图 8-21 所示为电机直接驱动的振动筛示意图，图 8-22 所示为单轴惯性振动筛示意图。

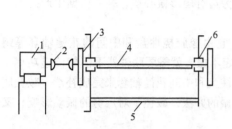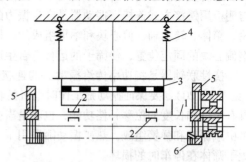

图 8-21　电动机直接驱动的振动筛示意图　　　　图 8-22　单轴惯性振动筛示意图

1—电动机；2—橡胶挠性联轴器；3—偏心轮；　　　1—主轴；2—轴承；3—筛框；4—吊杆弹簧；

4—偏心轴；5—筛网；6—轴承　　　　　　　　　5—圆盘；6—不平衡配置

8.4.2.2　直线振动筛

图 8-23 所示为直线振动筛的设备简图。直线振动筛的特点是设备结构简单，作业率高，振动器维修方便，多用于三、四次筛分和高炉槽下筛分。它具有筛分效率高的优点，但电耗较高。

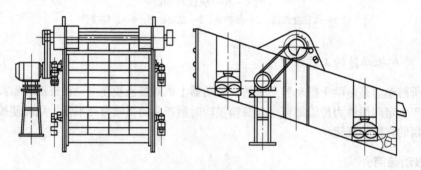

图 8-23　直线振动筛简图

8.4.2.3　椭圆等厚振动筛

椭圆等厚振动筛的筛面由不同倾角的三段组成，使物料层在筛面各段厚度近似相等。采用三轴驱动，强迫同步激振原理，运动状态稳定，筛箱运动轨迹为椭圆。椭圆等厚筛分有利于物料在筛面上的向前输送、分层和筛透，因此，与普通直线筛和圆运动筛相比有较大的处理量和较高的筛分效率。而当处理量和筛分效率相同时，椭圆等厚筛具有较小的筛分面积，能节约投资。椭圆等厚振动筛的规格性能见表 8-10。

表 8-10　椭圆等厚振动筛的规格性能

型 号	筛面规格 /mm×mm	分极点 /个	振幅/mm 长轴	振幅/mm 短轴	振频/r· min⁻¹	处理量 /t·h⁻¹	筛分 效率 /%	功率 /kW	筛面倾角 /(°) 头部	筛面倾角 /(°) 中部	筛面倾角 /(°) 尾部	外形尺寸 /mm×mm×mm	质量 /kg
TDLS3090	3000×9000	5~20	8~10	4~7	800	300~800	85	2×45	15	10	5	9771×7820 ×3727	70000

型 号	筛面规格 /mm × mm	分极点 /个	振幅/mm 长轴	振幅/mm 短轴	振频/r· min⁻¹	处理量 /t·h⁻¹	筛分 效率 /%	功率 /kW	筛面倾角 /(°) 头部	筛面倾角 /(°) 中部	筛面倾角 /(°) 尾部	外形尺寸 /mm × mm × mm	质量 /kg
TDLS2575	2500 ×7500	5 ~ 20	8 ~ 10	4 ~ 7	800	20 ~ 500	85	2 ×30	15	10	5	7803 ×5550 ×3435	32000
TDLS3075	3000 ×7500	3 ~ 20	8 ~ 10	4 ~ 7	850	300 ~ 700	85	2 ×30	30	20	10	7318 ×7850 ×4245	35000
TDLS2470	2400 ×7000	3 ~ 20	8 ~ 10	4 ~ 7	850	150 ~ 300	85	2 ×15	30	20	10	7115 ×4942 ×3037	18000
TDLS2070	2000 ×7000	5	10 ~ 15	7 ~ 8	850	150 ~ 200	85	2 ×15	15	10	5	7755 ×5150 ×3272	17500

8.4.3 振动筛的有关计算

8.4.3.1 筛分效率计算

筛分效率是衡量筛分设备技术性能的重要标志。

筛分效率计算公式为：

$$\eta = \frac{a - r}{a(100 - r)} \times 100\% \tag{8-7}$$

式中 η ——筛分效率；

a ——总给矿量中筛下物含量，%；

r ——筛上物中未筛净的筛下物的含量，%。

a、r 这两个数据在生产时检验部门是要进行测定和给出的。

通过筛分效率的计算，可以了解生产过程是否正常和对烧结矿温度指标进行估计，同时也是检查筛子运转情况的一种方法。

8.4.3.2 振动筛生产率计算

振动筛生产率的计算公式为：

$$Q = F\delta qKNOPL \tag{8-8}$$

式中 Q ——生产能力，t/h；

F ——振动筛有效面积，m²，一般为实际面积的 0.9 ~ 0.85；

δ ——物料堆密度，t/m³；

q ——单位筛面平均生产率，m³/(m²·h)；

K, N, O, P, L ——校正系数，均可在设计手册中查出。

生产能力还可以进行估算，也就是将烧结机的生产量减去一次返矿量得到粗略的生产能力，或用进料胶带上 1m 胶带烧结矿质量乘以胶带速度的 70%，就可以得到此时筛子处理能力。

8.4.3.3 振动筛驱动电机功率计算

电机驱动功率的计算可便于在处理筛子压料等设备问题时参考。其计算公式为：

$$P = \frac{Mn}{71620 \times 13.6KT} \tag{8-9}$$

式中　P——驱动电机功率，W；

　　　M——驱动力矩，kg·m；

　　　n ——电机转速，r/min；

　　　T ——电机启动力矩，一般为额定转矩的 20%；

　　　K ——（安全）富裕系数，常取 1~2。

8.4.3.4　筛子净空率的计算

筛子净空率的大小直接影响筛分效率。净空率越大，筛分率越高。其计算公式为：

$$A = \frac{S_1}{S} \times 100\% \tag{8-10}$$

式中　A ——筛子净空率，%；

　　　S_1——筛孔面积，m^2；

　　　S ——筛子面积，m^2。

在工艺对粒度要求允许的情况下，适当增加筛孔面积是提高筛分效率的有效方法。

8.4.3.5　振动筛工作参数的选择

由于振动筛的运动较复杂，目前还不可能用数学模型来完整的描述，因此，对工作参数的计算也没有可靠的理论根据，但可以用实验中获得的经验公式对其工作参数进行选择。

振幅计算公式为：

$$N = 0.15a + 1 \tag{8-11}$$

式中　N——振动筛振幅，一般振动筛的振幅为 2~4mm；

　　　a——筛孔尺寸，mm。

振动频率计算公式为：

$$n \geq 0.8(18000/N) \tag{8-12}$$

式中　n ——频率，次/min；

　　　N ——振幅，mm；

　　18000——经验数字。

筛面倾角计算公式为：

$$a = \frac{1.15Q_1}{1 + 0.0375Q_1}$$

上式中 Q_1 可由下式求得：

$$Q_1 = \frac{Q}{B_0\delta} \tag{8-13}$$

式中　Q——筛子的生产率，t/(m^2·h)；

　　　B_0——筛面的工作宽度，m，$B_0 = 0.95B$（即筛面宽度 B 的 0.95 倍）；

　　　δ ——筛分物料的堆密度，t/m^3。

8.4.4　筛分作业

筛分作业操作是指生产过程中提高筛分效率，保证设备的正常运转，及时发现设备缺陷，加强对设备的润滑，处理生产事故和排除设备故障。

8.4.4.1 技术操作要点

技术操作要点是：

（1）掌握设备性能。

（2）为达到筛分效率，设备必须在没有负荷的情况下方可启动，等筛子运转正常后才允许给料生产，停机前先将筛子内烧结饼排空。

（3）利用定修检查筛板情况，筛板堵塞面积不得超过20%，确保铺底料粒度符合工艺要求，粉末不带入高炉，筛箅板不得有磨坏现象。

（4）掌握铺底料的槽位，控制给料时间，采用自动控制。

（5）注意铺底料粒级和冷返矿粒级变化情况，发现不正常应及时汇报。

8.4.4.2 生产操作

联锁操作要点是：

（1）联锁操作由主控室集中操作。

（2）接主控室通知后，将开关选择置"联动"位，紧停开关置"正常"位。

（3）检查设备润滑良好，油路畅通，运转部位无人和杂物。

（4）确认完毕后，通知主控室可以启动设备。

（5）非事故状态严禁岗位带负荷停机。

（6）依据巡检内容，按规定时间、规定路线进行巡回检查。

机旁操作要点是：

（1）机旁操作仅限于事故处理或设备检修及检修后的试车。

（2）机旁操作应先通知主控室将系统状态置"单机"并说明情况，现场选择开关置"单机"位后方可启动。

（3）筛子内有料时，应确认下游设备运行正常。

（4）处理成品筛应严格遵守其作业规程。

（5）机旁操作结束后，应通知主控室恢复系统"联动"，将现场选择开关置"联动"位。

成品筛切换操作要点是：

（1）检查确认备用系统处于可运转状态。

（2）联锁启动备用系统，然后将翻板对位（现场要有人监护确认）。

（3）确认原系统料已排空，将其停止，系统倒换完成。

8.4.5 提高筛分效率的途径

既要提高筛分效率，又不影响生产率，需要根据现场情况进行分析判断。

8.4.5.1 调整给料偏析

烧结饼进入筛子时的均匀度直接影响筛子的平衡，同时还应考虑充分利用筛分面积。实践表明，烧结饼沿筛面横向均匀布料，有利于筛面的利用，这是提高筛分效率的重要措施。

保证烧结饼均匀分布的途径是：

（1）注意使用分料器，保证下料的稳定。调试分料板对烧结饼在筛面上的均匀分布是有效的，在筛分过程中，烧结饼能均匀分布。

（2）检修后的验收中，注意振动筛的平衡度，保证出料口与水平线平行。若是悬挂式振动筛，可调节悬挂钢绳；若是落地式振动筛，就要注意减振弹簧。

8.4.5.2　控制给料量

给料量对筛分效率影响很大，一般给料量越小，筛分效率越高，但给料量过小，会影响生产率。实践中，当筛分效率为70%左右时，可以获得最佳给料量。

8.4.5.3　稳定筛子进料量

筛分效率与进料量的稳定有较大关系，在生产过程中应防止进料过多或过少及间断给料。实践表明，给料量的稳定对稳定振动筛的工作参数有利，可保证筛分过程中烧结矿运动的稳定，同时提高了筛分效率，在生产操作中要加强对筛子进出料量的检查，以防止堵塞。

8.4.5.4　加强设备维护

加强维护，确保筛分设备处于良好工作状态，这是提高筛分效率的有效方法。具体有：

（1）定期更换三角带，稳定设备的工作参数，保证筛子的振幅和频率。
（2）及时拧紧固定螺栓，保证设备的正常运转。
（3）定期清理筛孔的堵塞物，保证筛分面积。
（4）及时消除减振装置弹簧内的散料，使减振器正常工作。

8.4.6　筛分设备的检查与维护

正确使用设备，加强对设备运转情况的检查，是保证设备正常运转的先决条件。

8.4.6.1　振动筛的检查

振动筛的检查内容有：

（1）筛子空间无阻碍筛箱运动的物体，这是保证设备安全的必要条件，筛子进出口漏斗畅通。
（2）筛板不拉缝。筛板的状况影响到生产率和能耗指标，特别是当筛下物过粗时，不能满足工艺要求，将直接影响台时产量。
（3）大小梁无开裂，温升小于400℃，拉杆和压板不松动。对振动筛来说，大小梁是设备的骨架，当减振弹簧受力不均或筛子整体不平衡时，易导致大小梁的断裂。
（4）筛框弹簧无断裂，受力均衡。
（5）侧板螺丝齐全紧固、无松动变形、无开裂和裂缝。
（6）筛板及压脚齐全、无松动，螺栓紧固、无拉缝，筛下物料粒度符合要求。
（7）吊挂螺丝齐全紧固，卡板齐全。

8.4.6.2　振动筛的维护

振动筛的维护内容有：

（1）各部连接螺栓虽然采用了蝶形弹簧及锁紧螺母等防松装置，但在高频振动下还是有松动的可能，因此，必须每天对各连接螺栓进行检查，所有振动结构上的螺栓连接必须不松动，发现有松动的必须及时紧固，否则将引起事故，特别是筛箅板紧固装置及振动器地脚螺栓。

（2）随时注意振动是否正常，如果不正常必须找出其真正的原因。

（3）利用停机时间，对振动器的油量、油质进行检查，本体温度要低于75℃。

（4）支撑弹簧处不应堆有矿粉，要经常清理，不能用水冲，堆积过多会影响筛子的正常振动。

（5）花键轴应经常用油枪注油。

（6）检查橡胶缓冲垫是否烧坏，不起作用的一定要给予更换；弹簧片在停机时应给予检查，有变形或断裂的应及时更换。

8.4.6.3　设备故障的检查判断

A　看

筛箱运动是否平稳，可以从宏观运动和物料在筛板上的分布看到。从筛下物的粒度可以检查筛板是否拉缝或筛板磨损情况，还可以检查大梁有无开裂，拉杆和吊挂螺丝是否松动。

B　听

筛子运转是否平稳，振动是否均衡，筛板是否松动，拉杆和吊挂螺栓是否松动。当听到振动声音混杂或有周期性的响声时，说明振动筛运转不好，振动频率不一致或是受力不均，如有除开振响声外的异常响声，可能是由于螺栓松动或筛板松动。

C　摸

通过手摸电机外壳，可以检查电机温度和运转情况，可以防止电机温度高而烧损。

通过看、听、摸等方面的检查，可以发现一些常见的设备故障，根据生产实践中的摸索，能够大致分析判断故障的原因。例如：

（1）当检查中听到有规律的敲打声出现时，则可判断为筛箅板紧固装置松动或因筛箅板压脚断裂所致。

（2）当筛箱振动不正常时，大致由下列4种因素引起：

1）振动器联轴部件损坏；

2）振动器地角螺栓松动；

3）振动器偏心块位置不正；

4）底座支撑弹簧堆料等。

（3）当看到返矿中出现较多大块时，大多由于筛箅板破裂或局部磨损严重所致。

（4）如看到小横梁法兰处开裂，则多因焊缝疲劳或筛板压脚断或松，打击小横梁所致。

（5）如看到侧板钉头掉落时，可能是偏心块磨损不一致，使筛箱受力状态改变或因制造质量不良，铆钉孔两边未倒圆等。

8.4.7　振动筛常见故障及处理

振动筛常见故障及处理见表8-11。

表8-11　振动筛常见故障及处理

故障现象	产生原因	处理方法
振动器轴承温度高或抱轴	润滑油太少，轴承装配太紧，冷却水量小或断水	加强湿润和冷却水调整或更换轴承

故障现象	产生原因	处理方法
振幅偏小或不规则振动	振动器不均衡，底座螺丝松动或底座裂纹，支撑弹簧堆料	紧固螺栓、补焊裂纹，调整振动器，清理弹簧处的物料
布料不均匀	进料溜槽衬板变形，挡料板磨损，不规则振动，筛箅板磨损或压料板脱落	焊补更换箅板和压条，调整振动器和挡料板
筛箅板跳动（有敲打声）	筛板的地脚开焊，筛板锁紧装置松动	加焊紧固或更换锁紧装置
返矿顶筛子或烧结矿压筛子	返矿漏斗堵塞（衬板变形或卡有杂物），阶梯溜槽衬板变形或卡有杂物	处理返矿漏斗和阶梯漏斗

8.5　返矿

在烧结生产中，未烧好的夹生料和烧结饼在运输途中粉化产生的部分粉末，必须返回到混合料中再次进行烧结，这部分物料称为烧结返矿。

8.5.1　返矿的作用

烧结返矿是烧结饼破碎筛分后的筛下产物，返矿再次进行烧结，不仅是烧结工艺的要求，而且对烧结生产带来一些有利作用，其主要有：热返矿可以预热混合料，提高料温；返矿的粒度较粗，具有多孔松散结构，可以改善混合料的透气性；由于返矿中含有大量低熔点的化合物，在烧结过程中容易生成液相；返矿中的大颗粒部分在烧结机布料过程中因偏析可以形成自然铺底料等。

8.5.2　返矿在烧结中的影响

质量良好的返矿可改善混合料的粒度组成，提高料层的透气性，特别是在精矿烧结时，返矿能充当造球核心，有利于细精矿制粒，从而提高细精矿的烧结生产率。返矿是经过烧结过程的小粒烧结矿，其熔点低，质量好的返矿在烧结过程中易形成液相，可增加烧结过程的液相量，从而提高烧结矿的机械强度。对于脉石难熔的矿粉，返矿的作用更加显著。如果返矿质量与数量得不到有效控制，它将给烧结生产带来诸多负面影响。

8.5.2.1　返矿质量对烧结过程的影响

返矿质量是指返矿粒度、返矿中碳的质量分数和返矿温度。

生产实践表明，返矿中小于 0.5mm 和大于 5mm 的颗粒的数量增多对烧结都没有好处。因为小于 0.5mm 的细粉末会使混合料透气性变差；而大于 5mm 的颗粒增多又容易造成烧结料熔融，使烧结不均一，烧结矿的强度变差。

返矿中残留有部分固定碳，返矿量的变化将引起混合料中水分和固定碳含量的波动。返矿中碳的质量分数升高，说明返矿中生料增多，没有烧透，会使混合料波动更大。所以稳定操作、造好返矿、降低返矿中固定碳的质量分数对烧结生产有利。

热返矿的温度高，有利于混合料的预热，但不利于混合料的成球，影响烧结料层透气性，降低烧结生产率。

8.5.2.2 返矿数量对烧结生产的影响

返矿包括热返矿、一次返矿（烧结矿整粒筛分所产生的返矿）和二次返矿（高炉筛出的返矿），烧结混合料中加入适当量的返矿对提高烧结矿的产量和质量具有重要的意义。

一般来说，烧结生产中应保持返矿平衡，即新生的返矿量与配入混合料中所消耗的返矿量应基本相等。返矿量太多，说明成品率就低；返矿量太少对烧结生产也不利。试验表明，合适的返矿量应在30%左右。

8.5.3 返矿质量的判断

返矿质量的好坏影响着烧结工序的正常生产，所以生产中希望返矿质量好。返矿质量的好坏主要是从以下几个方面去判断：

(1) 从颗粒上观察。烧结饼均匀烧透，所筛下的返矿粒度应该是均匀的，小颗粒返矿不多，粒度差别不大，夹杂的生料很少。如果粒度不均匀或夹杂的生料很多，则说明烧结生产不稳定，需立即纠正，避免烧结生产陷入恶性循环。

(2) 从返矿下料点观察。下料点可以观察到扬尘情况，如果扬尘较大，则说明返矿中夹杂着较多小颗粒返矿或生料，这种情况要及时与有关岗位取得联系。

(3) 从返矿的颜色上看。质量好的返矿颜色与优质的烧结矿颜色一致，如果是褐色或其中有相当部分的黄色（即混合料烘干的颜色），说明烧结机没有掌握好烧结终点，机尾没有烧透烧好。另外，返矿中也不应有"红料"。如果红料较多，则可能是烧结混合料中的配碳较高，烧结饼中 FeO 的质量分数较高或其他原因，这些情况出现后也应及时向有关岗位提供信息，以便及时处理。

(4) 从返矿残碳数据分析。烧结返矿残碳低于 0.8%，则表示烧结过程正常，返矿质量好；反之，则表示烧结过程可能异常，烧结终点未控制好，料层未烧透，返矿质量下降。

8.5.4 返矿的平衡与控制

8.5.4.1 返矿的平衡

返矿平衡就是烧结矿筛分后所得的返矿（RA）与加入到烧结混合料中的返矿（RE）保持平衡，即：

$$B = \frac{RA}{RE} = 1$$

在实际生产中，返矿是难以达到绝对平衡的，上式中返矿平衡指数在 0.9 ~ 1.1 之间时，就称为达到返矿平衡，这种平衡是烧结生产得以正常进行的必要条件。在烧结组织生产后，需经过一段时间后才能达到平衡（$B = 1$）。如果返矿槽的料位增加，即 $B > 1$，则应增加返矿的配比和适当提高烧结料中燃料配量，使其达到平衡；若得到的返矿量减少，即返矿槽料位下降，$B < 1$ 时，则应降低返矿的配比，同时减少混合料配碳量。烧结生产一般维持在大致相当于达到平衡时的强度，若相当长时间仍未达到返矿平衡时的要求，则应考虑烧结生产组织之间的参数是否协调。

研究和生产证明，在烧结矿机械强度一定时，燃料用量不变，中等返矿量可达到最高烧结生产率的目的。但是这一结论必须以返矿平衡为前提。

返矿的波动会造成烧结混合料中水碳及化学成分的波动，同时改变了料层透气性，烧结矿中 FeO 的质量分数及烧结矿粒度组成也会变化，这使烧结过程难以控制。因此，必须稳定返矿量。

8.5.4.2　返矿的控制

均衡稳定的配用返矿是稳定生产的重要手段，它可以稳定混合料的水分和碳的质量分数，可以稳定混合料的平衡，保证混合料的粒度组成，有利于混合料的造球性能。控制好返矿量的具体做法是：

（1）烧结机布料均匀，烧结终点控制准确。

（2）提高烧结料层表面点火质量，做到表面点火均匀，无过熔和点不着火的现象。

（3）烧结机操作应该做到"低水低碳、厚铺慢转"，这样既可减少返矿量，又可降低返矿残碳。

（4）强化配料与制粒操作，稳定混合料配碳量与水分。

（5）经常检查返矿筛的工作情况和磨损情况，发现问题应及时调整或检修，并保证返矿筛分质量。

（6）经常检查返矿槽存量，稳定返矿下料量，当发现异常情况时应及时调整，并及时通知有关岗位注意配合。

8.5.5　返矿的计算及检测

8.5.5.1　返矿率计算

烧结返矿率取决于原料的性质、原料的准备工艺和设备状况以及烧结生产的技术操作。混合料的混合和制粒不好，烧结机的布料不均，烧结点火热量不足，烧结终点控制不好或未烧透以及烧结饼卸出后的多次破碎及筛分都会增加返矿。此外，当烧结制度（如料层高度、点火温度、燃料用量、抽风负压等）与原料性质不相适应，或烧结作业失常未能及时调整时，返矿率也会升高。

返矿率因用途的不同，大体可分为 3 种类型。

（1）按混合料量计算的返矿率为：

$$返矿率 = \frac{返矿量}{混合料总量} \times 100\%$$

它大多在编制物料平衡时使用，它的大小在一定程度上反映出混合料的组成及性质。

（2）以烧结机尾烧结饼为基准的返矿率为：

$$返矿率 = \frac{热返矿量 + 冷返矿量}{烧结饼总质量} \times 100\%$$

它可较直观地看出烧结后的产品有多少返回后再次进行烧结，其余部分则是烧结机的生产量，大体可以分析烧结过程的好坏，并能依此预计烧结机的生产量，它是烧结生产线中所产生的返矿（也称为一次返矿）。

（3）以出厂烧结矿量为基准的返矿率为：

$$返矿率 = \frac{炼铁返回的返矿量}{出厂烧结矿量} \times 100\% \qquad (8-14)$$

其中　　　　　　　　　出厂烧结矿量 = 入炉烧结矿量 + 炼铁返回的返矿量

它直接可以评价烧结的出厂量有多少能为高炉的炉料使用，有多少又返回再次烧结，这是烧结矿在运输过程中所产生的粉末（也称为二次返矿）。

在谈及返矿率时，必须提及计算方法，否则会因概念不清而造成误解。日常中所说的返矿量是返矿的总量，即各种返矿的总和。

8.5.5.2 返矿的检测

烧结返矿的检测主要是检测返矿的粒度和化学成分，其目的是判断烧结过程的好坏，同时也为烧结配料提供数据。

A 粒度的检测

返矿粒度的检测主要是针对整粒后的返矿粒度和高炉沟下返矿粒度进行检测。由于各大钢厂使用的返矿筛板孔径不一，所以对返矿粒度检测也不相同。目前，返矿使用筛板孔径均为5mm，并要求粒度大于5mm的返矿控制在20%以下。每月对各返矿点进行两次检测，以减少大颗粒返矿重新烧结，降低烧结成本。

B 化学成分检测

返矿的化学成分检测与烧结矿化学成分检测基本一样，目的是了解返矿中各元素的质量分数，为烧结配比计算提供依据，同时，返矿成分检测中又增加了一个重要的检测元素，即返矿的残碳量，其目的是判断烧结过程是否正常。当返矿中残碳的质量分数大于0.8%时，说明烧结过程不完全，烧结终点控制不好，有夹生料出现，要求岗位人员及时进行操作调整。

8.5.6 除尘灰对烧结的影响

8.5.6.1 除尘灰的影响

烧结除尘灰是烧结过程中产生的粉尘，由各除尘点收集的产物。其特性是铁的质量分数较低、二氧化硅的质量分数高、杂质多、化学成分不稳定、粒度细、亲水性差、水分波动大，给烧结过程带来许多负面影响。

由于除尘灰粒度细，亲水性差，所以在掺入烧结料中使混匀制粒都比较困难，严重影响烧结料层的透气性，给烧结过程带来影响，降低了烧结矿产、质量。其次，除尘灰杂质多、化学成分不稳定，导致烧结矿质量异常波动，也给高炉冶炼带来了许多困难。大多数烧结厂是将除尘灰直接返回到烧结，经配料再利用。

烧结机头除尘灰量大，成分复杂，特别是锌、铅、钾、钠等有害元素的质量分数高，加上铁的质量分数低，所以各烧结厂对机头除尘灰的处理方法也不同。为了有效合理地使用现有矿石资源，有的烧结厂将除尘灰采取抛弃的方法，以稳定和提高烧结矿的品位；有的烧结厂为利用资源，将除尘灰进行选矿，以提高除尘灰的品位和稳定化学成分，再使用到烧结生产。

8.5.6.2 采取的措施

在除尘灰的使用上应采取的措施是：

(1) 除尘灰集中放灰，与返矿一起使用，保证灰料供应连续性，减少混合料水分波动。

(2) 定时定量放灰，尽量延长放灰的时间，减少放灰次数，控制放灰流量，使操作人员在放灰区间能及时调整各操作参数，从而最大限度地降低放灰给烧结生产带来的不利影响。

(3) 优化烧结料配矿结构，与高铁品位矿搭配，适当增加生石灰配量，加大低熔点矿种（轧钢皮、钢渣）比例，有效地改善烧结料透气性，有利于烧结过程中液相形成，减少除尘灰对烧结过程的负面影响。

8.6　安全生产要求

8.6.1　作业前的准备

作业前的准备工作有：

（1）上岗前穿戴好劳保用品；

（2）检查设备、安全防护装置、安全警示标志、工机具性能是否符合安全技术标准和作业要求；

（3）动火作业前，必须检查作业区域是否有易燃物，并佩戴消防器材。

8.6.2　作业过程中的安全要求

8.6.2.1　设备巡检要求

环冷或带冷岗位的巡检要求是：

（1）检查台车运行平稳，轨道上无杂物，烟道孔门处于关闭状态，排矿温度小于 150℃；

（2）冷却风机运转正常，轴承油位、冷却水、温度等符合技术操作要求；

（3）卸灰阀无卡不漏风，卸灰小车轨道及区域无杂物或堆积料；

（4）在环冷内外圈、曲轨巡检时必须佩戴护目镜；

（5）在带冷巡检时，必须与台车和胶带机保持安全距离；

（6）巡检观察时，严禁脚踏台车轨道或卸灰小车轨道。

破碎机岗位的巡检要求是：

（1）检查破碎机运行平稳，不振动、不发热，油位和油压正常，油管无松脱渗漏，破碎机壳体无破损，活动门齐全牢靠，有异常情况及时报告处理；

（2）齿辊启动前人孔门必须关好，运行中严禁打开，严禁站在可动轴承座、调整垫片上和弹簧侧面后面 0.5m 内；

（3）保持岗位照明度，落实联保互保和班中联系制度。

筛分岗位的巡检要求是：

（1）检查工作筛运行平稳，无松垮异常响声，润滑点油管畅通无松脱；

（2）检查筛子下料情况，观察料流并保持畅通，运行中严禁擅自打开人孔门；

（3）接主控室指令单系统生产时，现场核实筛位后再打翻板；

（4）机旁操作仅适用于设备检修、调试或倒筛操作，必须两人以上配合。

此外，各岗位工作人员在巡检中还应注意：

（1）启动设备前需确认设备周围无人或障碍物，设备运行中，禁止身体部位与运转设备接触；

（2）及时清除楼梯、斜坡处散料、油泥，托轮备品放置在定置点，不得随处堆放；

（3）保持岗位照明度，落实联保互保和班中联系制度；

（4）现场巡检通道无障碍物，电器操作箱、动力柜门关好，安全、消防设施完好。

8.6.2.2　环冷、带冷漏斗堵作业要求

环冷、带冷漏斗堵作业要求主要是：

(1) 上下工序设备必须停电;

(2) 检查确认捅料工具完好牢固,严禁戴手套打大锤;

(3) 进入漏斗前,必须将第一块台车的料先清除;

(4) 服从统一指挥,3人以上作业,深入漏斗必须佩挂安全带;

(5) 现场保证照明充足、站位合理、联保互保到位;

(6) 捅料时,必须戴好防护眼镜;

(7) 长时间漏斗内作业时应轮换进行,以防止高温中暑;

(8) 转胶带前,必须撤离清料人员及工机具。

8.6.2.3 环冷、带冷卸灰阀堵料作业要求

环冷、带冷卸灰阀堵料作业要求主要是:

(1) 发现卸灰阀堵,应报告主控室,通知班长或工长到现场;

(2) 准备好工具,将双层卸灰阀打手动位置,打开上、下阀板用扳手固定牢;

(3) 两人配合作业,处理过程中,严禁将手伸入卸灰阀内;

(4) 在轨道内行走或作业,必须将小车停电或置手动位置;

(5) 捅料时要戴好防护眼镜,站在开口的侧面,防止物料喷出伤人。

8.6.2.4 环冷小车放灰作业要求

环冷小车放灰作业要求主要是:

(1) 需进入卸灰小车轨道内作业时,必须将小车停电;

(2) 小车装满卸料时,严禁在地沟、轨道区域行走或清扫;

(3) 处理散落积料时,必须将放灰小车停电或置手动位置;

(4) 雨雪天人工放灰时,注意检查电器开关,防止触电;

(5) 处理板式链带插销或清除杂物大块时,必须停机停电,严禁边转边处理,需进入链板上作业时,必须将盛料台车和矿槽内料倒空,再停电处理。

8.6.2.5 环冷机压料、烟道清料作业要求

环冷机压料、烟道清料作业要求主要是:

(1) 统一指挥,在专人监护下进行作业;

(2) 环冷机打滑,在摩擦片及压轮之间加入铁丝或铁片时,不得用手直接喂入,按作业方案执行;

(3) 进入曲轨检查故障和人工清料时,必须先将上下设备停电,严禁单人作业;

(4) 进入环冷内圈检查,必须按规定穿戴好必备的防护用品;

(5) 需进入环冷烟道清料作业,必须制定作业方案;

(6) 进入环冷烟道清料作业前,必须先办理环冷和风机的停电手续,打开人孔门冷却、放散,检测废气质量分数小于0.0024%后,门前挂牌,专人守候,方可进入作业;

(7) 烟道清料作业时,不得办理环冷台车检修作业手续,严禁在同一区域垂直交叉作业;

(8) 上部作业时,对应的地面区域必须设置安全警戒。

8.6.2.6 齿破堵料或卡杂物作业要求

齿破堵料或卡杂物作业要求主要是:

（1）立即停机通知主控室，并办理本体及上下设备的停电手续；

（2）开齿破门时，人站在门的侧面，防止物料喷出伤人；

（3）需 3 人以上配合处理，搭好作业安全平台，专人监护；

（4）处理堵料时，严禁用手、脚捡踩，严禁进入漏斗下方捅料；

（5）处理完毕后，通知检修人员补上保险销。

8.6.2.7　抠筛眼、换筛板作业要求

抠筛眼、换筛板作业要求主要是：

（1）作业前，必须将筛子及上下设备停电，并确认筛子上部漏斗料已捅干净，下部设备不能停电的，必须在筛子出料口搭好进出作业平台；

（2）进筛子作业前，先确认筛板基本冷却，防止灼烫，接好安全照明；

（3）作业工具必须检查确认牢靠，严禁戴手套打大锤，抡锤前后不得站人；

（4）抠筛眼时，必须挂好安全带，戴好护目镜，防止碎料飞出伤眼；

（5）筛内空间小，要合理安排站位，参加筛内作业人员 2~3 人即可，专人监护作业过程。

复习思考题

8-1　高炉对烧结矿质量有哪些要求？

8-2　烧结矿成品处理的意义和作用分别是什么？

8-3　烧结矿强度与含粉量对高炉冶炼有什么影响？

8-4　铺底料对烧结过程有什么影响？

8-5　双（对）齿辊破碎机的工作原理是什么？

8-6　烧结矿冷却的意义是什么？

8-7　如何提高筛分效率？

8-8　影响振动筛分效率的因素有哪些？

8-9　筛分效率与冷却效率的关系是什么？

8-10　环式冷却机的特点是什么？

8-11　环式冷却机的工作原理是什么？

8-12　简述抽风冷却和鼓风冷却方式的相同点、不同点。

8-13　简述带式冷却机和环式冷却机的相同点、不同点。

8-14　简述环式冷却机常见故障。

8-15　如何从机外冷却设备上看烧结饼的质量？

8-16　简述冷却效果的调整方法。

8-17　返矿在烧结生产中有什么作用？

8-18　什么是返矿平衡？

8-19　如何稳定返矿的产、质量？

8-20　简述返矿操作对烧结生产的影响。

9 烧结物料运输

9.1 物料运输的特点

9.1.1 物料运输在烧结生产中的地位

从含铁原料、燃料和熔剂进厂到生产出烧结矿和将成品矿运往高炉，这一生产工艺过程包含复杂的生产工序，烧结物料由一个工序到下一个工序，主要依靠物料运输设备来完成。可以说，物料运输是连接烧结生产各工序环节的纽带，而物料运输设备是保证生产高效连续进行的基础设备。带式运输机是烧结物料运输的主要设备，一个烧结生产线的带式运输机数量少则十几台，多则几十台；一台带式运输机短则几米，长则上千米。除带式运输机外，还有适应于不同工作环境或不同物料的各式各样的运输设备。这些设备的正常运行是烧结生产连续进行的条件，也是烧结生产工艺实现自动化不可缺少的组成部分。所以，物料运输在烧结生产中占有十分重要的地位。

9.1.2 物料运输的特性

烧结生产中所使用的物料，包括铁精矿粉、细粒富矿粉、石灰石、白云石、生石灰、消石灰、焦粉、无烟煤以及工业副产品瓦斯灰、瓦斯泥、轧钢皮、转炉钢渣、硫酸渣，还有烧结生产中的混合料、冷返矿、热返矿、除尘灰、烧结矿等，这些物料都是块状、颗粒状或粉状的散料。影响物料运输的主要特性有：粒度、堆密度、安息角及温度。

9.1.2.1 粒度

粒度即物料颗粒尺寸的大小，一般用该颗粒的最大长度表示。单位为微米（μm）、毫米（mm）等。烧结物料大都是多种粒度的物料，其变换范围从几微米（如除尘灰）到上百毫米（如烧结矿、熔剂块等）。

9.1.2.2 堆密度

堆密度即单位体积物料的质量，单位为 t/m^3、g/cm^3 等。物料的堆密度与它的水分、粒度和形状密切相关，准确的值以实测为准。各种物料的堆密度见表 9-1。

9.1.2.3 安息角

安息角即松散物料在平面上堆成锥形时锥的侧面与水平面的夹角，单位为度（°）。堆积料与平面相对静止时的安息角为静安息角；相对运动时的安息角为动安息角。物料的安息角也与水分和粒度有关，准确值以实测为准。

物料的动安息角一般为静安息角的70%。各种物料的静安息角见表 9-1。

表 9 – 1　各种物料的堆密度和静安息角

物料名称	堆密度/t·m⁻³	静安息角/(°)	物料名称	堆密度/t·m⁻³	静安息角/(°)
灰粉状生石灰	0.55	25	烧结矿	1.4~1.6	35
灰粉状熟石灰	0.55	30~35	矿石	1.7~3.0	30
无烟煤	0.8~0.95	27	锰矿	1.7~1.8	30~35
原煤	0.8~0.85	27~30	贫铁矿	2	30
煤粉	0.6~0.85	30	富铁矿	2.5	35
焦炭	0.5~0.7	35	铁精矿	1.6~2.5	33~35
高炉灰	1.4~1.5	25	白云石	1.2~1.6	35
轧钢皮	2~2.5	35	小块石灰石	1.2~1.5	30
煤灰渣	0.6~0.9	35	干黏土	1.8	40
烧结混合料	1.6	35~40	湿黏土	2	45

9.1.3　物料运输设备的选择

烧结厂使用的物料运输设备有胶带运输机、螺旋输送机、链板运输机、刮板运输机、埋刮板运输机、斗式提升机、气力输送装置等。

物料运输设备选择的依据是：物料的特性、物料所处的环境、运输的目的和所要达到的输送能力等。

原料（包括铁料、熔剂、燃料）、混合料、冷返矿和冷烧结成品矿等的输送采用胶带运输机为宜。在中、小型烧结厂中，煤粉、精矿粉、石灰石粉和生石灰的运输也有采用埋刮板运输机的，大多数烧结厂输送生石灰选用了气力输送装置。

刮板运输机主要用于运送水分小于 10%、温度低于 500℃ 的小块、粒状或粉末状物料。气力输送装置和埋刮板运输机的主要优点是物料全部在壳体内或管道内封闭运输，能大大改善劳动条件。

烧结机尾部的散料、集尘管的散状物料，一般采用刮板运输机输送。刮板运输机分干式刮板运输机和湿式刮板运输机，其主要优点是减少污染，改善劳动条件。湿式刮板运输机还对集气管起密封作用，减少了有害漏风。烧结机机头除尘灰也有采用湿式刮板运输机输送的，但是由于粉尘过于细，在水中沉降困难，随溢流水流失较大。各部除尘灰采用螺旋输送机输送较为适宜，因为螺旋输送机密封良好，可以减少灰尘的飞扬。

对于热烧结矿，当烧结厂距炼铁厂较远时，一般采用烧结矿车运输。优点是管理方便、操作简单；缺点是灰尘大，不易密封，高炉矿槽基建投资大，设备重。当烧结厂与炼铁厂靠近时，一般采用链板运输机、箕斗或小矿车卷扬运输。其优点是设备轻、机尾易于密封除尘，但链板运输机易出故障，箕斗、小矿车容量小，只限于小型烧结厂使用。

对于冷烧结矿，当烧结厂靠近炼铁厂时，一般采用胶带运输机运输。其优点是运行可靠，减少粉碎，管理方便；缺点是胶带消耗量大。当烧结厂距炼铁厂较远时，小型烧结厂一般采用矿车运输，而大型烧结厂因生产能力大而采用胶带运输机。

9.2　胶带运输机

胶带运输机包括普通胶带运输机、管状胶带运输机和气垫胶带运输机等，它们的特点都是以橡胶带为运输载体的运输设备。本节以普通胶带运输机为例，介绍胶带运输机设备。

9.2.1 胶带运输机

9.2.1.1 特点及应用范围

胶带运输机具有基建投资省、运输量大、工作可靠、操作方便、转向灵活、维护便捷等特点。它的适用范围相当广泛，可充当冶金、煤炭、化工、电力、交通运输等部门的运输设备。适用于运输密度为 $0.5 \sim 2.5 t/m^3$ 的各种块状、颗粒状、粉状散料或成件物品，是冶金行业物料运输的主要运输设备。

9.2.1.2 规格型号

胶带运输机按结构形式可分为特轻型、轻型和标准型，其中，标准型按设计年份的顺序及结构的不同分为 TD62 型和 TD75 型。新近投产的烧结厂均采用 TD75 型的改进型。带式运输机的规格按胶带宽度划分，产品系列见表 9 - 2。

表 9 - 2　胶带运输机产品系列

规　格		特轻型胶带运输机	轻型胶带运输机	TD75 型胶带运输机	GH69 型高倾角花纹胶带运输机	DX 型钢绳芯胶带运输机	GD 型钢绳索引胶带运输机
带宽系列单位/mm	125	√					
	200	√					
	300		√				
	400	√	√				
	500	√	√	√	√		
	650		√	√	√	√	
	800		√	√	√	√	√
	1000		√	√	√	√	√
	1200		√	√	√	√	√
	1400			√	√		
	1600			√			
	1800					√	
	2000					√	

注：有系列产品的用"√"标记。

9.2.1.3 布置形式及要求

A　布置形式

胶带运输机布置形式有水平、倾斜、倾斜 - 水平、水平倾斜、两个以上弯曲线路几种形式。其布置形式如图 9 - 1 所示。

B　布置要求

胶带运输机的布置要求是：

（1）在曲线段内，不允许设给料和卸料装置。

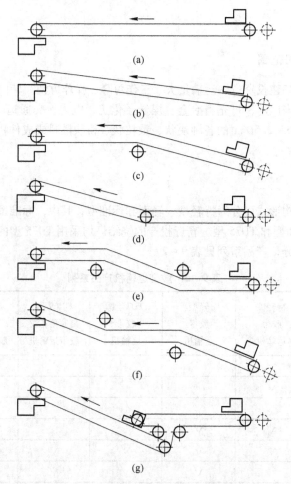

图 9 - 1　胶带输送机布置形式示意图

（a）水平；（b）倾斜；（c）倾斜 - 水平；（d），（g）水平倾斜；（e），（f）两个以上弯曲线路

（2）给料点最好设在水平段内，因为倾角大时，给料点设在倾斜段内容易撒料。

（3）各种卸料装置应设置于水平段。

（4）胶带运输机的倾角取决于胶带和物料之间的摩擦力、输送带的断面形状、物料的安息角、装载方式和输送带的运动速度。

9.2.1.4　胶带运输机的结构

胶带运输机的结构大同小异。本节以 TD75 型胶带运输机为例介绍其结构，图 9 - 2 所示为胶带运输机的结构示意图。

9.2.2　部件性能及作用（TD75 型）

9.2.2.1　输送带

输送带在胶带运输机中起承载和牵引作用。输送带是胶带运输机中最重要、最昂贵的部件，其价格约占输送机总投资的 25% ～50% 左右。

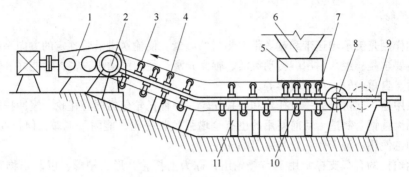

图 9 - 2 胶带运输机总体结构示意图

1—驱动机构；2—头轮；3—输送带；4—上托辊；5—导料拦板；6—漏斗；
7—缓冲托辊；8—尾轮；9—螺杆张紧装置；10—下托辊；11—支撑架

胶带运输机常用的输送带主要有两类：织物芯胶带和钢质芯胶带。烧结厂使用的大都是织物芯胶带。织物芯胶带中的衬垫材料用得很多的是棉织物衬垫，近年来也常有其他的化纤织物衬垫，如人造棉、尼龙、聚胺物、聚酯物等。烧结厂使用的胶带芯大部分是帆布和尼龙及聚酯衬垫，随着烧结机大型化，胶带芯也有聚胺物、聚酯物和钢绳芯及钢板芯。

在输送带中，上覆面胶层是输送带的承载面，直接与物料接触并承受物料的冲击和磨损，因而较厚，其厚度视被运物料的不同一般在 3～9mm 之间。侧胶用于保护输送带在跑偏时不受机械损伤。

普通织物芯胶带的工作温度在 -10～40℃。当物料温度高时，应采用耐热胶带，其工作温度范围是 80～110℃。输送带的张力由衬垫承受，胶带的强度取决于胶带的宽度和衬垫层数。普通胶带的径向拉断强度为 560N/（cm·层），即 56kg/（cm·层）；强力型胶带径向拉断强度为 1400N/（cm·层），即 140kg/（cm·层）。

9.2.2.2 传动滚筒（头轮）

本系列传动滚筒为钢板焊接结构。传动滚筒分为光面、包胶和铸胶滚筒 3 种。在功率不大、环境温度小的情况下可采用光面滚筒；在传动功率大、环境潮湿容易打滑的情况下应采用胶面滚筒。铸胶滚筒质量较好，胶层厚而耐磨，有的表面铸有斜纹以增大摩擦力。包胶滚筒可达到同样的使用性能，虽然使用寿命短，但胶面可在现场更换。

9.2.2.3 驱动装置

胶带运输机的驱动装置由电动机、减速机、联轴器及保护罩组成，本系列不包括多滚筒传动。还有一种将电动机、减速器装入滚筒内的传动滚筒，称为电动滚筒。它结构紧凑，外形尺寸小，便于布置，适用于小功率的可逆配仓胶带机，这种胶带运输机一般用于对多个矿槽上料。

9.2.2.4 改向滚筒

改向滚筒用于改变输送带运行方向或增加输送带与传动滚筒的包角。180°改向滚筒一般用做尾部滚筒（尾轮）或垂直拉紧滚筒；90°改向滚筒一般用做垂直拉紧装置上的改向滚筒；小于45°改向滚筒一般用做增面轮。本系列改向滚筒为钢板焊接结构。

9.2.2.5　托轮

托轮的作用是支承输送带和输送带上物料的质量，使输送带沿着预定的方向平稳运行。对托轮的基本要求是：经久耐用、转动灵活、辊面光滑、径向跳动小、密封性能好、轴承能得到良好的润滑、自重较轻、尺寸紧凑等。

托轮按用途不同可分为一般托轮和特种托轮。特种托轮包括调心托轮、缓冲托轮等。一般托轮壳体用无缝钢管制造。目前使用的也有全增强塑料托轮，能耐酸、碱，但抗冲击能力差，另外，有的也使用新型陶瓷托轮和聚氨酯托轮。

胶带运输机的有载支撑常用三节托轮组，称为上托轮，形成槽形，以防止物料向两边撒料。无载支撑常用平形托轮。胶带运输机的装载处由于受物料的冲击，常采用缓冲托轮组。调心托轮是将三节槽形托轮组的两个边托轮朝胶带的运行方向前倾一定角度（3°～5°）。当输送带跑偏时，一侧的摩擦力大于另一侧的，促使输送带回复到原来位置。

9.2.2.6　拉紧装置

拉紧装置的作用是：保证输送带有足够的张力，使所需牵引力得以传递，防止输送带打滑；保证带条的塑性伸长和过渡工况下弹性伸长的变化；为输送带接头提供必要的行程。

拉紧装置分为螺旋式、小车重锤式和垂直重锤式 3 种形式。

（1）螺旋式。适应于长度小于 80m、功率小的胶带运输机。其行程有 $S = 500$mm 和 $S = 800$mm 两种，拉紧行程一般按输送机长的 1% 选取。

（2）小车重锤式。适应于长度较长、功率较大的胶带运输机。由于其简单可靠，在设计时应优先选用。

（3）垂直重锤式。适应于安装在高栈桥上的胶带运输机，它下面有足够的空间布置张紧滚筒、重锤及保证所需的张紧行程。

螺旋式拉紧装置需要人工调节来补偿其伸长变化，而后两种可以自动补偿。

9.2.2.7　制动装置

倾斜布料的胶带运输机为了防止有载停车时发生胶带下滑，经制动力矩核算，视具体情况增设制动装置。常见的制动装置有带式制动器、滚柱制动器和液压电磁闸瓦式制动器 3 种。

（1）带式制动器。其结构简单，适应于倾角不超过 18°的上行输送带。缺点是制动时先倒转一段距离，造成给料处堵塞溢料。头部滚筒直径越大，倒转距离越长，因此，对大功率的胶带运输机不宜采用带式制动器。

（2）滚柱制动器。安装在双端输出减速器的外端，与输送带滚筒同步运转，顺转时星轮切口内的滚柱位于切口的宽侧，不妨碍星轮在固定圈内转动；倒转时滚柱挤入切口的窄侧，将星轮楔住，滚筒被制动。

（3）闸瓦式制动器。安装在减速机输入轴的制动轮上，闸瓦式制动器在带电时，由电液驱动器推动松闸，失电时弹簧抱闸，制动力是由弹簧和杠杆加在闸瓦上的。

9.2.2.8　卸料装置

卸料装置用于胶带运输机中间卸料，分型式卸料器、卸料车和重型卸料车 3 种。型式卸料器结构简单，成本低，但对运输带磨损严重。卸料器刮料的胶皮要及时更换，防止夹具磨输送带。卸料车安装在轨道上，可在负载情况下行走，可以单侧和双侧卸料，使用灵活，一般用于对矿槽给料。

9.2.2.9 清扫器

颈部滚筒清扫器用于输送带卸料后的清扫,分为重锤式和弹簧式两种。清扫器有橡胶和金属两种材质,尾部滚筒前设空段清扫器("人"字形清扫器),可以清除黏附在输送带非工作面的物料,同时也可防止掉落的托轮或大块物料进入尾轮损伤皮带的事故发生。

9.2.3 保护装置

为了保护胶带运输机的正常运行,除电动驱动保护外,选择在胶带运输机上易产生异常运行部位安装相应的检测装置,当出现异常状况后,发出报警或调正信号以便于调正或停止运行,防止事故扩大,从而起到保护作用。应当指出,保护装置只具有一定的检测功能,它是正确地安装设备和正常管理的补充,如果过多设置保护装置,将会产生噪声干扰或造成设备频繁停车等害处,因此,在安装保护装置时,要适当考虑极限位和调正间隙,防止误动作故障。目前,在胶带运输机上设置的保护装置有下列几种:

(1) 漏斗堵料检测器。漏斗堵料检测器安装在输送机头部漏斗壁上,用以检查漏斗内料流情况。当漏斗堵塞时,料位上升,检测器发出信号并切断运输机电源,从而避免事故发生。

(2) 胶带打滑检测器。胶带打滑检测器是一组测速开关,当胶带出现打滑时,运行速度降低至设计速度的60%~70%时,发出信号并切断电源。胶带打滑检测器形式较多,主要有滚轮型、平托轮型等。

(3) 跑偏检测器。胶带跑偏检测器安装在胶带运输机头部和尾部两侧(成对安装,以控制输送带左右跑偏),当输送带在运行中跑偏时,输送带推动防偏挡轮,挡轮偏到一定角度时,开关动作发出信号或切断电源,使输送机停止运转。电动调整托辊与跑偏检测器联合使用,可以实现跑偏自动调整。

(4) 有料指示器。有料指示器安装在输送机前半部分,用以检测有无料情况,它有极限开关型和超声波型两种。

(5) 金属清除装置。物料运输过程中常混有铁杂物,会划伤胶带和进入破碎设备而造成事故,必须及时清除。常用的清除装置是电磁铁除铁器。

(6) 胶带纵裂检测器。输送机头部卸料漏斗若有大块物料或金属异物卡住时,有可能划伤胶带,该检测装置能及时检出并切断电源,停止运行,清除异物,以免事故扩大。

9.2.4 胶带运输机安装标准

传动部分包括电动机找正和减速机检修,均按通用标准规定执行。

9.2.4.1 头轮、尾轮、增面轮的安装标准

头轮、尾轮、增面轮的安装标准是:
(1) 横向中心线对输送机纵向中心线的重合度允许误差为2mm。
(2) 轴向中心线对输送机纵向中心线的垂直度允许误差为1mm/m。
(3) 各轮轴的水平度允许误差为0.5mm/m。
(4) 头轮表面所包胶皮螺丝头应低于胶皮面,螺丝齐全而且必须拧紧,胶皮紧贴轮子的表面,胶皮宽度与头轮的边缘平齐,如果用胶带作包层时,厚胶层向外。
(5) 轴颈无沟槽、毛刺等缺陷,如 TD62 型用铜瓦时,则轴的台肩与瓦的端面保持0.12~

0.15mm 的窜动间隙，如果用滚珠轴承，头轮径向间隙 0.025 ~ 0.045mm，尾轮和增面轮其轴承径向间隙 0.012 ~ 0.022mm。

（6）头尾轮中心线必须平行，平行度最大允许误差为 5mm。

9.2.4.2　机架的安装标准

机架的安装标准是：

（1）中心线对输送机纵向中心线的重合度允许误差为 3mm。

（2）立柱的不垂直度或立柱对建筑物的垂度允许误差为 3mm/m。

（3）在组装支承托辊支架的槽钢或角钢时，应符合以下标准：

1）在保证设备之间正常衔接配合下，中间机架的倾斜不得大于设计规定的标准。

2）不直度允许误差为 3mm/m，全长不超过 6mm。

3）相对标高允许误差为 2mm，跨距允许误差为 ± 1.5mm。

4）接头处左右、高低的偏移允许误差为 1mm。

5）固定托辊支架的相对两螺栓孔中心的中心连线对输送机的纵向中心线的不垂直度允许误差为 2mm/m。

9.2.4.3　组装托辊的要求

组装托辊的要求是：

（1）不水平度允许误差为 2mm/m（槽形托辊在中间托辊上测量）。

（2）对输送机纵向中心线的不垂直度允许误差为 1mm/300mm。

（3）横向中心线对输送机纵向中心线的不重合度允许误差为 ± 3mm。

（4）各托辊的螺母上表面线应在同一水平面上，其高低允许误差为 ± 3mm。

（5）托辊小轴应很好地嵌入支座凹槽内，使其落到槽底，如果不适当时，可将小轴进行处理或更换支架。

9.2.4.4　尾部拉紧装置

小车式拉紧装置的安装要求是：拉紧小车的车轮必须转动灵活，4 个车轮对角线允许误差为 ± 2mm；绳轮应转动灵活，安装牢固；钢绳表面层必须涂有干油，配重要适宜。

滑块式螺旋拉紧装置的装配要求是：轴与铜套的间隙为 0.15mm，大于 2mm 时要更换，其窜动间隙为 1 ~ 2mm；滑块与滑座配合间隙为 0.3 ~ 0.5mm，前后滑动不允许有卡、碰现象；滑座安装时，必须找平、找正、与带式输送架纵向中心平行；丝杆安装后要转动灵活，丝杆必须涂油。

9.2.4.5　带小车式输送机的小车安装要求

带小车式输送机的小车安装要求是：

（1）卸料小车纵向中心线对输送机纵向中心线的不重合度允许误差为 ± 2mm，在运行时应平稳。

（2）两平行轨道纵向中心线对输送机纵向中心线的不重合度允许误差为 ± 1mm。

（3）每根钢轨在安装时必须先矫直，其不直度允许误差为 1mm/m，全长 3mm。

（4）两平行轨道的接头位置应错开，其错开距离不得等于行动部分前后两支承轮子的间距。

（5）轨距允许误差为±2mm。

（6）相对标高允许误差为1mm。

（7）接头处的间隙为1~2mm，偏差允许误差为高低0.1mm，左右0.2mm，严禁火焰切割。

（8）固定轨道用的紧固件安装位置正确，密切配合，确实锁紧，螺栓孔不得用火焰切割，同时，必须保证螺栓及鱼尾板不与小车碰撞。

（9）轨道下面所垫的垫板应平整，且略宽于钢轨底面，垫板的数量每组不得超过3块。

（10）卸料小车移动设备的安装要求为：主动轮和被动轮的跨距应相同，允许误差为1mm，且与两轨中心线对称重合，其不重合度允许误差为0.4mm/m；同一边车轮宽中心线在同一直线上，其允许误差为1mm，且应平行于输送机的纵向中心线；同一边的车轮轴距允许误差为±2mm，被动车轮轴心线与两轨道纵向中心线不垂直度允许误差为0.2mm/m；主、被动车轮前后车轮安装对角线允许误差为2mm。

9.2.5　常用计算

9.2.5.1　带速计算

带速计算公式为：

$$v = \frac{n\pi D}{60} \tag{9-1}$$

式中　v——带速，m/s；

　　　n——传动滚筒转速，r/min；

　　　D——传动滚筒直径，m。

9.2.5.2　输送量计算

输送量计算公式为：

$$Q = B^2 kyvc\zeta \tag{9-2}$$

式中　Q——输送量，t/h；

　　　B——带宽，m；

　　　k——断面系数；

　　　y——物料堆密度，t/m³；

　　　v——带速，m/s；

　　　c——倾角系数；

　　　ζ——速度系数。

9.2.5.3　运输带展开长度计算

运输带展开长度计算公式为：

$$L_0 = \frac{\pi}{2}(D_1 + D_2) + 2L + AN \tag{9-3}$$

式中　L_0——胶带展开长度，m；

　D_1，D_2——头尾轮直径，m；

　　　L——输送机头、尾轮中心距长度，m；

　　　　　A——胶带接头长度，m；

　　　　　N——胶带接头数。

9.2.5.4　胶带接头长度计算

　　胶带接头长度计算公式为：

$$A = (Z - 1)b + B\tan30°　　　　　　(9-4)$$

式中　Z——胶带带芯层数；

　　　　b——硫化接头阶梯长度，一般取 $b=0.15$m；

　　　　B——胶带宽度，m。

9.2.5.5　整卷胶带长度的计算方法

　　整卷胶带长度的计算方法为：

$$L = \frac{\pi}{2}(D + d)n + B　　　　　　(9-5)$$

式中　L——整卷胶带长度，m；

　　　　D——带卷外直径，m；

　　　　d——木芯（或铁芯）外直径，m；

　　　　n——胶带打卷圈数；

　　　　B——搭接长度，m。

9.3　物料输送设备

　　物料输送设备除胶带运输机外，还有螺旋输送机、斗式提升机、链板运输机、板式给矿机等。本节主要介绍螺旋输送机、斗式提升机和气力输送设备。

9.3.1　螺旋输送机

　　螺旋输送机本体如图9-3所示，包括头部轴承、尾部轴承、悬挂轴承、螺旋、机壳、盖板及底座等部件。驱动装置由电动机、减速器、联轴器及底座等组成。

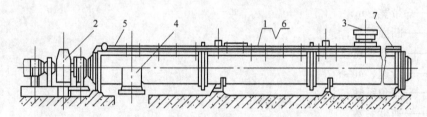

图9-3　螺旋输送机的结构示意图

1—螺旋本体；2—驱动装置；3—进料口；4—出料口；5—头节；6—中间节；7—尾节

9.3.1.1　应用范围

　　螺旋输送机是利用螺旋旋转而推动物料，是一种不带挠性牵引构件的输送设备。螺旋输送机适宜于输送水分含量低的各种粉状、粒状和堆密度小的物料，如煤粉、水泥、白灰等。不宜输送易变质的、黏性大的和易结块的物料。螺旋输送机使用的环境温度为 -20～+50℃，物料温度小于200℃；输送机的倾角β≤20°；输送机长度一般取小于40m，最长不超过70m，如输运流程较长，可采用多台或多级连续输送。在烧结厂，螺旋输送机主要用于输送除尘器排放的灰尘及生石灰等。

9.3.1.2 特点

螺旋输送机与其他输送设备相比较，具有结构简单、横截面尺寸小、密封性能好、可以中间多点给料和卸料、操作安全方便以及制造成本低等优点。它的缺点是机件磨损较严重、输送能力小、消耗功率大、物料在运输过程中易破碎。

9.3.1.3 分类

螺旋输送机的螺旋叶片有实体面型、带式面型及叶片面型3种。实体螺旋面称为S制法，其螺旋节距为叶片直径的0.8倍，适用于输送粉状和粒状物料；带式螺旋面又称为D制法，其螺旋节距与螺旋叶片直径相同，适用于输送粉状及小块物料；叶片式螺旋面应用较少，主要用于输送黏度较大和具有可压缩性的物料，在输送过程中，同时完成搅拌、混合、消化（生石灰加水）等工序，其螺旋节距约为螺旋叶片直径的1.2倍。

螺旋输送机的螺旋叶片有左旋和右旋两种旋向，有单螺旋和双螺旋两种结构。

螺旋输送机的类型有水平固定式、垂直式及弹簧螺旋输送机3种。水平固定式螺旋输送机是最常用的一种形式，其输送倾角小于20°，螺旋叶片有实体面型及带式面型2种，输送长度一般为40m以下；垂直式螺旋输送机用于短距离提升物料，输送高度一般不大于6m，螺旋叶片为实体面型，它必须有水平螺旋喂料，以保证必要的进料压力；弹簧螺旋输送机是用挠性弹簧代替刚性的螺旋轴而输送物料，它的特点是结构简单、安装维护方便，但输送量小、输送距离较短，一般用于距离不大于15m的水平或垂直方向的输送。

9.3.2 斗式提升机

斗式提升机结构如图9-4所示。

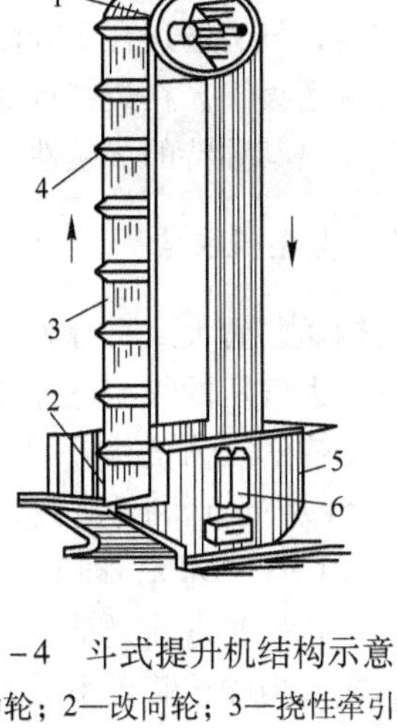

9.3.2.1 应用范围及特点

斗式提升机用于垂直或倾斜输送粉状、颗粒状及小块状物料。其提升高度可达30m，常用范围为12～20m。输送能力在300t/h以下，一般情况下多用垂直式提升机，当垂直式提升机不能满足特殊工艺要求时，才采用倾斜式提升机。

斗式提升机的优点是：横断面外形尺寸较小，可使输送系统布置紧凑，提升高度大，有良好的密封特性等。

斗式提升机的缺点是：对过载比较敏感，料斗和牵引构件和链节较易损坏。

图9-4 斗式提升机结构示意图
1—驱动轮；2—改向轮；3—挠性牵引构件；
4—料斗；5—底座；6—拉紧装置

9.3.2.2 分类

斗式提升机的分类有：

（1）按物料输送的方向不同可分为垂直式和倾斜式。

（2）按卸载方式不同可分为离心式、离心 - 重力式、重力式。

（3）按装载方式不同可分为掏取式和流入式。

（4）按料斗的形式不同可分为深斗式、浅斗式和三角式。

（5）按牵引构件形式不同可分为带式、环链式和板链式。

（6）按运输能力大小不同可分为重型、中型和轻型。

9.3.2.3　输送能力计算

斗式提升机输送能力的计算公式为：

$$Q = 3.6(i_。/a)v\psi\gamma \qquad (9-6)$$

式中　Q——输送能力，t/h；

$i_。$——漏斗容积，m³；

a——料斗间距，m；

v——提升速度，m/s；

ψ——填充系数；

γ——物料堆密度，t/m³。

9.3.3　气力输送设备

气力输送设备是在管道内利用气体将粉状物料从一处输送到另一处的管道输送设备。气力输送是在 19 世纪才发展起来的一种新的物料运输方法。但由于当时很难得到气力输送所需的压力机械，同时相应的控制设备和元器件也尚未发展，因而气力输送的规模和应用受到了限制。随着科技水平的进步，气力输送得到了发展，其应用范围越来越广泛，规模也有很大提高。到了 20 世纪 70 年代，国外已出现了输送能力为 460t/h 的谷物装卸用的气力输送设备和输送能力为 500t/h、输送距离超过 1000m 的气力输送水泥的设备。

在国内，气力输送在 20 世纪 30 年代就开始在水泥制造中有所应用，近年来，许多行业都采用气力输送设备。在烧结行业中，气力输送应用于生石灰等容易造成环境污染的粉状物料运输，已经显出其独特的优越性。

9.3.3.1　类型及特点

气力输送装置大致可分为吸引式与压送式两种类型。吸引式是将空气与物料一起吸入管内，靠低于大气压的气流进行转送；而压送式则是采用高于大气压的压缩空气吹动物料进行输送的。根据输送压力的大小可将吸引式气力输送装置分为高真空式（ - 0.01 ~ 0.05MPa，即 - 0.1 ~ 0.5kg/cm²）和低真空式（ - 0.01MPa，即 - 0.1kg/cm²）；将压送式气力输送装置分为高压式（0.1 ~ 0.7MPa，即 1 ~ 7kg/cm²）和低压式（0.05MPa 以下，即 0.5kg/cm² 以下）。

A　吸引式气力输送装置

吸引式气力输送装置系统如图 9 - 5 所示。

这种装置具有以下特点：

（1）适用可从几处向一地集中输送的场合。它不但可以将分散的物料从各处依次地吸引输送，而且可以从几处同时进行吸引输送，并且输送过程是连续进行的。

（2）适用于堆积面很广或装在低处、深处的物料的运输。例如运送装载堆积在仓库内或散装在货车、船舱内的粉状物。在这种场合最能发挥其特长，而其他许多运输方式在这种场合下几乎都不能工作。

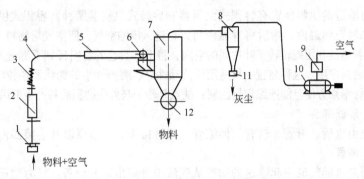

图 9-5 吸引式气力输送装置系统示意图

1—供料器；2—输料管；3—软管；4—弯管；5—水平输料管；6—回转接头；

7—分离器；8—除尘器；9—消声器；10—风机；11—卸灰阀；12—卸料器

（3）由于是负压操作，所运输的起始点不会造成粉尘飞场，而且即使输料管磨破也不会造成物料往外泄漏。

（4）与压送式气力输送相比，它对分离器和除尘器要求严格，而且输送距离和输送量都较低。

B 压送式气力输送装置

压送式气力输送装置系统如图 9-6 所示。

这种输送方式根据供料的形式不同，可有几种不同的形式。一般具有下列特点：

（1）适宜于从一处向几处分散输送。若将输料管分叉，再安装上切换阀，则可以很方便地改变输送路线，若在分叉处的气流和物料分配恰当，也就可以同时向几个地方输送。由于受装料罐容积的限制，这种输送是间断进行的。

（2）适合于大容量长距离输送。

（3）因输送过程中输料管内为正压，所以在设备的连接处如有泄漏或管道破损就会造成管内物料飞出而污染环境。

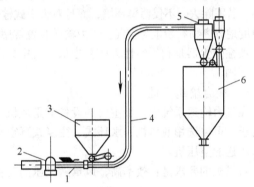

图 9-6 压送式气力输送装置系统

1—供料气；2—风机；3—装料罐；4—输送管；

5—分离器；6—受料槽

（4）与吸引式气力输送相比，其分离器和除尘器的结构简单，但供料器却复杂得多。

9.3.3.2 主要部件

A 供料装置

吸引式气力输送的供料装置有双筒型吸嘴和固定式受料嘴两种。双筒型吸嘴由入口处做成的喇叭形内筒和可以上下活动的外筒组成。工作时可以根据输送物料的性质和输送条件来改变内外筒下端的相对高度，以获得最佳的物料与空气的混合比，实行高效输送。这种供料器主要用于从车船、仓库、场地吸取物料。固定式受料嘴用于直接从料斗式容器下落，供给到输料管内的场合。物料的下落量可以靠改变挡板的开度进行调节。这种供料器限用于各类飞灰式、气流式等流动性好的物料，靠调节挡板开口度就可以定量地供给物料。

　　压送式气力输送的供料装置有容积式供料器和旋转式供料器两种。容积式供料器的工作原理是：将粉状物料充到罐内，然后将容器密封，再送入压缩空气，使空气与物料一起喷出到输料管中。旋转式供料器是利用旋转转子叶片间的空间，将上部料仓的物料带到下部进入输送管道，叶片与壳体接触起密封作用。这种装置一般适用于流动性好、磨损性小的粉状及颗粒状物料。其优点是结构紧凑，运转维修方便且能连续定量给料；缺点是转子与外壳磨损后易产生漏风现象。

　　B　输料管系统部件

　　输料管系统由直管、弯管、软管、伸缩管、回转接头、增速器以及连接部件等配置而成。

　　C　物料分离器

　　物料分离器是将随气流一起输送的物料从气流中分离出来的设备。气力输送装置的物料分离器有容积式分离器和离心式分离器两种。

　　容积式分离器也称为沉降器，它是利用容器有效截面的突然扩大，气流速度降低而使空气失去对物料的携带能力，从而使物料靠自重沉降力与气流分离。

　　离心式分离器也称为旋风分离器。进入分离器的含尘气体，沿着内壁一面做旋转运动，一面下降。由于到达圆锥后，随着旋转半径的减小，旋转速度逐渐增加，使气流中的物料颗粒受到离心力作用，使它从旋转气流中分离出来并沿着分离器内壁下落到底部积灰室。而气流则在到达圆锥下部附近就开始逐渐旋转上升，最后从出口排出。

　　D　除尘器

　　气力输送装置中的物料分离器已将气流中的绝大部分物料分离出来，但仍有部分物料混在气流中，若不除去，不仅污染环境，而且对吸引式输送的风机转子磨损较大。所以必须用除尘器最大限度地分离物料粉尘与空气。气力输送装置常用的除尘器有惯性除尘器和离心式除尘器两种。

　　惯性除尘器是利用惯性力使粉尘从气流中分离出来，而离心式除尘器工作原理与离心式分离器相同。

　　E　气力输送风机

　　在气力输送系统中，最主要的设备就是风机。风机是气力输送的动力来源。根据输送系统的要求，可以选用通风机、水环式、往复式真空泵吸气，也可以选用低压压送的罗茨式风机或高压压送的空压机。

　　对风机的要求是：效率高，风量随风压的变化小，经久耐用，便于维修。

9.3.3.3　输送量的计算

　　输送量的计算公式为：

$$Q = Q_f M \gamma_a \tag{9-7}$$

式中　Q——输送量，t/h；

　　　　Q_f——系统总风量，m^3/h；

　　　　M——混合比；

　　　　γ_a——空气密度，t/m^3。

9.4　物料运输设备巡检及维护

9.4.1　生产操作

9.4.1.1　开机前的准备

　　开机前的准备工作有：

（1）开机前确认设备上无人及杂物，设备无缺陷。

（2）胶带机侧事故开关合好，选择开关置"联动"位置。

（3）与主控室取得联系，报告检查情况。

9.4.1.2　开机作业

开机作业要求是：

（1）由主控室联锁启动，现场做好监视。

（2）单机操作：处理事故或设备检修后试车，需要单机运转时，向主控室提出要求，由主控室打"单机"，岗位自行操作；带负荷单机运转时，必须确认下游设备已运转正常，方能启动设备，单机操作完毕，选择置"联动"位，并报告主控室。

9.4.1.3　停机作业

停机作业要求是：

（1）联动运转停止，由主控室联锁停止，现场确认。

（2）机旁停止：发现设备出现异常或紧急故障，则切断事故开关，报告主控室并现场检查，处理问题时必须停电。

9.4.2　胶带运输机巡检及维护

9.4.2.1　巡检内容及维护

巡检内容及维护标准见表9－3。

表9－3　巡检内容及维护标准

检查部位	检查内容及标准	检查周期	维护标准
电动机	地脚、接手螺丝紧固齐全	8h	地脚螺丝松动要拧紧，地脚无油泥，电机无积灰
	地线不断，无裸露，绝缘好	8h	地线断裂、破皮报告电工处理
	安全罩不缺，牢固可靠	8h	有缺陷要及时报告
	温度小于65℃，平稳，无杂音	随时	温度大于65℃要报告电工检查
减速机	各部位螺丝、接手紧固齐全、不窜，连接牢固	8h	地脚无油泥、无积料
	油位在油标中线	8h	油标未达到中线，应报告有关人员
	轴承温度小于65℃	2h	温度大于65℃应报告检修处理
	运行平稳，无异常响声	随时	有异常声音时报检修处理
胶带机	托轮、支架、吊挂不缺不响、可靠	随时	有异常时及时处理
	胶带不开裂、无刮伤、不跑偏	随时	胶带发现开裂、刮伤要报告处理，跑偏要及时调整处理
	轴承温度小于65℃，运转无音，轴瓦见新油	随时	温度大于65℃时应报告处理
	头轮、尾轮、增面轮无破损、不粘料	8h	发现破损应报告处理，有粘料及时清除
	漏斗、翻板不开焊，牢固，灵活，不卡	8h	发现开焊应报告处理
	清扫器、挡皮，不刮胶带，完好	8h	清扫器胶皮上缘与夹铁距离低于30mm时，应及时更换
	抱闸要灵活，好使，无噪声	随时	闸皮磨损严重、闸轮变形时要报告电工处理

检查部位	检查内容及标准	检查周期	维护标准
张紧装置	钢绳有油、卡子紧固	8h	钢绳要定期加油，断股要及时反馈
	小车轮灵活好使、无积料、无积灰、无油泥	8h	小车轮卡住或掉道时要报告
	小车架、接料板完整、齐全、不脱焊，轮道上无积料、杂物	8h	发现脱焊要及时报告处理，发现积料要清除
砂 泵	运行平稳，无杂音	随时	发现异常应报告处理
	泵坑无杂物和大块积料	8h	有杂物、大块积料时应及时清理

9.4.2.2　巡检作业规范要求

巡检作业规范要求主要是：

（1）检查电动机、减速机、托辊运行平稳，胶带本体无横断或撕划，接头牢靠，钢丝不外露，除尘点挡皮、防尘罩门完好，清扫器安装适当有效。

（2）巡检发现异常情况及时报告，遇紧急情况必须及时停机，严禁擅自处理。

（3）及时清除楼梯、斜坡处散料、油泥，托轮备品放置在定置点，不得随处堆放。

（4）保持岗位照明度，落实联保互保和班中联系制度。

（5）现场巡检通道无障碍物，电器操作箱、动力柜门关好，安全、消防设施完好。

（6）管式胶带机运转中，不准翻越机架，不得接触齿轮箱和驱动滚筒外壳之间轴的外露部分。

（7）高温胶带上有红料需打水降温时，人不得进入地下通廊内，防止蒸汽伤人或窒息。

（8）捡铁器小胶带运行时，不准靠近接铁漏斗方向，处理故障及杂物时，必须停电。

9.4.3　螺旋给料机设备巡检及维护

螺旋给料机设备巡检及维护标准见表 9 - 4。

表 9 - 4　螺旋给料机设备巡检及维护标准

检查部位	巡检内容及标准	检查周期	维护标准
电动机	运行平稳，无杂音	随时	干净、无积灰
	地脚、接手螺丝紧固齐全	8h	无积灰、无油泥
	安全罩牢固，地线不卸不断	8h	无积灰
	温度小于65℃（不烫手）	8h	电机散热风扇运转正常
减速机	轴承温度小于65℃（不烫手）	8h	运行平稳，无杂音
	运行平稳，无杂音	随时	无积灰、无油泥
	各部螺丝紧固齐全	8h	无积灰、无油泥
	油位在油标中线，不漏不渗	8h	无油泥
螺旋运输机	运行平稳，无跳动、无擦壳	8h	无积灰，有问题及时汇报
	各部螺丝紧固齐全	8h	无积灰
	盖板封闭严密	8h	放料无漏灰
	头部轴承、接轴润滑良好	8h	有问题及时汇报处理

9.4.4 斗式提升机的维护与巡检

为了保证斗式提升机能连续可靠地工作，在维护使用中应注意下列各点：

（1）提升机在停车之前，必须先停止给料，并在输送物料全部卸完后方可停机。

（2）严禁满载启动，除非设计时考虑负载启动除外。若因事故停车后，启动前应将物料倒空。

（3）牵引构件松弛时，应及时调整拉紧装置至正常状态。斗、链部分在维护和使用中要经常检查，发现存有缺陷时应及时处理。

（4）提升机在正常运行中，给料要均匀，不可过多溢出斗外，回料过多或掉料多会造成挤或卡斗现象。若出现此故障时，应及时清除机壳内外的积料。

（5）各传动件要及时润滑，经常检查各部轴承温度，一般温升不超过35℃。

9.5 物料运输设备常见故障及处理

9.5.1 胶带运输机常见故障及处理

9.5.1.1 输送带跑偏

A 原因及处理方法

造成胶带运输机输送带跑偏的原因及处理方法见表9-5。

表9-5 输送带跑偏的原因及处理

状态	跑偏原因	处理方法
空载	（1）机架安装不正，或支架扭曲； （2）胶带接头不正，接头处跑偏最大； （3）胶带松弛或两边松紧不一致； （4）头、尾轮粘料； （5）胶带成槽性差，新胶带跑偏； （6）胶带破洞，使两边的拉力不一致； （7）掉托辊（托轮支架坏）； （8）托辊不转	（1）修理、校正支架； （2）割去跑偏的接头，重新胶接接头； （3）调整拉紧装置； （4）停机，铲除粘料； （5）使用一段时间后自然矫正； （6）调整拉紧装置； （7）更换托辊支架、补齐托辊； （8）更换托辊
负载	（1）以上空载中造成跑偏的原因； （2）尾部漏斗粘料，下料不正； （3）尾部漏斗安装不正，导致下料不正； （4）尾部漏斗挡皮过宽或安装不当	（1）相应地处理； （2）用高压风管清掉粘料； （3）校正漏斗，调整迎料板，改变下料点的位置； （4）更换挡皮或调整挡皮位置

B 输送带运转中跑偏的调整方法

输送带运转中跑偏，岗位人员调整的方法是在输送机适当位置将上托辊支架固定在机架上的4个螺栓卸掉3个，留1个作为轴心，当胶带向站位的一端跑偏时，就将这组支架沿胶带运动方向适当向前移，如果胶带向站位的另一端跑偏时，就将这组托辊支架向后适当移动（用这种方法可以根据现场情况选择单组或多组进行）。以上调整如果效果不大，而胶带总向站位的一端偏移，此时可将另一端托辊机架适当垫高，并可同时垫起数组。

C　胶带下层（回空段）跑偏

调整方法是用扳手移动下托辊吊挂位置，调整方法和上托辊一样。

9.5.1.2　胶带打滑

A　原　因

物料过载；驱动头轮未铸胶或橡胶损坏；头轮处有水或有潮料；胶带过松。

B　处理方法

胶带打滑时应立即切断事故开关停机。向主控室汇报，处理时必须有 3 人在场，1 人看守事故开关，1 人指挥，1 人用松香输送器向头轮送松香。作业完毕后，撤下工具和人员，合上事故开关，等下工序设备运转后在机旁启动胶带机。若没运转起来，第二次启动时，必须间隔30s，以防电机烧损。应该注意，电动机运转时，严禁上述操作，也严禁人机接触，更不允许用脚踩胶带。

9.5.2　气力输送装置故障的处理

9.5.2.1　输料管系统阻塞的原因及处理方法

输料管系统阻塞的原因及处理方法是：

（1）物料输送量过大。气力输送过程中，混合比增大则输送量随之提高，降低混合比能减少输送量。当输送过程中管内物料过多则不能形成悬浮输送，而使物料沉积在管底。因此，应增加空气量，使混合比降低，或者开动增速器来解决，如果仍不见效，需将预留的排灰孔打开，放出积灰。

（2）气源问题。气力输送过程中气源的重要性是不能忽视的。气源压力的波动情况及空气湿度的变化都能影响输送效果。压力过低，空气湿度过大，都可导致物料在管道内堵塞。因此，一般气力输送装置用的风机或空压机均应专机专用，以保证其工作压力的稳定。而在压送装置的气源设计中，应考虑在空压机后加设空气脱湿装置。

（3）合理选择弯管的曲率半径。一般情况是曲率半径越大，则阻力损失越小。但当曲率半径大于管径 15 倍时，阻力损失变化已不显著，但制作及施工都不方便。为防止弯管处堵塞，除加设增速器外，弯管的曲率半径应控制在管道内径的 5 ~ 15 倍。

9.5.2.2　输料管的磨损及对策

在气力输送过程中，物料与空气混合在输送管内运行。一般情况下，越是接近管底部，物料分布越密。因此，在水平直管或斜管中输送物料时，首先是在底部产生磨损。但是，输料管中物料颗粒的分布是随物料的性质、输送气流的速度、混合比、管径以及管路布置等情况而变化的，有时物料是在管底停滞，在上部进行输送，这时管子的上部反而比下部磨损快。

对于弯管来说，物料由于惯性而撞到外侧内壁上，一部分颗粒又从壁面反射回来，另一部分颗粒则在管子壁面上擦动，因此，在圆断面弯管的外侧内壁部位会产生像用凿子凿出似的凹坑。对方形断面弯管，由于物料颗粒是分散撞到管子内壁，所以能适当减轻磨损，从而延长使用时间。因为磨损是由于物料颗粒与管内壁摩擦式碰撞产生，物料颗粒越大，运动速度越高，则磨损也就越严重。另外，输送过程中混合比较高，导致磨损加剧，管道使用寿命缩短。但是，直管的磨损与弯管相比，一般要小得多。可以不必采取防磨损的特殊措施。而对于弯管则需从形状、材料以及结构形式等方面采取防磨措施。

由于弯管的磨损要比直管大得多，所以仅靠改变形状不能彻底解决磨损，需要加耐磨衬板。常用的耐磨材料有：耐热铸铁、耐磨球墨铸铁、辉绿岩铸石及耐磨橡胶等。上述各种材料价格都比一般钢管要高得多，所以要根据不同场合的具体条件选择适当的材料。应通过分析比较在运转中由于磨损造成物料泄漏或漏风所带来的影响、损失的多少、修补的难易和所需时间以及更换次数和费用等综合考虑来选择材料。

9.5.2.3 漏风的危害及防止措施

气力输送是在管道内利用气体的运动对粉粒状物料进行输送，一旦管道磨穿或连接处密封不严，将会产生漏风。

在吸引式气力输送装置中，由于管内压力低于管外压力，当出现漏风时，表现为管道内压力下降，物料与空气的混合比下降，造成输料量减少。另外，由于泄漏处的面积都很小，所以其空气流速必然很大，这就使泄漏处加快磨损、扩大，从而使漏风加剧。

一般易出现漏风之处就是容易产生磨损的弯管、法兰接口处，所以在管路连接处，应尽量采用焊接接头而不用法兰连接。其次就是采取耐磨措施，以延长弯管等易磨损部件的寿命。一旦发现漏风，应立即进行处理，以保证输送的正常进行。

9.6 胶带的连接

橡胶输送带的连接（也称接头）是影响胶带输送机正常运行的关键，要确保输送机正常运行，就必须合理地解决输送带连接问题。

橡胶输送带连接方法可分为机械式连接法和硫化胶接法两大类，胶接法又分为冷胶黏结法和热硫化胶接法。

机械式连接法常见的有合页式钢板铆接法、钩卡式胶带扣法、针形勾扣机胶带直接铆接法等方法。这类胶接法的共同特点是胶带与胶带通过连接机件结合，胶带之间的力传递是通过连接件进行的。一般这种接头法简便易行，作业所需时间较短，不需要复杂设备。机械式接头由于不加热，不需要黏结剂和有机溶剂，所以不会发生火灾或爆炸等事故，也无污染，不会变质，可以长存备用。但机械法接头的最大缺点是接头抗拉强度低，一般为原始胶带强度的30%～40%，最多不超过50%，使用寿命短（常为几个月或半年），另外，机械接头运转不平稳，噪声大，对托辊、滚筒等磨损严重，弯曲性能差，易造成物料散落，且不耐酸碱腐蚀。此外，连接件对胶带不利，易从接头处拉坏；接头间有空隙，漏料多，恶化环境，增加工人的劳动强度。

硫化胶接法是用胶接材料将两端黏合在一起，它有许多突出的优点。首先，接头强度可大幅度提高，可达原始胶带的90%；其次，接头部位带体柔软，弯曲成槽性能好，接头部位各项性能与胶带其他部位相差不大，接头使用寿命与胶带使用寿命基本一致。采用硫化胶接法可减少设备维护量，减少事故，提高生产作业率。

硫化胶接法与机械连接法相比较还有许多不便之处，如硫化胶接使用的黏结剂、胶片等存放都有时间和环境限制，胶接作业工序复杂，操作要求严格，需要操作人员有丰富的经验和熟练的技能。

9.6.1 胶接接头的种类和形式

9.6.1.1 斜阶梯布层搭接法

制作斜阶梯布层搭接操作方法：两个带头的每层布及上下胶层作为一阶剖成阶梯状，每个阶梯的切口互相平行，且与胶带纵向成夹角，台阶之间的长度一般选择为 100～300mm 之间，倾斜角度以 45°～70°之间为宜，而搭接是指两带头搭接时相对应的布层均搭接一定长度。

9.6.1.2　斜阶梯对接法

斜阶梯对接操作法：斜阶梯对接方式带头的剥开形式与斜阶梯搭接法完全相同，其区别仅在于两个头对合时布层切口相对而不搭接。

9.6.1.3　直阶对接和直阶搭接法

直阶对接和直阶搭接操作法：这两种接头形式与前述斜阶梯法的区别仅在于各层的解剖线与纵向呈直角，其他则相同。

9.6.1.4　斜坡口胶接和指状接头形式

斜坡口式是将两个带头的端部各切出一个角度相等而方向相反的切口，然后将两个切口打毛处理后进行黏合。指状黏结是将胶带割成手指状的齿口，两带头的齿互相插入咬合进行黏结。

9.6.2　接头胶接方法

通常情况下，胶带胶接分为冷胶黏结法和热硫化胶接法两大类。

9.6.2.1　冷胶接头制作工艺标准

A　放斜差

按 60°放，带宽 1400mm 加放 200mm；带宽 1000～1200mm 加放 150mm；带宽 1000mm 以下加放 100mm。要求尺寸准确，角度一致。

B　拔接头

严格按照线层递减的方式拔头，每个台阶宽度 100mm 以上，用刀划线时要注意不能伤及下一层线。

C　打毛、干燥接头

胶带接头拔完后，先要试合头，检查其吻合情况。打毛后要用干净的毛刷清扫粉尘，并要干燥接头（温度小于 80℃）。

D　涂胶、合头、固化

先要保证台面干净，刷胶浆时要均匀，并涂刷两遍，刷胶厚度不超过 0.3mm，待第一次刷胶干了后再刷第二遍胶，黏结剂干到刚刚不粘手时进行合头，严禁戴手套合头及接触黏结面，并要一次贴合成功，绝不允许揭开重新合头。合头要求胶带两端必须在同一条中心线上，然后用大锤由中间向两边捶打，要均匀密实，最后按台阶数从中间向四周钉若干排钉子，钉子一定要注意回脚。

9.6.2.2　热硫化胶接制作工艺标准

A　放斜差

热胶接头按 70°放斜差，主要是与硫化板角度相同，带宽 1200～1400mm 加放 80mm；1000mm 带宽及以下加放 60mm。

B 制作接头

严格按线层减一的方式操作，每个台阶保证 100mm 以上，划线和切割胶带台阶绝对不能伤及下一层线，接头按照斜坡口式将两头端部各切出一个角度相等而方向相反的切口，然后将两个切口进行打毛处理。

C 打毛

拔完接头后，一定要先试合一次头，并用硫化加热板或碘钨灯把胶带接头烤干然后开始打毛，打毛后用干净的毛刷清扫粉尘。

D 清洗胶片，涂刷胶浆、合头

胶片用 120 号汽油或清洗剂进行胶面清洗，严禁烟火，严禁戴手套拿放和现场乱放胶浆，清洗胶片时要清洗干净、晾干，黏结面充分干燥后刷胶浆，刷胶浆要均匀，等第一遍干透后再刷第二遍，第二遍干后粘贴胶片，且要平整覆盖整个接头，边子不齐要用胶片补齐，如有气泡要划破排气。合头时严禁戴手套接触黏结面，并要一次贴合成功，绝不允许揭开重新合头。合头要求胶带两端必须在同一条中心线上，然后用大锤由中间向两边捶打，要均匀密实。并且两边需要用挡边条收紧，然后安装好硫化器进行加热。

E 硫化加热

硫化温度为 147℃ ±3℃，在升温至 100℃ 前加压至 1.0MPa，在 120 ~ 130℃ 之间二次加压到 1.4 ~ 1.8MPa，直到硫化完毕，拆板温度不超过 80℃。

硫化时间按下式计算：

$$T = t + 0.7P + 1.6(A + B) \tag{9 - 8}$$

式中　T——胶带硫化时间，min；

　　　t——胶料正硫化时间，取 15min；

　　　P——胶带线层数；

　　　A——上覆盖胶厚度，mm；

　　　B——下覆盖胶厚度，mm。

9.6.3　冷、热胶接的特点及适用性

9.6.3.1　冷胶黏结

冷胶黏结具有作业工具简单、时间短、初黏力强（可达原始胶带的 70% 以上），且随着固化时间的延长，黏结强度逐步提高，24h 后可达 90% 以上等特性，但冷胶黏结的接头耐热性、耐曲挠性能及耐疲劳性较差，使用寿命较短，防水性差，易造成黏结处空层。因此，冷胶黏结适用于运输负荷较小、作业率低、使用周期较短或临时事故抢修的常温物料输送的工作环境。

9.6.3.2　热硫化胶接

热硫化胶接具有接头强度高（加热硫化后可达 95% 以上）、耐曲挠、耐疲劳、耐热、防水等特性，但热胶硫化胶接作业需要专用硫化器，现场环境要求高，作业时间长。因此，热硫化胶接适用于胶带距离长、运输负荷较大、作业率高、作业环境潮湿及输送物料温度较高的工作环境。

9.6.4　硫化"三要素"的控制

接头胶接的其他工序都是一个手工操作的技能，而硫化"三要素"则是关键的工艺参数，

直接决定着胶带接头质量，进而决定着胶带使用运行状况。

9.6.4.1 硫化温度

硫化温度是橡胶料进行硫化反应的基本条件，直接影响着硫化的速度和性能。日常工作中使用的胶料是由厂家制作的半成品，理论温度为147℃±3℃，在硫化反应开始后，橡胶的物理力学性能随着时间延长和关联密度的增加逐渐上升，达到一定的峰值后就开始下降，这个过程称为硫化过程。

硫化过程又分为4个阶段，即焦烧阶段、热硫化阶段、平硫化阶段、过硫化阶段。

焦烧阶段是一种早期硫化；热硫化阶段可以作为硫化反应速度标志；平硫化阶段则是橡胶的各项物理力学性能指标维持在最佳值；过硫化阶段主要是关联键发送重排、裂解等反应，胶料的物理力学性能下降，此时硫化胶性能变差，出现"返原"现象，接头有焦煳味，剥离时会发现胶料与带芯体附着力较差，弹性降低。综合上述原因，在胶接胶带接头时，要严格控制好硫化温度。

9.6.4.2 硫化时间

在现场作业中，硫化时间是随着硫化温度变化而变化的，硫化温度在147℃时，胶料的正硫化时间是15min，不同带芯体的运输带在胶接接头时，所取得的硫化时间也不同。如果硫化达不到规定的硫化温度或硫化时间，可能造成胶料"欠硫"，处在正硫化前期。虽然橡胶弹性和抗拉强度逐渐提高，但没有达到最佳状态，其与带芯体附着力不牢是硫化胶接中的最大隐患。硫化时间过久会造成接头部位胶料发生"返原"反应，使运输带物理力学性能下降。还有一种现象称为"过硫"，在"过硫"的情况下，胶料会变软、变黏失去弹性，造成胶带骨架层的带芯体出现分层，进而降低接头使用寿命。在实际作业过程中，有时受到各种条件的限制，如果掌握硫化温度和时间，可采取"宁过勿欠"的操作原则。

9.6.4.3 硫化压力

胶接接头时，为使橡胶料有效地反应形成致密的结构，给硫化机施加一定的压力是必不可少的。在对胶带接头送电加温前，先拧紧硫化机的张紧螺丝，再对水压板进行加水加压，这样做的目的是充分保证接头的带芯体与胶料均匀而充分的接触。以普通带芯为骨架的胶带一般采取压力为1.4~1.8MPa，压力过大会造成上下加热板变形，水压板漏水或爆裂，硫化机上槽钢变形、下槽钢螺丝杆卡槽、损坏或张紧螺杆断裂等故障的发生，极易损坏硫化生产设备，造成安全隐患。实践中，为使接头的质量达到最佳值，实行二次加压工艺为佳，第一次加压到1.0~1.2 MPa之间，进行送电升温，当温度达到120℃左右时，再对硫化机进行第二次加压到规定值，这样有利于接头部位的空气和未完全挥发的溶剂气体逸出，避免产生气泡，同时，可保证硫化时橡胶料的流动性，从而更好地渗透到带芯骨架层中，使带芯体与胶料均匀而密实地结合在一起，提高其致密性和黏结强度。

9.6.5 硫化作业工具

9.6.5.1 硫化作业工具

硫化作业工具主要有：硫化刀、钢卷尺、粉线盒、铁锤、铁钎、拔钳、胡桃钳、扳手、卡板、钢绳、麻绳、拔头机、电葫芦、手砂轮机、电源线、接线盒、水桶、扁担、加压泵、高压管、硫化器等。

9.6.5.2 硫化器

硫化器是胶带接头胶接专用设备，采用轻质铝合金材料制造，单件质量轻，拆装方便，适合人力搬运，并具有升温快、温度及压力均匀、热效率高等特点。硫化器由上下加热板、隔热板、水压板、铝合金槽钢、螺杆、专用扳手、电控箱、一次电源线、二次电源线、测温线、水压泵、高压软管组成。

9.6.6 胶带修补的方法及适用性

9.6.6.1 冷胶修补

冷胶修补是生产中经常使用的一种修补方法。此方法检修时间短、工具简单、修补效果较好，但此方法只适宜胶带纵向划伤的修补。

具体方法是将胶带破损处扩大100mm划线，并将此处面胶及线层（1~3层）剥离（见图9-7），准备一块厚度略低于剥离处的补皮（并带1~3层线），按剥离处大小割好，再进行打磨、烘干、刷胶、粘贴、钉钉子，按冷胶接头工艺标准进行制作。

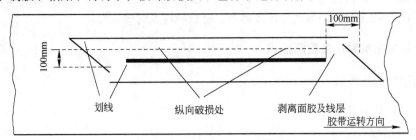

图9-7 冷胶修补示意图

9.6.6.2 热胶修补

热胶修补由于检修时间长、工具较多、现场环境要求高、工艺复杂，在生产中较少使用，一般在胶带出现横断口或破损处面积较大时才使用此方法。

具体方法：将胶带破损处扩大200mm划线，并将此处面胶及一层线剥离，再依次缩小50mm制作台阶两个（见图9-8），再按照剥离处准备补皮及线层，并按大小尺寸割好，再进行打磨、烘干、刷胶、粘贴，组装好硫化器，加压、加热硫化，按热胶硫化胶接工艺标准进行制作。

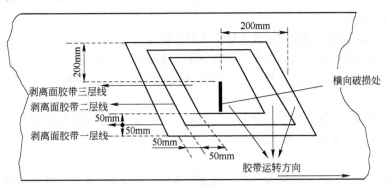

图9-8 热胶修补示意图

不论是冷胶修补还是热胶修补，修补后可以有效避免物料散落，还可以阻止破损扩大和发展，防止事故的发生，因此，在生产中若发现胶带有破损情况，应及时进行修补。

9.7 安全生产要求

9.7.1 胶带运输机安全操作要求

胶带运输机安全操作要求主要有：

（1）启动设备前需确认设备周围无人或障碍物，设备运行中，禁止身体任何部位与运转设备接触。

（2）小车走行中，严禁在行程区域穿越逗留，打小车时，严禁手脚放在轨道上。

（3）移动操作小车行走时，严禁图省事用顶压扣的方法控制手柄。

（4）打翻板时，遇物料卡住必须先清料，严禁站在液压推杆行程处，防止机具伤害。

（5）发现物料运输不畅等异常情况时，必须立即停机并汇报，严禁单人作业。

（6）胶带运行中，必须严格遵守清扫作业的安全规定，严禁用铁锹刮轮子黏结料，挡皮跑出时，应立即报告，由班长或工长统一组织处理，严禁边转边拨喂。

（7）不危及生产的托轮支架等缺陷，严禁中夜班处理，清除轮子黏结料时必须先停电。

（8）小布袋除尘器必须与生产同步运行，有故障应及时报告处理。

9.7.2 胶带运输机岗位危险源辨识

9.7.2.1 作业活动内容

作业活动内容主要有：

（1）设备巡检作业。

（2）胶带机操作。

（3）处理胶带机跑偏、打滑、压料作业。

（4）处理漏斗堵、捅漏斗作业。

（5）胶带打卡子、垫被作业。

（6）更换托轮、支（排）架、挡皮、清扫器作业。

（7）清扫作业。

9.7.2.2 危害因素辨识

危害因素主要有：

（1）劳保用品穿戴不齐全或不规范造成人身伤害。

（2）作业前人员精神状态差或无互保对子单人作业发生误伤害。

（3）中夜班巡检不带手电筒或头灯，行走通道有球团等颗粒物料未及时清除，易发生滑跌摔伤事故。

（4）上下楼梯未手扶栏杆，雨雪天气行走不注意，易发生跌倒摔伤事故。

（5）检查托轮、胶带时，直接用手拨弄或身体部位伸入胶带二格等，易发生机械伤害事故。

（6）小车走行中，人擅自进入行程区域或手脚放在轨道上，易发生机械伤害事故。

（7）打翻板时，图省事不清料或站在推杆处，易发生机具和机械伤害事故。

（8）胶带运行中用铁锹刮轮子的料，挡皮跑出时不停机塞挡皮，易发生机械伤害事故。

（9）胶带跑偏时，未按技术要求调整，或调整无效时，易发生设备事故。

（10）胶带压料打滑，未查原因，图省事不扒料，向头轮塞异物，强行运转，易发生机械伤害事故。

（11）到胶带上撮料未停电或不停电，采用胶带边转边用脚踩二格的做法，易发生机械伤害事故。

（12）捅料时站位不当、未戴防护眼镜，易摔倒和物料易溅入眼内造成伤害。

（13）风管的风力大，风管未握紧甩出伤人，风管捆绑不牢，易脱开打人。

（14）堵料无法捅开，需要进漏斗内作业时，上下设备未停电，措施不到位，易发生伤害事故。

（15）搬运工具、备品配合不当易砸伤手脚，使用有缺陷工具，易造成伤害。

（16）胶带打卡子、横断口"垫被"作业，未按要求停电会造成伤害。

（17）戴手套打大锤或放卡子人的手未放好、手未离开就动用大锤，会砸伤手。

（18）胶带打卡子、横断口"垫被"多人作业时，配合站位不当，易发生伤害事故。

9.7.3 胶带运输机事故及应急预案

9.7.3.1 胶带运输机压料事故

A 事故处理

胶带运输机压料一般是由于输送带打滑、上工序给料不均匀和非联锁生产时停机造成的。处理这类事故，首先是改为单机运转方式，待后续胶带运输机全部运转后进行处理。当压料不多时，可以采取张紧胶带和在头轮喷松香的方法，机旁启动排空胶带运输机上的压料；压料过多时，应停电采用人工铁锹撮料的方法，辅以张紧胶带和在头轮喷松香，机旁启动排料，若还是启动不了，应继续撮料后，再重复上述步骤，直到胶带运输机将料排空。

B 压料事故应急预案

胶带运输机压料，应立即切断事故开关停机，及时向主控室汇报；查明压料原因，在安全措施采取后进行压料处理；严禁未查明原因强行启动和未停电撮料。

9.7.3.2 胶带接头断

A 原因分析

胶带接头质量不好或采用的接头胶接方法不合适，接头的强度不够以及接头刮坏未及时处理或临时处理不好。直接原因可能是胶带带负荷启动或打滑造成的。

B 预防措施

严格按胶接程序进行操作，保证接头的胶接质量。对波动大、运输量大的输送带应采用热胶方法；不是事故状态一般不使用机械接头的方法。另外，岗位和硫化人员应经常检查胶带接头的运行情况，发现接头不好应及时组织修补或重新接头。同时，对坡度较大或较长的输送机，应避免带负荷启动，并防止胶带打滑。

C 事故处理

清除输送带上的料，将输送带拉上机架；由硫化人员按胶接头的程序重新胶接；如生产急需可采用机械接头方法接好接头。

D　事故预案

事故预案主要是：

（1）胶带运输机胶带接头断，应立即切断事故开关停机。

（2）及时向主控室汇报，查明压料原因，将信息反馈给主控室。

（3）办理停电手续，清理胶带上积料。

（4）在安全措施采取后，进行接头胶接。

（5）生产紧急时，采用垫被或机械接头后组织生产。

9.7.3.3　输送带撕刮或划穿

A　原因分析

输送带撕刮或划穿原因分析主要有：

（1）尾部漏斗突然掉入较大的铁器等杂物。

（2）上托轮支架掉爪。

（3）头轮、尾轮、换向轮破损，而且转动不灵活。

（4）尾部漏斗下沉或脱落。

（5）输送机密封罩变形或下沉。

（6）胶带严重跑偏。

（7）尾轮卷进托轮或其他杂物。

（8）清扫器压力过大或胶皮磨掉，露出铁板。

B　处理方法

输送带撕刮或划穿处理方法主要是：

（1）发现输送带撕刮或划穿应立即切断事故开关，分析、查找并排除造成事故的原因。

（2）输送带覆盖面胶刮起或边子撕开，应用刀将刮起或撕开部分从根部切掉，以防进一步撕拉。

（3）面胶刮起面积较大的应进行修补。

（4）输送带被划穿，应组织将划穿部分割除后重新接头。

（5）生产急需的可以打卡子应急处理。

C　事故应急预案

输送带撕刮或划穿事故应急预案主要有：

（1）胶带运输机输送带撕刮或划穿，应立即切断事故开关停机。

（2）及时向主控室汇报，由主控室通知检修人员到场。

（3）查明事故原因，将信息反馈给主控室。

（4）办理停电手续，清理需处理的胶带部分的积料。

（5）按职责分工排除输送带撕刮或划穿的隐患。

（6）在安全措施采取后，进行胶带划穿部分割除后重新接头。

（7）生产紧急时，采用垫被或临时处理后组织生产。

9.7.4　安全生产要求

9.7.4.1　作业前的准备要求

作业前的准备要求主要有：

（1）上岗前严格按配备标准穿戴好劳保用品。

（2）检查设备、安全防护装置、安全警示标志、工机具性能是否符合安全技术标准和作业条件。

（3）动火作业前，必须检查作业区域是否有易燃物，并佩戴消防器材。

9.7.4.2 处理胶带机跑偏、打滑、压料作业规范要求

处理胶带机跑偏、打滑、压料作业规范要求主要有：

（1）发生胶带跑偏时，必须按技术要求调整，调整无效时必须立即汇报，不得自行处理。

（2）发生胶带压料、打滑后，应仔细查明原因，严禁图省事不扒料、边转边向头轮塞异物而强行运转或采用胶带边转边用脚踩二格的做法。

（3）凡需要到胶带上进行扒料、拆卸挡皮和托轮支架等作业，必须先停机停电。

（4）需要调节张紧装置时，必须在工长的统一指挥下进行。

9.7.4.3 处理漏斗堵、捅漏斗作业规范要求

处理漏斗堵、捅漏斗作业规范要求主要有：

（1）发现下料口或漏斗堵料时，必须停机并汇报，严禁单人作业。

（2）捅料时，侧身站位并戴好防护眼镜。

（3）所使用的风管必须检查确认捆绑牢靠并握紧。

（4）堵料无法捅开需要进漏斗内作业时，必须将上下设备停电，搭好作业平台，佩挂安全带，确认安全措施到位，在专人监护下方可进行作业。

（5）处理完堵料、捅料后，风管要按要求盘好定点放置。

9.7.4.4 胶带打卡子、垫被作业规范要求

胶带打卡子、垫被作业规范要求主要有：

（1）检查使用工具无缺陷，搬运工具、备品时配合好。

（2）胶带打卡子、横断口"垫被"作业前，必须先停电。

（3）严禁戴手套打大锤，放卡子和打卡子、拆卸托轮支架等必须配合好，防止手脚受伤。

（4）在工长的统一组织指挥下，合理分工和站位，专人负责安全监护。

9.7.4.5 作业结束后的安全确认

作业结束后的安全确认要求主要有：

（1）确认作业人员全部安全撤离现场，安全设施恢复完好，送电后试车正常。

（2）检查确认工具、通风机、跳板等全部回收。

（3）清理出来的积料、杂物、废钢等，由工长统一指挥运到指定点，作业现场清扫干净。

（4）临时照明线路及时断电并拆除，应急照明归还集中管理点，由指定的专人充电和保养。

复习思考题

9-1 烧结厂使用的运输设备有哪几种，各有什么优缺点？

9-2　胶带运输机的保护装置有哪些，各起什么作用？

9-3　造成胶带打滑的原因有哪些？

9-4　胶带运输机在烧结生产中有什么作用？

9-5　胶带运输机主要由哪些装置及部件组成？

9-6　胶带运输机一般使用哪几种托辊？

9-7　胶带运输机主要有哪些优点？

9-8　试述胶带热胶接法的简要过程及其优点。

9-9　试述胶接头的种类和形式。

9-10　气力输送设备的输送原理是什么？

9-11　斗式提升机的特点有哪些？

9-12　螺旋输送机的应用范围有哪些？

9-13　胶带运输机的张紧装置有哪几类？

9-14　胶带运输机的清扫器分为哪几种，各起什么作用？

9-15　如何处理胶带运输机压料事故？

9-16　试述胶带热胶接法的硫化"三要素"。

9-17　胶带运输机常见的制动装置有哪几种？

9-18　试述在已知传动滚筒的直径和转速的情况下如何计算胶带机的带速。

9-19　试述输送带运转中跑偏的调整方法。

9-20　试述输送带撕刮或划穿的常见原因。

10　烧结节能减排

10.1　钢铁工业与节能减排

10.1.1　节能减排的意义

节能减排是一个适用范围非常广泛的概念，它是指人们以一定的理论基础为支撑，通过实施一定的技术手段、措施与方法，达到减少生产、生活过程中每一个环节的能源浪费和降低"三废"（废水、废渣、废气）的排放量，实现保护资源、能源与环境，满足人类社会的政治、经济、文化和人们生活的可持续和谐发展需要。

我国"十一五"规划纲要节能减排的任务是单位国内生产总值能耗降低20%左右，主要污染物排放总量减少10%，这是贯彻落实科学发展观、构建社会主义和谐社会的重大举措。在"十二五"期间，国资委要求钢铁能耗降低5%、氮氧化物排放减少2%，对烧结行业要求烧结烟气脱硫和提倡余热利用。节能减排是钢铁行业可持续发展的基本要求，也是建设资源节约型、环境友好型社会的必然选择，是推进经济结构调整、转变增长方式和维护中华民族长远利益的必然要求。

我国节能减排的形势非常严峻，改革开放后经济快速增长，各项建设取得巨大成就，但也付出了巨大的资源和环境代价。在经济发展与资源、环境三者之间矛盾日益突出的今天，处于社会各层次人们的观念不同、经济结构不合理、增长方式粗放及节能减排投资不足，是造成这种被动局面的主、客观原因。如果不改变社会各利益群体的思维和理念，不加快调整经济结构、转变增长方式，现有自然资源就难以支撑社会经济的高速发展，社会也难以承受环境污染引发的各种社会问题。为此，只有坚持节约发展、清洁发展、安全发展，才能又好又快地实现社会的政治、经济、文化和人们生活的可持续和谐发展的目标。

10.1.2　钢铁工业在节能减排中面临的问题

10.1.2.1　钢铁工业节能减排概况

钢铁工业是我国国民经济的支柱产业，也是资源、能源、资金、技术和劳动力密集行业和污染物排放大户。近年来，我国钢铁工业通过结构调整和技术进步，在节能降耗、减少污染物排放方面取得了显著成效，但由于钢铁产品产量十多年来持续高速增长，资源消耗和污染物排放总量仍然呈增长趋势。为此，钢铁工业的可持续发展就必然面临更严峻的资源、能源、环境挑战。钢铁生产的工艺流程是影响钢铁企业成本、能耗、污染物排放等与环境负荷相关的重要因素，钢铁生产流程不同，其能源消耗、污染程度等造成的环境负荷影响也有明显差别。因此，正确分析各钢铁生产流程的资源、能源消耗和污染物排放量，是节能减排、环境负荷减量化等工作的重要内容。

钢铁工业的主要过程是煤—铁转化的火法冶金和热加工技术手段，在实施工艺转化过程中需要大量的天然矿物、热能、化学能和冷却水，所以因矿物质的物理化学反应和燃烧产生并排放大量废气、废水和固态冶炼渣、沉泥等废弃物。钢铁冶炼过程中产生的废气种类有 CO_2、CO、N_2、SO_2、H_2S、氟化物和氮氧化物等，其中，CO、SO_2、H_2S 等是局部地区污染物，CO_2 是全球性污染物；冶炼过程是强度高的高温化学反应，需要冷却设备和除尘，由此产生大量的含污、含水废水；在冶炼、精炼和热加工等生产过程，提取的金属制作成钢铁产品作为各行各业的材料使用，工艺过程中的炉渣、氧化铁皮、除尘污泥就成了固体废弃物，必须进行处理和资源再利用。这些废弃物，在传统的冶金工艺中的产量按钢产量呈比例增长，且发生量巨大。

在国家工业化的道路中，我国钢铁工业曾经走过高速发展、高能耗、工艺设备落后、污染严重的弯路。数据统计显示，目前钢铁工业的污染物排放占工、农业和日常生活等总排放量的 15% 左右。目前，各钢铁企业废水、废气（包括烟气、粉尘等）和废渣的排放量分别在 1.5 ~ 39.5t/t(钢)、7.55 ~ 53.5kg/t(钢) 和 0.51 ~ 1.323t/t(钢) 的范围内。按年钢产量就可以测算出总量。因此，在明确产品制造流程、明确工艺结构的前提下，正确分析各钢铁生产流程的资源、能源消耗和污染物排放量，合理选择工艺生产流程，综合考虑流程优化、节能减排、提高整个过程效率，对提高企业竞争力、探索生态化发展模式、逐步实现可持续发展，有着普遍的指导意义。

10.1.2.2　钢铁工业面临的问题

与世界发达国家相比，我国钢铁工业节能减排存在的问题主要有：

（1）产业集中度偏低已成为钢铁工业节能减排的主要矛盾。我国钢铁企业相对分散，集中度低，无法与国际先进国家相比。这些问题对企业各方面都有不利的影响。从能源利用度的角度讲，不利于企业设备的大型化和资源的有效利用，增加了很多能源损失，同时也影响行业参与国际竞争及抗风险能力的提高，因此，加快推进中国钢铁企业联合重组，提高产业集中度，是节能减排进一步深化的根本。

（2）落后和低水平工业装备仍然是钢铁工业节能减排的难点。我国中小钢铁企业普遍存在规模过小，基本上都有采用落后或低水平的工艺装备和能源环保设施不到位等问题，导致我国钢铁工业工艺设备总体水平不高。

（3）我国现有能源结构、铁钢比问题是造成钢铁工业能源差距的重要原因。一是我国钢铁工业一次能源以煤炭为主，占能源消费总量的 70% 左右，而且煤发热量、灰分、硫分等质量指标与美国、德国、日本相比，存在比较明显的差距。石油类能源和天然气所占比例比其他国家低 15% ~ 25%，从而造成能源利用效率相对较低，初步估算，由此造成的能耗（标准煤）差距在 15 ~ 20kgce/t。二是由于我国正处于经济快速发展阶段，废钢资源积累少，必然造成电炉钢比例低。美国电炉钢比约为 55%，德国约为 30%，日本为 25%，而我国仅为 10% 左右，这就造成了我国钢铁工业铁钢比较高。按目前我国钢铁工业实际情况测算，铁钢比每提高 0.1，吨钢综合能耗上升约为 20kg（标准煤）。我国比其他国家铁钢比高 0.4 左右。

10.1.3　钢铁生产发展与节能减排

10.1.3.1　概况

钢铁工业是高物流、高能耗、高污染的传统产业。目前，钢铁工业总能耗已占全国工业总能耗的 15% 左右，而钢铁企业生产过程中的能源效率仅为 30% 左右；全行业固体废弃物回收利用率仅为 53%，水资源利用率也在 40% 左右的低水平。要落实国家节约资源和保护环境基本国策，建设低投入、高产出、低消耗、少排放，可内部循环、可持续的国民经济体系和资源节约型、环境友好型社会。

钢铁工业是我国国民经济的重要基础产业和实现新型工业化的支柱产业,在强劲的市场需求拉动下,2011 年生产粗钢 6.955 亿吨,约占世界粗钢产量(15.27 亿吨)的 45.5%,比 2010 年增长 6.8%。自 1996 年我国钢产量突破亿吨后,钢产量连续 17 年在世界排名第一,总体呈较快增长态势。通过"十一五"期间的钢铁工业结构调整、技术改造和设备更新换代、工艺装备大型化、现代化步伐,推进了节能减排,加大了节能力度,已取得了一定的成效,大中型钢铁企业节能减排效果明显。目前,宝钢、鞍钢、武钢、马钢、太钢等大型钢厂的综合装备、技术水平已经达到世界先进水平,高炉利用系数、入炉焦比、高炉喷煤比、转炉炉衬平均寿命、连铸比、轧钢综合成材率等技术指标都接近或超过了世界先进水平。但工艺装备落后的中小企业能耗高,污染物排放量多,全行业节能减排和淘汰落后钢铁产能仍然面临艰巨任务。

10.1.3.2 我国钢铁企业节能减排的方向

我国钢铁企业节能减排的方向主要是:

(1)加快推进钢铁企业联合重组步伐。钢铁企业通过联合重组扩大经济规模,提高竞争力和经济效益,是钢铁工业发展的大趋势。推进钢铁企业跨省市、跨地区联合重组,组建世界级具有国际竞争力的特大型企业集团,不仅可以在行业范围内实现资源的优化配置和专业化分工,而且可以进一步提高企业的工业装备技术水平,避免重复建设,这是促进技术进步,实现节能减排目标的重要举措。

(2)加大淘汰落后和低水平工艺装备的力度。近年来,国家一直将淘汰落后和低水平工艺装备作为一项主要的节能措施。国家发改委已与各省区市先后分两批签订了淘汰落后责任书。

(3)广泛推广应用节能减排先进工艺技术。在全行业广泛推广干法熄焦、高炉干法除尘和转炉干法除尘的"三干"技术,2000m³级以上高炉装备 TRT。该项技术要在进一步创新的基础上,提高设备的国产化比例,降低投资,为普及推广创造条件。

钢铁生产过程中会产生大量的余热资源,我国钢铁工业余热资源的平均回收率只有 25.8%。钢铁生产过程各种余热余能资源中,焦炭显热、高炉炉顶余压等已有成熟回收技术,在进一步开发新技术、提高回收效率的基础上,重点加强节能技术的推广,提高普及率。烧结、转炉烟气余热回收,产生蒸汽或发电,要通过推广应用新的节能技术提高回收利用率。

推广生产过程的可燃气体、工业用水和固态废弃物的综合回收利用技术,以提高能源、资源有效利用率,进一步减少企业污染物的排放。

10.2 烧结节能减排措施

10.2.1 节能措施

10.2.1.1 降低固体燃料的消耗

固体燃料在烧结工序能耗中占的比例最大,达 75% ~ 80%,降低工序能耗首先要考虑的是降低固体燃料的消耗。降低固体燃料消耗的具体措施有:

(1)控制燃料的粒度及粒度组成。固体燃料粒度的大小对烧结过程的影响很大。粒度过大,燃烧速度慢,燃烧带变宽,烧结过程透气性变差,垂直烧结速度下降,烧结机利用系数降低。而且,大颗粒燃料布料时因偏析集中在料层下部,加上料层的自动蓄热作用,使下层热量大于上层，容易产生过熔，同样影响料层透气性。反之，粒度过小，燃烧速度快，液相反应进行得不完全，烧结矿强度变差，成品率降低，烧结机利用系数降低。

（2）改善固体燃料的燃烧条件。由于近年来普遍加强混合料制粒作用，传统的燃料添加方法会造成矿粉深层包裹焦粒，从而妨碍燃料颗粒的燃烧。燃料分加则是把少部分细粒燃料配入混合料，把大部分燃料（往往是粗粒度）加入二次混合机。这样，以焦粉为核心，外裹矿粉球粒数量及深层嵌埋于矿粉附着层的焦粉数量都受到抑制，而大多数焦粉附着在球粒的表面，改善了焦粉的燃烧条件，使其处于有利的燃烧状态。因此，焦粉分加有利于燃料的燃烧，并降低固体燃耗。

（3）厚料层烧结。在抽风烧结过程中，台车上部烧结饼受空气急剧冷却的影响，结晶程度差，玻璃质含量高，强度差。随着料层厚度的增加，成品率相应提高、返矿率下降，进而减少了固体燃料消耗。烧结料层的自动蓄热作用随着料层高度的增加而加强，当料层厚度为180～220mm时，蓄热量只占燃烧带热量总收入的35%～45%；当料层厚度达到400mm时，蓄热量达55%～60%；当料层达到650mm及以上时，蓄热量更高。因此，提高料层厚度，采用厚料层烧结，充分利用烧结过程的自动蓄热，可以降低烧结料中的固体燃料用量，提高节能效果。根据实际生产情况，料层每增加10mm，燃料消耗可降低1.5kg/t左右。

（4）采用球团烧结或小球烧结工艺。球团烧结是1988年日本福山制铁所开发的技术。它是将含铁原料、返矿、熔剂、黏结剂和少部分燃料混合润湿后，在造球盘内造成3～10mm的小球，再在圆筒混合机内外滚煤粉，在烧结机上抽风烧结的工艺。

小球烧结技术，它把原有的圆筒混合机改造为强力混合造球机，提高了造球效果，采用燃料分加、偏析布料等措施实现了小球烧结，改善了料层透气性，显著提高了烧结机利用系数，大幅度降低固体燃耗，同时改善烧结矿质量。

与传统烧结工艺相比，小球烧结料粒度均匀，强度高，改善料层的透气性，也为厚料层烧结创造条件。小球烧结可改善燃料的附着状态，大量燃料黏附于小球表面，使燃料与氧气充分接触，有利于燃烧反应的充分进行。小球团烧结工艺减少了残炭，并且有利于厚料层烧结，从而能提高烧结过程的热利用率和烧结矿的质量，大幅度降低固体燃料消耗，一般可节约能耗20%。

还有双碱度烧结、混合料预热、热风烧结等新工艺对降低烧结固体燃料消耗也是很有帮助的。

10.2.1.2 降低电耗

电耗在烧结工序能耗中是仅次于固体燃耗的第二大能耗，约占13%～20%，而在烧结工序的动力成本中占80%以上的费用，因此，降低电耗也是降低烧结工序能耗的重要措施。降低电耗的具体措施有：

（1）减少设备漏风率。烧结机抽风系统的有害漏风直接影响到主抽风机能力的发挥和烧结机生产能力的提高。降低烧结机抽风系统的漏风，不但能提高产量，而且能有效地降低烧结工序的能耗。烧结机系统的漏风主要是烧结机本体的漏风，包括台车与台车之间、台车与烧结机首尾密封板之间、台车挡板与台车体之间的漏风，以及风箱伸缩节、双层卸灰阀、抽风系统的管道及电除尘器的漏风等。另外，台车挡板的开裂、变形及边缘效应等使挡板处漏风也相当严重。生产实践表明，烧结台车和首尾风箱（密封板）、台车与滑道、台车与台车之间的漏风占烧结机总漏风量的80%，因此，改进台车与滑道之间的密封形式，特别是首尾风箱端部的密封结构形式，可以显著地减少有害漏风，增加通过料层的有效风量，提高烧结矿产量，节约电能。还有及时更换、维护台车，改善布料方式，减少台车挡板与混合料之间存在的边缘漏风等，都可以有效地减少有害漏风。

（2）采用节能变频调速。变频调速技术是近年来发展的一种安全可靠、合理的调速方法，它通过将日常生产用的交流电经变换器，变换为可改变频率和电压的交流电，从而达到调整电机转速的目的。变速电机采用变频调速后降低了平均电流，节约了电能。实际生产中，为了追求设备作业率，加上设备质量、操作等方面的原因，往往人为地把电机功率增大，造成"大马拉小车"现象，使电机无功功率升高，浪费了电能。在选用电机时，要尽量使电机的负荷率接近或达到设计负荷，提高功率因数，减少无功功率，节约电能。使用节能电器设备，如节能变压器、节能照明灯具和大型电机软启动等。

（3）减少大功率设备空转时间。烧结生产中，由于主抽风机等大功率设备占烧结厂总装机容量的比例相当大，在设备停机检修完毕后，为了稳妥起见，往往提前较长时间开启风机，造成电能的浪费。据测算，一台21000m³/min风机关风门空转1h，要浪费2250kW·h左右的电能。因此，在生产过程中遇突发事故应及时关风门，若需较长时间停机应及时停风机。检修完毕后，在组织生产前15min左右启动风机即可满足生产要求，也节约了大量电能。

10.2.1.3 降低点火热耗

烧结点火应满足下列要求：有足够高的点火温度，有一定的点火时间，适宜的点火负压，点火烟气中氧的体积分数充足，沿台车宽度方向点火要均匀。点火热耗占烧结工序能耗的3%~5%，降低点火热耗对降低烧结工序能耗也具有重要意义。降低点火热耗的具体措施有：

（1）采用新型节能点火器。点火器的结构、烧嘴类型形式对烧结料面点火质量、点火能耗影响很大。20世纪五六十年代流行小型点火器，70年代趋向于采用大型点火器，80年代后又逐渐开始采用小型节能点火器。小型节能点火器和大型点火器相比，具有结构简单、投资省、火焰沿台车宽度方向点火均匀、点火能耗低的优点。近年来，烧结点火技术的进步表现在：采用高效低燃耗的点火器；选择合理的点火参数；合理组织燃料燃烧。高效低燃耗点火器的特点是：采用集中火焰直接点火技术，缩短点火器长度，降低炉膛高度（400~500mm），点火器容积缩小，热损失减少；降低点火风箱的负压，避免吸入冷空气，使台车宽度方向的温度分布更均匀。目前，国内大型烧结机以双斜式点火炉为主，点火煤气消耗降低到0.055GJ/t。

（2）严格控制点火温度和点火时间。点火的目的是点燃表面烧结料中的燃料，提供一定的氧气保证燃料继续燃烧，使表层烧结料烧结成块。点火温度的高低和点火时间的长短应根据各厂的具体原料条件和设备情况而定。点火温度过高，将造成烧结料表面过熔，形成硬壳，降低料层的透气性，并使表层烧结矿中FeO的质量分数增加，同时，点火热耗升高；点火温度过低，会使表层烧结料欠熔，不能烧结成块，返矿量增加。因此，点火温度既不能过高也不能过低，根据生产经验，点火温度一般控制在1050℃±50℃。点火时间要根据点火温度而定。若点火温度较低，可适当延长点火时间；若点火温度较高，应缩短点火时间。

降低煤气消耗的关键是控制好空气与煤气的混合比例。当然，使用不同的燃料其比值也不同，在采用焦炉煤气作燃料时，通常是按1:（5~7）进行控制。另外，就是点火炉的压力控制，当点火炉内为正压时，炉膛内的火苗向外喷射，消耗了煤气；当炉膛内为负压时，炉膛外的冷空气向炉膛内涌入，导致台车边缘点火温度降低较多，而且负压越高，点火深度也越深，使煤气消耗增加。因此，炉膛内压力对点火质量和煤气消耗影响很大，通常将炉膛压力控制在0~-5Pa。由于无烟煤和焦粉的着火温度在700~1000℃，因此，在点火温度达到1000℃，甚至更低就可以把燃料点着，满足点火的要求，同时节约了煤气消耗。近年来，很多烧结厂已普遍采用低温点火技术，在保证点火工艺的前提下，降低点火温度使点火热耗大幅度下降。还有的烧结厂利用烧结低温烟气点火，降低了点火煤气消耗。

10.2.1.4　烧结余热回收利用

烧结余热的回收利用是我国"十一五"期间冶金环保重点推广及开发的技术，在宝钢、武钢等企业已得到较好应用，有许多经验可供借鉴。在"十二五"的第一年，国家工信部将烧结冷却系统余热回收利用作为行业标准推广实施。烧结工序有两部分余热可回收利用，一是烧结机后部几个风箱内的烟气余热，温度达 300～350℃，并含有较多的氧气；二是烧结终了时，热成品矿具有显热，烧结矿温度约 750～800℃，具有显热 25kgce/t，占烧结能耗 30%～40% 左右。回收利用这部分余热，对降低烧结能耗有重要意义。

烧结过程中可供利用的余热占钢铁厂总热耗的 12%，其中，烧结矿的余热占 8%，烧结废气余热占 4%，烧结生产过程可被回收利用的热量是烧结烟气显热和冷却机废气显热。烧结烟气平均温度一般不超过 150℃，所含显热约占总热量的 23%，机尾烟气温度达 300～400℃；冷却机废气温度在 100～400℃ 之间变化，其显热约占总热量的 28%。因此，回收这两部分热量是烧结工序节能的一个重要环节，对烧结生产节能增效、降低成本起着重大的作用。烧结烟气和冷却机热废气属于中、低温热源，对其进行回收利用，提高热回收率和经济性是十分重要的。

余热利用有两种方式：一是动力利用，即将热能转化为电能或机械能；二是热利用，即利用余热来预热、干燥、供热、供暖等。

受工艺布置等方面的影响，对烧结机尾部风箱排出的热废气进行回收利用的厂家目前还不多，其主要原因是烧结机头电除尘器要求有一定的温度，防止极板结露。但很多厂家已将冷却机高温段热废气进行了回收利用，主要方法有：安装余热锅炉生产蒸汽、热风烧结、预热混合料、预热助燃空气点火等。对冷却机烧结矿显热的利用，推广梯级利用方法：将高温段和低温段区分开，高温段产蒸汽（供暖或发电及其他用途），低温段用于热风烧结、预热混合料、预热助燃空气点火、产热水及其他用途。另外，还有的将低温烟气作为上一级冷却用风，温度叠加后提高烟气温度，使冷却机中烧结矿显热充分利用。

A　生产蒸汽

回收冷却机高温段热废气，采用蒸汽发生装置生产蒸汽。这种方式目前为我国大多数烧结机普遍采用，宝钢和太钢烧结冷却机余热采用的是余热锅炉回收技术。热管/翅片管蒸汽发生装置结构简单，投资较低，因采用的是自然对流和无热风叠加，蒸汽产生量少。因烧结生产过程需消耗热量，如混合料预热、机头除尘器灰斗保温等，余热锅炉回收技术所产蒸汽在满足烧结自身消耗外，还有大部分蒸汽可以与蒸汽主管并网或发电。据测算，若烧结矿进入冷却机温度约 800℃，出冷却机的温度约 150℃，高温段废气温度 250～350℃，带走的热量大约是烧结工序总耗热的 29.3%，若将低温段也计算进去，则由烧结矿带走的显热占烧结工序总耗热的 40% 以上。

宝钢二期 450m² 的烧结机，配以一台 460m² 鼓风环冷机，年产烧结矿 419.75 万吨，余热回收效果很显著，扣除热回收装置自身用电，每年可节约能源 31000～43500t。新余钢铁公司利用烧结冷却机余热发电，平均每吨烧结矿发电 18kW·h，取得很好的经济效益。唐钢将烧结机尾部高温段的 5 个风箱的余热回收，每吨烧结矿可回收蒸汽 95～135kg/h。

B　预热混合料

利用鼓风冷却机与抽风烧结机压力差，设置自流式热风管道和热风罩，利用环冷机的低温烟气（100~150℃），以降低燃料消耗，改善烧结矿质量。将冷却机热废气于点火前对上层混合料进行预热、干燥。如津西钢铁公司200m²、265m²烧结机均采用此种预热方式，可降低固体燃耗2~3kg/t。

C 热风烧结

采用热风工艺可增加料层上部的供热量，提高上层烧结温度，增宽上层的高温带宽度，减慢烧结饼的冷却速度，提高硅酸盐的结晶强度，减少玻璃质的含量和微裂纹，减轻相间应力，提高成品率和烧结矿强度。在相应减少固体燃料用量的同时，可提高烧结过程中料层的氧位，消除料层下部的过熔现象，改善磁铁矿的再氧化条件，可降低烧结矿中氧化亚铁的质量分数，改善烧结矿还原性能。当烧结矿总热耗量基本不变时，重点是提高烧结矿强度，但料层阻力有所提高，需依靠提高成品率来维持烧结机利用系数不降低。当适当降低总热量消耗时，可以做到在保证烧结矿强度基本不变的情况下，降低烧结矿中氧化亚铁的质量分数，改善烧结矿还原性能，且大量节省固体燃料用量，降低烧结矿成本和少量提高烧结矿品位。

热风烧结就是在烧结机点火器后面装上保温热风罩，往料层表面供给热废气或热空气来进行烧结的一种新工艺。热废气温度可高达600~800℃，也可使用200~250℃的低温热风烧结。热废气来源有煤气燃烧的热废气、烧结机尾部风箱或冷却机的热废气，也有用热风炉的预热空气。热风罩的长度可达烧结机有效长度的1/3。

环冷机增加余热锅炉回收热量后，仍有大量热量没有被利用，如果把这些热量用来进行热风烧结，可以改善烧结料层的温度分布，补充上部料层的热量不足，减少热应力破坏，改善烧结矿的矿物结构，提高烧结矿产量、质量，降低能耗，提高烧结过程热利用率。

欧洲普遍采用该方法，德国赫施公司、克虏伯公司和蒂森公司，法国的索拉克公司、福斯公司以及英国钢铁公司的斯肯索普厂和雷德厂，都安装了这种系统。在赫施公司，环冷机25%的表面用罩子覆盖着，回收的热量可使点火煤气消耗下降3m³/t。在蒂森公司的施韦尔根的第三烧结厂，环冷机40%的表面被罩住，回收的热量为31~48MJ/t。

据沙钢3号360m²烧结机对比测试，进行热风烧结，烧结矿转鼓强度提高约1.5%。鞍钢新烧结厂1号烧结机265m²使用平均温度为252.45℃、风量为2.50×10^6m³/h的热废气进行烧结，使烧结矿产量、质量提高，冶金性能改善，烧结矿成品率提高1.42%，垂直烧结速度增加0.21mm/min，生产率提高3.79%，烧结矿品位提高0.19%，成品烧结矿中FeO的质量分数降至7.58%，降低了1.2%，表层烧结矿转鼓指数提高了3.6%，900℃还原度提高了3.0%，每吨烧结矿干焦粉耗量减少8.71kg，折合标准煤7.01kg。

D 余热发电

余热发电技术主要有单压余热发电技术、双压余热发电技术、闪蒸余热发电技术、补燃余热发电技术等。

单压余热发电系统相对简单，节省投资，运行操作维护容易。双压、闪蒸余热发电系统均采用补汽式汽轮机，但双压系统是补低压过热蒸汽，而闪蒸系统是补饱和蒸汽。双压、闪蒸余热发电系统适用于低温热源较多的情况，不同的是双压系统设备较多，而闪蒸系统给水泵功率较大；双压比单压系统能多发电8%左右，但系统较复杂。补燃发电技术可通过利用相对较少的厂网富余高炉煤气，有效降低汽轮机单位汽耗率，使系统发电量有较大提高，还能对烟气、废气温度的波动起到一定的平衡调节作用，对整个厂网而言，还能避免浪费，减少管网蒸汽、煤气放散量，获得很好的经济效益和环境效益。

近年来，发电系统装备水平和烧结生产技术、操作水平的不断提高，为烧结余热回收发电创造了更加有利的条件。中、低温参数汽轮机成本的降低，也使烧结余热电站的建设变得安全、经济、可靠。

世界上最早利用冷却机废气产生蒸汽用于发电的是日本钢管公司的扇岛厂和福山厂，其余热回收方式是在冷却机高温段鼓入 100℃ 的循环空气，该部分空气经环冷机后温度可达 350℃，再经过余热锅炉产生 14 ~ 20MPa 的蒸汽用于发电。另外，日本新日铁君津 3 号烧结机和住友金属小仓 3 号烧结机的余热电站也是运行较早的烧结余热电站。

国内只有部分较大型的烧结厂设置了余热回收系统。2004 年 9 月 1 日，马钢第二炼铁总厂在两台 300m² 烧结机上开工建设了国内第一套余热发电系统，该系统于 2005 年 9 月 6 日并网发电。废气锅炉采用卧式自然循环汽包炉，汽轮发电机组采用多级、冲动、混压、凝汽式。2006 年全年累计发电 $6.10 \times 10^7 kW \cdot h$，产生经济效益 2367 万元，可节约标准煤 30kt/a，意味着每年减少排放 CO_2 约 80000t，SO_2 约 300t，具有很好的社会效益和环境效益。该余热电站采用了自然循环废气锅炉，烟风系统和汽水系统综合了热风循环技术、闪蒸余热发电技术和汽轮机补汽技术，能很好地适应烧结余热电站出力波动性较大的特性，使余热电站在烧结机运行参数经常调整的情况下也能够长期稳定运行。国内有 10 多个烧结余热电站在运行，还有多个烧结余热电站正在建设当中。

10.2.1.5　其他节能措施

A　合理使用冶金废料

综合利用冶金废料不但可以减少资源浪费、降低成本，而且还可以降低能源消耗。具体有：

（1）高炉灰、钢渣的使用。高炉灰、钢渣都是经过冶炼后的废料，没有分解热耗，作为含铁原料参与混匀矿的配料造堆，混匀后供烧结使用。由于高炉灰中含有 15% 的固定碳，可以减少烧结固体燃料的配用量；钢渣中含有较高的 CaO，可以减少石灰石的用量，从而降低能耗。

（2）炼钢污泥的使用。将炼钢污泥的水分脱除后，进行混匀配料，可降低烧结能耗。

B　实行双层、双碱度烧结

实行双层、双碱度烧结技术，具体是：

（1）实施双层烧结技术，可提高烧结过程中烧结温度的均匀性，尤其是燃料的合理偏析，烧结矿燃料消耗可降低 4 ~ 6kg/t，降低烧结矿成本，降低烧结机烟气排硫量，提高环保效果，提高烧结机上部烧结矿物质成结率，提高烧结矿的成品率 2% 左右，减少烧结内部返矿循环量，降低烧结矿单位加工制造费用。

（2）实施双碱度烧结技术，可为优化高炉炉料结构提供便利条件，可生产高碱度和低碳度搭配的烧结矿。烧结机上部料层为高碱度烧结矿，可弥补上部热量的不足，提高烧结矿的黏结相、强度和成品率；烧结机下部料层为低碱度（或酸性）烧结矿，可充分发挥烧结过程中自动蓄热的作用，以高温充足的热量弥补低碱度烧结矿黏结相不足的情况，保证烧结矿的强度和成品率。

10.2.2　减排措施

10.2.2.1　烟气脱硫

一般情况下，烧结过程的二氧化硫（SO_2）排放量占钢铁企业排放总量的 40% ~ 60%，控制烧结机生产过程 SO_2 的排放是钢铁企业控制 SO_2 污染的重点。目前，对烧结烟气 SO_2 排放控制的主要方法有：低硫原料配入法；高烟囱稀释排放；烟气脱硫法。高烟囱排放简单经济，但已对 SO_2 实行排放浓度和排放总量双重控制，因此，必须对烧结烟气进行脱硫处理后才能达到环保要求。

随着烟气脱硫技术不断发展，可用于烧结烟气脱硫处理的技术也越来越多。目前可用于烧结烟气脱硫的技术主要有石灰石（石灰）-石膏法、钢渣-石膏法、氨-硫酸铵法、双碱法、活性焦吸附法、电子束法等。

10.2.2.2 控制粉尘排放

控制粉尘排放的措施有：

（1）当前国内外先进的烧结厂普遍采用高效除尘器，即干法的电除尘器和布袋除尘器，并实现了除尘系统的计算机自动控制。

（2）完善和优化粉尘产生点的集气功能，如采用机尾延长的大容积密闭罩等措施，最大限度减少粉尘的无组织排放量，因地制宜地采用就地除尘机组、分散式除尘系统和大型集中式除尘系统，鼓励采用大型集中式除尘系统。目前的大型除尘系统，可以汇集几十个甚至近百个抽风点，以满足除尘方面的环境保护要求。

（3）控制粉尘的二次污染，主要是防止除灰尘在收集、装卸、运输过程的二次污染。除尘器收集的粉尘要采取密闭输送、粉尘加湿处理等措施。

10.2.2.3 废水综合利用

在采用干法除尘的烧结厂，不产生工业废水，冷却水循环系统所排污水可以作为混合制粒工艺用水和除尘灰加湿用水。当冷却水循环系统排污水小于工艺用水和加湿用水时，可以实现生产废水的"零排放"。

10.2.2.4 固体废物再利用

烧结固体废物（主要是除尘器收集的粉尘）作为烧结原料予以回收利用，综合利用率基本达到100%。对于烧结机头除尘器捕集的粉尘，尤其是末电场的，因粉尘颗粒极细，作为烧结原料直接回用，不仅影响烧结生产，也影响机头除尘器的运行效率，部分钢铁厂已拿出该粉尘去重新选矿。无法回收利用的油脂，安排专业公司回收，做无害化处理。

10.3 工业粉尘治理

工业通风除尘的任务是防止工业污染物（粉尘）对人体健康和环境的危害。工业通风除尘的主要对象是粉尘和输送粉尘的气体。

悬浮在大气中的粉尘颗粒超过一定含量就会毒化环境。例如，大气被飘尘和煤烟严重污染时，透明度降低、能见度缩小。而煤烟中含有致癌剂苯并芘、含二氧化硅粉尘会引起肺部病变等，说明粉尘对人体有直接的危害作用。因此，对于从污染源排放出来的粉尘的控制与防治是大气环境保护工程的重要内容之一。

10.3.1 粉尘

10.3.1.1 粉尘的定义及来源

粉尘是指在空气中浮游的固体微粒。粉尘的来源主要有以下几个方面：

（1）固体物料的机械粉碎和研磨。

（2）粉状物料的混合、筛分、包装及运输。

（3）物质的燃烧。

（4）物质被加热时产生的蒸汽在空气中氧化、凝结。

10.3.1.2　粉尘对人体的危害

粉尘对人体健康的危害同粉尘的性质、粒径大小和进入人体的粉尘量有关。

粉尘的化学性质是危害人体的主要因素。一般粉尘进入人体肺部后，可能引起各种尘肺病。有些非金属粉尘如硅、石棉、炭黑等，由于吸入人体后不能排除，将变成矽肺、石棉肺、尘肺。

粉尘粒径的大小是危害人体的一个重要因素。它主要表现在以下两个方面：一方面，粉尘粒径小，粒子在空气中不易沉降，也难以被捕集，造成长期空气污染，同时易于随空气吸入人体的呼吸道深部；另一方面，粉尘粒径小，不仅其表面活性增大，化学活性也增大，加剧了人体生理效应的发生与发展。

10.3.1.3　卫生标准和排放标准

我国《职业卫生标准》中《工作场所有害因素职业接触限值》对车间空气中有害物质的最高允许浓度、空气的温度等都做了规定。卫生标准规定的车间空气中有害物质的最高允许浓度，是以从业人员在此浓度下长期进行生产劳动而不会引起急性或慢性职业病为基础制定的。

卫生标准规定：车间空气中一般粉尘的最高允许浓度为 $8mg/m^3$，含有 10% 以上的游离二氧化硅粉尘的最高允许浓度为 $1mg/m^3$。

《大气污染物综合排放标准》（GB 16297—1996）对烟尘及生产性粉尘烟囱的排放标准，规定为含石英粉尘、玻璃棉尘、矿渣粉尘等有害物质的粉尘，最高允许排放浓度为 $80mg/m^3$（标态），一般性粉尘的最高允许排放浓度为 $150mg/m^3$（标态）。随着环保要求越来越严格，标准在不断修改中，粉尘的允许排放浓度会不断降低。新颁布的《钢铁烧结（球团）大气污染物排放标准》（GB 28662—2012），2012 年 10 月 1 日起执行烧结机头粉尘允许排放浓度为 $80mg/m^3$（标态），烧结机尾粉尘允许排放浓度为 $50mg/m^3$（标态），2015 年 1 月 1 日起执行烧结机头粉尘允许排放浓度为 $50mg/m^3$（标态），烧结机尾粉尘允许排放浓度为 $30mg/m^3$（标态）。

10.3.1.4　粉尘的特性

块状物料破碎成细小的粒状微粒后，除了继续保持原有的主要物理化学性质外，还出现了许多新特性，如爆炸性、带电性等，这些特性与除尘技术是密切相关的。粉尘的特性有以下几个方面：

（1）粉尘的真密度（尘粒密度）。粉尘密度分为容积密度和真密度两种，粉尘的容积密度是指在松散状态下单位体积粉尘的质量，而如果设法排除颗粒之间及颗粒内部的空气，则可测出在密实状态下单位体积粉尘的质量，把它称为粉尘的真密度（或尘粒密度）。

（2）黏附性。黏附性是粉尘之间或粉尘与物体表面之间力的表现，由于黏附性的存在，粉尘相互碰撞会导致尘粒的凝并，这种作用在各种除尘器中都有助于粉尘的捕集。

（3）爆炸性。固体物料破碎后，总表面积大大增加，粉尘的化学活性也随之加强，某些在堆积状态下不易燃烧的物质如糖、面粉、煤粉等，当它以粉末状态悬浮在空气中时，与空气中的氧有了充分的接触机会，在一定的浓度和温度下，可以发生爆炸。

（4）带电性和电阻率。悬浮在空气中的尘粒由于摩擦、碰撞及吸附，会带有一定的电荷，带电量的大小与尘粒的表面积和含湿量有关。在同一温度下，表面积大、含湿量小的尘粒带电量大。粉尘的带电性是用粉尘的电阻率来表示的，粉尘的电阻率是粉尘的重要特性之一。

（5）可湿性。尘粒是否易于被水（或其他液体）润湿的性质称为可湿性。含湿量大的尘粒带电量小；反之，带电量大。

（6）粉尘的粒径分布。粉尘的粒径分布称为分散度，也称为粒径的频率分布。粉尘的分散度不同，对人体的危害以及除尘的机理也都不同。

10.3.1.5 除尘机理

除尘的主要任务是从排出的气流中将粉尘分离出来，为此可利用各种不同的机理，其中主要有重力、离心力、空气动力、电力。

（1）重力。气流中的尘粒可以依靠重力自然沉降，从气流中进行分离。这个机理只适用于粗大的尘粒。

（2）离心力。含尘气流做圆周运动时，由于惯性离心力的作用，尘粒和气流会产生相对运动，使尘粒从气流中分离，这个机理主要用于 $10\mu m$ 以上的尘粒。

（3）空气动力（过滤）。含尘气流在运动过程中遇到了物体的阻挡（如挡板、纤维、水滴等）时，气流要改变方向进行绕流，细小的尘粒会随气流一起运动。粗大的尘粒有较大的惯性，会脱离气流，保持自身的惯性运动，这样尘粒就和物体发生了碰撞，这种现象称为惯性碰撞。惯性碰撞是过滤式除尘器、湿式除尘器和惯性除尘器的主要除尘机理。

（4）电力（静电力）。它是用电能直接作用于含尘气体，除去粉尘使空气净化。利用电力除尘的设备通常称为电除尘器。

10.3.2 除尘器的分类及工作原理

由于生产的需要，根据实际情况采用不同的除尘器。根据除尘器不同的除尘机理进行分类，主要分为：机械除尘器（包括重力沉降室、惯性除尘器和旋风除尘器）；过滤式除尘器（包括袋式除尘器和颗粒层除尘器）；湿式除尘器（包括低能湿式除尘器和高能文氏管除尘器）；电除尘器；电袋复合除尘器。

10.3.2.1 机械除尘器

A 重力沉降室

沉降室是通过重力使粉尘从气流中分离出来，含尘气流进入沉降室后，流速迅速降低，在层流或接近层流的状态下运动，其中的尘粒在重力的作用下向灰斗沉降。适用于粗颗粒粉尘（ $50\sim100\mu m$ ），重力沉降室一般作为前期预处理。

B 惯性除尘器

惯性除尘器主要是依靠气流方向的突然改变，粉尘粒子由于惯性继续按原来气流的方向前进，碰撞到某些挡板上而被捕集起来。主要捕集的粒径范围为 $20\sim30\mu m$ 。

C 旋风除尘器

旋风除尘器是利用气流旋转过程中作用在尘粒上的惯性离心力，使尘粒从气流中分离出来。其示意图如图 10-1 所示。普通的旋风除尘器由进气口、筒体、锥体、排出口 4 部分组成，有的在排出管上设有涡壳形出口。

含尘气流由切线进口进入除尘器，沿外壁由上向下做螺旋形旋转运动，这股向下的气流称为外涡旋。外涡旋到达锥体底部后，转而向上，沿轴心向上旋转，最后经排出管排出，这股向上旋转的气流称为内涡旋。向下的外涡旋和向上的内涡旋，两者的旋转方向是相同的。气流做旋转运动时，尘粒在惯性离心力的推动下，要向外壁移动，到达外壁的尘粒在气流和重力的共同作用下，沿壁面落入灰斗。用于小型烧结机头的多管除尘器就是旋风除尘器。

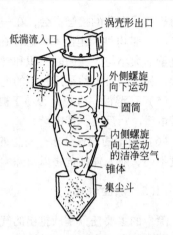

图 10-1　旋风除尘示意图

10.3.2.2　过滤式除尘器（袋式除尘器）

A　性能及工作原理

布袋除尘器主要是采用滤料（织物或毛毡）对含尘气体进行过滤，使粉尘阻留在滤料上，达到除尘的目的。

过滤的过程分为两个阶段，首先是含尘气体通过清洁滤料，这时起过滤作用的主要是纤维；其次，当阻留的粉尘不断增加，一部分粉尘嵌入到滤料内部，一部分覆盖在表面上形成一层粉尘层，在这一阶段，含尘气流的过滤主要是依靠粉尘层进行的，这时粉尘层起着比滤料更为重要的作用。对于工业用的布袋除尘器，除尘的过程主要是在第二阶段进行的。

布袋除尘器的性能在很大程度上取决于过滤风速的大小。风速过高会使积于滤料上的粉尘层压实，阻力急剧增加，甚至使粉尘透过滤料，使出口浓度增加，过滤风速过高时还会导致滤料上迅速形成粉尘层，引起过于频繁的清灰；在低过滤风速的情况下，阻力低，效率高，然而需要的设备占地面积大。因此，过滤风速要选择适当。

在正常的情况下，布袋除尘器有较高的除尘效率。对于布袋除尘器而言，重要的是在运行中保持滤袋的完好，否则，只要滤袋上出现一个小孔，则会导致除尘效率急剧下降。

B　布袋除尘器的分类

布袋除尘器的形式、种类很多，可以根据它的不同特点进行分类：

（1）按清灰方式不同可分为机械清灰、逆气流清灰、脉冲清灰、声波清灰。

（2）按除尘器内的压力不同可分为负压式除尘器、正压式除尘器。

（3）按滤袋的形状不同可分为圆袋、扁袋。

（4）按含尘气流进入滤袋的方向不同可分为内滤式、外滤式。

（5）按进气口的位置不同可分为下进风、上进风。

C　常见的布袋除尘器

布袋除尘器的结构形式很多，下面介绍两种常用布袋除尘器的结构及其工作原理。

机械振打布袋除尘器基本部件由滤袋、外壳、灰斗、振打机构所组成。其中，振动器清灰布袋除尘器是一种结构简单的除尘器（见图 10-2）。振动器设于振动架上，滤袋悬挂于其上，清灰时，由于振动器的振动使滤袋产生高频微振，粉尘沿袋面滑至灰斗。

机械振打布袋除尘器由于振动器的振动范围有限，只适用于小的尘源点，处理风量不能太大。为了达到好的清灰效果，通常采用停风清灰。对于处理大风量烟气，一般采用低压长袋脉冲袋式除尘器（见图 10-3）。

低压长袋脉冲袋式除尘器配备了阻力低、启闭快和清灰能力大的脉冲阀，采用脉冲式喷吹清灰，滤袋可达 6m 及以上。滤袋以靠在袋口的弹性胀圈嵌在花板上，拆装方便。该除尘器是一种高效、可靠、经济、处理能力大和使用简便的除尘设备。

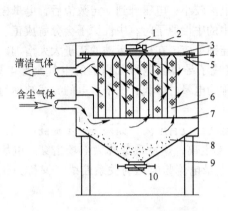

图 10-2　振动器清灰布袋除尘器

1—电机；2—偏心块；3—振动架；
4—橡胶；5—支座；6—滤袋；7—花板；
8—灰斗；9—支柱；10—密封插板

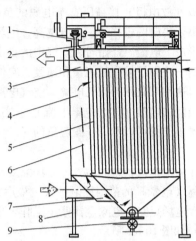

图 10-3　低压长袋脉冲袋式除尘器

1—喷吹装置；2—揭盖小车；3—上箱体；4—中箱体；
5—滤袋；6—导流板；7—灰斗；8—支架；9—卸灰装置

10.3.2.3　湿式除尘器

湿式除尘的过程是基于含尘气流与某种液体（通常是水）接触，借助于惯性碰撞、扩散机理将粉尘予以捕集。

在湿式除尘器中，水与含尘气流接触大致可以有三种形式：水滴、水膜、气泡。在实际除尘中，可能兼有以上两种甚至三种形式。

A　除尘机理

除尘机理主要是：

（1）通过碰撞、接触阻留尘粒与液滴、液膜发生接触，使尘粒加湿、增重、凝聚。

（2）细小尘粒通过扩散与液滴、液膜接触。

（3）由于烟气增温，尘粒的凝聚性加强。

（4）高温烟气中的水蒸气冷却凝结时，要以尘粒为凝结核，形成一层液膜包裹在尘粒表面，增加了粉尘的凝聚性。

B　分类

通常湿式除尘器可分为两类：

（1）尘粒随气流一起冲入液体内部，尘粒加湿后被液体捕集。它的作用是液体洗涤含尘气体。属于这一类的湿式除尘器有自涤式除尘器、卧式旋风水膜除尘器、泡沫塔等。

（2）用各种方式向气流中喷入水雾，使尘粒与液滴、液膜发生碰撞。属于这类的湿式除尘器有文丘里除尘器、喷淋塔雾式除尘器等。

10.3.2.4　电除尘器

A　工作原理

电除尘器的工作原理如图 10-4 所示。由于辐射、摩擦等原因，空气中含有少量的自由电子，单靠这些自由离子是不可能使含尘空气充分荷电的。因此，电除尘器必须设置高压电场，电晕极（放电极）接高压直流电源的负极，收尘极接地，为正极。在电场作用下，空气中的自由离子要向两极移动，电压越高，电场强度越高，离子的运动速度越快。由于离子的运动，极间形成了电流。开始时，空气中的自由离子少，电流较小；电压升到一定数值后，电晕极附近的离子获得了较高的能量和速度，它们撞击空气中的中性原子时，中性原子会分解成正、负离子，这种现象称为空气电离；空气电离后，由于连锁反应，在极间运动的离子大大增加，表现为极间的电流（称为电晕电流）急剧增加，空气成了导体。电晕极周围的空气全部电离，在电晕极周围可以看见一圈蓝色的光环，这个光环称为电晕。因此，这个放电的导线被称为电晕线。

在离电晕极较远的地方，电场强度小，那里的空气还没有电离，如果进一步提高电压，空气电离（电晕）的范围逐渐扩大，最后极间空气全部电离，这种现象称为电场击穿。电场击穿时，电场短路，电除尘器停止工作。电除尘器的电晕电流与电压的关系曲线（又称为伏安特性）如图 10 - 5 所示。

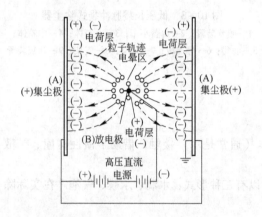

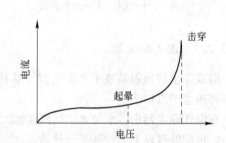

图 10 - 4　电除尘器的工作原理　　　　　　图 10 - 5　电除尘器的电晕电流与电压的关系曲线

如果电场内各点的电场强度不相等，这个电场称为不均匀电场。电场内各点的电场强度都相等的称为均匀电场。在均匀电场内，只要其中一点的空气被电离，则极板间空气全部电离，电除尘器发生击穿。因此，电除尘器内必须使用非均匀电场。

电除尘器的电晕范围（也称为电晕区）通常局限于周围几毫米处，电晕区以外的空间称为电晕外区。电晕区内的空气电离后，正离子很快向负极移动，只有负离子才会进入电晕外区，向阳极移动。含尘粒子通过电除尘器时，由于电晕区的范围很小，只有少量的尘粒在电晕区通过，获得正电荷，沉积在电晕极上。大多数尘粒在电晕外区通过，获得负电荷，最后沉积在阳极板上，这就是阳极板称为收尘极板的原因。

B　工作过程

电除尘器的基本工作过程通常分为 5 个阶段：

（1）通以高压直流电，使电极系统的电压超过临界电压值时就产生电晕放电现象，即电子发射到电晕极表面邻近的气体中。

（2）电子被气体分子所吸附，使电极间的气体电离，在电晕区以外的气体中有电子和负离子。

（3）气体中的尘粒与负离子相碰撞和扩散使尘粒带电。

（4）在电场作用下，带负电荷的尘粒趋向收尘电极。

（5）带负电荷的尘粒与收尘电极接触后失去电荷，成为中性而黏附于收尘电极表面，然后借助于振打装置使电极抖动，使尘粒脱离落到电除尘器下面的集灰斗中。

10.3.2.5 电袋复合除尘器

一个箱体内紧凑安排电场区和滤袋区，有机结合静电除尘和过滤除尘两种除尘机理，两种机理优势互补。利用电除尘去除粗颗粒粉尘，减少对后续滤袋的磨损；利用滤袋的高效除尘，保证烟气粉尘低排放。

电袋复合除尘器工作时，高速含尘烟气流入进口喇叭，在内部得到缓冲、扩散、均衡后进入电场区，粉尘在电场区荷电并大部分（约80%）被收集，粗颗粒烟尘直接沉降至灰斗，少量已荷电难收集粉尘随烟气均匀进入滤袋区被过滤拦截，粉尘被阻留在滤袋外表面，纯净气体从滤袋内腔流入上部净气室，最后从出口烟道排出。

10.4 电除尘器

一个完整的通风除尘系统应包括以下几个过程：

（1）用排气罩（即密封罩）将尘源散发的含尘气体捕集。

（2）借助风机通过风管输送含尘气体。

（3）在除尘设备中将粉尘分离。

（4）将净化的气体通过烟囱排入大气中。

（5）将在除尘设备中分离出的粉尘输送出去。

因此，除尘系统由除尘器本体、供电装置、输灰装置、除尘风机及管网5大部分组成。

10.4.1 电除尘器本体设备

电除尘器本体是实现烟气净化的场所，通常为钢结构。目前应用最广泛的是卧式电除尘器，其一般形式如图10-6所示。主要部件有壳体、收尘极板、放电极、振打装置和气流分布装置等。

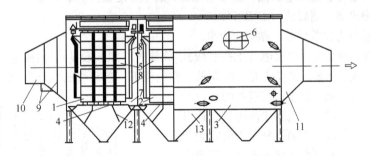

图10-6 电除尘器结构

1—第一电场；2—第二电场；3—第三电场；4—收尘极板；5—芒刺型放电线；6—星形放电线；
7—收尘极振打装置；8—放电极振打装置；9—进口气流分布板；10—进口喇叭管；
11—出口喇叭管；12—阻流板；13—储灰斗

10.4.1.1 壳体

电除尘器壳体的作用是引导烟气通过电场，支撑电极和振打设备，形成一个与外界环境隔离的独立收尘空间。壳体结构应有足够的刚度和稳定性，要求壳体封闭严密，漏风率在5%以内。

10.4.1.2 收尘极板（阳极板）

收尘极板的作用是捕集荷电粉尘，通过冲击振打，极板表面附着的粉尘成片状、团状脱离板面，落入灰斗中，达到除尘的目的。

对阳极板性能的基本要求是：

（1）极板表面的电场强度分布比较均匀。

（2）极板受温度影响变形小，并应有足够的强度。

（3）与放电极之间不易发生电闪络。

（4）板面的振打加速度分布比较均匀。

（5）干式电除尘器振打时，粉尘容易振落，二次扬尘少。

目前我国普遍生产和应用的收尘极板板型有 Z 型和 C 型，其断面形状如图 10-7 所示。收尘极最常用的吊挂方式有紧固型和自由悬挂型。

(a)   (b)

图 10-7 极板断面形状示意图

（a）Z 型极板；（b）C 型极板

10.4.1.3 电晕极（放电极、阴极）

电晕线是电除尘器的主要部件，它直接影响电除尘的效率。电晕极的作用是与收尘极一起形成电场，产生电晕电流，它包括电晕线和其定位部分。

对电晕线的基本要求有：

（1）电气性能好，起晕电压低，击穿电压高，放电强度强，电晕电流大。

（2）机械强度高，耐腐蚀，牢固可靠。

（3）传递振打力的效果好，黏附粉尘少。

电晕放电有 3 种类型：点放电（如芒刺线）、线放电（如星形线）、面放电（如圆线）。

常用的芒刺线、星形线的特点是：同样的工作电压下，芒刺线的电晕电流要比星形线大，有利于捕集高浓度的微小粉尘，芒刺线的刺会产生高强度的离子流，增大了电除尘的电风，这对减小电晕闭塞是有利的。芒刺线常用于电除尘器的第一、二电场内，捕集高浓度的粉尘。星形线的特点是材料来源容易，价格便宜，易于制造，但它在使用时容易因吸附粉尘而肥大，从而失去放电性，影响除尘效率，而且容易断线。因此，它适用于低浓度粉尘，常用于电除尘器的第三电场。

阴线极的固定方式为框架式。固定阴线极的框架称为阴极小框架，如图 10-8 所示。

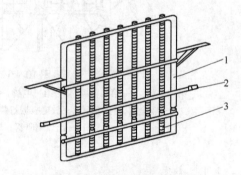

图 10-8 框架式固定放电线

1—框架；2—振打砧；3—放电线

各排小框架连接在型钢制作的大框架上，大框架用悬吊杆挂在绝缘套管上，如图 10-9 所示。

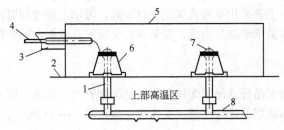

图 10-9　套管型支座

1—悬吊杆；2—除尘器顶盖；3—高压线的金属保护套管；4—来自整流器的高压线；

5—绝缘箱；6—绝缘套管；7—金属管；8—高压放电极框架

10.4.1.4　收尘极振打及放电极振打

电极清洁与否直接影响电除尘器的除尘效率，通过振打装置使捕集的粉尘落入灰斗并及时排除，这是保证电除尘器有效工作的重要条件。振打装置的任务就是随时消除黏附在电极上的粉尘，以保证电除尘器正常运行。

A　振打装置的基本要求

振打装置应有适当的振打力，振打力过小，不足以使沉积的粉尘脱落，振打力过大，会引起电极系统变形和疲劳损坏，还会造成粉尘的二次飞扬，甚至改变电极间距，破坏正常的除尘过程。电除尘器中，不仅收尘极需要振打，电晕极也需要振打。这是因为在电场力的作用下，带正电的粉尘粒子会在电晕极沉积，达到一定的厚度时，会大大降低电晕的效果，影响除尘的效率。

对振打的基本要求有以下几点：

（1）能使电极获得足够大的加速度，在整排收尘极及放电极框架上的加速度都能得到充分的传递，既能使黏附在电极上的粉尘脱落，又不至过多的粉尘重新卷入气流。

（2）能够按照粉尘的类型和浓度的不同，对各电场的振打强度、振打时间、振打周期等进行适当的调整。

（3）工作可靠，维护容易。

（4）阴极的振打锤、轴带高压电，因此，振打轴必须与传动装置绝缘，振打轴穿过外壳时也要保持足够的绝缘距离。放电极振打传动装置如图 10-10 所示。

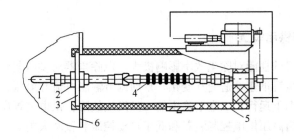

图 10-10　放电极振打传动装置

1—安装振打锤的轴；2—密封装置；3—密闭板；4—电瓷轴；5—保温箱；6—除尘器壳体

B　振打装置的类型

振打装置大致分为电动机械式、气动式和电磁式 3 种类型。

我国电除尘器基本上都采用电动机械式振打装置，习惯上称为挠臂锤式振打。它由传动装置、振打轴、振打锤和轴承等部分组成，安装在收尘极下部或放电极中部，从侧面振打。

10.4.1.5　绝缘套管

电晕极框架是借助于吊杆悬吊于壳体顶部的绝缘套管上，绝缘套管要承受框架的质量和高压的作用，保持与壳体良好的绝缘性能。支撑型支座如图 10 – 11 所示。

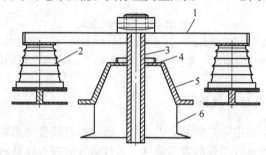

图 10 – 11　支撑型支座

1—框架；2—瓷支柱；3—放电极吊杆；4—法兰盖；5—绝缘套；6—防尘罩

绝缘套管通常由两种材质制成：

（1）石英套管。在高温下具有良好的电绝缘性能，但该套管价格较贵。

（2）瓷质套管。电瓷质套管在低温下具有良好的绝缘性能，且价格便宜，但当温度高于 150℃时，其绝缘性能急剧下降，所以一般用于烟气温度在 120℃以下的电除尘器中。

10.4.1.6　气流分布装置

气流分布装置有阻流和导流两种形式，常用起阻流作用的是气流分布板。气流分布板又称多孔板，通过增加阻力，把分布板前面大规模的气流分割开来，在分布板后面形成小规模的气流，而且在短距离内使气流的强度减弱，使原来方向不垂直的气流经分布板后与分布板垂直。

10.4.1.7　灰斗

灰斗是用来储存电除尘器电极收集的粉尘，灰斗中的存灰不宜太满，否则会造成电气短路，在放灰时，灰斗内的积灰也不能全部排空，要保持一定的料位，否则会产生漏风，影响电除尘器的工作效率。

10.4.2　电除尘器的供电装置

电除尘器供电装置的性能对除尘效率影响极大。电除尘器对供电装置的要求：一是在除尘器工况变化时，供电装置迅速地适应其变化，自动调节输出电流和电压，使电除尘器在较大的电流和较高的电压状态下运行；二是电除尘器一旦发生故障，供电装置应能提供必要的保护。

供电装置主要是指高压供电控制装置和低压自动控制装置两大类。

10.4.2.1　高压供电电源及控制设备

高压电源由升压变压器、整流器、控制设备 3 大部分组成，其作用是将工频交流电变成高压直流电送至电除尘器放电极，在放电极周围形成电场，使粉尘荷电向收尘极移动，达到除尘的目的。

升压变压器的作用是把一般的低压交流电变为高压交流电。

整流器的作用是把高压交流电变为高压直流电，目前常用的是硅整流器。

控制柜包括控制和调节高压操作的设备和仪表。

10.4.2.2　低压自动控制

该装置主要有程控、操作显示和低压配电3部分。低压自动控制装置是指对电除尘器的阴阳极振打电机、卸灰输灰电机、绝缘及瓷轴灰斗等处的加热设备按要求进行自动控制的装置，并对电除尘器支撑绝缘子、高压整流变压器等设备及维护人员安全起保护的一些装置。

10.4.3　电除尘器的输灰装置

电除尘器的输灰装置包括卸灰阀、粉尘输送设备和加湿设备。

10.4.3.1　卸灰阀

常用的卸灰阀有星形卸灰阀和双层卸灰阀两种类型。星形卸灰阀又称为叶轮回转下料器，它是通过旋转的叶轮将重力作用下的粉料自上而下地输送。其特点是既可瞬间密封，又可连续下料，适用于负压不高的部位，因此安装于储灰灰斗的下部。

双层卸灰阀是由两段卸灰箱组成，每一组灰箱有一个圆形蘑菇头或阀板，它是通过动力源交替作用于蘑菇头或阀板。其特点是上下两层交替动作，间歇性下料，工作期间确保有一层灰箱始终存料，达到其密封的目的，适用于负压较大的部位。如烧结机机头电除尘灰斗、大烟道排灰管及环式冷却机排灰斗下端。其动力源有电动式和气动式两种。

10.4.3.2　粉尘运输设备

常用的粉尘运输设备是螺旋输送机、刮板运输机、斗式提升机、胶带运输机。上述设备除胶带运输机是敞开式运输物料外，其余的全部是密闭性运输物料，确保运输过程中不再产生二次扬尘。

A　螺旋输送机

螺旋输送机送料特点是通过旋转的螺旋体叶片将物料向前推移，它根据螺旋体旋向分为左旋式和右旋式两种。

螺旋输送机由电动机、减速机和螺旋输送机本体3大部件组成，有水平式安装、倾斜式安装，最大倾角不得大于15°。

B　刮板运输机

刮板运输机送料特点是通过移动的工作链带将物料向前推移，它根据工作链带的形式分为机翼式（又称为板式）和圆钢式两种。

刮板运输机由电动机、减速机和刮板运输机本体3大部件组成，有水平安装、垂直式安装、倾斜式安装、混合式安装。

C　斗式提升机

斗式提升机送料特点是通过垂直移动物料将低料位物料垂直提升到需要的高料位，它根据工作形式分为内斗提式和外斗提式两种。

斗式提升机由电动机、减速机和斗式提升机本体3大部件组成，根据斗式提升机输送带的不同又分为胶带式、链式，其中，链式又分为单链式和双链式两种。

D　胶带运输机

胶带运输机送料特点是通过移动的胶带将物料送至下道工序。其装置由电动机、减速机和胶带运输机本体 3 大部件组成，最大的优点是能远距离输送物料。

10.4.3.3　加湿设备

粉尘物料最终是要送到敞开式胶带运输机上，如果还是干粉物料，势必在每一个胶带转运站造成二次扬尘，污染环境，因此，在密闭性运输和敞开式运输中间加一道加湿设备，其目的是将物料粉尘加湿后送到胶带运输机上，杜绝二次扬尘，为后道工序创造良好的工作环境。

加湿设备常用的有单轴搅拌加湿机、双轴搅拌加湿机和圆筒混合加湿机。

A　双轴搅拌加湿机

送料特点是通过两根装有正反旋向叶片的轴在旋转过程中将物料抛送前移，物料在输送前移过程中加水，加水后的物料在搅拌推移过程中均匀搅拌，达到加湿物料的目的。

双轴搅拌加湿机由电动机、减速机和双轴搅拌加湿机本体 3 大部件组成。

B　圆筒混合加湿机

圆筒混合加湿机送料特点是通过倾斜的筒体使物料在旋转过程中受下滑分力作用向前移动，物料在移动过程中加水，物料在筒体内做圆周运动和下移运动的翻搅过程中均匀混合，从而达到加湿目的。

圆筒加湿机由电动机、减速机和圆筒加湿机本体 3 大部件组成。

10.4.4　电除尘器风机及管网

风机和输送含尘气体的管网是电除尘器工作系统的主要构成部分，其主要作用是由高速旋转的风机叶轮产生离心作用，使管道内处于负压状态，产尘点扩散的粉尘及含尘气体被吸尘罩口的负压吸入管网后，在管网中负压动力的输送下，含尘气体经电除尘器本体净化后排入大气中。

10.4.4.1　风机

与除尘系统配套使用的是离心式风机。

离心式风机主要由叶轮（俗称转子）、轴承座、机壳、进出风口、风量调节门及传动部分组成。

风量调节门用以调节风机流量，其调节范围为 0° ~ 90°，即全闭到全开。

10.4.4.2　电除尘器管网

电除尘器管网的作用是捕集和输送含尘气体。

A　吸尘管网

一个完整的电除尘系统中，管网分布及风量分配平衡好坏直接影响工作效果。除尘系统的吸尘罩、除尘器、除尘风机等主要设备之间是通过管道联系起来的。

除尘管道内对风速有一定的要求，一般控制在 16 ~ 18m/s 范围内。风速过大，会造成管道，特别是弯头管道磨损；风速小，会引起粉尘在管道内沉积，造成管道堵塞。

B　吸尘密闭罩（排气罩）

排气罩是整个通风除尘系统中的重要组成部分之一。

除尘系统要求对整个产尘设备尽可能进行密闭，以隔断在生产过程造成的一次含尘气流和室内二次气流的联系，防止粉尘随室内气流飞扬传播。设备密闭好，只需较少的风量就能获得较好的防尘效果。对尘源密闭后，再通过连接除尘器的管道进行抽风，即可防止罩内含尘气流经工作孔或不严密缝隙渗入室内。

对密闭罩要求尽可能将尘源点或产尘设备完全密闭，为便于操作和维修，在其上可设置一些观察窗和检查孔。密闭罩的形式及结构不应妨碍工人操作，为了便于检修，密闭罩尽可能做成装配式的。

10.4.5 影响电除尘器性能的因素

影响电除尘器性能的因素有很多，大致归纳为以下 4 个方面：

(1) 粉尘特性，主要包括粉尘的粒径分布、真密度和堆积密度、黏附性和电阻率等。

(2) 烟气性质，主要包括烟气温度、压力、成分、湿度、流速和含尘浓度等。

(3) 结构因素，包括电晕线的几何形状、直径、数量和线间距、收尘极的形式、极板断面形状、极板间距、极板面积以及电场数、电场长度、供电方式、振打方式、气流分布等。

(4) 操作因素，包括伏安特性、漏风率、气流短路、粉尘二次飞扬等。

10.4.5.1 粉尘特性的影响

A 粉尘的粒径分布

粉尘的驱进速度（粉尘的驱进速度是荷电粒子在电场力的作用下向收尘极表面运动的速度）随粉尘粒径的不同而变化，驱进速度与粒径大小成正比。粒径越大，驱进速度越大，除尘效率越高。当粒径极细时，应增加电场长度，延长烟气在电场内的停留时间，以提高除尘效率。

B 粉尘的密度

粉尘的密度与烟气在电场内的最佳流速及二次扬尘有密切关系。与收尘性能有关的是粉尘堆积密度。粉尘堆积密度越小，烟气流速也应越低，因粉尘再飞扬而对除尘性能的影响越显著。

C 粉尘的黏附性

由于粉尘有黏附性，可使微小粉尘粒子凝聚成较大的粒子，这对粉尘的捕集是有利的。但是粉尘黏附在除尘器壁上会堆积起来，这是造成除尘器发生堵塞故障的主要原因。在电除尘器中，若粉尘的黏附力强，粉尘会黏附在电极上，即使加强振打力，也不容易将粉尘振打下来，并会出现电晕肥大和收尘极粉尘堆积的情况，影响工作电流升高，致使收尘效率降低。烧结机头粉尘中钠、钾、氧化钙的质量分数高，粉尘黏附性增大。

D 粉尘的电阻率

粉尘的电阻率 ρ 对电除尘器的影响大致可以分为 3 个范围：

(1) $\rho < 10^4 \Omega \cdot cm$，称为低电阻率粉尘。低电阻率粉尘易于荷电、放电，在电极间形成跳动，不易沉积。不适合电除尘器。

(2) $10^4 \Omega \cdot cm < \rho < 5 \times 10^{10} \Omega \cdot cm$，电阻率在这一范围内最适合于电除尘器。

(3) $\rho > 5 \times 10^{10} \Omega \cdot cm$，称为高电阻率粉尘。

烧结机头粉尘电阻率较高，当粉尘的电阻率超过临界值 $5 \times 10^{10} \Omega \cdot cm$ 时，由于高电阻率粉尘在极板上沉积后，电荷不容易释放，粉尘层和极板之间出现一个新电场，一方面粉尘牢牢地吸附在收尘极表面，一方面伴随着粉尘的不断增加，粉尘层与极板之间存在的电场越来越强，最后出现电离现象，产生电晕放电。这种在收尘极产生的放电现象称为反电晕现象。反电晕现象是有害的，它破坏了正常的收尘作用。

10.4.5.2　烟气性质的影响

A　烟气的温度和压力

烟气的温度和压力影响电晕始发值、起晕时电晕极表面的电场强度、电晕附近的空间密度和分子、离子的有效迁移等。温度和压力对电除尘器的影响是通过对烟气密度的影响来实现的。

B　烟气的成分

烟气的成分对电除尘器的伏安特性和火花放电电压有很大的影响。因为不同的分子成分，其浓度和这些成分的亲和力对负电晕放电是很重要的，不同的烟气成分会导致电晕放电中电荷载体有效迁移率不同。

C　烟气的湿度

一般工业生产排出的烟气中都有一定的水分，这对电除尘器的运行是有好处的。烟气中的水分多，收尘率高。但是，如果烟气温度低或除尘器的保温不好，烟气温度会达到露点，就会给电除尘器的电极系统及外壳产生腐蚀。烧结机头烟气含有10%（体积分数）的水分，又有二氧化硫等酸性气体，所以要求烟气温度大于100℃，且机头除尘器要保温，以免结露加剧除尘器腐蚀。

D　烟气的流速（电场风速）

一般应尽量提高电场风速，以缩小电除尘器的体积，但如果电场风速过高，荷电粉尘还来不及沉积到收尘极上就被气流带出，也容易使沉积在收尘极上的粉尘产生二次飞扬。电场风速控制在 0.4～1.5m/s 之间为宜。

E　烟气的含尘浓度

电除尘器对粉尘浓度有一定的适应范围，超过这一范围，电流随着含尘浓度的增加而逐渐减少。当含尘浓度达到某一极限时，通过电场的电流趋于零，这种现象称为电晕闭塞。

电场中电晕电流一方面是由于气体离子的运动形成，另一方面是由粉尘粒子的运动而形成的，只是粉尘离子所形成的电晕电流仅占总电流的 1%～2%。随着烟气中含尘浓度的增大，粉尘粒子的数量增多，虽然粉尘离子形成的电晕电流不大，但形成的空间电荷却很大，接近于气体离子所形成的空间电荷，严重地抑制电晕电流的产生，使尘粒不能获得足够的电荷，以致收尘效率降低。

10.4.5.3　结构的影响

A　极板间距和电晕线距的影响

极板间距和电晕线距对电流密度、电场强度和空间电荷密度的分布有影响。如工作电压相同，增大电晕线距，将导致电晕外区的电晕电流密度、电场强度和空间电荷密度降低；增大电晕电流密度和电场强度分布的不均匀性，将增大电晕线距所产生的影响。电晕线间距有一个会产生最大电晕电流的最佳值，若电晕线间距小于这一最佳值，会导致电晕线附近电场相互屏蔽而使电晕电流减少。

B　气流分布的影响

电除尘器内气流分布不均匀对电除尘器总收尘效率有很大的影响，主要是以下几个方面的原因：

（1）在气流速度不同的区域内所捕集的粉尘量不一样，即气流速度低的地方收尘效率高、捕集粉尘量也会多；气流速度高的地方收尘效率低、捕集的粉尘量少。

（2）在气流速度高的地方会出现冲刷现象，造成粉尘的二次扬尘。

（3）除尘器进口的含尘浓度不均匀，导致除尘器内部某些部位堆积过多的粉尘。在管道、弯头、导向板、分布板等处存积大量的粉尘，反过来又会进一步破坏气流的均匀性。

10.4.5.4 操作因素的影响

A 伏安特性的影响

在火花放电或反电晕之前所获得的伏安特性，能表示出电除尘器从气体中分离尘粒的效果。在理想状态下，伏安特性在电晕始发和最大有效电晕电流之间，其工作电压应有较大的范围，以便选择稳定的工作点，并使工作电压和电晕电流达到较高的有效值。低的工作电压会导致电除尘器的效率下降。

B 漏风的影响

电除尘器一般多用于负压操作，如果壳体的连接处密封不严，就会从外部漏入冷空气，使通过电除尘器的风速增大，烟气温度降低，这两者都会使烟气露点发生变化，其结果是粉尘电阻率增高，使收尘性能下降。此外，电除尘器捕集的粉尘一般都比较细，如果从灰斗或排灰装置漏入冷空气，将会使粉尘再次飞扬，也会使收尘效率下降。若从检查门漏入冷空气，不仅会增加电除尘器的烟气处理量，而且还会由于温度的下降而出现冷凝水，引起电晕肥大、绝缘瓷套管爬电和腐蚀的现象。

10.4.6 电除尘器的一般技术操作要求

电除尘器的一般技术操作要求主要是：

（1）电除尘器的使用必须符合技术条件，方能保持最佳除尘效果。

（2）电晕极和收尘极组成的电场是电除尘的心脏，保持电晕极和收尘极的干净是提高操作电流和保持最佳除尘效率的关键。

（3）若为干式除尘器设备，各吸尘点应严禁打水，以免降低除尘效率。

（4）电除尘进口管道及各吸尘点、电场外壳（包括入孔门）应密封完好，不允许有漏风，灰斗内应保持适当料位。

（5）电除尘器在正常运转时，其电场的操作电压和电流必须达到规定的标准，风机风门的开启度和风机的运行电流必须达到规定的标准。

（6）为了使电除尘器正常运行，各绝缘瓷套管和座式瓷瓶应保持清洁干燥，加热器对保温箱加热保温，绝缘瓷套管和座式瓷瓶不允许在露点以下工作，防止放电击穿。

（7）电除尘器工作时，不允许无故停1台或2台供电机组，以免因收尘效率低造成风机转子磨损和烟囱废气粉尘浓度超标排放。

（8）放灰系统必须按放灰制度定时定量放灰，同时要通知生产岗位，以免影响生产。小混合机和加湿机放灰时必须加水润湿，以免造成二次扬尘。

（9）为了降低电耗，与其配套的主机停机时间在4h以内应关好风门，主体设备停机在4h以上时，应停除尘风机。

10.4.7 电除尘系统的操作程序

在主体设备（如烧结机系统）启动前，必须提前10min启动除尘设备。

电除尘系统的正常启动必须依照下列程序：启动机组→启动风机→启动振打→启动放灰系统。具体启动步骤为：

（1）首先启动电除尘器的高压控制柜（即除尘机组），使电场的二次电流、电压达到规定的标准。

（2）机组运行正常后，启动除尘风机（启动风机前，提前 10min 打开冷却水），风机风门开启度达正常范围，风机电流达额定值。

（3）在电除尘器运行一定时间后，联锁启动振打装置，各电场振打装置按设定的时间依次振打。

（4）在灰斗内沉积的粉尘达到一定量时，启动放灰装置。放灰的控制有两种方式：料控和时控。设置有料位器的灰斗，当灰斗内的粉尘积至上料位时（上料位信号灯亮），放灰装置启动；当放灰达下料位时（下料位信号灯亮），放灰停止。未安装料位器或料位器失灵的灰斗则采用时间控制进行放灰，即按规定的时间放灰。

放灰设备的启动顺序是：与主机操作系统联系→启动输灰胶带→启动混合机（或加湿机）→启动斗式提升机→启动螺旋输送机（或刮板运输机）→启动灰斗卸灰阀。

如果主体设备停机达 4h 以上时，电除尘器系统要停止运行。停机步骤为：停放灰系统→停风机→停机组→停振打装置。具体步骤为：

（1）放灰系统的停机顺序与启动顺序正好相反，先停灰斗卸灰阀→再依次停各螺旋输送机（或刮板运输机）→停斗式提升机→再停圆筒混合机（或加湿机）→最后停输灰小胶带。

（2）停风机。全部关严风机风门，停风机主机，10min 后停风机冷却水。

（3）停供电机组。在风机停机 5min 后，切断高压控制柜开关，停供电机组。

（4）停振打装置。在电场停机 10min 后，停止电场内的振打装置。

电除尘器异常状态的处理要求是：

（1）控制柜电流、电压出现异常现象时，应检查电场、关好风门、注意电场接地等安全事项，检查变压器、电缆头、阻尼电阻等工作情况，并根据实际情况调整。

（2）因电场、机组、整流变压器故障需要紧急停机时，报告主控室和调度室后方可停机，先停机组，然后按正常停机操作程序进行。

（3）发现风机出现下列情况时，必须紧急停机：

1）风机或电动机突然剧烈振动；

2）风机或电动机的机体内部有异常的敲击声、碰撞声、研磨声和其他机械杂声；

3）风机轴承和电机外壳温度急剧上升，超过规定范围；

4）风机和电机轴承、电机线圈有焦煳味、冒烟或起火；

5）电机电流表的电流持续上升，超过额定电流。

10.4.8　电除尘器主要设备的维护与点检

维护保养好除尘设备是发挥其治理环境作用的关键。

10.4.8.1　设备维护要求

设备维护要求主要是：

（1）供电机组二次电流、二次电压的运行必须在规定的范围内。

（2）高压变压器阻尼电阻接线无连续闪络放电，高压开关无异常放电，电缆头无漏油、渗油。

（3）阳极振打机械运行正常，无卡、擦，振打锤与砧头位置适当，减速机表面温度小于 70℃，无杂音，无漏油。

（4）阴极振打正常准确，电晕线干净，绝缘瓷瓶无裂纹，减速机表面温度小于 70℃，无杂音，无漏油。

(5) 气流分布板无破损、无断裂，孔板完整并牢固。

(6) 入孔门关严，密封好，不进水，不漏风。

(7) 绝缘套管、支撑瓷瓶无裂纹，无灰尘，无水汽。

(8) 卸灰阀运转正常，密封好，无漏灰，声音正常，无漏油、渗油。

(9) 螺旋或刮板运输机运转正常，无"卡、擦"杂音，密封良好，无冒灰、漏灰现象，润滑油适量。

(10) 风机运行平稳，无剧烈振动，轴承箱内油适量，无漏油，轴瓦温度小于80℃，风门转动灵活，轴瓦冷却水管水流畅通，水质干净，无漏水，电机轴瓦无振动，表面温度小于70℃。

(11) 混合机运行平稳，无异声，水压大于0.3MPa，喷水均匀，阀门不漏水，各点润滑良好。

10.4.8.2　设备保养要求

设备保养要求主要是：

(1) 按设备甲级维护标准维护设备。

(2) 每班必须对螺旋轴瓦加油，保持润滑良好。

(3) 每次生产主机定修时，对电场清理检查一次（停机8h以上）。

(4) 每次检修时，对整流室门、铁丝网、墙壁清扫一次。

(5) 每周对电场上部保温箱、盖板、两极振打链条、链轮、电缆头、减速机等进行检查清扫、加油一次。

(6) 定期检查风机、电机的轴瓦润滑并加油。

(7) 定期检查、更换风机轴承。

10.4.8.3　设备的巡回检查要求

设备的巡回检查要求见表10-1。

表 10-1　电除尘器的巡回检查表

设备名称	检查内容		检查标准	检查手段	检查周期
供电机组	电流表、电压表		仪表正常，二次电流、二次电压在规定标准	观察、记录	2h
高压变压器	阻尼电阻接线		无连续闪络放电	观察	2h
	高压开关		无异常放电		
	电缆头		无渗油、漏油	观察	2h
电除尘器本体	阴、阳极振打	机械部件	运行正常，无卡、擦杂音	观察	4h
			振打锤头与砧头位置适当	观察	1个月
		减速机电机	表面温度小于70℃	手摸	4h
			无漏油，无杂音	观察	4h
	气流分布板		无破损，断面完整	观察	1个月
	人孔门		关严，不漏风，不漏雨	观察	8h
	绝缘套管、支撑瓷瓶		无裂纹、无灰尘、无水汽	观察	1个月

续表 10 - 1

设备名称	检查内容	检查标准	检查手段	检查周期
卸灰阀	阀　体	卸灰阀运转正常，密封良好，无漏灰	观察	8h
	减速机电机	声音正常，无渗油、漏油	观察	8h
螺旋运输机	运转情况	运转正常，无卡、擦杂音，不漏灰、不冒灰、密封良好	观察	8h
	轴　瓦	润滑油适量，无漏油	观察	8h
	减速机	运转声音正常，润滑油适量，无漏油	观察	8h
	电机	表面温度小于70℃	手摸	8h
混合机	运转情况	运行平稳，运转正常，无异常声音，各点润滑齐全，油量适当	观察	8h
	水　管	水压力大于0.3MPa，喷水均匀，开关不漏水，喷孔无堵塞	观察	8h
风机	运转情况	运行平稳，无剧烈振动，轴承箱内油量适当，无漏油	观察	4h
		轴承箱表面温度小于80℃	观察	4h
	风　门	转动灵活	观察	1周
	冷却水	畅通，水质干净，无漏水	观察	1周
	风　机	表面温度正常、无松动	手摸、观察	1周
斗式提升机	运转情况	运转正常，无卡、擦杂音，不漏灰、不冒灰、密封良好	观察	2h
	减速机电机	运转声音正常，表面温度小于70℃	观察、手摸	2h

10.4.9　电除尘器的故障判断与处理

10.4.9.1　电除尘器电场的故障判断与处理

　　在日常巡检及设备维护操作中，是以伏安特性来判断电除尘器的运行状况的，即从控制柜上的二次电流、二次电压表的指标数据来判断电除尘器电场的故障。电除尘器电场的故障判断与处理见表 10 - 2。

表 10 - 2　电除尘器电场的故障判断与处理

故障现象	故障可能的原因	处理方法
二次电流大，二次电压升不高或接近0V	主要是电场短路引起： (1) 收尘极和电晕极之间短路； (2) 套管结垢，产生裂纹； (3) 阴极振打绝缘破裂； (4) 高压电缆或电缆终端盒对地击穿； (5) 绝缘套管击穿或破损； (6) 灰斗积料，阴极与积料接触； (7) 收尘极或电晕极变形，间距减小	(1) 清除造成短路的杂物或断掉的阴极线； (2) 检查保温箱加热系统，清除灰垢（用酒精擦拭）； (3) 更换绝缘子，调整振打高度； (4) 确定故障部分，重新制作更换电缆； (5) 检查更换绝缘套管； (6) 清除灰斗积灰； (7) 补焊校正加固板线

故障现象	故障可能的原因	处理方法
整流电压正常，而整流电流很小，毫安数比平时大大降低	(1) 收尘极或电晕极上积灰太多； (2) 阴极或阳极振动失灵	(1) 清除积灰（人工振打清灰）； (2) 检修振打装置
调节电位器，电压上升而电流不上升	(1) 电缆头开路； (2) 变压器开路； (3) 阻尼保护电阻开路	(1) 接通电缆头； (2) 将变压器开路端接好； (3) 更换阻尼保护器
控制柜上电流电压表无指示，接触不上	(1) 电源未接通； (2) 高压变压器门限未接触好； (3) 操作或控制回路保险丝熔断	(1) 检查电源； (2) 关好门限开关； (3) 检查保险丝，坏的更换
二次电流、电压不稳定，毫安表指针急剧摆动	(1) 电晕线折断，在两块极板之间左右晃动； (2) 阴极瓷套管或电缆头漏电造成放电现象； (3) 高压联络开关接触不好，有放电现象	(1) 除去断掉的电晕线，松的紧固； (2) 检查故障并处理； (3) 重新打联络开关，使其接触良好
整流电压和一次电流正常，二次电流的毫安表无读数	(1) 整流输出端避雷器的放电间歇被电击穿损坏； (2) 毫安表损坏； (3) 变压器至毫安表连接导线在某处接地	查明原因，清除故障

10.4.9.2　电除尘器的风机、管网、卸灰系统的故障判断与处理

电除尘器的风机、管网、卸灰系统的故障判断与处理见表 10 - 3。

表 10 - 3　电除尘器的风机、管网、卸灰系统的故障判断与处理

故障现象	故障原因	故障处理
风机整体振动	(1) 转子磨损不平衡； (2) 地脚螺钉松动； (3) 轴承磨损	(1) 修复或更换转子； (2) 紧固地脚螺钉； (3) 更换轴承
风机正常运行时电流值下降	(1) 固定风门开启度的插栓弯曲或振落； (2) 电动执行机构支臂移位	(1) 检查更换； (2) 检查校正
风机轴瓦发热	(1) 风机转子磨损不平衡； (2) 轴承磨损； (3) 润滑油不适量； (4) 地脚螺钉松动； (5) 冷却水小或无冷却水	(1) 更换转子； (2) 更换轴承； (3) 加适量润滑油； (4) 紧固地脚螺钉； (5) 接通冷却水

故 障 现 象	故 障 原 因	故 障 处 理
风机转子振动	(1) 风机转子不平衡； (2) 轴与叶轮孔安装配合不良； (3) 轴弯曲； (4) 基础不牢固，地脚螺钉松动； (5) 转子固定部分松动，活动部分间隙过大； (6) 电机运行不平衡	(1) 检查修复平衡转子； (2) 重新拆除安装； (3) 更换轴； (4) 紧固地脚螺钉； (5) 紧固转子，调整间隙； (6) 检查电机，修复或更换
螺旋输送机转不起来	(1) 操作程序不对； (2) 灰量过大，超过负载，压死螺旋； (3) 减速电机烧坏； (4) 螺旋轴断或连接螺栓剪断	(1) 按操作程序准备； (2) 减少放灰量，挖出积料； (3) 更换电机； (4) 更换轴瓦及连接螺栓
卸灰阀转不起来	(1) 斗内有杂物将阀卡死； (2) 电机过热跳闸； (3) 电机烧坏	(1) 取出杂物； (2) 检查分析跳闸原因，重新合闸； (3) 更换电机
卸灰阀不下料	(1) 电场密封不严，漏水或无组织打水，造成潮料堵死； (2) 回转阀固定叶片的螺栓脱落或折断（双层阀的拐臂折断或蘑菇头卡死）	(1) 禁止无组织打水，挖出潮料； (2) 固定轴螺栓，更换折断部分
启动螺旋，电机不转，并发出嗡嗡声	(1) 保险熔断； (2) 开关触头或导线接头处接触不良	(1) 停机，更换保险； (2) 找电工检查处理，检查无误后，重新启动
启动螺旋，灰不往前输送，而从顶部压盖冒出	(1) 电机接错相，螺旋反转； (2) 螺旋断轴或连接螺栓剪断，电机转而螺旋未转，料挤压冲开盖板	(1) 将电机接线倒相，使螺旋正转； (2) 更换轴瓦及联轴螺旋
埋刮板机转不起来	(1) 杂物将刮板卡死； (2) 开式齿轮啮合不好，刮板松紧不当； (3) 刮板积料太多； (4) 刮板擦壳； (5) 刮板磨断	(1) 清除杂物； (2) 检查、校对、调节； (3) 挖出积料； (4) 检查、校对、调节； (5) 更换磨断部分
混合机运转时，筒体跳动	(1) 筒内刮料板变形，脱焊移位，摩擦筒体； (2) 托轮磨损，运行轨道不平稳	(1) 更换、焊好刮料板； (2) 更换托轮
加湿机转不起来	(1) 积料堵死； (2) 两轴上的叶片变形移位，相互卡死； (3) 电机烧坏	(1) 清除积料； (2) 修复或更换； (3) 更换电机
混合机滚筒后部漏灰	(1) 筒体内积料太厚； (2) 料流量过大； (3) 料打水过湿，阻滞下料； (4) 设计上筒体倾斜度过小； (5) 上部下料斗插入过浅	(1) 清除积料； (2) 控制料流； (3) 控制打水量； (4) 重新设计； (5) 加深料斗插入

故障现象	故障原因	故障处理
斗式提升机	(1) 料斗松动； (2) 尾轮内腔有异物卡住； (3) 传动基础不牢固； (4) 传动链条断裂； (5) 电机烧损； (6) 工作胶带卷边、撕裂； (7) 胶带跑偏； (8) 上下胶带张紧轮磨损； (9) 出料口堵塞； (10) 料位失控	(1) 补充螺丝； (2) 清除异物； (3) 重新找正，紧固地脚螺丝； (4) 更换传动链条； (5) 更换电机； (6) 更换胶带； (7) 调整跑偏； (8) 更换上下张紧轮； (9) 出料口清理畅通； (10) 修理料位器
胶带运行不正常或不能运转	(1) 联轴器链条烧损； (2) 电机烧损； (3) 胶带跑偏或卷边； (4) 头尾轮、轴承损坏； (5) 胶带磨损过剧	(1) 更换链条； (2) 更换电机； (3) 处理毛刺； (4) 更换轴承或头尾轮； (5) 检查故障点，更换胶带
阳极振打转不起来	(1) 反转； (2) 尘中轴承卡住； (3) 电机烧损； (4) 联轴套销子脱落； (5) 保险销断裂	(1) 调换方向； (2) 处理毛刺； (3) 更换电机； (4) 重新装配好销子； (5) 更换保险销
阴极振打转不起来	(1) 保险片断裂； (2) 尘中轴承卡住； (3) 反转； (4) 电机烧损； (5) 联轴套销子脱落或损坏； (6) 绝缘瓷轴断裂； (7) 传动链条断裂； (8) 轴弯曲过剧	(1) 更换保险片； (2) 处理毛刺； (3) 调整； (4) 更换电机； (5) 重新装配好销子； (6) 更换绝缘瓷转轴； (7) 更换传动链条； (8) 调整大框架上尘中轴承

10.5 布袋除尘器

10.5.1 布袋除尘器工作原理

10.5.1.1 工作原理

布袋除尘器的工作原理是当含尘气体进入除尘器时，在引风机提供的负压作用下，通过布袋（或称为滤料层），依靠滤料的过滤作用形成粉尘初层。粉尘初层形成前，起过滤作用的滤料层除尘效率并不高。粉尘初层形成后，滤料对粉尘的过滤效率会明显提高。因此，布袋除尘器主要靠粉尘初层的过滤作用除尘，滤袋只是起到形成粉尘初层的作用。

10.5.1.2 过滤机理

布袋除尘器的过滤机理分析为：

（1）筛分效应。当粉尘粒径大于滤袋纤维间隙或粉尘层孔隙时，粉尘颗粒将被阻留在滤袋表面，该效应被称为筛分效应。清洁滤料的空隙一般要比粉尘颗粒大得多，只有在滤袋表面上沉积了一定厚度的粉尘层之后，筛分效应才会变得明显。

（2）碰撞效应。当含尘烟气接近滤袋纤维时，空气将绕过纤维，而较大的颗粒则由于惯性作用偏离空气运动轨迹直接与纤维相撞而被捕集。且粉尘颗粒越大、气体流速越高，其碰撞效应也越强。

（3）黏附效应。含尘气体流经滤袋纤维时，部分靠近纤维的尘粒将会与纤维边缘相接触，并被纤维所钩挂、黏附而捕集。很明显，该效应与滤袋纤维及粉尘表面特性有关。

（4）扩散效应。当尘粒直径小于 $0.2\mu m$ 时，由于气体分子的相互碰撞而偏离气体流线做不规则的布朗运动，碰到滤袋纤维而被捕集。这种由于布朗运动引起扩散，使粉尘微粒与滤袋纤维接触、吸附的作用，称为扩散效应。粉尘颗粒越小，不规则运动越剧烈，粉尘与滤袋纤维接触的机会也越多。

（5）静电效应。滤料和尘粒往往会带有电荷，当滤料和尘粒所带电荷相反时，尘粒会吸附在滤袋上，提高除尘器的除尘效率。当滤料和尘粒所带电荷相同时，滤袋会排斥粉尘，使除尘效率降低。

（6）重力沉降。进入除尘器的含尘气流中，部分粒径与密度较大的颗粒会在重力作用下自然沉降。

需要说明的是，布袋除尘器在捕集分离过程中，上述分离效应一般并不同时发生作用，而是根据粉尘性质、滤袋材料、气流流场不同、工作参数及运行阶段的不同，产生的分离效应的数量及重要性也各不相同。

10.5.2　影响布袋除尘器性能的因素

正常情况下，布袋除尘器的除尘效率与滤料上的堆积粉尘负荷（积尘量）、滤料的特性、粉尘的特性和过滤风速（气布比）等有密切关系。具体来说，影响除尘效率的因素主要有：

（1）粉尘的性质，如粒径、惯性力、形状、静电荷、含湿量等。

（2）滤料性质，如组织材料、纤维和纱线的粗细、织造或毡合方式、孔隙率等。

（3）运行参数，如过滤速度、阻力、气流温度、湿度、清灰频率和强度等。

（4）清灰方式，如机械振打、反向气流、压缩空气脉冲、气环等。

在除尘器运行过程中，影响效率的这些因素都是互相依存的。一般来讲，除尘效率随过滤速度增加而下降，而过滤速度又与滤料种类和清灰方式有关。

10.5.3　布袋除尘器的操作

布袋除尘器的操作运行必须在具备正常要求条件下进行。

10.5.3.1　布袋除尘器操作前的准备

布袋除尘器操作前，要认真详细地对系统中的机械、电气设备及其管网进行检查，用手盘动风机检查有无机械障碍，各部位安全罩是否符合标准和要求，检查风机轴承座油位是否正常，检查除尘器本体各门是否关好，并清除除尘器本体及风机周围的杂物。对于各种隐患，应在开机操作前予以排除。

10.5.3.2　布袋除尘器开机操作

布袋除尘器开机操作按一定顺序进行。

（1）机械振打布袋除尘器操作：首先启动风机，运行 10min 后，启动振打装置（振打时间固定），启动灰斗下螺旋输送机，再启动灰斗卸灰阀进行放灰操作。放灰完毕后，停卸灰阀、停运输机。在布袋除尘器正常运行过程当中，振打和清灰操作依次循环往复。

（2）反吹风布袋除尘器操作：首先启动除尘主风机。运行 10min 后，依次启动各室反吹风阀进行反吹清灰。运行一个周期后，反吹风阀停止动作，按设定时间或布袋差压，清灰过程循环往复。启动灰斗下螺旋输送机及卸灰阀进行放灰。

（3）布袋除尘器与主机联动（即使用计算机自动操作）时，在主机运行时，布袋除尘器依上述程序自动运行。

10.5.4 布袋除尘器的故障判断与处理

布袋除尘器的故障判断与处理见表 10 - 4。

表 10 - 4 布袋除尘器的故障判断与处理

序号	故障现象	故障原因	处理方法
1	烟囱明显冒灰	滤袋掉落或滤袋破损	更换布袋，上下口密封好
2	箱体冒烟	进口风温过高，出现烧袋	暂停使用布袋除尘器，更换布袋
3	风机转，吸尘点冒灰或螺旋无灰排出	（1）吸尘管道堵塞； （2）滤袋粘袋结垢严重，设备阻力大； （3）风机的转速不够； （4）风机风门未打开； （5）皮带密闭罩、挡板、清扫器问题； （6）清灰装置不正常	清理管道，粘袋严重时更换，打开除尘器壳体上的蒸汽排管或电加热器，降低设备阻力，打开风机风门，调整转速，检查皮带设施和清灰装置
4	脉冲阀喷吹无力或不动作	（1）电磁阀烧毁； （2）膜片破损或粘连，弹簧失效； （3）气源压力不够，气源品质差； （4）脉冲控制仪或控制柜故障	（1）更换电磁阀； （2）更换膜片或弹簧； （3）检查处理压缩空气； （4）检查处理控制仪
5	反吹风工作不正常	（1）风机或电机故障； （2）阀门开关不到位或卡死	（1）检查处理风机或电机； （2）调整检修阀门

10.6 半干法烧结烟气脱硫

10.6.1 NID 半干法烟气脱硫设备

10.6.1.1 工作原理及功能

阿尔斯通半干法烟气脱硫工艺（NID 增湿法）是从烧结机的主抽风机出口烟道引出 130℃左右的废烟气，经文丘里管喷射进入反应器弯头，在反应器混合段将混合机溢流出的循环灰挟裹接触，通过循环灰表面附着水膜的蒸发，烟气温度瞬间降低至设定温度（91℃），同时，烟气的相对湿度大大增加，形成很好的脱硫反应条件，在反应器中快速完成物理变化和化学变化，烟气中的 SO_2 与吸收剂反应生成亚硫酸钙和硫酸钙。反应后的烟气继续挟裹干燥后的固体颗粒进入其后的布袋除尘器，固体颗粒被布袋除尘器捕集并从烟气中分离，经过灰循环系统，与补充的新鲜脱硫剂一起再次增湿混合进入反应器，如此循环多次，达到高效脱硫及提高脱硫剂利用率的目的。洁净烟气经布袋除尘后的增压风机引出排入烟囱。烟气脱硫工作原理示意图如图 10 - 12 所示。

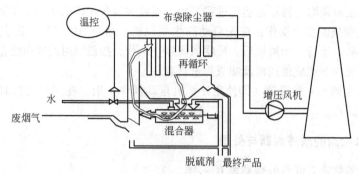

图 10 - 12　烟气脱硫工作原理示意图

NID 工艺是以 SO_2 和消石灰 $Ca(OH)_2$ 之间在潮湿条件下发生反应为基础的一种半干法脱硫技术，常用的脱硫剂为 CaO。CaO 在消化器中加水消化成 $Ca(OH)_2$，再与布袋除尘器除下的大量的循环灰相混合进入混合器，在此加水增湿，使得由消石灰与循环灰组成的混合灰的水分的质量分数从 2% 增湿到 5% 左右，然后以混合机底部吹出的流化风为动力，借助烟道负压的引力导向进入直烟道反应器，大量的脱硫循环灰进入反应器后，由于有极大的蒸发表面，水分蒸发很快，在极短的时间内使烟气温度从 115 ~ 160℃ 左右冷却到设定温度（91℃），同时，烟气相对湿度则很快增加到 40% ~ 50%，一方面有利于 SO_2 分子溶解并离子化，另一方面使脱硫剂表面的液膜变薄，减少了 SO_2 分子在气膜中扩散的传质阻力，加速了 SO_2 的传质扩散速度。由于有大量的灰循环，未反应的 $Ca(OH)_2$ 进一步参与循环脱硫，所以反应器中 $Ca(OH)_2$ 的浓度很高，有效钙硫比很大，形成了良好的脱硫工况。反应的最终产物由气力输送装置送到灰库。

整个过程的主要化学反应如下。

在消化器内生石灰的消化反应式为：

$$CaO + H_2O \longrightarrow Ca(OH)_2 + 热量$$

在反应器内反应生成亚硫酸钙的反应式为：

$$Ca(OH)_2 + SO_2 \longrightarrow CaSO_3 \cdot \frac{1}{2}H_2O + \frac{1}{2}H_2O$$

有少量的亚硫酸钙会继续被氧化生成硫酸钙（即石膏 $CaSO_4 \cdot 2H_2O$），反应式为：

$$CaSO_3 \cdot \frac{1}{2}H_2O + \frac{1}{2}O_2 + \frac{3}{2}H_2O \longrightarrow CaSO_4 \cdot 2H_2O$$

通常伴随了一个副反应，烟气当中的二氧化碳和石灰反应生成碳酸钙（石灰石）：

$$Ca(OH)_2 + CO_2 \longrightarrow CaCO_3 \cdot H_2O$$

NID 工艺可根据烟气流量大小布置多条烟气处理线。每条处理线包括 1 套烟道系统设备（文丘里、烟风挡板门）、1 台脱硫反应器、1 台底部带流化底仓的布袋除尘器、1 套给灰系统（新灰和循环灰给料机、消化器、混合器、阀门架等）、入口烟道、旁通烟道、1 台增压风机。辅助设备包括流化风机、给水泵、水箱、空压机、气力输灰泵、新灰仓、脱硫渣灰仓、密封风机及各类阀门仪表等。

10.6.1.2　反应器

NID 反应器是一种经特殊设计的集内循环流化床和输送床双功能于一体的矩形反应器，是整套脱硫装置当中的关键设备，采用了 ALSTOM 公司的专利技术（见图 10 - 13）。

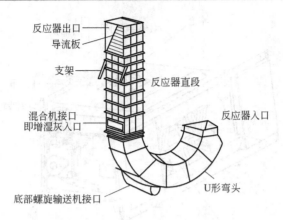

图 10 - 13　NID 反应器结构示意图

循环物料入口段下部接 U 形弯头,入口烟气流速按 20 ~ 23m/s 设计,上部通沉降室,出口烟气流速按 15 ~ 18m/s 设计,其下部侧面开口与混合器相连,反应器侧面开口随混合器出口而定。在反应器内,一方面,通过烟气与脱硫剂颗粒之间的充分混合,即物料通过切向应力和紊流作用在一个混合区里(反应器直段)被充分分散到烟气流当中;另一方面,循环物料当中的氢氧化钙与烟气当中的二氧化硫发生反应时,通过物料表面的水分蒸发,使烟气冷却到一个适合二氧化硫被吸收(脱硫)的温度,来进一步提高二氧化硫的吸收效率。烟气在反应器内停留时间为 1 ~ 1.5s。

为防止极少数因增湿结团而变得较粗的颗粒在重力的作用下落在反应器底部,减小烟气流通截面,在 U 形弯头底部设有一个螺旋输送机,通过该螺旋输送机将掉到底部的大块结团物料输送出去,并经电动锁气器排入输灰系统。

10.6.1.3　沉降室

沉降室位于 NID 反应器和布袋除尘器之间,是这两个设备的连接部件,设计成灰斗形式。在反应器顶部导流板的作用下,烟气降低流速进入沉降室后,使颗粒较大的粉尘能通过重力沉降直接进入沉降室下方的流化底仓中,大大降低了对布袋除尘器布袋的磨损,提高了布袋的寿命。

10.6.1.4　消化器

消化器是 NID 脱硫技术的核心设备之一,其主要作用是将 CaO 消化成 $Ca(OH)_2$,采用 ALSTOM 公司的专利技术产品的消化器如图 10 - 14 所示。

CaO 来自石灰料仓,通过螺旋输送机送至消化器,在消化器中加水消化成 $Ca(OH)_2$,再输送至混合器,在混合器中与循环灰、水混合增湿。消化器分两级,可以使石灰的驻留时间达到 10min 左右。在第一级当中,石灰从螺旋输送机过来进入消化器,同时,工艺水由喷枪喷洒到生石灰的表面,通过叶片的搅拌被充分混合,同时将消化器温度沿轴向控制在 85 ~ 99℃ 左右,消化生成的消石灰的密度比生石灰小很多,消石灰飘浮在上面并自动溢入第二级消化器,水和石灰反应产生大量的热量,形成的蒸汽通过混合器进入烟气当中。在第二级当中,几乎 100% 的 CaO 转化为 $Ca(OH)_2$,氢氧化钙非常松软,呈现出似流体一样的输送特性,在消化器的整个宽度上形成均匀分布,在这一级装配了较宽的叶片,使块状物保留下来,其他物料则溢流进入混合器当中。通过调节消化水量和石灰之间的比率(水灰比),消石灰中水分的质量分

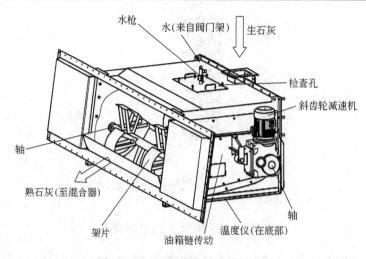

图 10 - 14   NID 消化器结构示意图

数可以达到 10% ~ 20%，其表面积接近于商用标准干消石灰的 2 倍，非常利于对烟气中 SO_2 等酸性物质的吸收。

10.6.1.5 混合器

NID 混合器如图 10 - 15 所示，包括 1 个雾化增湿区（调质区）和 1 个混合区。在混合区，根据系统温度控制的循环灰量，通过 SO_2 排放量控制从消化器送来的消石灰量，将循环灰和消石灰在混合器内混合。

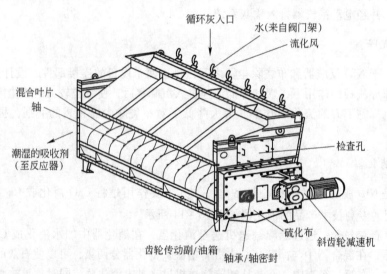

图 10 - 15   NID 混合器结构示意图

混合部分有两根平行安装的轴，轴上装有混合叶片，混合叶片的工作区域互相交叉重合。这些叶片与轴的中心线有一定的角度，但叶片旋转时，叶片的外围部分是沿着轴向前后摆动的。为了降低混合器的能耗，在混合器底部装有硫化布，混合动力是 20kPa 左右的流化风，使循环灰和消石灰两者充分流化，增加孔隙率及混合机会，然后由摆动的叶片完成两者的混合，不仅动力消耗低、磨损小，而且混合均匀。在与混合区相连的雾化增湿区，喷枪的内管和外管之间通入流化风，可以防止喷嘴末端堵塞。被雾化的工艺水喷洒在混合灰的表面，使灰的水分由原来的 1.5% ~2% 增加到 3% ~5% 左右（质量分数），此时的灰仍具有良好的流动性，再经反应器的导向板溢流进入反应器。

10.6.1.6 生石灰仓底变频螺旋和生石灰输送螺旋

螺旋输送机是一种常用的粉体连续输送机械，其主要工作构件为螺旋，螺旋通过在料槽中做旋转运动将物料沿料槽推送，以达到物料输送的目的。螺旋输送机主要用于输送粉状、颗粒状和小块状物料，具有构造简单、占地小、设备布置和安装简单、不易扬尘等特点。生产中一般采用多级螺旋，单级螺旋不超过 8m。

10.6.1.7 操作与使用维护要求

A 操作要求

a 启动前确认

启动前确认要求有：

（1）空压机开启运行正常，无异常响声；排出压缩空气管道、过滤器及储气罐内的积水；空压机压力为 0.65 ~0.7MPa；仪表储气罐、输灰储气罐及布袋喷吹罐压力 0.42 ~0.7MPa；将布袋顶部脉冲压力调整为 0.30 ~0.35MPa，则压缩空气准备就绪。

（2）确认烟道内没有人员；烟道的人孔门、开孔及检查孔确认关闭；烟道的差压及温度数据显示仪表正常；各进出口挡板门、风门手动开启自如后将之关闭，并设置为远程控制；检查反应器底部是否有积灰，如有则开启增压风机，插入 5m 长的风管吹起积灰，使之随气流返回到布袋底仓，则烟道系统准备就绪。

（3）供水系统水箱水位高于"低值"（大于 1.5m）；一用一备水泵的进出口阀门开关正确；阀门架手动截止阀全部打开；流量控制阀及切断阀单动开闭自如后将之关闭，并设置为远程控制，则供水系统准备就绪。

（4）石灰仓料位如报警，应及时注入石灰，保证运行时不出现料位报警；石灰给料机、螺旋输送机点动无异常声响且电流正常后停止，并设置为远程控制，则石灰给料系统准备就绪。

（5）远程单动密封风机、混合器及消化器，其运行电流不超过额定电流，无异常响声及漏灰、漏油现象之后关闭，并设置为远程控制；多次启闭循环灰给料机抱闸，启闭自如（循环灰给料机不可停机时单动，防止落下的循环灰压死下部混合机），则循环灰给料系统准备就绪。

（6）流化风机冷却水压力为 0.2 ~0.4MPa；启动流化风机，再开启入口挡板门；流化风机运行无异常响声，其运行电流不超过额定电流；入口过滤器压降不超过 500Pa；调节每根流化风分支管阀门，使压降为 1kPa 左右，保持流化风母管总风压大于 14kPa；调节加热蒸汽，使流化风温度保持在 90 ~110℃ 之间，则流化风系统准备就绪。

（7）开启增压风机集中润滑系统，使油泵处于一用一备自动运行状态，油槽液位正常；检查增压风机冷却水压力为 0.2 ~0.4MPa；风机轴承箱及电机的视油镜油位正常，压力及振动显示值无异常；将风机入口风门关至零位，则增压风机系统准备就绪。

（8）在中控画面检查"烟风系统"、"循环灰子系统"、"石灰给料及消化子系统"及"除灰系统"等顺控启动条件均满足，则 NID 系统准备就绪。

b 启动程序

烧结机启动后，如烟气温度大于 90℃，投运 NID 烟风系统顺控，顺控会自动开启入口主挡板门→关闭密封风机→开启布袋除尘器入口挡板门→同时关闭密封流化风→打开增压风机出口挡板门→关闭密封风机→启动增压风机→风机变频控制器运行频率至设定赫兹→开启风机入口挡板门→达到设定的烟风流量，则烟风系统投运成功。

循环灰子系统顺控启动步骤：混合器及消化器的密封风机启动→混合器启动→循环灰给料冷却风机及抱闸开启→循环灰给料机启动→反应器直段差压正常→阀门架吹扫风开启→阀门架吹扫风关闭→水系统启动→混合水关断阀开启→反应器出口温度控制开启（即水泵开启、流量控制阀开启）→循环灰子系统启动完成。

石灰给料及消化子系统顺控启动步骤：混合器及消化器的密封风机启动→混合器启动→消化器启动→二级石灰螺旋输送机启动（如有）→一级石灰螺旋输送机启动→石灰给料机的冷却风机启动→石灰给料机启动→水泵启动→消化水关断阀开启→SO₂控制程序启动→石灰给料及消化子系统启动完成。

除灰系统顺控步骤：流化底仓料位超过 10min→开启仓泵维修气动阀→开启进料阀和排气阀→仓泵料位计灯亮→关闭进料阀和排气阀→出料阀打开→一次气阀打开→二次气阀打开→输灰管压力不超过 75kPa→关闭一、二次气阀→完成一罐脱硫渣的输送→完成一罐脱硫渣的输送→流化底仓料位超过 5min→除灰系统停止。

c　使用要求

使用要求主要是：

（1）烟风系统入口运行温度区间为 95～180℃，小于 80℃或大于 200℃会导致烟风和脱硫系统自动关闭。

（2）脱硫系统停运而流化风机在运行状态时，应开启布袋除尘器出口挡板门、增压风机风门及主烟道出口挡板门。

（3）流化风温度应保持在 90～110℃之间，温度过高会损坏硫化布密封硅胶层，使循环灰渗漏到流化母管导致堵塞；温度过低会使循环灰结块，失去流动性。

（4）消化器、混合器如需要停机时，一定要先停运水泵，再停运循环灰给料机，但继续使消化器、混合器保持运转，使机器里的石灰及循环灰尽量处于干态并进入反应器随烟气排空。确认机器里的积灰基本排空，才能手动停止机器。此举可有效防止含水积灰停机后存积板结，导致机器启动电流过大，从而避免机器压料不能启动的故障。

（5）消化器消化温度应尽量保持稳定在 85～99℃之间，如温度过低、过高或波动范围大，则必须检查水灰比的设定、实际进水量和进灰量、运行电流及搅拌桨叶状况，找出温度不正常的原因，防止事态扩大。

（6）混合机故障停机或停运，水泵、消化器及循环灰给料机必须停机，防止混合机出现压料故障。

（7）增压风机突然跳电，必须首先关闭水泵、阀门架上的关断阀，关闭抱闸停运循环灰给料机，再停运消化器、混合器，防止或减轻消化器、混合器压料及反应器循环流化床"塌床"等故障的发生。

（8）在增压风机未转的情况下，严禁单独启动循环灰给料机，防止混合机压料及反应器循环流化床"塌床"等故障的发生。

（9）布袋除尘器应尽量将差压保持在 1400～1700Pa 之间运行，在流量未变化的情况下，如差压出现陡升，应立即从喷吹阀、空压机、压缩空气管路及仪表等方面查找原因，并通过降低烟风流量、提高喷吹压力及频率等措施降低布袋差压，防止布袋除尘器布袋滤料过滤风速过高，导致布袋出现破损。

d 日常维护要求

日常维护要求主要是：

(1) 每天清洗并更换一只混合器的喷枪，检查混合机的减速机及齿轮驱动油箱的油位，调整混合机的密封风机压力至 0.5MPa。每周清洗一次消化器的喷枪。

(2) 每天检查流化风机运行电流不超过额定电流，检查供给流化底仓及混合机的流化风量是否达标，流化母管压力应介于 14~25kPa 之间，每个支管流量保持在 1200m³/h 左右，过低或过高都应及时调整。

(3) 每两小时对脱硫现场进行一次巡检，检查压缩空气、流化风、水、油、烟气、石灰或循环灰等介质有无泄漏。手动排除压缩空气管路、罐等部位的积水。

(4) 每两小时检查所有运转设备，应无异常响声、振动及发热现象，检查所有运转设备的电流是否在正常范围内。

(5) 每两小时检查一次反应器弯头差压，如反应器弯头差压高于 150Pa，打开反应器弯头处的检查孔，用压缩空气将沉积在底部的灰吹起随烟气带走，再转动底部螺旋将团状、块料输出反应器。

(6) 每两小时检查一次布袋除尘器喷吹系统，逐个耳听判断喷吹阀有无泄漏；检查每个气包的压力，并通过减压阀调整使压力处于 0.30~0.35MPa 之间，观测每个气包的喷吹阀工作时压力下降是否一致；检查布袋除尘器进出口差压值是否不超过 1700Pa。

(7) 每天要检查一次水箱水位是否与显示相符。

(8) 每两小时检查并记录一次运行参数，如有波动，应找出原因，并判断是否有仪表故障。

B 常见故障分析及处理

a 混合机压料故障

排除混合机自身机械故障导致的混合机压料故障，混合机在运行中突然停运且停运后再次启动时，混合机因启动电流大，过热保护，无法再次启动运行时，打开混合机检查孔，如看到混合机内叶轮铺满料、循环给料机卸料槽被大块积料堵塞、混合机喷枪口处积满大块料、消化器出口结满板结料、叶轮处局部或整体都呈现出料潮结块现象，这些现象都会导致混合机压料故障出现。

混合机上游设备有消化器、循环灰给料机，进入混合机的介质有石灰、循环灰、水、流化风和密封风，上游设备的不顺行及进入混合机的介质比例失衡，都会导致混合机压料故障出现，其中，水灰比失调最易导致故障发生。

混合机压料故障的处理办法是：

(1) 办理混合机及上游设备的停电。

(2) 打开混合机检查孔，先用风管将混合机内浮料、干料和细颗粒料吹起随反应器负压带入流化底仓。

(3) 停运流化风机及增压风机，并办理停电手续，关闭混合机和反应器间的挡板，将增压风机风门打开，利用烟囱效应，使混合机内产生微负压。

(4) 作业人员穿戴好劳保用品（口罩、胶鞋、护目镜、手套、安全帽、工作服），备好拎桶、铲子及尖铲，进入混合机内清理积料。必须将混合机叶轮处积料清理至叶轮全部外露，循环灰卸料槽、喷枪、消化器及混合机四壁应无块料存积或料粘壁现象。

(5) 混合机清理结束，人员和机具退出混合机，办理送电，再单动混合机运转，如运行电流没有超过额定电流，且无波动无异常响声，方可判断混合机压料故障消除。

b　塌床故障

石灰、循环灰在混合机中增湿后，以流化风为动力借助烟道负压的引力导向进入反应器直烟道，与烟气混合建立脱硫反应过程，反应后形成的物料回到流化底仓后又通过循环灰给料机、混合机再次进入反应器直烟道依此建立循环，直烟道中循环灰与烟气混合上升的过程称为循环流化床。如反应器弯段压差不小于150Pa，直段压差不小于1500Pa，则可判断循环流化床有塌床故障出现。

循环灰水分严重失调、烟气流量陡然下降或无烟气流量情况下运行循环灰系统等原因会导致循环灰不上升，而是沉入反应器底部堵塞烟气流通，此为塌床故障原因。

塌床故障的处理办法是：

（1）打开反应器弯头处的检查孔，用压缩空气将沉积在底部的灰吹起随烟气带走，再转动底部螺旋将团状、块料输出反应器。

（2）如积料过多可停止烟风系统，采用人工或吸排车抽吸进行清理。

c　流化底仓料位低故障

流化底仓料位低故障处理办法是：

（1）适度降低水灰比。

（2）检查混合粒、消化器喷枪的水及流化风是否有堵塞，并及时疏通。

（3）打开混合器、消化器检查门，查看喷头是否被料包裹，并及时疏通。

因循环灰循环量很大，如流化底仓料位过低，进入混合机的循环灰会突然减少或中断，而混合机增湿过程无法感知循环灰的减少或中断，这种情况极易导致混合机加水增湿过量，循环灰出现潮结并失去流动性，加大混合机负荷直至压料故障出现，甚至塌床故障。

流化底仓料位低故障一般会同时出现布袋除尘器差压过高现象，因大量循环灰吸附在滤袋上减少了流化底仓的循环灰量。

与布袋除尘器压差相关的流化底仓料位低故障的处理办法是：

（1）该故障如无布袋差压过高现象，直接由吸排车注入脱硫渣致流化底仓为高料位即可。

（2）如伴随布袋除尘器差压过高现象，应及时查找布袋喷吹系统的故障，布袋除尘器压差恢复正常后，流化底仓料位也会同步恢复正常。也可以适当降低运行风量，减少布袋运行负荷，可提高清灰效果，加快恢复流化底仓料位。

（3）流化母管压力低会使流化底仓灰料流化效果不好，循环灰缺乏流动性，也会导致流化底仓料位过低，这时应调节流化母管及支管的压力和流量。

10.6.2　氨－硫酸铵湿法烟气脱硫设备

10.6.2.1　工艺原理及工艺流程

A　工艺原理

氨－硫酸铵湿法烟气脱硫工艺利用氨吸收烟气中的 SO_2 生产亚硫酸铵溶液，并在富氧条件下将亚硫酸铵氧化成硫酸铵，再经浓缩结晶或加热蒸发结晶析出硫酸铵，经旋流、离心固液分离，干燥后得到化肥产品。主要包括吸收、氧化、结晶过程，反应式为：

$$SO_2 + NH_3 \cdot H_2O \Longrightarrow NH_4HSO_3$$
$$SO_2 + 2NH_3 \cdot H_2O \Longrightarrow (NH_4)_2SO_3 + H_2O$$
$$(NH_4)_2SO_3 + SO_2 + H_2O \Longrightarrow 2NH_4HSO_3$$
$$NH_4HSO_3 + NH_3 \cdot H_2O \Longrightarrow (NH_4)_2SO_3 + H_2O$$

$$2(NH_4)_2SO_3 + O_2 \Longrightarrow 2(NH_4)_2SO_4$$

氨法烟气脱硫工艺流程按主要工序的工艺及设备差异分类为:

(1) 按脱硫机理不同分为高温氨法、低温氨法。

(2) 按脱硫塔形式不同分为复合单塔型、双塔型。

(3) 按副产物的结晶方式不同分为塔内结晶、塔外结晶,其中,塔外结晶又分为单效蒸发、二效蒸发等。

B 工艺流程

脱硫系统的工艺流程通过以上分类可组合成多种工艺流程,以下是3种典型流程。

(1) 典型的低温氨法塔内结晶的烟气脱硫工艺流程,如图10-16所示。

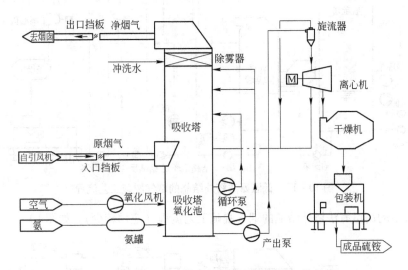

图 10-16 低温氨法塔内结晶的烟气脱硫工艺流程

1) 原烟气进入吸收塔,通过吸收液洗涤脱除 SO_2 后,烟气成为湿的净烟气,净烟气经除雾器除去雾滴后通过塔基烟囱或原烟囱排放。

2) 吸收液与烟气中 SO_2 反应后在吸收塔的氧化池被氧化风机送来的空气氧化成硫酸铵。

3) 吸收液在与原烟气接触过程中水被蒸发,在塔内吸收液喷淋过程中形成硫酸铵结晶。

4) 含硫酸铵结晶的吸收液送副产物处理系统,经旋流器、离心机的固液分离产生湿硫酸铵,湿硫酸铵进干燥机干燥后成干硫酸铵,干硫酸铵经包装后得成品硫酸铵。

5) 吸收液在循环的过程中根据脱硫需要从吸收剂储存系统的氨罐补充吸收剂。

(2) 典型的低温氨法塔外结晶的烟气脱硫工艺流程(应用较多)如图10-17所示。

1) 原烟气通过增压风机增压后进入浓缩降温塔,在浓缩降温塔内原烟气与吸收液发生热量交换,从而使吸收液的水分蒸发达到初步浓缩的目的。降温后的原烟气进入脱硫塔并与循环吸收液发生反应,脱除 SO_2 后的烟气被脱硫塔内除雾器除去雾滴后通过塔基烟囱排放。

2) 脱硫剂由补氨泵补充到循环吸收液里。循环吸收液与烟气中 SO_2 反应后在脱硫塔内被氧化风机来的空气氧化成硫酸铵。

3) 硫酸铵溶液经过浓缩降温塔初步浓缩后送副产物处理系统的二效蒸发结晶系统,将水分蒸发后形成硫酸铵结晶。

4) 含硫酸铵结晶的浆液送旋流器、离心机进行固液分离产生湿的硫酸铵,湿的硫酸铵进干燥机干燥后形成干的硫酸铵,干的硫酸铵经包装后得成品硫酸铵。

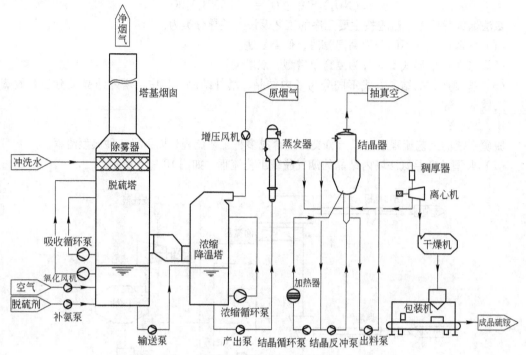

图 10 – 17　低温氨法塔外结晶的烟气脱硫工艺流程

（3）典型的高温氨法塔外结晶的烟气脱硫工艺流程（应用较少），如图 10 – 18 所示。

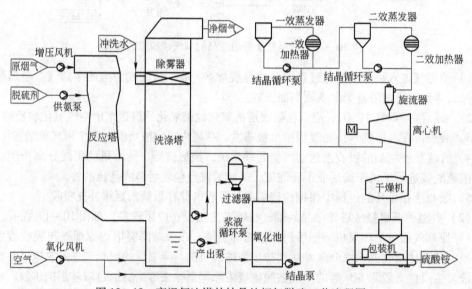

图 10 – 18　高温氨法塔外结晶的烟气脱硫工艺流程图

1）原烟气通过增压风机增压后进入反应塔，烟气中的 SO_2 与氨气反应后进入洗涤塔，脱除 SO_2 后的烟气经过洗涤后成为净烟气，净烟气经除雾器除去雾滴后通过烟囱排放。

2）洗涤液中亚硫酸铵被氧化风机送来的空气氧化成硫酸铵。

3）硫酸铵溶液经过副产物处理系统的二效蒸发结晶系统，将水分蒸发后形成硫酸铵结晶。

4）含硫酸铵结晶的浆液通过旋流器、离心机进行固液分离产生湿的硫酸铵，湿的硫酸铵进干燥机干燥后形成干的硫酸铵，干的硫酸铵经包装后得成品硫酸铵。

5）从吸收剂储存系统的氨罐补充脱硫剂至反应塔。

10.6.2.2 主要设备

A 增压风机

脱硫装置安装运行后，烟气要经过脱硫塔后再进入烟囱排入大气。由于烟气流程增长，原设计的引风机的压升已不足以克服脱硫装置所增加的阻力并满足脱硫工艺的要求，因而在脱硫系统中必须设置增压风机。当然，若是同步设计烧结系统和脱硫系统，可考虑烧结主引风机的选型，同时满足脱硫工艺需要。但从生产操作角度考虑，一般都是脱硫另设置增压风机。

增压风机的基本类型有离心风机和轴流风机，一般选择轴流风机，轴流风机可分为静叶可调轴流风机和动叶可调轴流风机。

B 浓缩降温塔

双塔塔外结晶工艺配置浓缩降温塔。原烟气通过增压风机增压后进入浓缩降温塔，在浓缩降温塔内原烟气与浆液发生热量交换，从而使浆液的水分蒸发达到初步浓缩的目的。降温后的原烟气通过除雾器后进入脱硫吸收塔。塔底浓缩浆液同时洗涤了烟气中部分粉尘，浆液抽出过滤或沉淀后送往蒸发结晶系统制备成品硫酸铵。

C 吸收塔

吸收塔的功能是对烟气进行洗涤，脱除烟气中的 SO_2，生成亚硫酸铵，同时去除部分粉尘，并有一定的脱硝功能。烟气从吸收塔中部进入，首先经过喷淋区，一般配有 2~4 层喷淋层，每层喷淋层都配有一台与喷淋组件、管道相连接的吸收塔循环泵，喷淋层及喷嘴的设计要保证吸收塔内 200% 以上的吸收浆液覆盖率。喷淋层上部是除雾器，一般设置两级除雾器，配有冲洗管道及喷嘴，定期进行冲洗，保证除雾器表面清洁。吸收塔的除雾设计是非常重要的，要缓解烟囱雨及硫酸铵的逃逸。烟气最后由吸收塔塔顶烟囱直接排出或是通过落地烟囱排放，烟囱需防腐。

吸收塔底部为浆液池，脱硫剂氨水一般被注入浆液池中，与浆液中亚硫酸氢铵反应生成亚硫酸铵。

配备氧化空气系统，由氧化风机和氧化布气装置组成，把吸收所得的亚硫酸铵氧化成硫酸铵。

若是单塔塔内结晶，还需配置扰动喷管或搅拌器，使浆液池中的固体结晶颗粒保持悬浮状态。双塔工艺的也有配置扰动喷管或搅拌器，主要是防止灰渣沉积。

若是双塔工艺，吸收塔的浆液送往浓缩降温塔，浓缩降温塔的浆液送往蒸发结晶系统，生产硫酸铵成品。若是单塔塔内结晶工艺，吸收塔浆液抽出直接送入硫酸铵制备系统，进行固液分离，生产硫酸铵成品。

D 液氨稀释器

脱硫剂氨水可用焦化氨水或液氨，液氨需稀释成 10%~20% 的氨水。液氨稀释器就是把液氨直接稀释成低浓度氨水。因液氨是危险化学品，液氨稀释过程反应较剧烈，所以该岗位需有危险化学品操作证。

E 硫铵制备设备

若是单塔塔内结晶，吸收塔浆液（含有硫酸铵固体）抽出后经过水力旋流器、离心机、干燥机，得到硫酸铵成品。水力旋流器的基本原理是基于离心沉降作用，当有固含物的浆液以一定的压力从水力旋流器的上部周边切线进入后，产生强烈的旋转运动，由于轻相和重相存在密度差，受离心沉降作用，大部分重相（含有硫酸铵固体）经旋流器底流口排出，而轻相则从顶流口排出，从而达到固液分离的目的。一般吸收塔浆液含5%硫酸铵固体，经一级旋流后浆液含15%硫酸铵固体，经二级旋流后浆液含50%硫酸铵固体，再经离心后，得到含水率5%的硫酸铵固体，再经干燥，得到水分小于2%的硫酸铵成品，称量包装送入成品库。旋流器顶流液及离心机上清液进入过滤液箱，滤除其中粉尘后清液回吸收塔。

若是双塔塔外蒸发结晶，浓缩塔塔底浆液为浓度约30%的硫酸铵溶液，由泵送出，先进入过滤器或沉淀池去除其中所含杂质，然后进入蒸发系统的一效加热器被蒸汽加热到90℃左右，加热蒸发出来的气液混合物进入一效分离器，一效分离器内分离出的二次蒸汽进入二效加热器作为二效加热的热源。分离出的液体一部分通过一效循环泵打到一效加热器进行循环加热，一部分进入二效加热器进一步二次蒸发。二效分离器分离出的二次蒸汽进入表面冷凝器，经冷却后冷凝液排出。分离出的液体一部分通过二效循环泵打到二次加热器循环加热，一部分（浓度在45%～50%）流入结晶槽。蒸发系统采用真空蒸发。结晶槽内分离的硫酸铵结晶及少量母液排放到离心机内进行离心分离，滤除母液。离心分离出的母液与结晶槽溢流出来的母液一同自流回母液槽，经母液泵打到蒸发系统循环蒸发。从离心机分离出的硫酸铵结晶，由螺旋输送机送至干燥器，经热空气干燥后进入硫铵储斗，然后称量包装送入成品库。

F　事故浆液箱

设置事故浆液箱用来储存吸收塔在停运检修期间吸收塔浆液池中的浆液。事故浆液池的容量满足吸收塔检修排空和其他浆液排空的要求，浆液池中的浆液作为吸收塔重新启动时的硫铵晶种。

G　设备、管道防腐

常温浆液管道一般采用玻璃钢管或碳钢管衬胶，蒸发结晶的管道因有高温，采用双相不锈钢。

吸收塔壳体由碳钢制作，内表面及支撑梁采用衬鳞片的防腐设计，或是用玻璃钢的。吸收塔入口段干湿界面烟道采用衬 C276 防腐。吸收塔内部构件采用非金属材料制造，如喷嘴用 SiC，喷淋管用 FRP，除雾器用 PP。

设备基础表面采用耐酸砖防腐。为防止泄漏液体散排，在基础周围设置围堰，高度为 150mm，围堰内采用耐酸砖防腐。

10.6.2.3　操作及使用、维护要求（以单塔塔内结晶工艺为例）

A　操作要求

操作要求主要是：

（1）脱硫入口烟风温度小于 180℃时，才能启动脱硫风机。

（2）吸收塔液位大于一定值时，才能启动循环泵、扰动泵、排出泵、氧化风机，并设定塔低液位联锁。

（3）密封风运行温度区间为 65～120℃。

（4）风机冷却水压力、风机轴承温度、轴承振动、电机定子温度、轴承温度、泵轴承温度、电机线圈温度等需在正常范围。

（5）吸收塔液位保持在规定区间运行。

（6）除雾器冲洗必须在吸收塔液位小于一定值时运行，除雾器上下差压不大于 200Pa，除雾器冲洗水压在 0.2MPa。

（7）吸收塔浆液 pH 值控制在 5.0～6.0 之间，密度应限制在 1200～1300kg/m³ 之间。当浆液密度大于 1270kg/m³ 时（根据实际情况略做调整），浆液排出泵启动排出；当浆液密度小于

1250kg/m³时（根据实际情况略做调整），浆液排出泵停止排出。

（8）为保护吸收塔衬里不被高温烟气破坏，增压风机运行与吸收塔循环泵联锁，只有启动了循环泵，才能启动增压风机。

（9）吸收塔脱硫开始后，氧化风机启动。

（10）在脱硫入口烟道上设置压力传感器，当烧结生产波动时，会影响到压力变化，根据压力变化调节脱硫风机。当波动较大时，旁路挡板门自动开启，不会影响烧结生产。

（11）一级旋流器入口浆液固体的质量分数5%，底流固体的质量分数15%。

（12）二级旋流器入口浆液固体的质量分数15%，底流固体的质量分数50%。

（13）硫铵生产工艺应当保证二级旋流器底流固体的质量分数不小于40%，固体颗粒最小粒度0.05mm，平均粒度0.10mm以上，物料温度不超过80℃，下料均匀、稳定。否则，将引起机器振动或跑料、密封件快速老化以及产量下降、分离效果不理想等。

（14）正常运行时塔内浆液 pH 值为 5~6，氨水供应量可根据 pH 值、入口原烟气流量、SO_2 浓度、脱硫率及氨水浓度联合进行调节。当 pH 值降低时，可加大氨水供应量；当出口 SO_2 浓度增加时，可适当增加氨水供应量，或者调整氨水控制参数。

（15）氨水制备使用液氨稀释器，需有危险化学品操作证。

B 使用维护要求

使用维护要求主要是：

（1）设备润滑装置保持齐全完好。

（2）设备本体及周围清洁、整齐，无明显"跑、冒、滴、漏"现象。

（3）设备各部紧固、调整良好，基础螺丝及各部连接螺丝、销子齐全无缺，全部紧固，无松动现象。

（4）安全防护装置及各种仪表维护保管好，完整齐全，准确可靠。

（5）严格贯彻岗位责任制，认真填写交接班记录、运行记录。

C 点检要求

吸收塔系统设备、硫酸铵制备系统点检标准见表 10-5 和表 10-6。

表 10-5 吸收塔系统设备点检标准

设备名称	检查内容	检查标准	检查手段	检查周期
吸收塔	本体及烟囱	无泄漏，无锈蚀，玻璃鳞片完整，无脱落，无裂痕	观察	2 天
	管道	无泄漏	观察	2h
	阀门	开关正常	观察	2h
泵	运转情况	运转平稳，无"卡、擦"杂音，不漏液，密封良好	观察	8h
	轴承	运转平稳，润滑油适量，无漏油，温度小于60℃	观察、手摸	8h
	电机	运行平稳，无异响，轴承温度小于60℃	手摸	8h
	减速机	运转平稳，润滑油适量，无漏油	观察	8h
氧化风机	运转情况	运转平稳，无"卡、擦"杂音，不漏液，密封良好	观察	8h
	轴承	运转平稳，润滑油适量，无漏油，温度小于60℃	观察、手摸	8h
	电机	运行平稳，无异响，轴承温度小于60℃	手摸	8h
	消声器	无剧烈振动	观察	8h
除雾器		无变形，无堵塞积料	观察	1 个月
喷淋管		喷头无缺损、磨损，管道无脱落	观察	1 个月
扰动管网		喷头无缺损、磨损，管道无脱落	观察	1 个月

表 10 - 6　硫酸铵制备系统点检标准

设备名称	检查内容	检查标准	检查手段	检查周期
泵	泵 体	泵体运转正常，密封良好，无漏液	观察	4h
	电机	声音正常，无渗漏油	观察	4h
自动包装机	螺旋计量机	称量准确	观察	2h
	给袋式包装机	取袋、给袋准确，无漏袋、卡袋现象	观察	2h
	成品输送机	运转正常，无卡阻	观察	2h
	缝包机	运转正常	观察	2h
	气路系统	运行正常，无漏气	观察	2h
振动流化床干燥机	本 体	振动正常，密封良好，无漏灰	观察	4h
	管 道	无漏灰、漏气	观察	4h
	换热器	无漏气	观察	4h
	输料螺旋	运行平稳，无卡阻、冒料	观察	4h
离心机	运转情况	运行平稳，运转正常，无异常声音，各点润滑设施油量适当，液压系统工作正常	观察	2h
	电机	运行平稳，无异响，温度正常	观察	4h
风机	运转情况	运行平稳，无剧烈振动，轴承箱内油量适当，无漏油	观察	4h
	轴 承	轴承箱表面温度小于60℃	手摸	4h
	风 门	转动灵活	观察	1星期
	冷却水	畅通，水质干净，无漏水	观察	1星期
	风 机	表面温度正常、剧烈振动	观察	1星期

10.6.2.4　设备故障处理

泵、离心机、振动流化床干燥机、旋流器故障及处理方法见表 10 - 7 ~ 表 10 - 10。

表 10 - 7　泵故障及处理方法

故障现象	原因分析	处理方法
泵不出液体	吸入管道或填料处漏气	堵塞漏气部分
	叶轮流道、吸入管、排出管堵塞	消除杂物，使之畅通
	所需扬程大于泵的实际扬程	改换泵型或增大转速
流量不足	叶轮腐蚀	更换叶轮
	所需流量大于泵流量	改换泵型或增加转速
流量过大	所需扬程小于泵扬程	出口阀门关小，更换泵型，降低转速，切割叶轮减小直径
电流超载	流量超过使用范围	校验泵的选型，调小流量范围
	输送液体密度过大	更换较大功率电机
轴承箱温度过高	泵轴与电机轴不同心	调整同心度
	轴承润滑油变质	更换润滑油
	轴承损坏	更换轴承
泵有振动噪声	轴承损坏	换新轴承
	泵轴与电机轴不同心	调整同心度
	泵轴弯曲	更换轴或校直轴

表 10-8 离心机故障及处理方法

故障现象	原因分析	处理方法
油起泡	液压油牌号及其油质不符合要求； 油位太低或温度太低； 油被水或母液、蒸汽等污染	更换液压油，并检查设备是否泄漏
油温过高	冷却水阀门未开或管路堵塞	检查冷却水
推料次数减少或油泵响声异常（满载比空载时减少10%属正常）	油起泡； 油泵吸入管路泄漏； 溢流阀泄漏或卸荷压力太低； 推料活塞与油缸等间隙过大； 油泵损坏； 加料太快而过载； 筛网破损或夹入异物使阻力增大	检查处理液压系统，离心机更换滤网或调整流量
推料停止或转鼓停转	推料轴或活塞盘卡住； 固体排出堵塞； 油泵停转或完全损坏； 推料活塞上螺钉断裂； 导向柱塞断裂； 溢流阀失灵，常开卸荷； 进料过大、过急，导致过载	检修液压系统
滚子轴承温升过高	润滑油分配器进油量太小； 油管堵塞； 轴承损坏	检修润滑系统
油泵电机电流过大，主电机电流过大	油温太低； 溢流阀卸荷压力太高； V型胶带张紧程度太紧； 加料太多； 固体或液体排出受阻； 刮刀或收集槽装配不当	检查油路系统； 控制料流； 检修设备
周期性振动	不规则加料； 悬浮液浓度波动； 轴承损坏； 筛网破损或堵塞； 推料环与筛网之间的间隙过大或不均匀； 筛网背面结晶成块	控制料流； 更换筛网
连续振动	进料不均匀； 转鼓不平衡； 轴承损坏； 轴套尤其是前轴套磨损； 刮刀脱落； 轴弯曲	检修设备

表 10 - 9　振动流化床干燥机故障及处理方法

故障现象	原因分析	处理方法
床面上物料斜向移动	(1) 基础或床面本身不水平； (2) 防震橡胶簧龟裂或弹性减弱； (3) 橡胶簧工作高度在 105mm 以上，但台面仍不水平； (4) 管道连接没留足够的余量，有振动力作用于干燥机上，产生偏振； (5) 振动电机的激振力不一样	(1) 重新校平并处理； (2) 更换防震橡胶簧； (3) 在较低的一侧防震橡胶簧下面加垫片； (4) 解除约束，留足够的余量； (5) 按规定调整电机偏心块，使之激振力相同
流化状态不好	(1) 送风机的风量偏大； (2) 引风机的风量偏大	(1) 调节送风机一侧的风量阀门； (2) 调节引风机的阀门； 以上两种调节均在观察窗观察流化状态
产生异常振动（振动传至辅机和基础上）	(1) 挠性软管不够松弛，长度不够（裕量 30mm）； (2) 辅机与主机间有多余连接； (3) 基础强度不够； (4) 地脚螺栓松弛； (5) 充气腔内有大量处理物； (6) 两台电机旋转方向相同； (7) 振幅超过规定值（规定值为 3.2mm）	(1) 更换或重装软管，使之松弛 30mm； (2) 拆除多余的连接； (3) 加强基础，并采用耐振结构； (4) 旋紧地脚螺栓至规定力矩； (5) 打开清扫口，清除积存物； (6) 改变电机接线，使旋转方向相反； (7) 调整电机偏心块，降低激振力，使振幅在规定值以内。注意：激振力太大会破坏基础，减小橡胶簧及软管的寿命
产品干燥后的水分的质量分数达不到要求（指在当送风量、排风量、温度等参数符合规定数值时）	(1) 产品水分比要求高，物料输送速度太快； (2) 产品水分比要求低，物料输送速度太慢	这两种情况均需调整输送速度： (1) 第一种情况要降低速度； (2) 第二种情况要增加速度。 输送速度的调整遵照调整输送速度一项进行
流化床床面上物料不流化	(1) 各参数不符合规定数值； (2) 送风机不启动； (3) 风门关闭； (4) 流化床床面孔阻塞； (5) 挠性软管损坏，漏风	(1) 调整各参数至规定值； (2) 启动送风机； (3) 打开风门，按规定调节； (4) 清扫床面； (5) 更换挠性软管

表 10 - 10　旋流器故障及处理方法

故障现象	原因分析	处理方法
旋流子不能进料	(1) 泵没有插电源； (2) 旋流子脱离了进料槽； (3) 浆料槽堵塞； (4) 泵的抽气管堵塞； (5) 泵的浆料运输管道堵塞； (6) 泵不能正常工作	(1) 检查泵的供电情况； (2) 处理旋流子； (3) 人工清洗浆料槽； (4) 冲洗抽气管； (5) 冲洗运输管道； (6) 检查并维修浆料泵
沉砂嘴呈喷雾或放射状	(1) 沉砂嘴尺寸太大； (2) 沉砂嘴磨坏	(1) 更换一个尺寸稍小的沉砂嘴； (2) 更换沉砂嘴

10.7 溴化锂吸收式制冷设备

10.7.1 工作原理与功能

10.7.1.1 溴化锂吸收式制冷原理

吸收式制冷原理是利用液态制冷剂在低温、低压条件下，蒸发、汽化吸收载冷剂（冷媒水）的热负荷，产生制冷效应。所不同的是，溴化锂吸收式制冷是利用"溴化锂－水"组成的二元溶液为工质对完成制冷循环的。

在溴化锂吸收式制冷机内循环的二元工质对中，水是制冷剂，溴化锂水溶液是吸收剂。在真空（绝对压力为870Pa）状态下蒸发，具有较低的蒸发温度（5℃），从而吸收载冷剂热负荷，使之温度降低，源源不断地输出低温冷媒水。工质对中溴化锂溶液则是吸收剂，可在常温和低温下强烈地吸收水蒸气，但在高温下又能将其吸收的水分释放出来。制冷剂在二元溶液工质对中，不断地被吸收或释放出来。吸收与释放周而复始，不断循环，因此，蒸发制冷循环也连续不断。制冷过程所需的热能可为蒸汽，也可利用废热、废气，以及地下热水（75℃以上）。在燃油或天然气充足的地方，还可采用直燃型溴化锂吸收式制冷机制取低温冷媒水。这些特征充分表现出溴化锂吸收式制冷机良好的经济性能，促进了溴化锂吸收式制冷机的发展。

因为溴化锂吸收式制冷机的制冷剂是水，制冷温度只能在0℃以上，为防止水结冰，一般不低于5℃，所以溴化锂吸收式制冷机多用于空气调节工程作为低温冷源，特别适用于大、中型空调工程中使用。溴化锂吸收式制冷机在某些生产工艺中也可用做低温冷却水。因烧结厂有大量富余的余热蒸汽，利用溴化锂吸收式制冷机可以节约电能，达到节能减排的目的。

从热力学原理知道，任何液体工质在由液态向气态转化过程必然向周围吸收热量。在汽化时会吸收汽化热。水在一定压力下汽化，必然有相对应的温度。而且汽化压力越低，汽化温度也越低。如0.1MPa（1atm）水的汽化温度为100℃，而在5kPa（0.05bar）时汽化温度为33℃等。如果能创造一个压力很低的条件，让水在这个压力条件下汽化吸热，就可以得到相应的低温。

一定温度和浓度的溴化锂溶液的饱和压力比同温度的水的饱和蒸汽压力低得多。由于溴化锂溶液和水之间存在蒸汽压力差，溴化锂溶液即吸收水的蒸汽，使水的蒸汽压力降低，水则进一步蒸发并吸收热量，而使本身的温度降低到对应的较低蒸汽压力的蒸发温度，从而实现制冷。

蒸汽压缩式制冷机的工作循环由压缩、冷凝、节流、蒸发4个基本过程组成。吸收式制冷机的基本工作过程实际上也是这4个过程，不过在压缩过程中，蒸汽不是利用压缩机的机械压缩，而是使用另一种方法完成的（见图10－19）。

由蒸发器出来的低压制冷剂蒸汽先进入吸收器，在吸收器中由液态吸收剂来吸收，以维持蒸发器内的低压，在吸收的过程中要放出大量的溶解热。热量由管内冷却水或其他冷却介质带走，然后用溶液泵将这一由吸收剂与制冷剂混合而成的溶液送入发生器。溶液在发生器中被管内蒸汽或其他热源加热，提高了温度，制冷剂蒸汽又重新蒸发析出。此时，发生器的压力显然比吸收器中的压力高，成为高压蒸汽进入冷凝器冷凝。冷凝液经节流减压后进入蒸发器进行蒸发吸热，而冷（媒）水降温则实现了制冷。发生器中剩下的吸收剂又回到吸收器，继续循环。由上可知，吸收式制冷机是以发生器、吸收器、溶液泵代替了压缩机。

吸收剂仅在发生器、吸收器、溶液泵、减压阀中循环，并不到冷凝器、节流阀、蒸发器中去，否则会导致吸收剂污染。而冷凝器、蒸发器、节流阀中则与蒸汽压缩式制冷机一样，只有制冷剂存在。

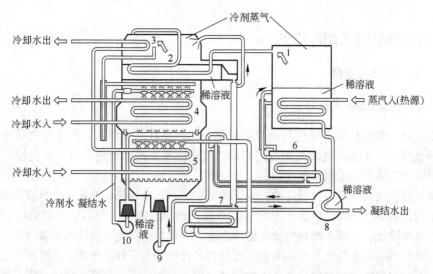

图 10 - 19　制冷循环图

1—高温发生器（高发）；2—低温发生器（低发）；3—冷凝结；4—蒸发器；5—吸收器；6—高温
热交接器（高交）；7—低温热交换器（低交）；8—凝水回热器；9—溶液泵；10—冷剂泵

10.7.1.2　双效溴化锂制冷机工作原理

双效溴化锂制冷机一般形式为双筒式或三筒式，主要部件由高压发生器、低压发生器、冷凝器、吸收器、蒸发器、高温换热器、低温换热器、冷凝水回热器、冷剂水冷却器及发生器泵、吸收器泵、蒸发器泵和电气控制系统等组成（见图 10 - 20）。

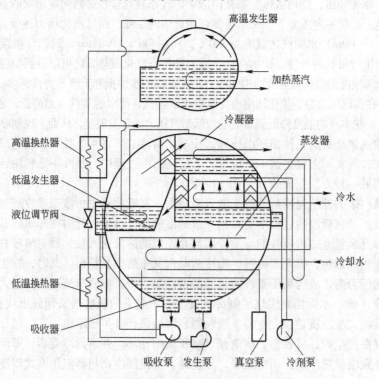

图 10 - 20　双效溴化锂制冷机工作原理

制冷工作原理：吸收器中的稀溶液由发生泵输送至低温换热器和高温换热器，进入高温换热器的稀溶液被高压发生器流出的高温浓溶液加热升温后，进入高压发生器。而进入低温换热器的稀溶液，则被从低压发生器流出的浓溶液加热升温。

进入高压发生器的稀溶液被工作蒸汽加热，溶液沸腾，产生高温冷剂蒸汽，导入低压发生器，加热低压发生器中的稀溶液后，经节流进入冷凝器，被冷却水冷却凝结为冷剂水。

进入低压发生器的稀溶液被高压发生器产生的高温冷剂蒸汽所加热，产生低温冷剂蒸汽直接进入冷凝器，也被冷却水冷却凝结为冷剂水。高、低压发生器产生的冷剂水汇合于冷凝器集水盘中，混合后通过 U 形管节流进入蒸发器中。

加热高压发生器中稀溶液的工作蒸汽的凝结水，经凝水回热器进入凝水管路。而高压发生器中的稀溶液因被加热蒸发出了大量冷剂蒸汽，使浓度升高成浓溶液，又经高温热交换器导入低压发生器。低压发生器中的浓溶液，被加热升温放出冷剂蒸汽成为浓度更高的浓溶液，再经低温热交换器进入低压发生器。浓溶液与吸收器中原有浓溶液混合成中间浓度溶液，由吸收器吸取混合溶液，输送至喷淋系统，喷洒在吸收器管簇外表面，吸收来自蒸发器蒸发出来的冷剂蒸汽，再次变为稀溶液进入下一个循环。吸收过程所产生的吸收热被冷却水带到制冷系统外，完成溴化锂溶液从稀溶液到浓溶液，再回到稀溶液循环过程，即热压缩循环过程。

高、低压发生器所产生的冷剂蒸汽，凝结在冷凝器管簇外表面上，被流经管簇里面的冷却水吸收凝结过程产生的凝结热，带到制冷系统外。凝结后的冷剂水汇集起来经 U 形管节流，淋洒在蒸发器管簇外表面上，因蒸发器内压力低，部分冷剂水散发吸收冷媒水的热量，产生部分制冷效应。尚未蒸发的大部分冷剂水，由蒸发器泵喷淋在蒸发器管簇外表面，吸收通过管簇内流经的冷水（冷媒水）热量，蒸发成冷剂蒸汽，进入吸收器。

冷媒水的热量被吸收使水温降低，从而达到制冷目的，完成制冷循环。吸收器中喷淋中间浓度混合溶液吸收制冷剂蒸汽，使蒸发器处于低压状态，溶液吸收冷剂蒸汽后，靠高低压发生器再产生制冷剂蒸汽，从而保证了制冷过程周而复始的循环。

10.7.1.3 溴化锂制冷机的分类

溴化锂吸收式制冷机的分类方法很多，根据使用能源的不同可分为蒸汽型、热水型、直燃型（燃油、燃气）和太阳能型；根据能源被利用的程度不同可分为单效型和双效型；根据各换热器布置的情况不同可分为单筒型、双筒型、三筒型；根据应用范围不同可分为冷水机型和冷温水机型；根据吸收剂流程方式不同可分为串取方式、并联方式和串并联方式。目前更多的是将上述的分类加以综合，如蒸汽单效型、蒸汽双效型、直燃型冷温水机组等。

10.7.2 操作规则与使用维护要求

10.7.2.1 开机程序

开机程序主要是：

（1）打开系统的冷媒水和冷却水阀门，并启动冷媒水和冷却水泵并检查其流量是否达到机组运行要求。

（2）启动发生器、吸收器泵，并调整高、低发液位。

（3）打开疏水器凝水旁通阀，并缓缓加入蒸汽，使机组逐渐升温，同时注意高发液位。

（4）蒸发器冷剂水位上升后启动蒸发器泵，并关闭疏水器旁通阀。

10.7.2.2　关机程序

关机程序主要是：

（1）关闭蒸汽。

（2）机组继续运行 20min 后关闭溶液泵（使稀浓溶液充分混合，以防机组结晶）。

（3）停止冷却水、冷媒水泵。

10.7.2.3　紧急停机

制冷机在运转过程中，当出现下列任何一种情形时，应立即关闭蒸汽阀门，旁通冷剂水至吸收器，打开蒸汽凝结水疏水器旁通阀，并尽量按正常步骤停机：

（1）冷却水、冷媒水断水。

（2）发生器、蒸发器、吸收器泵中任何一台不正常运转。

（3）断电。

10.7.2.4　溴化锂制冷机维护及保养

溴化锂制冷机维护及保养要求是：

（1）在正常运行情况下，一星期抽真空一次，如发现空气泄入机组应及时抽真空。

（2）冬季保养时，最好向机组腔内充以 20~30kPa 的氮气，以防空气泄入。

（3）及时清洗传热管表面污垢，冬季冷却水、冷水管路最好采用满水保养。

（4）更换老化的零部件，如隔膜片、视镜垫片等。

10.7.2.5　溴化锂制冷机气密性检查试验

溴化锂制冷机气密性检查试验要求是：

（1）溴化锂吸收式制冷机是一种以热源为动力，通过发生、冷凝、蒸发、吸收等过程来制取 0℃ 以上冷媒水的制冷设备，它利用溴化锂二元溶液的特性及其热力状态变化规律进行循环。水是制冷剂，在真空状态下蒸发的温度较低，因此，对机组的真空度要求很高。而机组在运行过程中，系统内的绝对压力很低，与系统外的大气压力存在有较大的压差，外界空气仍有可能渗入系统内。因此，必须定期对机组进行气密性检查和试验。

（2）关于对机组气密性的校核标准，我国在 ZBJ 73006—89《吸收式冷水机组技术条件》标准中规定："机组应进行真空检漏，其绝对压力小于 65Pa（约 0.5mmHg），持续 24h 绝对压力上升在 25Pa（约 0.2mmHg）以内为合格"。如果达不到上述标准应重新检漏。

（3）检漏和试验是一项细致和技术要求高的工作。气密性检查的工作程序是：正压找漏→补漏→正压检漏→负压检漏，直至机组气密性达到合格为止。正压检漏就是向机组内充以一定的压力气体，以检查是否存在漏气的部位。严格来说，机组漏气是绝对的，不漏气是相对的。为了做到不漏检，可把机组分为几个检漏单元进行。凡漏气部位必须采取补漏措施，直至不漏为止。

正压检漏和补漏合格后，并不意味着机组绝对不漏，同时还要进行负压检漏。高真空的负压检漏结果，才是判定机组气密性程度的唯一标准。

10.7.2.6　溴化锂制冷机内部的清洗

对溴化锂溶液循环系统的化学清洗，是在机组内部腐蚀严重、机组已不能正常工作时所采取的一种清洗,是使机组内腔清洁的唯一手段,一般 4～5 年清洗一次。通过清洗,可将机组内腔因腐蚀产生的锈蚀物彻底清除干净,可改善内腔的传热效果,提高喷淋效果,保证屏蔽泵的正常运转,且新灌注的溶液不受杂质的影响,能在最佳状态发挥最佳的制冷力。还可添加新溶液内微量的预膜剂,通过对机组内腔壁进行预膜,使预膜剂在材质表层发生化学反应,生成惰性的保护膜,从而使机组腐蚀减少,使用寿命延长。

10.7.2.7　溴化锂制冷机冷却水、冷媒水系统的清洗

在长期的水循环过程中,会在铜管、管道等内壁形成一层坚硬的污垢及锈质,有时甚至使管道产生堵塞现象,严重影响热质间的热量交换,导致机组制冷量大幅度下降。因此,必须定时对水循环系统进行清洗。该清洗包括机组冬季保养时的铜管清洗和水系统清洗。

10.7.2.8　溴化锂溶液的再生处理

溴化锂溶液是机组的"血液",经过长期的运行会发生不同程度的变化。如:颜色由原来的淡黄色变为暗黄、红、白、黑等不正常颜色;溶液的浓度因腐蚀产物而降低;溶液的 pH 值变成强碱性或者偏酸性;溶液中的缓蚀剂失效;以及各种杂质离子的增加。这都将导致机组的正常制冷能力不能充分发挥,以及机组本身的腐蚀加剧。这时,需对该溴化锂溶液进行再生处理。溴化锂溶液再生时,针对各项指标的变化情况,在密封反应器中添加各种试剂,在高温及有压力的情况下将杂质除去,使溶液指标达到符合化工部行业标准 HG/T 2822—1996 中所规定的范围。溶液再生后,将会具有与新溶液同样的制冷效果和缓蚀效果,这种再生办法只能在溶液厂家进行。溴化锂溶液使用年限不长的机组,平时可添加铬酸锂等防护剂。

10.7.2.9　溴化锂制冷机的调试

溴化锂制冷机新出厂或经过检修、溶液再生处理等工作以后,必须由专业技术人员对机组进行重新调试,使之能达到最佳制冷效果。溴化锂制冷机的调试可分为:

(1) 手动开机程序调试;
(2) 溶液浓度的调整和工况的测试;
(3) 调试和运转中出现的一般问题的分析及其处理;
(4) 电气调试;
(5) 验收。

10.7.2.10　溶液浓度的调整和工况的测试

应利用浓缩（或稀释）和调整溶液循环量的方法来控制进入发生器的稀溶液的浓度和回到吸收器浓溶液的浓度。这可通过从蒸发器向外抽取冷剂水或向内注入冷剂水,以调整灌注进机组的原始溶液的浓度。冷剂水抽取量应以低负荷工况能维持冷剂泵运行、高负荷工况时接近设计指标为准。工况的测试主要内容为:吸收器和冷凝器进出水温度和流量;冷媒水进出水温度和流量;蒸汽进口压力、流量和温度;冷剂水密度;冷剂系统各点温度;发生器进出口稀溶液、浓溶液以及吸收器内溶液的浓度。

10.7.2.11　验收

验收在工况测试时开始,工况测试应不少于 3 次。在工况测试过程中,不应开真空泵抽气,以检验气密性;同时,要测定真空泵的抽气性能和电磁阀的灵敏度;屏蔽泵运行电流正

常，电机表面不烫手（温度不得超过70℃），叶轮声音正常；自控仪器使用正常，仪表准确，开关灵敏。如上述项目均符合要求，应以测试的最高工况的制冷量为准，衡量其是否接近设计标准。一般允许误差为标准的±5%，则视为合格。

10.7.3　常见故障判断及处理

溴化锂吸收式制冷机（以下简称溴冷机）在日常运行使用中的常见故障有结冰、结晶、冷剂水污染、真空度下降等。由于溴冷机整体密闭，不具备可拆卸性，与活塞式、螺杆式制冷机相比，其事故的原因判断和检修受到限制，常见的故障往往也成了疑难故障，让用户甚至是检修单位头痛不已。本文介绍几起溴冷机疑难故障的原因分析及处理办法。

10.7.3.1　结冰故障

停电事故中，半小时后电路恢复正常时发现溴冷机内腔充满水，机组冻损。原因是停电导致冷媒水停止流动，溴冷机的制冷惯性使冷媒水结冰，冻裂蒸发器铜管。

处理方法主要是：

（1）及时关闭蒸发器冷媒水进水阀门，打开蒸发器旁通阀，使溴冷机蒸发器内冷媒水流动起来，降低结冰可能性，待来电后再恢复正常运行。

（2）如果旁通阀流量较小，仍有冻损铜管的可能时，可开启任一对外阀门，抽入少量空气，使制冷机停止制冷，来电时再抽真空恢复正常运行。与铜管冻裂相比，抽入少量空气造成的损失是微不足道的。

10.7.3.2　泄漏故障

"真空度是溴冷机的生命"，存在泄漏的溴冷机组是无法正常运行的，一旦机组制冷量下降，首先应该怀疑的就是机组泄漏，但有些是真泄漏，有些却是假泄漏。启动真空泵抽真空，真空度不降反升，机组制冷量急剧衰减，冷水出水温度逐渐上升，这种时候最易让人联想到机组泄漏，正压检漏需要时间，势必影响生产。

处理方法主要是：

（1）真空度是在启动真空泵后下降的，所以应当首先确认是不是抽气系统的故障。

（2）如真空泵及抽气系统均正常，则可以肯定机组存在泄漏，从制冷量衰减幅度推测漏点不小，并且极可能是由于隔膜阀片老化引起的突然泄漏。因此，在负压状态下做检漏工作：在每只隔膜阀上套一只薄膜袋，并用胶布扎口，观察薄膜袋是否"吸瘪"。如发现了一损坏的隔膜阀膜片，可在不停机情况下更换上阀体，随后抽真空，机组可迅速恢复正常运行。

（3）机组负压下降，可以肯定机组存在泄漏。溴冷机可能泄漏点很多，如阀门、视镜、焊缝、铜管、丝堵、感温包、筒体等。在确定事故为泄漏的情况下，应做好正压检漏准备，先排除不可能泄漏之处，再按由易到难的顺序检漏。如果蒸发器、吸收器、冷凝器铜管簇内充满了水，虽有内漏，若存在泄漏则漏水，但不会大幅影响真空度，所以可初步排除，难以处理内漏故障。接着检查阀门、视镜、丝堵、焊缝等地方，仍没发现有泄漏之处。在这种情况下，只有两种可能：筒体泄漏或高发器泄漏。两者相比，筒体查漏更容易些，先查筒体，最后检查高发器筒体内部铜管是否有泄漏。

（4）如筒体泄漏，对泄漏处打磨砂眼后用氩弧焊补焊。如高发器筒体内部铜管有泄漏，可采用胀管器胀管或铜头堵塞方式处理。

（5）如机组为微漏，负压、正压检测泄漏量都很小。根据泄漏情况可知泄漏点很小，若属焊缝、视镜、铜管泄漏应该很容易查出。如果查不出，说明是不易查到之处的泄漏。考虑阀门结构的特殊性，以及常用皂液起泡性不佳等因素，把阀门作为检漏对象。处理措施主要是：

1）重点检查所有阀门、仪表及管件接头，更换起泡性好的检漏液；

2）检查抽气系统，通过间断关闭阀门的同时监听真空泵的声音来判断阀门是否存在质量问题。

当抽气系统对外阀门打开时，短时间内真空泵可抽出气体，稍后就没有气体排出了，这时应拆开隔膜阀检查膜片是否开裂。

10.7.3.3 结晶故障

溶液结晶是溴化锂吸收式机组常见故障之一。为了防止机组在运行中产生结晶，机组都设有自动溶晶装置，通常都设在发生器浓溶液出口端。此外，为了避免机组停机后溶液结晶，还设有机组停机时的自动稀释装置。然而，由于各种原因，如加热能源压力太高、冷却水温度过低、机组内存在不凝性气体等，机组还是会发生结晶事故。

机组发生结晶后，溶晶是相当麻烦的事情。从溴化锂溶液的特性曲线（结晶曲线，见图 10-21）可以知道，结晶取决于溶液的质量分数和温度。在一定的质量分数下，温度低于某一数值时；或者温度一定，溶液质量分数高于某一数值时，就要引起结晶。一旦出现结晶，就要进行溶晶处理。因此，机组运行和停运过程中都应尽量避免结晶。

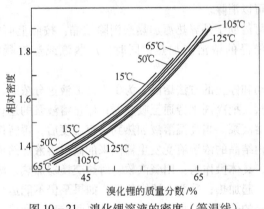

图 10-21 溴化锂溶液的密度（等温线）

结晶故障处理分以下 3 种情况。

A 停机期间的结晶

停机期间，由于溶液在停机时稀释不足或环境温度过低等原因，使得溴化锂溶液质量分数过高而发生结晶。一旦发生结晶，溶液泵就无法运行。可按下列步骤进行溶晶：

（1）用蒸汽对溶液泵壳和进出口管加热，直到泵能运转。加热时，要注意不让蒸汽和凝水进入电动机和控制设备。切勿对电动机直接加热。

（2）屏蔽泵是否运行不能直接观察，如溶液泵出口处未装真空压力表，可以在取样阀处装真空压力表。若真空压力表上指示为一个大气压（即表指示为 0），表示泵内及出口结晶未消除；若表指示为高真空，只表明泵不转，机内部分结晶，应继续用蒸汽加热，使结晶完全溶解；泵运行时，真空压力表上指示的压力高于大气压，则结晶已溶解。但是，有时溶液泵扬程不高，取样阀处压力总是低于大气压，这时可通过取样阀取样检测液密度是否下降，或者观察吸收器内有无喷淋及发生器有无液位，也可听泵管内有无溶液流动声音，还可用测温枪检查溶液管路是否有温度变化等方式来判断结晶是否已溶解。

B　运行期间的结晶

掌握结晶的征兆是十分重要的。结晶初期，如果这时就采取相应的措施（如降低负荷等），一般情况可避免结晶。机组在运行期间，最容易结晶的部位是溶液热交换器的浓溶液侧及浓溶液出口处，因为这里的溶液质量分数最高及浓溶液温度最低，当温度低于该质量分数下的结晶温度时，结晶逐渐产生。在全负荷运行时，熔晶管不发烫，说明机组运行正常。一旦出现结晶，由于浓溶液出口被堵塞，发生器的液位越来越高，当液位高到熔晶管位置时，溶液就绕过低温热交换器，直接从熔晶管回到吸收器，因此，熔晶管发烫是溶液结晶的显著特征。这时，低压发生器液位高，吸收器液位低，机组性能下降。当结晶比较轻微时，机组本身能自动熔晶。如果机组无法自动熔晶，可采取下面的熔晶方法：

（1）机组继续运行，并关小热源阀门，减少供热量，使发生器温度降低，溶液质量分数也降低。

（2）关停冷却塔风机（或减少冷却水流量），使稀溶液温度升高，一般控制在60℃左右，但不要超过70℃。

（3）为使溶液质量分数降低，或不使吸收器液位过低，可将冷剂泵旁通阀门慢慢打开，使部分冷剂水旁通到吸收器。

（4）机组继续运行，由于稀溶液温度提高，经过热交换器时加热壳体侧结晶的浓溶液，经过一段时间后，结晶可以消除。

如果结晶较严重，可借助于外界热源加热来消除结晶：按照上面的方法，关小热源阀门，使稀溶液温度上升，对结晶的浓溶液加热；同时，用蒸汽或蒸汽凝水直接对热交换器全面加热。

采用溶液泵间歇启动和停止的方法熔晶：为了不使溶液过分浓缩，关小热源阀门，并关闭冷却水；开冷剂水旁通阀，把冷剂水旁通至吸收器；停止溶液泵的运行；待高温溶液通过稀溶液管路流下后，再启动溶液泵。当高温溶液加热到一定温度后，再暂停溶液泵的运转，如此反复操作，使在热交换器内结晶的浓溶液受发生器回来的高温溶液加热而溶解。

如果结晶非常严重，具体操作为：用蒸汽软管对热交换器加热；溶液泵内部结晶不能运行时，对泵壳、连接管道一起加热；采取上述措施后，如果泵仍不能运行，可对溶液管道、热交换器和吸收器中引起结晶的部位进行加热；采用溶液泵间歇启动和停止的方法；熔晶后机组开始工作，若抽气管路结晶，也应熔晶。若抽气装置不起作用，不凝性气体无法排除，尽管结晶已经消除，随着机组的运行又会重新结晶；寻找结晶的原因，并采取相应的措施。

如果高温溶液热交换器结晶，高压发生器液位升高，因高压发生器没有熔晶管，同样，需要采用溶液泵间歇启动和停止的方法，利用温度较高的溶液回流来消除结晶。熔晶后机组在全负荷运行，自动熔晶管也不发烫，则说明机组已经恢复正常运转。

C　机组启动时结晶

在机组启动时，由于冷却水温度过低、机内有不凝性气体或热源阀门开得过大等原因，使溶液产生结晶，大多是在热交换器浓溶液侧，也有可能在发生器中产生结晶。熔晶的方法为：

（1）如果是低温热交换器溶液结晶，其熔晶方法参见机组运行期间的结晶。

（2）发生器结晶时，熔晶方法为：微微打开热源阀门，向机组微量供热，通过传热管加热结晶的溶液，使之结晶溶解。为加速熔晶，可外用蒸汽全面加热发生器壳体。待结晶溶解后，启动溶液泵，待机组内溶液混合均匀后，即可正常启动机组。

（3）如果低温热交换器和发生器同时结晶，则按照上述方法，先处理发生器结晶，再处理溶液热交换器结晶。

在熔晶的过程中，吸收器中的溴化锂溶液温度不断升高，温度有时需升到100℃或更高。溶液泵的冷却和其中轴承的滑润是溴化锂溶液，为了保护溶液泵电机绕组的绝缘不因过热而损坏，必须进行冷却，可以用自来水在泵体外进行冷却。

轻微的结晶，排除需要连续几个小时，严重时需要更长时间。在制冷机实际操作中，一旦发现有结晶故障时，应及时处理，避免失误，否则会造成结晶的加重或扩大，延误了熔晶的最佳时机，增加熔晶的难度。

10.8 低温烟气余热发电

在烧结矿生产过程中，特别是烧结矿由鼓风带式、环式冷却机冷却过程中，会排出大量温度为280~400℃的低温烟气，从而浪费大量可回收的热量，其热能量大约为烧结矿烧成热耗的30%以上。将低温烟气余热回收在烧结的带式、环式冷却机上应用，必将回收大量热能，从而提高烧结矿生产过程的能源利用率，降低工序能耗，可为烧结厂带来十分可观的经济效益。烧结低温烟气可用于产蒸汽，供烧结厂生产和生活用气，也可将产蒸汽并入蒸汽网向钢铁生产的其他工序供汽。到目前为止，国内烧结厂采用带式、环式冷却机低温烟气发电的共有近60余套机组。从发电情况看，发电量大都在8~25kW·h/t，普遍存在着发电效率低的问题。发电效率与带式、环式冷却机设备的漏风率、锅炉的热效率及设计和设备选型有关。

烧结低温烟气余热发电系统按工艺流程可分为烟气系统、热力系统、循环水系统、除盐系统、电气系统及自动控制等。

10.8.1 烟气系统

烧结机高温烧结料从料斗落入带式、环式冷却机台车上，通过鼓风机通入的空气冷却，使烧结料从750~800℃高温冷却到150℃以下。烧结机余热锅炉烟气流程为：从烧结带式、环式冷却机高温段烟囱及密封罩引出的低温烟气通过烟气母管送入余热锅炉，经过炉膛，从锅炉排出，通过管道接至循环风机，加压后，将烟气管道分别接至带式、环式冷却机的风箱或鼓风机的出口管道上。为有效调节烟气流量，在循环风机入口和回送烟气支管上设有调节阀。

烧结机带式、环式冷却机Ⅰ段和Ⅱ段的一部分烟气带有较高热量，通过余热锅炉产生过热蒸汽和闪蒸汽，过热蒸汽送往汽轮机发电，闪蒸汽一部分用于除氧，一部分送至汽轮发电机组低压段。

为提高余热锅炉进口烟气温度，采用烟气循环方式，在引风机出口经调节阀，将余热锅炉出口烟气送回到带式、环式冷却机1号风机入口风箱和2号风机入口风箱进行热烟气循环，余热锅炉检修或事故停机时，烟气经排放烟囱排入大气。这样不但可以提高余热回收利用率，也将降低烟尘的排放。旁通烟囱设有蝶阀，同时调节旁通烟囱蝶阀和循环风管道入口调风门，可以调节回到环冷机的循环烟气量。

10.8.2 热力系统和循环水系统

余热锅炉采用立式（卧式）自然循环锅炉，带上汽包，烟气自上而下通过锅炉。为增大换热面积，强化换热效果，余热锅炉受热面使用螺旋翅片管。余热锅炉由省煤器、蒸发器、过热器和汽包等组成主要循环回路，所产蒸汽可以与公司内部蒸汽管网并网，也可以送至发电机室发电。

机组的循环冷却水由循环水泵站的管道接出，经循环水泵站加压送往汽机间冷凝器。

　　油冷却器和发电机的空冷器用冷却水也由循环水管上接入，同时设置工业水母管，分别接一根工业水至油冷却器和发电机的空冷器，作为夏季备用管。

10.8.3　除盐水系统

　　根据水质，水处理工艺主要流程为：用户来水→原水水箱→原水泵→多介质过滤器→活性炭过滤器→精密过滤器→一级保安过滤器→一级高压泵→一级反渗透→二级高压泵→二级反渗透→除盐水箱→除盐水泵→主厂房。

　　本系统分为预处理装置、反渗透装置两个部分。

10.8.3.1　预处理装置

　　为了使反渗透装置能长期、安全、稳定运行，国内外多年经验表明，必须严格控制预处理。预处理装置包括除铁过滤、活性炭吸附、精密过滤器、加药装置及保安过滤等主体设备。预处理主要解决如下问题：

　　（1）防止膜面结垢（包括 $CaCO_3$、$CaSO_4$、$SrSO_4$、$CaCl_2$、SiO_2、铁和铝氧化物等）。

　　（2）防止胶体物质及悬浮固体微粒污堵。

　　（3）防止有机物污堵。

　　（4）防止微生物质污堵。

　　（5）防止氧化性物质对膜的氧化破坏。

　　（6）保持反渗透装置产水量稳定。

10.8.3.2　反渗透装置

　　反渗透是脱盐系统的心脏部分，设计得成熟、合理与否不仅直接决定反渗透系统能否达到设计要求，而且关系到反渗透膜的使用寿命。经反渗透处理的水，能去除绝大部分无机盐类和几乎全部的有机物、微生物。

10.8.4　电气系统和热工仪表

　　采用低温烟气发电技术是将所产蒸汽送入汽轮发电机，由发电机发电。发电机组并网点选择在距离较近变电站的 110kV 系统，通过 110kV 网络进行分配。发电机的并网点设在发电机出口断路器。

　　汽轮发电机组和余热锅炉采用分散控制系统，DCS 完成对整体工艺系统的检测和主要设备的控制，以分散控制系统 CRT 操作员站为监控中心，使运行人员在集中控制室内通过 DCS 实现机组的启动、停止、正常运行和事故处理。同时，配备少量重要参数的指示仪表、报警窗以及用于紧急情况的后备手操设备，以确保 DCS 事故时机组的安全停机。DCS 系统由外商供货。

　　除盐水系统和循环水系统等采用 PLC 控制系统，并纳入了 DCS 系统。

复习思考题

10-1　节能减排措施有哪些内容?

10-2　粉尘有哪些特性?

10-3　布袋除尘器的基本工作原理是什么，如何操作反吹风布袋除尘器?

10-4　试述电除尘器的工作程序。

10-5　粉尘电阻率对电除尘器性能有哪些影响，即粉尘电阻率在什么范围内适合电除尘器，为什么？

10-6　电除尘器系统由哪几大部分组成，各有什么作用？

10-7　导致电除尘器接地的原因有哪些，在伏安特性表上有什么反应？

10-8　在什么情况下必须紧急停电除尘风机，如何停风机？

10-9　阿尔斯通半干法烟气脱硫的化学反应是什么？

10-10　阿尔斯通半干法烟气脱硫工艺（NID 增湿法）的原理是什么，脱硫效率和什么参数有关系？

10-11　阿尔斯通半干法烟气脱硫工艺其设备日常维护要求有哪些？

10-12　阿尔斯通半干法烟气脱硫工艺其设备常见的故障有哪些，如何处理？

10-13　氨法脱硫工艺的原理是什么？介绍两种常用工艺流程。

10-14　氨法脱硫工艺的主要设备是什么？

10-15　溴化锂的工作原理是什么？

10-16　溴化锂制冷机分哪几类，各有什么特点？

10-17　溴化锂内部如何清洗？

10-18　溴化锂结冰的故障原因是什么，如何处理？

10-19　溴化锂常见故障有哪些及如何处理？

10-20　介绍低温烟气余热发电系统的工艺流程。

11 烧结生产管理

随着科学技术的进步，烧结行业正向着设备大型化、控制自动化、管理科学化的方向发展。以高效率、低消耗、少污染的工艺和设备为炼铁提供化学成分稳定、物理性能优良、冶金性能好的优质烧结矿，是烧结行业所要追求的目标。按国际标准管理体系建立、健全、完善烧结厂的管理体系，是现代化企业管理的要求，也是烧结厂可持续发展的关键。企业的生产经营活动也要按管理标准和程序进行，各部门的职责要清晰，各岗位的责任要明确，各类专业管理、各项生产经营活动都要按标准和管理程序执行。

作为工业原料的钢铁产品，其品种、质量直接关系到各行各业的产品质量，对国民经济的发展起着至关重要的作用。不断提高产品质量，一方面是减少废品，降低成本的需要；另一方面也是提高产品的性能指标，增加企业经济效益的需要。同时，提高产品质量的过程，也是促进企业自身发展的过程。

烧结生产管理主要包括：生产计划管理、产品质量管理、能源介质管理、设备维护管理、成本目标管理、安全防火管理和人力资源管理等。

11.1 生产计划管理

在烧结生产管理中，生产计划管理主要是指原料计划和生产计划的编制和实施。烧结生产在整个钢铁生产过程中是一个重要的生产工序，也是上下工序连接的纽带，生产计划管理有效地保证了整个钢铁生产过程中上下工序生产的有序进行，因此，切实可行的计划，可以促进生产的顺利进行，充分发挥生产潜能，降低生产成本，保证企业的经济效益最大化。

生产计划管理主要包括长远规划管理、年度生产经营计划管理、月生产经营计划管理、周检修计划管理。

11.1.1 长远规划管理

长远规划一般指五年规划。其编制要结合钢铁企业的发展规划、上下工序生产能力及供需的变化，同时对国际、国内烧结的发展趋势、技术状况，以及国内外对钢铁的需求都应有所了解，才能确定合理的目标和发展方向。

长远规划主要包括对上一个五年规划重点项目的总结，技术经济指标的说明，并对目前存在的主要问题进行分析，从而制定今后五年要实现的目标、主要改造项目及需要上级部门协调解决的问题等。

11.1.2 年度生产经营计划管理

年度生产经营计划一般是在当年的第四季度做好下一年度的生产计划编制准备工作，是在分析当年生产计划完成情况的基础上，考虑下一年生产结构的变化，找出影响计划指标的有利和不利因素，提出本企业的计划建议，上报主管部门。

年度生产经营计划主要包括产量、质量及能源指标、原料使用计划、原燃料消耗指标、主要设备经济技术指标、安全防火指标、成本指标、节能减排指标等。它对全厂的生产组织具有重要的指导意义。

年度生产经营计划在每年年初编制下发，专业部门承接相应的指标，编制本单位、本专业部门的年度计划，提出保证措施，并组织措施的落实及计划的实施，厂部每月根据年计划指标或实施进度对各单位实施情况进行检查和考核，每半年对年度生产经营计划及指标视完成情况进行修订。

11.1.3 月生产经营计划管理

一份完整的月计划包括上个月的生产经营分析、各专业部门本月的月计划、设备定修计划，产量和质量指标计划、设备的作业率分解、原料和成本计划等。

月计划的具体编制步骤为：生产技术专业部门在每月底前收集各专业部门关于原料计划、原料成本计划、设备定修计划及本月设备工作总结等计划相关资料。每月月底根据上级部门下达的月产量计划，编制下月的产量、质量指标计划和作业率分解计划，分解到每台烧结机，综合考虑生产情况和各车间的设备状况，合理分配计划产量，并根据设备专业部门编制的定修计划和年生产计划的故障台时，确定下月各车间烧结机的日历作业率和台时能力的目标值与考核值。

月生产经营计划在执行过程中如因特殊情况需更改，需经生产负责人认可。

11.1.4 周检修计划管理

11.1.4.1 周检修计划的编制

周检修计划是对未来一周内的所有计划检修项目的安排。

其检修计划的编制步骤为：每周固定时间，由各相关专业部门和车间将下周的检修项目报生产技术专业部门。生产技术部门根据高炉的休风计划，合理安排检修。若检修的设备影响到烧结生产的上下工序，则要和相关的部门协调，进行合理安排，同时上报上级生产技术部门批准，尽可能不影响其他厂矿的正常生产。

计划编制完成后，下发给各相关车间和专业部门组织实施。

11.1.4.2 周检修计划的实施

周检修计划编制下达后，其实施步骤为：生产技术部专业负责人根据周检修计划，在每天生产调度会上合理安排当天的生产和检修项目，各相关单位按安排执行。由生产技术部门和调度室对周检修计划的完成情况进行跟踪，调度室对当班的检修情况和进度进行反馈。

若因高炉检修计划或生产情况变化、突发事故导致检修计划发生变化需要修改时，需经过生产技术部门负责人批准。计划发生改变后，应及时通知各相关单位。

对较大的检修项目和影响到其他厂矿的检修项目，则应如实向上级相关部门汇报。

11.2 技术质量管理

质量是企业的生命，烧结厂产品质量直接关系到高炉生产，所以加强烧结生产的技术质量管理是整个钢铁企业的关键一环。

技术质量管理主要包括进厂原料管理、生产过程控制管理、工艺纪律管理等。

11.2.1 进厂原料管理

进厂原料质量决定烧结矿的质量。因此，在进厂原料管理中必须坚持"质量第一"的方针，以良好的原料质量确保烧结矿质量。

　　进厂原料质量标准是以满足烧结生产需要和技术进步为前提，在实验研究和生产实践基础上不断变化、不断优化。由于烧结生产原料品种繁多，外购量大，加上不同产地的原料质量也不同，因此，制订原料标准必须对供货单位的产品品种、产品质量、供货能力、技术水平等进行实地考察，确定其可行性后方可与供货单位签订供需合同，从而形成原料质量验收标准。由此可见，各钢铁企业对烧结原料的质量标准是不同的。

　　有了严格的质量标准，还需要有严格的验收程序作保障，方可确保原料质量符合要求。一般情况下，供货单位对发出的原料必须进行质量检验，提供相应的数据，原料到达后，由质检部门根据订货合同规定的质量标准组织抽样化验，验收质量合格后发往烧结厂或混匀料场。烧结厂和混匀料场有权按照质量标准再次对原料进行验收确认，发现不合格原料应立即报公司主管部门协调处理，并要求索赔。

　　原料入库后，要按照工序管理的要求，确保原料加工质量，同时通过加强工序管理和工序控制，对烧结矿质量进行跟踪，及时了解原料使用情况及对生产指标的影响，进行质量分析，加强原料信息传递，为改善原料质量提供条件。

　　若对原料成分预报有异议，在翻车前取样送质检部门，同时向调度室汇报，经化验合格后应立即翻车。若原料成分相差不大，则需要记录超标准的原料（俗称记事）或下调度令翻车入库；若原料成分严重不合格，则要求变更离厂或报告公司主管部门鉴定后卸入废物线。

　　若原料实际数量与预报数或货票（磅票）数相差较大，应向厂调度室汇报，由厂调度室确认后进行处理。若同意翻车，必须按实际数量验收计量。

11.2.2　生产过程控制管理

　　过程是产品在生产过程中质量、特性等发生变化的加工单元，是人、原料、设备、环境、方法对产品质量起作用的环节。过程控制是质量管理的重要内容，是烧结矿质量保证体系的重要环节。搞好过程控制，可以提高烧结矿产、质量，降低能源消耗，有利于生产成本的降低。从广义上来说，过程控制就是应用质量管理方法，针对问题点和所要进行的工作，以及管理对象作为控制点。控制点控制的特性或对象，要尽可能地用数据来表示。

　　对生产现场来讲，针对过程的问题点，把关键过程和存在问题的过程中某些特性控制起来，就是过程控制点。一个过程控制点可以是产品的关键质量特性，也可以是一道关键过程的特性。建立全过程控制点就是要把管"结果"转换成管"原因"。具体来说，就是对控制对象的质量特性，利用因果分析图及要因分析等工具来进行过程分析，找出支配性要素，并进行一次、两次或多次展开，直到便于管理为止。然后，制定管理标准，规定这些过程要素的管理项目、检测方法、允许界限以及责任者等，通过控制这些要素来达到预控产品质量的目的。

　　建立全过程控制点的原则是：

　　（1）对产品的性能、精度、化学成分等造成直接影响的关键项目和关键部位，应建立过程控制点。

　　（2）过程本身有特殊要求或对过程有影响的质量特性，以及影响这些特性的支配性过程要素，应建为过程控制点。

　　（3）导致产品出现不合格品多的质量特性或其支配性过程要素，应建为过程控制点。

　　（4）从用户或各种抽检、试验中所反馈的不合格质量特性或其支配性过程要素，应建为过程控制点。

一种产品的生产全过程应当建立多少个过程控制点，要根据产品的质量要求和生产的实际情况，通过过程分析才能确定。从烧结生产来说，原料验收、原料加工、配料、混合、烧结等工序都会直接影响烧结矿的质量，所以应在这些工序建立过程控制点。

11.2.3 工艺纪律管理

纪律，一般是指人类在社会活动中制定的具有约束性的规定。工艺纪律是企业在产品生产过程中，为维护工艺的严肃性，保证工艺技术操作规程贯彻实施，建立稳定的生产秩序，确保产品质量和安全生产而制订的某些具有约束性的规定。工艺纪律是保证企业有秩序地进行生产活动的厂规、厂纪之一，要求严格执行、严肃管理，以保证产品质量和工序控制状态的稳定，促进产品实物质量的提高。

对落实工艺纪律的情况，一般按照逐级检查制进行，即班组、工段、车间和厂部各自按照行政管理区域进行检查。

工艺纪律检查范围，广义上讲，应包括工序过程中的"人员、设备、原料、方法、环境"五项要素。工序不同，其要素也不同。就烧结厂而言，工艺纪律的主要要素是技术操作规程标准和岗位作业标准，也包括各生产车间依据自己实际情况制订的操作要求。要检查各工序岗位的工艺参数和支配性要素是否按工艺文件和操作规程的规定进行控制。

操作者贯彻工艺技术操作规程，遵守工艺纪律，这是保证工序稳定、生产优质产品的支配性要素。工艺纪律对操作者的要求包括：

（1）熟悉技术操作规程和岗位作业标准内容。操作者必须熟知本岗位的工艺要求、操作方法、操作要点及工序控制的有关要求，做到按岗位作业标准和技术操作规程的要求操作。

（2）组织生产前做好准备工作，生产中集中精力，不擅自脱离工作岗位，保持岗位整洁。

（3）过程控制点的控制图必须按时描点，异动分析必须及时，并保持控制点标牌、描点工具及图本完好整洁，严格按《过程控制程序》规定开展工序活动。

（4）认真开展自查，对操作规程中规定的时间、温度、压力、电压、电流、配比等工艺参数，认真进行自检，并做好记录，做好质量跟踪。

（5）原始记录必须规范、准确、翔实、整洁。

工艺纪律检查与考核由生产技术部门归口管理，负责工艺纪律的日常检查、考核和信息反馈；调度室负责中夜班工艺纪律的检查和信息反馈；安全环保部门负责环保工艺纪律检查和信息反馈；企业管理部门负责工艺纪律考核的落实。

车间、工段、班组对各级工艺纪律检查与考核由行政领导负责。

工艺纪律检查记录用表，是记录工艺纪律检查情况和评价、反馈信息的表格，也是原始记录考核依据。主要分为以下几类：工艺纪律抽、检查汇总表；工艺纪律抽、检查原始记录本；工艺纪律纠正通报卡；工艺纪律检查信息报告单等。

工艺纪律检查考核，以每月各有关部门、车间、工段、班级岗位操作工人的违纪次数和违纪造成的后果作为依据，由厂生产技术部门提出考核意见。

11.2.4 质量事故管理

为了加强全面质量管理，认真进行质量分析，减少或杜绝质量事故，更加有效地提升产品质量，必须进行产品质量事故管理。

根据所发生的质量事故情况，按各企业内部质量管理要求，可分为重大质量事故、质量事故、一般质量事故。

生产过程中，发生质量事故的单位和个人必须立即向相关部门做简单汇报，生产技术部门、公司技术质量部门和事故所在单位应对质量事故进行调查、分析，事故发生单位填写《烧结厂质量事故报告》。质量事故由车间领导签字，当天报生产技术部门；一般质量事故由工段长签字，两天内报车间；如果涉及公司其他单位有关质量事故，由生产技术部门写出报告送技术负责人。

在填写质量事故报告时，必须叙述清楚事故发生的经过，对事故进行分析，说明发生事故的主要原因及后果、责任者，提出改进措施和处理意见。

根据质量事故发生等级，按质量管理要求考核相关责任单位、相关负责人、归口管理部门及责任单位相关人员。

11.3　能源及成本管理

11.3.1　能源管理

能耗是能源介质消耗的简称。对烧结工序来说，能耗包括生产 1t 烧结矿所消耗的能源数量和生产过程中所损失的能源数量。

单项单位能源消耗（简称为单耗），即生产每吨烧结矿所消耗的某种能源介质数量。

烧结生产所需能源介质有：固体燃料（焦粉、无烟煤）、气体燃料（煤气、天然气）、液体燃料（重油）、电力、蒸汽、压缩空气、水等。其中，无烟煤、天然气、水称为一次能源；焦粉、重油、电力、蒸汽、压缩空气称为二次能源。

11.3.1.1　工序能耗

工序能耗是烧结厂生产 1t 烧结矿所消耗的能源总量。它是将用于生产中消耗的各项能源介质的单耗按照规定折算系数进行综合计算所得的量值。其量值单位为公斤标煤/吨矿（kgce/t），其中，用于生活所消耗的能源不在计算之内。工序能耗计算公式为：

$$工序能耗 = \Sigma(单项能源介质耗量 \times 折算系数)/烧结矿产量 \qquad (11-1)$$

或

$$工序能耗 = \Sigma(单耗 \times 折算系数)$$

11.3.1.2　折算系数

烧结生产所消耗的各种能源具有不同的种类形态和量值单位，因此，在进行工序能耗计算时，需要将各单项能耗折算成一个相同的量值单位，即标准煤。不同能源介质折算成标准煤的折算系数是不同的，但折算系数又是统一的，这个用于折算的数值就称为折算系数。

11.3.1.3　烧结节能工艺

A　原、燃料准备

加强含铁原料准备，使烧结原料粒度均匀，化学成分稳定；加强烧结用石灰石和白云石粒度的控制，使准备后的熔剂粒度小于 3mm 的部分不少于 90%；使用固定碳的质量分数高的固体燃料，并严格控制燃料粒度和用量。

B　实施新工艺、新技术

随着烧结技术的不断进步和优质低耗活动的深入开展，烧结厂普遍采用了高碱度、厚料层、低温、低 FeO 烧结和燃料分加、小球烧结等新工艺。

C 采用新型点火炉及低温、低负压点火

烧结点火能耗占烧结工序能耗的 4% ~10%，努力降低点火能耗是烧结节能的重要途径。近几十年来，我国对烧结点火设备进行了深入的研究，对设备进行了改进，使点火能耗大幅下降。在操作上调整点火炉的负压，保持微正压或微负压点火有利于煤气节约。

D 烧结余热利用

烧结过程中，实际热耗的有效利用率仅为 45% 左右，尚有 55% 的热耗以烟气和烧结矿的显热排入到大气中，这部分显热的热值总量为 850 ~950MJ/t。其中，烧结矿显热占烧结能耗的 30% 以上，如果采取一定的技术措施回收余热，对于烧结节能有着十分重要的意义。

烧结余热利用有下列几种方式：

(1) 将冷却机排出的热废气用于烧结点火助燃和保温炉的保温；实现热风点火和热风保温，可以降低煤气消耗和固体燃烧。

(2) 将热废气直接用于预热混合料，使料温提高，实现预热烧结法，可以降低固体燃耗约 2kg/t。

(3) 在冷却机烟罩内安装刺片管蛇型管，用热废气加热管内的循环水，使之达到一定的温度，用于洗澡和取暖。

(4) 将热废气用于余热锅炉产生蒸汽。烧结矿冷却第一段热废气温度一般在 300℃ 以上，在该段烟罩内安装换热器和相应管道连接锅炉装置，可以产生一定压力和数量可观的蒸汽。这些蒸汽还可以用于混合料预热和溴化锂机组及澡堂，也可向蒸汽总管的管网输送，产生可观的经济效益。

(5) 采用热风循环方法，生产中压蒸汽用于发电。

11.3.1.4 节能管理

降低烧结工序能耗是个系统工程，除了增加投入进行技术改造、淘汰落后生产工艺、更新耗能高的设备外，还要加强能源管理，通过管理实现优质、高产、低耗。

节能管理重点抓好制度建设，科学确定能耗指标，严格考核，奖惩到位，同时要加强生产管理和提高技术操作水平。

11.3.2 成本管理

烧结厂生产特点是大批量连续不断地重复生产单一产品。烧结厂成本计算的对象是烧结矿，成本计算的方法是"品种法"。

按照现行会计制度和管理工作的需要，结合烧结厂实际，规定成本项目有原料（如精矿、粉矿、白云石、石灰石、消石灰等）、燃料（如无烟煤、焦粉）、动力（如水、电、空气、蒸汽、煤气）、辅助材料（如皮带、油脂、炉箅子）、工资和制造费用等。

11.3.2.1 成本分析的含义

成本分析，就是根据单位产品生产过程中各环节物料消耗和管理费用使用情况，与已确定的本单位所能够承受的成本指标进行比较，即：单位内部各层次的成本管理体系对成本的有效控制和无效控制进行总结，重点是在某一个时间段内，当成本出现无效控制时，通过调查研究和数理分析找出失控的主、客观因素，寻求解决的办法并制定具体措施加以改进；当成本得到有效控制时，则需将控制措施继续执行下去。

11.3.2.2　影响烧结成本的主要因素

影响烧结成本的因素较多，原料、能源、辅助材料和备品备件价格，原材料品种和配矿结构发生变化，设备作业率和台时能力的高低，原材料质量是否达标以及管理力度的大小和操作技能的高低等因素，都会对成本指标产生影响。按期进行成本分析，就是要通过调查研究和比较分析，及时从影响成本的诸多因素中找出直接原因，对症制定防范措施。

11.3.2.3　成本分析的方法

烧结成本分析目前在国内多数采用班组、车间、厂三级逐级进行，其基本方法为：项目不同，分析的方法也有差别，一般采用比较分析法，即当本期或者当前一个时期的成本实际完成值高于目标值时，对影响该指标的各要素列表，通过对要素的实际消耗与原定计划消耗的比较（价格、数量、配矿结构的变化）来查找指标偏离的原因，并据此制定改进方案，原料成本、能源成本等均采用此方法。有些比较单一的项目，如在对设备维修成本进行分析时，可采用直接查找原因的方法进行分析，即本期指标偏高是因为什么原因（检修多、规模大、事故、备件更换等）造成的，下一步进行有针对性的控制就可以了。

11.3.2.4　烧结成本控制

成本控制，就是在明确生产成本目标的前提下，为实现这一目标所实施的管理。首先，要确定本单位内部各层次的成本管理体系，为开展成本控制提供组织保证；其次，要明确管理职责和运用各种合理手段，激励、引导各层次人员围绕生产实际积极开展成本控制工作的积极性，为成本受控提供制度保证；第三，按照分级管理的原则，逐级对成本指标进行分解和制定保证措施。在此基础上，全员落实成本管理的各项控制措施，做到及时发现问题、及时整改问题，避免造成控制失效。

成本控制的目的是以最少的投入生产出更多、更好的产品，提高市场竞争能力，提高企业经济效益。成本控制原则是集中管理、分级核算。

11.3.2.5　降低成本的主要途径和方法

烧结矿的成本，通常指烧结矿的单位成本。降低烧结矿的单位成本，先从下面的计算式着手：

$$烧结矿的单位成本 = \frac{烧结矿总费用}{烧结矿总产量}$$

$$= \frac{烧结矿总固定费用 + 烧结矿总变动费用}{烧结矿总产量}$$

$$= 单位固定费用（元/吨）+ 单位变动费用（元/吨） \qquad (11-2)$$

在式（11-2）中，固定费用是指该费用的发生与烧结矿的产量不直接相关，而在一段时间内相对稳定的费用；而变动费用则是其费用的发生与烧结矿产量直接相关的、相对变动的费用。

烧结厂烧结矿的固定费用主要包括：固定资产折旧、职工工资福利、办公差旅费用等。

变动费用主要包括：原燃料、辅助材料、能源动力消耗、设备维修费用等。

因此，降低成本主要以控制固定费用，降低变动费用为途径，采用分级核算、全员成本管理的方法，把降低生产成本作为保持和提高企业竞争力的重要工作，抓紧、抓好、抓落实。

11.4 安全生产管理

11.4.1 安全生产管理

11.4.1.1 安全生产方针

我国颁布了一系列劳动安全法规,明确提出了"安全第一,预防为主,综合治理"的安全方针。安全生产是企业的头等大事,企业第一负责人抓安全,安全是各级领导的"第一"职责。在生产过程中,当生产与安全出现矛盾时,必须首先保证安全,即把安全放在"第一"的位置上。预防为主是实现安全第一的战略原则,就是要把事故消灭在萌芽状态。综合治理是综合运用法律、经济、行政等手段,人管、法管、技防等多管齐下,并充分发挥社会、职工、舆论的监督作用,从责任、制度、培训等多方面着手,形成标本兼治、齐抓共管的格局。

11.4.1.2 安全生产管理

安全生产管理是指在劳动过程中为努力改善劳动条件,控制或克服不安全因素,防止伤亡事故的发生,使劳动生产在保证劳动者安全健康和人民生命财产安全的前提下,顺利进行所采取的一系列保障措施。

安全生产关系到我国在国际上的政治地位和经济地位,关系到国内经济发展和社会安定,关系到人民的切身利益和全面奔小康目标的实现,关系到社会生产力的发展水平和经济建设。

安全生产管理指导思想是坚持"安全第一,预防为主,综合治理"的方针,以人为本,依法管理,求真务实,以落实安全生产责任制为中心,按"谁主管、谁负责"的原则,按"环境管理体系"和"职业安全健康管理体系"的要求,强化专业管理,不断持续改进。

A 烧结安全生产规章和安全生产责任制

企业的规章制度是生产经营单位根据国家有关法律法规的原则制定的本单位的行为规范,是法律法规的具体化和延伸。企业安全生产规章制度是企业规章制度的重要组成部分,是企业的安全生产法规,是统一全体职工从事安全生产的行为准则。

根据生产实际,烧结厂主要的安全生产规章制度有安全生产责任制、岗位安全操作规程、机具使用安全规程、特殊作业安全规定、危险控制与事故隐患管理制度、操作牌制度、安全教育制度、责任联保互保制度、安全生产检查管理办法、全员安全风险抵押和重点管理岗位安全目标风险抵押管理办法、安全生产竞赛的规定、安全确认制度、事故报告制度、外委工程(检修)安全管理规定、安全管理考核办法等。

安全生产责任制是根据安全生产法规建立的企业内各级领导、职能部门、管理人员、工程技术人员和岗位生产操作维护人员等,在劳动生产过程中对安全生产层层负责的规定。它是岗位责任制的一个组成部分,是企业管理中的一项基本制度。

安全生产责任制主要有纵向系统安全生产责任制、横向系统安全生产责任制、安全技术专职机构的任务和职责、职工安全通则等。

安全生产责任制是企业安全规章制度的核心,必须保持其严肃性、严谨性、适用性和权威性。随着经济体制改革的发展、科技进步、生产工艺设备的更新和岗位配置的变化等,安全生产责任制要及时修订、补充和完善,同时建立、健全一套行之有效的考核办法。

B 安全教育与安全活动

烧结厂安全管理组织机构包括纵向的(如上至厂长,下至职工)、横向的(各部门、车间相互之间的安全生产管理网络），包括厂各部门与车间挂钩的责任联保、班组岗位之间的职工安全联保互保。

安全教育是宣传贯彻安全生产方针、政策、法规及学习安全知识的过程，其目的是增强全员安全意识，提高生产管理人员和职工的安全技术素质与防范事故的能力，最大限度地减少或避免伤亡事故，防止职业伤害。

根据劳动部颁布的《企业职工劳动安全卫生教育管理规定》和企业的实际，烧结厂安全教育的对象分为 5 种，即新入厂人员的三级安全教育；复工、调换工种岗位的安全教育；特种作业人员安全技术培训；管理人员的安全教育；一般人员的安全教育。

安全教育的主要内容有：

（1）安全生产方针、政策、法规；

（2）公司及本单位安全生产规章制度、劳动纪律制度；

（3）本单位发展史、工艺流程和主要设备概况；

（4）安全生产知识、本单位主要危险源点；

（5）安全心理知识；

（6）工伤现场急救知识和劳动卫生基本知识；

（7）公司及本单位典型事故案例。

新入厂人员经三级安全教育考核合格后，逐级填写"三级安全教育卡"并签字，经安全部门审查确认后，转劳资专业部门归档。分配到岗位时，必须有师傅指导，签订"师徒合同"，合同中必须包含安全条款。

安全活动是安全教育的一种组织形式，是一种有时间阶段、有活动主题、有具体内容和目标的安全教育。其主要形式有日常生产安全教育、经常性安全教育、特殊时期安全教育、岗位危害辨识和风险评价活动、安全竞赛活动。

C　安全检查与事故预防

安全检查是落实各项安全生产管理规定的重要手段，是履行安全生产责任制的一项重要工作。其目的是通过检查发现并消除人的不安全行为、物的不安全状态和管理上的缺陷，完善安全生产管理，促进安全生产。

安全生产检查有厂级综合大检查、车间安全大检查、专业管理检查、工段（班组）日常自查、日常随机安全检查 5 种形式。安全生产检查坚持"谁主管、谁负责"的原则，实行闭环管理，使隐患得以及时发现和整改，同时建立隐患检查登记台账，按分级管理和分类管理的规定执行。

发生事故的原因通常是人的不安全行为、物的不安全状态和管理上的缺陷。针对 3 大原因采取的相应对策有：

（1）技术措施。改善作业环境和生产条件，提高安全技术装备水平，消除危险因素和事故隐患。

（2）教育措施。对全体职工进行安全意识与安全技能培训教育，提高安全意识、安全技能及安全管理水平。

（3）管理措施。修订与完善各项安全规章制度，贯彻落实安全生产责任制，抓好危险源（点）的控制管理，加强安全检查与考核。

根据国务院颁发的《特大安全事故行政责任追究的规定》，对事故的处理应遵循"四不放过"原则，即事故原因分析不清不放过；事故责任者和群众没有受到教育不放过；没有采取切实可行的防范措施不放过；事故责任者没有受到严肃处理不放过。

D 安全生产管理的其他职能

a 消防管理

消防工作是国民经济和社会发展的重要组成部分，是企业发展生产、维护企业生产经营秩序、推动企业发展不可缺少的保障条件。

为切实加强对企业消防安全重点部位（岗位）的管理，明确消防安全责任，确保辖区内消防安全重点部位（岗位）无火灾事故发生，确保生产经营安全顺行的工作目标，根据《中华人民共和国消防法》、中华人民共和国公安部《机关、团体、企业、事业单位消防安全管理规定》：烧结厂厂长为消防安全责任人，生产副厂长为消防安全管理人，厂部领导为副主任，各车间主任、各主要部（室）负责人为委员，组成烧结厂消防安全委员会。

各车间、部（室）成立本单位消防安全管理领导小组，在此基础上，将消防安全重点部位（岗位）的管理纳入消防安全管理目标之一。同时，形成了纵向由厂、车间、工段到班组与重点部位管理挂钩；横向由厂保卫、安全、教育、设备、生产、纪检部门与其责任挂钩的全方位、立体式的消防安全重点部位（岗位）管理体系，加强烧结消防安全重点部位（岗位）安全管理。

b 环境保护管理

环境管理是指运用经济、法律、技术、行政及教育等手段，限制（或禁止）人们损害环境质量的活动，鼓励人们改善环境质量，通过全面规划、综合决策，使发展与环境保护相协调，达到既能发展经济满足人类的基本需求，又不超出环境的允许极限的目的。

我国环境保护的基本方针是：在国家计划的统一指导下，环境保护与经济建设、城乡建设同步规划、同步实施、同步发展，实现经济效益、社会效益和环境效益的统一。中国政府在防治环境污染方面，实现"预防为主、防治结合、综合治理"的方针；在自然保护方面，实行"谁污染、谁治理"，"谁开发、谁保护"的方针。"节能减排"已成为我国经济建设发展的国策。

"三同时"制度、环境影响评价制度和排污收费制度是我国最早出现的环境管理制度，习惯上又称为老三项环境管理制度。20世纪80年代以来，我国先后提出了环境保护目标责任制、城市环境综合整治定量考核、排污许可制度、污染物、氮氧化物、二噁英等有害气体及烟气中粉尘集中控制和限期治理等环境管理制度。

烧结厂的环境管理包括烧结烟气中二氧化硫、氮氧化物、二噁英和粉尘的治理，岗位粉尘的治理，工业废水治理，噪声治理和厂区绿化管理等。

11.4.2 安全生产规章制度

安全生产法规是为了保障劳动者在生产过程中的安全和健康，保证劳动条件的改善所采取的各种措施的法律规范。企业安全生产规章制度是企业根据有关法律、法规的原则制定的行为规范，是法律的具体化与延伸。在劳动生产过程中，规定了人们应该做什么，不应该做什么，可以做什么，禁止做什么，以及如何去做。只有贯彻并落实法规、制度，才能实现企业的安全生产。

11.4.2.1 安全生产"三大规程"

"三大规程"即《工厂安全生产规程》、《建筑安装工程安全技术规程》和《企业职工伤亡事故报告和处理规定》。

11.4.2.2 安全管理"五项规定"

"五项规定"是《国务院关于加强企业生产中安全工作的几项规定》的简称，其内容是规定企业必须做好以下几点工作：

（1）建立安全生产责任制；

（2）编制安全技术措施计划；

（3）加强安全生产教育；

（4）组织安全生产定期检查；

（5）伤亡事故调查处理。

11.4.2.3 劳动安全卫生设施"三同时"制度

"三同时"是指在进行新建、扩建、技术改造和引进工程项目时，其劳动安全卫生设施与主体工程同时设计、同时施工、同时投产。

11.4.2.4 安全管理"五同时"制度

安全管理"五同时"是指企业单位的领导人员在管理生产的同时，必须负责安全管理工作，在计划、布置、检查、总结、评比生产工作的同时，计划、布置、检查、总结、评比安全工作。

11.4.2.5 现场作业要求

A 作业前准备

作业前准备工作有：

（1）穿戴好劳保用品；

（2）了解作业内容，做好安全防范；

（3）熟悉现场环境，与安全保护对象一起进行作业危害因素预知；

（4）做好防火、安全措施准备。

B 现场行走要求

现场行走要求主要是：

（1）不翻爬胶带运输机、火车皮、辊道和机电设备；

（2）不钻越道口栏杆和铁路车辆；

（3）不在铁路、非行走区域、吊物下、危险区域行走和停留；

（4）不在易燃、易爆区域及非吸烟区吸烟和明火；

（5）不带小孩或闲杂人员到现场。

C 上岗作业要求

上岗作业要求主要是：

（1）不私自脱岗、离岗、串岗，不在班中饮酒及现场打盹、睡觉、闲谈、打闹及干与工作无关的事；

（2）不触动或开关非岗位机电设备、仪器、仪表和各种阀门；

（3）不在机电设备运行中进行清扫、隔机传递工具物品及触摸设备运转部位；

（4）不私自带火种进入易燃易爆区域；

（5）不违章作业，做到不伤害自己、不伤害他人、不被他人所伤害。

D 发生事故"四不放过"

发生事故"四不放过"原则是:

(1) 事故原因分析不清不放过;

(2) 事故责任者和群众没有受到教育不放过;

(3) 没有采取防范措施不放过;

(4) 事故责任者没受到处理不放过。

11.4.2.6 安全确认制

A 生产操作制

一禁:禁止非岗位人员启动设备。

二有:有机电设备操作牌。

三看:看设备是否具备操作条件。

四通:与上下工序和主控室确认。

五操:确认无误后,按规定进行操作。

B 集中联锁操作确认制

一查:查操作牌是否齐全。

二通:通知各单位进行启动前的检查。

三听:听取各岗位信息反馈情况。

四启动:确认具备生产条件后方可启动系统。

C 停送电确认制

一填:填写设备名称、单位、时间、申请人和执行人。

二对:对设备名称及传动号。

三断:断开事故开关、刀开关及保险器。

四测:检测自动开关下爪与接触器上爪是否断开。

五查:查各方是否签字、设备是否具备送电条件。

六交:检查无误后,按程序交换停、送电牌。

D 煤气操作确认制

a 停煤气

一严:开闭器关严,无明火。

二冒:放散管冒蒸汽。

三堵:堵盲板。

四净:管道内残余煤气处理干净。

b 送煤气

一查:关开闭器、开翻板的查看。

二冒:冒蒸汽无泄漏。

三抽:做爆发试验后送煤气点火。

E 岗位行走确认制

一看:看通道有无障碍物和警示要求,楼梯走台是否完好。

二禁:禁止打闹、跨越机具和设备。

三必须:必须手扶栏杆上下楼梯及过桥。

F　自身防护确认制

一自：自我审查身心状况。

二查：查劳动保护用品穿戴，查手动工具状况。

三清：清除现场和生产过程中致害因素及防止方法。

四勤：工作时，上下左右勤观察。

五认真：集中精力，认真操作。

11.4.3　安全常识

烧结工了解并掌握一些安全基本常识，有利于预防事故的发生，实现安全生产。

11.4.3.1　安全用电常识

安全用电常识主要有：

（1）严格遵守操作牌和供电牌制度，无操作牌和供电牌不准操作机电设备，不准触动各机电设备的开关和仪表。

（2）现场的电气设备，如电动机、变压器、配电盘等裸露的粗电线或涂有红、黄、绿色的扁形金属条，都带有高压电，不要触摸。

（3）电气设备发生故障或损坏，应立即报告值班电工来处理，不得擅自摆弄。

（4）任何电气设备在未验明无电以前，都认为有电，不要盲目触及。所有的标志牌，非有关人员不得移动。

（5）在生产中，如遇到电灯泡坏了时，应切断电源后再更换灯泡；装灯泡时，手要握住玻璃部分，不要和金属螺丝部分接触，以免触电。如果灯泡炸破，请电工处理。

（6）现场的电器开关箱必须保持清洁，内部和周围不要堆放杂物，要随时关闭箱门。

（7）搬动电风扇、照明灯时，一定要先切断电源，拔出插头。

（8）使用移动式照明，电压不能超过 36V，在潮湿地方作业，电压不得超过 12V。行灯应有绝缘手柄和金属护罩。

（9）使用各种电动工具，当人离开工作现场或暂停使用时，均应拔出插头。

（10）在雨、雾及恶劣天气条件下，应暂停室外带电作业。

11.4.3.2　防火防爆安全常识

A　燃烧"三要素"

燃烧"三要素"：一是可燃物；二是助燃物；三是着火点。

B　爆炸

爆炸分为物理性爆炸和化学性爆炸。物理性爆炸是物质因状态或压力发生突变而形成的爆炸，如锅炉、压缩气体、液化气体超压引起的爆炸。化学性爆炸是因物质发生极迅速的化学反应，产生高温、高压而形成的爆炸。绝大多数的化学性爆炸是瞬间的爆炸，这种爆炸发生的条件除必须具备燃烧起火的 3 个条件外，还需具备可燃物质与助燃物质均匀混合并达到一定的浓度比例条件。爆炸会引起火灾，火灾也会引起爆炸。

C　灭火熄爆的基本方法

灭火熄爆的基本方法有：

（1）冷却法。将水或二氧化碳直接喷射到燃烧物或火源附近的物体上，使其停止燃烧或避免形成新的火点。

（2）隔离法。将火源处或其周围的可燃物质撤离或隔开，如搬走火源附近的可燃、易爆和助燃物品；关闭可燃气体、液体管路的阀门；切断电源等。

（3）窒息法。防止空气流入燃烧区或用不燃烧物质冲淡空气，如用不燃或难燃物捂盖、在火焰上抛撒大量的沙土、用水蒸气或惰性气体灌注容器设备，把氧气隔开来。

（4）抑制法。将灭火器（如1211、干粉灭火器等）准确地喷射到燃烧区内，使燃烧反应停止。

11. 4. 3. 3　现场急救常识

发生伤害事故，要立即组织抢救、报告和保护现场。现场急救的方法为：

（1）绷带。绷带必须清洁，以免伤口感染。轻伤伤口不要用水冲洗，要立即包扎。

（2）碰伤。轻微碰伤，可将冷湿布敷在伤处。较重碰伤应小心地把伤者安放在担架上，在医生到来或送往医院之前，要解开衣服，用冷湿布敷在伤处。

（3）骨折。手骨或脚骨折断，应将伤者安放在担架上或地上，用两块长度超过上下两个关节、宽度不小于10～15cm的木板或竹片绑缚在肢体的两侧，夹住骨折处并捆绑紧。

（4）碎屑入目。要立即到保健站治疗，不要用手、手帕、毛巾等东西擦揉眼睛。

（5）灼烫伤。要用清洁布覆盖创面后包扎，不要弄破水泡，以免感染。

（6）煤气中毒。发现中毒，要立即将其移到空气流通的地方，让其仰卧并解开衣服，勿使其受冻或做无益的移动。如中毒者的呼吸停止，要进行人工呼吸，并立即送往急救站。

（7）触电。触电时，应立即关闭电源或用绝缘材料把电线从触电者身上拨开。进行抢救时，千万注意自己的身体不与电源接触。如触电者已失去知觉，应将其仰卧于地上，解开衣服，使其呼吸不受阻碍，并进行人工呼吸。

11. 4. 3. 4　安全色和安全标志常识

安全色和对比色的定义是：安全色是表达安全信息含义的颜色，表示禁止、警告、指令、指示等。对比色是使安全色更加醒目的反衬色。

安全色规定为红、蓝、黄、绿4种颜色，其含义是：红色表示禁止、停止，也表示防火；蓝色表示指令、必须遵守的规定；黄色表示警告、注意；绿色表示提示、安全状态、通行。

对比色为黑白两种颜色。安全色使用对比色的规定是红、蓝、绿色相应的是白色，黄色相应的是黑色。

安全标志是由安全色、几何图形和图形符号构成，用以表达特定的安全信息。安全标志分为禁止标志、警告标志、指令标志、提示标志4类。

11. 4. 4　劳动保护与工业卫生

11. 4. 4. 1　劳动保护

为保护职工在生产劳动中的安全与健康，在法律制度上、组织管理上、技术和教育上所采取的综合保护措施，称为劳动保护。

它主要研究并解决生产中的不安全、不卫生因素的转化工作，改善劳动过程中的不安全、不卫生状况，防止职工伤亡事故及预防职业中毒和职业病。

职工在烧结作业过程中，掌握劳动防护用品常识，正确使用安全护具、劳动卫生护具至关重要。常用的劳动保护用品有安全帽、工作服、工作鞋、手套、安全带、护目镜、口罩、耳塞等。

11.4.4.2　工业卫生

工业卫生是研究劳动生产过程中劳动条件对劳动者健康的影响，通过测试手段进行监察，提出改善劳动条件、预防职业病措施的一门科学。

A　职业性危害因素

在一定的劳动条件下从事生产劳动，而劳动条件是由生产过程、劳动过程和劳动环境3个方面构成，每个方面都由许多因素组成，这些因素称为职业因素。

就烧结而言，其危害因素按性质可分为两类：一类是物理因素，包括异常气象条件、高温、高湿、噪声与振动；另一类是化学因素，包括生产性毒物（如煤气）、生产性粉尘（如煤粉、石灰石粉尘、烧结矿粉尘）。

B　生产性毒物的危害及预防

煤气（CO）中毒是煤气通过呼吸道侵入人体引起的中毒，按中毒发病程度可分为：

（1）急性中毒，有毒气体一次或短期大量进入人体所致的中毒。

（2）慢性中毒，有毒气体少量长期进入人体所致的中毒。

（3）亚慢性中毒，介于急性与慢性之间的中毒。

煤气（CO）中毒危害人体血液系统供血功能，造成神经系统、呼吸系统障碍，严重危及人体生命安全，并不同程度地留下后遗症。

在烧结作业过程中，应经常检查煤气设施是否完好，防止泄漏，进入煤气区域或大烟道检查作业时，严格执行安全规程和卫生制度，采取 CO 检测仪检测和佩戴专用防护用品等措施，保证劳动者的安全。

C　高温中暑及预防

处在高温、高湿、强辐射和夏季露天作业的高温环境下，很容易使人体内热量积聚，这些积聚的热量不及时通过人体体温调节功能散发出去，会导致中暑。

发生中暑表现为大量出汗后无汗，并伴有皮肤干热发红，严重的出现头痛、眼花、耳鸣、恶心、呕吐、痉挛，甚至神志不清。中暑一般分为先兆中暑、轻症中暑和重症中暑。发现中暑病人要及时急救治疗。

为预防中暑，合理设计工艺过程，改进生产设备和操作方法，消除或减少高温、热辐射对人体的影响，是改善高温作业劳动条件的根本措施。利用隔热或回收利用余热，采取合适的通风方式，根据需要建造空调休息室，是防暑降温的重要措施。此外，应该合理分配劳动及作业时间，保持充足睡眠，防止过度疲劳，饮用清凉冷饮等。只要防暑降温措施应用得当，是可以达到防止高温中暑的。

11.4.5　劳动生理与安全心理

了解、掌握基本的劳动常识和安全心理常识，在实际作业过程中加以应用，可预防伤害事故的发生。

11.4.5.1　劳动生理

A　劳动生理基础

人在从事复杂的高度分化的作业过程中，内外感受器所传入的神经冲动，在大脑皮层的主导下，依靠中枢神经的调节作用，产生肌肉的收缩和舒张，实现劳动过程。所以体力劳动的基本生理过程是肌肉的收缩与舒张同神经的冲动的有机结合。

人类生理活动具有一定的"生物节律"。不同人的"生物钟"并不完全相同。合乎规律的生活节奏有利于大脑皮层把生活中建立起来的各种条件反射形成"动力定型"，从而使各种脑力劳动和体力劳动进行得更容易、更熟练、更省力。当大脑皮层处于兴奋状态时，就会取得事半功倍的效果。

B　劳动作业能力

作业能力就是在不降低作业质量的前提下，尽可能长时间地维持一定作业强度的能力。营养物质和氧气是劳动作业能力的动力源泉。

影响劳动作业能力的因素有很多，可概括为 9 类：

（1）社会因素；

（2）劳动时间与劳动组织；

（3）生产设备与工具，应选用和研究最能减轻劳动强度、降低职工紧张程度的生产设备和工具；

（4）锻炼与练习；

（5）健康与营养；

（6）个体因素；

（7）心理因素；

（8）疲劳，不论何种原因疲劳，必然会影响人的作业能力；

（9）劳动环境，环境中各种不良刺激都会对人的作业能力产生消极的影响。

C　劳动强度与生理疲劳

劳动强度是指生产过程中劳动的繁重和紧张程度，或劳动力消耗的密集程度。概括地说，劳动强度就是劳动力的支出量与劳动时间的比率。

人体活动有其生理学效应，体力劳动强度的最高值即为其生理限度。

体力劳动或脑力劳动持续到一定限度之后会产生生理上的一种不适，从而导致作业能力明显下降，这种现象称为疲劳。一般可分成生理疲劳和心理疲劳，即"客观疲劳"与"主观疲劳"两类。

产生疲劳的因素有劳动强度和能量消耗、作业速度、作业时间、作业环境因素、作业情绪等。

疲劳的种类有个别器官疲劳、全身性疲劳、智力疲劳、技术性疲劳。

预防和消除疲劳的措施主要有：

（1）改善劳动组织，注意劳逸结合；

（2）根据人体生理特点，科学、合理组织安排劳动时间；

（3）积极采取措施，合理供给营养，大力开展群众性的文体活动，不断增强体质；

（4）全面改善生产环境中的卫生条件，尽力消除或减少各种职业危害，劳动场所布局科学合理，给人以良好、舒适、轻松的感觉；

（5）对各种不同的劳动环境，应有不同的保护措施，如应有适度的照明、噪声的消除、粉尘的预防及抗振等措施；

（6）保持工作场所的空气新鲜，这是人体所有器官和组织用之不竭的精力源泉；

（7）改善工作时的体位，尽力消除强制体位，防止个别器官及系统因长期过度紧张而疲劳；

（8）重视劳动者的心理因素，提高劳动者对工作的兴趣，增强他们的意志，培养职业情感，克服"厌倦"的工作情绪。

11.4.5.2　安全心理

人的一切行为，都不会自发的产生，都是受人的心理活动控制的，而人们的心理活动都是由周围存在的客观事物所引起的。如果心理状态不正常，人的感觉和中枢活动就不能正常的进行，这样，所决定的措施、方案和策略，也就不能是客观事物的正确反映，因而在操作过程中就会出事。

A　事故致因中的心理因素

事故的发生与人的心理因素有密切的联系。一般来说，发生事故的原因很多，但归纳起来，不外乎外因和内因两个方面。外因包括设备情况、预防措施、保护用品、环境温度及照明条件、作业场地等存在着不安全因素；内因则包括操作人员的技术、心理活动或精神状态等不符合作业要求。而人的行为又是由人的心理状态支配的，所以要研究和分析事故的内因，就必须研究和分析发生事故时人们的心理活动或精神状态。

事故发生前人的心理活动是复杂多样的，多数情况下不外乎下列几种：

（1）侥幸心理。表现特征是碰运气，认为违章操作不一定会发生事故。侥幸心理是产生事故较普遍的原因。

（2）麻痹心理。表现特征是由于是经常干的工作，所以习以为常，并不感到有什么危险。在这种心理状态的支配下，放松了思想警惕，以致酿成灾祸。

（3）冒险心理。表现特征是好胜心强，喜欢逞能；私下爱与别人打赌；为争取时间，不按规程作业等。冒险行为只顾眼前一时得失，而不顾客观效果，盲目行动，蛮干瞎干，由于冒险行为所引起的事故是很多的，尤其在青年人中经常发生。

（4）紧张心理。这种情况是由于操作人员紧张，对外界情况没有正确的反应，在急急忙忙的操作中发生了事故。因为心理上紧张时就会注意力不集中，顾此失彼，忙中出错，于是在注意不到的环节上，就可能发生事故。

（5）过分自信心理。有些人能力不大，但自信心很强。他们虽然没有足够的经验，却又过于自信，不愿向别人学习，怕损害了"自尊心"，在这种心理的支配下，容易发生事故。

以上种种心理支配作业人员从事日常工作，对安全生产极为不利，必须树立正确的安全观，培养健康的安全心理。

B　培养健康的安全心理

健康的安全心理一般要求作业人员情绪平衡、注意力集中、节奏适宜。只有培养健康的安全心理，才能使职工经常保持在积极的心理状态下进行作业，其知觉、思维和反应的技能才能得到正常的发挥，从而最大限度地减少事故的发生。

（1）培养平衡的"情绪"心理习惯。人的心境是一种比较持久的感情状态，它具有弥散性的特点，对人的活动有很大的影响。班组成员应相互关心，充分发挥积极向上的情绪感染作用，阻止消极的情绪感染；对于有病和疲劳造成的心境不良的职工，要采取具体措施给予帮助。作业人员要有效地控制消极作用的激情，尤其在感情刚要冲动时，要有意识地加以控制，或采取转移的方法，把激情指向别的事物上去。

（2）培养良好的"注意"心理习惯。树立高度的责任心。人们对自己感兴趣的工作或事物，都能引起"注意"，也能集中"注意"。如果对自己不愿意从事的工作，就没有兴趣，会感到枯燥无味。缺乏兴趣，工作起来容易产生疲劳，很难做到集中"注意"。具体措施有：

1）防止单调的环境，避免"注意"分散。能引起"注意"的事物，如果反复多次的出现，就会使人感到单调，易于疲劳。这种环境还会使人感到习以为常，司空见惯，不再能引起"注意"，这就要用理智来控制，加强主观努力，达到集中"注意"的目的。

2）控制"注意"的紧张度。当操作人员需要积极工作的时候，必须把"注意"高度专注在当前的作业上，要克服无关刺激的干扰；当机器正常或平衡时，也要求适当地降低"注意"的紧张度，松弛一下，以免疲劳，这样有利于在积极工作时注意力的集中。

3）培养良好的"注意"心理习惯。作业人员还要劳逸结合，睡眠充足，锻炼身体，使之能在作业时始终保持充沛的精力和清醒的头脑，从而达到持久地集中注意，搞好安全生产。

（3）周密的"观察"心理习惯。作业人员要正确地进行作业，首先必须通过细致的观察，正确认识设备工艺情况和周围的环境，在接受各种信息刺激后，要进行正确思考，做出准确地判断，操作才不会发生错误。因而，要求操作人员作业时，一定要有周密的观察习惯。这种习惯的养成，最重要的是要根据作业的具体情况和个人观察事物的特点设计相对固定的观察顺序，如由上到下、由左及右、由人及物等避免漏项，然后在长期的作业时间中加以坚持和完善，久而久之，就习惯成自然了。

（4）培养灵敏的"反应"心理习惯。人的反应时间是因人而异的，且对同一人而言，因时而异。在精神疲劳、情绪低落时，人的反应要比正常状态下慢些；在紧张状态下，对意外刺激物的反应也会变慢。所以，作业人员在生产操作时，都应当处于积极准备状态下，全神贯注地进行操作，即使出现意外情况时，也能做出反应，采取有效的安全措施，保证安全生产。

（5）培养健康的个性。为了保证安全生产，提高工作效率，必须排除职工心理状态上的不安全因素，防止操作人员的行为错误，这就要求培养健康的个性，逐步形成比较强的感觉力、观察力、记忆力、思维力、想象力、注意力及语言的感知力、理解力和表达力等能力，形成勇敢、诚实、开朗、爱劳动等良好的性格和气质。

（6）消除不遵守安全规程的不良心理。人的行为受心理活动支配。不安全行为的出现，从操作人员的心理来分析，大都是由于具有违章心理所致，具体说有以下几种情形：对自己的技术很自信，认为不遵守操作规程，也不会发生事故；口头上同意和拥护规章制度，但并不是真正的理解和赞成，无监督时就违章操作；根本不把规章制度当回事，忘得干干净净，没打算遵守规章制度；对操作规程因感到麻烦而不愿遵守；执行困难而不愿遵守操作规程；想减少动作步骤而不愿遵守操作规程；任务紧急，心里着急而不愿遵守操作规程；当时情绪不好而不愿遵守操作规程；技术能力低而不想努力遵守操作规程；预先准备不够而不愿补救遵守操作规程；无任何原因，就是不愿遵守操作规程。

安全规程是用血的教训换来的，针对不同的违章心理，分别采取适当的措施杜绝违章行为。只有熟练掌握安全规程并运用到实际工作中去，才能做到安全生产。

11.4.6 伤亡事故及预防

事故是违背人的意愿而发生的意外事情，它妨碍生产、危害职工的安全和健康，因此，为了提高企业经济效益和保护职工的安全与健康，必须预防事故的发生。

11.4.6.1 伤亡事故

伤亡事故是指职工在生产劳动过程中发生的人身伤害、急性中毒事故。

A 伤亡事故分类

按伤害情况不同，伤亡事故可分为重大人身险肇事故、轻伤、重伤与死亡4类：

（1）重大人身险肇事故是指险些造成重伤、死亡的事故。

（2）轻伤是造成职工肢体伤残或某些器官功能性或器质性轻度损伤，表现为劳动能力轻度或暂时丧失的伤害。一般指受伤职工歇工在一个工作日以上，但够不上重伤者。

（3）重伤是造成职工肢体残缺或视觉、听觉等器官受到严重损伤，一般能引起人体长期存在功能障碍，或劳动能力有重大损失的伤害。

（4）死亡是工伤事故发生后当即死亡或负伤后一个月内死亡。

按伤害严重程度不同，伤亡事故可分为轻伤事故、重伤事故、死亡事故、重大死亡事故、特大伤亡事故5类：

（1）轻伤事故指只发生轻伤的事故。

（2）重伤事故指只发生重伤的事故。

（3）死亡事故指一次事故中死亡1~2人的事故。

（4）重大死亡事故指一次死亡3~9人的事故。

（5）特大伤亡事故指一次死亡10人以上（含10人）的事故。

按伤亡事故性质不同，伤亡事故可分为责任事故、非责任事故和破坏事故3类：

（1）责任事故指由于有关人员的过失而造成的事故。

（2）非责任事故指由于自然界的不可抗拒因素而造成的事故，或因未知领域技术问题引起的事故。

（3）破坏事故指为达到一定目的而造成的事故。

B　事故产生的原因

根据事故致因理论，发生伤亡事故的原因有3个方面，即人的不安全行为、物的不安全状态和管理上的缺陷。

（1）人的不安全行为主要有：

1）不按规定的方法操作。

2）不采取安全措施。

3）擅自使安全防护装置失效。

4）造成危险状态。

5）不使用保护用具或防护用品使用不当。

6）不安全放置。

7）接触或置身于危险场所。

8）其他不安全行为，如打闹等。

（2）物的不安全状态主要有：

1）物体（设备）本身有缺陷。

2）防护设施、安全装置有缺陷。

3）工作场所有缺陷。

4）个人防护用品、用具有缺陷。

5）作业环境有缺陷。

6）原材料存在着危险性和有害性。

（3）管理上的缺陷主要有：

1）生产工艺流程有缺陷，操作方法不科学、不合理。

2）教育培训不够，职工缺乏操作经验与技能。

3）劳动组织不合理，用人不当。

4）安全规章制度不健全，贯彻落实不力。

5）安全机构不健全，安全生产责任制不明确、不落实。

6）对现场工作缺乏检查或指导错误。

人们不希望发生事故，但是事故总是伴随着生产过程而偶然发生着。物的不安全状态、人的不安全行为和管理上的缺陷，三者同时存在，而且耦合在一起，伤亡事故就难免。从这个意义上讲，事故有它的偶然性，但是如果三者长期同时存在，发生事故也是必然的。

11.4.6.2 伤亡事故的预防

A 伤亡事故预防的基本原则

伤亡事故预防的基本原则是：

（1）分析已发生事故的原因和过程，研究防止事故发生的理论及方法。

（2）防患于未然。

（3）根除可能导致事故发生的因素。

（4）全面治理。

B 预防伤亡事故发生的措施

事故起源于人的判断。如果判断错误，就会导致人的不安全行为；不安全行为会触发潜在的危险和故障，引起事故的发生，导致人身受到伤害。从中可以清楚地认识到，如果人的判断不发生错误，就不会发生事故；如果排除了潜在的故障和危险，即使人的判断发生错误，也不会发生事故，不会导致人身受到伤害。因此，要预防事故的发生，重要的是消除潜在的危险因素和避免发生错误判断和错误行为。基于此，预防事故可采取下列主要措施：

（1）工程技术措施。采取预防措施，改善作业环境和生产条件，提高安全技术装备水平，以利于消除危险因素和隐患。

（2）教育措施。对全体职工进行安全意识与安全技术培训教育，提高安全意识、安全技能及安全管理水平。

（3）管理措施。健全安全组织机构，制订与完善各项安全规章制度，贯彻落实安全生产责任制，开展危险源（点）控制管理等有效的安全活动，加强安全检查与考核。

只有通过从安全技术上消除危险因素、控制危险因素、防护危险因素、隔离危险因素、转移危险因素等手段，控制人的不安全行为、物的不安全状态和管理上的缺陷，才能从根本上预防伤亡事故的发生。

复习思考题

11-1 什么是长远规划及年计划？

11-2 周检修计划管理包括哪些内容？

11-3 原理管理包括哪些内容？

11-4 什么是过程控制管理？

11-5 什么是工艺纪律管理及质量事故管理？

11-6 烧结生产使用哪些能源介质，什么是工序能耗？

11-7 影响烧结成本的主要因素有哪些？

11-8 "安全第一，预防为主"的含义是什么？

11-9 什么是劳动安全卫生设施"三同时"制度？

11 - 10　什么是安全管理"五同时"制度?

11 - 11　安全生产管理指导思想是哪些?

11 - 12　常见现场急救常识有哪些?

11 - 13　高温中暑如何预防及处理?

11 - 14　事故致因中的心理因素有哪些?

11 - 15　预防伤亡事故有哪些主要措施?

11 - 16　按伤害情况不同,伤亡事故可分为几大类?

11 - 17　按伤害程度不同,伤亡事故可分为几大类?

11 - 18　事故产生的原因有哪几个方面?

11 - 19　燃烧的"要素"有哪些?

11 - 20　灭火的基本方法有哪些?

11 - 21　什么是爆炸?

12   烧结试验方法及技能

烧结生产过程是一个复杂的物理化学反应的综合过程。在烧结料层中进行着燃料的燃烧和热交换，水分的蒸发和冷凝，碳酸盐和硫化物的分解和挥发，铁矿石的氧化和还原反应，有害杂质的去除，以及粉料的软化熔融和冷却结晶等。烧结过程也是一个多因素、多变量的集合体，特别是烧结原料有铁矿石、熔剂、燃料等，原料的用量大、种类多；同类原料的品种也多，各原料的烧结性能和化学成分的波动对烧结生产和烧结矿实物质量有较大影响。所以对烧结用新原料必须进行烧结试验，确定使用新原料的工艺参数，指导烧结生产。另一方面，对新技术、新工艺、新设备、新材料的应用也要通过实验论证。

12.1   烧结试验方法

烧结试验方法有国际标准（ISO 标准），日本标准（JIS 标准），我国大部分采用国际标准。

烧结原料的烧结性能包括软熔特性、亲水性、同化性等。软熔特性主要是指烧结原料的膨胀温度、膨胀区间、软化温度、软化区间。亲水性主要是指烧结原料被水润湿的难易程度，也是成球性的一个检查指标。同化性主要是指铁原料与 CaO 进行反应的时间和温度。

12.1.1   荷重软化试验

荷重软化试验是对铁矿石软化特性进行检测。其目的是获得铁矿石的膨胀开始和膨胀终了温度及膨胀区间、软化开始和软化终了温度及软化区间等参数。

（1）试样准备。取粒度为 1～2mm 的试样 100g，缩分后备用。

（2）将试样装入石英坩埚（石英坩埚 φ20mm×50mm）20mm 厚，并放入加热炉内，采用氮气保护，调节氮气流量（4L/min），加上荷重（200kPa，即 2000g/cm²），安装位移计。

（3）加热炉升温，确定升温梯度（10℃/min），观察位移计的变化，记录试样开始膨胀的温度和位移计回到原点的温度（膨胀终了温度），其温度差为膨胀温度区间；当试样收缩 4% 时的温度为软化开始温度，当试样收缩 40% 时的温度为软化终了温度，其温度差为软化温度区间。

荷重软化试验检测也有其他的方法，主要区别是测定时通还原气体和不通还原气体等。所以在出具检测报告时，应该注明检测条件和检测方法。

12.1.2   烧结杯试验方法

烧结杯试验是对烧结原料的综合特性的检验方法，一是对新矿种烧结性能的检测；二是优化配矿的试验；三是烧结工艺参数的试验。其中包括有制粒试验、配矿试验、固体燃料消耗试验和烧结矿物理指标检测等，是对原料烧结性能直接有效的评价方法。

12.1.2.1   配料、混匀及制粒

采用重量配料法按确定的配比配料，在不考查原料成球性时，可以固定一次混合、二次混合机的转速、倾角及时间，进行混匀、制粒。

12.1.2.2　布料

在铺料前先铺铺底料，铺底料的粒度和质量（厚度）在整个试验中应保持不变。

制好的烧结混合料经布料器均匀地布在烧结杯内，并压料（厚度在整个试验中保持不变），记录装料质量和透气性指标。

12.1.2.3　点火

采用煤气点火及保温，确定点火和保温时间，固定点火温度和点火负压（点火参数在整个试验中保持不变），记录开始点火时间。

12.1.2.4　烧结

烧结试验采用圆筒烧结杯确定抽风负压参数。定时或采用自动记录方法，从点火至烧结废气温度达到最高后开始降温时所需时间，即为烧结时间。到达烧结终点时，继续抽风冷却至150℃以下卸料，经单齿辊破碎机破碎。

12.1.2.5　落下和筛分

对烧结饼进行落下试验，落下高度为2m，落下4次。将其进行筛分，粒级分为<6.3mm、6.3~10mm、10~16mm、16~25mm、25~40mm、>40mm六个级别。

12.1.2.6　取样

取样进行强度试验和化学成分化验及高温性能检测。

12.1.3　烧结杯试验的通用性

烧结杯是一个综合的试验设备，它适用于新原料（如铁矿石、熔剂、固体燃料和可用于烧结生产的其他原料）烧结性能的试验、不同原料条件下的烧结工艺参数试验、新工艺试验等。

新原料试验是烧结试验中最多的一类试验，可以对不同铁矿石、熔剂、燃料和其他适用于烧结生产的原料进行烧结试验。

12.1.3.1　新铁矿石试验

对新品种铁矿进行试验，可以获得新矿种适宜的配比、加水量和燃料用量，同时针对新矿种的烧结性能，提高烧结矿产、质量，应用相应的方法对新矿种进行鉴定，包括烧结性能、冶金性能及微观结构等内容，为使用新矿种提供技术支持。

12.1.3.2　优化配矿试验

随着铁矿石劣质化的进程，以前被人们视为烧结性能较差的铁矿石也被充分利用，为降低烧结生产成本，低价矿的购买导致烧结用铁矿石的种类增加，所以对现用铁矿石进行优化配矿具有较大意义。采用烧结杯试验方法，可以进行优化配矿试验，获得成本低、产量高、质量稳定的配矿指标。

12.1.3.3　新熔剂试验

新熔剂不仅包括石灰石、白云石、生石灰等常规熔剂，还包括人们不常用的蛇纹石、菱镁石、轻烧氧化镁粉等一些含钙、镁、硅的熔剂。采用烧结试验方法，可以进行新熔剂的试验，获得新熔剂的适宜配比、燃料用量、成本指标等参数，为烧结生产提供决策和支持。

12.1.3.4　烧结工艺参数试验

随着冶炼技术的进步，烧结工艺方法也日新月异。从我国烧结工艺发展进程来看，从烧结锅到烧结机，从热矿到冷矿、整粒工艺、铺底料使用、厚料层烧结等，都是烧结工作者辛勤劳动的成果。采用烧结试验方法，可以探索强化制粒、改善透气性的方法，通过调整圆筒混合机的转速、倾角，改变圆筒混合机内衬、长度等参数，实现料层透气性的改善。采用烧结试验方法还可以对铺底料粒度、厚度进行优化，对提高料层厚度进行探索，对点火时间和点火参数进行优化。

12.1.3.5　其他试验

采用烧结杯试验设备可以进行多种试验，如烧结烟气治理试验、台车炉算条材质及间隙尺寸试验、改善边缘效应试验等。采用烧结杯试验设备还可以针对烧结生产中的重点和难点进行相关试验。

12.2　烧结矿质量检测方法

12.2.1　烧结矿转鼓强度检测

烧结矿的转鼓强度（也称冷态强度），是衡量烧结矿常温性能的一个重要指标，它可以评定烧结矿耐磨和耐冲击能力的大小。测定冷态强度的方法有两种，即转鼓试验和落下试验，一般只做转鼓试验。转鼓试验后可以得出两项指标：转鼓指数和抗磨指数。

12.2.1.1　转鼓指数的定义

转鼓指数是指物料抵抗冲击和摩擦的能力的一个相对度量，以 >6.3mm 部分的质量分数表示。

12.2.1.2　抗磨指数的定义

抗磨指数是指物料抗摩擦的能力的一个相对度量，以 <0.5mm 部分的质量分数表示。

12.2.1.3　转鼓试验的试样

该试样代表一个试验量或一个生产批量的一部分物料做转鼓强度试验的试样。

转鼓试验原理为按标准配置出规定量的试样，倒入转鼓机中转动，经冲击、摩擦和碰撞后，卸入方孔筛进行筛分，以 >6.3mm 和 <0.5mm 两个粒级质量分别占试样总质量的百分数作为该试样的强度指数。

国内使用的转鼓试验的方法有 ISO、JIS 两个标准，所以在进行对比或查看报告时，要注意采用的标准，只有标准相同时，才有可比性。

12.2.1.4　试验程序

按 ISO 标准检测烧结矿强度的具体测定步骤为：

（1）进行烧结矿粒度组成测定。

（2）烧结矿粒度组成测定完后，将其中的 25～40mm、16～25mm、10～16mm 三个粒级按筛分比例配出（15±0.15）kg 的转鼓试样。

（3）将试样倒入转鼓机，盖好卸料料板，在转速（25±1）r/min 下转动 200 转，卸下盖板，倒出试样。

（4）将转鼓后的试样倒入 6.3mm×6.3mm 的机械摇筛上，控制横向运行 30 个往复（速度 20 次/min，时间 1.5min）。

（5）取出试样，将小于 6.3mm 粒级的试样倒入规定孔径（2mm×2mm，0.5mm×0.5mm）的筛中，继续由人工或机械进行筛分。

（6）分别称重大于 6.3mm、2～6.3mm、0.5～2mm、小于 0.5mm 共四个粒级的质量，计算出大于 6.3mm 粒度和小于 0.5mm 粒度的百分数。

手工筛分时，要求先套好筛盖和底盘，然后手持筛具水平往复摇动，筛分频率为 120 次/min，行程为 70mm，每分钟加入试样量最多不能大于 300g，以筛下物在 1min 内不超过试样质量的 0.1% 时为筛分终点。

转鼓强度的计算公式为：

（1）转鼓指数 T

$$T = \frac{m_1}{m_0} \times 100\% \tag{12-1}$$

式中　　m_0——入鼓试样总质量，kg；

　　　　m_1——转鼓后大于 6.3mm 粒级部分质量，kg。

（2）抗磨指数 A

$$A = \frac{m_0 - (m_1 + m_2)}{m_0} \times 100\% \tag{12-2}$$

式中　　m_0——入鼓试样总质量，kg；

　　　　m_1——转鼓后大于 6.3mm 粒级部分质量，kg；

　　　　m_2——转鼓后 2～6.3mm 及 0.5～2mm 两个粒级的质量和，kg。

T、A 均取两位小数值。

12.2.2　烧结矿化学成分检测

化学成分是烧结生产日常质量检验的主要项目之一。烧结的原燃料、返矿、混合料和烧结矿等，都需进行化学成分化验。化学成分分析方式有两大类：一是传统的化学分析方式；二是先进的仪器分析方式。

12.2.2.1　化学分析方法

烧结日常化验所使用的化学分析方法简述如下：

全铁（TFe）——重铬酸钾法：试样用盐酸及氟化钠溶解，在足够浓度的热盐酸中，加稍过量的二氯化锡，使三价铁还原至二价，过量的二氯化锡用氯化汞氧化，然后以二苯胺磺酸钠为指示剂，用重铬酸钾标准溶液进行滴定。

FeO——重铬酸钾法：试样在隔绝空气的情况下，用盐酸和氟化钠分解，生成氯化亚铁，然后以二苯胺磺酸钠为指示剂，用重铬酸钾标准溶液滴定。

SiO_2——硅钼蓝比色法：试样经混合熔剂熔融处理，使不溶性的硅酸盐转化成可溶性的硅酸盐，然后以稀盐酸溶解成硅酸，在一定酸度下与钼胺酸生成硅钼配合物，用亚铁还原为蓝色进行比色。

CaO、MgO——EDTA 法：将测定 SiO_2 的试液分取两份，在铁铝镁等存在的情况下，以钙指示剂为指示剂，在 pH≥12 时，用 EDTA 直接滴定钙；在另一份溶液中，用氨水除去铁铝等元素，在 pH=10 时，以酸性铬兰 K-萘酚绿 B 为指示剂，用 EDTA 滴定钙镁合量，钙镁合量与钙的质量分数之差即为镁的质量分数。

S——气体燃烧法：将试样置于 1200~1300℃ 的高温管式炉中，通入空气（氧气）燃烧，使试样中的硫化物、硫酸盐等生成二氧化硫气体，通过淀粉水溶液吸收，生成亚硫酸，以碘标准溶液滴定。

C——非水滴定法：试样通氧燃烧，产生的二氧化碳用麝香草酚酞为指示剂，以含有氢氧化钾的无水乙醇-三乙醇胺溶液吸收，并滴定。

12.2.2.2 仪器分析方法

X 射线荧光光谱仪的分析原理为：荧光仪产生的一次 X 射线照射到试样上，产生带有试样所含元素的特征谱线的荧光 X 射线（二次射线），经入射狭缝，分光晶体分光，出射狭缝，留下某元素的特征射线，由探测器进行测定，测出该元素的 X 射线强度，再由计算机进行强度-含量曲线的数据换算，便得出试样中该元素的质量分数。

12.2.3 烧结矿冶金性能检测

烧结矿冶金性能检测包括烧结矿的还原性（RI）、低温还原粉化率（$RDI_{+3.15}$）、熔滴试验等。烧结矿的冶金性能测定采用国家标准，其检测的主要方法如下。

12.2.3.1 烧结矿低温还原粉化率检测

烧结矿的低温还原粉化率，是指烧结矿中 Fe_2O_3 在高炉内的低温区域被高炉气体还原为 Fe_3O_4 时，因晶格改变所产生粉末量的多少。烧结矿的低温还原粉化率的高低对高炉料柱的透气性有较大影响，高炉要求烧结矿的低温还原粉化率越低越好。低温还原粉化率检测是按国家标准（GB 13242—91）进行，采用静态方法，模拟烧结矿在高炉低温区（500℃）被高炉还原气体还原时产生粉化的量与试验后试样质量的百分比。步骤为：

（1）试样备制。将要测定的烧结矿破碎到 15mm 以下，采用方孔筛筛出粒度为 10~12.5mm 的试样 600g，置入烘箱内烘干，烘箱温度为 105℃。

（2）配气。保护气体：N_2，流量 5L/min；还原气体：CO 的体积分数为 20%±1%，CO_2 的体积分数为 20%，N_2 的体积分数为 60%±1%，其他各种气体的体积分数之和小于 0.5%，流量为 15L/min。

（3）测定。将试样 500g 放入反应罐（双壁管 $\phi_{内}75mm$），试样在氮气保护下按 6~8℃/min 的梯度升温至（500±10）℃，恒温 10min；停氮气，通还原气体（CO）还原 60min；停还原气体，取出还原罐，炉外氮气保护冷却至 100℃ 以下。

（4）转鼓试验。将试样倒入 $\phi130mm$ 转鼓内（转鼓内有两块挡板），转速 30r/min，转鼓试验时间为 10min。将试样全部倒入 3.15mm 方孔筛内，筛分出两个粒级并称重。

（5）评价方式。以转鼓试验后大于 3.15mm 粒级出量所占转鼓前试样的质量分数为评价指标：

$$RDI_{+3.15} = \frac{m_0 - m_1}{m_0} \times 100\% \qquad (12-3)$$

式中　m_0——还原后转鼓前试样质量，kg；

　　　　m_1——经转鼓转动 10min 后试样中小于 3.15mm 粒级的质量，kg。

12.2.3.2　烧结矿还原性检测

烧结矿的还原性是指烧结矿在高炉内被高炉还原气体所还原的程度，也就是指烧结矿的间接还原性能。高炉对烧结矿还原性要求越高越好，这样就减少了炉内的直接还原，有利于高炉焦比的降低。

烧结矿还原性检测按国家标准（GB 13241—91）进行，采用静态模拟烧结矿在高炉中 900℃时通还原气体条件下测定烧结矿的还原性。步骤为：

（1）试样备制。将要测定的烧结矿破碎到 15mm 以下，采用方孔筛筛出粒度为 10 ~ 12.5mm 的试样 600g，置入烘箱内烘干，烘箱温度为 105℃。

（2）配气。保护气体：N_2，流量 5L/min；还原气体：CO 的体积分数为 30% ±1%，N_2 的体积分数为 70% ±1%，其他各种气体的体积分数之和小于 0.5%，流量为 15L/min。

（3）测定。将试样 500g 放入反应罐（双壁管 $\phi_{内}75mm$），再将还原罐吊在电子天平下钩上，试样在氮气的保护下按 10 ~ 15℃/min 的梯度升温至（900 ±10）℃，恒温 10min；停氮气，通还原气体还原 180min；还原开始后的 15min 内，每 3min 记录一次失重，随后每隔 10min 记录一次；还原结束后，停还原气体，取出还原罐，炉外氮气保护冷却至 100℃以下。

（4）烧结矿还原度评价。根据还原失重，以下式计算还原度 RI：

$$RI = \left(\frac{0.11 W_1}{0.43 W_2} + \frac{m_1 - m_i}{m_0 + 0.43 W_2} \times 100 \right) \times 100\% \qquad (12-4)$$

式中　RI——还原 180min 后的还原度，%；

　　　　m_0——试样质量，g；

　　　　m_1——还原开始前试样质量，g；

　　　　m_i——还原 180min 后的试样质量，g；

　　　　W_1——还原前试样中 FeO 的质量分数，%；

　　　　W_2——还原前试样中全铁的质量分数，%；

　　　　0.11——FeO 氧化到 Fe_2O_3 时，所需氧量换算系数；

　　　　0.43——TFe 全部氧化为 Fe_2O_3 时，所需氧量换算系数。

12.2.3.3　熔滴试验

矿石熔滴（也称为滴下）试验，是指矿石在高炉内被还原气体和焦炭所还原过程中产生的膨胀、软化及渣铁滴落所对应的温度、负压。整个试验模拟高炉冶炼条件，试样在一定的压力、荷重条件下用氮气保护升温后，采用还原气体按规定的升温梯度升温，直到有渣铁滴落为止。在整个试验过程中，记录不同温度下位移计的变化和压力变化。矿石的熔滴试验主要为炼铁工艺所用，进行该项试验主要是获得矿石的膨胀、粉化、软化所对应的温度和压力及软熔区间。为提高冶炼强度，在配矿时尽可能使用膨胀、软化和软熔温度水平较一致的矿石，降低熔融带厚度（也就是降低炉缸压力），保证炉况顺行，达到高产、低耗、优质的目的。

12.3　漏风率检测

烧结机系统漏风率的大小直接影响烧结矿的产量和质量。由于密封不好，导致一部分风能没有经过烧结机料面而从其他部位跑掉，所以人们将烧结机系统漏风称为有害漏风。无论烧结机系统的密封有多严实，但烧结系统漏风总是存在。要考虑如何降低有害漏风，因为这种有害漏风是消除不掉的。烧结过程的完成，主要是依赖于料面所通过风量的大小。风量越大，烧结矿产量越高，所以就有了向风要产量的说法。降低烧结机系统漏风率是烧结技术人员追求的无止境目标。

12.3.1　国内外情况

冶金行业烧结历史逾百年，但至今仍然普遍存在能耗高、效率低、烧结矿质量难以保证等诸多问题，其根本原因是烧结机的漏风率高所致。目前，国外（日本、德国等）烧结机漏风率有的已经降低到30%左右。武钢、宝钢、首钢等烧结机系统漏风率也控制在40%～44%。而国内其他厂家漏风率大多在45%～60%之间，有些小厂不注重漏风率指标，甚至高达70%。

抽风烧结过程所使用的风量由抽风机吸入。抽风机吸入的风量来自两个部分：一部分是通过烧结料层吸入的风量；另一部分则是不通过料层吸入的风量。一般把通过料层的风量称为有效风量；而把从料层以外进入抽风系统的风量称为有害风量，或称有害漏风。

在烧结生产中，在抽风能力一定的条件下，应该努力减少有害漏风，提高有效风量以加速料层垂直烧结速度。烧结产量几乎与有效风量成正比关系。提高有效风量对节能更有其重要意义，因为用于每吨烧结矿电能的75%是消耗在抽风机上，所以减少漏风就是降低电耗。测定漏风的目的就在于寻找产生漏风的部位，以便采取有效措施堵塞漏风，充分利用抽风机的能力，提高烧结机生产率。

烧结机的漏风率过大，会造成生产效率下降，电耗增加，工作环境恶化。有关资料估计，漏风率减少10%，可增产5%～6%。据国内数据统计，因漏风每平方米烧结面积单位时间内损失电能按15kW计，国内大约有近40000m²烧结面积单位时间内电能损失6×10^5kW，每度电按0.5元计算，一年损失约30亿元，这还未考虑由于漏风使生产力不足、灰分过大而影响生铁的质量和产量所引起的经济损失。针对以上情况，面对市场压力，国内各钢铁厂都加大了烧结漏风治理工作，采用密封新技术，加强生产和设备管理，进行设备改造等。

日本水岛厂烧结机防止漏风的措施是：在台车密封滑道增加了橡胶密封垫；在台车挡板连接处装了管状密封件；在台车和台车的间隙安上密封板；头尾的密封采用浮动密封的方法；卸灰阀采用橡胶金属接触密封。采取了上述防止漏风的措施后，每吨烧结矿废气量降低251m³，主风机电耗降低了1.7kW·h/t，而且台车两侧挡板处的烧结矿强度得到了改善，成品率有了很大的提高。

日本千叶厂防止漏风的措施是：密封滑板与滑道之间安装了密封件；台车挡板整体化；在台车挡板端面相邻台车的接触面上安装了密封件；对除尘管道采取了防腐蚀措施；提高机尾排气温度，改善布料方式，有效利用压实布料装置，采用线形烧嘴均匀点火。由于采取了上述措施，漏风量大大减少。

日本堺厂烧结机的台车挡板由4小块改成一个整体，挡板之间的间隙安装自重落下式钢板进行密封，为适应台车变形，研制出可以防止出现间隙的多片式密封钢板，代替固定式密封板；为了延长密封片的寿命，在密封片和台车接触的部位嵌有陶瓷，并采用压入式滑板防止陶瓷脱落；为了提高密封板之间的密封性能，沿滑道座的纵向设置两列润滑油槽，使密封脂能在滑道座整个长度上密封，将周围运动的阀板改成直线运动的阀板，消除了由于中心偏移导致的密封不严。

德国施韦尔根烧结厂用节流阀调节废气风机的流量，如果混合料透气性适当，用这种方法每吨烧结矿节电3kW·h。该厂利用大修之际采取了减少漏风的措施，大修前，烧结废气量达到 2200 ~ 2800m^3/t，电耗达 25kW · h/m^2；大修后，废气量减少到了 1400 ~ 1800m^3/t，电耗下降到 21kW · h/m^2。

要做好降低漏风率工作，首先要做好漏风率检测的工作，合理、准确的漏风率测试数据是生产和设备管理的基础，也是设备改造效果的检验标准。

12.3.2　烧结系统漏风率的检测方法

12.3.2.1　经验公式估算法

普遍使用的经验公式为：

$$Q_漏 = 0.42K(L + B)P \tag{12 - 5}$$

式中　$Q_漏$——漏风量（标态），m^3/h；

　　　L——烧结机长度，m；

　　　B——烧结机宽度，m；

　　　P——负压，Pa 或 mmH_2O；

　　　K——漏风系数，K 值与烧结机结构、设备磨损程度有关，取值为 30 ~ 75，波动范围较大，所以测试结果的准确性存在较大的人为误差，因此，该方法只有理论意义。

12.3.2.2　密封法

在烧结机停产时，用塑料布或橡皮布将台车的工作面全部密封，使空气不能透过炉算条而吸入风箱，再启动抽风机并调节风门，使主管的负压和正常生产时负压相同，再利用皮托管、压差计测定并计算出风箱和总管的风速和风量，再计算出漏风率。该方法没有考虑料面等漏风，所以未见有实际应用的报道。

上述两种方法都比较复杂，因此很少采用。

12.3.2.3　气体平衡计算法

烧结烟道中的气体包括烧结燃烧废气和漏风两部分，烧结燃烧气体主要成分为 CO、O_2、CO_2、SO_2、N_2，漏进空气的主要成分为 CO_2、O_2、N_2、H_2O 等。具体操作过程为，取所测部位前后测点烟气，分析结果按物质平衡进行漏风率计算。根据烟气中不同成分浓度的变化列出平衡方程，找出前后风量的比值和成分浓度之间的关系，从而间接算出漏风率。此方法被广泛使用。

12.3.2.4　流量法（料面风速法）

用皮托管、流量计进行流量测定，流量计算中要同时测取温度、动压、静压等参数。流量法在国内外烧结机漏风率测定中应用较为广泛。

气体平衡计算法和流量法虽然被广泛使用，但由于烧结系统很复杂，在应用时都有不足之处，如流量法在料面风量测试中有一定的误差，因而测试精度不如平衡计算法。平衡计算法每次测量都要消耗大量人力物力，消耗时间也很长，气体分析量大，而且该方法只能算出漏风率，漏风量还是要通过流量法测定才能算出。

用风速仪测量料面各点风速，经计算算出通过料面的风量，作为有效风，同时，在符合测量流量规范的管段，用皮托管、斜管压力计测定流量，流量计算中所涉及的温度、动压、静压等参数同时测取，这是国内外常用的测试方法。其优点是既可以测出漏风率，也可以得到漏风量，原理简单，精度高。通过料面有效风量的检测和大烟道内或除尘器后合理的取点测试风量，可获得烧结系统的漏风率。

A　检测方法

测定位置的选定和检测结果的计算按照国家标准（GB 5468—91）的方法进行。

a　测定烧结机料面进风量

用热球式风速仪在烧结机台车表面测定进风速度，一般要求在横断面上每平方米不少于4个测点，从机头至机尾全部测（点火器内和机尾防尘罩内除外），至少重复测两遍，然后计算出全部测点的平均进风速度。经多年测定的结果，烧结机料面平均进风量为进风速度与烧结机有效面积之积，可用下式表示：

$$Q_{料面} = 60 v_{料面} S \qquad (12-6)$$

式中　$Q_{料面}$——通过烧结料层的进风量，m^3/min；

　　　$v_{料面}$——料面平均进风速度，m/s；

　　　S——烧结机有效抽风面积，m^2。

b　测定总管废气流量

测点位置的选择根据 GB 5468—91 规定。测点应该选择在直管处，具体位置为所测管径直径的 5 倍以后和不小于所测管径直径的 3 倍之前。由于设备改造和占地限制，很多烧结厂的大烟道处很少有完全符合国标要求的检测点，因此，应采取多次取值的方法检测，求平均值，力求反映出烟道内的气流情况。

利用皮托管和差压计在多管后开孔处测定出动压值，即废气的总压与静压之差，对不同截面积的管道按规定计算出不同测点的位置（按面积划分法求各测点位置，方法略），对每个测点重复测定 4 次，最后将所有测点数据整理，计算出平均动压值 ΔH，再计算出总风量。计算式为：

$$v_t = \sqrt{\frac{2g \Delta H K}{\gamma_t}} \qquad (12-7)$$

式中　v_t——总管废气速度，m/s；

　　　g——重力加速度，取 $9.81 m/s^2$；

　　　ΔH——平均动压值，Pa；

　　　K——皮托管系数，通过标定得出；

　　　γ_t——废气在温度 t 时的质量，kg/m^3。

空气重度 γ_t 由标准状态下的重度 γ_0 和废气的温度及压力换算得出。

B　相关计算

a　烟道废气平均流速

烟道废气平均流速（m/s）计算公式为：

$$\overline{v_S} = 0.24 K_1 \sqrt{273 + t_s} \times \sqrt{H_d} \qquad (12-8)$$

式中　K_1——皮托管系数，取 0.84；

　　　t_s——烟道测点风温，℃；

　　　H_d——测点动压值，mmH_2O。

b　烟道工况风量

烟道工况风量（m^3/h）计算公式为：

$$Q_{测} = \bar{v_s} \times F \times 3600 \qquad (12-9)$$

式中　F——测点烟道截面积。

　　c　烟道标况风量

烟道标况风量（m^3/h）计算公式为：

$$Q_{标} = Q_{测} \times \frac{B_a + P_s}{101.323} \times \frac{273}{273 + t_{s1}}(1 - X_{sw}) \qquad (12-10)$$

式中　B_a——当地大气压力；

　　　P_s——烟道静压，kPa；

　　　X_{sw}——烟气湿度，%。

　　d　漏风率

漏风率计算公式为：

$$\varepsilon = \frac{Q_{烟道} - Q_{料面}}{Q_{烟道}} \times 100\% \qquad (12-11)$$

式中　ε——漏风率，%；

　　　$Q_{料面}$——料面进风量，m^3/h；

　　　$Q_{烟道}$——1 号、2 号大烟道干烟气标准风量，m^3/h。

12.3.2.5　检测用仪器设备

　　测量烟道气体温度采用热电偶；测量烟道烟气静、动压力采用皮托管；测量烧结机台车料面风速采用风速仪；测量当前大气压力采用大气压力计；测量烟道湿度采用湿度仪等。

12.4　安全操作要求

12.4.1　烧结杯试验安全要求

　　烧结杯试验安全要求有：

　　（1）试验前必须穿戴好劳动保护用品，确认各种设备状况良好。

　　（2）严禁用湿手或戴湿手套触摸电气设备和启动装置。

　　（3）严禁在设备运转时触摸运转部分，设备高速运转部分安全罩应齐全。

　　（4）启动设备和风机之前必须确认运转部位周围无人或障碍物。

　　（5）一、二次混合机启动前一定要检查盖板是否盖牢。

　　（6）落下试验机、转鼓试验机、往返筛分机及摇筛启动之前一定要关好各种门、孔，防止烧结矿飞出伤人和灰尘污染。

　　（7）使用电葫芦严格执行安全确认制，不得超载起吊，吊物下方不得有人行走或停留，并防止吊物与其他设备相撞。

　　（8）点火时应先开煤气阀门，使火点燃后，再开空气阀门，调整空煤比进行点火，关火时应先关闭空气，再关闭煤气，严禁违反点火、关火程序，防止回火产生爆炸。当煤气压力低于 2000Pa 时，应停止点火。

　　（9）烧结风机停下后，方可倒出烧结饼，并在单辊停止后，才能用手清理单辊内堆积的烧结矿。

　　（10）在进行烧结饼处理前，应启动除尘风机，防止产生二次扬尘。

　　（11）在搬运和倒出烧结饼试验时，要配合好，防止伤人和砸伤手脚。

（12）设备在运转过程中严禁清扫和隔机传递工具物品。

（13）在排除电气设备故障时，一定要切断电源进行处理。

（14）从烘箱内取物料时，要戴手套，防止烫伤。

（15）烧结杯试验室应配备相应灭火器材，试验人员必须人人会使用灭火器材。

12.4.2 现场取样、制样安全要求

现场取样、制样安全要求有：

（1）上岗前按规定佩戴好劳动保护用品。

（2）取样时应有两个人在场，熟悉取样环境，清除地面杂物、矿粒。上下楼梯握好扶手、防止跌滑。

（3）取样铲被卡时严禁强拉，应立即松手。

（4）严禁在烘箱内烘烤食物及非生产物品，烘烤物料必须用木夹拿放。

（5）使用破碎、制样设备前应确认设备完好。

（6）排除设备故障时，应先停电方可处理。

（7）设备运转时严禁清扫，不准用湿手启动控制按钮。

（8）在使用振动粉碎机时，一定要将外盖盖好后方可启动磨样。

（9）在对试样进行破碎操作时，要防止物料飞出伤人。

12.4.3 冶金性能检测试验安全要求

冶金性能检测试验安全要求有：

（1）进入冶金性能检测室之前穿戴好劳动保护用品。

（2）检查各设备状况，确保完好，烘箱内严禁烘烤食品，取试样时应戴手套，防止烫伤。

（3）每周对气路检查一次，防止煤气外泄。

（4）严禁用湿手或湿手套触摸设备及电气部件、启动压扣等。

（5）试验前严格按照技术操作规程，检查气路阀门是否打开（关闭），确认废气抽气泵工作良好。

（6）试验过程中，要打开换气扇，保证空气流通，防止煤气中毒。

（7）还原炉升温前打开冷却水，防止水箱和天平损坏。

（8）还原炉升温完毕后，一定要打开门窗，使空气流通，排尽废气。

（9）试验过程中，要检查各种仪表工作状态、设备工作情况和气流畅通情况。

（10）试验结束后，及时切断各种气源、水源和电源。

（11）在添加、更换木炭和取、挂还原罐和做转鼓试验时，注意防止伤手、伤脚。

（12）在试验过程中，严禁触摸、碰撞高温设备，防止烫伤。

（13）在排除仪器、仪表、设备、气路故障时，一定要切断电源，严禁带电作业。

（14）冶金性能试验室配备有消防器材，操作者应掌握其使用方法。

复习思考题

12-1 什么是荷重软化试验，对试样有什么要求？

12-2 国内常用的强度检测标准有哪些？

12 - 3　烧结杯试验中烧结终点是如何确定的？

12 - 4　原料烧结特性主要包括哪些？

12 - 5　什么是矿石的同化性能？

12 - 6　矿石软熔特性包括哪些指标？

12 - 7　什么是转鼓指数、抗磨指数？

12 - 8　转鼓强度检测对试样有哪些要求？

12 - 9　烧结矿化学成分分析方法有哪几类？

12 - 10　烧结矿低温还原粉化率如何检测？

12 - 11　烧结矿还原度如何检测？

12 - 12　什么是有害漏风，有害漏风是如何形成的？

12 - 13　漏风率检测有哪些方法？

13 技术报告论文撰写

13.1 科技写作

13.1.1 科技写作的含义和类别

13.1.1.1 科技写作的含义

写作俗称"作文"或"写文章"。它是人类社会一种特殊的社会现象，是运用书面形式进行的一种创造性的认识和书写实践活动，是通过书面语言记录、总结、储存、传播、交流和普及信息的一种社会化手段和行为，是人们表达事物和社会生活的实践活动，广泛地采集和占有材料，有意识、有目的地进行思考、选择、加工、提炼、改造和制作，对客观事物和社会生活给以能动的反映，这种创造精神产品的脑力劳动的全过程，就是写作。这里所说的"精神产品"就是人们通常所说的"文章"或"作品"，是以文字、图形、符号等进行记录，以纸介质、磁性物、电、光信号等作为载体的"产品"。

科技写作指的是以科学技术现象、科学技术活动及其成果为表述内容的一种专业写作。具体地说，根据党和国家一定时期内的路线、方针、任务和有关科学技术政策、法律、法规，以科学技术为表述对象，以书面语言（包括插图、表格、公式、数据、符号等）为表述手段，对科技领域里的各种现象、活动及其成果，进行记录、总结、描述、储存、交流、传播和普及，及时沟通科技信息，处理科技领域里的各种事务，以推动科学技术的进步和国民经济全面、持续、健康地向前发展，这种创造性的认识和书写实践活动就是科技写作。科技写作的结果，就是形成了各种科技文献。各种科技文献，包括一次、二次和三次文献在内，都是以书面语言（文字）为主要表述手段的科技信息的物质载体。

随着现代科学技术的迅猛发展，写作所依赖的传达和储存手段已不仅仅局限于文字和笔、墨、纸张。当前，声、光、磁、电和计算机等先进的传达和储存手段相继涌现并得到了广泛的应用。尽管如此，运用书面语言传达和储存的方式，仍然是今天一切写作活动最基本、最重要的手段，而其他的传达和储存方式，也要以书面语言为前提，否则就无法进行。对于科技写作来说，同样也是如此。人们要实现科技信息的书写、储存，需要充分发挥写作主体（作者）、写作客体（论题、事实、数据、资料）、写作载体（论文、专著和二次、三次文献）和写作受体（读者）各自独有的功能，并且相互协调配合，还必须经过选择课题、占有材料、确立主题、精心构思、拟定提纲、布局谋篇、执笔成文、修改润色等依序而进、前后衔接的过程。在当今这个文字高度密集的信息社会里，以书面语言（文字）为手段（媒介）的科技写作，不仅是记录、总结、储存、传播、交流和普及科研成果和科技信息的基本手段，而且是科学技术活动和科学技术工作不可缺少的有机组成部分，并且贯穿于一切科学技术工作的始终。

科技写作是写作学的一个重要组成部分，属于专业写作的范畴，是实用写作（又称为应用写作）的一个分支。实用写作是相对于文学创作而言的。文学创作，又称艺术写作，指的是语言艺术中诗歌、小说、散文、报告文学、传记、剧本等文学作品的写作。实用写作，指的是社会成员各自完成本身职责所具备的专业写作技能，是写作原理、技巧、方法在不同专业领域里的具体运用，并且直接为社会现实服务的人文社会科学中的应用学科。很显然，科技写作属于后者。科技写作是专业实用写作中的一种，是从现代写作学中派生出来的一种以科学技术为表述对象的新兴学科，是一门文理（工）结合、文理（工）为表述对象的写作方法，是一门文理（工）结合、文理（工）渗透的十分年轻而又具有广阔前景的边缘应用学科，是随着科学技术现代化应运而生的产物。科技写作与其他专业实用写作，如文秘写作、经济写作、新闻写作、公关写作、广告文稿写作、学术论文写作、司法文书写作、军事文书写作、外交文书写作等相并列，为同一层面。科技写作的形成、发展和规范，与各门自然科学、技术科学和科学学、信息学、传播学、文章学、文艺学、语言学、心理学、逻辑学、人类学、社会学、管理学等有着密切的关系，是创造性地汲取这些学科的成就，同时，又有着自己独立学科体系的一门现代人文社会学科。

科技写作运用现代写作原理于科学技术领域，熔科学技术的丰富内容和系统的写作知识和技能于一炉，是以各种实用科技文体为研究对象的一门学问，是各种科技实用文体写作实践经验的总结，是科技写作内在规律的概括。科技写作实践是科技写作理论的来源和基础，是各种科技实用文章体式、特点、规律、规范、要领、要求、方法、技巧由感性认识到理性认识的升华。离开了科技写作实践，科技写作理论就成了无源之水、无本之木。科技写作理论是科技写作实践科学化、系统化、条理化的体现，它能帮助科技战线各部门、单位的科技工作者自觉地掌握科技写作的基本规律和技能，指导和引导科技写作朝着正确、健康、规范的方向发展。

13.1.1.2　科技写作的类别

按照科学技术的不同学科、专业领域，科技写作可分成数学写作、物理写作、化学写作、天文学写作、生物学写作、农用科技写作、医用科技写作、工程技术科技写作等。如按照其性质、内容、使用范围以及写作特点的不同，科技写作大体上可分成以下几大类：

（1）科技论文类。科技论文是表述作者的科学思想、见解和主张的论理性学术文章，主要包括报刊上发表的自然科学（含工程技术科学）论文。科技专著，可视为长篇科技论文。从广义上讲，科技论文还包括理、工、农、医各学科的教材、讲义等。

（2）科技报告类。科技报告是描述科学技术活动进展情况和结果的科技文献，主要包括科研开题报告、科技进度报告、科学考察报告、科技实验报告、科技综合报告、技术研究报告、可行性研究报告等。

（3）科技合同类。科技合同是开展科学技术活动时各方为实现一定目的而协商制定的具有约束力的文字协议，主要包括技术开发合同、技术咨询合同、技术服务合同、技术转让合同、科研责任制承包合同、专利实施许可合同等。

（4）技术设计和技术标准文书类。这是有关工程、产品的技术设计规范和不同级别的统一技术标准的文件，主要包括工程设计任务书、产品设计任务书、工程设计说明书、产品设计说明书、工科院校学生毕业设计说明书以及各种技术标准（基础标准、产品标准、方法标准、安全卫生和环境保护标准）等。

（5）专利文书类。这是按照有关法规申报和保障创造发明者的专利权益的文件，主要包括专利请求书、专利申请说明书、权利要求书、代理人委托书等。

（6）科技成果鉴定和申报文书类。这是根据有关法规对科技成果进行审查、鉴定、评估、奖励的文书，主要包括技术鉴定书、发明申报书、科技成果奖励推荐书、自然科学奖申请书等。

（7）科技信息类。科技信息是以搜集、鉴别、整理、综合、传播、交流原始科技文献为目的的一种书面表述形式。它包括二次科技文献和三次科技文献在内，主要有科技题录、索引、文摘、综述、述评、便览、年鉴、手册等。

（8）科技应用文书类。这指开展科技活动、科技工作经常要用到的各种日常事务管理文书，主要包括科技建议书、科技工作计划和总结、会议纪要和科技简报等。

（9）科普创作。这是以弘扬科学精神、普及科技知识、提高全民族科学文化素质为目的的一种创作，主要包括知识性科普作品、技术性科普作品、少年儿童科普作品、文艺性科普作品、科学家传记等。

13.1.2　科技写作的特点

科技写作是写作中的一种，因而它必定具备一般写作的基本特征，如个体性、目的性、综合性、技巧性、实践性等。但由于科技写作的目的、对象、内容、效用有别于文艺创作和其他实用写作，因而它还具有自身一些独有的特点。

13.1.2.1　科学性

这是科技写作最本质的特点，是衡量和评价一切科技文章质量高低、价值大小、作用强弱和影响好坏的最重要的标准之一，也是科技写作与其他写作的根本区别之所在。科学性是一切科技文章的灵魂和生命。任何一篇科技文章，不管它在表现形式上如何高超，如果它的内容是不科学，甚至是反科学的，那就毫无科学价值可言，只会给人们带来危害。科技文章的思想性，主要是通过科学性来体现的。这就是说，没有科学性，也就不可能有思想性。保证科学性乃是保证一切科技文章质量的首要和关键的一环。

科学是关于自然、社会和思维的知识体系，但并非所有的知识都是科学。科技写作所涉及的内容，主要是自然科学和工程技术领域里有价值的信息。这些信息来自于人们科学技术的实践，是人们实践经验的结晶，具有客观实在性和真理性，是不以人的主观意志为转移的，符合正确地反映事物的本质及其规律性的原理、定律、公式和法则。虽然科技写作在表述时也会受到当时社会政治气候的影响，但文章本身却很少涉及社会政治生活的内容。因为科技本身所具有的真理性的特点，是不会受阶级、党派和社会政治生活的影响而改变其固有的本质的。

科技写作的科学性，要求它所反映的内容要达到真实、正确、成熟、先进、可行的要求。真实，指的是科技写作通常选材于生产实践、科学研究和科技活动，一定要立足于客观实际存在的事物，实事求是，如实反映客观事物的本来面貌，不容许有丝毫的虚构，能反复验证，经得起时间和实践的检验；正确，指的是符合科学原理、定律和法则，揭示了研究对象的本质和规律，是客观真理，即使是"假说"，也必须严格按照客观事实来推论；成熟，指的是文章通过权威科研机构和技术鉴定部门的鉴定和论证，经过实践的反复检验，证明是成功、完善的，可以推广和应用；先进，指文章反映了当前国内外科学技术已达到的较高水平，在本专业内处于领先的地位，或填补了某一专业技术领域里的空白，或与同类技术相比有某种创新或独有的优越性，而不是充塞陈旧、落后、过时的内容；可行，它既指理论是正确的，技术本身是可行的，是可以实际操作的，又指是从我国的具体国情出发，无论是主观条件和客观环境上都有必要和可能加以推广和应用的。

要达到科学性的要求，就必须坚持唯物辩证法，坚持实事求是的科学精神，具体地说，也就是要大力发扬"三老"、"四严"的精神：做老实人，说老实话，办老实事；严肃的态度，严谨的学风，严密的方法和严格的要求。写作科技文章，无疑应将这种精神贯穿于写作过程的始终，不应掺杂个人的主观感情色彩，而应以客观、冷静、公正的态度，将客观事物或事理如实地告诉读者。

13.1.2.2　专业性

各类科技文章，有着明确的读者对象和具体的专业范围，其专业性是十分明显的。科技写作的专业性，主要表现在以下 4 个方面：其一，从思想内容上看，科技写作所反映的是科学技术领域里某一学科或专业范围里的科技活动及其成果，为的是提高工农业生产和其他领域的科技含量，解决现代化建设中的各种实际问题，具有明确的专业性。如果离开了科学技术领域里某一学科或专业范围的内容，那就不称其为科技写作了。其二，从写作主体看，主要是不同专业的科技工作者。由于专业分工的限制，往往"隔行如隔山"，某位科技工作者可能是本专业的专家，而他对其他专业则可能是外行，因而表现出某种专业的狭隘性。其三，从读者对象看，由于所属专业和写作目的的不同，读者对象也有所不同。一般说来，科技写作的读者对象大体上可分 4 种类型：一是本学科、本专业的同行或有关专家；二是上级专业技术领导；三是专业技术人员；四是面向公众开展科学技术的宣传、推广和普及工作。针对不同的读者对象，科技写作在内容表述重点和体式、方法上应有所区别。其四，从表述手段上看，科技写作主要运用自然语言的书面符号系统——文字，辅之以人工语言（非自然语言）符号系统——图像、照片、表格、符号、公式等，两者有机地结合在一起，形成一种独特的书面语言表达体系，完满地承担总结、记录、储存、交流、推广、传播、普及科技信息的任务。由于专业分工的不同，科技写作还大量使用本专业的术语，如电子计算机中的"键盘"、"磁盘"、"硬件"、"软件"、"操作系统"、"病毒"、"联网"、"信息高速公路"等，这些术语在其他学科和专业范围内很少见到，其专业性是十分鲜明的。

13.1.2.3　实用性

科技写作是实用专业写作中的一种，它写作的目的，与文艺创作不同，不是由于人们审美的需要，其成果不是供人品鉴、欣赏的，而是服从并服务于国民经济和科学技术本身繁荣和发展的需要，因为它能增长人们的科学技术知识和解决物质生产、工程建设或科研工作中的各种实际问题，所以，科技写作有着明显的实用性。现代科学技术的迅猛发展，已经使得科学研究、科学实验成了与工农业相并列的一个独立部门。科学技术是第一生产力，工农业的发展乃至整个国民经济的繁荣已由劳动密集型转向了科技密集型，其科技含量越来越高。在当代社会，科学技术的社会功能之大和社会地位之高，已经超过了历史上的任何一个时代。它渗透于人类社会生活的一切领域，跟人们的关系越来越密切。例如，产品要更新换代，提高质量和效能，就要引进或开发各种新技术，当然也就离不开各种技术文件的写作；人们在科学研究和科学实验中出了成果，就要撰写科技论文或科学技术报告；为了加速科技信息的传播和让科技人员及时了解、掌握本学科、本专业的最新研究动态和成果，就要组织科技信息的写作；要弘扬科学精神，传播科学思想，普及科学技术知识，就要进行科普创作；而科技合同、技术设计和技术标准文书、技术鉴定和奖励文书和各种科技应用文，更是推动工农业生产和科技工作、提高经济效益的重要工具。在社会主义现代化建设中，各种工程建设的规划、产品的设计、设备的安装、工艺的更新、新产品的开发、机器的操作和保养、物品的保管和使用，以及各种科技资料的介绍，各种先进科学技术的推广和应用，各种生产经验的总结和推广等活动，都离不开科技写作。否则，就无法组织生产和提高劳动者的素质，保证任务的完成。总之，科技写作和人们的生产、生活以及现代化建设关系极为密切，有着重要的实用价值。

13.1.2.4　规范性

科技写作是一种创造性的认识和书写实践活动,它在认识和表述科技活动及成果方面有着自己特殊的体式、要求和方法。不同的科技文体(科普创作除外)在人们的长期使用过程中,体式逐渐走向成熟,已经形成了各自独有的规范、要领、要求和基本格式。这就是说,大部分科技文体虽有体裁、样式上的区别,但同一文体在文面、行款的基本格式上一般是固定不变的,有着约定俗成的规范性。从当前情况看,这些基本格式正在趋向于统一,趋向于规范化、标准化。世界科学技术发达的国家对科技文献的撰写和编辑制定了各种国家标准,不同学科和专业的学术机构也制定了一系列科技文献的国际标准,不同学科和专业的学术机构还制定了本学科和专业的科技文献和科技信息编撰的国际标准。联合国教科文组织于 1968 年公布了《关于公开发表的科学论文和科学文摘的撰写指导》。1987 年,我国国家标准局发布了《科学技术报告、学位论文和学术论文的编写格式》、《文后参考文献著录规划》、《科学技术期刊编排规则》、《文摘编写规则》等国家标准。这些国家标准和国际标准,对各种科技文稿的书写格式、名词、缩语、主题词、符号、表格、计量单位、插图等的使用,以及所包含项目的前后顺序等,都做了规范化、标准化的统一规定。对于这些规定,在撰写科技文稿时,大家必须严格遵守,并且熟练地加以运用,这样写出来的文稿才符合要求,才能起到记录、总结、储存、交流、传播和普及科技信息的作用,并便于检索和翻译。

13.1.2.5　可读性

鲁迅曾经说过:"可惜中国现在的科学家不大做文章,有做的,也过于高深,于是就很枯燥"。这的确道出了当时的也是现在的不少科技文章的通病。有些人认为,科技文章越是深奥难懂就越说明它有水平,其实这是一种很大的误解。试想,如果一篇科技文章繁琐生僻,读者像读天书一样,读不懂它,那还有什么价值可言。所以,大家要下大力气,努力克服当前一些科技文章深奥晦涩、冗长乏味的毛病,尽可能做到深入浅出,通俗易懂,为广大群众所喜闻乐见。也就是说,要使科技写作具有可读性。

要达到可读性的要求,文章的结构就必须有条理性。要善于根据客观事物、事理本身的特点、规律来安排文章的结构,做到条分缕析,层次清楚,主次有别,言而有序。有些科技文章,如科技论文、科学技术报告、科技综述、述评等,还要求有层次地开展逻辑论证,因而在写作时一定要做到概念准确、判断正确,种类区分要有清楚的界线,事物之间的联系要同异分明,推理、证明要有严密的逻辑性,说明事物的内容结构和存在形式时要合情合理、恰如其分,如实地反映客观事物、事理的本来面貌。科技写作语言的显著特点是明确、简洁、周密、规范,遣词造句不但要合乎语法规律,而且还要注意词汇的精确性、单义性、稳定性和句式的固定、单一,一般不用夸张、双关、借代等修辞手法,以免产生歧义;同时,还要注意明晰简练、平实贴切、周到严密、没有疏漏。而科普作品,一般来说文艺性较强,可以运用一定的描写和形容的手法,语言也比较生动活泼,应讲究文采。总之,各类科技文章在语言上都要做到文从字顺,读者可以顺畅地一口气读下去,没有阻隔、生涩的感觉。这样,才能发挥科技写作的社会功用。

13.1.3　提高科技写作的途径

13.1.3.1　重视加强基础写作的训练

基础写作训练,指的是确立主旨、选用材料、布局谋篇、遣词造句、正确使用标点符号、驾驭表达方式，乃至行款格式、文面工整等基本功的训练。这是任何写作都必须具有的最起码的技能，如果在这些方面不过关，那么，不管从事什么写作，都会感到困难重重，力不从心。科技写作当然也是如此。一个基础写作功底很差、缺乏常规写作基本功训练的人，能够写出一篇像样的科技论文或科技应用文，那真无异于缘木求鱼！现在有些理、工、农、医类专业的大学生、研究生和在岗的中青年科技工作者，他们之所以提笔千斤重，写出的文章总让人看了摇头，其根本原因就在于中、小学阶段没有经过严格的基础写作训练，进入大学后，对基础写作和结合专业进行科技写作体式、规范、技能的训练仍不重视，以致一般写作和科技写作的能力都相形见绌。大家都懂得这样一个道理：一个人的写作能力总是从无到有、从少到多、从不会到会、从写得很差到写得较好，它是一个日积月累、循序渐进、逐步提高的过程。"冰冻三尺，非一日之寒。"因此，对于基础写作的训练，有识之士都强调抓早抓好，最好在中、小学阶段就打好一般写作的基础，做到文从字顺、合乎规范，能写出像样的文章。我国现代著名教育家、文学家叶圣陶在《中学国文学习法》中说过："记事物记清楚了；说道理说明白了；没有语法上的毛病了；没有理论上的毛病了；这就是像样。"如果达不到这个要求就要进行"补课"，要扎扎实实地进行字、词、句、篇的写作基本功的训练，提高基础写作的能力，才能得心应手地写出一篇像样的文章。这样，"一通百通"，"先规矩而后巧"，写作的基本技能掌握了，基础打扎实了，那么，不论是从事文艺创作，还是从事科技写作或其他专业实用写作，也就不会太困难了。

13.1.3.2 学习科技写作知识，借鉴优秀作品

有人提出这么一个问题："过去没有科技写作这门课程，不是也有许多科学家写出了许多优秀的科技文献吗?"事实确实如此。不过，那是凭着他们深厚的文字功底，经过自己不断地摸索，然后从写作实践过程中逐渐掌握了科技写作的方法和技巧的缘故。任何事物都有其内在的必然联系即规律性，任何物质产品和精神产品的制作，都有其特有的方法和技巧，写作当然也不例外。古人说："写作无秘诀，作文要要道"，"定体则无，大体须有"，这种认识是符合辩证法的。大家所学的科技写作教材，就是前人科技写作经验的科学总结，就是揭示科技写作的一般规律，引导人们掌握科技写作要领、要求、方法和技巧的理论。学习科技写作基础知识，可指示人们必经途径，得其写作的法度、规矩，如能自觉地在写作实践中灵活运用，在运用过程中心领神会，融会贯通，那就会事半功倍，较快地提高科技写作能力。

要提高科技写作能力，应尽可能多读一些各种体裁的科技文章，将它们作为学习的蓝本。在我国的古文和马克思主义经典作家的著作中，有相当一部分属于科技写作的范围，思想性和表现技巧都很高。对这些范文，应认真学习，细心领会。但也应认识到：读书是读他人之书，作文是作自己之文，借鉴只是从中汲取营养，经消化后成为自己的东西，而不是生搬硬套，循旧抄袭，"依样画葫芦"。

13.1.3.3 勇于实践，坚持多写多改，不断提高

写作是一种能力，能力的提高主要靠实践。不经过长期、反复、刻苦的实践，要想提高写作能力，是非常困难的。所以人们常说："文章读十遍，不如写一遍"，"写作不怕底子薄，勤学苦练能过关"，"写作能力是'写'出来的"，"文人妙来无过熟"。写作课不同于其他课程的地方，就在于它不能只懂得一般的写作原理，更重要的是要理论联系实际，将所学到的知识运用于写作实践，转化为一种能力，能够得心应手地写出好文章，这才算达到了目的。如果只学不写或少写，那就会眼高手低，所学知识将无用武之地，写作水平也就止步不前。只有勤学

苦练，坚持不懈，才能熟能生巧，运笔自如，真正学到本领。

反复修改，加工润色，是写文章的最后完善阶段，也是提高写作能力的一个重要环节。修改是写作的一个重要组成部分。古今中外，凡是文章写得好的人，都在修改上下过苦功。写作的艺术在某种意义上讲就是修改的艺术。千金难买回头看，写稿不厌反复改。文章频改，功夫自出。多改符合人们认识客观事物由浅入深、由片面到全面、由感性认识到理性认识的规律，也是写文章责任心强的表现。修改的作用，主要是修补草稿的漏洞，充实文稿的内容，理顺全文的脉络，精炼文章的文字，提高文章的质量。修改的目标，是作者能真切、准确、简洁、生动地表情达意，反映客观事物的本来面貌，使读者易于接受、乐于接受。其方法是通过对初稿的删、增、改、调，从命题立意、材料选择、布局谋篇，到遣词造句、表现手法的运用等，进行反复推敲，使文章更加精粹，更加完美。只有养成修改文章的良好习惯，虚心听取别人的意见，认真修改，千锤百炼，精益求精，才能迅速提高自己的科技写作水平。

13.2　科技论文

13.2.1　科技论文的含义和类别

13.2.1.1　科技论文的含义

科技论文或称科学论文，也称自然科学学术论文，简称论文，指的是专门探讨和深入研究自然科学或专业技术领域里的各种问题并表述、论证研究成果和阐明其学术观点的论理性文章。它是在科学研究的基础上，对自然科学或专业技术领域里的某些现象或问题进行科学的分析、综合、论证或阐释，从而揭示这些现象或问题的本质及其规律性的一种议论形式。凡是主要运用概念、判断、推理、证明、反驳等逻辑思维方式来表述自然科学的原理、定律、法则和专业技术研究领域中的各种问题或创造性成果的文章，均属于科技论文的范畴。简言之，科技论文是对自然科学或专业技术领域里的研究成果所做的理论概括、分析和阐述。

科技论文是学术论文的一大类别。学术论文，我国国家标准局 1987 年 5 月发布的 GB 7713—87《科学技术报告、学位论文和学术论文的编写格式》中对学术论文做了如下的定义："学术论文是某一学术课题在实验性、理论性或观测性上具有新的科学研究成果或创新见解和知识的科学记录；或是某种已知原理应用实际中取得新进展的科学总结，用以提供学术会议上宣读、交流或讨论；或在学术刊物上发表；或作其他用途的书面文件。"

学术论文大体上可分为自然科学学术论文和社会科学学术论文两大类，也可细分为自然科学学术论文、工程技术科学学术论文和人文科学学术论文、社会科学学术论文、军事科学学术论文、管理科学学术论文等。很显然，科技论文指的就是自然科学学术论文和工程技术科学学术论文。

13.2.1.2　科技论文的类别

科技论文可从不同角度、根据不同标准进行分类：按学科性质和功能的不同，可分为基础学科论文、技术学科论文和应用学科论文三大类；按论文内容所属学科、专业的不同，可分为数学论文、物理学论文、化学论文、天文学论文、生理学论文、农学论文、医学论文、冶金工程技术论文、机械工程技术论文、建筑工程技术论文等；按研究和写作方法的不同，可分为理论型学术论文、实验型学术论文、观测型学术论文、阐释学术论文、述评型学术论文、争鸣型学术论文等。

13.2.2 科技论文的特点和作用

13.2.2.1 科技论文的特点

科技论文除具有科技写作的一般特点外，由于它的写作目的和表达方式的特殊性，还具有以下的一些独有的特点：

（1）学术性。学术性或称为理论性，这是科技论文与其他各类议论文章的根本区别。科技论文是一种学术性的论理文章，只能以自然科学或专业技术领域里的学术问题作为论题，以学术成果作为表述对象，以学术见解作为文章的核心内容，否则它就失去了科技论文的根本物质。它要求运用科学的原理和方法，对自然科学或工程技术领域中的某一问题进行抽象、概括的论述，具体、详细说明，严密的论证和分析，以揭示事物的内在本质和发展变化的规律，而不是客观事物外部直观形态和过程的叙述。也就是说，科技论文侧重于理论论述，坚持摆事实、讲道理，将感性认识上升到理性认识，找出规律性的东西，得出理性的结论，而不是就事论事，只满足于一般现象的罗列和材料的堆砌。科技论文所具有的强烈的理论色彩、所能达到的理论高度和深度，往往成为衡量其学术水平的重要标志之一。科技论文不应该只是叙述同行读者所共知的知识，或叙述一般性的研究过程或繁琐的实验观察结果，而"必须经过思考的作用，将丰富的感觉材料加以去粗取精、去伪存真、由此及彼、由表及里的改造制作功夫，造成概念和理论的系统，就必须由感性认识跃进到理性"，以获得规律性的认识，构成一个严谨的理论体系，具有很强的学术性。科技论文如果缺乏学术性，也就丧失了它最基本的特征。

（2）创造性。创造性或称创新性、创见性、独创性，这是衡量论文价值的根本标准。科学研究是处理已有信息、获取新的信息的一种创造性的精神劳动，需要不断开拓新的领域，探索新的访求，阐发新的理论，提出新的见解。表述研究成果的科技论文贵在创新。创新性大，学术价值就高；创新性小，学术价值就低；如果没有一点创新性，就根本没有必要写科技论文。这里所强调的创新，并不要求论文提出的见解是空前绝后、绝无仅有的，也不局限于重大的发明创造，而是指在专业研究范围内有个人独到的看法，不人云亦云，不是简单重复、模仿和抄袭别人的工作。它或在某一专业学科领域有新的发展和突破，或在某一专业学科领域填补了空白；它可以是发前人之所未发，或扩展、深化前人之所已发；或是运用前人的理论、思想于新的领域、新的方面做出新的解释、说明；也可以将前人的理论、思想加以引介、拓展，导出新的应用方式；或引入新的技术路线和方法，从另一角度证明前人的理论、思想；或是对某一课题从新的角度、高度用新的方法和材料进行新的探索；或是在前人探索的基础上，透视某种现象，做出新的预测，发现新的发展轨迹；或对前人研究的不足之处进行补充和修正；或对某一见解指出其偏颇、乖谬，匡正某种迷误，打破某一禁区等，这些都是极有价值的。

（3）平实性。平实性或称平易性、可读性，是指科技论文的结构严谨自然、完整统一，而不求章法的奇特，出人意料。它将深奥的原理、定律、法则用简明、流畅的语言表述出来，用词准确，文字通顺，合乎语法规范，叙述深入浅出，以简代繁，通俗易懂，平易近人，尽可能地将所表达的意思表达清楚，使读者易于理解。科技论文阐述的自然科学或专业技术领域里的现象和问题，往往涉及许多专门的学问和知识，只有在平易上下工夫，才能做到不仅使本学科的专家看了就懂，而且能让具有一定科学文化知识的人阅读以后也有一定的理解，这才有利于科学技术知识的传播、普及和促进科学技术的发展，并转化为社会生产力。如果一篇科技论文繁琐乖僻，晦涩难懂，读者看后如坠云里雾中，不知所云，试问，这样的科技论文又怎能得到社会的承认，发挥出它应有的现实效用呢？

13.2.2.2　科技论文的作用

科技论文是随着现代科学技术的发展而逐渐兴起的一种论理性实用文体，应用面极其广泛，有着巨大的社会作用。这主要表现在以下几个方面：

（1）展现和保存科学技术成果，并将科学技术成果纳入人类的科学文化宝库。科技论文是探讨自然科学或专业技术领域里的现象、问题，描述科学研究成果的一种手段，是人类对自然现象认识深化的书面储存。人类对自然现象的认识是不断深化的，而且这种深化是永无止境的，每个时代的人都要提供自己对自然现象认识深化的成果。科技论文是以书面的形式对人类认识学习的成果（即科学技术成果）的记录和总结，是一种科学文化积累。它记载着广大科技研究工作者对祖国、对人类的贡献，展现着祖国科学研究的丰硕成果和已达到的学术水平，进一步补充、丰富、扩展、增加着人类对自然现象认识深化的成果，并将这种成果永久性地保存于人类的科学文化宝库之中，成为人类共同的精神财富。在现实生活里，有些专业研究人员虽然获得了富有创造性的研究成果，却没有得到学术界的承认，在社会上没有影响，究其原因，主要是由于迟迟撰写不出相应的科技论文的缘故。不能说科技论文是反映研究成果的唯一手段，新闻报道、学术报告会等在一定程度上也能起到这种作用，但科技论文却是记录、总结、储存、传播、交流研究成果的最佳手段，是确立专业研究人员学术地位的重要标志。科技论文一旦发表，不受时间和地域的限制，就可传播到世界各地，流传千秋万代，成为人类共同的精神财富。

（2）开展学术交流，取得优先权，推动人类社会的进步。科技论文是传播科学技术信息、开展学术交流的有效手段。科学研究和科学实验的成果如果最后不能以论文的形式公之于世，那么，一切观点和见解，一切创造和发明，都不过是研究者头脑里的思维活动或极少数人知道的某些事实罢了，不为人们所知晓，也得不到学术界的承认，当然就根本无法发挥它的社会功用。科研成果只有形成学术论文，才能进行学术交流，并通过交流和传播，活跃学术思想，促进自然科学和工程技术领域各专业、学科的建设、发展和繁荣，促进科研成果的广泛应用，推动人类社会的进步；才能用以指导社会实践，为党和政府制定政策和决策提供依据；才能引导人们重视学术研究，培养人们爱科学、学科学、用科学的良好社会风气，开阔科学视野，提高全民族的科学文化素质，提高社会主义物质文明和精神文明的水平；才能将科研成果转化为社会生产力，加速经济建设的进程，为实现强国、富民的宏伟目标做积极的贡献。

当前，现代科学技术的发展正处于激烈的竞争状态中。同一项研究课题，往往有许多人、许多科研机构、许多国家在进行研究，谁最先研究成功，并以科技论文的形式公之于世，这项成果就归属于谁，谁就占有优先权。如果谁剽窃或无偿占用了这项成果，就侵犯了知识产权，就要受到法律的制裁。有的专业技术人员在某一领域有所发现或发明，却未能及时写成论文公之于世，而后来别人有了同样的发现或发明，当即写成论文发表了，为社会所承认，这项荣誉就归属于他。这方面的教训是很多的。因此，将科学研究、科学实验的成果及时写成论文发表，取得优先权，得到国内外的公认，这不仅关系到研究者本人的荣誉，同时也关系到集体和国家的荣誉，切切不可掉以轻心！

（3）科技论文是考核科技工作者业务能力的重要依据，是发现和培养人才的有效途径。就科学研究本身而言，撰写科技论文是它的重要组成部分，是必不可少的一个环节，也是科研工作最后完成的标志。当科研工作告一段落后，就要对已掌握的材料进行梳理，通过分析、综合、归纳、演绎和推理，形成论点，并采用适当的结构形式将这些材料有机地组合在一起，撰写成科技论文。论文撰写的过程同时又是检验科研成果的过程。如发现某些材料和论据的不足，就得进行新的研究、实验和工程技术设计，收集新的材料，方能使研究成果更臻完善，还有可能在此基础上开拓新的研究方向。因此，科技论文的写作实质上是人们形成对自然现象或工程技术问题正确认识的创造性智能活动。学术论文的写作和完成，就是这种智能活动的有形表现。科技论文的许多杰出人才，正是通过他们的论文被领导部门和社会所发现、认同并得到重用，从而使他们的聪明才智得到更好的发挥。科技论文还是授予学位和评定职称的主要依据，本科大学生、研究生撰写论文，是培养他们独立工作能力和创造能力的一种有效的综合训练，并据此而评定他们已达到的学术水平，授予相应的学位。各行业、部门、单位对有关专业技术人员的考核，一般也以发表科技论文的篇数、论文水平的高低以及影响与效果作为衡量的标准，通过专家考核和评审，而授予相应的技术职称。

13.2.3　科技论文的规范格式

随着科学技术的飞速发展，科技论文的大量出现，人们越来越要求论文的作者以最明确、最容易理解的形式表述他的研究过程及其成果，于是就逐步形成了较为严密而又符合逻辑的惯用格式。尽管科技论文所涉及的内容各不相同，论证的方法也有差异，但由哪些部分组成，各个部分包括哪些项目，已有较固定的规范格式。根据我国 1987 年 5 月公布的国家标准 GB 7713—87《科学技术报告、学位论文和学术论文的编写格式》和 GB 7714—87《文后参考文献著录规则》的规定，科技论文由前置部分、主体部分、附录部分、结尾部分及下属若干项目组成，详见下图：

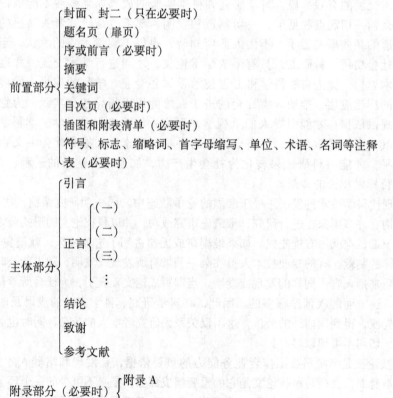

前置部分 ┌ 封面、封二（只在必要时）
　　　　　├ 题名页（扉页）
　　　　　├ 序或前言（必要时）
　　　　　├ 摘要
　　　　　├ 关键词
　　　　　├ 目次页（必要时）
　　　　　├ 插图和附表清单（必要时）
　　　　　├ 符号、标志、缩略词、首字母缩写、单位、术语、名词等注释
　　　　　└ 表（必要时）

主体部分 ┌ 引言
　　　　　├ 正言 ┌（一）
　　　　　│　　　├（二）
　　　　　│　　　├（三）
　　　　　│　　　└ ⋮
　　　　　├ 结论
　　　　　├ 致谢
　　　　　└ 参考文献

附录部分（必要时）┌ 附录 A
　　　　　　　　　└ 附录 B

$$
结尾部分（必要时）\begin{cases} 可供参考的文献题录 \\ 索引 \\ 封三、封底 \end{cases}
$$

在科技论文的写作过程中，上述各个部分及所属项目无论如何取舍、合并、分开，以及各个项目的具体写法如何，都超脱不了这个标准型的基本格式。上面所列项目虽多，其中，最基本的有以下10项：题名、作者及所在单位、目次和摘要、关键词、引言、正文、结论、致谢、参考文献、附录。有人称此为科技论文的十大结构程序。现将这些项目的内容和要求分述如下。

13.2.3.1 题名

题名又称标题、题目、文题，是以最恰当、最简明的词语反映科技论文中最重要的特定内容的逻辑组合。它是论文的"眉目"，是论文内容的高度概括，也是论文精髓的集中体现。要求用准确、精炼的文字反映论文最重要的学术信息，使读者一读到题名，就能清楚地了解到论文的主题和中心内容。因为任何一篇论文首先映入读者眼帘的就是题名，读者看了题名之后，再根据需要和兴趣决定是否阅读全文。题录、索引等二次文献，大多只列举题名和出处，这就要求题名既能提挈全文，标明特点，又能引人注目，便于记忆。科技论文的题名应准确、贴切、醒目、简约、得体，概念清楚，观点鲜明，能恰如其分地表述论文的特定内容，反映课题研究的范围和深广度。题名切忌过于空泛和繁琐，字数不宜过长，不可用标语口号式命题，也不可用经过艺术加工的文学语言或冗赘夸大的广告式语言命题。论文题目一般是单行标题，如果内容较多，牵涉面广，也可将它分为主题名和副题名两部分加以处理。

13.2.3.2 作者及其所在单位

作者在自己撰写的科技论文中署名，主要有三方面的意义：一是作为拥有著作权的声明；二是表示文责自负的承诺；三是便于读者同作者联系。署名者仅限于那些参与选定研究课题和制定研究方案，直接参加全部或主要部分研究工作并做出主要贡献，以及参加论文撰写并能对内容负责的人员。仅参加部分工作的合作者，某一测试任务的承担者和接受委托进行分析检验和观察的辅助人员等，均不应署名；支持和关注这一研究课题的领导也不应挂名。以上人员可在"致谢"中注明。个人的研究成果，个人署名可用真名，也可用笔名；集体的研究成果，按对研究工作贡献的大小排列名次。作者工作单位应写全称。工作单位地址包括所在城市和邮政编码。

13.2.3.3 目次和摘要

科技论文在扉页之后，一般均有目次。和书籍的目录一样，它主要展示论文的总标题和各章、节的基本内容，与全文的纲目相一致。目次应标明各部分的前后顺序和各层次、段落间的承接、总分、并列、递进、对比、转折、强调、分类等关系，并一一标注页码。读者看了目次之后，对论文的理论框架和基本内容就有了一个大概的了解，从而便于有选择地先阅读全文的某一章节。

摘要又称概要或内容提要，是对论文基本内容的浓缩，是论文内容不加注释和评论的简短陈述。正如《科技报告、学位论文和学术论文的编写格式》中所说的："摘要应具有独立性和自含性，即不阅读报告、论文的全文，就能获得必要的信息。摘要中有数据、有结论，是一篇完整的短文,可以独立使用,可以引用,可以用于工艺推广。摘要的内容应包含与报告、论文同等量主要信息,供读者确定有无必要阅读全文,也供文摘等二次文献采用。"

摘要的内容主要包括:研究本课题的前提、目的、任务、范围及其在该学科中所占的重要地位;研究对象的特征;与他人研究的主要不同点;研究的主要内容及所运用的原理、理论、手段和方式方法;主要结果和成果的意义、实践价值和应用范围;一般的结论和今后进一步深入研究的方向等。摘要的总要求是简短、精粹、完整、忠于原文,要字字推敲,做到多一字则无必要,少一字则嫌不足。有时为了国际交流,还应将中文摘要译成英文或其他文字,置于中文摘要之前,题名和作者之后。摘要以不超过正文的5%为宜,即中文摘要200~300个字,外文摘要250个实词。如遇特殊需要,文字可以略多。

13.2.3.4 关键词

关键词是为满足文献标引或检索的需要而从论文中选取的词或词组。关键词包括主题词和自由词两个部分,主题词是专门为文献的标引或检索而从自然语言的主要词汇中挑选出来并加以规范化了的词或词组,自由词则是未规范化的词或词组。每篇科技论文应专门列出,一般为3~8个关键词。关键词置于摘要的左下方,它不考虑语法上的结构,也不一定表达一个完整的意思,仅仅将几个关键词语简单地排列在一起,如一篇《矿山设计系统的解耦理论与方法》的科技论文,可抽出"矿山设计"、"组成或系统"、"最优化"、"设计支持系统"或各学科权威制定的统一关键词表中规定的单词、词组或术语。有些论文,为了国际交流,还应标注与中文相对应的英文或其他文字的关键词。

13.2.3.5 引言

引言又称前言、导言、绪论、序论、导语等。它是科技论文的起始部分,旨在向读者交代本课题研究的来龙去脉,起引出正文的作用,是必不可少的。它置于正文之前,不能脱离正文而单独存在,这与学术专著前面的序和后面的跋、后记是有区别的。引言主要包括以上内容:课题研究的情况、目的和背景;课题的性质、范围及其重要性;对本课题已有研究成果的评述;理论分析和依据;研究设想、方法和实验手段;研究成果和结论等。而一般比较简短的学术论文的引言,则不必包括上述的所有内容,大多只在正文之前用一小段文字起着引言的效用,甚至可以不必标列"引言"这一项目。然而不管情况怎样,论文中引言的内容都是必不可少的。因为,如果没有这部分内容,不仅论文的结构残缺不全,而且其后诸项内容的开展、论证、分析就会显得突兀、生硬。"来龙"不明,"去脉"也就难以辨清。引言应言简意赅,不要与摘要雷同,不要成为摘要的注释,不要取代正文推导基本公式,不要过多评价本文的学术价值或重复人云亦云的客套话。一般教科书上已有的和众所周知的道理,在引言中不必赘述。

13.2.3.6 正文

正文又称本文,这是科技论文的主体,是全篇论文的核心所在,占论文的绝大篇幅。在正文里,作者要充分展开论题,对所研究的课题和获得的成果做详细的表述,深刻地进行理论推导和理论分析,周密地逻辑论证,准确阐明自己的思想、观点、主张和见解。论文的重要学术信息及其"创新性",在这部分里要全面、翔实地反映出来。一篇论文学术水平的高低、学术价值的大小,正文起着决定性的关键作用。因此,一定要下大力气将它写好。正文的内容主要包括:研究对象、实验和观测方法、仪器设备、材料原料、实验和观测结果、计算理论分析、公式推导、形成的论点和导出的结论等。要写好正文，首先要有资料、有数据；然后要有概念、判断、推理、证明；最后要形成观点，有自己独到的见解，要用观点统帅材料，用材料阐明观点，做到观点和材料的有机统一。

科技论文无论篇幅长短，格局大小，或立论，或驳论，都要按逻辑思维规律来安排篇章结构，做到论题鲜明、论证严密、层层推进，顺理成章、首尾圆合、条分缕析，如实反映课题研究的过程、方法及其成果、意义。正文的写法有纵贯式、总分式、递进式、因果关系式等。为求眉目清楚，往往使用不同的序码，有时还要加上小标题。

13.2.3.7　结论

结论又称结语、结束语。它是整个课题研究的总检验、总判断、总评价，是论文正文的必然逻辑发展，是全文得出的最终的、总体的结论，也是整篇论文的归宿。结论集中地反映出作者的研究成果，表达出作者对所研究课题的总的观点和主张，是全文的精髓，是论文学术价值的体现，在全篇论文中起画龙点睛的作用。当一篇科技论文出现在读者面前时，读者考虑是否值得仔细阅读全文，往往是在阅读摘要和结论之后才做出抉择。结论的内容包括：本课题研究的结果说明了什么问题，得出了什么规律性的东西，解决了什么理论和实际问题，对前人的研究成果经检验后做了哪些修正、补充、拓展、发展、证实或否定，本课题研究的不足之处以及课题研究的展望等。写结论时要抓住本质，揭示事物的客观发展规律及其内在联系，将感性认识升华为理性认识，要突出重点，集中表达经分析、论证、提炼、归纳后的总观点和最终的结论，不应是正文论证的各个分论点的简单凑合，也不是观测、实验、调研结果的重复；要准确、完整、明确、精练、实事求是；做到恰如其分，不言过其实；还要逻辑严密、证据充分，论证周严，环环紧扣，以理服人，有说服力。如果论文得不出明确的结论，也可以不写结论而进行讨论，在讨论中提出建议、研究设想、仪器设备改进意见以及尚待解决的问题等。

13.2.3.8　致谢

致谢或称谢辞。任何一项科学研究，都不可以是在洪荒一片未开垦的处女地上独自耕耘，它总要学习、借鉴、参考前人的研究成果，并且得到组织、同行、朋友各方面的关注、支持和帮助，才能顺利进行并取得满意的结果。因此，论文作者应以简洁的文字，对该课题研究和论文撰写过程中曾给予指教、帮助审阅、修改和提供文献资料的部门、专家、学者和有关人员表示谢意，以示尊重他人的劳动和贡献。这并非完全出于礼貌和客套，而是讲究科学道德、自尊自重自爱、加强团结协作的表现，也是搞学术研究的人在治学上必须具有的思想作风。致谢的言辞应恳切恰当，实事求是，不要过分谦虚，更不可"强加于人"，罗列许多学者、名流来抬高自己和论文的身价，甚至以此来掩饰论文的缺点和错误。

13.2.3.9　*参考文献*

在科技论文篇末附上参考文献，这是传统的惯例。参考文献有两种：一种是论文中引用或参考过的文献；一种是向读者推荐可供参考的重要文献。列出参考文献的目的，既表明对他人研究成果的尊重，也表明作者所做研究工作的依据，还从一个侧面反映了本课题研究的深度和广度。便于自己今后进一步研究此课题时做必要的查考；并有利于研究相同或相似课题的同行了解此项研究前人所做的工作，从中得到启发。这样做是作者严谨治学态度的体现。按国家标准局发布的《文后参考文献著录规则》的要求，所列参考文献应按论文所引用和参考的文献资料的先后顺序，依次列出，而不应以文献资料的重要程度和是否名家来决定先后顺序。所列文献资料应是正式出版的，包括书籍、报纸、杂志、专利文献等。完整的参考文献著录必须是规范化的，即按序号、作者（译者）、题名、卷次、期次、出版年月（外文还要注明出版地点）、起讫页码等，一一列明。对于专著，应标明作者（译者）、书名、出版社的全称和版本、出版年月、页码。所列专利文献则按序号、专利申请者、专利题名、文献标志符、专利国别、专利文献种类、专利号、出版日期等，依次一一列出。

13.2.3.10　附录

附录是科技论文的补充项目，并非每篇论文所必要。为了体现整篇科技论文材料上的完整性，凡写入正文可能有损于行文的条理性、逻辑性或精练性的这类材料则可写入附录。下列内容可以作为附录编于论文之后，也可以另编成册：比正文更为详尽的理论根据、研究方法和技术要点深入的叙述，建议可以阅读的参考文献、题录，对了解正文内容有用的补充学术信息等；由于篇幅过长或取材于复制品而不宜写入正文的资料；不便写入正文的罕见的珍贵材料；某些重要的原始数据、数学推导、计算程序、框图、结构图、注释、统计表、计算机打印输出件等。

以上是科技论文完整型通用的规范格式，适用于大型研究课题或篇幅长的论文。对于小的研究课题和篇幅的论文，项目则可大大精简或取消某些项目，或几个项目合并在一起，以缩短论文的篇幅。但不管怎样，题名、作者及其所在单位、摘要、关键词、引言、正文、结论、参考文献等几项，是必不可少的。因为科技论文的构成格式，最终应服从并服务于表述学术信息、有利于交流和传播的目的。

13.2.4　科技论文的写作过程

有这样一种看法："科学研究的过程，也就是科技论文写作的过程。"这是一种广义的理解，强调了科技论文写作与科学研究的一致性，科技论文源于并服务于科学研究，离开了科学研究就根本谈不上有什么科技论文的写作。然而，人们通常对科技论文写作过程的认识，则主要指的是从选题到完稿的全过程，一般分为确立主题、占有材料、拟制提纲、写出初稿、修改定稿五个步骤。现分述如下。

13.2.4.1　确立主题

选题，既指对科研课题的选择和确立，又指论文题目的选择和确立，两者密切相关，但不是一回事。

课题，指的是科学研究的目标、范围和主攻方向，即在科学研究过程中所要解决的特定问题。文题，是科技论文的标题，是对论文特定内容的高度概括，直接或间接地体现论文的基本观点或中心思想。科学研究从选题开始。科技人员能否独立地进行科学研究工作，其主要的标志之一，就看他能否找到一个合适的、有价值的课题。如果没有找到一个恰当的课题，就很难获得创造性的科研成果，当然也就不可能写出一篇有价值的科技论文。爱因斯坦说过："提出一个问题往往比解决一个问题更重要，因为解决问题仅是一个数学上或实验上的技能而已。而提出新的问题，新的可能性，从新的角度去看旧的问题，却需要有创造性的想象力，而且标志着科学的真正进步。"从事任何科学研究，最重要的是要善于提出、选择和确立一个新的、有意义的课题，这是决定科学研究和论文写作成败的关键。文题是在科学研究完成后，根据科研的事实、数据、资料提炼出基本观点后对一篇论文的命名，是整篇论文的代表。一个课题可以写成一篇或多篇论文，标举各不相同的文题。但不管怎样，论文的题目必须在所研究的课题内选择和确立，也就是说，文题只能蕴含在课题的内涵和外延之中。

选择和确立科研课题，主要应遵循以下原则：

（1）需要性原则，本学科和国民经济发展急待解决的课题。

（2）价值性原则，具有创新内容，在本学科中处于前沿位置的课题。

（3）可行性原则，主客观条件许可，预期能获得理想效果的课题。

对科技论文题目的选择和确立，应体现出课题特定的内容和论文特定的体式规范，力求做到"题括文意，文切题旨。"其具体要求是：

（1）贴切。即文题相符，恰如其分，宽窄适度，分寸得当，避免大题小做或小题大做。

（2）显豁。能直接或间接揭示论文的主题，观点鲜明，对全文起画龙点睛的作用，力戒深奥晦涩，不能让读者读后不得要领。

（3）具体。能如实反映论文的主要内容或精华之所在，不笼统、不抽象、不空泛，使人一看就知道论文写的是什么问题。

（4）简洁。论文标题要有高度的概括性，不要冗赘、啰唆、拖沓，要努力做到以一概万，言简意赅，体要精当。

13.2.4.2 占用材料

材料是形成科技论文观点和提炼主题的基础，又是支撑观点、表现主题的依托。要写出观点正确、中心突出、内容充实、观点和材料有机统一的科技论文，就必须下工夫搜集材料，大量地、详细地占有材料，然后对材料进行鉴别、整理和选择、提炼，这是一切写作，尤其是科技写作最重要的一项基本功。

材料按其性质不同，可分为主观材料、客观材料和事实材料、理论材料；按其时态不同，可分为历史材料、现实材料和发展材料；按其地位不同，可分为主体材料和背景材料；按其功用不同，可分为典型材料和一般材料；按其表现方式不同，可分为具体材料和概括材料；按其表现角度不同，可分为正面材料、反面材料和侧面材料；按其获取途径不同，可分为直接材料和间接材料等。科技论文需要占有的材料是多方面的，上述各种类型的材料都有各自的功用，因而都在搜集和占用的范围之内。为了使材料准确可靠，尤其要重视掌握第一手材料。

凡作者不借助任何中间环节，亲自获取、未经转手的材料，称为直接材料或第一手材料。科技论文占有第一手材料的途径是：

（1）科学观测。有计划、有目的、有选择地对客观对象所发生的某些特定过程和现象，做认真、细致、系统的"远"观"近"察，称为观察；运用科学仪器和方法，对客观对象进行观测和度量，以精确测定空间、时间、性质、结构、温度、速度、功能等有关数值，称为测量。观察和测量是经常结合在一起的，因此统称为科学观测。

（2）实地调查。指作者亲自深入现场、置身于研究对象之中的考察，是对客观对象不施加任何干预条件的一种实地调查研究活动，以获得真实、准确、丰富、生动的第一手材料。

（3）科学实验。根据一定的研究目的，运用相应的物质手段，主动干预、控制对象，模拟自然现象或自然过程，以便在典型环境中或特定条件下获得平常事实的一种研究方法。科学实验是在科学观测基础上发展而来的，是科学观测的延伸和扩充，常见的有定性实验、定量实验、模拟实验、析因实验、模型实验等。

凡作者借助中间环节、间接获取的经人转手的材料，称为间接材料。间接材料又可分为第二手材料和第三手材料。第二手材料指通过或从一个中间环节获得的材料，第三手材料指通过或从两个或两个以上中间环节获得的材料。要获取间接材料，除口耳相传外，主要是查阅科技文献资料，包括科技图书、期刊、报告、会议文献、技术标准、产品样本、政府文件、学位论文、专利文献、科技档案、音像资料、微缩材料、报纸、新闻稿、说明书、产品目录等，通常通过笔记、剪报、卡片、检索科技信息（情报）等途径搜集。

在获得大量材料的基础上，要对材料进行比较、鉴别、整理、归类，认清材料的性质，判明材料的真伪，估价材料的意义，掂量材料的作用。要善于独立思考，深入分析研究，舍弃那些非本质的、虚假的、无用的材料，保留那些本质的、真实的、有用的材料。要紧密结合课题研究和论文写作的需要，对材料按性质和用途分别归类，有次序地加以排列，以备写作时使用。对已选择好的材料，则要认真思考，反复斟酌，挖掘其内在的意蕴，促使在认识上的不断深化，并在撰写论文时灵活地加以应用，总之，要博采、严鉴、精选、活用，每个环节紧密相连，环环紧扣，使所占的材料更好地为表现论文的主题服务。

13.2.4.3　拟制提纲

拟制提纲，就是作者将头脑里想好的论文的格局，用文字固定下来，以此作为写论文时遵循的"蓝图"。拟制写作提纲，可使作者的思路条理化、明晰化、系统化，做到"胸有成竹"，有所依循，执笔为文时，就能事半功倍。提纲有"细纲"和"粗纲"之分，常采用标题式、提要式、段落式三种方式，可根据个人的习惯和论文的性质、篇幅而定，但不宜过于疏略，以致在论文写作过程中不起实际作用。

拟制提纲，要善于运用逻辑的方法，"提要钩玄"，作者应从全局出发，通盘考虑，着重处理好以下几方面的问题：

（1）立论方面。明确要确立什么样的基本论点，采用哪种方式立论，从哪个角度提出问题，在中心论点以下拟设几个分论点以至小论点。

（2）选材方面。拟选用哪些材料作为论据，要特别重视列上那些准确可靠、新鲜、生动、精当、典型、有代表性、能充分表现主题的材料。

（3）布段方面。考虑设置哪几个部分，每个部分所担负的任务、层次和段落如何安排。

（4）谋篇方面。明确怎么开头和结尾，何处提领，哪里分述，上下如何衔接，前后怎样过渡和呼应。

（5）协调方面。确定全文各个部分的组成如何做到匀称、和谐，文气如何贯通，文字怎样做到疏密得当等。

提纲一般是由符号和文字组成的一种逻辑顺序，其结构如图所示：

$$
\text{全文标题（或总论点）}
\begin{cases}
一、
\begin{cases}
\text{（一）（中项目）}\\
\text{（二）}\\
\text{（三）}
\begin{cases}
1\text{（小项目）}\\
2\\
3
\begin{cases}
\text{（1）}\\
\text{（2）}\\
\text{（3）}
\end{cases}
\end{cases}
\end{cases}
结论\\
二、\\
三\text{（大项目）}
\end{cases}
$$

图中一、二、三表示分论点，即大项目；（一）、（二）、（三）表示从属论点，即中项目；1、2、3表示再从属的小论点或论据材料，即小项目。以下类推。分论点和从属论点，都是为论证总论点服务的，都是证明总论点的论据。

13.2.4.4 写出初稿

根据提纲、环绕主题写出科技论文初稿，这是论文写作过程中最重要的一个环节，是一项充满创造性思维的、十分精细复杂的精神生产活动。起草中将作者的成果和学术观点表述出来，落实为具体、明确的文字，它既可促使作者的思想认识不断深化，又可对提纲做必要的补充和修正。初稿的好与坏，与论文质量的高低紧密相连，切切不可掉以轻心。

起草初稿时，最好是在总体轮廓的基础上打好腹稿。腹稿，就是按照提纲的先后顺序，将论文的内容在头脑里逐段想清楚了，然后再下笔。腹稿具有可塑性，发现了毛病，可随时改正，而一旦写到纸上，就具有某种凝固性、确定性，发现问题，修改也就比较费力了。

初稿的起笔，通常有两种情况：一是从引言（绪论）起笔，就是按论文提纲排列的自然顺序写作。先提出问题，明确全文的基本论点，然后再展开，做充分的论述和论证，最后归纳总结，做出结论。这样写，就容易抓住纲，也与研究的逻辑思维相一致，比较自然、顺畅，写起来顺手、习惯，易于把握。二是从正文起笔，即先写好正文、结论部分后，回过头来再写引言。这么写有两点好处：一是正文所涉及的内容，是作者研究中思考、耗神最多的问题，是作者研究成果的集中反映，从这里入手容易起笔，好写；二是从引言动笔，往往难以开篇，从正文入手，是先易后难的有效措施，当写好了正文、结论，已大局在握，心里踏实了，就可悉心写引言和完成全文。

起草论文的方法大致有两种：一种是一气呵成法。无论是从引言起笔，还是从正文入手，均按拟定的提纲，一路写下去，不使思路中断，尽可能快地把头脑中涌现出来的句子用文字表示出来，如果一口气写不完，可选择一个恰当的地方停笔，再动笔时，思路还是衔接、连贯的。待初稿完成后，再仔细推敲，加工修改。另一种是分段完成法。即把全文分成若干部分，分段撰写，逐段推进，各个击破。每个部分以写一个分论点或几个小论点为单元，并注意保持各章节内容的相对完整性。每一部分写好后，稍事梳理，就可转入下一段。

起草初稿时应注意以下几点：其一，胸中要有全局，紧紧围绕论文主题，突出中心，瞻前顾后，注意文脉连接，文意贯通；其二，在一般情况下，对写作提纲不要轻易变动，但在写作过程中，随着认识的深刻化和精细化，有可能会发现原提纲中某些不足或不妥之处，甚至还会产生某些新的认识，这就有必要对提纲做必要的调整和修正；其三，初稿应长于定稿，要将有关的内容尽可能充分地表述出来，甚至有某些重复也不要紧，这样压缩、修改才有基础，如果初稿过于单薄、粗略，修改就难以下手；其四，要注意行款格式，尽可能避免语法、逻辑上的差错，认真校对引言，核实引用的数字，确保准确无误。

13.2.4.5 修改定稿

这是科技论文写作的最后完成阶段，作者对论文草稿做进一步的推敲、斟酌、调整、润色、精益求精，使论文更加趋于完美。论文修改不只是在这个阶段进行，它贯穿于写作的全过程，如在确立文题、拟制提纲、执笔起草时，就随时不断地在进行修改。而这里所说的修改定稿，则是侧重于论文初稿完成后的集中修改而言。

修改要从总体着眼，从细致处推敲，对论文初稿进行增、删、改、调，把发现的各种毛病一一改正。论文的修改，一是采取热改法，即写完初稿后，趁热打铁，立即修改；二是采用冷改法，即完成初稿后，放一段时间再修改；三是求助法，即请人帮助修改；四是诵改法，即诵读初稿，发现问题，然后再改。修改的范围，重点放在以下几个方面：

（1）订正论点。综观全局，立足全篇，看论点是否正确、集中、鲜明、深刻，是否有新见解、新突破。对中心论点、分论点、小论点都要全面检查。把论点中偏颇的改中肯，含混的改鲜明，片面的改全面，肤浅的改深刻，散漫的改集中，陈旧的改新颖，有失分寸的改恰当，立意太低的则加以升华。

（2）调整结构。看结构是否完整、严密，层次是否清楚，思路是否通畅。调整结构时还要把杂乱的层次梳理顺畅，臃肿的段落紧缩合并，上下文不衔接的串通连贯，轻重倒置、开头、结尾不得当的斟酌周全，首尾不照应的调理圆合。

（3）更改材料。论文选用的材料必须达到三个基本要求：一是必要，即材料能够证明观点和表现主题；二是真实，即材料准确可靠而不歪曲原意；三是合适，即材料恰到好处，不滥不缺。如不符合这些要求，就要增补、删节、调换。把空缺的补足，失实的改真实，虚泛的换实在，平淡的调典型，陈旧的变新颖，分散的理集中，游离主题的删除，脱节的串通连贯。

（4）锤炼语言。对语言锤炼、文字加工应先求达意。看用词是否准确，句子是否通顺，诵读是否顺口，通篇有无漏笔，想写的话是否都表达出来了等，然后着力改去毛病，使语言精练；修改病句，使文字通顺；删削冗笔，使文章严谨。对那些陈词滥调、空话、套话、大话，毫不留情地删掉，在精确、简洁、生动诸方面下工夫。

（5）规范文面。起草初稿，书写可以较随便，但修改定稿后，在誊清时应当符合科技论文的文面要求。文面是论文的外观，由方案、标点符号和行款格式组成。在文字书写上，讲究字体工整、匀称，大小得当，行列横平竖齐，笔画清楚，结构准确，字不潦草，不写自造字、异体字、繁体字和不规范的简化字，也不能写错别字。正确使用标点符号，这有助于论文内容的准确表达。行款格式是文面上约定俗成的规定，凡为文者都要遵守。如使用 20×20 或 20×15 的方格稿纸，卷面留出天地，标题居中、匀称，署名居中或偏右，正文应留空白，提行空两格，序码要统一，注释要规范等。论文誊清后，还要对全文通读核查一遍，没有任何差错，再装订成册。

13.3　科技报告

13.3.1　科技报告概述

13.3.1.1　科技报告的含义

科技报告是科学技术报告的简称，它与通用公文中的报告不同，是如实反映科学技术研究工作的经过和结果的陈述性文体。《科学技术报告、学位论文和学术论文的编写格式》对科技报告的定义是："科学技术报告是描述一项科学技术研究的结果或进展或一项技术研制试验和评价的结果；或是论述某项科学技术问题的现状和发展的文件。"科技报告是以客观的科学技术研究和科学技术事实为写作对象，是研究、考察、实验、观测结果的如实记录和文字体现。它或是对某一课题进行研究后写出的正式科研成果的书面报告，或是就某一课题研究进展情况向有关部门写出的书面报告，或是就本专业领域里的某一问题、或对某一地区、某一事物进行科研考察后写出的书面报告。科技报告属于一次文献，也有人将它称为特殊文献，具有很高的学术资料价值和明显的学术研究价值。

科技报告和科技论文都是用来描述科研过程、反映科研成果的，两者的写作过程、方法、规范和要求也大体相同，有时很难将它们区别开来。有些科技报告一旦公之于世，学术界就公认它是一篇学术论文。然而，尽管如此，如果严格加以区分的话，科技报告和科技论文还是有区别的。表现在：其一，科技报告以向主管机构、同行和其他有关方面告知科研工作的进展和所取得的成果为目的；科技论文则是以阐述作者的学术观点、主张和独创性见解为目的。其二，科技报告内容广泛、全面，既可反映科研成果，又可反映科研工作的进展、过程，还可反映科研工作存在的问题，或反映科研失败的原因；科技论文内容单一、专深，要求集中反映创造性的科研成果和所做出的结论。其三，科技报告可以采用灵活自由的方式，以最快的速度及时将科研情况和阶段性成果通报各有关方面；科技论文一般都是在整个科研工作结束后，取得最终成果时才动笔的。通常的做法是：先写科技报告，后写科技论文。在国外，同一成果以科技报告的形式发表比以科技论文的形式在报刊上登载要早一年左右。其四，在表述方式上，科技报告注重描述、说明；科技论文则注重论证、推理。

科技报告作为一种正式文体出现，可以上溯到 20 世纪初叶，到目前，已发展成为科技文献中的一大门类。据报道，科技报告约占科技文献总量的 1/5 ～ 1/4，其中，美国是科技报告最多的国家，占世界总量的 83% 以上。美国一年内发表的科技报告不下 10 万篇，全球的各种研究所或实验室在一年内有 6000 万页以上报告。科技报告如此迅猛的增长，说明它具有强大的生命力，有着其他文体所不具备的长处和用处。

13.3.1.2 科技报告的特点

科技报告作为一种独立的文体，有着它固有的一些特点，这就是：

（1）告知性。这是科技报告的根本特点，也是它区别于其他文体的最主要的地方。告知，就是告诉、知照的意思，即述说情况，让人知晓。《科学技术报告、学位论文和学术论文的编写格式》明确指出："科学技术报告是为了呈送科学技术工作主管机构或科学基金会等组织或主持研究的人等。科学技术报告中一般应该提供系统的或按工作进程的充分信息，可以包括正反两方面的结果和经验，以便有关人员和读者判断和评价，以及对报告中的结论和建议提出修正意见。"一般来说，科技报告告知的对象有下述几种人：一是向上级主管部门和科研资助单位告知科研工作的新动态、新进展、新成果，以便取得了解、指导和支持；二是向同行、合作者和社会告知科研情况及所取得的成果，交流学术思想，活跃学术空气，促进科技事业的进步；三是学生向指导教师和学校有关部门告知自己科学学习情况，从撰写科技报告入手加强科研基本功训练，为今后撰写正式科学技术报告和学术论文打下良好的基础。

（2）客观性。科技报告以科研实践中的客观事实为内容，真实地记述科学研究和技术工作中的新情况、新动向、新进展、新认识、新发现、新成果；作者所表述的新观点、新见解也必须是事实材料的科学推理和科学抽象。也就是说，科技报告以告知事实为主，一定要忠于客观实际，反映事实的本来面貌。无论是陈述科研进展情况，还是列举搜集到的资料，调查到的事实，通过观测、实验所取得的数据，以及整个科研和技术工作所导出的结论等，都要全面、客观、准确无误地反映到报告里。要尽可能提供亲眼所见、亲耳所闻、亲自动手的第一手材料，对间接材料要认真核查落实。对科研工作的目的、条件、手段、方法、过程、结果等，都应用明确的科学语言和专业术语、图式如实地描述和说明，不允许运用抒情、比喻、夸张、暗示、双关等艺术表现方法。

（3）快报性。在国外，许多非保密性的科技报告大多是以小册子的形式公之于世，因而具有撰写快、出版也快的特点，这是科技论文远不能及的。之所以这样做，是因为随着科技论文数量的激增，其寿命越来越短，如果不将科研进展情况和成果及时发表，就有失去学术价值和现实功用的可能。刊登在专业刊物上的科技论文，一般要经过本专业权威人士的审查、编辑人员的加工润色，刊物领导的审核同意，印刷厂的排版、核对、修改、印刷、装订等一系列工序，使得一篇论文从投稿到刊出至少也得半年时间，有的甚至长达一年。而且，撰写论文，从构思到动笔,对成果和结论的分析、论证、解释、综合、归纳等,也要花费相当多的时间。而科技报告一般篇幅较短,又不需要做深入的学术探讨和理论分析,只需将科研的进展情况和成果如实报道就行了,写作时间短,完稿快,只要没有泄密的内容即可,以独立的小册子发表,可省掉大量繁琐的编印发程序,可以大大节省时间。正因为它具有这种快捷报道性的特点,因而越来越受到学术界的重视和广泛应用。

13.3.1.3　科技报告的类别

科技报告可从不同的角度进行分类:按时间顺序不同,可分为初级报告、进度报告、终结报告;按保密程度不同,可分为绝密报告、秘密报告、解密报告和非密(公开)报告;按具体的内容不同,可分为科研开题报告、科研进展报告、科技成果报告、科技实验报告、技术经济分析报告、技术专题报告、科学考察报告、科技政策厂容报告、可行性研究报告等。

13.3.2　科研开题报告

13.3.2.1　科研开题报告的性质

科研开题报告,又称科研计划任务书,是科技人员对计划开展的科研项目在一定时期内的安排和打算的科学技术文件。开题,就是科技人员根据现代化建设和科学技术自身发展的需要开辟新的研究课题。科研开题报告是科研课题申报者向有关部门和委托单位陈述开辟新的研究课题的理由和意义,并以书面的形式表述出来。它的功用主要有两点:一是为求得上级主管部门和委托单位对研究项目的批准,并在经费、设备、人力上予以支持,以此供上级主管部门和委托单位检查科研进展、经费使用和人员安排等情况;二是科研开题报告是完成研究项目的总体设计,是科技人员顺利开展课题计划研究的重要依据。

在改革开放的今天,随着科技体制的变革,科研课题由过去上级主管部门下达计划任务过渡到当前的招标制、同行语言制委托制,因而,每一个研究项目的上马,都要求撰写科研开题报告,其内容要求也越来越具体。不仅是国家自然科学基金项目如此,各部、委、公司、工厂、矿山、单位的科研项目的上马也是如此。科研开题报告填写得好,理由陈述得充分、全面,就可让审题者依据报告的内容做出判断,使申报的研究课题顺利通过,并争取到足够的经费;否则,申报的研究课题就难以得到批准。

科研开题报告上报被批准后,如果上级主管部门和委托单位没有提出修改意见,就应遵照执行。如果在执行过程中发现某些地方不切实际,或因客观条件的变化需要改变原计划时,可根据实际情况进行修订,但必须将修订情况及时向上级主管部门或委托单位备案。

13.3.2.2　科研开题报告的基本格式

为了加强科研工作的管理,上级主管部门和委托单位对科研开题报告都制定了固定的表格,项目大同小异,只要照表依次填写即可。但也有些科研开题报告不填写表格,而用文字表述。不论采用哪种形式,一般均应包含以下项目:

(1)封面。在科研开题报告的封面(首页),应依次写明项目名称、承担单位(个人)、申请金额、协作单位、项目负责人和主要合作者、起讫时间、填报日期等。左上方标上类号(是应用研究、开发研究,还是基础研究)、编号、密级。

(2)目录。如果是大型、复杂的科研课题,包含的项目和内容繁杂,可将正文的章、节编排目录,以便查阅。小型、简单的科研课题,此项可以省略。

（3）正文。这是科研开题报告的主体部分，一般应包括以下内容：课题研究的目的、意义和国内外情况；主要研究的内容和技术关键；考核目标和成果形式；研究方法的选择、比较和论证；准备工作应采取的主要措施；地点、实（试）验规模和进度安排；经费预算及其来源；主要设备、仪器及解决途径；成果应用前景、市场调查及社会效益预测；承担单位和主要协作单位的分工；同行评价意见（由同行专家填写）；上级主管部门或委托单位审查意见（由上级主管部门或委托单位填写）。

（4）附件。填写课题负责人和主要合作者的业务简历，要求按人填写，主要学历和从事研究工作的简历，发表的有关论著目录和科研成果名称，并注明出处以及获奖情况。

13.3.2.3 科研开题报告的写作要求

科研开题报告的写作要求主要有：

（1）写好课题立项的必要性和迫切性。填写科研开题报告时，最重要的是要下工夫写好课题立项的必要性和迫切性。主要回答两个问题：一是阐明为什么要选定这个项目，它对国民经济和科学技术发展有何重大意义，能产生什么影响，项目本身的科学依据和理论基础是什么；二是讲清所选项目国内外的研究现状、学术前沿、进展程度、发展趋势、同行研究的新动向等，并附上主要参考文献，使审题者具体了解开展本项目研究的必要性和迫切性，而促使本研究项目能顺利通过。

（2）充分表现课题研究的创新性。填写科研开题报告，还要充分体现出所开课题的科学性、创新性和可行性，尤其是创新性。要突出本课题研究的特色，即与国内外同行相比本课题研究有什么不同之处，着重讲明前人未曾有过的新思想、新理论、新观点和新的研究方法、手段以及应用前景等。

（3）所填内容一定要具体。对科研开题报告中的各样项目的填写，内容一定要具体、明确、周密、完整，在写作时要认真推敲文字，行款要合乎规范，书写要工整，使人看后一目了然。

13.3.3 科技进度报告

13.3.3.1 科技进度报告的性质

科技进度报告是科技人员向上级主管部门或资助（委托）单位如实汇报科研课题或技术革新进展情况的书面报告，是科技人员运用叙述、说明为主要表达方式向上级主管部门、资助（委托）单位和合作者通报有关科研课题完成进度或技术革新进展情况的纪实性文体。它的主要作用有3个：一是向上级主管部门或资助（委托）单位汇报情况，以便接受工作检查和监督，决策今后的发展方向；二是向课题的协作单位和合作者通报信息，以加强相互之间的联系和协作；三是积累资料，为撰写科技论文或课题终结报告提供素材。

科技进度报告可分为定期和不定期两大类：定期的有月报、季报、半年小结、年终总结、阶段总结等；不定期的一般是在课题研究或技术革新遇到困难或取得一定成果时所写的报告。

13.3.3.2 科技进度报告的基本格式

科技进度报告的内容，不管它分得如何精细，但均由项目、时间、任务3部分组成，由此，就产生了3种编写的方法：一是时间法，即以时间为主线，按照时间的先后将已完成研究工作的情况写出来；二是任务法，即以任务为主线，以小标题或序号的形式，分别将完成的各项任务写出来；三是综合法，即将时间法和任务法有机地结合在一起的编写方法。

由于科技进度报告的技术性、专业性和时间性很强，甚至还具有保密性，在长期的使用过程中已逐步形成了规范的格式，一般包括以下项目：

（1）标题。一般由课题名称加文种组成，如《稀土元素在易切削钢中的应用及作用机理研究进度报告》。

（2）正文。这是科技进度报告的主体，全面、具体地回答科技进度报告中的有关内容，包括任务来源、起止时间、课题要求、计划完成情况、尚存在的问题、对已取得成果的评价、下一阶段工作计划等。要如实反映情况，做到分析与评价相结合，但评价要客观、公正，留有余地，既不能拔高，也不能贬低，坚持实事求是的科学态度。

（3）署名和日期。包括全体研究人员，署上他们的姓名、职称；另起一行写上制作日期。

13.3.3.3　科技进度报告的写作要求

科技进度报告的写作要求主要有：

（1）内容要真实、可靠。科技进度报告的特点和功用决定了它所反映的情况必须真实可靠，对取得的成果有恰当的评价，不可弄虚作假，任意夸张。否则，在课题完成后进行检查、总结，就难以自圆其说，有损于科研工作的严肃性、求实性和进步性。

（2）文字要简明。简洁明了是对一切科技文章的基本要求，对科技进度报告尤其如此。因为科技进度报告具有例行公事的性质，上级领导、资助（委托）单位有关人员和合作者都很忙，他们关心的只是课题的完成情况，而对其过程和细节不感兴趣。因此，在写作时，应做到主题鲜明，中心突出，层次分明，言简意赅。有的还可制成表格进行填写，以节省篇幅。

（3）表述的内容要新。每次报告都要有新的内容，才能引起人们的兴趣。切忌千篇一律，陈陈相因，老是"炒现饭"。

13.3.4　科技实验报告

13.3.4.1　科技实验报告的性质

科技实验报告，是在科学技术上为阐明某种现象而创造某种特定的条件，通过观测和程序操作，以反映事物变化过程和结果的一种书面报告。它是科技人员向社会公布自己实验成果的一种方案形式，属于一次文献。具体地说，在科研活动中，为了检验某种科学理论或假说，进行创造发明和解决实际问题，往往都要进行科学实验，通过观测、分析、综合、判断，如实地将实验过程和结果记录下来，写成文章，这就是科技实验报告。

科技实验报告是实验工作的如实描述和系统概括，是全部实验工作不可或缺的一个重要环节，同时，也是探索自然奥秘、开展科学研究的重要手段。其主要特点是创新性、确证性、实践性和纪实性。科技实验报告的功用：一是进一步验证科学理论及其概念、定律、法则，补充或修正前人实验的不足之处；二是用已有的实验原理做出更高数量级的测试精度；三是用新的实验方法证明原有的结果；四是对某项开拓性研究设计全新的实践方案；五是以此来培养或提高科技人员独立思考与独立工作的能力等。

科技实验报告不同于科技试验报告，后者是检验某种科技产品的性能和功用，在规定的条件下使用仪器或试剂并采用某些方法对产品进行检验后所做的书面报告。它准确地反映了科技产品的功能指标，对产品质量的提高有较大的参考价值。尽管实验和试验两者经常是交叉的，但后者更趋功利性和实际应用的价值，不可将它们混同起来。

科技实验报告按其性质不同，一般可分为定量实验报告、定性实验报告、结构分析实验报告、模拟实验报告、对照实验报告和分析实验报告等；按其功能不同，则可分为检验型实验报告和创新型实验报告两种。

13.3.4.2 科技实验报告的基本格式

科技实验报告的基本格式有：

（1）标题。主要体现科技实验报告的基本内容，即对实验对象的研究或探讨，如《新型防火阀与火灾报警器定期观测实验报告》等。

（2）作者及其单位。作者指该实验的主要参与者，按其贡献大小先后排列，并在作者姓名的左边或底下标出作者的工作单位。作者及其单位，也可置于正文之后。

（3）摘要。摘要是全篇实验报告内容的浓缩，重点阐释实验结果中最优试样的质量和性能，实际就是实验结果和分析部分的概述。

（4）关键词。对实验目的、条件、方法和所产生的变化效应等方面进行提炼，多以名词或名词词组出现。

（5）引言。介绍实验背景和条件，也可说明实验结果的正负效应，以及为什么要撰写此实验报告等。

（6）正文。一般包括以下内容：实验目的；实验原理；实验设备或材料；实验步骤；数据记录；计算与作图；误差分析；实验结果；结论或讨论。

（7）参考文献。详细列明进行此次实验所参考的主要科技文献，既为本次实验提供理论根据，又对前人的劳动表示尊重。

13.3.4.3 科技实验报告的写作要求

科技实验报告的写作要求主要有：

（1）下工夫做好实验。要写好技术实验报告，关键是做好实验，认真记录各种现象和数据，这是撰写科技实验报告的基础和前提。否则，实验做得不成功，不管你如何笔下生花，也是无济于事的。

（2）绘制好图和表。图和表是表达实验数据的有效手段，比单纯用文字叙述直观、简洁，还可以节省篇幅。而且，实验装置和操作原理有时相当复杂，如只用文字表达，很难做到清晰明白，因而应以图表辅助文字说明，充分发挥图表的示意功能。

（3）注意文字表达。撰写科技实验报告，行文要简洁流畅，说明要准确具体，层次要清晰合理，要尽可能采用专业术语来说明事物，不得创意编造实验现象或任意篡改实验数据。

13.3.5 科技考察报告

13.3.5.1 科技考察报告的性质

科技考察报告，或称科学考察报告和科学考察记，是根据社会实践的需要和预期的目的，运用观察、勘测、挖掘、采集、询问、调研等手段对未知的科学技术领域进行探索后所做出的书面报告。它由科技人员亲临现场，如实记录、描述对某一课题的观察和调查所得，并分析其结果。其内容或揭示某尚未探明的自然现象，如《祁连山冰川分布考察报告》；或反映某种自然科学事物或现象的探索经过及结果，如《神农架野人考察报告》；或报道某一国家、某一地区在某一领域的科学技术问题，如《美国办公现代化考察报告》；或报道某一国家某一地区在某一方面科技进展的情况，如《西欧超导材料科研考察报告》等。

科技考察报告中的"考"，有思虑、探求的意思，是思维活动中的一个步骤；"察"，指细看、评审，是行为上的一个举措。所以说，考察是对客观事物的一种思考、观察和调查的实践活动。在科学技术领域里，有些科学，有些课题，仅靠实验或图书资料来进行研究是不行的，还必须实地进行考察，以获得更实在、更生动、更可靠、更广泛的第一手研究材料。如对地形、地貌的考察，水文、水源的考察，动物、植物的考察，植被、物候的考察，南极、北极的考察，宇宙空间的考察等。我国北魏时期郦道元的《水经注》和明代徐宏祖的《徐霞客游记》是古代科技考察报告的代表作。1831 年，英国派贝格尔号军舰做环球航行，伟大的生物学家达尔文随这艘军舰完成了他一生极其重要的科学考察活动，写出了《物种起源》的科学巨著。我国著名地质学家李四光，于 20 世纪 50 年代通过对黑龙江省松嫩平原的考察而撰写出相应的考察报告，从而发现了大庆油田，使我国一举甩掉贫油国的帽子。由此可见，考察是人们揭示自然奥秘的一种重要方法，是进行科学研究、准确认识客观事物的一种有效手段。

科技考察报告大体上可分为 3 大类：第一类是科技情况考察报告，着重反映国际上最新的科技信息，包括学科发展的最新水平和动向，以引导和促进我国科学技术的发展；第二类是科技会议考察报告，主要反映国际性科技会议的情况，介绍国外在某学科的科研管理、课题选择、实验设备、测试技术、数据处理等方面的先进试验；第三类是为达到某一学科或专题研究的目的而进行实地考察后而撰写的书面报告，这是大量的，如对某一地区自然资源开发利用的考察，或对某地区地层地质发育情况的考察，或对某种经济作物生长习性及其经济价值的考察，或对某一稀有动物的考察等。

13.3.5.2 科技考察报告的基本格式

科技考察报告的格式与科技实验报告大体相同，其标题、作者及其单位、摘要、关键词、参考文献没有什么区别，只是主体部分比较自由灵活，作者不必囿于固定的模式。主要内容有：

（1）引言。主要交代考察目的、对象、时间、地点和人员组成、考察概况、考察结果总的评价等。引言应写得简明、概括，文字不宜过多。

（2）正文。主要包括考察方法和过程、考察结果和分析两方面的内容，详细叙述对哪些部门或哪些方面进行过考察，所看到的现象和事实，指出它们的意义，也就是强调用事实说话，将所见所闻的材料，经过整理、鉴别、分析、综合、归纳、提炼后，得出科学的认识。在写法上可按问题性质分类叙述，也可按考察时间的先后叙述。

（3）结论。对考察的结果及其意义进行评价，应写得简洁、精粹。有时结论可以省略，正文所述考察结果也就是作者的结论。如果作者拿不准，或与别人的考察结果有分歧，则可用讨论的方式提出来。如引用地方志或他人成果来说明自己的结论时，则应在文尾或参考文献处注明。

13.3.5.3 科技考察报告的写作要求

科技考察报告的写作要求主要是：

（1）亲自考察，占有第一手资料。撰写科技考察报告，必须亲临实地进行考察，运用各种手段获取翔实的第一手资料，这是科技考察报告写作的基础。要认真做好考察记录，认真分析研究，着重于对考察对象的具体了解和认识，探求和揭示事物、现象的本质和发展变化的规律。要突出主旨，做到观点和材料的有机统一。材料是观点的必要依据，观点是材料的必然结果，从而使整篇报告首尾圆合，浑然一体。

（2）广泛阅读文献资料。在动笔写作之前，要广泛阅读有关文献资料，了解前人在这方面做过哪些工作，做到什么程度，只有掌握全部信息，至少是尽可能多的信息，才能将考察工作搞好，也才能将考察报告写好。那种只重视考察而轻视文献资料的做法是片面的，往往会影响科技考察报告的学术价值。但文献资料只能作为考察报告的辅助材料和佐证，而决不能取代亲自实地考察所取得的第一手资料。

（3）运用多种表述手法。在表述上，以叙述为主，既要有切实的叙述和说明，又要有画龙点睛的议论和证明，还可结合图、表、照片、公式等表现手段，并适当借助于文学技巧，将科技考察报告写得生动活泼，富有情趣，引人入胜。

13.3.6 可行性研究报告

13.3.6.1 可行性研究报告的性质

可行性研究报告，指的是在制定生产、基建和科研计划的前期，运用科学技术和经济学的原理，对拟上项目的技术适用性、经济合理性进行综合研究，为投资决策提供可靠依据的一种书面报告。它要求对该项目的科技政策、技改方案、技术措施、工程规模、课题价值等进行全面的分析、论证、计算和评价，从而确定可行的程度，找到一个"技术上合理、经济上合算"的最佳方案和最佳时机，为该项目的决策和实施提供充分的科学依据。由此可见，可行性研究报告是科技报告中的最高层次，它既要综合前人的成果，又要预测未来；既要考虑该项目自身的特点和发展规律，又要考虑所需的技术经济条件和创造这些条件的代价，还要考虑近期利益、中期利益和长远利益，因而有着其他科技报告无法取代的特殊的地位。

随着现代科学管理的加强，投资者对任何一个项目的上马，都要考虑到综合经济效益，这就要求对投资效果进行预测，多方周密地调查研究，全面分析、论证该项目上马的可能性和有效性，对科技政策、技改方案、技术措施、工程规模、课题价值等，进行技术经济论证和评价，从而选择一个能获得理想经济效益的最优方案，这就是可行性研究。开展这种研究，能减少盲目性，增强自觉性，避免不必要的经济损失，以较少的投入获得较大的回报率。据报道，美国有500多家大型工业公司从20世纪60年代起均设置专门的机构，从事可行性研究，其经费占企业科研经费的1%，有的高达10%，它所带来的经济效益相当于投资的50倍以上。新中国建立以后，在大规模经济建设中，20世纪50年代强调的"技术现状调查"，60年代的"工厂规划研究"，均属于可行性研究。之后，国家计委颁布了《关于建设项目进行可行性研究的试行管理办法》，规定一切大中型建设项目，在编制计划任务书之前，都要进行可行性研究，撰写并呈报可行性研究报告。这已经成了一项必须遵守并坚持的经常性制度。

根据我国当前的使用情况，可行性研究报告主要有以下4类：

（1）工业生产建设项目可行性研究报告。它是为新建或改建、扩建工厂、矿山等工业生产建设项目而写的，要求预测生产的产品未来的市场需求、成本和经济效益，并对新建、改建、扩建工厂、矿山的方案和必要条件等进行评价。

（2）商业建设项目的可行性研究报告。这是为新建一座商场、交易中心或游览、娱乐中心等商业建设项目而写的，要求对商品、消费者、用户或游客的来源、经营特色、营业技巧、经济效益以及建设方案和必要条件进行预测。

（3）申请使用银行贷款的可行性研究报告。凡需向银行申请贷款的建设项目，申请者必须撰写可行性研究报告，论证需贷款建设项目的可能性，以表明申请者使用贷款的必要性和具有偿还贷款的能力。

（4）科研或开发项目的可行性研究报告。某些投资大、耗时长的科研项目和开发项目，要求申请承担者（往往不止一家）事先进行可行性研究，呈交可行性研究报告，对课题项目的质量标准、成果水平、使用经费、所需时间、实施方案等进行预测。

13.3.6.2　可行性研究报告的基本格式

一般由首页、标题、前言、正文、结论、附件、日期 7 部分组成。

（1）首页。应写明项目名称、项目主办单位及负责人、研究单位、研究的技术负责人、经济负责人和参加的人员等。

（2）标题。一为单位名称、项目内容和文种组成，如《×××厂关于开发以塑代钢新技术的可行性研究报告》；二为项目内容和文种组成，如《轻型农用车自行开发可行性研究报告》等。

（3）前言。简明扼要地交代项目提出的背景、投资的有利因素和经济意义、可行性研究的依据和范围等。

（4）正文。这是报告的核心部分，要求用系统分析的方法，以经济效益为核心，围绕影响项目的各种因素，运用大量的资料、数据分析，论证拟建项目的可行性。不同类别的可行性研究报告在正文内容上应有所区别，如新建、改建、扩建工厂、矿山的可行性研究报告，一般应包括市场需要情况和拟建规模、原材料、燃料、动力及交通运输、所建项目的条件及环境要求、总体设计方案和局部构想、生产组织、劳动定员和人员培训的初步设想，拟建项目实施计划周期进度表、投资估算和资金筹措、产品成本与资金积累、经济效益与评价等。科研与开发项目的可行性研究报告，一般应包括本课题在国内外技术水平现状及发展趋势、国内技术引进情况、本课题研究的必要条件、技术路线和技术方案论证、经济概算、课题完成后对本学科或经济建设的意义，担负本课题研究负责人和主要人员的学历、职称、科研水平、技术专长、业务能力和所获奖励等。

（5）结论和建议。这是可行性研究报告的画龙点睛之笔。在正文部分对各项目逐条分析、论证以后，应从整体进行评价，进行本方案与其他方案的优劣比较，从而提出明确的建议。

（6）附件。包括各种实（试）验数据、论证材料、计算附表、附图等。

（7）日期。一般以讨论通过报告的日期为准。

13.3.6.3　可行性研究报告的写作研究

可行性研究报告的写作研究要求有：

（1）运用多种研究方法。可行性研究报告强调最优（佳）化，因而具有科学方法论的特点。所以，要善于运用理论思维和比较、分类、演绎、归纳、综合、分析、数理化、公理化、信息论、控制论、系统论等方法，进行阐释、论证、计算，最后选出最优方案。要在客观事实的基础上做出正确判断，得出明确结论，提出切实可行的建议，使上级领导机关和有关部门能据此做出明智的决策。

（2）坚持实事求是的态度。撰写可行性研究报告，要一切从实际出发，尊重客观事实，坚持实事求是的态度。不要回避问题，不浮夸，不虚构，切忌为"可行"而"研究"，以此作为争投资、争项目、列计划的"通行证"。写作时应以论说为主，认真分析，精确推算，严密论证，以保证其科学性和严肃性。

（3）讲究写作技巧。撰写可行性研究报告，目的要明确，主旨要集中，材料要充实，条理要清楚，措施要具体，行文要精炼。

复习思考题

13 - 1　什么是写作？

13 - 2　科技写作的含义是什么？

13 - 3　科技写作的类别有哪些？

13 - 4　科技写作有哪些特点？

13 - 5　为什么要加强基础写作的训练？

13 - 6　科技论文的含义是什么？

13 - 7　科技论文有哪些特点？

13 - 8　科技论文有什么作用？

13 - 9　什么是关键词？

13 - 10　科技论文的结论包含哪些内容？

13 - 11　科技论文写作包含哪几个过程？

13 - 12　什么是科技报告？

13 - 13　科技报告有哪些特点？

13 - 14　科技报告基本格式有哪些？

13 - 15　什么是科技实验报告？

13 - 16　什么是科技考察报告？

13 - 17　科技考察报告的写作有哪些要求？

13 - 18　什么是可行性研究报告？

13 - 19　可行性研究报告的基本格式有哪些？

13 - 20　可行性研究报告的写作要求有哪些？

参 考 文 献

［1］傅菊英，等. 烧结球团学 ［M］. 长沙：中南工业大学出版社，1996.

［2］孙文东，等. 烧结工艺及设备 ［M］. 香港：香港文滙出版社，2006.

［3］肖扬. 烧结生产设备使用与维护 ［M］. 北京：冶金工业出版社，2012.

［4］王艺慈. 烧结球团 500 问 ［M］. 北京：化学工业出版社，2010.

［5］薛俊虎. 烧结生产技能知识问答 ［M］. 北京：冶金工业出版社，2003.

［6］贾艳，等. 铁矿粉烧结生产 ［M］. 北京：冶金工业出版社，2006.

［7］龙红明，等. 铁矿粉烧结原理与工艺 ［M］. 北京：冶金工业出版社，2010.

［8］金水龙. 烧结过程综合节能与环保的研究 ［D］. 北京：北京科技大学，2000.

［9］王悦祥. 烧结矿与球团矿生产 ［M］. 北京：冶金工业出版社，2006.

冶金工业出版社部分图书推荐

书　　名	作　　者	定价(元)
能源与环境（本科国规教材）	冯俊小　主编	35.00
钢铁冶金原理（第4版）（本科教材）	黄希祜　编	82.00
冶金与材料热力学（本科教材）	李文超　等编	65.00
冶金热工基础（本科教材）	朱光俊　主编	36.00
钢铁冶金原燃料及辅助材料（本科教材）	储满生　主编	59.00
钢铁冶金学（炼铁部分）（第3版）	王筱留　主编	60.00
现代冶金工艺学（钢铁冶金卷）（本科国规教材）	朱苗勇　主编	49.00
钢铁冶金学教程（本科教材）	包燕平　等编	49.00
冶金过程数值模拟基础（本科教材）	陈建斌　编著	28.00
炼铁学（本科教材）	梁中渝　主编	45.00
炼钢学（本科教材）	雷亚　等编	42.00
炉外精炼教程（本科教材）	高泽平　主编	40.00
连续铸钢（本科教材）	架道中　主编	30.00
冶金设备（本科教材）	朱云　主编	49.80
冶金设备课程设计（本科教材）	朱云　主编	19.00
冶金设备及自动化（本科教材）	王立萍　等编	29.00
炼铁厂设计原理（本科教材）	万新　主编	38.00
炼钢厂设计原理（本科教材）	王令福　主编	29.00
铁矿粉烧结原理与工艺（本科教材）	龙红明　编	28.00
物理化学（高职高专教材）	邓基芹　主编	28.00
煤化学（高职高专教材）	邓基芹　主编	25.00
冶金专业英语（高职高专国规教材）	侯向东　主编	28.00
烧结矿与球团矿生产（高职高专教材）	王悦祥　主编	29.00
冶金原理（高职高专教材）	卢宇飞　主编	36.00
金属材料及热处理（高职高专教材）	王悦祥　等编	35.00
烧结矿与球团矿生产实训	吕晓芳　等编	36.00
炼铁技术（高职高专教材）	卢宇飞　主编	29.00
炼铁工艺及设备（高职高专教材）	郑金星　主编	49.00
高炉冶炼操作与控制（高职高专教材）	侯向东　主编	49.00
高炉炼铁设备（高职高专教材）	王宏启　主编	36.00
铁合金生产工艺与设备（高职高专教材）	刘卫　主编	39.00
炼钢工艺及设备（高职高专教材）	郑金星　等编	49.00
连续铸钢操作与控制（高职高专教材）	冯捷　等编	39.00
矿热炉控制与操作（高职高专教材）	石富　主编	37.00
稀土冶金技术（高职高专教材）	石富　主编	36.00
火法冶金——粗金属精炼技术（高职高专教材）	刘自力　等编	18.00
火法冶金——备料与熔烧技术（高职高专教材）	陈利生　等编	18.00
湿法冶金——净化技术（高职高专教材）	黄卉　等编	15.00
湿法冶金——浸出技术（高职高专教材）	刘洪萍　等编	18.00
氧化铝制取（高职高专教材）	刘自力　等编	18.00
氧化铝生产仿真实训（高职高专教材）	徐征　等编	20.00
金属铝熔盐电解（高职高专教材）	陈利生　等编	18.00